普通高等教育农业部“十二五”规划

普通土壤学

第2版

关连珠　主编

（农学、园艺、园林、林学、植保、气象等专业用）

中国农业大学出版社

·北京·

内 容 简 介

本教材除绪论外共十一章，分别介绍了组成土壤的矿物质和有机质，土壤的基本物理性质，土壤的基本化学性质，土壤的形成与分类，全国各地主要土壤类型的形成过程、基本性状和开发利用途径，土壤调查以及土壤质量和土壤资源保护等内容。在保持传统土壤学基本内容的基础上，着重突出了土壤在持续农业、生态环境系统和全球变化中的作用，将资源与环境的理念贯穿整个教材之中。

图书在版编目(CIP)数据

普通土壤学/关连珠主编. —2 版. —北京：中国农业大学出版社，2015.9(2022.6 重印)
ISBN 978-7-5655-1367-1

Ⅰ.①普…　Ⅱ.①关…　Ⅲ.①土壤学-高等学校-教材　Ⅳ.①S15

中国版本图书馆 CIP 数据核字(2015)第 202855 号

中国自然资源部地图审图号：GS 京(2022)0585 号

书　　名　普通土壤学　第 2 版
作　　者　关连珠　主编

策划编辑　梁爱荣　孙　勇　　**责任编辑**　洪重光
封面设计　郑　川　　**责任校对**　王晓凤
出版发行　中国农业大学出版社
社　　址　北京市海淀区圆明园西路 2 号　　**邮政编码**　100193
电　　话　发行部 010-62818525，8625　　读者服务部 010-62732336
　　　　　　编辑部 010-62732617，2618　　出　版　部 010-62733440
网　　址　http://www.cau.edu.cn/caup　　**e-mail** cbsszs @ cau.edu.cn
经　　销　新华书店
印　　刷　北京溢漾印刷有限公司
版　　次　2016 年 1 月第 2 版　　2022 年 6 月第 3 次印刷
规　　格　787×1092　　16 开本　　24.75 印张　　615 千字
定　　价　52.00 元

第2版编审委员会

主　编　关连珠　沈阳农业大学

副主编　（按姓氏笔画顺序排列）

李会卓　河北农业大学
张广才　沈阳农业大学
陈翠玲　河南科技学院
诸葛玉平　山东农业大学
窦　森　吉林农业大学

编　委　（按姓氏笔画顺序排列）

王　旭　赤峰学院
白秀梅　山西农业大学
任秀娟　河南科技学院
刘　宁　沈阳农业大学
刘世亮　河南农业大学
关　松　吉林农业大学
关连珠　沈阳农业大学
辛　刚　黑龙江八一农垦大学
李会卓　河北农业大学
谷思玉　东北农业大学
张广才　沈阳农业大学
张　昀　沈阳农业大学
陈翠玲　河南科技学院
诸葛玉平　山东农业大学
窦　森　吉林农业大学

第1版编审委员会

第2版前言

本教材是关连珠主编的《普通土壤学》(2007,第1版)的修订版,是面对高等农业院校农学、园艺、园林、林学、植保、气象等专业以及非农业院校资源与环境等专业所编写的基础教材,并列入普通高等教育农业部“十二五”规划教材。

本教材在第1版教学实践经验的基础上,从案例教学出发,既保持了第1版的特色,又把理论知识和实践运用融入教材,更好地体现了基础理论与指导实践的结合,融入了学科研究的新成果和发展新动向,内容精简,突出重点,适应了教学改革的需要。

本教材除绪论外共十一章,分别介绍了组成土壤的矿物质和有机质,土壤的基本物理性质,土壤的基本化学性质,土壤的形成与分类,全国各地主要土壤类型的形成过程、基本性状和开发利用途径,土壤调查以及土壤质量和土壤资源保护等内容。在保持传统土壤学基本内容的基础上,着重突出了土壤在持续农业、生态环境系统和全球变化中的作用,将资源与环境的理念贯穿整个教材之中。

参加本教材编写的有全国十家高等农业院校的十五位编写人员,其中绪论由沈阳农业大学的关连珠负责编写,第一章由河北农业大学的李会卓负责编写,第二章由吉林农业大学的窦森和关松负责编写,第三章由河南科技学院的陈翠玲和任秀娟负责编写,第四章由山东农业大学的诸葛玉平负责编写,第五章由东北农业大学的谷思玉和沈阳农业大学的刘宁负责编写,第六章由沈阳农业大学的张广才负责编写,第七章由沈阳农业大学的张昀负责编写,第八章由黑龙江八一农垦大学的辛刚负责编写,第九章分别由赤峰学院的王旭、河南科技学院的任秀娟、东北农业大学的谷思玉以及沈阳农业大学的关连珠、张广才、张昀、刘宁负责编写,第十章由山西农业大学的白秀梅负责编写,第十一章由河南农业大学的刘世亮负责编写。

本教材在编写过程中得到了各个参编院校的大力支持,各位参编人员查阅了国内外大量的参考文献,并引用了国内外一些重要的文献资料,由于篇幅限制,在此不能一一列出,谨代表所有参编人员在此一并表示谢意。

土壤是自然环境非常重要的组成部分,是人类赖以生存和发展的重要资源。土壤学作为应用基础学科,广泛服务于持续农业、环境生态建设、区域治理、资源利用与保护、全球变化研究等方面。本教材不仅可以作为农业院校的基础教材,也可以作为资源与环境、自然地理及其他相关院校和学科的参考用书。

由于编者学识有限,书中难免有错误和不妥之处,真诚欢迎各位同仁和使用本教材的各位老师和同学们给予批评指正。

编　者

2015年2月于沈阳

第1版前言

普通土壤学是面对高等农业院校农学、园艺、林学、园林、植保、气象等专业以及非农业院校资源与环境等专业所编写的基础教材，也是高等院校资源与环境系列精品课程建设教材。

该教材除绪论外共十一章，分别介绍了组成土壤的矿物质和有机质、土壤的基本物理性质、土壤的水汽热状况及其调节、土壤的基本化学性质、土壤养分、土壤的形成与分类、全国各地主要土壤类型的形成过程、基本性状和开发利用途径、土壤调查以及土壤质量和土壤资源保护等内容。该教材在保持传统土壤学基本内容的基础上，着重突出了土壤在自然环境和陆地生态系统中的作用，将资源与环境的理念贯穿整个教材之中。

参加该教材编写的有全国十三家高等农业院校的十六位编写人员，其中绪论由沈阳农业大学的关连珠负责编写，第一章由河北农业大学的李惠卓负责编写，第二章由吉林农业大学的窦森负责编写，第三章由河南科技学院的陈翠玲负责编写，第四章由山东农业大学的诸葛玉平负责编写，第五章由四川农业大学的张锡洲和沈阳农业大学的颜丽负责编写，第六章由延边大学的梁运江负责编写，第七章由沈阳农业大学的张广才负责编写，第八章由黑龙江八一农垦大学的辛刚负责编写，第九章由山西农业大学的樊文华、沈阳农业大学的颜丽、江西农业大学的卢志红、西北农林科技大学的耿增超和佘雕、四川农业大学的张锡洲负责编写，第十章由河北科技师范学院的张电学负责编写，第十一章由河南农业大学的刘世亮和西北农林科技大学的耿增超负责编写。

该教材在编写过程中得到了各个参编院校的大力支持，并在定稿过程中得到了沈阳农业大学张伯泉教授和须湘成教授的审阅，在此一并表示感谢。同时在本教材编写过程中，各位参编人员查阅了国内外大量的参考文献，并引用了国内外一些重要的文献资料，由于篇幅限制，在此不能一一列出，仅代表所有参编人员在此一并表示谢意。

土壤是自然环境的重要组成部分，是人类赖以生存的重要资源。土壤学作为应用基础学科，不但可以广泛服务于农业、环境生态建设、区域治理、资源利用与保护等方面。所以本教材不仅可以作为农业院校的基础教材，也可以作为资源与环境、自然地理及其他相关院校和学科参考使用。

由于编者学识有限，书中难免有错误和不妥之处，真诚欢迎各位同仁和使用本教材的各位老师和同学们给予批评指正。

作　者

2006年10月

目　　录

绪论………………………………………………………………………………… 1
第一节　土壤在农林生产和陆地生态系统中的地位……………………………… 1
一、土壤是植物生长繁育的基地,是农林业生产的基本生产资料……………… 1
二、土壤是制定农林业生产技术措施的基础和依据 …………………………… 1
三、土壤是人类社会最宝贵的自然资源 ………………………………………… 2
四、土壤是陆地生态系统的主要组成部分 ……………………………………… 2
五、土壤是影响人类生存的重要环境要素 ……………………………………… 2
六、教学案例与分析 ……………………………………………………………… 3
第二节　土壤与土壤肥力的基本概念……………………………………………… 4
一、土壤的基本概念和重要特征 ………………………………………………… 4
二、土壤肥力的基本概念 ………………………………………………………… 5
三、土壤的基本物质组成 ………………………………………………………… 6
四、土壤沿垂直方向和水平方向上的异质性 …………………………………… 7
五、教学案例与分析 ……………………………………………………………… 8
第三节　土壤科学的发展及其面临的任务………………………………………… 9
一、土壤科学的发展 ……………………………………………………………… 9
二、土壤科学的任务……………………………………………………………… 11
三、教学案例与分析……………………………………………………………… 12
第一章　成土母质与土壤矿物质 ……………………………………………… 13
第一节　形成土壤母质的矿物和岩石 …………………………………………… 13
一、矿物和岩石的概念及基本特征……………………………………………… 13
二、主要成土矿物………………………………………………………………… 16
三、主要成土岩石………………………………………………………………… 18
四、教学案例与分析……………………………………………………………… 20
第二节　岩石风化与母质类型 …………………………………………………… 21
一、岩石风化作用………………………………………………………………… 21
二、土壤母质的组成与常见类型………………………………………………… 24
三、教学案例与分析……………………………………………………………… 26
第三节　土壤矿物质 ……………………………………………………………… 27
一、土壤矿物质粒级……………………………………………………………… 27
二、土壤质地……………………………………………………………………… 32
三、教学案例与分析……………………………………………………………… 39
第二章　土壤有机质与土壤生物 ……………………………………………… 42
第一节　土壤有机质的来源与组成 ……………………………………………… 42
一、土壤有机质的概念…………………………………………………………… 42

二、土壤有机质的来源和组成…… 43
三、土壤有机质的存在状态…… 44
四、教学案例与分析…… 45
第二节 土壤微生物 …… 46
一、土壤微生物的种类…… 46
二、土壤微生物的营养类型…… 47
三、土壤微生物的呼吸类型…… 48
四、教学案例与分析…… 49
第三节 土壤有机质的分解与周转 …… 50
一、土壤有机质的矿质化过程…… 50
二、土壤有机质的腐殖化过程…… 52
三、影响土壤有机质分解和周转的因素…… 54
四、教学案例与分析…… 55
第四节 土壤有机质的主要组分及性质 …… 57
一、非腐殖物质…… 57
二、腐殖物质…… 58
三、教学案例与分析…… 62
第五节 土壤有机质的作用及其调节 …… 63
一、土壤有机质在土壤肥力上的作用…… 63
二、耕地土壤有机质的保持与提高…… 64
三、教学案例与分析…… 66
第三章 土壤的孔性、结构性与耕性…… 73
第一节 土壤孔性 …… 73
一、土壤孔性的概念…… 73
二、土壤孔隙数量及其表示方法…… 74
三、土壤孔隙类型及状况…… 76
四、土壤三相比及其计算…… 78
五、教学案例与分析…… 78
第二节 土壤结构性 …… 79
一、土壤结构性的概念…… 79
二、土壤结构体的类型…… 80
三、土壤团粒结构的作用与创造…… 81
四、教学案例与分析…… 86
第三节 土壤耕性 …… 87
一、土壤耕性的含义…… 87
二、影响耕性的因素…… 88
三、改良土壤耕性的措施…… 91
四、教学案例与分析…… 91

第四章　土壤水分、空气与热量状况 …… 96
第一节　土壤水分 …… 96
一、土壤水分含量及表示方法 …… 97
二、土壤水分类型与水分常数 …… 100
三、土壤水分能量状态 …… 104
四、土壤水运动及田间循环 …… 110
五、土壤水分状况及其调节 …… 116
六、教学案例与分析 …… 118
第二节　土壤空气 …… 118
一、土壤空气的来源及组成特点 …… 118
二、土壤通气性及其调节 …… 120
三、教学案例与分析 …… 123
第三节　土壤热量 …… 124
一、土壤热量的来源和平衡 …… 124
二、土壤的热特性及其调节 …… 127
三、教学案例与分析 …… 131
第四节　土壤水、气、热的关系及其调节 …… 132
一、土壤水、气、热的关系及其相互影响 …… 132
二、土壤水、气、热的调节 …… 132
三、教学案例与分析 …… 134
第五章　土壤胶体与土壤吸收性能 …… 137
第一节　土壤胶体的概念与基本性质 …… 137
一、土壤胶体的概念与作用 …… 137
二、土壤胶体的基本性质 …… 142
三、教学案例与分析 …… 147
第二节　土壤的吸收性能 …… 147
一、土壤吸收性能的类型 …… 147
二、土壤对阳离子的吸附与交换 …… 148
三、土壤对阴离子的吸附与交换 …… 151
四、教学案例与分析 …… 152
第六章　土壤溶液与土壤反应 …… 154
第一节　土壤溶液及其组成 …… 154
一、土壤溶液的概念与作用 …… 154
二、土壤溶液的组成和浓度 …… 154
三、影响土壤溶液变化的因素 …… 155
四、教学案例与分析 …… 157
第二节　土壤溶液中的酸碱反应及其调节 …… 157
一、土壤中酸碱的来源及其影响因素 …… 158
二、土壤中酸碱的类型与表示方法 …… 160

三、土壤酸碱性与土壤质量的关系 …… 162
四、土壤的酸碱缓冲性及其调节 …… 164
五、教学案例与分析 …… 166
第三节 土壤溶液中的氧化还原反应 …… 167
一、土壤中的氧化还原体系 …… 167
二、土壤的氧化还原状况 …… 171
三、影响氧化还原状况的因素及其调节 …… 171
四、教学案例与分析 …… 173
第七章 土壤养分 …… 176
第一节 土壤养分概述 …… 176
一、土壤养分的来源 …… 176
二、土壤养分的有效性 …… 177
三、教学案例与分析 …… 177
第二节 土壤中的氮、磷、钾 …… 178
一、土壤中的氮素 …… 178
二、土壤中的磷素 …… 184
三、土壤中的钾素 …… 188
四、教学案例与分析 …… 191
第三节 土壤中的钙、镁、硫 …… 193
一、土壤中钙、镁、硫的数量及其影响因素 …… 193
二、土壤中钙、镁、硫的存在形态及其有效性 …… 193
三、教学案例与分析 …… 195
第四节 土壤中的微量元素 …… 196
一、土壤中微量元素的数量及其影响因素 …… 196
二、土壤中微量元素的存在形态及其有效性 …… 197
三、土壤中微量元素有效性的调节 …… 200
四、教学案例与分析 …… 201
第八章 土壤的形成、分类与分布 …… 205
第一节 土壤的形成发育过程及影响因素 …… 205
一、自然土壤的形成发育过程 …… 205
二、土壤剖面的发育 …… 206
三、土壤形成的影响因素 …… 209
四、土壤的基本成土过程 …… 213
五、教学案例与分析 …… 216
第二节 土壤分类 …… 219
一、土壤分类的意义和概念 …… 219
二、中国土壤分类系统简介 …… 219
三、教学案例与分析 …… 224
第三节 土壤分布 …… 231
一、水平地带性 …… 231

二、垂直地带性 …… 232
三、土壤分布的区域规律 …… 232
四、教学案例与分析 …… 233
第九章　主要土壤类型 …… 236
第一节　主要森林土壤 …… 236
一、森林土壤类型和分布 …… 236
二、森林土壤的共同特征 …… 236
三、主要森林土壤类型简介 …… 236
四、教学案例与分析 …… 250
第二节　主要草原土壤 …… 252
一、草原土壤类型和分布 …… 252
二、草原土壤的共同特征 …… 252
三、主要草原土壤类型简介 …… 252
四、教学案例与分析 …… 262
第三节　主要荒漠土壤 …… 265
一、荒漠土壤类型和分布 …… 265
二、荒漠土壤的共同特征 …… 266
三、主要荒漠土壤类型简介 …… 266
四、荒漠土壤的利用与改良 …… 270
五、教学案例与分析 …… 270
第四节　主要水成、半水成和盐成土壤 …… 271
一、沼泽土 …… 272
二、泥炭土 …… 273
三、草甸土 …… 274
四、潮土 …… 275
五、盐渍土 …… 277
六、教学案例与分析 …… 280
第五节　人为土 …… 281
一、水稻土 …… 282
二、灌淤土 …… 286
三、菜园土 …… 291
四、教学案例与分析 …… 294
第六节　初育土 …… 294
一、黄绵土 …… 295
二、风沙土 …… 297
三、新积土 …… 300
四、石质土 …… 301
五、粗骨土 …… 301
六、火山灰土 …… 302

七、紫色土 …… 302
八、教学案例与分析 …… 304
第七节 高山土壤 …… 305
一、高山土壤的分布与类型 …… 305
二、高山土壤的特征 …… 305
三、主要高山土壤类型简介 …… 306
四、教学案例与分析 …… 307
第十章 土壤调查 …… 310
第一节 土壤调查概述 …… 310
一、土壤调查的目的和任务 …… 310
二、土壤调查的准备和实施 …… 310
三、土壤调查的室内资料整理 …… 316
四、航片和卫片在土壤调查中的应用 …… 318
五、教学案例与分析 …… 320
第二节 特殊任务的土壤调查 …… 325
一、林地土壤调查 …… 325
二、草地土壤调查 …… 327
三、盐渍土壤调查 …… 328
四、侵蚀土壤调查 …… 329
五、风蚀土壤调查 …… 331
六、城市土壤调查 …… 333
七、工矿区土壤调查 …… 334
八、教学案例与分析 …… 336
第十一章 土壤质量与土壤资源保护 …… 341
第一节 土壤质量与土壤退化 …… 341
一、土壤质量的概念与评价 …… 341
二、土壤退化的概念与生态影响 …… 344
三、教学案例与分析 …… 360
第二节 土壤污染与防治 …… 366
一、土壤污染的概念与污染类型 …… 366
二、土壤污染的生态危害 …… 370
三、污染土壤的修复 …… 371
四、教学案例与分析 …… 374
第三节 土壤资源的保护与合理利用 …… 374
一、土壤资源的含义和特点 …… 374
二、我国土壤资源的特点 …… 376
三、我国土壤资源利用过程中存在的问题与合理开发利用对策 …… 377
四、教学案例与分析 …… 379

绪　　论

[本章导读]　本章主要内容包括土壤在农林业生产和陆地生态系统中的地位；土壤及土壤肥力的基本概念；土壤科学的发展及面临的任务。本章重点内容是了解土壤在农业生产和陆地生态系统中的地位和作用，了解土壤学的发展过程，掌握土壤及土壤肥力的基本概念，理解土壤的重要功能和土壤学所面临的任务。

第一节　土壤在农林生产和陆地生态系统中的地位

土壤是人类最早开发利用的生产资料，是人类赖以生存的物质基础和宝贵财富的源泉。它为人类社会创造了生存条件和发展环境，并抚育着整个陆地的生命系统。20 世纪中期以来，随着全球人口的增长和耕地锐减，资源耗竭，人类活动对自然系统的影响迅速扩大，人们对土壤的认识才不断加深，土壤与水、空气一样，既是生产食物、纤维及林产品不可替代的宝贵的自然资源，又是地球表层系统的重要组成部分。保持地球系统的生命活性，是维护整个人类社会和生物圈共同繁荣的基础。

一、土壤是植物生长繁育的基地，是农林业生产的基本生产资料

众所周知，农林业生产的基本特点是生产出具有生命的生物有机体，而这种生物有机体主要是植物和动物。生产植物除利用太阳能和空气以外，还必须有土壤因素的参与。土壤可以提供植物生长所必需的水分和养分以及机械支持。动物生产是在植物生长的基础上的次级生产，是通过食物链繁育衍生而来的。因此，土壤不仅是植物生产的基础，而且也是动物生产的基础，如果没有植物的繁茂，就不可能有畜牧业的高度发展，两者都必须以土壤作为基本生产资料(图 0-1)。

二、土壤是制定农林业生产技术措施的基础和依据

农林业生产是一项极其复杂的系统工程。高产、稳产、高效、优质、可持续发展是农林业生产的基本要求，这一目标的实现决定于多种因素。一般来讲，在植物栽培技术上的八大基本要素(土、肥、水、种、密、保、工、管)中土壤是基础，土壤类型、土壤性质以及土壤的肥力状况是决定施肥、灌溉、品种选择、栽培、植物保护、农业机械配套以及生产管理的依据，忽视了土壤也就谈不上其他措施的科学合理。因此在制定和采取各项技术措施的同时，必须首先考虑土壤的因素，在整个农林业生产过程中一定要坚持“因地制宜”的基本原则，包括因土施肥、因土灌溉、因土种植、因土管理等一系列技术措施。

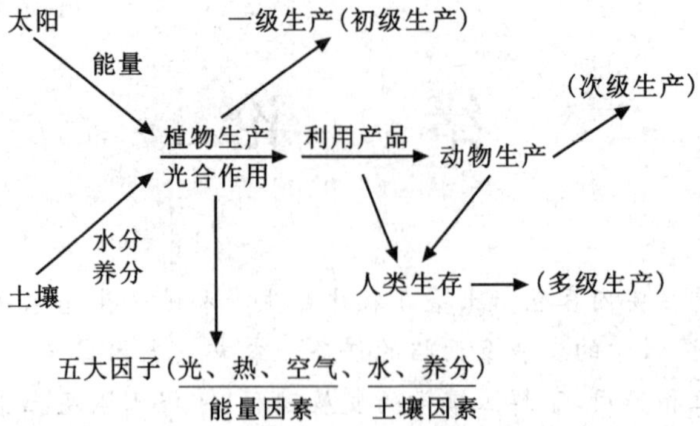

图 0-1 植物生产和动物生产之间的关系

三、土壤是人类社会最宝贵的自然资源

土壤作为一种资源,它不同于其他的资源(煤、油),虽然从数量上来看是有限的,但是从质量上来讲是无限的,只要人们利用合理,就可以不断为人类服务,也就是说只要"治之得宜,地力常新",因此就要求我们必须合理利用土壤资源,合理利用每一寸土地,十分珍惜每一寸土地,否则一旦土壤资源遇到严重破坏,就需要很长时间方能再生,毁之容易成之难。

在人类历史上,土壤资源由于利用上的不合理和不科学,遭到破坏的例子也是很多的,由此所造成的恶果,就世界范围来说主要有五大问题:土壤侵蚀、土壤荒漠化、土壤盐渍化、土壤肥力下降和土壤污染。这些问题在我国也有不同程度的存在,因此启示我们,在土壤资源的开发利用上必须合理,按自然规律办事,因地制宜,只有这样才能充分发挥土壤的永续利用性,为我们的子孙后代造福。

四、土壤是陆地生态系统的主要组成部分

在一定地区,生物群落与环境所构成的物质循环和能量流动系统,这个动态的系统就叫生态系统。每个生态系统都有其独特的生物组合,在一个地区的自然环境中,植物—动物—微生物—土壤就可以作为一个完整的生态系统。

绿色植物吸收光能进行光合作用而生长,食草动物消耗部分绿色植物,使绿色植物的一部分能量和组成物质传给食草动物,而食草动物在其生长过程中,一部分物质和能量又传给了食肉动物或者人,食肉动物的排泄物或者是死亡残体,又留于土壤,而其他二者的剩余部分也残留于土壤,在土壤中又被微生物分解利用,释放物质和能量于土壤,通过土壤又传回绿色植物,进行新的循环。可见在这个循环过程中土壤是主要环节,没有土壤则无从循环。

从这个意义上看,土壤不仅仅是农业生产的基本资料而且是农田生态系统,是以人类社会为主体的整个陆地生态系统的主要组成部分,它和大气、水、生物和矿藏一样对人类社会具有同等重要的意义。

五、土壤是影响人类生存的重要环境要素

在影响人类生存的三大环境要素(大气、水、土壤)中,土壤是处于地球各大圈层的界面上,

是自然环境要素的中心环节,处于水圈、大气圈、生物圈和岩石圈的中心位置,是地球最活跃、最富生命力的圈层之一。1938 年,瑞典的 S. Matson 根据物质循环的观点,提出土壤圈(pedosphere)的概念。土壤圈是覆盖于地球陆地表面和浅水域底部的一种疏松而不均匀的覆盖层及其相关的生态与环境体系,它既是大气圈、水圈、生物圈和岩石圈长期共同作用的产物,又是这些圈层的支撑者。土壤的固体部分包括有机物和无机矿物,它们分别来源于生物圈和岩石圈;土壤的液体部分即土壤溶液是水圈的组成部分;土壤的气体既包括大气圈中的气体,还包括土壤生物化学反应释放出的气体,这些气体最终进入大气圈。土壤圈与四大圈层间不断进行着物质循环与能量交换,是连接四大圈层的纽带,是联结无机界(非生命)和有机界(生命)的中心,土壤圈与各圈层间存在着错综复杂而又十分密切的"联系-制约"关系(图 0-2)。

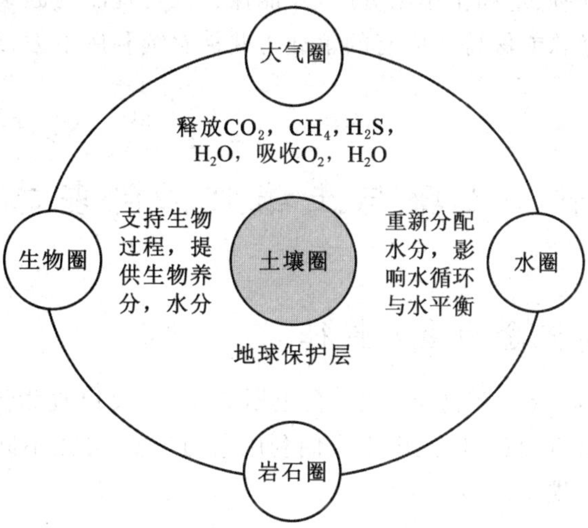

图 0-2　土壤圈对大气圈、生物圈、岩石圈和水圈的作用

土壤是人类赖以生存的基础。土壤作为作物的载体,它的环境质量最直接关系到农产品的安全,对人民的身体健康有着最深刻的影响。由于土壤承担着 50%～90%的来自不同污染源的污染负荷,保护好土壤资源,了解和掌握土壤的污染状况,有效地调控土壤中的污染物质,对保证大气和水体质量,调控整体环境和保证人类健康具有重要的意义。

六、教学案例与分析

土壤质量和土壤健康是人类可持续发展的基础

美国土壤学会对土壤质量的定义为:在自然或管理的生态系统边界内,土壤具有保持生物持续生产,维持环境质量及促进植物和动物健康的能力。我国学者对土壤质量的定义为土壤提供食物、纤维和能源等生物物质的土壤肥力质量,土壤保持周边水体和空气洁净的土壤环境质量,土壤消纳有机和无机有毒物质、提供生物必需元素、维护人畜健康和确保生态安全的土壤健康质量的综合量度。土壤质量的评价主要从土壤物理、化学和生物学性质三个方面综合进行。其中,土壤物理性质主要包括土壤质地、土壤和根系深度、土壤容重、土壤入渗性能、田间持水量等;土壤化学性质主要包括土壤有机质、pH、电导率、有效态氮磷钾等;土壤生物学性质主要包括微生物碳和氮、土壤呼吸、氮矿化潜势等。

土壤健康是指土壤既能支撑满足人类对食物和纤维生产在质量和数量上的需求，又能发挥维持人类生活质量和保护生物多样性的生态服务功能。

土壤质量主要强调土壤的运行能力，而土壤健康强调土壤作为活的自然体的资源属性，强调土壤是有生命力的，其功能是连续的。可见，土壤功能的内涵是不断发展的，具有农业生产和环境保护的功能。土壤生物的生态贡献是不容忽视的。土壤生物除了能维持土壤结构，调节土壤水文过程、土壤固碳能力和土壤与环境的气体交换能力外，还在污染物质的解毒、有机物质分解、养分循环、抑制有害生物和病害、植物生长的调节等方面发挥重要的作用。为了保证土壤资源的永续利用和农业可持续发展，必须重视保护土壤生物多样性，维持土壤生态系统平衡，这对保持全球生态系统的稳定和应对全球变化都具有重要的意义。

人类只有保护土壤的质量和土壤的健康，才能保证人类食品的健康和身体的健康，才能保护好生态环境，使土壤资源能保持其应有的承载力并被永续利用下去，维持人类社会持续健康发展下去。

第二节　土壤与土壤肥力的基本概念

一、土壤的基本概念和重要特征

土壤是孕育万物的摇篮："万物土中生，有土斯有粮"、"民以食为天，食以土为本"。可以说，人们几乎天天与土壤打交道，但是由于人们利用它的角度、方法不同，因而对它产生的认识也就不同，也就相应地出现了许多定义。

（一）土壤的概念

各国学者曾对土壤下过很多不同的定义，例如，抱有地质学观点的学者把土壤看成是陆地表面由岩石风化产生的表土层；抱化学观点的人则认为土壤是含有有机质及矿物质养料的风化层；而抱物理学观点的人却认为土壤是具有一定形态、颜色及层次分明的固体、液体及气体的混合物；搞建筑和工程的人认为土壤是建筑的基础和工程的材料；环境科学家认为土壤是重要的环境要素，是环境污染物的缓冲带和过滤器（具有吸附、分散、中和、降解污染物的能力），也可能是环境污染物的来源地；生态学家认为土壤是一个生态系统或者所有陆地生态系统的一部分；环卫工人认为土壤是一种污垢和灰尘。这些定义都是非常片面的，他们只提到了土壤的部分性质，而没有接触到土壤的实质。

苏联土壤学家道库恰耶夫（1846—1906）对土壤的发生、发育经过仔细研究后，首先提出土壤是自然成土因素共同影响下发育起来的"历史自然体"。所谓历史自然体的意思，即指土壤是客观存在于自然界并有其发育历史过程的自然物体。苏联近代土壤学家威廉斯（1865—1939）在总结了前人研究成果的基础上，对土壤下了一个较精确的定义。他说，土壤是地球陆地上能够产生植物收获物的疏松表层。肥力是土壤极其重要的性质，是土壤的本质特征。这个定义不但说明土壤在自然界的位置，而且说明土壤的本质是肥力，正是由于土壤具有其肥力，因此才能在其上生长植物。

农业科学家强调：土壤是地球陆地表面能够生长植物的疏松层，具有提供并协调植物生长所需的水分、养分、空气和热量的能力和环境条件的能力。

(二)土壤的特征

正确认识土壤,掌握土壤的特征,首先应认识以下几个基本观点。

1.肥力是土壤特有的本质

土壤既然是存在于自然界中的物体,必然具有很多性质,如颜色、比重、质地等等。但是这些性质不仅土壤所具有,其他自然体也具有,只有肥力是土壤所独有的性质。因此,肥力是土壤和其他自然体区别最明显的标志。

2.土壤是环境的产物

土壤有它自己发生、发展的过程,环境因素以及环境变化必将对土壤产生深刻的影响。土壤也是影响人类生存的三大环境要素(大气、水和土壤)之一,因此考查研究土壤一定要把土壤与周围环境当作一个整体考虑,不但要时刻注意环境对土壤的影响,也要注意土壤对环境的可能影响。土壤在其容量范围内可吸附、分散、中和、降解污染物;如果超过了土壤的环境容量,也可能对大气、水体、食物链等产生二次污染。

3.土壤是一个独立的历史自然体

土壤不是简单的混合物,由于独立存在于自然界中,因此受自然界规律的支配。

4.土壤是一个生命体

土壤不但具有同化和代谢功能,也具有自动调节能力。土壤的这种净化能力和自动调节功能,是维持土壤生态系统相对平衡的基础,是人们在利用土壤过程中不可忽视的基本属性。

二、土壤肥力的基本概念

土壤肥力(soil fertility)是土壤的基本性质所在,研究土壤必须研究土壤肥力的变化状况,然而关于土壤肥力的概念到现在为止意见很不一致,主要是因为它本身太复杂,现在介绍一些基本观点。

(一)土壤肥力内涵的发展

欧美的土壤学家认为土壤肥力就是土壤供给植物养分的能力。土壤肥力只包含一个因素。苏联土壤学家威廉斯则认为土壤肥力是土壤在植物生活的全过程中,同时而又不间断地供给植物以最大量的有效养分和水分的能力,从这个定义看起来,肥力至少包括养分和水分两个因素。我国土壤学家对土壤肥力的认识也存在着几种不同的看法。其一是侯光炯在《中国农业土壤概论》中认为土壤肥力的实质是土壤的生命力,是指土壤持久稳定和主动地满足植物对养分和水分需要的能力,是土壤能够自动调节,抵抗外界不良环境的能力。他把土壤比作类生物体,有它自己的生理功能,即代谢功能(呼吸和物质循环)和自动调节功能(pH、离子浓度),而土壤的这一种功能主要来自于土壤里面的有机—无机复合胶体。简而言之,土壤肥力就是在一定自然条件下,土壤能够稳、匀、足、适地供给植物水分和养分的能力。按照这种见解土壤肥力的主要因素是养分和水分,肥力高低的标志是稳、匀、足、适的程度。其二是以熊毅为代表的中国科学院南京土壤研究所的科学工作者在《中国土壤》中认为肥力是土壤的本质,是土壤为植物生长供应和协调营养条件和环境条件的能力,其中营养条件是水分和养分,环境条件则是指影响植物生长的物理、化学和生物环境条件。其三是陈恩凤认为土壤肥力的基础是土壤的有机无机复合体，研究土壤肥力既要研究土壤的体质又要研究土壤的体型。所谓体质是土壤的性质所在，体型则是土壤的良好土体构造。

然而，我国大多数土壤工作者普遍认为土壤肥力至少包括水、肥、气、热四个因素，它们各自的作用是不同的，其中水、肥、气是物质基础，热是能量条件，这四种因素之间是相互联系，相互制约的，它们是土壤肥力的四个指标。具体讲，土壤肥力是指在植物生长的各个阶段，土壤对植物生长所需的水、肥、气、热的供应和协调能力。简单讲就是土壤满足植物生长所需的吃饱、喝足、住得舒服的能力。

为了进一步理解土壤肥力，还应了解以下几个基本概念。

（二）土壤肥力与土壤生产力的关系

土壤肥力是土壤的本质属性，土壤生产力则是指在外界环境条件影响下，土壤表现出来的实际植物产量的能力，它是由土壤本身的肥力属性和发挥肥力作用的外界条件所决定的。从这个意义来看，土壤肥力只是土壤生产力的基础，而不是生产力的全部。要提高作物产量，必须从两方面着手，一方面要改变土壤本身的属性即肥力状况，另一方面要改善土壤的外界环境条件。

（三）土壤肥力的自然属性与社会属性

土壤肥力按其产生的原因，可分为自然肥力和人工肥力，前者是指土壤在自然因素综合作用下发展起来的肥力，后者则是指在耕作熟化过程中发展起来的肥力。在耕作土壤上既有其自然肥力，也具有人工肥力，在生产上是很难把二者加以区分。尽管如此，还是可以肯定在不同生产水平下它们所占的比重不同。在生产落后的情况下，农业生产主要依靠自然肥力，而在农业高度发展条件下，则人工肥力占有重要地位。

无论自然肥力或人工肥力，它们在一定时间内都只能有一部分在生产上表现出来，因此根据能否直接产生经济效果，土壤肥力又可分为有效肥力（经济肥力）和潜在肥力，直接产生经济效果的称为有效肥力，不能直接表现出来的称为潜在肥力。但应指出，这二种肥力并不是彼此孤立的，而是可以相互转化的。

基于上述原因，所以说土壤肥力并不单纯是土壤的自然属性，而是与社会属性密切相关的。在生产水平低下的情况下，由于掠夺式的经营或不合理利用土壤资源，土壤肥力必然下降，反之如能认真地运用先进科学技术，提高土地的管理水平，真正把用地和养地结合起来，土壤肥力就会不断提高。

三、土壤的基本物质组成

土壤是一个存在于地表的自然体，不论其为农地、林地、草地甚至荒地，其基本物质组成都包括以下几个部分。

（一）土壤的固体部分

土壤固体包括颗粒大小不同的矿物质颗粒及无定形的有机质颗粒。

①矿物质颗粒是土壤的骨骼，主要来源于岩石矿物的风化，占整个固体质量的95%以上。各土粒的直径的差异很大，大的粗沙，直径达3 mm，小的为直径数万分之一毫米的胶体。就

整个土体容积而言，矿物质占38%以上。

②有机质仅占固体部分的百分之几甚至千分之几，主要由生物残体及其腐败物质组成，它对土壤性质与肥力起着极大的作用，土壤中如果没有这一部分，就不能成为土壤。就土体容积而言，有机质约占12%。

（二）土壤的液体部分

土壤液体存在于土壤孔隙中或土粒的周围，主要是水分，但是土壤中的水并非纯粹的水分，而是含有溶解物质（包括多种养料）的土壤溶液。土壤液相占整个土体容积的20%～30%。

（三）土壤的气体部分

土壤气体存在于土壤的大空隙中，其中一部分是由大气层进入土壤的，主要为 O_2、N_2 等；另一部分则是由土壤内部产生的，如 CO_2、CH_4 等，它在组成和含量上和大气成分不同。土壤气相也占整个土体容积的20%～30%。

（四）土壤中的各种生物

土壤生物包括各种原生动物和微生物，尤其是微生物。

一般来讲，土壤主要是由固体、液体、气体这3相物质组成的，但是这3部分并不是孤立存在的，它们在土壤中并不是混合物的关系，而是构成了一个极其复杂的生物物理化学的体系，土壤中的一切物理化学的，生物化学的变化，土壤和大气圈、水圈、岩石圈、生物圈之间物质和能量的转换都与这个体系有关。

四、土壤沿垂直方向和水平方向上的异质性

（一）土壤垂直异质性

土壤的垂直断面称为土壤剖面。在土壤剖面中往往可以发现从上到下并不是同质的，它由几个在物质组成上、性质上、形态上都不相同的水平层次组合而成，这些层次组合的产生是在土壤形成过程中，由于物质的淋溶、淀积和再合成这样一些作用分化而来的。土壤剖面层次的划分依据主要是根据土壤剖面的外部形态特征，包括质地、结构、颜色、新生体等。

不同的土壤在土层的数目上、组合上，土层间区别的明显程度上的特征差异都不相同，由此人们可根据土层的特征，来划分出土类，确定土壤的肥力状态，适度发育的土壤一般有以下3个层次。

1.腐殖质层（淋溶层）

处在土壤的最表面，是植物根系活动的主要区域，有机质积累比较多，颜色比较深暗，同时由于降雨的作用，一些物质向下淋移。对于耕作土壤此层又叫作耕作层。

2.淀积层

淀积层在淋溶层之下，承受由淋溶层淋洗下来的一些物质，同时又是一个具有承上启下作用的层次，因此有时也叫过渡层，其特点是比较黏重，结构体表面常常覆有各种胶膜。对于耕作土壤来讲，这一层次也叫心土层。

3. 母质层

此层与母质相比没有什么改变，基本保留原来母质的特征，对于耕作土壤则叫它底土层。

以上是一般土壤具备的3个层次，并不是所有土壤都有这3个层次，有的可以多一些，有的则少一些。对于岩石风化物上发育的土壤往往只有淋溶层和母质层，没有淀积层。在水土流失比较严重的地方，有时只有母质层（死黄土）。河流两岸的冲积母质上，层次划分则很不明显。

（二）土壤水平异质性

在水平方向上（从南向北或从东向西），土壤与环境是统一的，是在外界环境综合作用下形成的一个历史自然体。由于不同地区的自然条件组合并不一致，特别是生物气候条件的差异，往往导致土壤在水平上也存在着很大的异质性。正是这种水平上异质性的存在，为进一步的土壤分类提供了重要的依据。在生产实践中，农民常用"一步三换土"的说法来形容土壤的这种水平异质性。

五、教学案例与分析

土壤退化的本质

土壤退化是一种土壤变化，也是自然环境变化的一个组成部分。物质运动是绝对的，所以土壤始终处于不断变化之中。土壤的变化包括获得能量而使其有序化增加的过程和能量净损失而有序化降低的过程。土壤退化过程的实质是土壤中能量的净消耗和有序化降低的过程。如当观察黄土剖面时，人们发现，黄土层中夹着很多层次的古土壤——红色土层，这反映了200多万年开始的第四纪以来，气候干冷与湿热交替变化的过程，气候变化和气候波动很频繁；再如，根据板块构造学说，岩石圈由六大板块在地幔上漂浮着，每年移动1～10 cm。4 000万年前，印度板块撞上欧亚板块，青藏高原隆起，喜马拉雅山脉崛起，阻挡了印度洋暖流季风向北运移，使我国的西北部变得干旱、少雨、寒冷，造成我国北方大部分地区的干旱、半干旱气候，形成现代戈壁、沙漠等自然景观，也就是自然造成了土壤荒漠化。但是，由于土壤的自然变化通常是缓慢的和不明显的，观察者受到时间尺度的限制而不能直观地感觉到。我们直观的感觉是自然发展变化的土壤系统处于一个相对不随时间变化而变化的稳定态，即能量和物质的输入刚好维持了土壤性质的稳定，土壤的构建过程与土壤退化过程似乎相平衡。实际上，土壤自然演变的总体方向是更加有序化（如有机物质在表层积累）的，是消耗能量的，其能量的输入最终来源是太阳能或者重力。

由于土壤圈与生物圈、大气圈、水圈、岩石圈不断进行着物质交换和能量的传递，土壤的变化对其他环境因子产生反馈作用，当土壤的变化威胁了人类的生存环境和可持续发展，我们就说土壤发生退化了。土壤退化（soil degradation）的概念可以定义为在各种自然因素，特别是人为不合理活动影响下所发生的土壤质量及其可持续性下降甚至完全丧失的过程。在自然环境条件下发生的土壤退化是缓慢的；而人为活动对土壤变化的影响是迅速而深刻的，人类不合理活动导致土壤质量和功能快速丧失，是土壤退化的根本原因。人类不合理活动包括两个方面：第一，人类不合理的土地利用方式，导致土壤退化。如开垦草原，毁林开荒，开发矿藏，这些活动改变了土地覆被和地表水文；人类对自然植被的破坏，引起土壤侵蚀、土地沙化，如全球水土流失面积 2 000 万 km^2，占总面积的 16.8%，全球沙漠化面积 40 多亿 hm^2，每年以 600 万 hm^2 的速度扩展；我国草原滥垦过牧，1/4 退化，每年沙化面积 133 万 hm^2。第二，人类不合理的土地管理方式，导致土壤退化。如过度放牧，灌溉不当(不合理的灌溉引起土壤次生盐渍化和潜育化)，工业三废的随意排放，化肥和农药的不合理施用等。土壤退化类型主要包括土壤污染、土壤侵蚀、土壤荒漠化、土壤盐渍化、土壤酸化、耕地贫瘠化和土壤耕性恶化、土壤排放温室气体等。

第三节　土壤科学的发展及其面临的任务

一、土壤科学的发展

土壤学既是一门古老的科学，也是一门新近发展起来的科学，说它是古老的，是因为自从人类开始进行农业生产活动以来，就和土壤打交道。现有考古资料确认，大约 18 000 年以前，人类就开始种植农作物。各国劳动人民在实践过程中都积累了丰富的认土、用土和改土的经验，而且有的国家，如我国在很早以前就有有关这方面的文字总结和记载。但是由于土壤是一个很复杂的体系，对它的真正认识有赖于生物学、化学、数学和一些分析测试手段的发展，在早期因受生产水平和科学技术的限制，不可能对土壤本身以及它与环境条件的关系进行深入的研究。土壤学由经验上升为理论是 19 世纪中期以后的事，所以我们说它又是一门新近发展起来的科学。

(一)土壤科学发展的经验阶段

在 19 世纪以前，人们对土壤的认识只是某些直观性质和一些纯朴而简单的经验总结。我国是具有几千年历史的文明古国，这方面积累的经验尤为丰富，具有代表性。早在很久以前，我国就有了有关土壤的定义(说文解字：土者，是地之吐生物者也)，说明土壤是植物生长的基础，公元前 5 世纪前后的孔子编定的《尚书》中《禹贡》篇，记载了公元前 21 世纪(距今有 4 100 多年)夏代的大禹治水以后全国的地理面貌，其中描述了九州土壤的一些特征、地理分布及肥力等级，是世界上最早的土壤学专门论著，也是世界古代土壤科学发展上的伟大创举。《禹贡》按土壤肥瘦、性状、生产力，把九州的土壤分为三等九级。自公元前 3 世纪到公元后几世纪(相当于秦、汉到唐代)，这方面的论述就更加多了。例如战国时各学派的言论汇编《管子》中的《地员》篇，按土性、土宜、肥力把土壤分上、中、下三等，每等级 6 类，每类又各分 5 种，采用续分法，共分出 90 种土壤，这些是现在所知最早结合生产的土壤分类系统，并提出要因土种植——即按照不同的土壤类型，安排不同的作物。表 0-1 是《地员》所记载的黄河下游平原五种土壤所适宜的农作物、植被，地下水位、水质等情况。

周代的记载典章制度、职官礼法、物名制度的汇编《周礼》中的《地官司徒・大司徒》中，提出了应该按照一个地区不同的土地类型，全面安排农、牧、林、渔各项生产以及合理安排居民点和城邑；而《夏官司马・职方氏》则提出要重视农业的地区性，即根据不同地区特点安排人民的生产和生活。这些反映了我国传统土壤学的特色理论——“土宜论”。南北朝时期的《齐民要术》系统地总结了我国农民丰富的生产经验，叙述了以深耕为中心，耙耱、镇压相结合的土壤耕作制度以及利用豆科作物肥田养地的措施。这些论述不仅反映了我国古代劳动人民培肥土壤的经验，也说明了有机质在土壤肥力上的作用，至今仍有指导意义。至元、明、清以来，我国对于农业生产的技术措施，进一步有了明确的分类和更详细的归纳总结。这是我国劳动人民对土壤学的伟大贡献。

表 0-1 《地员》所记载渎田(黄河下游平原)五种土壤所适宜农作物和植被等情况

土类	所宜农作物	草	木	地下水位	水	民
悉徙	五种无不宜	楚棘	蚖蓄、杜松	五施	仓	强
赤垆	麻白、布黄	白茅、藿	赤棠	四施	白而甘	寿
黄唐	无宜	黍秫、茅	木熏、桑	三施	黄而糗，流徙	
斥埴	大菽、麦	萯、藿	杞	再施	咸，流徙	
黑埴	稻、麦	苹、蓨	白棠	一施	黑而苦	

16—18 世纪，西欧许多学者为论证土壤与植物的关系，提出了各种假说。17 世纪中叶，海尔蒙特根据 5 年的柳枝土培试验，认为土壤只是供给了植物水分和起支撑作用；17 世纪末，伍德沃德认为细土是植物生长的要素；18 世纪末，泰伊尔提出“植物腐殖质营养学说”，认为除了水，腐殖质是植物唯一的营养物质；这些假说给后人很多的启发。

(二)近代土壤科学发展阶段

近代土壤科学的发展始于 19 世纪中叶，各国土壤学家对土壤学的发展都做出过不同程度的贡献，但贡献较大的当推德国化学家李比希和苏联土壤学家道库恰耶夫。19 世纪中叶李比希提出了著名的矿质营养学说，他认为植物可以吸收土壤中的简单矿物质，从而纠正了在他以前曾广泛流传的一些错误理论，把土壤学和植物生理学置于真正的科学基础之上，推动了化学肥料工业的发展。到了 19 世纪末期，苏联土壤学家道库恰耶夫用野外调查的方法对土壤的形成、发育、演变和分布做了大量的研究，并做出了很有价值的结论，他认为土壤的形成是岩石风化过程和成土过程所推动的，影响土壤形成发育的因素有母质、气候、生物、地形和成土时间，土壤的内部性质和外在形态都直接或间接地和这五个因素有关，从而解释了地球表面所以存在形形色色土壤类型的原因，对近代土壤学的发展做出了不可磨灭的贡献。

近代土壤学在 20 世纪 30 年代传入我国。特别是新中国成立后，在党和政府的领导和关怀下，建立和整合了机构，培养了大批土壤学方面的人才，组织有关人员围绕国民经济的恢复和发展，做了大量的调查研究和试验工作，到 20 世纪 60 年代前半期，在各方面都有了较大的发展，以后由于众所周知的原因被迫停顿。1979—1994 年，我国开展了全国第二次土壤普查，历时 16 年，摸清了我国土壤资源的基本情况。自从我国改革开放以来，由于调动了广大科技工作者的积极性，在充分总结经验的基础上，广泛开展科学研究，目前在土壤学科的某些领域已经处在了国际先进水平。但是，由于我国土壤科学研究起步晚，与发达国家仍然有较大差距，特别是人多地少的国情、飞速发展的工业化和城市化对环境和生态的破坏等都对土壤科学在如何维持社会可持续发展的问题上提出了严峻的挑战。

（三）现代土壤科学发展阶段

工业革命以来，特别是随着全球环境问题的出现，促使土壤学的发展进入了一个新的历史时期，即环境土壤学与健康土壤学的发展阶段。土壤学研究的核心，从过去的单纯追求农作物的高产，发展到了土壤环境问题的解决和驾驭，即由农业生产为核心转变成以环境保护为核心。要把土壤作为自然环境资源，通过认识和掌握土壤-植物系统的污染和净化功能的统一过程，采取必要的环保措施，保护土壤环境资源，改善土壤环境质量，保护人类的健康。随着人民生活水平的提高，人们对农产品品质有了更高的要求。人类疾病主要是营养不平衡造成的，“药补不如食补”。健康环保农产品成为社会的需要，必须发展和生产无公害食品、绿色食品和有机食品。这些都对土壤科学提出了更高的要求。健康的土壤才能生产出健康的食品，健康的食品能够起到预防和治疗疾病的作用，人类的身体才能保持健康，地球人才能可持续地生存和发展。可见，健康土壤学与传统土壤学有实质性的区别，它以维持和促进土壤健康为核心，它是研究土壤生态系统各种功能和如何增强这种功能并进行调控以促进植物及其他生物特别是人类健康的科学。

现代土壤科学有三个主要的努力方向：第一，维持、促进土壤本身健康，产出健康农产品，进而促进植物、其他生物及人类的健康；第二，使土壤完全发挥水分调控和储藏能力，既满足植物生长和发育，又降低洪涝等自然灾害的发生和危害；第三，完全发挥土壤环境缓冲器功能，使有毒有害污染物转化成低毒的或对植物、动物、微生物无毒的成分。

二、土壤科学的任务

土壤不但是农业生产的基本生产资料，也是影响人类生存的环境要素，不论是在农业生产中，还是在陆地生态系统建设中，土壤学都肩负着重要的任务。

①为保持生态平衡，地尽其地，合理布局农、林、牧、副、渔各业，必须进行农业区划，进而改善和保持生态环境，而农业区划和生态环境建设的基本根据之一就是土壤的类型、性质和分布。

②地少人多是我国的一个基本特点，发展农业生产的主要途径应该是在保证质量的基础上，提高单位面积产量，土壤学应因地制宜研究高产土壤的条件，寻求提高土壤肥力的有效可行措施。

③在农业教育中，土壤科学也担负着主要任务，它是农科各专业的一门专业基础课，只有学好了土壤学，才能学好有关农业生产的一些专业课。

④土壤既是人类社会所拥有的宝贵资源，又是影响人类生存的环境要素。如何合理利用和保护土壤资源，如何控制土壤污染和改良已被污染的土壤，如何控制全球性的土壤荒漠化，如何控制土壤与陆地生态系统中其他圈层（生物圈、大气圈、水圈、岩石圈）之间的物质和能量交换都是土壤学的重要课题。

⑤土壤是地球上大气圈、水圈、生物圈及岩石圈交界面上的一个圈层，处于其他四大圈层的中心，既是地球各圈层间物质与能量交换的枢纽，又是地球各圈层间相互作用的产物。面对全球气候变化所可能导致的全球土壤变化，需要进一步正确认识土壤在地球系统中的位置，把对土壤从单一的农业生产资料的认识上解脱出来，既要认清土壤的自然属性，也要注意土壤的社会属性。

三、教学案例与分析

生态高值农业

生态高值农业是充分应用现代及未来新能源、新材料、新装备以及新信息技术、新生物技术等武装起来的农业高新技术体系与生产模式，在确保生态环境友好的前提下，通过提高农业科技内涵和提高农业生产管理水平实现农业产业的高值化，从而大幅度提高农业生产能力、产业化水平、竞争力和比较效益。

如上海崇明岛前卫村：以生态农业为核心，种植业、养殖业、沼气、加工业、科学技术、旅游业、文教、路、桥、林、田结合，农业促进了多种产业的发展，全村 5 000 亩* 土地，500 人年收入是 8 000 万元，人均达到 16 万元。

复习思考题

1. 如何理解土壤在农林业生产和陆地生态系统中的地位和作用？
2. 为什么说土壤是人类社会所拥有的最宝贵资源？
3. 什么是土壤、土壤肥力、土壤生产力、土壤圈？
4. 结合你所学专业，如何理解土壤科学所面临的任务？

参考文献

1. 全国土壤普查办公室. 中国土壤. 北京：中国农业出版社，1998.
2. 沈善敏. 中国土壤肥力. 北京：中国农业出版社，1998.
3. 黄昌勇. 土壤学. 北京：中国农业出版社，2000.
4. 朱祖祥. 中国农业百科全书. 土壤卷. 北京：中国农业出版社，1996.
5. 黄昌勇，徐建明. 土壤学. 3 版. 北京：中国农业出版社，2010.

* 1 亩≈667 m^2

第一章 成土母质与土壤矿物质

［本章导读］ 在了解土壤和土壤肥力的基础上，本章重点理解土壤母质的基础物质——矿物和岩石的基本特征、主要种类及其风化作用；土壤母质的常见类型；土壤粒级、土壤质地的概念、分类标准；不同粒级土粒的矿物组成、化学组成和基本特性；重点掌握岩石—母质—土壤的关系，不同质地土壤的肥力特征、生产特性和利用途径以及改良措施。

土壤位于岩石圈的最上层，即风化壳的表层。它是由固、液、气三相物质组成的自然体，其中，固相部分由许多大小不等的矿物质颗粒和有机质颗粒组成。对于一般土壤来说（自然植被茂密的森林土壤和草原土壤除外），土壤矿物质颗粒占土壤固相部分的95%（质量百分数）以上，是构成土壤的最基本的物质，与土壤性质关系密切。

土壤矿物质颗粒主要来源于岩石、矿物的风化。处于地球陆地表面的岩石、矿物，受到自然界水、气、热以及生物的影响而产生的风化物质就是土壤母质（parent material）。土壤母质是形成土壤的基础。

第一节 形成土壤母质的矿物和岩石

一、矿物和岩石的概念及基本特征

矿物和岩石是既有联系，又有区别的两种自然物质。矿物是组成岩石的基本单位，岩石是矿物的集合体。

（一）矿物的概念及其特征

1. 矿物的概念

矿物（mineral）是地壳中化学元素在各种地质作用下形成的具有一定化学成分和物理性质的自然产物。

地壳中的化学元素很多，主要元素有90多种，但其含量很不均衡，其中氧（O）、硅（Si）、铝（Al）、铁（Fe）、钙（Ca）、钠（Na）、镁（Mg）、钾（K）约占98%，而一些植物生长所必需的重要元素，如磷（P）、硫（S）、氮（N）等数量很少，见表1-1。

地壳中诸多的化学元素受到内力地质作用（如地壳运动、火山爆发等）或外力地质作用（如侵蚀、风化、搬运、堆积等）之后形成各种各样的矿物。自然界的矿物按其成因分为原生矿物（由岩浆直接冷凝和结晶而成）和次生矿物（原生矿物经过风化后转变或重新合成）。

表 1-1 地壳中的主要化学元素 %

序列	元素	所占比例	序列	元素	所占比例
1	氧	49.13	11	碳	0.35
2	硅	26.00	12	氯	0.20
3	铝	7.45	13	磷	0.12
4	铁	4.20	14	硫	0.10
5	钙	3.25	15	锰	0.10
6	钠	2.40	16	氟	0.08
7	镁	2.35	17	钡	0.05
8	钾	2.35	18	氮	0.04
9	氢	1.60	19	其他	0.22
10	钛	0.51			

（引自林成谷主编《土壤学》）

2.矿物的特征

矿物具有以下基本特征：

(1)*矿物是自然界各种地质作用形成的天然产物* 矿物具有天然性，是地壳中各种化学元素，在不同的物理、化学条件下，经过自然的化学反应所形成的产物。而由人工合成的产物，如人造金刚石、人造水晶等，严格来讲不属于矿物。

(2)*矿物是具有一定化学成分的单质或化合物* 每一种矿物都具有固定的化学成分，可以用化学式表达。如单质矿物自然金和自然铜，它们的化学式分别为 Au 和 Cu；化合物矿物石英、方解石，它们的化学式分别为 SiO_2 和 $CaCO_3$。

(3)*大多数矿物为结晶质固态，极少数为非晶质、非固态* 绝大多数矿物是结晶质固态无机物（即晶体），极少数矿物为气体、液体和有机物，如自然汞、天然气、琥珀等。结晶质矿物成分固定，内部质点（离子、原子、分子）按一定方式规则地排列成空间格子状构造，因而显示一定的几何外形，如石英、角闪石为柱形，方解石为菱面体等；但非晶质矿物的内部质点排列无规律，不具有规则的几何外形，如蛋白石。非晶质矿物在一定条件下可转化为晶质矿物。

(4)*矿物具有一定的物理性质* 矿物的物理性质是化学成分和内部构造的反映，包括结晶形态、颜色、条痕、光泽、硬度、解理或断口等方面的特征。人们常常利用矿物的形态和物理性质不同，来鉴别不同种类的矿物。

①形态：针对结晶矿物而言，具有一定的形态。矿物的形态通常指矿物单个晶体或聚合体的形态，单体形态具体表现为柱状、板状、片状、菱面体、多面体等；聚合体形态包括双晶、粒状、纤维状、放射状、鳞片状、鲕状或肾状、豆状、结核状、土状等。

②颜色：根据矿物颜色产生的原因分为自色、他色、假色。

③条痕：指矿物粉末的颜色，通过矿物在无釉的白瓷板上刻划而判定，其意义在于清除假色、减弱他色、保存自色。矿物表面颜色不均匀时，条痕是鉴别矿物比较可靠的特征。

④硬度：指矿物抵抗外来机械作用（如刻划、压力、研磨）的能力。一般采用摩氏（F. Mohs）硬度计来确定矿物的相对硬度。摩氏硬度计包括 10 种矿物，按硬度由低到高排列为 10 级，见表 1-2。

表 1-2　矿物硬度分级

矿物	化学成分	硬度	矿物	化学成分	硬度
滑石	$Mg_3[Si_4O_{10}](OH)_2$	1	正长石	$K[AlSi_3O_8]$	6
石膏	$CaSO_4 \cdot 2H_2O$	2	石英	SiO_2	7
方解石	$CaCO_3$	3	黄玉	$Al_2[SiO_4][F,OH]_2$	8
萤石	CaF_2	4	刚玉	Al_2O_3	9
磷灰石	$Ca_5[PO_4]_3[F,Cl]$	5	金刚石	C	10

（引自宋春青主编《地质学基础》）

实际工作中常以指甲(硬度约 2.5)、小刀(约 5.5)、石英(7)与矿物刻划，粗略求得矿物的硬度。

⑤光泽：指矿物新鲜表面对光线反射时呈现的光亮程度。一般按反射率的大小自强而弱分为金属光泽、半金属光泽、非金属光泽。非金属光泽又包括玻璃光泽、脂肪光泽、珍珠光泽、绢丝光泽、土状光泽等。

⑥解理或断口：矿物受力后沿一定结晶方向裂开成光滑面的性质称为解理；如果矿物受力后不规则破裂成凹凸不平的断面叫断口。根据矿物解理裂开产生解理面的大小和光滑程度分为极完全解理、完全解理、中等解理、不完全解理、极不完全解理等；断口按其断面的形状分为贝壳状断口、锯齿状断口、参差状断口等。

(5)*矿物稳定于一定的物理化学条件*　矿物在一定的条件下形成和稳定。当条件发生改变，就会转化为与新环境相适应的新矿物。例如，黄铁矿(FeS_2)，在缺氧条件下比较稳定，但是如果它出露于地表，在氧化环境里，黄铁矿中的硫首先被氧化，生成硫酸(H_2SO_4)被水带走，同时低价铁(Fe^{2+})也要氧化为高价铁(Fe^{3+})，形成与环境相适应的另一种新矿物——褐铁矿($Fe_2O_3 \cdot nH_2O$)。如果物理化学条件再变化，褐铁矿也可能脱水变为赤铁矿(Fe_2O_3)。

(二)岩石的概念及其特征

岩石(rock)是在地质作用下，由一种或多种矿物有规律组合而成的集合体，它具有一定的结构和构造特征。自然界中岩石种类繁多，根据岩石的成因可分为岩浆岩(或称火成岩 igneous rock)、沉积岩(或称水成岩 sedimentary rock)、变质岩(metamorphic rock)三大类。

岩浆岩是由地壳深处的岩浆侵入地壳或喷出地表时冷凝而成的。根据成岩方式可分为侵入岩(包括深成岩和浅成岩)和喷出岩；根据其中二氧化硅(SiO_2)的含量可分为酸性岩(>65%)、中性岩(65%～52%)、基性岩(51%～45%)和超基性岩(<45%)。沉积岩是早期的岩石暴露于地表，受水、气、生物等的作用，经过风化、搬运、沉积、固结等过程后形成的一类岩石。根据其成因和胶结物质特点可分为碎屑岩类(包括沉积碎屑岩和火山碎屑岩)、黏土岩类(或称泥质岩类)、化学和生物化学岩类。变质岩是地壳中原有的岩石由于地壳运动、岩浆活动等造成物理化学条件的变化而重新处于高温高压条件下，使其结构、构造、成分发生一系列变化之后又形成的新岩石。根据原岩石的类型可有正变质岩(原岩石是岩浆岩)和副变质岩(原岩石是沉积岩)之说。岩浆岩(包括变质岩)是三大类岩石的主体，占地壳总质量的 95%，而沉积岩分布面积最广，达到陆地总面积的 75%。

岩石种类不同，其结构和构造特征也不尽相同。

岩石的结构是指岩石中矿物的结晶程度、颗粒大小、形状和矿物间相互结合的关系等所表现出来的特征，分为全晶质结构(包括等粒、粗粒、中粒、细粒、微粒、伟晶、似斑状等)、半晶质结构(斑状)、非晶质结构(包括玻璃质、碎屑质等)、隐晶质结构等；沉积岩的结构主要有碎屑结构(包括砾质、沙质、粉沙质)、泥质结构、化学结构和生物结构；变质岩的结构有变晶结构(如等粒变晶、斑状变晶、鳞片状变晶等)和变余结构两大类型。

岩石的构造是指矿物集合体的形状和其中矿物的排列、填充方式及空间分布所赋予岩石的外貌特征。岩浆岩的构造类型通常包括块状、气孔状、杏仁状、流纹状等；沉积岩的构造建立在岩石的宏观方面(野外可见)，最突出特点是具有层理(平行、斜交、交错)构造，另外还可见波痕、雨痕、干裂等层面构造以及结核、化石等；变质岩的构造主要表现为片理构造特征，包括板状、千枚状、片状、片麻状构造，此外还有与岩浆岩相同的块状构造。

二、主要成土矿物

自然界中的矿物有 3 000 多种，其中成土矿物有 1 000 多种，主要的成土矿物有数十种。

(一)硅酸盐矿物

硅酸盐矿多见于岩浆岩，分布极广，约占地壳总质量的 75%。

1. 长石类

长石类矿物包括正长石 $K([AlSi_3O_8])$ 和斜长石($Na[AlSi_3O_8]$-$Ca[Al_2Si_2O_8]$)。其中正长石又称钾长石(代号 Or)，其识别特征多为肉红色，玻璃光泽，完全解理，硬度 6.0，岩石中可见粗短柱状晶体，有时可见卡氏双晶。正长石对物理风化作用抵抗能力较弱，易崩解成碎块，在湿热条件下容易发生化学风化，风化后形成次生黏土矿物，并释放出植物生长需要的钾素营养物质。斜长石是钠长石($Na[AlSi_3O_8]$)(代号 Ab)和钙长石($Ca[Al_2Si_2O_8]$)(代号 An)的类质同象混合物，颜色多为白色，晶体呈板柱状，可见聚片双晶，玻璃光泽，硬度和解理性质与正长石相近。斜长石较正长石更易发生物理风化，化学风化时常形成水云母和高岭石，风化物中富含钙质。

2. 云母类

云母类包括白云母($KAl_2[AlSi_3O_{10}](OH)_2$)和黑云母($K(Mg,Fe)_3[AlSi_3O_{10}](OH,F)_2$)。其中白云母也称钾云母，晶体呈片状，集合体呈鳞片状，极完全解理，珍珠光泽，性质稳定，抗风化能力较强，常以细小薄片残留在土壤中，但在强化学风化条件下，也能风化形成水云母和高岭石等黏土矿物，并释放出钾素。黑云母除显黑色外，其他特征与白云母基本相似，但与白云母相比，极易风化，风化后形成次生黏土矿物，并释放出铁、镁等营养物质。

3. 角闪石和辉石类

角闪石($Ca_2Na(Mg,Fe^{2+})_4(Al,Fe^{3+})[(Si,Al)_4O_{11}](OH,F)_2$)和辉石($(Ca,Na)(Mg,Fe^{2+},Al,Fe^{3+})[(Si,Al)_2O_6]$)统称为铁镁矿物，二者区别主要表现为形态不同：角闪石为长柱状晶体(晶体横截面为六边形)，纤维状聚合体；辉石为短柱状晶体(晶体横截面为八边形)，粒状聚合体。其余特征二者基本相近或相同。角闪石的抗风化能力稍大于辉石，但都属于易风化矿物，风化后可形成绿泥石、绿帘石或方解石等次生矿物，并最终形成黏土，释放出盐基物质。

(二)氧化物类矿物

氧化物类矿物分布较广，约占地壳总质量的 17%。

1. 石英

石英(SiO_2)是极为常见的成土矿物,在酸性岩浆岩、砂岩、石英岩中大量存在。其特征表现为透明、半透明的晶体或乳白色致密块状集合体,典型晶体为六棱柱状,晶面有横纹,呈玻璃光泽;断口呈贝壳状,脂肪光泽,硬度 7.0。石英化学性质稳定,抗风化能力强,但易发生物理崩解,成为碎屑状残留物,是土壤沙粒的主要来源。

2. 铁矿类矿物

铁矿类矿物主要包括赤铁矿(Fe_2O_3)、褐铁矿($Fe_2O_3 \cdot nH_2O$)、磁铁矿(Fe_3O_4 或 $Fe^{2+}Fe_2^{3+}O_4$)、针铁矿($Fe_2O_3 \cdot H_2O$)等。其中赤铁矿和褐铁矿最为常见。赤铁矿呈红色、铁黑色,条痕为樱红色,晶体外观呈鲕状、肾状等特征;褐铁矿是赤铁矿水化而形成的含水氧化铁矿物,外观呈土状、钟乳状或粉末状,一般呈黄褐色至黑色,但条痕固定为黄褐色。铁矿类矿物容易风化,风化物富含铁素,是土壤黄色、红色、棕色的主要来源。

(三)简单盐类矿物

1. 碳酸盐类矿物

碳酸盐类矿物是沉积岩和变质岩的主要矿物,主要包括方解石($CaCO_3$)和白云石($CaMg[CO_3]_2$)。方解石为菱面体、白色或乳白色晶体,有时呈钟乳状块体,具有玻璃光泽,硬度 3.0,完全解理,易与稀盐酸发生泡沫反应。方解石容易发生化学风化,是土壤中碳酸盐的主要来源。白云石颜色灰白,或微带褐色,玻璃光泽,硬度 3.5~4.0,菱面体,完全解理,与稀冷盐酸反应较弱,其粉末反应明显。白云石较方解石抗风化能力强。二者都是土壤钙质的来源。

2. 硫酸盐类矿物

硫酸盐类矿物中主要有石膏($CaSO_4 \cdot 2H_2O$,也称结晶石膏)和硬石膏($CaSO_4$)。二者除了含水区别之外,其他性质相似,白色,玻璃光泽,有时呈珍珠光泽或绢丝光泽,硬度低,完全解理,结晶构造简单,是原生矿物经过化学风化而形成的次生矿物,在干旱地区土壤中以霜状、结晶状、结核状或假菌丝状存在。

此外,还有硫化物类和磷化物类矿物,前者如黄铁矿(FeS_2)等,后者如磷灰石($Ca_5[PO_4]_3(F,Cl)$),但二者分布较少。

(四)黏土矿物

黏土矿物主要由长石类、云母类、铁镁类矿物风化形成的次生硅酸盐矿物,是构成土壤黏粒的主要成分,故又称其为次生黏土矿物。这类矿物在土壤中普遍存在,种类很多。

1. 高岭石

高岭石($Al_4[Si_4O_{10}](OH)_8$)常呈致密细粒状和土状集合体,白色为主,混有杂质时呈黄、红或浅绿色,块体表面有滑感,土状光泽,硬度 1.0~2.5,易粉碎,是风化程度较高的矿物。该矿物主要存在于热带和亚热带地区的土壤中,阳离子交换量仅为 3~15 cmol(+)/kg。

2. 伊利石

伊利石($K_{2-x}Al_4[Al_{2-x}Si_{6+x}O_{20}](OH)_4$)吸收大量钾素,呈黄白色,颗粒较小(大多为 0.2~2 nm),比表面为 70×10^3~120×10^3 m^2/kg。它是一种风化程度较低的矿物,阳离子交换量为 10~40 cmol(+)/kg。在温带干旱、半干旱地区土壤中较多,是土壤钾素的主要来源之一。

3.蒙脱石

蒙脱石($(0.5Ca,Na)_{0.66}Al_{3.34}Mg_{0.66}[Si_8O_{20}](OH)_4 \cdot nH_2O$)又称微晶高岭石,呈黄白色、白色,或微呈浅红、浅绿色等。土状光泽或蜡状光泽。硬度1～2,有滑感。颗粒细小(0.01～0.1 nm),比表面较大($600 \times 10^3 \sim 800 \times 10^3\ m^2/kg$),分散度高,吸水性强,吸水后体积胀大数倍并分散为糊状,故又叫"膨润土"。它的阳离子交换量为60～100 cmol(+)/kg。蒙脱石是伊利石进一步风化的产物,基性岩在碱性条件下也可形成,是温带地区尤其草原土壤中主要的黏土矿物。

4.蛭石

蛭石($(Mg,Fe^{2+}Fe^{3+})_5[(Si,Al)_4O_{10}](OH)_2 \cdot 4H_2O$)由黑云母及水化云母脱钾而成,颗粒较粗,晶形与云母相似,呈片状,带微绿的褐色、褐黄色、棕色,脂肪光泽,极完全解理,暖温带湿润地区和北方黄土地区的土壤中分布较多。

黏土矿物均属薄片状结晶构造,它们是由硅氧四片体连接而成的硅氧原子层(或称硅氧片)与由铝氧八面体连接而成铝氧原子层(或称铝氧片)以不同组合叠置而成的,因叠置类型不同,其特性有较大差异。

三、主要成土岩石

自然界构成地壳的岩石主要有岩浆岩、沉积岩和变质岩。

(一)主要的岩浆岩

1.花岗岩和流纹岩

花岗岩是酸性深成岩,在地表出露最多、分布也最广,颜色浅,一般为粉红色、灰白色,具全晶质粗粒或中粒结构,块状构造;以正长石和石英为主,还有少量酸性斜长石、黑云母和角闪石。与其成分一致的浅成岩叫花岗斑岩。花岗岩在植被盖度低、较干旱的地区易发生机械崩解,产生大量沙粒,成土质地轻,肥力状况不良;若在湿热条件下长石类矿物可风化形成黏粒,使土壤沙性减弱,肥力状况得到改善。

流纹岩是酸性喷出岩。其矿物成分与花岗岩基本相同,但其结构和构造与花岗岩不同,流纹岩具有半晶质斑状结构,流纹状构造,其风化特点与花岗岩相似。

2.闪长岩和安山岩

闪长岩是中性深成岩,颜色多为灰色、淡灰绿色,具有全晶质中粒或粗粒结构,块状构造。矿物成分以斜长石(70%左右)和角闪石(30%左右)为主,其次有少量辉石、黑云母、磷灰石、正长石和石英等。闪长岩易风化,成土富含盐基物质,并形成一些黏粒。同样成分的浅成岩叫闪长玢岩。

安山岩是中性喷出岩。新鲜岩石多呈红褐色、浅紫色、淡绿色甚至黑绿色,多具隐晶质、半晶质斑状结构,块状、气孔或杏仁状构造,其成分与闪长岩相同,经过次生变化,斜长石常变为绿泥石、绿帘石,失去光泽,颜色变绿。安山岩易风化,风化成土后质地多为壤质或黏质,土壤养分含量各不相同,有的富含钙、磷、钾,有的磷、钾缺乏。

3.辉长岩和玄武岩

辉长岩为基性深成岩。颜色为黑色或黑灰色。全晶质粗粒、中粒、等粒结构或似斑状结构，块状构造，主要由辉石和斜长石组成，其次有橄榄石、角闪石和黑云母等，与其成分一样的浅成岩叫辉绿岩，具有细粒、隐晶结构。

玄武岩为基性喷出岩，是分布最广的喷出岩。新鲜岩石多呈黑色、黑灰或暗褐色，风化后呈黄褐色，暗红色或灰绿色。岩浆喷出地表后在常温常压下迅速冷却，未来得及结晶或结晶程度极差，因而多呈细粒至隐晶结构，或非晶质结构，气孔状、杏仁状构造。成分与辉长岩相似。

辉长岩和玄武岩同属于铁镁质岩类，容易风化，风化物中富含黏粒和盐基物质，发育成土后矿质养分丰富，质地偏黏。

4.正长岩和正长斑岩

正长岩属于半碱性（SiO_2 含量 55%～65%，K_2O 和 Na_2O 含量较高）深成岩。全晶质等粒或似斑状结构，块状构造。矿物以正长石为主，其次有角闪石（20%左右），极少量黑云母，一般无石英（以此区别于花岗岩），正长岩在干旱地区易发生物理风化，多见长石沙粒，成土后质地偏轻，通透性良好。正长岩在湿润地区可进行化学风化，风化物中多黏粒，富含钾、钙、镁等营养元素。相同成分的浅成岩叫正长斑岩。

正长斑岩具有半晶质斑状结构，块状构造，正长石斑晶。风化特点与正长岩形似。

（二）主要的沉积岩

1.砾岩

砾岩属于碎屑岩类，是各种岩石碎块经搬运、沉积、固结作用后形成的一类岩石，具有碎屑砾质结构、层理构造。岩石胶结物可有钙质、铁质、硅质与泥质等不同类型。按碎屑的磨圆度又分为砾岩（被胶结的岩石碎屑磨圆度较高）与角砾岩（被胶结的岩石碎屑有棱角）。岩石中的矿物成分不定，一般与岩石中被胶结的岩石碎块的来源有关。其风化难易程度也随胶结物质种类和其中矿物成分而有不同，硅质胶结的最难风化，泥质胶结的最易风化，铁质、钙质胶结的居中。砾岩风化物中常伴有大小不等的石砾或石块。

2.砂岩

砂岩也属于碎屑岩类，是各种岩石碎块被搬运较远距离之后沉积、固结形成的岩石，被胶结颗粒多为直径为 0.05～2 mm 的沙粒。主要矿物成分为石英、长石类。砂岩可分为粗砂岩（0.5～2 mm）、中砂岩（0.25～0.5 mm）、细砂岩（0.05～0.25 mm）和粉砂岩（0.005～0.05 mm），砂岩具有碎屑沙质、粉沙质结构，层理构造。由于矿物和胶结物的差异，其风化难易程度及产物不同。有的风化物中岩块少，沙粒多，成土后质地偏轻，养分少，肥力较低；有的经化学风化后因形成较多黏粒，进而形成较肥沃的土壤。

3.页岩

页岩属于黏土岩类，被搬运距离更远的细小颗粒（粒径＜0.005 mm）经过压实、脱水、胶结和硬化而成。页岩的成分以黏土矿物为主，具有泥质结构，层理构造，因其层理厚度最薄被称为页理构造。在物理风化为主的地区，风化物中多岩石碎片，风化成土后肥力低下。在湿热环境条件下，岩石碎片可进一步风化破碎成细小颗粒，甚至彻底分解，则可发育成土层深厚而比较肥沃的土壤。

4.石灰岩

石灰岩属于化学或生物化学岩类。它是由化学沉积或生物沉积作用形成的，组成矿物以方解石为主，另含有白云石及泥质成分，多为致密状化学或生物化学结构，岩体层理明显，遇稀冷盐酸可发生泡沸反应，颜色呈灰、青灰色，以及黄、褐红等色。在湿润气候条件下，石灰岩的风化作用以溶解为主，残留于原地的物质颗粒细小，含钙丰富，成土偏碱性，质地偏重。在干旱气候条件下，石灰岩较难风化，形成岩石裸露，地形陡峭，植物难以生长的景象。

（三）主要的变质岩

1. 板岩

板岩是泥质页岩、粉砂岩及其他细粒碎屑沉积物变质而成的。但变质程度不深，泥质大部分保留，因此具有变余结构或隐晶变晶结构，板状片理构造，主要由黏土矿物组成，或含细小云母、绿泥石、石英等，颜色随矿物成分不同而变化，有灰色、灰绿、黑色、红色或黄色。

2. 千枚岩

千枚岩由富含泥质的岩石变质而成。其变质程度比板岩深，重结晶程度比板岩高，一般为鳞片状变晶结构，千枚状片理构造，矿物成分主要是绢云母和石英，有的伴有绿泥石，颜色多变。

3. 片岩

片岩的变质程度比千枚岩深，因此具有明显的片状片理构造，鳞片状变晶结构，其原岩石中的矿物全部经历重结晶，肉眼可辨，以云母、绿泥石、角闪石、滑石、石英等为主，并含有变质矿物。片岩的原岩石种类较多，所含矿物各异，因此有如云母片岩、绿片岩、滑石片岩、蛇纹石片岩、石英片岩等。片岩风化较易，风化层较深厚，但夹有岩石碎片，因含矿物成分不同，风化物内所含养分差异较大。在绿片岩、云母片岩、角闪石片岩风化物上发育的土壤较肥沃，而在石英片岩风化物上所发育的土壤较瘠薄。

4. 片麻岩

片麻岩是变质较深的变质岩，具有片麻状片理构造，原岩石中矿物重结晶明显，颗粒较大，具有鳞片状变晶结构或斑状变晶结构。主要矿物有石英、长石、云母及角闪石、辉石等。如果矿物成分与花岗岩相似则叫花岗片麻岩。片麻岩容易发生物理风化，发育成土后的性状主要取决于原岩的矿物成分及气候条件。

5. 大理岩

大理岩是由碳酸岩类岩石在高温高压下经过重结晶作用形成的。具有等粒变晶结构，块状构造，矿物成分取决于原岩石。纯净的大理岩，称为汉白玉，纯白色。多数大理岩重结晶后因含杂质可呈现出各种花纹或不规则条带，色泽美观，是较好的建筑材料和雕刻材料。大理石比较容易风化，风化物富含钙、镁成分。

6. 石英岩

石英岩由石英砂岩变质而成，具有等粒变晶结构，块状构造。主要矿物成分为石英，可含少量云母、长石。纯净的石英岩颜色洁白，含杂质时可呈灰白、黄、红等色。岩石极为致密坚硬，抗风化力很强，常形成陡峭的山峰。

四、教学案例与分析

构成地壳的岩石可达数千种，常见的成土岩石也有数十种。不同种类岩石具有的结构、构造和矿物成分不同，经过自然界各种因素作用后风化形成的土壤会有明显区别，即使是同一类岩石，由于含有的矿物成分不同，成土性质也有差异。

(一)示例——不同母岩母质对土壤特性的影响

河北省易县清西陵地区属于太行山北段山地丘陵区，附近的九龙山下部分布有石灰岩，上部有石英砂岩。土壤典型剖面调查表明：石灰岩发育成土，土厚 0～67 cm，21 cm 以下可见 $CaCO_3$ 新生体，通体具有石灰反应，pH 7.5～8.0，质地中壤至黏土；石英砂岩风化成土，土厚 0～59 cm，通体无石灰反应，pH 6.6～7.0，质地沙壤至中壤。

(二)分析

石灰岩：属于碳酸盐类沉积岩，结构致密、细腻，成土颗粒细小，土质偏重；主要矿物是方解石，含有 $CaCO_3$，易化学溶解，释放碱土金属盐基离子和 CO_3^{2-}，在生物活动和降水中溶有 CO_2 情况下，使 $CaCO_3$ 转变成溶解度较高的碳酸氢钙($Ca(HCO_3)_2$)，显示弱碱性。流动的碳酸盐溶液在环境改变时，CO_2 析出，碳酸盐容易再次沉淀，加之降水偏低，在土层中形成 $CaCO_3$ 假菌丝状新生体。

石英砂岩：属于硅质沉积岩，主要矿物是石英，化学成分是 SiO_2，抗风化能力较强，在北方风化后产生较多沙粒，土质比石灰岩偏轻；和其他非碳酸盐类的岩石一样，在一定水分存在和生物活动条件下，有机酸积累，使土壤溶液 pH 降低；剖面中没有 $CaCO_3$ 积累的条件，所以通体没有石灰反应。

第二节　岩石风化与母质类型

一、岩石风化作用

地球表面或近地球表面的岩石在大气、水、温度和生物等因素的综合作用下，发生一系列的崩解和分解过程，称为岩石的风化(weathering)。其结果，不仅可以使岩石的结构、构造发生变化，而且导致岩石中的矿物以及化学成分彻底分解，并产生一些新的物质，从而使风化物获得一些新的性质。

岩石风化按其作用因素和风化特点可表现为不同的方式。

(一)物理风化

物理风化(physical weathering)又称机械崩解，指岩石矿物在物理因素作用下崩解成碎块而不改变其化学成分的过程。其中物理因素以地球表面的温度变化为主，其次有水分冻结、流水、风，以及冰川、雷电等。

1. 温度

地球表面在昼夜和四季都有明显的温度变化。四季温度变化幅度在干旱的沙漠地区高达 60～70℃。岩石是热的不良导体，裸露于地表的岩石白天受热，表面矿物迅速膨胀，夜晚迅速冷却而体积收缩，岩石内部则冷却缓慢，这样由于昼夜温度变化，使岩石内外产生体积膨胀的程度不同，久而久之，岩石表面形成许多裂隙。随着时间的延长，这种裂隙逐步加深，最终使大块岩石破碎或产生层状剥落现象。另外，岩石中各种矿物的胀缩系数不同(如石英为 7.5×

10^{-6}，正长石为 1.7×10^{-5}，角闪石为 2.8×10^{-5}），经历温度变化后产生相互挤压与分离的交替现象，从而导致岩石破裂。岩石中矿物种类越多，越容易发生热力风化作用；含有暗色矿物的岩石，可以提高热辐射能力，温度变化较大，容易产生层状剥落现象；而矿物单一的岩石，受温度影响较小，崩解比较缓慢。

2. 水分冻融

岩石裂隙中的水在冬季容易结冰，结冰后体积膨胀，增大 1/11，对周围产生的巨大压力高达 96 MPa（960 kg/cm^2），因而促使周围的岩石崩溃，尤其岩石裂隙中含水较多时，反复冻融交替，可使岩体产生冰劈作用。在寒冷的高山和高纬度地区，冻融交替频繁，对岩石的破坏力更加明显。

3. 流水

水的流动可将陆地表面碎石、沙粒冲走，在流水携带中，各种沙、砾相互摩擦，使其棱角变钝或消失，颗粒越磨越细。

另外，在多风地区，风吹动、携带、磨蚀沙石，多暴雨地区雷电的闪击，高寒地区冰川的移动等都可引起岩石崩解与破碎。

岩石的物理风化在干旱地区表现突出。其结果使岩石由大块变成碎块，逐渐变成细粒，改变形状和大小，但成分基本不变。由于物理风化，使风化物中空气、水分的通透性增加，暴露的表面积增大，从而为化学风化创造了条件。

（二）化学风化

化学风化（chemical weathering）又称化学分解作用，主要是由水（H_2O）、二氧化碳（CO_2）和氧气（O_2）等参与下进行的各种过程，包括溶解、水化、水解和氧化等作用。

1. 溶解作用

岩石中矿物能被水所溶解。水是一种极性溶剂，在自然界分布普遍，而岩石中矿物都是无机盐类，在水中多少都能溶解。一般矿物难溶于水，但是在水分充足和温度较高条件下，可使矿物的溶解度增大。在漫长的地质年代中，水溶解矿物的规模是相当大的。况且地表水还常常含有 CO_2 及有机酸等，大大增加了水的溶解能力。如在多雨的地区，降水中溶有 CO_2，使矿物中含有的碳酸钙（$CaCO_3$）变成溶解度较高的碳酸氢钙（$Ca(HCO_3)_2$），从而提高其溶解性。

2. 水化作用

矿物与水化合称为水化作用。如石膏和赤铁矿的水化过程。其反应式如下：

石膏水化： $CaSO_4 + 2H_2O \longrightarrow CaSO_4 \cdot 2H_2O$

赤铁矿水化： $2Fe_2O_3 + 3H_2O \longrightarrow 2Fe_2O_3 \cdot 3H_2O$

矿物水化后体积膨胀、增大，并失去光泽，变得松软，有利于进一步风化。

3. 水解作用

水解作用是化学风化中最重要的一种方式。其机理就是水解离后产生的氢离子（H^+）从硅酸盐矿物中，部分取代碱金属和碱土金属盐基离子，生成可溶性盐类。当水中含有 CO_2 和酸性物质时，解离的 H^+ 增多，提高 H^+ 浓度，因而增强水解作用。土壤中的各种生物学过程增加着 CO_2 含量，所以矿物的水解强度与生物活动有着密切的关系。

由于在水解过程中可形成易溶性盐类，所以水解过程也是矿物质养分的有效化的过程。

（1）含钾矿物的水解过程　土壤中含钾矿物主要有正长石、云母和含钾的黏土矿物，经水解作用生成可被植物吸收的可溶性钾盐。如钾长石经水解作用生成次生黏土矿物高岭石和钾盐，其反应式如下：

$$2KAlSi_3O_8 + 2H_2O + CO_2 \longrightarrow H_2Al_2Si_2O_8 \cdot H_2O + 4SiO_2 + K_2CO_3$$

（2）含磷矿物的水解过程　土壤中含磷矿物，如磷灰石，经水解作用其主要成分可转化为易溶性酸式磷酸盐，其反应式如下：

$$Ca_3(PO_4)_2 + H_2O + CO_2 \longrightarrow 2CaHPO_4 + CaCO_3$$

（弱酸溶性）

$$2CaHPO_4 + H_2O + CO_2 \longrightarrow Ca(H_2PO_4)_2 + CaCO_3$$

（水溶性）

其他含钙、镁等矿物水解过程与含钾、含磷矿物相类似。硅酸盐类需经过一系列水解作用，才能分解成较简单的盐类，而含钙、镁的碳酸盐类矿物经水解作用，变成溶解度较高的碳酸氢钙等，将钙、镁等释放出来。

4. 氧化作用

大气中的氧气促使矿物发生氧化作用。在湿润条件下含铁、硫的矿物普遍进行着氧化过程。如黄铁矿（FeS_2）氧化生成褐铁矿。其反应如下：

$$4FeS_2 + 15O_2 + 14H_2O \longrightarrow 2(Fe_2O_3 \cdot 3H_2O) + 8H_2SO_4$$

化学风化尽管方式多样，但都可使岩石及其矿物发生彻底分解，产生新矿物，同时释放盐基物质，为将来土壤形成后植物生长提供营养元素。

（三）生物风化

生物风化（biological weathering）指在生物因素作用下使岩石矿物发生的破坏作用，生物因素包括植物、动物、微生物等。生活在岩石表面的各种生物，由于它们的生命活动，对岩石和矿物的风化过程有重要影响。

在岩石裂隙中生长的植物根系，对岩壁产生强大的挤压力，引起岩石崩解破碎。植物根系可分泌有机酸，与矿物中的盐基离子形成螯合物，可加速矿物的分解。

自然界微生物的种类较多，数量巨大。大多数微生物的代谢过程都产生 CO_2，不断增加其生活环境中的碳酸（H_2CO_3）含量，促进矿物水解作用。硝化细菌产生的硝酸，硫化细菌产生的硫酸，以及硅酸盐细菌对矿质元素的利用，都可以加速分解硅酸盐类矿物。细菌、真菌和藻类从含钾丰富的黑云母和长石中吸取钾素而使其分解。

生长在岩石表面上的地衣，直接对岩石产生机械破坏和化学溶解。地衣在湿润的情况下，可以吸收超过本身体重 3 倍的水分而充分膨胀，在干燥的情况下强烈卷缩，从岩石上拔起细小的岩屑，甚至连最难风化的石英也会呈鳞片状脱落。在花岗岩及石灰岩上，地衣的菌丝体可伸入岩石内数毫米深，以吸取钾、钙等营养，使矿物破碎并形成极薄的土层。地衣酸是一些多羟基、多羧基酸，可以与岩石矿物中的盐基离子形成可溶性螯合物，引起矿物的溶蚀。

动物的挖掘、翻动等作用，为岩石及其矿物提供机械力，可促使岩石进一步破碎。

生物可以直接参与岩石矿物的分解破坏作用，也可以间接促进岩石矿物的物理风化和化学风化，但更重要的是生物死亡后的遗体残留，使风化物中增加了有机质，完成了岩石变成土壤的飞跃，这是物理风化和化学风化所不能及的。

总之，物理风化、化学风化和生物风化是各种因素作用强度不同而导致的，实际上 3 种风化方式相互联系，相互促进。

二、土壤母质的组成与常见类型

岩石及其矿物的风化物称为土壤母质(parent material)，是形成土壤的物质基础。

(一)土壤母质的物质组成

经过各种风化方式产生的风化产物有所不同，因此，土壤母质的物质组成可概括为 3 类。

1. 碎屑物质

碎屑物质是岩石风化的初级阶段的产物。岩石受到强烈的物理风化，而化学风化和生物风化作用较弱，其风化物必然是大小不等的岩石碎块。其中含有原来岩石中的一些尚未彻底风化的原生矿物。这类风化物在山地和具有强烈大陆性气候的荒漠地区更为常见。

2. 次生黏土矿物

次生黏土矿物是化学和生物风化的结果。长石、云母、角闪石等原生矿物，在比较彻底的风化过程中生成各种黏土矿物，如高岭石、蒙脱石、伊利石等含有羟基的结晶质硅酸盐次生矿物。土壤学中常常把晶质和非晶质的硅、铁、铝的氧化物矿物以及次生硅酸盐矿物统称为黏土矿物，因为这些矿物在母质成土后成为土壤黏粒的主要组成分。它们对土壤形成和植物营养有密切关系。

3. 可溶性盐类

可溶性盐类是岩石风化高级阶段的产物。在风化过程中，岩石及矿物被彻底分解释放出盐基，形成简单的无机盐类，如碱金属和碱土金属的硫酸盐、碳酸盐、磷酸盐和氯化物等，这是化学风化作用中最普遍和最基本的过程。可溶性盐类是母质成土后植物生长所必需的营养物质，如钙、镁、钾、磷及微量元素等。但在不同地区，母质中存留的数量多少不同，湿润地区可能一部分盐类贮存在土壤中，另一部分则随水流入海洋，而在干旱地区，母质中存留的数量可能多一些。

(二)土壤母质的常见类型

各种风化形式产生的风化物存在于岩石圈的陆地表面。有的原地堆积，有的经风力、水力、冰川力或重力等作用下，沿地表搬运一定距离后再堆积下来，这就形成了不同的母质类型。近代形成的母质可根据其搬运方式和堆积特点，分为定积母质和运积母质。

1. 定积母质

定积母质是未经搬运的风化残留物，又称为残积物。它一般分布在山区比较平缓的高地上，是山区主要的成土母质之一。

地面上的残积物，经过水流淋洗后，具有粗骨性的特征。残留在原地的岩石碎屑和难风化的矿物多具棱角，其组成和性质与原岩没有较大的差别。下层的风化物逐渐过渡到基岩，具有连续性特征。

残积物的厚度及其发育的土壤肥力状况，取决于环境条件和基岩的性质。一般在气候寒冷的地区，其厚度较小；在坡度较陡的山坡上部，因受水流冲刷，其层次更为浅薄；在潮湿炎热的热带及亚热带地区，由于强烈的化学风化作用，可形成深厚的红色风化层。残积母质与山地土壤发展林业生产有密切关系。

2.运积母质

运积母质是风化物经过外力搬运之后再在一定地区堆积下来形成的，包括坡积物、洪积物、冲积物、湖积物、海积物、风积物、塌积物、第四纪沉积物等。

(1)坡积物　是山坡上部的风化碎屑物质，经雨水或融雪水的冲刷，搬运到山坡的中、下部堆积形成。在山坡上部，堆积层薄，物质较粗；山坡下部，则堆积层厚，物质较细。坡积物分选性较差，多含砾质。在坡积物的上部与残积物衔接地带的母质，称为坡积-残积物。在山麓的坡积物常形成宽阔的裙状地形，称为坡积裙，并常与洪积扇交互汇合。

坡积物是山区的主要成土母质，在自然条件较好的低山区，其形成的土壤是发展山区果树和经济林木的主要林业用地。

(2)洪积物　在干旱、半干旱地区的山地，由于骤融的雪水，或间歇性的暴雨，形成流速湍急的洪水，将山区的风化碎屑夹杂泥沙，搬运到山谷出口处，由于地势宽坦而水流减缓，使所携带的物质沉积下来形成洪积物。洪积作用常形成扇形地形，称为洪积扇。

洪积物具有粗略的分选性，但分选性很差，地势高处含有较多砾石和粗沙，在洪积扇的边缘，则物质逐渐变细，多为细沙质或粉沙质。洪积扇的中、上部，地下水位很深，颗粒物质渗透性强，经常水分不足，而扇缘地带的水量却往往比较充沛。有些地区在扇缘与冲积平原衔接处，地势低洼，称为山前交接洼地，此处地下水位过高，易沼泽化，或因地下水含盐量较多，易产生母质盐渍，将来有可能发育成盐渍土。

(3)冲积物　又称淤积物，是风化碎屑物质受河流(经常性水流)的侵蚀、搬运和堆积而形成的。冲积物最明显的特征，是有明显的分层性，层内质地或沙或黏，粗细均匀。由于河水中携带的沙、石在搬运过程中相互碰撞和滚动，棱角被腐蚀，磨圆度好。此外，河水中携带的大小泥沙颗粒，随流速的不同分别沉积下来，所以冲积物的分选性很好。

冲积物多属于近代的河流沉积物，我国广大的冲积平原分布着大面积的冲积母质。冲积母质是我国农业土壤的形成基础。

(4)湖积物　属于湖相静水沉积物，分布在湖泊周围。由于湖水激荡，沉积物颗粒细腻，质地黏重，有机质含量高，呈暗褐色或黑色。湖积物中的铁质，在嫌气条件下，与磷酸结合形成蓝铁矿($Fe_3(PO_4)_2 \cdot 8H_2O$)，或是菱铁矿($FeCO_3$)，使湖泥呈青灰色，这是湖积物的重要特征。

由湖积物发育的土壤，一般肥力较高，我国洞庭湖、鄱阳湖和太湖周围的农田，都是在湖积母质上发育的土壤。

在干旱的内陆地区，湖水蒸发量极大，湖水中的可溶性盐在湖积物中浓度很高，甚至形成盐分结晶，其上容易发育成盐渍土。

在寒冷地区，湖水中的水生植物遗体，常年堆积在湖底，得不到彻底分解，在湖底形成泥炭物质，这种物质是很好的肥源和设施农业植物栽培中的基质。

(5)海积物　属于海水沉积母质。由于海岸上升或江河入海，海水携带颗粒物质沉积下来形成海积物。实际上各地海积物质的颗粒粗细不一，有的全为沙粒，硅质含量高；有的多为黏粒，植物营养物质丰富。

沿海地区分布有大面积海积物，是形成滨海盐土的成土母质。

(6)风积物　由风力携带矿物碎屑，经吹扬搬运(风蚀作用)后沉积而成。沙丘就是由风积形成的丘状沙质沉积物，我国西北地区的内陆性新月形沙丘就属于风积物；沙漠也是风积的产物；风力的吹扬作用经常伴随着岩石表面的磨蚀作用，荒漠地区的石漠景观就是由于磨蚀而形成的。

风积物的特点是分选性强，粗细均匀，沙粒磨圆度高。此母质发育成土后，土壤缺水而肥力较低。

(7)塌积物　山地陡崖上风化的岩石，受重力作用而坍塌坠落，是山麓及谷地局部地段上土壤母质的类型，它的组成以碎石砾为主，无分选性，也无层次，在山麓形成倒石堆地形。

(8)第四纪沉积物　在距今200万年左右的第四纪时，各种外力作用剥蚀、搬运的风化物，堆积覆盖在地层的最上层，这些沉积物是形成近代土壤的重要母质，与农林业的生产有着直接的关系。

我国地域辽阔，南北气候差别很大，加以海陆分布和地形的影响，使我国第四纪沉积物的特点复杂。我国第四纪沉积物主要包括黄土及黄土性物质、红土和冰积物等。

黄土是第四纪一种特殊的沉积物。据近来的研究证明，我国黄土的成因复杂，一般是在气候干旱、半干旱季节变化明显的条件下形成的。黄土为淡黄或暗黄色，土层厚度可达数十米，粉沙质地，粗细适宜，通体颗粒均匀一致，疏松多孔，通透性好，具有发达的直立性，含有10%～15%的碳酸钙，常形成石灰质结核。根据黄土的性状和组成，以及发现有蜗牛等陆地动物的化石，认为黄土是一种与风力搬运堆积有关的母质。黄土在我国分布很广，主要分布区域是太行山以西，大别山、秦岭以北，遍及陕西、甘肃、宁夏、山西、河南等省(自治区)。此外，在新疆、青海、河北、山东、内蒙古等省(自治区)也有部分分布。

黄土性物质又称次生黄土，是黄土经流水侵蚀、搬运后再沉积而成的。

红土在我国主要分部在华中、华南及西南广大地区。第四纪以来，由于受海洋性气候影响，炎热而潮湿，各种堆积物强烈风化，其中含有较多的铁、铝氧化物和高岭石等。红土质地黏重，通气透水性不良，常呈酸性至强酸性反应。

冰积物是冰川期的遗迹，在我国分布很广。由于我国在第四纪期间没有大陆冰盖，冰川堆积多为零星式小片分布，如在甘肃、四川、广西、贵州等地都有不连续的冰积物；在长江以南低山丘陵地带也有小片分布。青藏高原地区，气候干燥而寒冷，有较大面积的现代冰川分布，第四纪沉积也以各种冰积物为主。

冰川活动期间，气候寒冷，积雪成冰。当冰层下部溶解时，整个冰体缓缓移动，冰川下面的石块相互摩擦，粗细夹杂，经过之处被冰体摩蚀，致使某些岩石上留有冰川擦痕。间冰期气候转暖，冰川消融，地面则为冰积物所覆盖。这种冰积物层次薄，地势较平坦，其中巨砾、粗砾及泥沙相互混杂，称为冰砾泥。

三、教学案例与分析

实际上土壤母质的搬运和堆积受地形地貌影响很大，在不同的地形部位，堆积着各种不同类型的母质。

(一)示例——地形地貌与土壤母质

河北省地势由西北向东南倾斜。西北部为山区、丘陵和高原,其间分布有盆地和谷地,中部和东南部为广阔的平原,故有坝上高原、燕山和太行山山地、河北平原三大地貌单元。北部高原区的土壤母质主要为残积物,少量湖积物;北部燕山和西部太行山山地分布有残-坡积物、洪积物;河北平原区常有冲积物、湖积物、海积物;而风积物和黄土母质在山地丘陵和平原都可见到。

(二)分析

河北省土地面积有 18.88 万 km^2,全省地势西北高而东南低,错落有致,地貌类型有山地、丘陵、高原、平原和盆地,众多而齐全。

坝上高原:属于内蒙古高原的一部分,平均海拔 1 200～1 500 m,分布有大面积玄武岩,地势缓起缓伏,岩石风化物多就地堆积。但坝上有一些低洼地区,定时或不定时汪集雪水和雨水而成淖,其附近周围则形成湖积物。

燕山和太行山地:地势高低起伏,海拔多在 2 800 m 以下,在顶平坡缓的部位岩石及其矿物风化后就地堆积形成残积物;而在中山陡坡上部,岩石风化物受水、风、重力等作用沿山坡搬运至中下部而堆积起来形成坡积物;河北省每年 7～9 月降水集中,在山谷出口处洪水携带的大量沙石堆积而形成扇形洪积物,甚至漫及丘陵和盆地。

河北平原区:是华北大平原的一部分,地势低平,海拔一般低于 50 m,且从西向东逐渐倾斜,直到海滨。境内有海河、滦河两大水系,多条河流携带大量泥沙沉积于河床两岸和广大平原地区,形成大面积冲积物;在海河水系中有华北最大的内陆淡水湖——白洋淀和其他湖泊及洼地,由于湖水变化携带的泥沙沉积于附近区域形成湖积物;而在滨海平原地区则由于海水涨潮落潮或河水入海,携带并沉积的物质中含有大量可溶性盐分,形成海积母质。

第三节　土壤矿物质

坚硬的岩石及其矿物经过一系列风化、成土过程之后形成的颗粒物质,统称为土壤矿物质(soil mineral)。其大小及其在土壤中所占的比例决定着土壤的基本特性。

一、土壤矿物质粒级

(一)土壤矿物质粒级的概念及划分

土壤矿物质颗粒以单粒和复粒一起存在。通常将复粒进行物理和化学处理,分散成单粒后分析其颗粒性质。单粒直径大小不同,其组成和性质也随之变化,据此将土壤单粒划分为若干粒径等级,即为土壤粒级(soil separates),或称粒组(particle group)。换言之,根据土壤单粒直径大小和性质变化而划分的土粒级别称为粒级(粒组)。同一粒级的土粒,成分和性质基本一致,粒级间则有明显差别。

目前，世界各国划分土壤粒级的标准还不一致，常见的有卡庆斯基制、国际制、美国制和中国制（表 1-3）。

表 1-3　常见的土壤粒级分级制

<table>
<tr><th>当量粒径
/mm</th><th>中国制
（1987）</th><th colspan="3">卡庆斯基制
（1957）</th><th>国际制
（1930）</th><th>美国制
（1951）</th></tr>
<tr><td>>10</td><td>石块</td><td colspan="3" rowspan="2">石块</td><td rowspan="3">石砾</td><td rowspan="3">石砾</td></tr>
<tr><td>10～3</td><td rowspan="3">石砾</td></tr>
<tr><td>3～2</td><td colspan="3" rowspan="2">石砾</td></tr>
<tr><td>2～1</td><td rowspan="4">粗沙粒</td><td>极粗沙粒</td></tr>
<tr><td>1～0.5</td><td rowspan="2">粗沙粒</td><td rowspan="7">物理性沙粒</td><td colspan="2">粗沙粒</td><td>粗沙粒</td></tr>
<tr><td>0.5～0.25</td><td colspan="2">中沙粒</td><td>中沙粒</td></tr>
<tr><td>0.25～0.2</td><td rowspan="3">细沙粒</td><td colspan="2" rowspan="3">细沙粒</td><td rowspan="2">细沙粒</td></tr>
<tr><td>0.2～0.1</td><td rowspan="3">细沙粒</td></tr>
<tr><td>0.1～0.05</td><td>极细沙粒</td></tr>
<tr><td>0.05～0.02</td><td rowspan="2">粗粉粒</td><td colspan="2" rowspan="2">粗粉粒</td><td rowspan="4">粉粒</td></tr>
<tr><td>0.02～0.01</td><td rowspan="3">粉粒</td></tr>
<tr><td>0.01～0.005</td><td>中粉粒</td><td rowspan="6">物理性黏粒</td><td colspan="2">中粉粒</td></tr>
<tr><td>0.005～0.002</td><td>细粉粒</td><td colspan="2" rowspan="2">细粉粒</td></tr>
<tr><td>0.002～0.001</td><td>粗黏粒</td><td rowspan="4">黏粒</td><td rowspan="4">黏粒</td></tr>
<tr><td>0.001～0.000 5</td><td rowspan="3">黏粒</td><td rowspan="3">黏粒</td><td>粗黏粒</td></tr>
<tr><td>0.000 5～0.000 1</td><td>细黏粒</td></tr>
<tr><td><0.000 1</td><td>胶质黏粒</td></tr>
</table>

（引自黄昌勇主编《土壤学》）

国际制粒级划分标准为十进制，简明易记，多为西欧国家采用。我国也曾用过，直到现在仍有不少土壤学者赞成用此制。美国制划分标准比国际制更细致，尤其体现于沙粒的划分。苏联土壤学家卡庆斯基（Н. А. Качинский）的土壤粒级分类标准，既细致又简明，细致方案对粉粒划分较细，符合我国许多土壤中粉粒多样化的特点；简明方案则先以粒径 1 mm 为界分出粗骨和细土两部分，而细土中又以粒径 0.01 mm 为界划分出"物理性沙粒"和"物理性黏粒"，运用起来易于掌握，我国多采用此制。中国科学院南京土壤研究所拟订了一套我国的粒级分类制，但应用时间较短，尚需在生产实践和科学研究中不断总结，日趋完善。

目前，制定一个国际统一的土壤粒级划分标准有一定难度，不过，为了加速土壤研究成果的转化和土壤信息的国际交流，国内的一些土壤学者对两种土壤粒级划分标准中的某些粒级土粒的含量关系进行了探讨。试验采用北京地区大量土壤样本的颗粒组成数据，经过回归分析得出利用卡庆斯基粒级分类制中的黏粒含量 x_1 与粉粒含量 x_2 换算美国颗粒分级制中的黏粒含量 y 的经验公式为 $y = -2.48 + 1.066\,x_1 + 0.076\,4\,x_2$，回归效果极显著。

(二)矿质土粒的矿物组成和化学组成

1. 矿质土粒的矿物组成

各级矿质土粒都来源于土壤母质,其矿物组成包括原生矿物(primary mineral)和次生矿物(secondary mineral)。

原生矿物是地壳深处的岩浆直接冷凝和结晶而成的矿物,主要是石英和由正长石、斜长石、白云母、黑云母、辉石、角闪石等组成的原生硅酸盐矿物。它们对土壤肥力的作用有两方面,一方面构成土壤的"骨骼";另一方面通过风化而释放各种养分,但这个过程是极其缓慢的。

次生矿物是在风化和成土过程中新形成的矿物,也被称为黏土矿物(clay mineral)。次生矿物以结晶层状铝硅酸盐矿物为主,还有相当数量的晶态和非晶态的 Si、Fe、Al 氧化物和水化氧化物等。常见的氧化铁主要有针铁矿($Fe_2O_3 \cdot H_2O$)、赤铁矿(Fe_2O_3)、褐铁矿($2Fe_2O_3 \cdot 3H_2O$);常见的氧化铝、氧化硅主要有水铝石($Al_2O_3 \cdot H_2O$)、三水铝石($Al_2O_3 \cdot 3H_2O$)、水铝英石($xAl_2O_3 \cdot ySiO_2 \cdot nH_2O$)、蛋白石($SiO_2 \cdot nH_2O$)等。它们结构简单,在热带、亚热带高度风化的土壤中含量较高。

层状铝硅酸盐黏土矿物则结构复杂,其晶型结构由硅氧层(片)和铝氧层(片)构成。硅氧层(片)是由硅氧四面体(4 个氧原子和 1 个硅原子)通过共有氧原子连接而成的,见图 1-1。

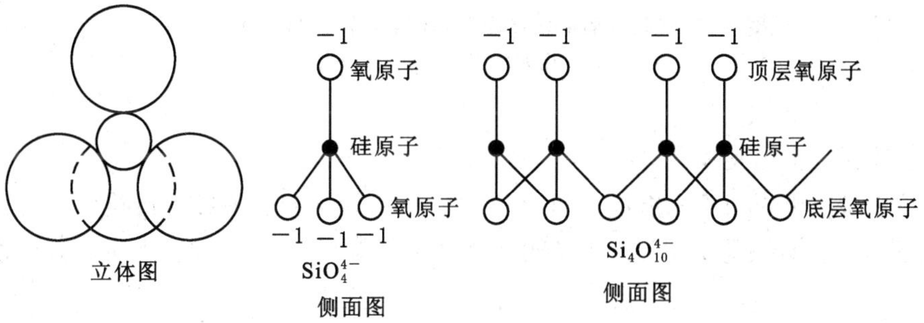

图 1-1　硅氧四面体构造图及硅氧层(片)连接方式示意图

(引自沈其荣主编《土壤肥料学通论》)

铝氧层(片)是由铝氧八面体(6 个氧原子和 1 个铝原子)通过共有氧原子连接而成的,见图 1-2。

硅氧层(片)和铝氧层(片)层面还可以通过共用氧进行连接,构成层状硅酸盐的单元晶层。如果晶层由一层硅氧层(片)和一层铝氧层(片)重叠组成,称为 1∶1 型矿物,如高岭石类;如果由两个硅氧层(片)间夹一个铝氧层(片)组合而成,称为 2∶1 型矿物,如蒙脱石类、水云母类。

层状铝硅酸盐黏土矿物存在同晶置换现象。同晶置换是指层状铝硅酸盐结晶时,其晶格的中心组成离子可被性质相似、大小相近的其他离子替换并保持结构不变,但性质发生了变化。同晶置换作用引起配位体缩小或扩大,造成结构的畸变和多余电荷的产生。如当硅氧四面体$[SiO_4]^{4-}$中的 Si 被 Al 替换,形成铝氧四面体$[AlO_4]^{5-}$,可使四面体片扩大并产生多余负电荷。

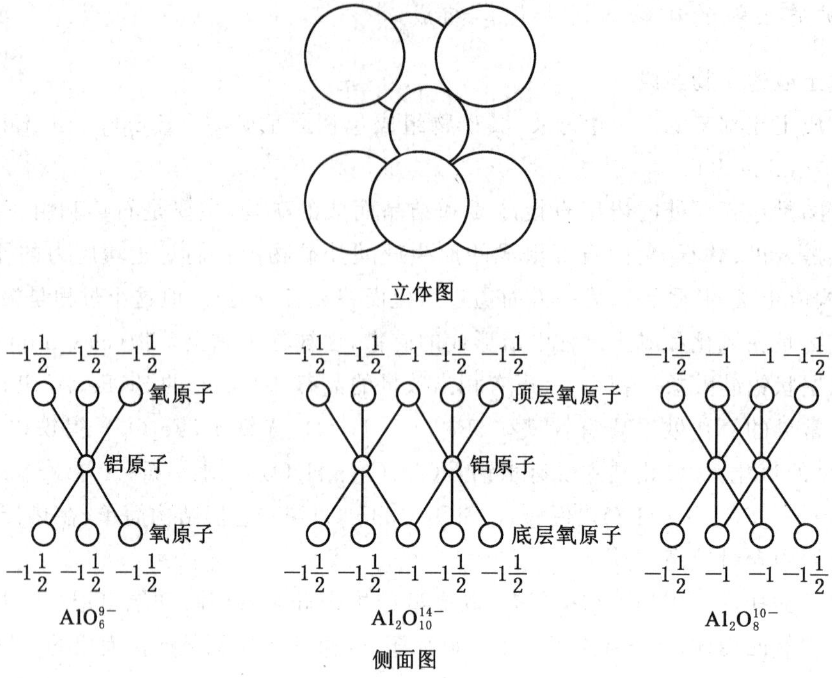

图 1-2 铝氧八面体构造图及铝氧层(片)连接方式示意图

(引自沈其荣主编《土壤肥料学通论》)

次生矿物属于土壤胶体,其性质详见第五章叙述。

不同粒级矿质土粒的矿物组成有明显差别(图 1-3):沙粒和粉粒中石英含量占绝对优势,此外,还有其他原生硅酸盐矿物和次生矿物,黏粒中原生矿物很少,主要由次生硅酸盐矿物组成。

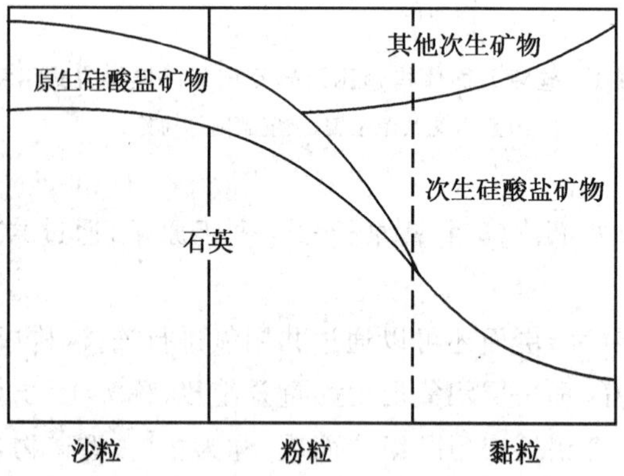

图 1-3 不同粗细土粒的矿物组成示意图

(引自黄昌勇主编《土壤学》)

由于各种矿物的抗风化能力不同,致使它们风化后在各级土粒中分布的数量不尽相同:土粒越粗,石英越多;土粒越细,云母、角闪石等明显增多(表 1-4)。

表 1-4　不同粒级土粒的矿物组成　%

粒径/mm		石英	长石	云母	角闪石	其他矿物
2～0.25	粗沙粒	86	14	—	—	—
0.25～0.05	细沙粒	81	12	—	4	3
0.05～0.01	粗粉粒	72	15	7	2	4
0.01～0.005	细粉粒	63	8	21	5	3
<0.005	黏粒	10	10	66	7	7

（引自林大仪主编《土壤学》）

2. 矿质土粒的化学组成

各粒级矿质土粒的矿物组成不同，其化学成分也发生相应变化：沙粒和粉粒中 SiO_2 含量高，黏粒中 Fe_2O_3，Al_2O_3，CaO，MgO，P_2O_5，K_2O 的含量较多。随着土壤单粒由大到小，SiO_2 含量逐渐减少，磷、钾、钙、镁、铁等养分含量逐渐增加（表 1-5）。因此，不同粗细的土粒，对土壤植物养分的供应潜力不同。

表 1-5　不同土壤粒级的化学成分（平均）　%

土壤	粒级名称	粒径/mm	SiO_2	P_2O_3	CaO	MgO	P_2O_5	K_2O+Na_2O	CO_2
非石灰性土壤	粗沙粒	1～0.2	93.9	2.8	0.4	0.5	0.05	0.8	0
	细沙粒	0.2～0.04	94.0	3.2	0.5	0.1	0.1	1.5	0
	粗粉粒	0.04～0.01	89.4	6.6	0.8	0.3	0.1	2.3	0
	细粉粒	0.01～0.002	74.2	18.3	1.6	0.3	0.2	4.2	0
	黏粒	<0.002	53.2	34.7	1.6	1.0	0.4	4.9	0
石灰性土壤	粗沙粒	0.25～0.05	84.3	8.3	3.2	0.6	未测	未测	2.5
	细沙粒	0.05～0.01	79.7	10.3	3.3	0.6	未测	未测	2.1
	粗粉粒	0.01～0.005	62.2	17.3	7.6	2.0	0.2	5.0	5.3
	细粉粒	0.005～0.001	42.7	24.6	12.7	3.1	未测	未测	9.5
	黏粒	<0.001	39.0	29.9	14.1	5.1	0.3	6.0	10.1

（引自褚达华主编《土壤学》）

此外，山地土壤中各粒级矿质土粒的化学成分视岩石种类和风化程度高低而定。

（三）各级矿质土粒的基本特性

1. 石块

石块（block）主要是残留的母岩碎块，山区土壤中常见。所含矿物均为原生矿物，其组成与母岩基本一致。石块因块体较大，无吸持性，物理性质不良。

2. 石砾

石砾（gravel）多为岩石碎块，山区和河漫滩土壤中常见。其矿物组成或与母岩基本一致，或主要为石英，一般速效养分很少，吸持性能很差，但通透性极强。

3. 沙粒

沙粒(sand)在酸性岩山体的山前平原和冲积平原土壤中常见。多是物理风化的产物,其矿物组成主要是石英等原生矿物,颗粒较粗,比表面较小,吸持性较弱,矿质养分较低,无黏结性和黏着性,表现松散。由于粒间孔隙较大,通透性良好。

4. 粉粒

粉粒(silt)在黄土中含量较多。粉粒中次生矿物相对增加,而石英相对减少。比表面比沙粒大,吸持性能增强,养分含量较高,具有一定的黏结性、黏着性、可塑性和胀缩性,但表现微弱。通气透水能力较差。

5. 黏粒

黏粒(clay)是化学风化的产物,属于土壤胶体范畴。其矿物组成以次生矿物为主,在某些土壤类型的黏化层中含量较多,粒径小,比表面巨大。据资料介绍,细沙粒的比表面仅为 0.1 m^2/g,而黏粒可达 10～1 000 m^2/g,因此,黏粒具有很强的黏结性、黏着性、可塑性、胀缩性和吸附能力,养分丰富。但通透性能极差,湿时黏韧,干时坚硬。

总之,随着土壤颗粒由大变小,各粒级土粒的黏结性、黏着性、可塑性、胀缩性以及吸附能力由弱到强。原因是随着土粒粒径变小,其比表面和表面能不断加大。需要指出的是,土粒比表面和表面能的增加,并不是简单的量变,而是当土粒小到一定程度时,其性质则发生飞跃式的变化(表 1-6)。对养分的吸附保持与供应状况也是如此。汪景宽等试验结果表明:＜0.01 mm 土粒对磷的吸附保持性强,而＞0.01 mm 土粒对磷的解吸供应能力强。

表 1-6 各级土粒的一些理化性质

粒级名称	颗粒直径/mm	吸湿系数/%	最大分子持水量/%	毛管水上升高度/cm	渗透系数/(cm/s)	膨胀性占最初体积的比例/%	可塑性/%下限至上限	C.E.C/(cmol/kg)
石砾	3.0～2.0	—	0.2	0	0.5	—	不可塑	
	2.0～1.5	—	0.7	1.5～3.0	0.2	—	不可塑	
	1.5～1.0	—	0.8	4.5	0.12	—	不可塑	
粗沙粒	1.0～0.5	—	0.9	8.7	0.072	—	不可塑	
中沙粒	0.5～0.25	—	1.0	20～27	0.056	0	不可塑	
细沙粒	0.25～0.10	—	1.1	50	0.030	5	不可塑	
	0.10～0.05	—	2.2	91	0.005	6	不可塑	
粗粉粒	0.05～0.01	＜0.5	3.1	200	0.000 4	16	不可塑	约为 1
中粉粒	0.01～0.005	1.0～3.0	15.9	—	—	105	28～40	3～8
细粉粒	0.005～0.001	—	31.0	—	—	160	30～48	10～20
黏粒	＜0.001	15～20	—	—	—	405	34～87	35～65

(引自王荫槐主编《土壤肥料学》)

二、土壤质地

(一)土壤机械组成和土壤质地的概念

自然界的土壤不是只由单一粒级颗粒所组成的,而是由大小不同的各级土粒以各种比例关系自然地混为一体的。土壤中各级矿质土粒所占的质量百分数称为土壤机械组成(soil mechanism make-up),或称土壤颗粒组成(soil particle make-up)。机械组成基本相近的土壤常常具有类似的肥力特性。为了区分由于土壤机械组成不同所表现出来的性质差别,人们按照土壤中不同粒级矿质土粒的相对比例把土壤分为若干组合,而依据土壤机械组成相近与否而划分的土壤组合叫作土壤质地(soil texture)。

土壤质地是在土壤机械组成基础上的进一步归类,它概括反映土壤内在的肥力特征,因此在说明和鉴定土壤肥力状况时,土壤质地往往是首先考虑的项目之一。

(二)土壤质地分类制

土壤质地分类标准各国不同。国内外常用的质地分类标准如下。

1. 国际制

国际制土壤质地分类称为3级分类法,按沙粒、粉沙粒、黏粒的质量百分数组合将土壤质地划分为4类12级,其具体分类标准可见表1-7和图1-4。

表1-7　国际制土壤质地分类表　%

质地类别	质地名称	各级土粒质量百分数		
		黏粒(＜0.002 mm)	粉沙粒(0.02～0.002 mm)	沙粒(2～0.02 mm)
沙土类	沙土及壤质沙土	0～15	0～15	85～100
壤土类	沙质壤土	0～15	0～45	55～85
	壤土	0～15	30～45	40～55
	粉沙质壤土	0～15	45～100	0～55
黏壤土类	沙质黏壤土	15～25	30～0	55～85
	黏壤土	15～25	20～45	30～55
	粉沙质黏壤土	15～25	45～85	0～40
黏土类	沙质黏土	25～45	0～20	55～75
	壤质黏土	25～45	0～45	10～55
	粉沙质黏土	25～45	45～75	0～30
	黏土	45～65	0～35	0～55
	重黏土	65～100	0～35	0～35

(引自林成谷主编《土壤学》,北方本第2版)

国际制土壤质地分类的主要标准是以黏粒含量15%、25%作为沙土和壤土与黏壤土、黏土类的划分界限;以粉沙粒含量达到45%作为"粉沙质"土壤定名;以沙粒含量在55%～85%时,作为"沙质"土壤定名,达到＞85%则作为划分"沙土类"的界限。应用时根据土壤各粒级的质量百分数可查出任意土壤质地名称。例如:某土壤含沙粒50%,粉沙粒30%,黏粒20%,则可以从表1-7和图1-4中查得该土壤质地属于"黏壤土"。

2. 美国制

美国制土壤质地分类也是3级分类法,按照沙粒、粉粒和黏粒的质量白分数划分土壤质地,具体分类标准也常用三角坐标图表示,如图1-5所示。其应用方法同国际制三角坐标图。例如,某土壤中沙粒、粉粒和黏粒含量分别为65%、20%和15%,查图1-5则三线交汇于图中的沙质壤土处,因此,得知该土壤质地名称为"沙质壤土"。

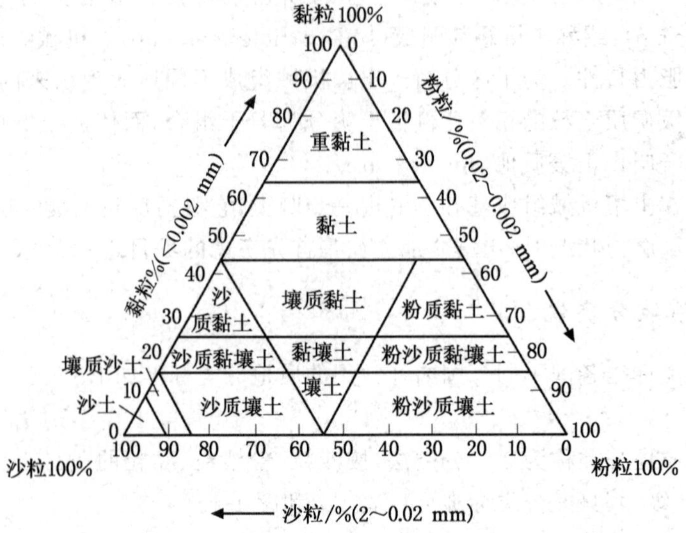

图 1-4　国际制土壤质地分类三角坐标图

（引自仲跻秀等主编《土壤学》）

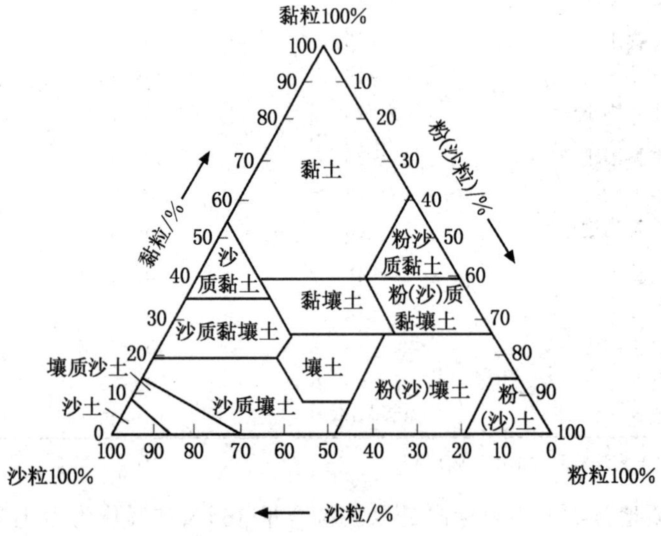

图 1-5　美国制土壤质地分类三角坐标图

（引自聂俊华等主编《土壤学》）

3. 卡庆斯基制

苏联 H·A·卡庆斯基提出的质地分类标准有简制和详制两种。其中简明方案应用较广泛。其特点是考虑到土壤类型的差别对土壤物理性质的影响。划分质地类型时，不同类型土壤，同一质地的物理性黏粒和物理性沙粒含量水平不等。仅以土壤中物理性沙粒（粒径>0.01 mm）或物理性黏粒（粒径<0.01 mm）的质量百分数为标准，就将土壤划分为沙土、壤土和黏土 3 类 9 级，是一种两级分类法（表 1-8）。

表 1-8　卡庆斯基土壤质地分类(简明方案)　%

质地名称		物理性黏粒(＜0.01 mm)			物理性沙粒(＞0.01 mm)		
		灰化土类	草原土及红黄壤类	碱土及碱化土类	灰化土类	草原土及红黄壤类	碱土及碱化土类
沙土	松沙土	0～5	0～5	0～5	100～95	100～95	100～95
	紧沙土	5～10	5～10	5～10	95～90	95～90	95～90
壤土	沙壤土	10～20	10～20	10～15	90～80	90～80	90～85
	轻壤土	20～30	20～30	15～20	80～70	80～70	85～80
	中壤土	30～40	30～45	20～30	70～60	70～55	80～70
	重壤土	40～50	45～60	30～40	60～50	55～40	70～60
黏土	轻黏土	50～65	60～75	40～50	50～35	40～25	60～50
	中黏土	65～80	75～85	50～65	35～20	25～15	50～35
	重黏土	＞80	＞85	＞65	＜20	＜15	＜35

注：表中数据仅包括粒径＜1 mm 的土粒，粒径＞1 mm 的石砾另行计算，按粒径＞1 mm 的石砾百分含量确定石质程度(0.5%～5%为轻石质，5%～10%为中石质，＞10%为重石质)，冠以质地名称之前。

(引自林成谷主编《土壤学》，北方本第 2 版)

4. 中国质地分类制

中国科学院南京土壤研究所等综合国内土壤情况及其研究成果，将土壤质地分为 3 类 12 级(表 1-9)。

表 1-9　我国土壤质地分类方案　%

质地类别	质地名称	不同粒级的颗粒组成(质量百分数)		
		沙粒(1～0.05 mm)	粗粉粒(0.05～0.01 mm)	细黏粒(＜0.001 mm)
沙土	粗沙土	＞70	—	
	细沙土	≥60～≤70	—	
	面沙土	≥50～60	—	
壤土	沙粉土	≥20	≥40	≥30
	粉土	＜20		
	沙壤土	≥20	＜40	
	壤土	＜20		
	沙黏土	≥50		＜30
黏土	粉黏土		—	≥30～35
	壤黏土		—	≥35～40
	黏土		—	≥40～≤60
	重黏土		—	＞60

(引自林大仪主编《土壤学》)

中国土壤质地分类标准兼顾了我国南北土壤的特点。如北方土中含有 1～0.05 mm 沙粒较多，因此沙土组将 1～0.05 mm 沙粒含量作为划分依据；黏土组主要考虑南方土壤情况，以＜0.001 mm 细黏粒含量划分；壤土组的主要划分依据为 0.05～0.01 mm 粗粉粒含量。分类依据比较符合我国国情，但分类标准还需进一步补充与完善。

我国地域辽阔，山地和丘陵较多，砾石性土壤分布也很广泛。中国科学院南京土壤研究所提出按土壤中石砾（粒径 1～10 mm）含量的多少，将土壤分为无砾质（＜1%）、少砾质（1%～10%）和多砾质（＞10%）3 级，在农业土壤（包括苗圃地土壤）确定质地时冠于相应质地名称之前。因此看出，对于农业土壤和苗圃土壤而言，如果石砾含量达到＞1%，就会影响苗木或植物生长，以至磨损耕作机具。但对于山地丘陵区林业土壤来说，要求有所不同。为此，原中国林业部综合调查队拟定了关于砾石性土壤分类标准（表 1-10），可供林业工作者在山地丘陵区进行林业土壤调查时参考。

表 1-10 土壤的石质性程度分级

砾、石含量/%	砾、石质性程度	
	砾径 3～30 mm	石径＞30 mm
10～30	少砾质××土	少石质××土
30～50	中砾质××土	中石质××土
＞50	多砾质××土	多石质××土

（引自孙向阳主编《土壤学》）

（三）不同质地土壤的肥力特点

土壤质地与土壤肥力关系非常密切，土壤质地类型决定着土壤蓄水、导水性，保肥、供肥性，保温、导温性，土壤呼吸、通气性和土壤耕性等。不同质地的土壤具有不同的肥力特点。

1. 沙质土

沙质土主要分布于广大的北方地区，如新疆、青海、甘肃、宁夏、内蒙古、北京、天津、河北等省（自治区、直辖市）的山前平原以及各地沿江、沿河或沿海地带。沙质土粒间孔隙大，总孔隙度低，毛管作用弱，保水性差，通透性强。矿物成分以石英为主，养分贫乏；由于颗粒大，比表面小，吸附、保持养分能力低；好气性微生物活动旺盛，土中有机养分分解迅速，供肥性强但持续时间短，易发生植物苗木生长后期脱肥现象，即"发小苗不发老苗"。沙质土热容量小，土温不稳定，昼夜温差大，这对植物生长不利。但早春时节，沙质土易于转暖，有利于植物苗木早生快发。沙质土松散易耕，耕作质量较好，耕后疏松不结块，植物种子容易出苗和扎根。

总之，沙质土通透性强，保蓄性弱，养分含量低，气多水少、温度高而不稳。对此，应加强抗旱保墒措施，注意灌水技术；应少量多次及时施肥，注意基肥与追肥并重，防止发生植物苗木早衰现象。晚秋时节，植物苗木容易遭受冻害，因此，对植物应注意加强防寒措施。

2. 黏质土

黏质土主要分布于全国地势相对较低的冲积平原、山间盆地、湖洼地区。黏质土颗粒细小，总孔隙度高，粒间孔隙很小，通透性差，土壤内部排水困难，容易积水而涝。土壤中胶体数量多，比表面大，吸附能力强，保水保肥性好；矿质养分丰富，特别是钾、钙、镁等含量较高；供肥比较平稳，但表现前期弱而后期较强，即"发老苗不发小苗"。黏质土蓄水多，热容量大，温度稳定。因通气性能低，容易产生还原性气体，对植物生长不利。黏质土耕作费力，宜耕期也短；受干湿影响，容易板结，常形成龟裂，影响植物苗木根系伸展。

总之,黏质土保水保肥性强,养分含量丰富,土温比较稳定,但通透性差,易滞水受涝,有毒物质常危害植物。由于土质黏重,耕性不好,植物根系伸展范围小,农作物和林木易风倒。在生产上应该注意改良,同时注意植物苗期的施肥和整个生长期的中耕、松土。随着人们环境意识的加强,黏质土还能吸收更多的重金属离子,因此需要重视土壤污染。

3.壤质土

壤质土广泛分布于黄土高原、华北平原、松辽平原、长江中下游、珠江三角洲等冲积平原上。壤质土是介于沙质土和黏质土之间的一种质地类型,也被称为二合土。其中沙粒、粉粒和黏粒含量比较适宜,因而兼有沙质土和黏质土的优点:沙黏适中,大小孔隙比例适当,通气透水性好,土温稳定;养分丰富,有机质分解速度适当,既有保水保肥能力,又供水供肥性强,耕性表现良好。壤质土中水、肥、气、热以及植物扎根条件协调,适种范围较广,是农林业生产较为理想的质地类型。

4.砾质土

砾质土在山地林区比较常见。一般说来,砾质土土层较薄,保水肥能力较低。但土壤中的石砾可以提高土温,增加大孔隙,有利于通气透水。同时,表层石砾还可减少水分蒸发,防止土壤侵蚀。这对于黏质土壤或山区土壤非常重要。但当土壤中石砾或石块达到一定数量时将阻碍种子萌发和植物生长,不便于土壤管理。一般情况下,石砾含量超过土壤总体积的20%时,就会使土壤温度剧烈变化,持水能力降低,产生诸多不良影响。因此,应根据砾质程度不同进行性质分析和处理:如少砾石土,对机具虽有一定磨损,但不影响对土壤的管理,农作物和林木可以正常生长;中砾石土,就应将土壤中粗石块除去;多砾石土壤就需要进行调剂和改良。

中国土壤的颗粒大小和质地类型在地球陆地表面具有一定的地理分布特点,水平方向上自西向东、从北向南有由粗变细的趋势;垂直方向上从高到低也有相同的变化规律,但山地土壤中颗粒大小及其质地类型与母岩母质类型密切相关。

5.土壤质地层次性及其肥力特点

由于土壤母质的层次性,或土壤物质的淋溶和淀积,或人为耕作管理等原因,使同一土壤上下层之间显示质地粗细和厚度有较大差异。不同质地层次在同一土壤剖面中的排列性能(状况)称为土壤质地层次性,也称土壤质地剖面。土壤质地剖面有通体均一型(通体黏、通体壤、通体沙)、上轻下重型(沙盖黏)、上重下轻型(黏盖沙)、中间夹层型(黏夹沙、沙夹黏)等。不同质地土层的排列、各层厚度和深度对水分运行及肥力的发挥有重要影响。如耕层为沙壤～轻壤,下层为中壤～重壤的质地剖面,上层通气透水,下层保水保肥,是一种良好的质地剖面类型,群众称之为"蒙金土";在黏土～壤土剖面中,如果黏土层厚度大,因其紧实而通气透水性差,干时坚硬,湿时膨胀闭结,不利于植物生长发育,是一种不良的质地剖面类型,群众称之为"倒蒙金";如果沙土剖面有中位或深位黏土夹层,也可增强土壤的保水抗旱和保肥能力;如果剖面中黏土夹层超过2 cm时即减缓水分运行,而超过10 cm时可阻止来自地下水的毛管水上升,但在盐渍土中可有效地防止可溶性盐分上行。

(四)不同质地土壤的合理利用和改良

1.土壤质地与植物生长

不同质地的土壤,肥力特性不同,不同种类的植物,生物学特性各异,因此,土壤肥力具有生态相对性。所谓"适地适种",充分体现出土壤质地与植物生长的密切关系。

沙土适合种植生长期短的作物和根茎类作物，而生长期长且需肥较多的谷类作物则一般适合在黏质壤土至黏土中生长。一些耐旱耐瘠薄的高粱（*Sorghum vulgare*）、芝麻（*Sesamum orientale*）、棉花（*Gossypium*）等以及一些实施早熟栽培的蔬菜等也以沙质、沙壤质土壤为宜。单季晚稻需肥较多，生长期长，适宜种在黏壤土至黏土中，而双季稻需要早发快长，宜在灌溉方便的壤质和黏壤质土壤中生长。

不同质地的林业土壤与林木生长关系密切，如小青杨（清西陵地区称唐柳）（*Populus pseudo*）在0～50 cm沙质和沙砾质土壤上生长不良，而在同样条件下，毛白杨（*Populus to mentosa*）、加拿大杨（*Populus x canadensis*）、小叶杨（*Populus simonii*）、刺槐（*Robinia pseudoacacia*）、油松（*Pinus tabulaeformis*）、木麻黄（*Casuarina equisetifolia*）等在沙土上生长较好，而冷杉（*Abies fabri*）、枫树（*Acer mono*）、白蜡（*Fraxinus velutina*）、椴树（*Tilia amurensis*）、榆树（*Uimus pusila*）以及南方的楮树（*Broussonetia papyrifera*）、栲树（*Castanopsis fargesii*）、油茶（*Camellia oleifera* ）等均可在黏重土壤上生长。

多数林木对土壤质地的适应范围相当广泛，如马尾松（*Pinus massoniana*）、黑松（*Pinus thunbergii*）、侧柏（*Platycladus orientalis*）等，在沙黏土壤上都能正常生长，成为山区绿化的先锋树种；黄檀（*Dalbergia hupeana*）等慢生树种也比较适应多石质土，只要地形稍凹，有适当水源就能正常生长。但茶树栽植在含砾石的壤土、黏壤土中产量高，茶叶品质较好。

就果树而言，苹果（*Malus pumila*）、白梨（*Pyrus bretschneideri*）、桃（*Prunus persica*）、杏（*Prunus armeniaca*）、核桃（*Juglans regia*）、枣（*Castanea mollissima*）等多适于沙质土，而板栗（*Castanea mollissima*）、柿子（*Diospyros kaki*）在黏质土上可以正常生长。

花卉栽植在不同质地的土壤中，其生长和开花状况也不尽相同，旱金莲（*Tropaeolum majus*）、大波斯菊（*Cosmos bipinnatus*）等，耐干旱瘠薄的沙质土；风铃草（*Campanuia medium*）喜冷凉，忌干燥，较耐黏土；但多数花卉喜沙质壤土，如长春花（*Catharanthus roseus*）、翠菊（*Callistephus chinensis*）、鸡冠花（*Celosia cristata*）、三色堇（*Viola tricolor*）等。

2. 土壤质地的改良

土壤质地相对稳定，短期内不易发生变化，故在农林业用地方面，通常把土壤质地作为适地适种的重要因素之一。但当土壤质地与欲栽种的植物生物学特性不一致时，就应该根据土壤性质和当地的具体条件，采取各种措施对不良质地的土壤进行改良。

(1)掺沙掺黏，客土调剂　搬运别处（层）质地不同的土壤，掺和到当地（层）过沙或过黏的土壤里，以改良土壤质地。实施客土法工作量大，一般要就地取材，因地制宜。在沙土地附近有黏土或河泥，可搬黏压沙；黏土地附近有沙土或河沙，可搬沙压黏。有的土壤剖面中上下层质地有明显差别，则可翻淤压沙或翻沙压淤，如河流冲积母质上发育的土壤，可利用深耕犁进行翻耕，或用人工办法先将表土翻到一边，再将底土翻起来作客土用，然后耕地平土，使上下层土壤掺和，以达到改良耕层质地的目的。单株栽植植物时，常将客土施于植物的栽植穴内，以改善植物根系伸展范围内的土壤质地状况。

(2)引洪放淤，引洪漫沙　在有引洪条件的地区，放淤或漫沙是改良土壤质地行之有效的办法。沙质土需放淤，黏质土需漫沙。在引洪之前需开好渠道，地块周围打好围埂，并划分畦块，按块放淤或漫沙；在引洪淤漫过程中，注意边引边排，做到留沙留泥不留水。在西北地区，用此法改良土壤质地效果明显。如山西省河曲县曲峪村，引洪改河滩，淤土造出4 000亩好地；陕西省榆林地区群众“引水拉沙”、“引水放淤”，造出了数万亩良田；新疆南部引洪漫淤，使戈壁滩变为良田。

(3)施有机肥，改良土性　有机肥的种类很多，粪肥、堆肥、沤肥、厩肥和秸秆等都是主要的有机肥源。有机肥料中含有大量有机质，在微生物作用下，经转化形成腐殖质，其黏结性和黏着性介于沙土和黏土之间，克服沙土过沙，黏土过黏的缺点；有机质在提供养分的同时，还可以改善土壤结构状况，使土壤松紧程度、孔隙状况、吸收性能等方面得到改善，从而提高土壤肥力。在无客土条件的地区，施用有机肥，或人为地向土壤中增加有机质是一种后效较长的土壤质地改良措施。

(4)植树种草，培肥改土　在过沙或过黏的土壤上，种植适生的乔灌木树种或耐瘠薄的草本植物能达到改良质地、培肥土壤的目的，特别是豆科绿肥植物，根系庞大，在土壤中穿伸力强。连同腐殖质的作用，能够改善黏质土或沙质土的结构状况和保水肥能力。

三、教学案例与分析

土壤粒级和土壤质地是土壤重要的物理性质，决定着土壤肥力水平，直接影响植物生长，据此有一些研究成果反映植物与土壤质地的关系以及质地改良措施的效果。

(一)土壤质地与植物的关系研究示例与分析

1.不同质地土壤对花生根系生长、分布和产量的影响

采用箱栽的方法，研究沙土、壤土、黏土对花生根系生长、分布和产量的影响。结果表明，沙土和壤土中花生根系干物质重各时期均显著高于黏土，但生育后期黏土中花生根系干物质重比壤土和沙土下降相对较慢。从根系分布及根系活力来看，黏土根系主要分布在上层土壤，但上层土壤根系活力后期下降慢，沙土有利于花生根系向深层土壤生长，但上层土壤根系活力后期下降快；而壤土对花生根系生长和活力时空分布的影响介于黏土和沙土之间。沙土有利于花生荚果的膨大，且花生荚果干物质积累早而快，但后期荚果干物质重积累少；壤土的花生荚果干物质积累中后期多，黏土则在整个生育期均不利于花生荚果干物质积累。最终荚果产量、仁果产量和有效果数均表现为壤土最大，沙土次之，黏土最小。因为沙土颗粒粗，粒间孔隙大，有利于植物根系伸展，沙土温差大，变化频繁，有利于花生根系干物质积累和花生荚果的膨大，但保水肥力弱，不利于根系活力长久保持和荚果、仁果产量的提高；黏土通透性差，不利于根系下扎和花生荚果干物质积累，但因保水肥力强，少量的根系后期活力容易保持；壤土通透性和保水肥性良好，有利于花生的根系生长发育及产量的形成。

2.土壤质地对“107杨”人工林生长影响的研究

以唐山地区林农间作模式下7年生“107杨”人工林为对象，进行不同质地类别土壤上树木生长状况试验研究。结果表明：在相同的立地条件、同一栽培管理措施情况下，不同质地土壤性质对林分的树高、胸径和单株材积的影响存在差异。壤土条件下林分平均树高为21.77 m，比黏土平均低1.18%，比沙土平均高出36.32%；壤土条件下林分平均胸径为24.20 cm，分别比黏土和沙土林分胸径大4.31%和45.17%；壤土条件下单株材积最大，为0.30 m^3，黏土居中为0.25 m^3，沙土最小，仅0.10 m^3。7年生“107杨”人工林各生长指标以壤土林分最高，黏土次之，沙土最低。黏质土和壤质土保水保肥性强，营养丰富，再加上间作物的耕种，进一步增加了土壤的透性和营养，肥效平稳，能长久地促进林木生长。

(二)土壤质地改良措施的效果研究示例与分析

1.不同改土措施对沙质土颗粒组成的影响

在黄河故道沙质土壤上栽植毛白杨,将0.4 m^3 壤质土成层掺入栽植穴内距地表60 cm处,树木生长5年后取样测定,土壤剖面中沙粒减少49%,粉粒增加4倍,黏粒从无到有;物理性黏粒含量增加到CK土壤的7.4倍。沙土客入壤土,直接调节粗细土粒的比例组成;经过5年树木生长,地上枯落物归还地面,转化形成一些腐殖质,同时形成有机酸,加之根系挤压和根尖分泌酸性物质,促使沙粒进一步细化;土壤管理措施提供一些机械力或有机物质等综合作用下,明显改善了原沙土壤的质地状况。

2.新垦沙地绿肥改土试验

在黄河故道区新垦沙地上连续两年种植箭筈豌豆(*Vicia sativa*)和草木樨(*Melilotus*)等绿肥植物,在压青、留茬和割覆三种利用方式下对新垦沙地的颗粒组成和结构状况有不同程度的改良作用,其中箭筈豌豆压青作用最明显:细沙平均下降24.2%,粉沙平均增加72.1%,黏粒平均增加111.6%。各种绿肥处理的土壤物理性黏粒含量增加了11.6%~97.0%。草本豆科绿肥植物地上地下归还的有机物容易转化形成腐殖质和其他有机酸,其根系强大,生长中分割、挤压和根尖分泌酸性物质等都有利于沙粒变细,黏粒增多;由于土壤比表面增大,黏结性、黏着性、可塑性和胀缩性增强,有利于形成较多的团粒结构。绿肥改土能减少沙质土的分散性,缓和其通透性,增强其保蓄性。

复习思考题

1.什么是矿物?矿物有什么基本特征?
2.什么是岩石?岩石有哪些类型?
3.主要种类的矿物和岩石如何识别?有何风化特点?
4.什么是物理风化、化学风化和生物风化?化学风化包括哪些方式?
5.运积母质包括哪几类?第四纪沉积物包括哪几类?
6.什么是土壤粒级、土壤机械组成和土壤质地?
7.土壤粒级、土壤机械组成和土壤质地有何联系和区别?
8.通常将土壤分成哪几个基本粒级?各自特性如何?
9.不同质地的土壤肥力状况如何?
10.不同质地的土壤如何利用和改良?

参考文献

1.于炳松,赵志丹,苏尚国.岩石学.2版.北京:地质出版社,2012.
2.王 数.地质学与地貌学教程.2版.北京:中国农业大学出版社,2013.
3.王会刚,马鸿鹏,杨敏生,等.土壤质地和株行距对"107杨"人工林生长影响的研究,河北农业大学学报,2010,33(2):46-49,64.
4.王荫槐.土壤肥料学.北京:中国农业出版社,1992.
5.王景宽,张继宏,王雷,等.棕壤不同粒级微团聚体中磷的保持与供应.土壤通报,2001,32(3):113-115.

6. 石荣，贾永锋，王承智，等. 土壤矿物质吸附砷的研究进展. 土壤通报，2007，38(3)：170-175.
7. 朱祖祥. 中国农业百科全书：土壤卷. 北京：农业出版社，1996.
8. 仲跻秀，施岗陵，等. 土壤学. 北京：农业出版社，1992.
9. 关连珠. 土壤肥料学. 北京：中国农业出版社，2001.
10. 孙向阳. 土壤学. 北京：中国林业出版社，2009.
11. 李兴源，郑均宝. 实用工程造林. 北京：中国林业出版社，1990.
12. 李惠卓，王文全，荀智慧，等. 不同改土和栽培措施对沙质土颗粒组成及毛白杨根系状况的影响. 河北林果研究，1999，13(1)：25-29.
13. 沈其荣. 土壤肥料学通论. 北京：高等教育出版社，2002.
14. 宋春青. 张振春. 地质学基础. 3 版. 北京：高等教育出版社，1996.
15. 张杨珠. 农业资源与环境领域的地学问题研究. 北京：地质出版社，2003.
16. 林大仪，谢英荷. 土壤学. 2 版. 北京：中国林业出版社，2011.
17. 林成谷. 土壤学：北方本. 2 版. 北京：中国农业出版社，1993.
18. 聂俊华. 土壤学. 北京：北京农业大学出版社，1994.
19. 贾立华，赵长星，王月福，等. 不同质地土壤对花生根系生长、分布和产量的影响. 植物生态学报 2013，37(7)：98-104.
20. 唐根年. 陆景冈土壤地质学文集. 北京：中国农业科学技术出版社，2011.
21. 黄巧云. 土壤学. 北京：中国农业出版社，2006.
22. 黄昌勇，徐建明. 土壤学. 3 版. 北京：中国农业出版社，2010.
23. 程进，徐建堂，张凤荣. 两种土壤颗粒分级制黏粒含量的换算关系. 土壤通报，1993，24(5)：234-235.
24. 褚达华. 土壤学. 北京：中国农业出版社，1991.
25. 魏兴琥，杨喜林，施来成. 新垦沙地绿肥改土试验. 土壤肥料，1995(2)：42-44.

第二章　土壤有机质与土壤生物

［**本章导读**］　土壤有机质（soil organic matter，SOM）既是土壤的重要组成物质，又是土壤固相中较为活跃的部分，同时也是形成土壤结构性和生物学性质的基本物质，是生命活动的条件，也是生命活动的产物，是研究土壤生物化学（soil biochemistry）的最重要组成部分。如果说，土壤犹如地球的皮肤，有机质就犹如构成这种皮肤的蛋白质。土壤有机质是一个很大的范畴，一般包括土壤有机质的来源，土壤有机质的形成转化，土壤有机质的组成、结构和性质，土壤有机质在土壤肥力和生态环境中的作用，以及土壤有机质调节、控制措施等内容。本章简要介绍土壤有机质的基本知识及相关研究进展。

通过本章学习，重点掌握土壤腐殖物质的性质，土壤有机质对植物生长的作用，以及有机残体的分解过程及其影响因素；掌握土壤有机质与土壤腐殖质的概念及其异同；掌握土壤有机质的管理措施；了解土壤中有机物的来源，有机质的基本元素和化合物组成；了解腐殖物质的化学组成和分子结构；了解土壤腐殖物质的形成和腐殖化系数的概念。

第一节　土壤有机质的来源与组成

一、土壤有机质的概念

尽管土壤有机质（soil organic matter，SOM）是大家熟知的名词，但给出一个统一的定义却很难。在了解土壤有机质的定义之前，我们要介绍一下土壤有机物（soil organic compounds）的概念，它是泛指各种来源以各种形态和状态存在于土壤中的各种含碳有机化合物。土壤有机物包括土壤中的天然有机质（natural organic matter，NOM）和非天然有机质（non-NOM）两大类。non-NOM 是指土壤中微小的异源有机物即外源加入的人工合成有机物，如进入土壤的有机污染物、有机废弃物、农用工业有机物及相关副产物等。NOM 是泛指土壤中天然来源的有机物，包括破碎的植物、动物残体，微小生命体及其分解和合成的各种有机物（水域和沉积物等自然环境中也广泛存在着 NOM）。NOM 是土壤有机物的主体，在不太严格的情况下，土壤有机物就是指土壤 NOM。土壤 NOM 又可以分为两类，即生命体形式有机质（living oganic matter，LivOM）和非生命体形式有机质（non-LivOM）。LivOM 主要是指微生物（biomass），小的动物（small animal），小的植物及土壤内活的植物根系（small plant root）等，但主要是微生物；non-LivOM 即我们常说的 SOM，是指土壤中的生命活动产物、死亡的植物、动物残体及其分解和再合成的转化产物，它是土壤 NOM 的主体。因此在不太严格的情况下，土壤 NOM 与 SOM 含义相同，因为一般的 SOM 测定方法无法把 LivOM 与 non-LivOM 分开。

这样我们就会得到SOM的概念:泛指以各种形态和状态存在于土壤中的各种含碳有机化合物。具体地说,它包括土壤中的动、植物及微生物残体的不同分解、合成阶段的各种产物。它是土壤中细小的非生命体形式的天然有机物的总称,它实质上包括未改变和部分改变的动植物残体,但更主要的是腐烂分解有机物或其再合成产物,后者就是我们常说的腐殖质(humus)。由于土壤中不发生腐烂分解的细小天然有机物的比例很小,且无法与已经腐烂分解的天然有机物截然分开,在不太严格的情况下,SOM与腐殖质几乎是同义语(例如Stevenson在1982年出版《Humus》一书中就是这样处理的),狭义的有机质主要指腐殖质,根据其腐烂分解过程中是否形成了化学结构未知的特异性有机化合物可以分成两大类:一类是与有机残体的有机组分相似的普通有机化合物,例如,糖、蛋白质和木质素等;另一类是普遍存在于土壤和江湖河海底部的淤泥中的特殊有机化合物,例如,胡敏酸(humic acid,HA)、富里酸(或称富啡酸,fulvic acid,FA)和胡敏素(humin,HM)。为了区别起见,习惯上称前一类化合物为非腐殖物质(non-humic substance,non-HS),称后一类为腐殖物质(humic substance,HS)。SOM的分类位置如下:

- 土壤中的有机物(soil organic compounds)
  - 非天然有机质(non-NOM)
  - 天然有机质(NOM)
    - 生命体形式有机质(LivOM或biomass)
    - 非生命体形式有机质(non-LivOM或SOM)
      - 未改变和部分改变的有机残体(residual OM)
      - 改变的有机质(humus)
        - 非腐殖物质(non-HS)
        - 腐殖物质(HS)
          - 胡敏酸(HA)
          - 富里酸(FA)
          - 胡敏素(HM)

土壤有机物各组分在理论上可以采用上述的概念区分,但在实际测定中却难以将各组分分开,目前也没有统一和公认的方法。但李学垣主编的《土壤化学》一书中,对土壤有机物的划分做了尝试。认为土壤中大块有机物如树干,完整的、大的动物尸体、植物残体,不属于土壤有机物,而是土壤异物,测定时可将土壤异物人工拣出,大小界限一般为2 cm。

这样,广义的土壤有机质(土壤有机物)就是通过2 cm筛孔后再磨细(0.25 mm)测定的有机物总量。而狭义的土壤有机质(腐殖质),是经人为或机械挑出异源有机物质、未腐烂或半腐烂的动植物残体,过2 mm筛孔后,再磨细(0.25 mm)测定的有机物总量。

二、土壤有机质的来源和组成

土壤有机质主要来源于植物、动物及微生物残体,其中高等植物为主要来源。原始土壤中,最早出现在母质中的有机体是微生物。随着生物的进化和成土过程的发展,动、植物残体及其分泌物就成为土壤有机质的基本来源。在自然土壤中,地面植被残落物和根系是土壤有机质的主要来源,如树木、灌丛、草类及其残落物,每年都向土壤提供大量有机残体。在农业土壤中,土壤有机质的来源较广,主要有作物的根茬、还田的秸秆和翻压绿肥;人畜粪尿、工农副产品的下脚料(如酒糟、亚铵造纸废液等);城市生活垃圾、污水;土壤微生物、动物(如蚯蚓、昆虫等)的遗体及分泌物;人为施用的各种有机肥料(厩肥、堆沤肥、腐殖酸肥料、污泥以及土杂肥等)。其中,耕地土壤中自然植被已不存在,主要来自作物根的分泌物、根茬、枯枝落叶以及人们每年施入的有机肥料(绿肥、堆肥、沤肥和厩肥等)。我国耕地耕层土壤有机质含量一般在50 g/kg以下,东北地区大多在20～30 g/kg,华北、西北地区大部分低于10 g/kg,华中、华南一带的水田耕层有机质含量为15～35 g/kg。在不同的生物气候条件下,土壤有机质累积的数量也有很大的差异,见表2-1。

表2-1 不同植被条件下进入土壤的有机物数量

来源	每年的有机物数量/(t/hm^2)	注
森林植被	4～5	以枯枝落叶为主
草原植被	10～25	以根为主
一年生栽培作物	3～4	以根为主

进入土壤的有机残体,尽管来源不同,但是从化学角度来看,主要有碳水化合物(包括一些简单的糖类及淀粉、纤维素和半纤维素等多糖类)、含氮化合物(主要为蛋白质)、木质素等物质。此外,还有一些脂溶性物质(如树脂、蜡质等)。土壤有机质的基本元素组成是C、O、H、N,其中C占52%～58%、O占34%～39%、H占3.3%～4.8%、N占3.7%～4.1%,其次是P和S,还有K,Ca,Mg,Si,Fe,Zn,Cu,B,Mo,Mn等灰分元素,C/N一般为10～12。上述各有机组分在有机残体中的含量随植物的种类、器官和年龄而异。以我国水稻土为例:半分解的有机残体、碳水化合物(中性糖)、蛋白质(多肽)、腐殖物质分别占土壤有机质总量的6%～15%、13%～18%、18%和50%～65%。

三、土壤有机质的存在状态

土壤有机质通常以下列几种状态存在于土壤之中。

(一)机械混合状态

进入土壤中的有机残体处于未分解和半分解状态与土壤矿物质部分机械地混合在一起。处于这种状态的有机质占土壤有机质总量的0.6%～48.4%。有时为了研究工作的需要,利用重液(比重为1.8～2.03)将这部分有机质(通常称为轻组)与已和土壤矿物质部分相结合的有机质(通常称为重组)分离开来。并分别对它们的数量、组成、性质进行研究。

(二)生命体

生活在土壤中的各种活体(如植物根、土壤动物、微生物等),可以把它们视为土壤中的一个独立部分,也可以视为土壤有机质的一部分,生命体就是指土壤中各种活体的数量。据Jenkinsen(1976)的估算,土壤的生命体占土壤有机质总量的0.56%～4.6%,平均为 2.59%。这部分有机质主要吸附在土壤矿物质表面或其他有机物质的表面上。

（三）溶液态（或称游离态）

土壤有机质中有极少一部分以溶解状态存在，但这部分有机质一般不会超过土壤有机质总量的1%。处于游离态的有机质有游离单糖、游离氨基酸和游离有机酸等。

（四）有机-无机复合体态

有机-无机复合体态有机质，是土壤中与矿物质部分相结合的有机质，腐殖物质属于此类状态。由于有机无机之间结合方式的不同，因而它们之间的牢固程度各异。结合态的腐殖物质是土壤有机质的主体。

四、教学案例与分析

文启孝1927年出生，中国科学研究院土壤学专家，长期从事土壤有机质及其与土壤肥力关系的研究。在国内较早进行了土壤有机质组成、转化、土壤碳素循环以及土壤固定态铵等方面的研究；掌握英语与俄语，译著苏联土壤生物化学家M·M·科诺诺娃的《土壤腐殖质》，主持编写了中国首部《土壤有机质研究法》与《水稻土的有机质状况》，其中《土壤有机质研究法》在高校及科研机构土壤学相关研究中一直被沿用，推动了国内土壤生物化学研究工作；发表论文90余篇；建议创办我国土壤学英文刊物《Pedosphere》，并出任该刊物的首任主编；先后主持或参与了多项有关我国土壤有机质组成、性质和形成等课题，以及我国水稻丰产的土壤环境、高产土壤的培育等重大项目的研究，取得了多项研究成果，多次获得江苏省、中国科学院和国家颁发的科技进步奖和自然科学奖。

由于土壤有机质的复杂性，长期以来相对于土壤学的其他分支学科，这一研究领域的工作进展较为缓慢。文启孝从20世纪50年代初期就致力于我国土壤有机质的研究，在初步了解我国各地带性土壤腐殖质组成的同时，把我国土壤有机质的研究重点放在水稻土有机质的组成和性质上，揭示了渍水条件下形成的腐殖质具有氧化度和腐殖化程度均较低的特征，指出E_4值（腐殖物质在465 nm处吸光值）和C/H值都不能作为腐殖物质芳化度的可靠指标。文启孝在阐明我国红壤腐殖质的特征时指出，我国由北向南的土壤腐殖质组成、性质的地带性变异，是土壤pH、黏土矿物组成等综合作用的结果，而并非仅由生物气候因素所决定。60年代初期，文启孝带领研究小组深入江苏省里下河地区，调查研究沤田的改良利用。当地群众提出只要施用草木灰，就可提高沤田改为旱地后粮食作物的产量，文启孝非常重视群众这一经验，但他考虑到这一经验的推广将受到草木灰资源匮缺的限制，因此必须从探明草木灰的作用机理入手，以寻求草木灰的代用品。通过试验，文启孝认为，施用草木灰之所以能增产，主要原因是草木灰中含有大量速效磷，可改善沤改旱土壤的缺磷状况，因此他认为，施用磷肥可以替代施用草木灰。文启孝的这一发现为改良大面积沤田解决了关键性的技术问题。70年代中期，我国很多地方生产、推广施用腐殖酸肥料，文启孝受有关部门的委托，负责研究我国各种煤腐殖酸的化学性质和肥效，他明确指出，土壤腐殖酸不等于土壤有机质，煤腐殖酸不等于土壤腐殖酸，所以，煤腐殖酸并不是“施到哪里哪里灵”的肥料，它的增产效果是有条件的，这一研究成果获得了江苏省科学技术奖。这些研究成果是在研究工作条件比较困难的情况下取得的，是文启孝对土壤科学执着追求的结果。文启孝在土壤有机质组成、性质方面的研究成果，得到了国内外同行的认可，对中国土壤生物化学的建立与发展作出了重要贡献。

第二节　土壤微生物

土壤微生物包括原核细胞的细菌、放线菌和蓝细菌，真核细胞的真菌(酵母、霉菌)、藻类和地衣，单细胞的原生动物(如纤毛虫、鞭毛虫、根足虫)及没有细胞结构的分子生物(如病毒)等。土壤微生物是土壤中最活跃的部分，它们推动土壤的发育和形成，参与土壤有机质分解，腐殖物质合成和养分转化。

一、土壤微生物的种类

(一)原核微生物

1. 细菌

土壤细菌(bacteria)占土壤微生物总数的70%～90%，主要是腐生性的种类，少数是自养性的，它们个体小，平均体积为0.2～0.5 μm^3，腐生性细菌多数能分解有机质和参与腐殖物质形成；而自养性细菌对矿质养分转化起重要作用。据分析10 g肥沃土壤的细菌总数相当于全球人口的总数，但其生物量只占土壤质量的万分之一左右。因为细菌个体小，代谢强，繁殖快，与土壤接触的表面积大，是土壤中最活跃的因素。土壤细菌常见的主要属有节杆菌属(*Arthrobacter*)、芽孢杆菌属(*Bacillus*)、假单胞菌属(*Pseudomonas*)、土壤杆菌属(*Agrobacterium*)、产碱杆菌属(*Alcaligenes*)、黄杆菌属(*Flavobacterium*)等。

细菌多数被吸附在土壤团粒表面，形成菌落或菌团，有一小部分分散在土壤溶液中，绝大多数处于营养体状态。土壤中存在着各种细菌生理群，其中，纤维分解细菌、固氮细菌、硝化细菌、亚硝化细菌、硫化细菌、氨化细菌等在土壤碳、氮、磷、硫循环中担当重要的角色。

2. 放线菌

放线菌(actinorhizal)的数量仅次于细菌，占土壤微生物总数的5%～30%，每克土壤中的细胞数在10^4～10^6变动，广泛分布在土壤、堆肥、淤泥、淡水水体等各种自然生境中，其中土壤中数量及种类最多。放线菌以孢子或菌丝片段存在于土壤中，一般肥土比瘦土多，农田土壤比森林土壤多，春季、秋季比夏季、冬季多。

栖居在土壤中的放线菌种类很多，用常规方法监测时，大部分为链霉菌属，占70%～90%；其次为诺卡氏菌属，占10%～30%；小单胞菌属占第3位，只有1%～15%。它们的大部分均属好氧腐生菌。

放线菌最适宜生长在中性、偏碱性、通气良好的土壤中，能转化土壤有机质，产生抗生素，对其他有害菌能起拮抗作用。高温型的放线菌在堆肥中对其养分转化起着重要作用。

(二)真核微生物

1. 真菌

真菌(fungus)是土壤微生物的第三大类，由于真菌菌丝比放线菌菌丝宽几倍到十几倍，其生物量并不低于放线菌或细菌。真菌广泛分布于耕作层中，尤其在森林土壤和酸性土壤中，往往是真菌占优势或起主要作用。真菌的菌丝体发育在有机物残片或土壤团粒表面，扩展于土壤孔隙中，产生孢子。真菌大多是好气性的，土壤表层较多。真菌适宜生长在偏酸性的土壤中，有些真菌是植物病害的病原菌。我国土壤真菌种类繁多，资源丰富，分布最广的是青霉属（*Penicillium*）、曲霉属（*Aspergillus*）、镰刀菌属（*Fusarium*）、木霉属（*Trichoderma*）、毛霉属（*Mucor*）和根霉属（*Rhizopus*）。

2. 藻类

藻类（alga）为单细胞或多细胞的真核原生生物。土壤中的藻类多为单细胞的硅藻或呈丝状的绿藻和裸藻。藻类是土壤生物的先行者，对土壤的形成和熟化起重要作用，它们凭借光能自养的能力，成为土壤有机质的最先制造者。土壤表层、积水土面、水田藻类较多。

3. 地衣

地衣（lichen）是由真菌和藻类形成的不可分离的共生体。地衣广泛分布在荒凉的岩石、土壤和其他物体表面，地衣通常是裸露岩石和土壤母质的最早定居者。因此，地衣在土壤发生的早期起重要作用。

二、土壤微生物的营养类型

根据微生物对营养和能量的要求，一般可分为四大类型。

（一）化能有机营养型

化能有机营养型又称为化能异养型，需要有机化合物作为碳源，并从氧化有机化合物的过程中获得能量。土壤中该微生物的数量或种类是最多的，包括绝大多数细菌和几乎全部真菌和原生动物，是土壤中起重要作用的微生物。

化能异养微生物又可分为腐生和寄生两类。前者利用无生命的有机物，包括死亡的动、植物残体。后者寄生于其他生物，从寄主中吸收营养物质，离开寄主便不能生长繁殖。此外，还有一种中间类型，既能腐生又能寄生，称为兼性腐生微生物或兼性寄生微生物。

（二）化能无机营养型

化能无机营养型又称化能自养型，以 CO_2 作为碳源，从氧化无机化合物中取得能量。这种类型微生物数量、种类不多，但在土壤物质转化中起重要作用。根据它们氧化不同底物的能力，可分为 5 种主要类群（表 2-2）。

表 2-2　好氧化能自养菌

菌群	氧化底物	氧化产物	最终电子受体
亚硝酸细菌	NH_3	NO_2	O_2
硝酸细菌	NO_2	NO_3	O_2
硫氧化细菌	H_2S,S,$S_2O_3^{2-}$	SO_4^{2-}	O_2 或 NO_3
铁细菌	Fe^{2+}	Fe^{3+}	O_2
氢细菌	H_2	H_3O	O_2 或 NO_3

（三）光能有机营养型

光能有机营养型又称光能异养型，其能源来自光，但需要有机化合物作为供氢体以还原

CO_2，并合成细胞物质。如紫色非硫细菌中的深红红螺菌(*Rhodospirillum rubrum*)可利用简单的有机物，如甲基乙醇，作为供氢体。

$$CO_2 + CH_2CHOHCH_3 \xrightarrow{\text{光能}} (CH_2O) + CH_3COCH_3$$

(四)光能无机营养型

光能无机营养型又称光能自养型，利用光能进行光合作用，以无机物作供氢体以还原CO_2合成细胞物质。藻类和大多数光合细菌都属光能自养微生物。藻类和高等绿色植物一样，以水作为供氢体，光合细菌如绿硫细菌、紫硫细菌都是以H_2S作为供氢体。

上述营养型的划分都是相对的。在异养型和自养型之间，光能型和化能型之间都有中间类型存在，并在土壤中都可以找到。土壤具有适宜各类型微生物生长繁殖的环境条件。

三、土壤微生物的呼吸类型

由于对氧的要求不同，微生物的呼吸可分为有氧呼吸(也称需氧呼吸)和无氧呼吸(也称发酵)。进行有氧呼吸的微生物称之为好氧性微生物，进行无氧呼吸的称之为厌氧性微生物，既能进行有氧呼吸又能进行无氧呼吸的称之为兼厌氧性微生物。

(一)好氧性微生物的有氧呼吸

土壤中大多数细菌如芽孢杆菌、假单胞菌、根瘤菌、固氮菌、硝酸细菌、硫化细菌等以及霉菌、放线菌、藻类和原生动物等属好氧性微生物。它们以氧气为呼吸基质氧化时的最终受氢体。由于来自空气中的氧能不断供应，能使基质彻底氧化，释放出全部能量。

在通气良好的土壤中，或有氧的土壤微环境里(如大孔隙中，团粒体外等)，好氧微生物进行的有氧呼吸负责转化土壤中有机质，获得能量，构建细胞物质，各自行使生理功能，如固氮菌的固氮作用。好氧性化能自养型细菌，以还原态无机化合物为呼吸基质，依赖它特殊的氧化酶系，活化分子态氧去氧化相应的无机物质而获得能量。如亚硝酸细菌以NH_4^+为呼吸基质氧化成NO_2^-(亚硝化作用)，硝酸细菌以NO_2^-为基质氧化成NO_3^-(硝化作用)，氧化硫化杆菌以S为基质氧化成SO_4^{2-}(硫化作用)。

(二)厌氧性微生物的无氧呼吸

厌氧性微生物如梭菌、产甲烷细菌和脱硫弧菌等，在缺氧的环境中生长发育，进行不需氧的呼吸过程，基质的氧化不彻底，产生一些比基质更为还原的终产物，释放的能量也少。

长期淹水的水稻土或沼泽地或人工沼气池等环境中，产甲烷细菌进行沼气发酵产生甲烷。脱硫弧菌可使硫酸盐还原产生H_2S。

(三)兼厌氧性微生物的兼性呼吸

兼厌氧性微生物能在有氧和无氧环境中生长发育，但在两种环境中呼吸产物不同。典型的例子就是酵母菌和大肠杆菌。

土壤中存在的反硝化假单胞菌、某些硝酸还原细菌、硫酸还原细菌是一类特殊类型的兼厌氧性细菌。在有氧环境中，与其他好氧性细菌一样进行有氧呼吸。在缺氧环境中，能将呼吸基质彻底氧化，以硝酸或硫酸中的氧作为受氢体，使硝酸还原为亚硝酸或分子氮，使硫酸还原为硫或硫化氢。

四、教学案例与分析

土壤微生物是土壤中最活跃的部分，它们参与土壤有机质分解，腐殖物质合成，养分转化，并推动土壤的发育和形成。微生物在其生命过程中不断同化环境中的碳，同时又向外界释放碳素（代谢产物）。土壤中的微小动植物利用土壤可溶性有机碳作为速效碳源，然后有选择性地降解土壤中稳定成分而改变其组成，释放低分子化合物从而促成有机质的形成与转化（Marschner，2002）。在土壤腐殖物质的形成中，各种类型微生物均起到积极作用，来航线（1997）的研究表明真菌中的木霉一般在适宜条件下具有强的分解纤维素、半纤维素、木质素及很多难分解的物质的能力，而且木霉在土壤腐殖物质总量形成中的作用最大，其次为灰褐链霉菌。木霉形成胡敏酸（HA）的含量最高，而灰褐链霉菌形成富里酸（FA）的含量最高。张崇邦（2002）认为土壤细菌对土壤固氮、有机磷转化、硝化和氨化作用贡献率较大；土壤真菌对土壤中纤维素降解作用贡献率较大；而土壤放线菌对固氮、硝化作用的贡献率最大。

关于细菌对木质素降解的研究，人们认识得比较晚，木材腐朽与细菌相关是在20世纪五六十年代才被证实的，八九十年代的研究成果表明，细菌可以降解Kraft木质素的片段及杨木二氧己烷木质素和低相对分子质量的硫化木质素，至此人们才认识到细菌能在一定程度上使木质素结构发生改性，从而增加水溶性产物多聚木质素APPL，但极少矿化木质素产生CO_2；另外，细菌在木质素降解过程中主要起着间接的作用（Carol 等，1996）。

放线菌能容易地利用半纤维素，并能在一定程度上使木质素的分子结构发生改变，继而分解溶解的木质素，但却很少利用纤维素（Crawford 等，1983；Godden 等，1992 ）。放线菌类是公认降解木质素能力较强的细菌，主要包括小单胞菌（*Micromonospora*）、链霉菌（*Streptomyces*）等（Hernández 等，2001）。

研究表明，一半以上的腐生真菌具有降解腐殖质和木质素的能力（Lynch 等，2006），而且这些真菌同样广泛分布于农田土壤中（Carney 等，2007）。真菌中对纤维素作用较强的菌株多是青霉属（*Penicillium*）、木霉属（*Trichoderma*）、曲霉属（*Aspergillus*）和枝顶孢霉属（*Acremonium*）的菌株，特别是绿色木霉（*Trichoderma virde*）及其远缘的菌株，对纤维素的作用最强（赵小蓉等，2009）。在自然界中，真菌对木质素的降解起着主导作用，但是木质素的完全降解是细菌、真菌及相应微生物群落共同作用的结果。真菌菌丝作用进入木质材料中分泌出胞外酶对木质纤维素进行攻击，导致木质素与纤维素的解聚和溶解（Tuomela 等，2000）。对木质素的生物降解起着重要作用的是真菌中的木腐菌，木腐菌主要分为褐腐菌、白腐菌和软腐菌，在自然界中大多数白腐菌既可降解硬木又可降解软木（Hatakka 等，1994），与其他菌相比，其对木质素的降解速度和效率具有明显的优越性，因此，对白腐菌的研究最为广泛。

白腐菌降解木质素的能力很强，但是其降解纤维素的能力不如木质素，白腐菌能够分泌胞外氧化酶降解木质素，所以被认为是最主要的木质素降解微生物。白腐菌对木质纤维素的降解应用于不同行业，近年来白腐菌技术应用于工业生产领域越来越多，并取得了很好的成果（Cullenm 等，1997；陈立祥等，2003；席北斗等，2003；张晓昱等，2003；高航等，2004；任拥政等，2004）。

总之，在生态系统中土壤微生物在植物残体降解、腐殖物质形成及养分转化与循环中扮演着十分重要的角色。

第三节　土壤有机质的分解与周转

进入土壤中的各种有机残体，在微生物的作用下进行着复杂深刻的转化过程，这些过程可以概括为两个方面，即矿质化过程和腐殖化过程。二者在土壤中同时同地彼此互相渗透着进行，在不同的条件下其特点和强度均有不同。

一、土壤有机质的矿质化过程

土壤有机质的矿质化过程(mineralization)，是指复杂的有机物质，在微生物的作用下，分解为简单的化合物，同时释放出矿质养料和能量的过程。

土壤有机质的矿质化作用，主要是靠微生物的酶来完成的。整个过程往往是分阶段进行的，在分解过程中，可以产生各种类型的中间产物。

如果环境条件适宜，微生物活动旺盛，则分解作用可进行得较快，最终大部分有机物就变成了 CO_2 和 H_2O，而 N、P、S 等则以矿质盐类释放出来，同时对微生物提供较多的能量。

如环境不适宜，微生物活动受到阻碍，则分解作用进行得既慢又不彻底，因此有机质消失也慢，有时并有中间产物累积，释放出的养料和能量也少。

因此，环境条件和有机质的组成部分不同，微生物的分解能力和最终产物及提供的养分和能量也不同。下面以植物残体为例，将各有机成分的一般分解速率和分解产物简介如下。

(一)糖类的分解

糖类包括单糖类(六碳糖、五碳糖)和多糖类(淀粉、半纤维素、纤维素)。多糖首先在微生物分泌的水解酶的作用下，水解成单糖，由单糖进一步再分解成简单的物质。

在好气条件下分解迅速，最终产物为 CO_2 和 H_2O。反应式如下：

$$(C_6H_{10}O_5)_n(\text{纤维素}) + nH_2O \xrightarrow{\text{水解酶}} nC_6H_{12}O_6(\text{葡萄糖})$$

在氧气充足的条件下，最终产物为 CO_2 和 H_2O，并放出大量的能量。

$$C_6H_{12}O_6 + 5O_2 \longrightarrow 2C_2H_2O_4 + 2CO_2 + 4H_2O + 2\ 822\ \text{焦}(J)$$

$$2C_2H_2O_4 + O_2 \longrightarrow 4CO_2 + 2H_2O$$

在通气不良条件下，糖类的分解是在嫌气微生物的作用下进行的，其分解的速度很慢，释放出的能量也少，并形成一些有机酸、乙醇等，在极嫌气的情况下，还产生 H_2、CH_4 等还原性物质。

(二)脂肪、树脂、蜡质、单宁等的分解

这类物质的分解除脂肪族稍快些外，其他均很缓慢，不易彻底分解，在好气条件下除生成 CO_2 和 H_2O 并放出能量外，还常常产生有机酸。在嫌气条件下，则可产生多元酚类化合物

(形成腐殖物质的材料)。

(三)木质素的分解

植物种类不同,木质素的化学组成和结构也不相同,但其共同点是都含有芳香核,并以多聚体的形式存在于组织中,是最不易分解的植物有机成分。在好气条件下,受真菌和放线菌的作用,先进行氧化脱水,再缓慢降解,使其原来分子中的甲氧基显著减少,酚羟基增加,出现烃基,并有酸化的趋势。木质素降解的中间产物可参加腐殖物质的形成。在嫌气条件下木质素分解极慢,所以沼泽泥炭土中木质素含量特别高。

(四)含氮有机化合物的分解

土壤中含氮有机化合物,主要是蛋白质等化合物,这类化合物较易分解,其分解转化过程如下:

1.水解过程

蛋白质在微生物分泌的蛋白水解酶的作用下,逐步分解成各种氨基酸。其过程是:蛋白质→水解蛋白质→消化蛋白质→多氨酸→氨基酸。这类物质一般不能被作物吸收利用,只为进一步转化提供原料。

2.氨化过程

指氨基酸在微生物分泌的酶的作用下,进一步分解产生氨的过程。氨化过程只要温度、湿度适宜,不论是在好气或者是在嫌气条件下均能进行。氨化过程可以通过以下几个途径进行。

水解:　$RCHNH_2COOH + H_2O \longrightarrow RCHOHCOOH + NH_3$

或　$RCHNH_2COOH + H_2O \longrightarrow RCH_2OH + CO_2 + NH_3$

氧化:　$RCHNH_2COOH + O_2 \longrightarrow RCOOH + CO_2 + NH_3$

还原:　$RCHNH_2COOH + H_2 \longrightarrow RCH_2COOH + NH_3$

或　$RCHNH_2COOH + H_2 \longrightarrow RCH_3 + CO_2 + NH_3$

氨化过程所生成的氨,与土壤溶液中各种酸类化合成铵盐后,可以直接为作物利用。

$$2NH_3 + H_2CO_3 \longrightarrow (NH_4)_2CO_3$$

在通气良好的条件下,氨态氮通过亚硝化细菌和硝化细菌的相继作用进一步转化为亚硝态氮和硝态氮,也是植物可利用的氮素养分。在通气不良的条件下,硝态氮经反硝化细菌的作用,进行还原过程,形成氮气,造成氮素损失。在生产上应采取加强中耕、调节土壤通气性等措施来减少土壤氮的损失。

有的蛋白质除含氮外,还含有磷、硫等营养元素。在好气条件下通过微生物的作用,含磷和硫的化合物可分别氧化为磷酸盐($H_2PO_4^-$,HPO_4^{2-})和硫酸盐(HSO_4^-,SO_4^{2-})。在嫌气条件下,含硫蛋白质分解为硫醇类(含—SH 的化合物)和硫化氢(H_2S)等有毒物质。

其他非蛋白质类而含氮、硫、磷的有机化合物的矿化过程和速率,虽与蛋白质有所不同,但其最终的主要产物仍是 NH_4^+、HPO_4^{2-} 和 SO_4^{2-}。

综上所述,有机物质矿化的结果,不仅为植物提供了营养物质,也为微生物提供了营养物质和能量,而且在矿化过程中同时也改变了一些有机物的结构特征和组成,为腐殖物质的形成提供原料。

二、土壤有机质的腐殖化过程

进入土壤中的有机残体，在微生物的作用下，进行矿质化的同时，还进行一系列复杂的腐殖化过程(humification)。即有机质在微生物的作用下，形成复杂的腐殖物质的过程。一般认为腐殖物质的形成过程可分为以下两个阶段(属于下面讲到的多酚学说)。

第一阶段，产生构成腐殖质主要成分的原始材料阶段。

进入土壤中的有机残体在微生物的作用下，有些成分被矿化了，而有些成分由于结构稳定，只能部分降解，而保留原来结构单元中的某些特征。如木质素的降解产物中，仍保留其原来芳香结构及其所连接某些取代基(如—OCH_3，—OH，—COOH 等)的特征。

另一方面微生物在分解有机质(包括链状及环状化合物等)时会产生多元酚类(带有多个酚羟基的芳香族化合物)。酚类化合物在微生物分泌氧化酶的作用下，氧化成醌型化合物。

例如对位二元酚，在碱性条件下很容易氧化为对位醌(邻位酚也可同样氧化)：

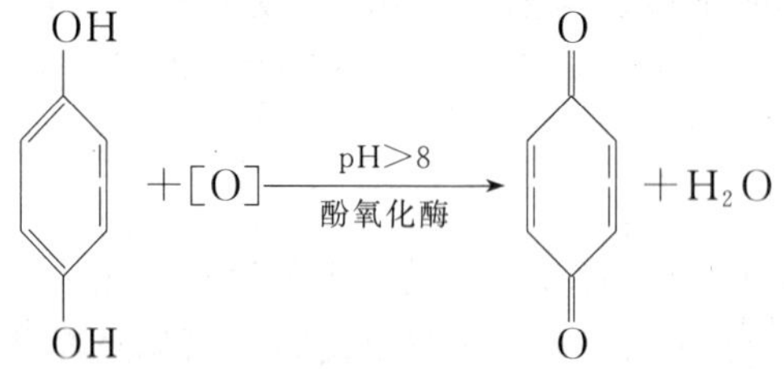

在这一阶段里还产生了由蛋白质降解而形成的各种肽类、氨基酸和含氮化合物，以及由微生物本身的生命活动所产生的再合成产物和代谢产物(多元酚、氨基酸或肽类等)。

目前多数研究者认为，多元酚和醌类化合物、由木质素降解所产生的芳核结构单位、由蛋白质降解及微生物代谢产物形成的氨基酸或肽等化合物都是构成腐殖质的原始材料。

第二阶段，合成阶段。

上述原始材料通过某种合成机制(包括缩合等多种酶促反应和可能发生的纯化学反应)合成腐殖物质的单分子。如以最简单的醌类(或酚类)化合物和氨基酸(或肽)为例，其缩合的最简单模式可能为：

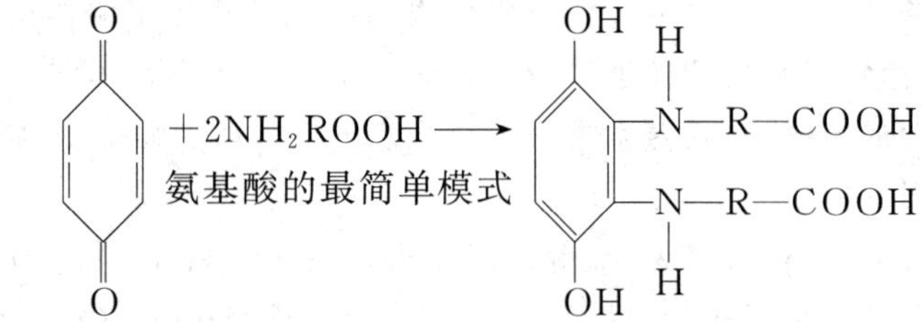

对醌型化合物的最简单模式　　　　腐殖物质单体分子的最简单模式

上述模式只能说明形成腐殖物质单分子的可能途径。而实际上腐殖物质单分子的形成及其组成结构要比上式复杂得多。

同一土壤中形成原始腐殖物质的单分子不完全相等，它们再通过缩合作用，连接多肽和糖类等有机化合物分子，形成不同相对分子质量的复杂的环状化合物。其中胡敏酸的分子就是主要的代表。

关于腐殖物质形成的学说中，一直认为木质素和蛋白质是构成腐殖物质核心的两大组成成分(下面讲到的木质素学说)。现代的大量研究工作表明，木质素的作用可能在于降解和氧化时提供醌型化合物，而蛋白质的作用在于提供氨基酸。它们只是通过各自的降解产物(醌型化合物和氨基酸)参与了腐殖物质的合成。试验还证明，只要微生物繁育旺盛，并有产生氨基酸、多元酚及醌类化合物的物质基础和土壤条件，就是没有木质素的存在，也可以形成腐殖物质。

总结多数已有的观点，腐殖物质的形成有 6 种可能的途径(图 2-1)。

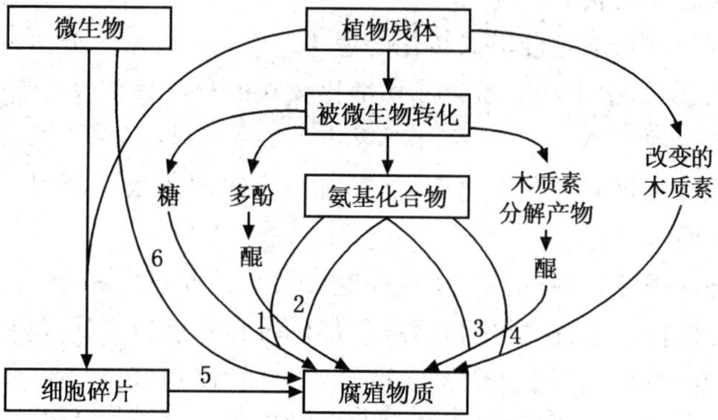

图 2-1　腐殖物质的形成有 6 种可能的途径

途径 1 为糖-胺缩合学说。微生物代谢所产生的还原糖和氨基酸，进行非酶聚合作用(类似于梅拉德反应)形成棕色含氮聚合物。

途径 2 和 3 分别代表多酚学说和起源于木质素的多酚学说。Kononova(1966)认为植物性材料由微生物降解成酚类和氨基酸类，经化学氧化和聚合形成腐殖物质；植物组织的性质并不影响最后生成的腐殖物质种类，低相对分子质量的 FA 代表腐殖质化的第一阶段，FA 进一步缩合形成 HA 和 HM。途径 2 和 3 的区别是，途径 3 中木质素起重要作用，要先转变为多酚；途径 2 中，多酚是以非木质素基质(如纤维素)为碳源由微生物合成的。

途径 4 为木质素学说。由 Waksman(1936)提出，抵抗微生物侵袭的植物组织，尤其是木质化组织，在土壤中或多或少发生外表上的变化而形成腐殖物质；植物成分的性质很大程度上影响最后腐殖物质的性质，大相对分子质量的 HM 或 HA 代表腐殖质化的第一阶段，以后在微生物作用下分裂成 FA，最后矿化成 CO_2 和 H_2O。但是根据原来植物分子的性质和大小，在矿化作用初期也能形成低相对分子质量的腐殖物质。

此外，细胞自溶学说(途径 5)认为，腐殖物质是植物和微生物细胞死亡后的自溶产物，经游离基任意缩合或聚合而成。微生物合成学说(途径 6)认为，微生物在细胞内合成各种高相对分子质量的腐殖物质，并在微生物死亡和细胞解体时释放到土壤；相对分子质量较高的 HA 代表着腐殖化的第一阶段，然后通过细胞外的微生物降解成为 FA，直至最终矿化。

上述这些途径可能在所有土壤中运转着，只是它们的程度和重要性的次序因环境条件而不同。

土壤中有机残体的矿化作用与腐殖化作用是同时发生的两个过程。生物残体的矿化过程是进行腐殖化过程的前提;而腐殖化过程是生物残体矿化过程的部分结果。

三、影响土壤有机质分解和周转的因素

土壤有机质转化过程中,无论是矿质化过程还是腐殖化过程,都是在微生物直接参与下进行的。因此,有机质的分解和周转都必须受微生物的制约。凡能影响微生物生命活动及其生理作用的一切因素都会影响有机质的分解和周转。这些因素可概括为以下两个方面。

(一)有机残体的物理状态和化学组成

1.有机残体本身的物理状态

有机残体本身的物理状态直接影响转化的速率。多汁、幼嫩比干枯老化的植物残体易分解,而且还能活化已衰弱的微生物。粉碎或切细比大块的植物残体易分解。

2.有机残体组成中的C/N

有机质中碳素总量和氮素总量的比率,是影响转化速率的根本原因。同一类植物的C/N亦随植物的组织老嫩而不同。

一般禾本科植物的根茬,茎秆的C/N可高达100∶1,而豆科植物为(15~30)∶1。凡多汁、幼嫩和C/N小的植物残体,矿质化和腐殖化都比较容易进行,分解得快,形成腐殖物质数量较少,释放出的氮素较多。反之干枯老化和C/N大的植物残体,转化较慢,释放的氮素量少。这是因为微生物在分解有机质时,需要同化一定数量的碳和氮来构成本身组织,同时还要分解一定数量的有机碳化合物作为能量的来源。据研究资料表明,微生物组成自身的体细胞要吸收5份碳和1份氮,同时还要20份碳作为生命活动的能源。也就是说微生物在生命活动过程中,需要有机质的C/N约为25∶1时为适宜。如果有机物质的C/N小于25∶1时,由于含氮多它不仅分解得快,而且还能使多余的有机态氮转化为无机态氮留在土壤中为植物利用。如果有机质的C/N大于25∶1时,由于碳多氮少,微生物就缺乏氮素营养,其生命活动能力减弱,有机物质分解缓慢,有时微生物还会从土壤中吸取无机有效态氮素营养,造成微生物与作物争夺氮素养分,使作物暂时缺氮,出现黄萎现象。因此,在生产中如施用C/N过高的有机残体时,应适当地补充有效态的氮素(如人粪尿、硫铵等),以加速有机残体的分解,并防止植物缺氮。

各种有机残体,无论C/N的大小如何,当它们进入土壤后,在微生物的反复作用下,它们的C/N迟早会稳定在一定的范围内。我国一般耕地土壤这个数值范围为(7~13)∶1。

3.有机质灰分元素含量

灰分元素含量高,说明营养元素丰富,也易于中和有机质分解时所产生的酸类,从而更有利于有机质的转化。

(二)土壤环境条件

凡能影响微生物生命活动的环境条件,都会影响有机质的转化。这些因素主要有以下几方面。

1.土壤湿度和通气状况

微生物活动需要一定的湿度和通气条件。在适度湿润而又有通气良好条件的土壤中,好

气微生物活动十分活跃。这时有机质进行好气分解，其特点为速度快，分解较完全，矿化率高，中间产物很少累积，所释放的矿质养料多，并以氧化物状态存在，有利于植物吸收利用，无毒害作用。但该条件不利于土壤有机质累积。反之，如果土壤的湿度过大，水分充塞了绝大部分土壤孔隙，使通气受阻，这时有机质的分解只能在嫌气条件下进行。其特点是分解速度慢，分解不完全，矿化率低，容易积累中间产物。如在高度嫌气条件下往往会产生一系列的有机酸，其中最常见的有乙酸、丙酸和丁酸等，同时还会产生某些还原性气体如 H_2、H_2S、CH_4 等，对作物有害。在嫌气条件下，矿化率低，有利于土壤有机质的积累和保存，但有机质质量较差。一般土壤含水量为土壤田间持水量的 60%～80%时有利于有机质的转化。

2. 温度

在 0～35℃的温度范围内，增高温度能促进有机质的分解，一般土壤微生物最适宜的土壤温度为 25～35℃。当温度高于 45℃时，一般的微生物活动受到明显的抑制，有些有机物质可能发生纯化学氧化分解作用或导致挥发。

3. 土壤的酸碱反应

不同的微生物都有适宜活动的 pH 范围。如大多数细菌最适 pH 一般在中性附近(pH 6.5～7.5)；而放线菌活动的最适宜 pH 比细菌略偏碱性；真菌最适于酸性(pH 3～6)条件。因此，土壤的酸碱反应不同，土壤中各类微生物总量、相对比例及活动性等都不一样，而有机质转化的速度、产物也不相同。在农业生产中，中和过酸或过碱的土壤，对促进有机质转化有显著作用。

四、教学案例与分析

土壤有机质转化过程中，无论是矿质化过程还是腐殖化过程，都是在微生物直接参与下进行的，有机质的分解和周转必须受微生物的制约。因此，凡能影响微生物生命活动及其生理作用的一切因素都会影响有机质的分解和周转。

(一)温度对土壤有机质分解与转化的影响

关于温度对土壤有机质分解的影响，多数研究认为在一定的温度范围内，温度升高，会促进土壤有机质的分解。温度影响土壤微生物和酶的活性及土壤中溶质的运移，还影响土壤反应的速度和土壤的呼吸速率，从而影响着土壤有机质的转化。在一定的温度范围内，温度升高，会促进土壤有机质的分解，但随着温度的进一步升高，土壤有机质对温度的响应程度降低(Miko U. F，1995；Andersen，2001；黄耀等，2002)。Miko(1995)研究表明，在平均温度为 5℃时，温度每升高 1℃将会引起全球范围内 10%土壤有机质的丧失；而在平均温度为 30℃时，温度每升高 1℃时，有机质丧失为 3%。王彦辉(1999)对森林土壤研究后认为，有利于森林土壤有机质分解的最优温度范围为 25～35℃。关于温度对土壤腐殖质形成和结构的影响研究较少，文启孝(1984)认为高温或常年低温既不利于胡敏酸的积累也不利于胡敏酸芳化度增大，Pietik(2000)在 45～230℃条件下，加热干燥的森林腐殖质，用傅立叶转换远红外和核磁共振波谱测定，加热到 230℃的腐殖质的化学结构发生了明显变化，腐殖质的 pH 增加 1.1 个单位。

(二)水分对土壤有机质分解与转化的影响

土壤水分是土壤中水溶性成分的运输载体，也是土壤中各种反应得以正常进行的介质。

国内外学者关于水分与土壤有机质的关系研究较多，但不同的试验条件与试验方法所得结果有所不同。王彦辉(1999)研究森林土壤有机质的分解速率在很大程度上受控于环境条件，其中含水量起着决定性作用，最优含水量为各种被分解物饱和含水量的70%～90%，极度干旱和水分过多都会限制土壤微生物的活动，使有机质的分解速率明显降低。而黄东迈等(1998)采用^{14}C标记法对旱地和水田有机碳的分解研究则表明与旱地条件相比，淹水土壤中植物残体的分解是以快速和高分解量为特征的；Olivier(2000)也认为：在淹水条件下有机物料的分解加快，有机物料(稻草)在长期的淹水条件下培养与非淹水条件相比，厌氧微生物反复利用腐解发酵的有机物料会导致较低的净残留碳的矿化。这与长期以来淹水嫌气条件下有机物料的分解速率慢于旱地、分解量低于旱地的传统概念大相径庭。由于田间有机质的分解受土壤、气候的变化(温度、降水)等多种自然条件的影响，比室内模拟培养条件(恒温、恒湿)要复杂，可能会导致不同的研究结果，对于存在的争议有必要采用不同的研究手段进一步验证。

(三)土壤 pH 对土壤有机质分解与转化的影响

土壤的 pH 对土壤有机碳的转化有着重要的影响，主要是通过影响土壤的微生物活动进而影响土壤有机质的分解与矿化。在酸性土壤中，当 pH 较低时，土壤微生物碳量减少，当 pH>5.5 时，水溶性^{14}C量很高(Motavallia，1995)，pH 由 4.3 增至 6.8 时会导致未分解又不稳定的脂肪酸的积累(Bergman，1999)，这表明 pH 的升高有利于土壤有机质的分解。采用^{14}C示踪法研究在$CaCO_3$含量高的土壤中，$CaCO_3$的存在对有机物料的分解有明显的促进作用(车玉萍，1995；Motavallia，1995)。同样用此方法研究盐分含量高的土壤，会加速土壤的矿化过程(Nelsona，1996；Yan，1996)。

(四)大气二氧化碳浓度对土壤有机质分解与转化的影响

大气CO_2浓度升高对土壤和植物生理生态的影响已经引起人们的关注，CO_2浓度升高加强了植物的光合作用(李伏生等，2002；马红亮，2004a；Li，2001；Weigel，2005)，使光合产物的20%～50%通过根系分泌与死亡输入土壤，因此会间接影响土壤生态系统。近年来，一些学者研究了大气CO_2浓度升高对土壤碳库及土壤微生物的影响，归纳起来有两种观点：

①有些学者认为CO_2浓度升高，使输入土壤碳量增加，会刺激土壤微生物的生长和活性，从而加强了土壤的呼吸作用，增加了土壤有机质的矿化速率。马红亮等(2004b)采用 FACE (free-air CO_2 enrichment)试验研究表明，在低 N 条件下，大气CO_2浓度升高使土壤表层可溶性碳含量增加，土壤 5～15 cm 层的可溶性碳含量倾向于降低。徐国强(2002)研究了稻田土壤微生物对CO_2浓度增加的响应规律，指出CO_2浓度增高，促进了土壤中有机碳的输入，为土壤微生物提供了更多的可降解底物，促进了微生物的活性，从而促进了土壤的呼吸作用，增加了土壤有机质的矿化速率。

②还有一些学者认为CO_2浓度升高增加了土壤的碳通量和碳氮比，但会导致微生物分解与合成所需的氮素缺乏，从而抑制了微生物的呼吸，增加了土壤的碳积累。Cotrufo(1995)的研究表明桦树细根残体在CO_2倍增下腐解速率明显降低。这是由于CO_2浓度升高，进入土壤中的 C 量增加，C/N 增加造成微生物生长受 N 限制，使植物残体分解速率降低。Hu (2001)等研究发现，如果将CO_2浓度升高条件下的根呼吸视为不变，在生长季晚期测量微生物呼吸，升高的CO_2会使每单位生物量中的非自养微生物的呼吸下降，而且这种下降是显著

的。对此，Hu 的解释是：升高的 CO_2 浓度改变了植物对氮的利用方式，从而改变了植物和微生物之间的联系，使微生物分解变慢，增加了土壤系统的碳积累。关松(2006)通过稻—麦轮作 FACE 平台研究了正常施氮水平下水稻土壤有机碳及其各组分对大气 CO_2 浓度升高的响应。研究结果表明：不同土层的腐殖质组分含量有所差异，表层(0～15 cm)土壤腐殖化程度较高，表层的土壤有机碳(SOC)、水溶性碳(WSOC)、胡敏酸(HA)、富里酸(FA)、胡敏素(HM)数量均高于下层(15～30 cm)。大气 CO_2浓度升高条件下，增加了表层和下层的 SOC，促进了土壤有机质的积累；降低了土壤中可提取腐殖物质中 HA 的比例(PQ)，土壤的腐殖化度下降，有利于 HA 的分解与转化和 FA 的积累；对土壤 HM 没有显著影响。

除了上述各因素对土壤有机质分解与转化产生重大影响外，土壤的耕作方式、不同的植物残体施入和不同的施肥方式均会影响土壤有机质的转化。

第四节　土壤有机质的主要组分及性质

进入土壤中的动、植物残体，在各种物理、化学、生物因素的共同作用下，绝大部分较快地分解掉，只有一小部分转变为土壤有机质或腐殖质，其化学组成和结构也都发生了一定的变化，如表 2-3 所示。

表 2-3　成熟植物组织与土壤有机质部分成分比较　g/kg

成分	植物组织	土壤有机质
纤维素	200～500	20～100
半纤维素	100～300	0～20
木质素	100～300	350～500
粗蛋白质	10～150	280～350
油脂、蜡质等	10～80	10～80

表 2-3 表明，土壤有机质中木质素和蛋白质的含量比植物组织中显著增加，而纤维素和半纤维素的含量明显减少。

前面已经介绍，土壤有机质中化合物的种类繁多，性质各异，从化合物特异性的角度，可粗略地分为非腐殖物质和腐殖物质两大类。

一、非腐殖物质

非腐殖物质主要是碳水化合物和含氮化合物，其他化合物的数量很少，甚至极微量。如表土中蜡质的含量一般只占有机碳总量的 2%～6%，某些芳香酸的含量仅有每千克几毫克。但它们在土壤形成过程和土壤肥力上都有不可忽视的作用。

(一)碳水化合物

土壤中碳水化合物主要来源于植物残体，进入土壤后，大多为微生物利用。同时在微生物分解有机质的过程中，又产生许多比较简单的单糖类，并合成一些多糖类化合物。

土壤中碳水化合物的组分，主要有多糖、糖醛酸和氨基糖等。其含量因土壤类型的不同变异较大。我国主要土壤表土中碳水化合物的含量占有机质总量的17%～30%,多糖类是碳水化合物的主体,其含量占有机质总量的9%～22%。它们在土壤中与黏粒矿物、腐殖物质、金属离子等相结合存在。这就增加了碳水化合物的稳定性,使它在土壤有机质中占有一定的比重。

碳水化合物除了作为微生物的能源和营养外,由于它本身含有大量羟基,在糖醛酸和氨基糖的分子中还含有羧基和氨基,这些功能基使碳水化合物具有化学活性,对土壤的物理化学性质有重要作用。多糖具有胶结作用,对土壤结构的形成有重要意义。

(二)含氮化合物

土壤中95%以上的氮素是以有机态氮素存在的,而无机氮的含量很低。土壤中有机态氮的含量随土壤类型、土壤层次而异,其含量的高低及其变化规律大体上与土壤有机质的含量、变化规律相一致。

土壤中有机态氮可以分为水解性氮和非水解性氮两大类。根据对我国主要土壤的酸水解液的研究,水解性氮占土壤总氮量的65%～90%,它们是由 NH_4-N、α-氨基糖氮、氨基酸及未知态氮所构成的,它们分别占土壤总氮量的23.8%～50.5%,1.8%～8.2%,19.5%～44.7%和3.3%～34.8%。

随着分析技术的发展,已能从土壤水解液中分离和鉴定出约20种氨基酸,证明土壤有机氮是属于蛋白质本性的。Sowdon(李志洪等,2005)也证明了土壤中有蛋白质和多肽的独立形式存在。Mayaudon和Blederbeck(李志洪等,2005)分别以酚为溶剂从胡敏酸中分出“腐殖质蛋白”。对于非水解性氮素的本性,目前已知其中有部分氮素是以N-苯氧基氨基酸形式存在的。

土壤中的水解性氮素和非水解性氮素均有一定的降解性。通常状况下,它们的分解速率的大小顺序是:新鲜植物残体>生物体>吸附在胶体上的微生物代谢产物和细胞壁的成分>成熟的极其稳定的腐殖物质。

(三)土壤中的有机酸

土壤中的有机酸来源于植物残体的分解和微生物合成。在植物根分泌物中也含有一定量的有机酸。

旱地土壤中分布最多的脂族酸是乙酸和甲酸。前者可高达2～3 mg/kg,后者可达1～2 mg/kg。数量较少的有乳酸、苹果酸、丙酸等。

在渍水土壤中,由于嫌气条件下有利于形成有机酸,有机酸的积累量较多,主要是甲酸、乙酸、丙酸、丁酸、乳酸、草酸等。在大量施用有机肥料的土壤中也可能有较多的有机酸累积。

有机酸是土壤中酸的重要来源。有机酸除了对植物根部的生理过程和植物生长有影响外,通过它的功能基如羧基、羟基、酮基、氨基、甲氧基等对矿物产生螯合作用和溶解作用,从而破坏硅酸盐矿物的晶格构造,而使一些被束缚的养分如磷、钾等释放出来,增加养分的有效性。

二、腐殖物质

腐殖物质是有机残体进入土壤后,经微生物的作用在土壤中新形成的一类特殊的(化学机构未知)多相分布的高分子有机化合物。它不同于动植物残体组织和微生物的代谢产物中的有机化合物,而是土壤中特有的有机化合物。

腐殖物质的主体是有着不同相对分子质量和结构的腐殖酸(胡敏酸和富里酸的总称)及其与金属离子结合的盐类,一般占有机质总量的50%~90%,其余部分包括由微生物代谢而产生的一些简单的有机化合物(糖类、糖醛酸类、氨基酸等)。

(一)腐殖物质组分的分离和提取

为了研究腐殖物质的组成、性质,就必须把它从土壤中分离出来。从土壤中分离腐殖物质一直是一项十分困难的工作。因为:第一,腐殖酸在土壤中与土壤矿物质部分结合成有机无机复合体,不易分开。第二,腐殖酸与非腐殖物质共存,很难用溶液区分开来,也不易用物理的方法截然分开。第三,一般用温和的溶剂提取不完全,用剧烈的方法分离时又可能引起腐殖酸性质、结构特征的改变。

随着现代科学技术的进展,近年来对腐殖物质的分离方法也有一定的改进。目前常用的方法是采用比重为2.0的重液,把土壤中未分解的、半分解的有机质及非腐殖物质部分分离掉,得到的腐殖物质土样,再利用腐殖酸溶于碱的特性,用稀碱提取出腐殖酸的碱溶液。然后利用胡敏酸溶于碱而不溶于酸的特性,将胡敏酸和富里酸分离。残留在土壤中不能为碱提取出来的腐殖物质称为胡敏素。具体分析步骤如下(图2-2):

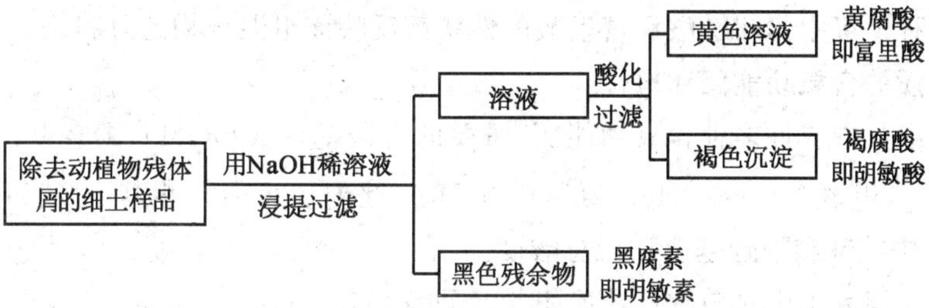

图2-2　腐殖物质的分离步骤

从腐殖物质的分离提取中可以看出,胡敏素是和土壤矿物质部分结合牢固的胡敏酸,用碱液提取不出来。胡敏素在性质上基本上与胡敏酸相同。因此,腐殖物质的组成为两组腐殖酸,即胡敏酸和富里酸。

由于浸提和分离不可能完全,所以无论是胡敏酸组或是富里酸组都可能混有一些杂物。

(二)腐殖物质的性质

腐殖物质的组成分胡敏酸和富里酸,是基本结构相似的同一类物质。并且具有相同的含氧功能团、脂肪族组分、含氮化合物和碳水化合物等。因此,它们之间既有共同的特征,又有许多不同之处。

1.腐殖物质的元素组成

腐殖物质是由C、H、O、N、P、S等主要元素及其少量的灰分元素如K、Mg、Fe、Si等组成的。其中C的含量为550~600 g/kg,平均为580 g/kg;氮的含量为30~60 g/kg,平均为

56 g/kg。腐殖物质的C/H(称为缩合度)为9～12。

胡敏酸的C和N含量高于富里酸,O和S的含量较富里酸低。在同一土壤中两组物质对比时更为明显。胡敏酸的C/H常大于富里酸。我国主要土壤中腐殖物质的元素组成见表2-4。

表2-4 主要土壤中腐殖物质的元素组成(无灰干基)

腐殖物质		C/(g/kg)	H/(g/kg)	O+S/(g/kg)	N/(g/kg)	C/H
胡敏酸	范围	439～596	31～70	313～418	28～59	7.2～19.2
(n=48)	平均	547	48	361	42	11.6
富里酸	范围	434～526	40～58	401～498	16～43	8.0～12.6
(n=12)	平均	465	48	459	28	9.8

2.腐殖物质的相对分子质量

据研究资料,胡敏酸和富里酸的分子可能均为短棒形,其相对分子质量迄今还没有一致的结论。同一样品用不同方法测得的数值差异很大。但共同的趋势是,不同土壤的胡敏酸和富里酸的相对分子质量均各有差异,而且,同一土壤中胡敏酸的相对分子质量均大于富里酸。

实际上任何土壤的胡敏酸或富里酸只是相对分子质量大小、芳构化度等不同的多相分布的混合物。各种土壤中的胡敏酸和富里酸的性状都反映该组混合物的总和。

3.腐殖物质的含氧功能团和电性

腐殖酸的组分中有许多种含氧功能团,重要的有羧基(—COOH),酚羟基($—C_6H_5OH$),羰基(>C═O),甲氧基($—OCH_3$),氨基($—NH_2$),此外还可能有醌基($—C_6H_5O$)和醇羟基(—OH)等,其中羧基和酚羟基合称为总酸度。

我国主要土壤表土中腐殖物质功能团含量见表2-5。

表2-5 腐殖质的功能团含量 cmol/kg

腐殖酸	总酸度	羧基	酚羟基	醇羟基	醌基	酮基	甲氧基	羰基
胡敏酸	560～890	150～570	210～570	20～490	140～260	30～170	30～80	210～500
平均	670	360	390	390	—	—	60	290
富里酸	640～1 420	520～1 120	120～570	260～950	30～120	160～270	30～120	30～310
平均	1 030	820	300	610	—	—	80	270

比较明显的区别是,胡敏酸的总酸度、羧基和醇羟基含量较富里酸低。

腐殖物质的电性来源主要是分子表面的羧基和酚羟基的氢离子解离以及氨基的质子化。由于腐殖物质具有两性胶体的特征,在它的表面上既带有正电荷,又带负电荷,而通常以带负电荷为主。由于羧基、酚羟基上氢离子的解离和氨基质子化的程度是随溶液中H^+的浓度而变化的,所以这些电荷的数量也随着溶液pH的变化而不同,属于可变电荷。

带有电荷的腐殖物质胶体从土壤溶液中吸附相反电荷离子,并以阳离子为主。通常腐殖物质吸附阳离子的数量为150～450 cmol/kg。

4. 腐殖物质的溶解度和凝聚性

胡敏酸不溶于水、呈酸性，它与 K^+、Na^+、NH_4^+ 等一价金属离子形成的盐溶于水，而与 Ca^{2+}、Mg^{2+}、Fe^{3+}、Al^{3+} 等多价离子形成的盐，其溶解度就大为降低。富里酸有相当大的水溶性，其溶液的酸性很强，它和一价及二价金属离子形成的盐类均能溶于水。

腐殖物质的凝聚与分散主要决定于分子的大小。如红壤中胡敏酸的分子较小，分散性大，难于被电解质絮凝，对土壤结构形成作用不大。黑土的胡敏酸分子较大，只要少量电解质就可以使之完全絮凝，可促进土壤团粒结构的形成。

5. 腐殖物质的颜色和光学性质

腐殖物质的整体呈黑棕色，不同组分腐殖酸的颜色略有不同，这是由于各自的相对分子质量大小和发色基团组成比例不同而引起的。胡敏酸的颜色一般比富里酸深。

用不同波长的光源来测定各组分的吸光度，可表明腐殖酸分子的大小和分子复杂程度。在波长为 465 nm 处的吸收(称为 E_4)是芳核 C═C 双键和功能团中不成对 π 电子跃迁的反映。因此，吸光度 E_4 可表征腐殖物质的芳构化度。相关分析表明，E_4 既与 C/H 值、醌基及酚羟基含量呈极显著相关，又与平均相对分子质量呈显著正相关。所以吸光度 E_4 可以粗略地综合反映腐殖物质的芳构化度和分子大小。

人们还常用腐殖物质在波长 465 nm 和 665 nm 处的光密度比值(E_4/E_6)来说明腐殖物质所含芳环的缩合程度，芳香核上的碳与脂族侧链上的碳的比例等。通常 E_4/E_6 低者，其分子缩合程度和芳香碳比例较高，腐殖化程度较深。坎普贝尔(Campbell)等发现 E_4/E_6 与腐殖物质的平均存留时间呈相反的关系，平均存留时间较短的腐殖物质其 E_4/E_6 较高，也就是说，形成年代较近的腐殖物质，其缩合程度和芳香碳比例较低。

胡敏酸的 E_4 比一般相应的富里酸高，而 E_4/E_6 一般比富里酸低。表明胡敏酸的分子结构较为复杂。

腐殖物质的紫外、荧光和红外光谱及核磁共振波谱等也可以提供其结构信息，研究也较多，这里就不介绍了。

6. 腐殖物质的稳定性

腐殖质不同于土壤中动、植物残体的有机成分，它对微生物分解的抵抗力较大，要使它彻底分解，少则需要近百年，多则几百年至几千年。一般胡敏酸比富里酸稳定。这说明在自然土壤中腐殖物质的矿化率是很低的。但一经开垦土壤有机质的矿化率就大大增加。如我国东北的黑土，经开垦种植后，土壤有机质含量迅速下降，需 50～100 年才能达成新的平衡。

(三)土壤腐殖质组成的地带性变异

土壤腐殖质组成(soil humus composition)是指腐殖物质中胡敏酸和富里酸的比例值(HA/FA)，常用来说明腐殖物质在不同的形成条件下的腐殖化程度和分子复杂程度。其比值愈大，腐殖物质的腐殖化程度和分子复杂程度愈高。在不同地区各土类间 HA/FA 有明显的地带性变异。

黑土不但有机质含量丰富，而且腐殖物质的移动性较小，对矿物的分解作用较弱。腐殖物质中以胡敏酸为主(HA/FA 为 1.5～2.5)，胡敏酸的芳化度和相对分子质量都较大。

由黑土往西，依栗钙土、灰钙土、漠土带序列，胡敏酸的含量逐渐降低，胡敏酸的芳化度和相对分子质量也逐渐减小，HA/FA 栗钙为 1，灰钙土、棕钙土、灰漠土仅为 0.6～0.8，其变化主要反映干燥度对腐殖物质形成的影响。

由黑土带往南，经棕壤、黄棕壤到红壤和砖红壤，胡敏酸在腐殖质组成中的比重逐渐减少，芳化度和相对分子质量逐渐降低。毗邻黑土的暗棕壤其 HA/FA 一般在 1～2，而黄棕壤的 HA/FA 仅为 0.45～0.75。砖红壤的腐殖物质中不但以富里酸为主体（HA/FA 在 0.45 以下），且其少量的胡敏酸与富里酸已较接近，它们几乎全部以游离态或与活性铁、铝氧化物呈结合态存在。

可见，由黑土带至红壤带，土壤腐殖质体系逐渐向相对分子质量较小，复杂程度较低的方向变化，活性逐渐增大，对土壤矿物质的分解作用逐渐增加。其变化不仅仅是由于生物气候条件的影响，同时也是由于土壤黏土矿物的组成和 pH 的变化所致。

在高山地区，腐殖物质体系的变化，随海拔高度的升高、气候植被发生的变化而有明显的变化，各高山土壤中腐殖物质体系的复杂程度要小得多。可见，低温不利于胡敏酸的形成，也不利于芳化度的增大，高山土壤的胡敏酸移动性较大。

渍水条件使各地带中水稻土有机质的组成、性质具有一些共同的特点：HA/FA 大多较相应的自然植被下的土壤或旱地土壤的高，但胡敏酸的光密度值大多较低。

三、教学案例与分析

在土壤学中主要依据腐殖物质（humic substance，HS）的颜色和 HS 在酸、碱溶液中的溶解度将 HS 分为胡敏酸（humic acid，HA）（溶于碱）、富里酸（fulvic acid，FA）（溶于酸、碱）和胡敏素（humin，HM）（不溶于酸、碱）3 个组分。目前研究最多的是 HA，其次是 FA，HA 和 FA 统称为腐殖酸。HM 是 HS 的一个独立组分，与土壤矿物紧密结合，是在任何 pH 条件下的水溶液中都不溶的组分（Rice，2001）。近年来，在 Pallo 法的基础上，经过修改又将 HM 分为铁结合的 HM，黏粒结合的 HM 及不溶性 HM（窦森等，2006）。

腐殖酸的分子结构极其复杂，完全弄清其分子结构式是非常困难的。HA 和 FA 是基本结构相似的同一类物质，并且具有相同的含氧功能团、脂肪族组分、含氮化合物和碳水化合物等。传统的认为 HA 和 FA 是分子结构基本相似的同一类型物质，它们都有一个芳香族聚合物或以芳族为主的缩聚物为核，核的外表有酚羟基和羟基，并连接有多肽和糖类。说明 HS 为一高聚物体系，它们的分子大小以及芳核所占比重各不相同。窦森和华士英（1997）通过 ^{1}H—NMR 研究表明：—$(CH_2)_n$—CH_3 为 HS 的主要成分（达 30%）；通过 ^{13}C—NMR 研究表明：HS 的芳化度通常为 10%～45%，比化学方法测定值低，脂族碳成为主要成分（窦森，1988）。FA 分子较小，芳化度（芳核结构和酚羟基所占的比例）较低，缩合程度低，其羧基含量较高而且离解度较大，因而不易为酸沉淀的一组腐殖物质。HA、FA 的芳化度大多分别在 30%～45% 和 10%～20%（卓苏能和文启孝，1994）。HA 中含有大量的长链烷烃和一定量的芳香基、羧基和碳水化合物；FA 含有大量的羧基、碳水化合物及多糖和一定量的芳香基、链烷基；HM 含有羧基、碳水化合物及多糖结合在脂肪链上，及一定量的甲基、醚和酰胺基团等（李云峰等，1999）。FA 与 HA 相比，羟基和羧基含量较高，HA 所含酚羟基数量较 FA 多，一般 FA 总酸度比 HA 要大（Schnitzer 和 Khan，1978；Stevenson，1982；Aiken 等，1985；MacCarthy，2001）。

土壤 HS 是 SOM 的主体（一般占 70%～80%），按照传统的分组方法，包括 HA、FA 和 HM 3 个组分，其中 HM 一般占 50%以上，是一个不可被忽视的重要组分。但是，以往的研究主要集中于可溶性的 HS 组分——HA、FA 方面，包括研究它们的化学结构、形成转化和环境效应与响应等；而对不溶性或难溶性的 HS 组分即 HM 则研究很少。其主要原因，一是长期以来 HM 被认为是土壤中的惰性物质；二是由于 HM 本身的难溶性、复杂性和不均一性，给研究者带来极大的难度。HM 常被定义为土壤或沉积物经稀碱提取后的不溶性有机残余物。李云峰(1996)进一步明确了 HM 的概念，HM 是土壤或沉积物中去除未分解植物残体后，不溶于有机溶剂、稀酸和稀碱的残余的有机组分。腐殖质 HA、FA、HM 这 3 个组分中，不溶性的 HM 占有机碳、有机氮的绝大多数(李云峰，1996)，它在土壤结构和养分保持性等方面都有重要的作用。

HM 与 HA 在元素组成上十分类似，都以 C、O 为主，并含有一定数量的 H、N、S 等元素(Hatcher 等，1985；Preston 等，1989；Rice 和 MacCarthy，1989；Tsutsuki 和 Kuwatsuka，1992)。HM 的含氧官能团主要为含量较高的羰基和羧基，以及羧基、酚羟基、醇羟基等，甲氧基含量很低。复合的多糖构成了 HM 的主要组分，(Tsutsuki 和 Kuwatsuka，1992)从土壤和河流沉积物中提取的 HM 的官能团与同一来源的 HA 的官能团组成相似，HM 比 HA 具有较少的芳香 C、羧基 C 和较多的脂肪族 C(Wright 和 Schnitzer，1961；Hatcher 等，1985)，但 HM 和 HA 的总酸度、羧基和酚羟基含量低于同一来源的 FA，是 FA 的 1/2 左右(Rice 和 MacCarthy，1989；Tsutsuki 和 Kuwatsuka，1992；李云峰，1996)。

徐建民(1996)采用固态 CPMAS ^{13}C NMR 结果表明，黑钙土中的 HM 由 38.8%芳香 C、18.3%羰基 C、22.8%烷基 C 和 20.1%烷氧 C 组成。张晋京等(2009)应用固态^{13}C 交叉极化魔角自旋核磁共振(^{13}C CPMAS NMR)方法对黑土 HM 进行结构表征，结果表明，与不施肥相比，施用有机肥后 HM 的有机碳含量增加，烷基碳比例增加，烷氧碳和芳香碳比例下降，烷基碳/烷氧碳、脂族碳/芳香碳和疏水碳/亲水碳比值增加，不施肥处理随年限延长，HM 的有机碳含量降低，而烷基碳、烷氧碳 和芳香碳比例以及烷基碳/烷氧碳、脂族碳/芳香碳和疏水碳/亲水碳比值均表现出与施肥处理相同的变化规律，但其变化幅度小于施肥处理。

第五节　土壤有机质的作用及其调节

一、土壤有机质在土壤肥力上的作用

土壤有机质对土壤肥力起着多方面的作用，主要概括为以下几个方面。

(一)提供作物养分的作用

土壤有机质含有作物生长所需要的各种营养成分，随着有机质的矿质化，不断地释放出来供作物和微生物利用，同时释放出微生物生命活动所必需的能量。

在有机质分解和转化过程中，还可产生各种低分子有机酸和腐殖酸，对土壤矿物质部分都有一定的溶解作用，促进风化，有利于养分的有效化。此外，土壤有机质还能和一些多价金属离子络合形成络合物进入土壤溶液中，增加了养分的有效性。

(二)保水、保肥和缓冲作用

土壤有机质疏松多孔，又是亲水胶体，能吸持大量水分。据研究资料表明，腐殖物质的吸

水率为5 000～6 000 g/kg，而黏粒的吸水率只有500～600 g/kg，腐殖质的吸水率是黏粒的10倍，能大大地提高土壤的保水能力。

土壤有机胶体有巨大的表面能，并带有正、负电荷，且以带负电荷为主，所以它吸附的主要是阳离子。其中作为养料离子的主要有 K^+、NH_4^+、Ca^{2+}、Mg^{2+} 等。这些离子一旦被吸附后，就可避免随水流失，起到保肥作用，而且随时能被根系附近的 H^+ 或其他阳离子交换出来，供作物吸收，仍不失其有效性。

腐殖质保存阳离子养料的能力，要比矿物质胶体大几十倍。因此，保肥力很弱的沙土增施有机肥料后，不仅增加了土壤中养分的含量，改善了土壤的物理性质，还可提高其保肥能力。

腐殖酸是一种含有许多功能团的弱酸，有极高的阳离子交换量，因此它能增加土壤对酸碱变化的缓冲能力，有机质含量高的土壤缓冲能力强。

（三）促进团粒结构的形成，改善土壤物理性质

土壤有机质在土壤中主要是以胶膜的形式包被在矿物质土粒的表面上。一方面，腐殖物质胶体的黏结力比沙粒强。因此，有机肥料施入沙土后可增加沙土的黏性，有利于团粒结构的形成。另一方面，由于土壤有机质松软、絮状多孔，而黏结力又不像黏土那么强。所以黏粒被它包被后，就变得松软，易使硬块散碎成团粒。这说明有机质能使沙土变紧，使黏土变松，改善了土壤的通气性、透水性和保水性。

腐殖物质胶体本身是一种暗褐色的物质，会使土壤颜色深暗，有利于吸收太阳辐射能。有机质在分解时还能释放热量。因此，有机质含量高的土壤有利于增加土温。这一特性在北方有利于种子发芽和幼苗生长。

（四）腐殖酸的生理活性

据研究资料表明，腐殖酸分子中含有酚、羧基等各种功能团，因而它们对植物的生理过程产生多方面的影响。腐殖酸能改变植物体内糖代谢，促进还原糖的累积，提高细胞渗透压，从而提高了植物的抗旱能力。腐殖酸能提高酶系统的活性，加速种子发芽和养分的吸收，从而增加生长速度。腐殖酸能增加植物的呼吸作用，增强细胞膜的透性，从而增加对养分的吸收能力，并加速细胞分裂增强根的发育。

（五）减轻或消除土壤中农药的残毒和重金属污染

土壤腐殖物质胶体具有络合和吸附的作用，因而能减轻或消除农药的残毒和重金属的污染。据研究资料报道，胡敏酸能吸收和溶解三氯杂苯除草剂和某些农药。腐殖物质能与重金属离子络合，从而有助于消除土壤溶液中过量的重金属离子对作物的毒害作用。

二、耕地土壤有机质的保持与提高

土壤有机质是土壤肥力的物质基础，其含量的高低是评价土壤肥力的重要标志。大量资料表明，在其他条件基本相同的情况下，土壤肥力水平与有机质含量密切相关。据浙江省的试验材料，无氮区的水稻产量与土壤有机质含量呈显著正相关（$r=0.774$，$n=10$）。因此，如何保持与提高耕地土壤有机质含量是农业生产上的重要环节。

(一)耕地土壤有机质的平衡

土壤有机质累积的数量和存在状态取决于土壤形成的各种自然因素(气候、母质、生物、地形和时间等)的综合作用,使每个地带的土壤中有机质的数量大体上保持稳定的平衡。当自然植被开垦为耕地时,打破了原有的平衡,耕作土壤与栽培作物进入了生态系统,由于耕地土壤的栽培作物每年残留下来的有机物形成的土壤有机质,不足以补偿因矿化而消耗掉的有机质,开垦初期多数土壤有机质的数量迅速下降,以后变慢,逐渐达到稳定。据黑龙江省的资料,开垦头 10 年有机质含量减少 1/3,50 年减少 2/3,以后逐渐达到新的平衡。因此,各种耕地土壤在一定的生物气候和耕作制度下,有其与各自相适应的土壤有机质含量。或者说,土壤有机质含量在一定的生态条件下是一个有限量的平衡值,这就是土壤有机质生态平衡理论。

影响土壤有机质数量平衡点的因素很多,但最关键的机制是土壤有机质只有与矿质黏粒结合成为有机无机复合体才能得以较长时间的保存。如果加入有机物料的数量超过黏粒所能保持的有机质数量时(黏粒被饱和),有机物料的分解速度主要受水热条件和微生物活动等因素支配,水热条件好矿化迅速,反之会泥炭化,这就是有机质所谓的"大气控制阶段"。如果有机物料用量小于黏粒所能保持的有机质数量时,它会与黏粒结合形成有机无机复合体,黏粒保持的有机质数量主要取决于黏粒矿物种类和性质,2∶1 型矿物一般比 1∶1 型矿物能保持更多的有机质。与黏粒结合的有机质一般以较慢(3%左右)的矿化率分解,这就是所谓的"黏粒控制阶段"。

如果基于生态平衡的原理,当土壤有机质含量超过这个生态平衡所能保持的稳定范围时,随着有机质的增多而加速矿化(分解)过程,即碳从土壤中流失的速度加快,要想使土壤有机质的含量超过这个范围而保持在高水平上,不仅难度很大而且要付出很高的经济代价。例如,江苏太湖流域的水稻土,当土壤有机质含量在 30 g/kg 以下时,土壤肥力水平一般随有机质含量的增加而增高,当超过 35 g/kg 时,这种相关性就不显著。又如北方黑土地区的调查材料表明,当土壤有机质含量在 20～90 g/kg 的范围内时,作物产量随有机质含量而增加,超过 90 g/kg 时,二者的关系不明显。但也应看到,我国耕地土壤有机质含量大多偏低,特别是华北平原和黄土高原,提高这些地区有机质的含量将可有效地提高这些土壤的生产力。即使对有机质含量已经达到平衡态含量范围的土壤来说,也需不断地补充适量的新鲜有机质以防止土壤有机质胶体的老化。

土壤有机质的含量决定于年生成量和年矿化量的相对大小。当二者相等时,有机质含量保持不变,当生成量大于矿化量时有机质含量将逐渐增加,反之将逐渐下降。

土壤有机质的年生成量取决于每年进入土壤的有机物质的数量及单位有机物质所能转化成土壤有机质的多少,一般常用"腐殖化系数(humification coefficient)"(单位质量的有机物质碳在土壤中分解一年后的残留碳量)作为有机物质转化为土壤有机质的换算系数。因为无论是在自然植被下的土壤或是耕地土壤中,有机物均以一年为周期不断地进入土壤中,而且有机物进入土壤后,大多是在第一到第三个月内分解最快,以后逐渐变慢,一年以后分解速度即趋稳定。腐殖化系数的大小说明土壤有机质形成数量的多少。

土壤有机质的年矿化量,一般用有机质的"矿化率(mineralization rate)"(每年因矿化而消耗的土壤有机质的数量占全部土壤有机质总量的百分数)表示,土壤有机质矿化率的大小说明有机物质分解的快慢。例如:某一土壤原来的有机质含量为 20 g/kg,有机质矿化率为 4%,则每年土壤有机质的矿化量为150 000 kg（每亩耕层土重）×20 g/kg×4% = 120 kg。只有每年向每亩耕地中补充的各种有机物质能转化为土壤有机质120 kg或超过120 kg时，才能保持土壤有机质的平衡或提高其含量水平。

（二）土壤有机质的调节

调节土壤有机质的目的之一，是进行土壤培肥（improving soil fertility），它是指通过人工措施对土壤肥力进行调控，使土壤肥力得以保持和提高的过程。补充土壤有机质的途径，一是作物根茎和根系分泌物及地上部残落物，主要是通过作物本身的轮作和栽培进行；二是施用有机物料来培肥土壤，这是对培肥最有意义的途径，我们称之为土壤有机培肥（improving soil fertility by organic material，ISFOM）。

要进行土壤有机培肥，就要科学地施用有机物料。以供应养分为主要目的时，应选用绿肥、人粪尿等短期内易分解、C/N小的有机物料，对不易分解和C/N大的有机物料就应堆腐或配施氮肥；以改良土壤机构和提高基础肥力为主要目的时，应选用秸秆、厩肥等C/N大、腐殖化系数高的有机物料，且不宜堆腐。随着化肥用量的增加和有机物料的不足，施用有机物料应以提高基础肥力为主要目的，并兼顾供应各种养分，特别是有机营养，以改善农产品的品质。

在农业生产中，要充分利用各种有机物资源来保持和提高土壤有机质的含量。在生产实践中常从以下几个方面来增加土壤有机质的含量。

1. 种植绿肥

绿肥历来是我国农业生产中有机肥料的重要来源，绿肥分解得快，腐殖物质形成得也较快，在长江中下游及其以南地区有大面积种植。北方对绿肥的种植也很重视，在吉林省西部地区的粮食作物中播种绿肥，改良风沙、盐碱地，培肥土壤，已经取得良好效果。

2. 增施有机肥料

堆肥和沤肥，是一种利用高C/N有机物质的有效方法。作物茎、秆的C/N一般在40以上时不宜直接施入。经堆、沤后肥效既稳又长，并有利于保护环境、减少污染。厩肥是土壤有机质的良好来源，如连续几年施用，可显著提高有机质含量。

3. 秸秆还田

秸秆还田不仅对有机质含量低的土壤可以增加有机质的数量，而且对有机质基本保持平衡的土壤还能调节其腐殖质组成状况，据研究资料表明，利用非腐解的玉米秸秆直接还田来培肥土壤，可促进土壤中已渐老化的腐殖物质的更新与活化，是经济有效的培肥措施。

影响微生物活动的因素均影响土壤有机质的矿化过程和腐殖化过程。因此，除了有机残体本身的化学组成外，控制影响微生物活动的土壤温度、湿度、通气状况和土壤酸碱反应等因素，也可以达到调节土壤有机质的矿化和累积的目的。要使土壤有机质分解既不能太快，也不能太慢，以适应于作物生长发育的需要。要控制土壤有机质转化进程、方向和速度，注意处理好养分释放和腐殖物质累积的关系，做到合理地利用有机物来培肥土壤，保持地力常新。

三、教学案例与分析

施用有机肥能增加土壤有机质含量并促进土壤团粒结构的形成。施用有机肥对大团聚体的影响程度要高于小团聚体（李辉信等，2006；郭菊花等，2007；徐江兵等，2007；Yang 等，2007），使大团聚体比例增加，随着植物残体数量的增加，＞2mm 大团聚体数量从 3%增加到 40%（Steven 等，2005）。不同施肥方式对于土壤大团聚体形成的促进作用和土壤有机碳含量影响有所不同，猪粪的施用能明显增加土壤有机碳和松、稳结态腐殖质含量（姚贤良和于德芬，1985；李映强和曾觉廷，1991）。绿肥、秸秆还田等培肥后，＞0.25 mm 水稳性团聚体在培肥土壤中所占比例的顺序为：绿肥、麦秸各半区＞麦秸区＞绿肥区＞土杂肥区＞对照区（黄不凡，1984）。Yang 等（2007）对挪威东南部土壤施用了 80 多年农家肥和 NPKS 矿质肥料对土壤 C、N、S 库及干筛获得的团聚体和水稳性团聚体的影响进行了研究，研究认为，与施用 NPKS 和 NK 矿质肥料相比，中等水平（600 kg/hm^2）和高水平（900 kg/hm^2）农家肥的施用增加了大粒级水稳性团聚体（＞2 mm）的比例，而对其他粒级没有产生影响。长期施用高水平的农家肥使全 C、N、S 分别增加了 63%、50%和 37%，而中等水平的农家肥处理没有这种现象。张久东等（2011）通过田间试验研究了增施绿肥 7 500 kg/hm^2 后减施无机 N 肥施用量对小麦产量、经济性状、土壤肥力和土壤微生物数量的影响。结果表明，绿肥＋70% N 处理比当地农民习惯施肥模式增产 829～1 525 kg/hm^2，增产率为 10.7%～22.9%，且显著提高了土壤碱解 N、速效 P、速效 K 和有机质含量。

秸秆还田后，秸秆周围会有大量的微生物进行繁殖，形成土壤微生物活动层，加速了对秸秆中有机态养分的分解释放，可提高土壤有机质含量。据估算，当秸秆还田量为 4 500～6 000 kg/hm^2 时，可稳定土壤有机质含量。Thomsen 等研究表明，每年黑麦草秸秆还田量分别为 4 t/hm^2、8 t/hm^2 和 12 t/hm^2 时，18 年后土壤有机碳含量分别提高 12%、21%和 30%。我国黑龙江省农场坚持秸秆还田 13 年，累积面积达 18.2 万 hm^2，土壤有机质增加 0.2%（潘剑玲等，2013）。许仁良等（2010）通过大田试验，综合运用秸秆还田、施用有机肥和氮肥措施能协同增加土壤微生物数量，提高土壤生物量态氮和有机质含量，以秸秆还田量为 6 000 kg/hm^2、施用有机肥量为 4 500 kg/hm^2、施用氮肥量为 240 kg/hm^2 效果较佳。

秸秆还田对土壤影响，主要通过影响腐殖质含量来调节土壤有机质。土壤腐殖质是有机质的重要组成部分，是衡量土壤有机质含量和稳定性的重要指标。秸秆在土壤中的主要分解过程可分为快速分解阶段和缓慢分解阶段，秸秆还田的最初阶段是易分解有机物质被快速矿化分解，主要是微生物利用蛋白质及可溶性有机碳、纤维素等易氧化有机物质作为碳源，同时不同程度地矿化和同化部分碳物质，促使养分释放；而后进入缓慢的矿化过程，主要是残留在土壤中的氮素及难分解物质在微生物的进一步作用下进行缓慢且复杂的变化过程，形成难被分解的腐殖物质，从而提高土壤有机质含量和更新土壤有机质。曾木祥等对稻草还田量对土壤腐殖质组成影响的研究表明，腐殖酸总量和富里酸含量与秸秆还田量呈正相关，单施稻草腐殖质总量增加 20.8%，而稻草与化肥混施增加 23.0%。于孝东等在试验培养条件下土壤添加水稻秸秆，土壤的有机碳含量提高 31.71%，腐殖质含量增加 51.93%（潘剑玲等，2013）。

综合国内外多年研究得出，外源有机物质添加在微生物的作用下对土壤原有有机碳的作用分为正激发作用和负激发作用。正激发作用加强了土壤原有有机碳的矿化作用，这是比较常见的现象，负激发作用减弱了土壤有机碳的矿化作用。有机物质本身的碳氮比及各有机组分含量将直接影响到土壤有机碳的激发效应。一般认为，新鲜秸秆是土壤丰富的有机物质来源，为微生物提供了能量和营养元素，提高了微生物活性，从而加速了土壤有机碳的矿化，产生了激发效应。当碳氮比较低的秸秆还田后利用土壤原有有机碳以维持土壤微生物活动所需的适宜碳氮比值，因此能被微生物快速分解，促进土壤原有有机碳的正激发效应；当将碳氮比高的秸秆添加到土壤后，微生物也能充分利用土壤氮素，增强其对土壤有机碳的矿化分解作用（潘剑玲等，2013）。

复习思考题

1. SOM与Humus在理论上和方法上有何区别？
2. 如何对SOM进一步分组？
3. 土壤有机质的主要来源是什么？
4. 土壤有机质通常以哪几种状态存在于土壤之中？
5. 土壤微生物包括哪几类？对土壤有机质有什么作用？
6. 论述土壤微生物的营养类型和呼吸类型。
7. 什么是矿质化过程？
8. 什么是腐殖化过程？包括几种可能的途径？
9. 论述影响土壤有机质分解和周转的因素。
10. 胡敏酸和富里酸的结构和性质有何不同？
11. 什么土壤腐殖质组成？HA/FA的值有何地带性变异？
12. 论述土壤有机质对土壤肥力和环境保护的作用。
13. 论述耕地土壤有机质的平衡理论和在实践上的应用。

参考文献

1. 车玉萍. 潮土中有机物质的分解与腐殖质积累[J]. 核农学报，1995，9(2)：95-101.
2. 陈立祥，章怀云. 木质素生物降解及其应用研究进展[J]. 中南林学院学报，2003，23(1)：79-85.
3. 窦森，华士英. 施用有机肥料对土壤胡敏酸结构特征的影响——胡敏酸的^{1}H-NMR波谱[J]. 土壤学报，1997，34(3)：225-234.
4. 窦森，肖彦春，张晋京. 土壤胡敏素各组分数量及结构特征初步研究[J]. 土壤学报，2006，43(6)：934-940.
5. 窦森. 核磁共振波谱在土壤有机质研究中的应用[J]. 土壤通报，1988，19(5)：237-239.
6. 高航，徐宏勇，刘勇弟. 白腐菌附着式生物膜反应器处理垃圾渗沥液技术研究[J]. 环境科学学报，2004，24(2)：309-314.
7. 关松，窦森，张大军，等. 土壤腐殖质组成对大气二氧化碳浓度升高的响应[J]. 水土保持学报，2006，20(5)：186-188.
8. 郭菊花，陈小云，刘满强，等. 不同施肥处理对红壤性水稻土团聚体的分布和有机碳，氮含量的影响[J]. 土壤，2007，39(5)：787-793.
9. 黄不凡. 施用绿肥和小麦秸秆对土壤团聚体和有机质特性的影响[J]. 土壤学报，1984，21(2)：113-122.
10. 黄昌勇. 土壤学[M]. 北京：中国农业出版社，2000：32-64.
11. 黄东迈. 旱地和水田有机碳分解速率的探讨与质疑[J]. 1998，35(4)：482-491.
12. 黄耀，等. 环境因子对农业土壤有机碳分解的影响[J]. 应用生态学报，2002，13(6)：

709-714.

13. 来航线，等. 几种微生物对土壤腐殖质形成的作用[J]. 西北农业大学学报，1997，25(6)：79-82.
14. 李伏生，康绍忠，张富仓. 大气 CO_2 浓度和温度升高对作物生理生态的影响[J]. 应用生态学报，2002，13(9)，1169-1173.
15. 李辉信，袁颖红，黄欠如，等. 不同施肥处理对红壤水稻土团聚体有机碳分布的影响[J]. 土壤学报，2006，43(3)：422-429.
16. 李学垣. 土壤化学[M]. 北京：高等教育出版社，2001：1-56.
17. 李映强，曾觉廷. 不同耕作制度下水稻土有机质变化及其团聚作用[J]. 土壤学报，1991，28 (4)：404-409.
18. 李云峰，徐建民，袁可能. 土壤和沉积物胡敏素的研究现状[J]. 土壤通报，1999，30(1)：17-20.
19. 李志洪，赵兰坡，窦森. 土壤学[M]. 北京：化学农业出版社，2005：35-45.
20. 罗汝英. 土壤学[M]. 北京：中国林业出版社，1990：41-59.
21. 马红亮，朱建国，谢祖彬. 植物地上部分对大气 CO_2 浓度升高的响应[J]. 生态环境，2004，13(3)：390-393.
22. 马红亮，朱建国. 开放式空气 CO_2 浓度升高对水稻土壤可溶性 C、N 和 P 的影响[J]. 土壤，2004b，36(4)：392-397.
23. 潘剑玲，代万安，尚占环，等. 秸秆还田对土壤有机质和氮素有效性影响及机制研究进展[J]. 中国生态农业学报，2013，21(5)：526-535.
24. 任拥政，章北平，张晓昱，等. 白腐菌-厌氧-好氧工艺处理造纸黑液研究[J]. 华中科技大学学报（城市科学版），2004，21(1)：44-46.
25. 王彦辉. 环境因子对挪威云杉林土壤有机质分解过程中重量和碳的气态损失影响及模型[J]. 生态学报，1999，19(5)：641-646.
26. 文启孝. 土壤有机质的组成、形成和分解[J]. 土壤，1984，4：1-10.
27. 席北斗，刘鸿亮，孟伟，等. 垃圾堆肥高效复合微生物菌剂的制备[J]. 环境科学研究，2003，16(2)：58-64.
28. 徐国强. 开放式空气 CO_2 浓度增高对稻田微生物的影响[J]. 应用生态学报，2002，13(10)：1358-1359.
29. 徐建民，李云峰，袁可能. 土壤胡敏素的分级及其特性研究[J]. 中国学术期刊文摘(研究快报)，1996，2(10)：117.
30. 徐江兵，李成亮，何园球，等. 不同施肥处理对旱地红壤团聚体中有机碳含量及其组分的影响[J]. 土壤学报，2007，44(4)：675-682.
31. 许仁良，王建峰，张国良，等. 秸秆、有机肥及氮肥配合使用对水稻土微生物和有机质含量的影响[J]. 生态学报，2010，30(13)：3584-3590.
32. 姚贤良，于德芬. 关于集约农作制下的土壤结构问题——Ⅰ. 有机物料及其利用方式对土壤结构的影响[J]. 土壤学报，1985，22(3)：241-249.
33. 张崇邦. 东北麦田土壤微生物、小型动物及其生化活性的季节动态[J]. 植物营养与肥料学报，2002，8(3)：372-376.

34. 张继宏,颜丽,窦森.农业持续发展的土壤培肥研究[M].沈阳:东北大学出版社,1995:103-156.

35. 张晋京,窦森,朱平,等.长期施用有机肥对黑土胡敏素结构特征的影响——固态^{13}C核磁共振研究[J].中国农业科学,2009,42(6):2223-2228.

36. 张久东,包兴国,王婷,等.增施绿肥与降低氮肥对小麦产量和土壤肥力的影响[J].核农学报,2011,25(5):998-1003.

37. 张晓昱,陈建伟,王宏勋,等.UV-Fenton法促进白腐菌处理草浆造纸蒸煮黑液[J].应用与环境生物学报,2003,9(2):186-188.

38. 赵小蓉,林启美.纤维素分解菌对不同纤维素类物质的分解作用[J].微生物学杂志,2000,9(3):12-14.

39. 卓苏能,文启孝.核磁共振技术在土壤有机质研究中应用的新进展(上)[J].土壤学进展,1994,22(5):46-52.

40. Aiken, G. R., Boran, D. A., Breger, I. A., et al. Humic substances in soil, sediment and water (section I, II, III)[J]. A Wiley-interscience Publication, New York, 1985.

41. Andersen, M. K. & Jensen, L. S. Low soil temperature effects on short-term gross N mineralisation-immobilisation turnover after incorporation of a green manure[J]. Soil Biology and Biochemistry, 2001,33(4-5):511-521.

42. Bergman, I., Lundberg, P. & Nilssona, M.. Microbial carbon mineralization in an acid surface peat: effects of environmental factors in laboratory incubations[J]. Soil Biology and Biochemistry,1999, 31(13):1867-1877.

43. Carol, A. C.. Bacterial Associations with Decaying Wood a Review[J]. International Biodetertoration & Biodegradation. 1996,37(1):101-107,113.

44. Cotrufo, M. F. & Ineson p.. Effects of enhanced atmospheric CO_2 and nutrient supply on the quality and subsequent decomposition of fine roots Betula pendula Roth and Piceasitchensis(bong) Carr [J]. Plant and Soil, 1995,170:267-277.

45. Crawford, J. H.. Composting of agricultural wastes: a review[J]. Process Biochem. 1983,18:14-18.

46. Cronan, C. S.. Effects of disturbance and soil amendments on dissolved organic carbon and acidity in red pine f orest floor[J], Environ Qual,1992,21:457-463.

47. Cullenm, D.. Recent advances on the molecular genetic fungi[J]. Biotechnol. 1997, 53:273-289.

48. Godden, B., Ball, A. S., Helvenstein, P., et al. Towards elucidation of the lignin degradation pathway in actinomycetes[J]. Microbiol. 1992, 138:2441-2448.

49. Hatakka, A., Lignin-modifying enzymes from selected white-rot fung production and role in lignin degradation[J]. FEMS Microbiol. Rev., 1994,13:125-135.

50. Hatcher, R. G., Breger, I. A., Maciel, G. E, et al. Geochemistry of humin In: Humic Substance in Soil, Sediment and Water-Geochemistry. Isolation, and Characterization. (Aiken, G. R., et al.) A Wiley-Interscience Publication[J]. John Wiley and

Sons. 1985. 275-302.

51. Hu, S., Chapin F. S., Firestone M. K., et al. Nitrogen limitation of microbial decomposition in a grassland under elevated CO_2[J]. Nature, 2001,409:188-191.

52. Li, F. S. & Kang, S. Z.. Effects of atmospheric CO_2 enrichment, applied nitrogen and soil moisture on dry matter accumulation and nitrogen uptake in spring wheat [J]. Pedosphere, 2001, 12 (3):207-218.

53. MacCarthy, P. The principles of humic substances[J]. Soil Science, 2001, 166:738-751.

54. Marschner, B. Temperature effects on release and ecologically relevant properties of dissolved organic carbon in sterilised and biologically active soil samples [J]. Soil Biology and Biochemistry, 2002,34(4):Pages 459-466.

55. Miko, U. F. The temperature dependence of SOM decomposition and the effect of global warming on soil organic C storage[J]. Soil biology and biochemistry, 1995,27 (6):753-760.

56. Motavallia, P. P., Palmb, C. A., Partonc, W. J., et al. Soil pH and organic C dynamics in tropical forest soils:Evidence from laboratory and simulation studies [J]. Soil Biology and Biochemistry, 1995,27(12):1589-1599.

57. Nelsona, P. N. Decomposition of 14C-labelled plant material in a salt-affected soil [J]. Soil Biology and Biochemistry, 1996,28(4-5):433-441.

58. Olivier,C., Devêvre and William, R.,et al. Decomposition of rice straw and microbial carbon use efficiency under different soil temperatures and moistures[J]. Soil Biology and Biochemistry, 2000, 32(11-12):1773-1785.

59. Pietik, J. & auml;inen, Risto Hiukkal and Hannu Fritze. Does short-term heating of forest humus change its properties as a substrate for microbes? [J]. Soil Biology and Biochemistry, 2000, 32(2):277-288.

60. Preston, C. M., Axelson, D. E.,Levesque, M.,et al. Carbon-13 NMR and chemical characterization of particle-size separates of peats differing in degree of decomposition[J]. Organic Geochemistry, 1989,14:393-403.

61. Rice, J. A. Humin (A Review) [J]. Soil Science, 2001, 166:848-857.

62. Rice, J. A., MacCarthy, P.. Advance in Chemistry Series 219[M]. Washington D. C.:American chemical Society, 1989,41-54.

63. Schnitzer, M. & Khan, S. U.. Soil organic matter[M]. Amsterdam Oxford, New York:Elsevier Scientific Publishing Company, 1978.

64. Steven, D. G., et a1. A quantification of short. term macmaggregate dynamics:influences of wheat residue input and texturel [J]. Soil Biology&Biochemistry, 2005,37:55-66.

65. Stevenson, F. J.. Humus chemistry: Genesis, Composition, Reaction [M]. New York:A Wiley-interscience Publication, 1982:374-402.

66. Tsutsuki, K. & Kuwatsuka S.. Characterization of Humin-Metal Complexes in a

Buried Volcanic Ash Soil Profile and a Peat Soil Sci[J]. Plant Nutr. 1992,38:297-306.

67. Tuomela, M. ,Vikman, M. , Hatakka, A. ,et al. Biodegradation of lignin in a compost environment:a review[J]. Bioresource Technology,2000,72 (2):169-183.
68. Weigel, H. J. , PacholskiAI, A. & Burkart, S. . Carbon turnover in a crop rotation under Free Air CO_2 Enrichment (FACE)[J]. Pedosphere, 2005, 15(6):728-738.
69. Wright, J. R. & Schnitzer, M. . An Estimate of the Aromat1city of the Organic Matter of a Podzol Soil[J]. Nature, 1961,190:703-704.
70. Yan, F. , Schubert1, S. & Mengel, K. . Soil pH increase due to biological decarboxylation of organic anions[J]. Soil Biology and Biochemistry, 1996, 28(4-5):617-624.
71. Yang, Z. h. , Singh, B. R. , Hansen, S. Aggregate associated carbon, nitrogen and sulfur and their ratios in long-term fertilized soils[J]. Soil & Tillage Research, 2007, 95:161-171.

第三章　土壤的孔性、结构性与耕性

［本章导读］　本章主要介绍土壤的基本物理性质，包括土壤的孔隙性质、土壤的结构性和土壤在耕作过程中所表现出来的物理特性。通过本章的学习，要求了解土壤孔隙和土壤结构的作用，掌握土壤比重、土壤容重、土壤孔性和土壤结构性的概念，理解土壤孔隙数量和类型与土壤通气性和土壤保水性之间的关系，土壤团粒结构的形成和创造途径；了解土壤耕性及影响土壤耕性的因素。

土壤孔性、结构性是土壤两项重要的物理性质，对土壤理化性状、肥力因素、植物根系的生长发育均有重大影响。它影响到土壤肥力各因素之间的协调，作物根系的伸展，土壤水分的渗透，通气状况，微生物活动以及土壤养分的转化、供应等。土壤耕性是土壤在耕作时和耕作后反映出来的特性。土壤孔性、结构性和耕性易受自然因素和人为调控的影响，是研究土壤肥力和土壤培肥的土壤基本性质。所以，人们通过一系列措施，创造良好的土壤结构状况与松紧状况，使之具有适宜的土壤孔隙和良好的孔性，从而提高土壤肥力，为作物生长创造良好的土壤物理环境条件。

第一节　土 壤 孔 性

一、土壤孔性的概念

土粒与土粒或团聚体之间以及团聚体内部的孔洞，叫作土壤孔隙。土壤孔隙示意图见图3-1。土壤孔隙(soil pore space)是容纳水分和空气的空间，也是植物根系伸展和土壤动物及微生物活动的地方。土壤中孔隙的数量及质量，影响到土壤、水、气、热等诸因素，所以为了满足作物对水分和空气等的需要，有利于根系的伸展和活动，要求土壤尤其是土壤耕作层(cultivated horizon)不仅应有适量的孔隙，而且大小孔隙的比例也要适宜。土壤孔性(soil porosity)是指土壤孔隙的性质，土壤孔性通常包括孔隙的数量(总量)、类型(孔隙的大小)及分配(大小孔隙的比例)三个方面，前者决定着液、气两相的总量，后两者关系到液、气两相的比例。

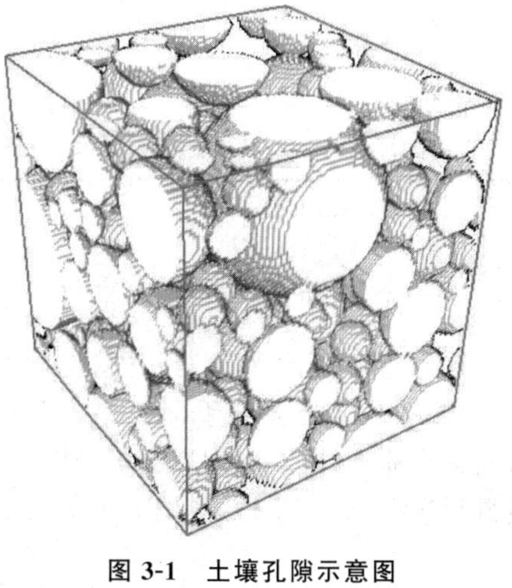

图 3-1　土壤孔隙示意图

二、土壤孔隙数量及其表示方法

土壤孔隙的数量用孔隙度表示。它是指土壤中孔隙的容积占土壤总容积的百分数。土壤孔隙度一般不直接测定，而是通过土粒密度、土粒相对密度和土壤密度（土壤容重）计算得出的。

（一）土粒密度与土粒相对密度

单位体积固体干土粒（不包括粒间孔隙）的质量，叫作土粒密度（soil particle density），单位为 g/cm^3（克/立方厘米）。土粒密度与水（4℃）的密度之比，也就是单位体积的固体土粒的质量与同体积水的质量之比，是土粒相对密度（soil specific gravity）。水的密度（4℃时）为 1 g/cm^3，所以土粒密度与土粒相对密度在数值上是相等的，只是密度有单位，相对密度无单位。土粒密度和土粒相对密度的计算公式如下：

$$土粒密度=\frac{土粒质量}{土粒体积}$$

$$土粒相对密度=\frac{土粒密度}{水密度}=\frac{土粒密度}{1}$$

土粒相对密度数值的大小，主要决定于土壤中的矿物组成和有机质的含量，一般土壤矿物质的相对密度在 2.6～2.7，一般土壤有机质的相对密度在 1.25～1.40，见表 3-1。沙质土壤的相对密度接近于石英的相对密度，黏质土壤含铁镁矿物多，相对密度一般较大。而有机质的含量对土粒相对密度也有一定的影响，特别是耕层，含有机质多者，相对密度较小。多数土壤矿物的相对密度在 2.6～2.7，因此土粒相对密度一般取其平均值为 2.65 作为通用值。

表 3-1　土壤中主要矿物和腐殖质的相对密度

矿物名称	相对密度	矿物名称	相对密度
石英	2.65	褐铁矿	3.50～4.00
正长石	2.55	黑云母	2.79～3.16
斜长石	2.60～2.76	方解石	2.71～2.72
白云母	2.70～3.00	高岭石	2.60～2.65
角闪石	3.00～3.40	蒙脱石	2.00～2.20
辉石	3.00～3.40	腐殖质	1.40～1.80

（引自黄昌勇主编《土壤学》）

（二）土壤密度（土壤容重）

在自然状况下，单位容积内（包括土壤孔隙和土粒体积）干土壤的质量，称为土壤密度（soil bulk density）或土壤容重（soil bulk density），单位为 g/cm^3。因为包括土壤孔隙在内，土粒只占其中一部分，所以同体积土壤密度小于土粒密度，无论是土粒密度还是土壤密度，其中土壤质量均指在（105±5）℃条件下烘干的土壤质量。土壤密度的计算公式如下：

$$土壤密度=\frac{土壤质量}{土壤体积}$$

土壤密度大小除受土壤内部性状如土粒排列、质地、结构、松紧的影响外，还受外界因素如降水和人为生产活动(耕作、施肥、灌溉)等农业技术措施的影响。降雨、灌水及重力的影响使土壤紧实，土粒密集，密度增大；而耕作、施有机肥等管理措施使密度减小。一般土壤密度随土层深度增加逐渐增大。旱地土壤密度变动范围为 1.0～1.6 g/cm^3，淹水期水田土壤耕层密度变化为 0.8～1.40 g/cm^3。土壤密度是一个十分重要的土壤物理性质指标，在实际生产活动中有着十分广泛的应用。实际生产过程中常用环刀法测定土壤密度。

1.反映土壤松紧状况与有机质含量

在土壤质地相近的条件下，密度小则表明土壤疏松多孔，土壤通气性好，有利于植物生长发育和土壤养分转化；密度大，表明土壤孔隙少，土壤水分和空气的含量相应地减少，土壤没有充足的水分和空气供给作物正常生长，造成养分不能有效的利用，植物表现为营养缺乏症状。一般来说，旱地土壤密度在 1.1～1.3 g/cm^3 较为适宜，在这个范围内，能满足多种作物生长发育的要求。

土壤密度与土体的紧密程度和有机质含量的多少有很密切的关系，一般肥沃的耕作层土壤密度为 1.0 g/cm^3 左右，而未熟化的生土，密度在 1.3～1.5 g/cm^3，紧密的底土可达 1.8 g/cm^3。刘小梅等研究表明，当将棕壤的有机质含量从 13.79 g/kg 提高到 30 g/kg 时，玉米苗期到成熟期土壤密度从 1.4 g/cm^3 降低到 1.34 g/cm^3，当有机质提高到 40 g/kg 时，土壤密度从玉米苗期到成熟期稳定在 1.24 g/cm^3。

2.计算土壤质量

在生产和科研工作中，常常需要知道一定面积的耕层土壤的质量，在计算土壤质量的过程中就需要利用土壤的密度值。

例一，1 亩地(667 m^2)耕层厚度 20 cm，密度为 1.2 g/cm^3 其耕层土壤总质量为：

$$667\times0.2\times1.2\times10^3=160\ 080(\text{kg})$$

其中 10^3 是将 g/cm^3 换算成 kg/m^3。

3.计算土壤各成分的含量

在土壤分析中，测定出土壤中某一成分，如土壤含水量、有机质含量、全盐含量、全氮含量等，要换算成每亩地这些物质的具体数量作为施肥、灌水的依据，也需要根据土壤密度来计算。

例二，已知耕作土壤密度为 1.2 g/cm^3，耕层 20 cm。土壤有机质含量为 20 g/kg，求每亩耕层土壤有机质质量为多少千克?

根据例一可算出耕层土壤质量为 160 080 kg，其中有机质只占 20 g/kg，每亩耕层中有机质数量是 160 080 kg×20 g/kg ＝ 3 201.6 kg。

例三，如已知土壤密度为 1.02 g/cm^2。

求：(1)1 hm^2(10 000 m^2)农田 20 cm 土层土壤质量为多少千克。

(2)土壤含全氮 0.05%，1 hm^2 土层(0～20 cm)有全氮多少千克?

(3)如果把 0～20 cm 土层的土壤含水量由 10%(质量分数)提高到 25%(质量分数)，1 hm^2 地需灌多少吨水?

解：(1)$10\ 000\times0.2\times1.02\times10^3=2\ 040\ 000(\text{kg})$

(2)$10\ 000\times0.2\times1.02\times10^3\times0.05\%=1\ 020(\text{kg})$

(3)$10\ 000\times0.2\times1.02\times10^3\times(25\%-10\%)=306(\text{t})$

(三)土壤孔隙度

1. 土壤孔隙度

土壤孔隙度(soil porosity)指单位体积土壤中孔隙体积所占的百分率。土壤孔隙度一般不直接测定,而是通过土壤密度、土粒密度换算而来的,即

$$土壤孔隙度=\left(1-\frac{土壤密度}{土粒密度}\right)\times 100\%=\left(1-\frac{土壤容重}{土粒相对密度}\right)\times 100\%$$

此式来源推导如下:

$$\begin{aligned}土壤孔隙度&=\frac{土壤体积-土粒体积}{土壤体积}\times 100\%\\&=\left(1-\frac{土粒体积}{土壤体积}\right)\times 100\%\\&=\left(1-\frac{土壤质量/土粒密度}{土壤质量/土壤密度}\right)\times 100\%\\&=\left(1-\frac{土壤密度}{土粒密度}\right)\times 100\%\\&=\left(1-\frac{土壤容重}{土粒相对密度}\right)\times 100\%\end{aligned}$$

土壤孔隙度的大小说明了土壤的疏松程度及水分和空气容量的大小,土壤孔隙度与土壤质地有关,一般情况下沙土、壤土和黏土的孔隙度分别为30%~45%、40%~50%和45%~60%,结构良好的土壤孔隙度为55%~70%,紧实底土为25%~30%。土壤孔隙度也随着土壤中各种机械过程而变化,在较黏的土壤中,随着土壤的交替性的膨胀、收缩、团聚、粉碎、压实和龟裂,土壤孔隙度变化很大。

2. 孔隙比

土壤孔隙的数量,也可以用孔隙比(void ratio)表示,它是指土壤中孔隙容积和固相土粒容积的比值。

$$孔隙比=\frac{孔隙容积}{土粒容积}=\frac{孔隙度}{1-孔隙度}$$

三、土壤孔隙类型及状况

(一)当量孔径

土壤孔隙度和孔隙比只能说明土壤孔隙的数量,并不能说明土壤透水、保水、通气等性质。即使两种土壤的孔隙度相同,如果大小孔隙的数量分配不同,则二者的保水、通气及其他性质会有显著的差异,所以应把土壤孔隙按其直径大小和作用分成若干级。土壤孔隙的大小、形状,无法按其真实孔隙直径来研究,因此土壤学中采用当量孔径(equivalent diameter)来表示不同孔隙的直径大小,根据当量孔径划分的土壤孔隙又叫当量孔隙(equivalent pore)。所以土壤学中所说的土壤孔隙直径是指对一定土壤水吸力相当的孔径,即当量孔径。当量孔径与土壤水吸力呈反比,当量孔径愈小则土壤水吸力愈大。

当量孔径与土壤水吸力的关系按下式计算：

$$d=\frac{3}{T}$$

式中：d 为孔隙的当量孔径，mm；T 为土壤水吸力，Pa 或 cmH_2O。

（二）土壤孔隙分级

根据土壤孔隙的当量孔径，一般把土壤孔隙分为 3 级：非活性孔隙、毛管孔隙和通气孔隙。

1. 非活性孔隙

非活性孔隙(ineffective pore)是土壤中最微细的孔隙，当量孔径小于 0.002 mm，土壤水吸力在 15×10^5 Pa 以上。在这种孔隙中，几乎总是被土粒表面的吸附水所充满。土粒对这些水有极强的分子引力，水分常常被土粒紧紧束缚着，这种孔隙也称束缚水孔隙。植物细根和根毛不能伸入，就是微生物也很难侵入，故称为无效孔隙。

2. 毛管孔隙

毛管孔隙(capillary pore)是土壤中具有毛管作用的那部分孔隙。当量孔径在 0.002～0.02 mm，毛管孔隙中所保持的水受到的吸持力为 15×10^5～1.5×10^5 Pa。植物根毛和微生物可以伸入这种孔隙中活动，其中保存的水分可被植物吸收利用。在壤质土和黏质土中均有相当多的毛管孔隙。

3. 通气孔隙

通气孔隙(aeration pore)比较粗大，当量孔径大于 0.02 mm，土壤水吸力小于 1.5×10^5 Pa，这种孔隙中的水可在重力作用下较快速地排出，因而成为水和空气的通道，所以称通气孔隙。土壤中一定量的通气孔隙是植物生长所必需的，沙质土中通气孔隙较多，黏质土中较少。

土壤各级孔隙度的计算公式如下：

$$\text{非活性孔隙度}=\frac{\text{非活性孔隙容积}}{\text{土壤容积}}\times100\%$$

$$\text{毛管孔隙度}=\frac{\text{毛管孔隙容积}}{\text{土壤容积}}\times100\%$$

$$\text{通气孔隙度}=\frac{\text{通气孔隙容积}}{\text{土壤容积}}\times100\%$$

如果以凋萎含水量(质量含水量)代表土壤中无效水近似量，则非活性孔隙度、毛管孔隙度可按下式计算：

$$\text{非活性孔隙度}=\text{凋萎含水量}\times\text{土壤密度}$$

$$\text{毛管孔隙度}=(\text{田间持水量}-\text{凋萎含水量})\times\text{土壤密度}$$

通气孔隙度可按下式计算：

$$\text{通气孔隙度}=\text{总孔隙度}-\text{田间持水量}\times\text{土壤密度}$$

从农业生产需要来看，旱作土壤耕层的土壤总孔隙度为 50%～56%；通气孔隙度不低于 10%；大小孔隙之比在 1∶(2～4)较为合适，在此范围内，才能更好地保证作物的正常生长发育。

四、土壤三相比及其计算

土壤基质的三相比的相对比例是不断变化的，它取决于土壤质地、气象条件、地表植被状况和土壤管理等因素。

土壤基质的三相物质比常用质量或容积为基础表示。图 3-2 为土壤三相物质构成的示意图，图的右侧表示固、液、气三相物质的质量，分别用 m_s、m_w、m_a 表示，三相物质的总质量用 m_t 表示。图的左侧为各相物质的容积，分别以 V_s、V_w、V_a 表示，土壤总容积为 V_t，土壤基质的孔隙容积为 $V_f=V_w+V_a$。

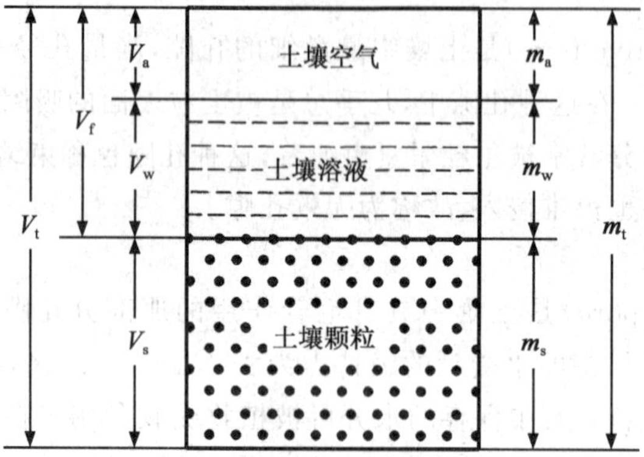

图 3-2　土壤三相物质构成示意图

(引自邵明安主编《土壤物理学》)

土壤固、液、气三相的容积分别占土壤容积的百分率，称为固相率、液相率（即容积含水量，也可用质量含水量换算）、气相率。三者之比即是土壤三相组成（或者三相比）。

它们的计算如下：

$$固相率=\frac{固相容积}{土体容积}\times100\%=\frac{V_s}{V_t}\times100\%$$

$$液相率=\frac{液相容积}{土体容积}\times100\%=\frac{V_w}{V_t}\times100\%$$

$$气相率=\frac{气相容积}{土体容积}\times100\%=\frac{V_a}{V_t}\times100\%$$

$$固相率:液相率:气相率=V_s:V_w:V_a$$

土壤中固、液、气三相的容积比可粗略地反映土壤持水、透水和通气的情况。三相组成与密度、孔隙度等土壤参数一起，可评价农业土壤的松紧程度和宜耕状况。

土壤三相组成对多数旱地农作物来说，适宜范围为：固相率 50％左右，容积含水量 25％～30％，气相率 15％～25％。如气相率低于 8％～15％，会妨碍土壤通气而抑制植物根系和好氧微生物的活动。土壤的三相组成比率是不断变化的，它随天气、植被、田间管理等条件的变化而变化。

五、教学案例与分析

本节的教学重点是理解土壤孔性概念及各级孔隙在农业生产中的作用，掌握并理解土壤孔隙度、土壤三相比的计算方法。

近几年关于土壤孔性、土壤密度变化的研究多集中于人为施肥、人为活动对土壤物理性质的影响。于博等(2012)采用人工冻融方式研究了松辽平原土壤孔性对冻结的响应机理，结果显示：冻融循环能够显著增加松辽平原玉米带高产田与低产田 0～20 cm 耕层土壤孔隙的数目，高产田增加百分比为 32.58%；低产田增加百分比为 17.95%。显著降低了低产田 0～20 cm 土层范围内 Feret 直径(是指目标区域的边界上最远两点之间的距离)和土壤的平均孔隙面积，Feret 直径由冻结前的 2.31 mm 降低到冻结后的 1.92 mm，降低百分率为 16.88%，低产田土壤的平均孔隙面积由冻结前的 8.91 mm^2 降低到冻结后的 4.65 mm^2，降低百分率为 47.81%($P<0.05$)。

黄毅等(2013)在辽西旱耕区进行的秸秆深还田实验表明，秸秆深还和化肥深施处理使土壤密度大幅降低，秸秆深还处理秸秆集中的层次(20～30 cm)土壤密度在 1.2 g/cm^3 以下，且比较稳定，对照区土壤密度为 1.55～1.57 g/cm^3。秸秆深还、化肥深施、覆膜过冬，具有松土扩容、深层蓄水、御旱增产的功能。

李梅等(2010)研究了四川西部毕棚沟生态旅游区旅游开发后土壤物理性质的变化，由于人为踩踏和火烧等原因，结果表明，旅游开发过程中的人为活动干扰及偷猎者的用火对川西生态旅游区土壤生态系统的物理结构具有十分显著的影响，从而影响森林生态系统的结构和功能。

韩勇鸿等对山西省晋中盆地 9 种不同质地土壤干密度和田间持水率的测定进行了同步系列试验，研究结果表明：不同质地土壤的田间持水率都随土壤干密度的变化而变化，随着土壤干密度的增大，田间持水率经历从小到大，一直达到某一极限值，而后随土壤干密度的进一步增大而减小的变化过程；不同质地土壤具有不同的田间持水率极限值，田间持水率的极限值在孔隙度为 42%～46%时出现。田间持水率与土壤干密度的之间较好地符合二次多项式函数关系，采用二次多项式函数关系，通过土壤干密度实现对田间持水率的预测可以获得满意的结果。

土壤孔性作为土壤的基本物理性质之一，在实际社会生产过程中有广泛的应用，它影响着土壤的通气性、蓄水性、力学性质等。

第二节　土壤结构性

一、土壤结构性的概念

自然界中的土壤颗粒很少以单粒存在，常常由于种种原因相互团聚成形状、大小、数量和稳定程度都不同的土团、土块或土片，土壤学上称这些团聚体为土壤结构体(soil structural body)。土壤结构性是指土壤中结构体的大小、形状、数量、性质及其相互排列方式和相应的孔隙状况等的综合特性。通常所说的“土壤结构”一词，实际上包含两方面的意义：一是作为土壤物理性质之一的“土壤结构性”；一是指“土壤结构体”。各种土壤及其不同的层次，往往具有不同的结构体和结构性。土壤的结构性影响着土壤中水、肥、气、热状况，从而在很大程度上反映了土壤肥力水平。土壤结构性与耕作性质也有密切关系，所以它是土壤的一种重要物理性质。

二、土壤结构体的类型

土壤结构体的类型，通常根据结构体的大小、外形以及与农业生产的关系划分。有些结构体对作物生长不利，农业上称为不良的结构体，如块状结构；有些则有利，称为良好的结构，例如团粒结构和微团粒结构。常见的土壤结构体有下列几种(图 3-3)。

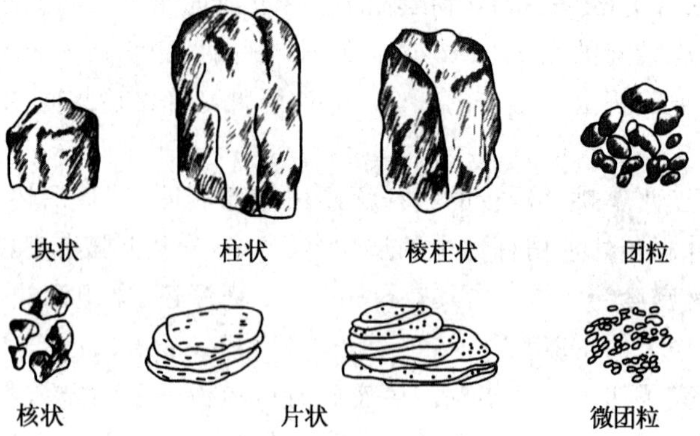

图 3-3 土壤结构体类型示意图

(一)块状结构

块状结构(blocky structure)属于立方体型。长、宽、高三轴大体相等，边面一般不明显，外形也不十分规则。直径在 5 cm 以上的就称为大块状结构，北方农民称的"坷垃"，直径在 3～5 cm 称为块状，直径在 0.5～3 cm 称为碎块状。块状结构一般出现在土质黏重、缺乏有机质的表土中，底土和心土层也可见到。如果表层土壤坷垃多，由于它们相互支架，往往形成大的空洞，助长水汽蒸发，加速土壤水分丢失，同时还会压苗，使幼苗不能顺利出土。据北京农业大学土壤教研室调查，直径大于 4 cm 的坷垃危害程度明显，直径大于 10 cm 的坷垃危害严重，2～4 cm 的坷垃危害不大，在盐碱地还有减缓返盐的作用。

农业生产上常用消灭坷垃的办法有：在降雨或灌水湿度适当时进行耙耱，使坷垃破碎；冬季冻后压土，将坷垃压碎；利用冬灌后的冻融交替作用也可以破碎一部分坷垃。但改良的根本办法是增加土壤有机质含量、改良土壤质地以及在宜耕期耕作。坷垃在一般土壤上多起不良作用，但 2～4 cm 的坷垃，在盐碱地上有减缓返盐的作用，这是因为土表坷垃多，减弱了毛管作用，抑制了含盐地下水的蒸发从而减少了盐分在表层土壤的累积。农民在盐碱地上造坷垃，说"一个坷垃一碗油"。

(二)核状结构

核状结构(nutty structure)近似立方体型，边面棱角明显，轴长 0.5～1.5 cm，常出现在黏土而缺乏有机质的心土和底土层中。

(三)柱状结构和棱柱状结构

柱状结构(columnar structure)和棱柱状结构(prismatic structure)的结构体纵轴远大于

横轴，在土体中呈直立状态。按棱角明显程度分为两种：棱角明显的叫棱柱状结构，棱角不明显的为柱状结构。这种结构往往出现在碱土和质地黏重而水分又经常变化的底土中，是干湿交替作用形成的。如在褐土的心土和蜀黄土母质发育的黄泥土的心土、底土中常有柱状结构，碱土和碱化土壤的心土常有柱状和棱柱状结构。柱状结构坚硬紧实，干旱时常出现大裂缝，漏水漏肥，过湿时土粒膨胀黏闭，容易导致土壤通气不良。

(四)片状结构

片状结构(platy structure)横轴远大于纵轴，沿水平面排列，呈薄片状的称之为片状结构，厚度稍薄，团聚体稍弯曲的称为鳞片状结构。片状结构是由于水的沉积作用或某些机械压力作用所形成的，在冲积物和耕地的犁底层中常见。此外，粉质土壤在雨后或灌水后所形成的地表结壳和板结层，也属于片状结构。这种结构土粒排列紧密，通透性差，不利于通气透水，会阻碍种子发芽和幼苗出土，还加大土壤水分蒸发。因此，生产上要进行雨后和灌水后中耕松土，破除地表结壳。

(五)团粒结构

团粒结构(granular structure)是指近似球形的疏松多孔的小土团结构(图 3-4)。直径在 0.25～10 mm。直径<0.25 mm 的称微团粒(microaggregate)。团粒和微团粒是土壤中良好的结构体。微团粒在水稻土和旱地土壤中较多见。近些年我国学者陈恩凤等(1994,2001)提出将微团粒划分为>0.01 mm 和<0.01 mm 两类“特征微团聚体”。此外，也有人将<0.005 mm 的复粒称为“黏团”。

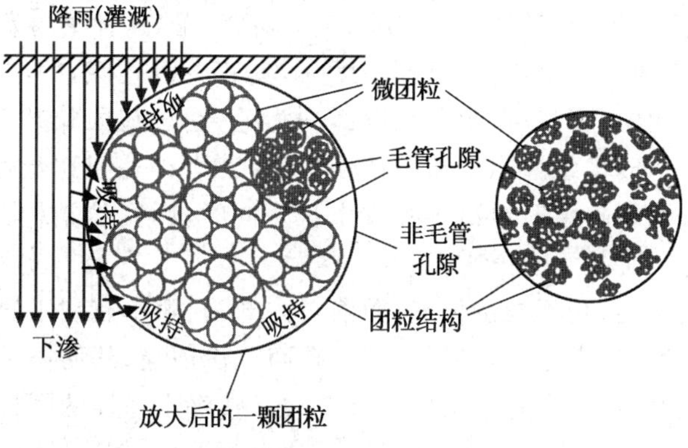

图 3-4　团粒结构示意图

三、土壤团粒结构的作用与创造

(一)土壤团粒结构的作用

近年来，在原有整体评价(结构体类型、数量、总孔度)的基础上，又较为注重个体评价(团粒与微团粒的数量、品质——水稳性、力稳性、孔性及“特征微团聚体”等)。团粒结构是良好的土壤结构体。其特点是多孔性与水稳性，具体表现在土壤孔隙度大小适中，持水孔隙与充气孔隙的并存,并有适当的数量和比例。因而使土壤中的固相、液相和气相相互处于协调状态,所以一般都认为,团粒结构多是土壤肥沃的标志之一。现从以下4个方面说明团粒结构在农业生产中的作用及对土壤肥力的贡献。

1.具有良好的土壤孔性

团粒结构内部以持水孔隙占绝对优势,而团粒结构之间是通气孔隙,这种孔隙状况为土壤水、肥、气、热的协调,创造了良好的条件。

2.水气协调,土温稳定

团粒结构间的通气孔隙,可以通气透水,在降水或灌水时,水分通过通气孔隙,进入土层,减少了地表径流。团聚体内的持水孔隙具有保存水分的能力。因此渗入土层中的水分受毛管力的作用,被吸持并保存在持水孔隙中,团聚体起到了小水库的作用。多余的水分在重力作用下,沿团聚体间的孔隙渗入到下部土层。雨后天晴或干旱季节,表层团聚体因失水而收缩,隔断了上下相连的毛管联系,形成了隔离层,减弱了土壤水分的蒸发消耗。平时通气孔隙经常充满空气,持水孔隙经常充满水分,协调了水分和空气间的矛盾。由于水和气协调了,由水、气产生的土壤热容量等热学性质适中,因此土温能够稳定。

3.保肥供肥性能良好

团聚体内部的持水孔隙水多空气少,既可以保存随水进入团聚体的水溶性养分,又适宜于嫌气性微生物的活动,有机质分解缓慢,有利于腐殖质的合成,所以有利于养分的积累,起到保肥的作用。团聚体间的通气孔隙中空气多,适宜于好气性微生物的活动,有机质分解快,产生的速效养分多,供肥性能良好。所以团聚体有利于土壤保肥供肥矛盾的协调,团聚体内的养分状况良好。

4.土质疏松,耕性良好

团聚体的土壤土质疏松,易于耕作,宜耕期长,耕作质量好,种子易发芽出土,根系易伸展,出苗整齐。在团粒结构较多的土壤中,总孔隙度大,具有多级孔隙,团粒之间排列疏松多为通气孔隙,而团粒内部微团粒之间以及微团粒内部则为毛管孔隙,团粒越多,总孔度及通气孔就越多。当土壤中1~3 mm水稳性团粒结构体较多时,其大小孔隙比最适合旱地种植要求,而冷湿地区则以10 mm团粒较多时更适合植物生长。同时,因团粒结构具有一定的稳定性,使其保持良好的土壤孔隙状况。

此外,团粒间疏松多孔,利于根系伸展,而团粒内部,孔隙小有利于根系的固着和支撑。总之,团粒结构发达的土壤,首先是土壤通气、持水孔隙比例适当,从而协调了土壤水、气、热和养分的矛盾,肥力状况良好,耕性及扎根条件也好。故又常将水稳性的团粒结构称为土壤肥力的“调节器”。

在我国各类土壤中,以东北的黑土、黑钙土的A层及菜园土表层团粒结构较为发达,通常占土重的60%~80%。绝大多数的旱地土壤耕作层则微团粒结构较多,并且我国许多高产土壤多含非水稳性团粒结构,都是通过精耕细作、合理施肥等所创造的,在干旱季节也能起到调节水、肥、气、热的作用。降雨和灌水后团粒被破坏,可用耕作方法使之恢复。故其对我国北方干旱地区具有同等重要的意义。许多经验和试验表明,随着土壤肥力的提高,土壤团粒结构也随之增加,土壤肥力和团粒结构之间有着密切的关系。

(二)微团粒结构与土壤肥力

微团粒结构(micrroaggregate structure)体在调节土壤肥力(soil fertility)的作用中也有

着重要的意义，首先它是形成团粒结构的基础。在自然状态下，起初是土粒与土粒相互联结成黏团，黏团再次团聚成微团粒，微团粒进一步团聚成团粒，只有具有较多的微团粒，才有可能形成较多的团粒结构。微团粒结构本身也具有一定保持和自动调节水、肥、气、热和影响土壤生物活性的功能，对土壤养分和水分也具有较大的吸贮、释供、转化和缓冲能力。据对红壤研究，在旱地条件下，可依据 0.05～0.25 mm 的微团粒的累积为肥地特征，此外，$<$0.005 mm 的微团粒对氮的贡献较大，而 0.01～0.05 mm 的微团粒则是土壤速效磷的重要来源。因此，对微团粒结构的作用应予以充分重视。其次，微团粒在长期淹水条件下的水稻土的耕层中大量存在。我国农民俗称的"蚕沙土"，泡水不散、松软、土肥相融，对水稻发棵有利的就是指的微团粒。许多研究表明，微团粒结构是衡量水稻土肥力和熟化程度的重要标志之一。微团粒数量愈多，水稻土的肥力越高，作物产量高且稳定。

微团粒内部的细小孔隙在淹水条件下可闭蓄一部分空气，为淹水条件下水气并存创造了条件，起到了提高和稳定电位（Eh）的作用，有效防止水稻烂根。此外，还能改善水田土壤耕性，使耕层呈疏松状，便于耕作，落干后不致发生严重龟裂。缺乏这种微团粒则易于淀浆和起浆，甚至僵硬。据对红壤研究表明，水田土壤中，通常在 0.05～0.001 mm 的微团粒其上述功能较好，是肥地标准。沈阳农业大学的陈恩凤等（1994，2001）对黑土及棕壤的研究表明，由于$<$0.01 mm 和$>$0.01 mm 的两类微团聚体在土壤肥力中的不同的特殊作用，可以根据$<$0.01 mm 和$>$0.01 mm 微团粒的比例（或称之为特征微团聚体比例）来较好地反映土壤肥力水平，用以作为土壤肥力水平的评价指标；并认为典型棕壤和棕壤型水稻土的特征微团聚体比例分别为 0.25 及 0.35，小于此值则为肥地，反之为瘦地。

（三）其他结构与土壤肥力

1. 块状、核状结构与土壤肥力

块状结构体间孔隙过大，大孔隙数量远多于小孔隙，不利于蓄水保水，易透风跑墒，出苗难；出苗后根不着土造成"吊根"现象，影响水肥吸收；耕层下部的暗"坷垃"因其内部紧实，还会影响扎根，而致使根系发育不良。故农民有"麦子不怕草，就怕坷垃咬"的说法。因其孔性不良，水气不协调不利于作物生长。核状结构具有较强的水稳性和力稳性，但因其坚硬紧实，小孔隙（非活性孔）多，大小孔隙不协调，孔性不好。

2. 片状结构与土壤肥力

片状结构多在土壤表层形成板结，不仅影响耕作与播种质量，且还影响土壤与大气间的气热交换，阻碍水分运动。当表层土壤脱水收缩及与下层土壤脱离而形成"结皮"，并同时出现数厘米深的裂缝，严重时形成大而厚的坚实板结土块，俗称"龟裂"。此时，结构体内部十分致密，多为非活性孔，有效水少，空气也难于流通，而结构体间也因裂隙过大，成为漏水漏肥的通道。鳞片状结构多见于犁底层，内部比片状结构更为紧实，不利于根系下扎，大大限制了养分的吸收面积，而使作物生长发育不良。

3. 柱状和棱柱状结构与土壤肥力

这两种结构体内部甚为坚硬，孔隙小而少，通气不良，根系难以深入，结构体间于干旱时收缩，形成较大的垂直裂缝，成为水、肥下渗的通道，造成跑水跑肥，虽其水稳性和力稳性好，但对农业生产也是极为不利的一种结构。

(四)团粒结构的形成过程

土壤团粒结构的形成大体上可分为两个阶段,第一阶段是单粒经过凝聚、胶结等作用形成复粒(微团粒);第二阶段是复粒进一步黏结,在成型动力作用下进一步相互逐级黏合、胶结、团聚,依次形成二级、三级……微团聚体,再经多次团聚,使若干微团聚体胶结起来,形成各种大小形状不同的团粒结构体。因此团粒结构不仅孔隙度大,而且具有大小不同的多级孔隙。土壤团粒结构的形成是在多种作用参与下进行的,但归纳起来不外乎两个方面,即土粒的黏聚和成型动力的作用。

1.土粒的黏聚

下面几种作用都可使单粒聚合成复粒并进一步胶结成大的结构体。

(1)胶体的凝聚作用　这是分散在土壤悬液中的胶粒相互凝聚而析出的过程。带负电荷的黏粒与阳离子(如 Ca^{2+})相遇,因电性中和而凝聚(图 3-5)。

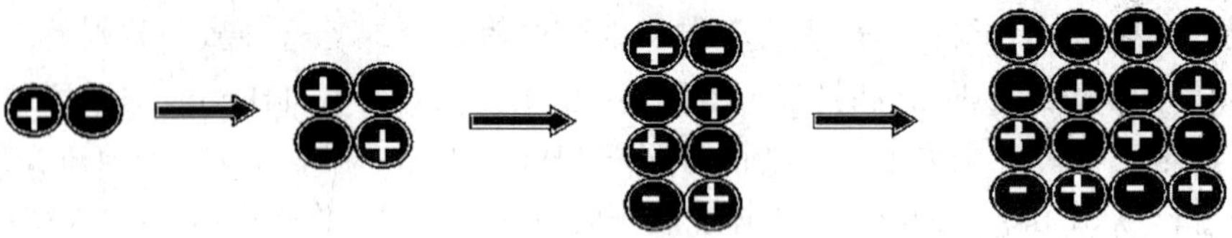

图 3-5　等电凝聚示意图

(2)水膜的黏结作用　在湿润土壤中的黏粒所带负电荷,可吸附极性水分子并使之做定向排列,形成薄的水膜,当黏粒相互靠近时水膜为邻近的黏粒共有,黏粒就通过水膜而联结在一起。

(3)胶结作用　土壤中的土粒、复粒通过各种物质的胶结作用进一步形成较大的团聚体,土壤的胶结物质大体上有以下三类。

简单的无机胶体:如含水氧化铁铝($Fe_2O_3 \cdot zH_2O$,$A_{12}O_3 \cdot zH_2O$)、硅酸凝胶($Si_2O_4 \cdot 2H_2O$)和氧化锰的水化物($MnO_2 \cdot nH_2O$)等,它们以胶膜的形式包被在土粒表面。当它们由溶胶转为凝胶时,就会把土粒胶结在一起。由于凝胶的不可逆性,由此所形成的结构体具有很强的水稳性。我国南方红壤中的结构体主要是由含水的铁、铝氧化物胶结而成的。这些结构体由于相当致密,其内部孔隙度小,孔径也小,对土壤的调节作用小于有机胶体胶结的结构体。

黏粒:黏粒是无机胶体的主要部分,它具有很大的表面积,一般带有负电荷,它们通过吸收阳离子,在具有偶极距的水分子协助下,把土粒连接起来。水分减少后,原来被水分子联结的土体断裂成小土团。这种联结形成的团粒往往不稳定,遇水易散碎。另外不同种类的黏粒矿物胶结能力不同,蒙脱石的胶结能力比高岭石强。

有机物质:具有胶结作用的有机物质有腐殖质、多糖类、木质素、蛋白质以及微生物的菌丝体及其分泌物等,其中以多糖类和腐殖质较为重要。腐殖质占土壤有机质的 50%~90%,同时抗微生物的分解能力强,形成的团粒结构更稳定。腐殖质中的胡敏酸的缩合程度高、相对分子质量大,具有较强的胶结能力。腐殖质是最理想的胶结剂,主要是胡敏酸,与钙结合形成不可逆凝聚状态,其团聚体疏松多孔,水稳性强;多糖类是微生物分解有机物质的产物,占土壤有机质的 5%~10%,其分子中含有大量的—OH,—OH 可与黏土矿物上的氢键连接起来,由它胶结的结构稳定性差,为时短暂,但对进一步形成团粒结构有着重要的作用;真菌的菌丝体能缠结土粒，细菌分泌的黏液也能胶结土粒，但这些有机物很容易被微生物分解，胶结的质量较差。因此，土壤有机质胶结形成的团粒，一般都具有水稳性和多孔性，大小孔隙分配较为理想。

2.成型的动力

在土壤黏聚的基础上，还需要一定的作用力才能形成稳定的独立结构体。主要成型的作用力有以下几方面。

(1)生物作用　植物根系在生长过程中对土壤的分割和挤压作用。根系愈强大，分割挤压作用愈强，禾本科植物发达密集的须根系穿入土体，使根系间的土壤变紧，根系死亡被分解后，造成土壤中不均匀的紧实度，在耕作等外力作用下，就分散成团粒，同时，根系在生长过程中不断吸水，造成根系土壤局部干燥收缩，也可形成团粒。土壤中的掘土动物对土粒的穿插、切割、挤压而促使土块破裂，土壤中的蚯蚓、昆虫、蚁类等对土壤结构形成也起一定的作用。特别是蚯蚓，"上食埃土，下饮黄泉"，对土壤上下翻动，吞食大量的泥土，经肠液胶结后排出体外，其排泄物是良好的团粒结构。土壤中微生物、菌丝体对土粒的缠绕起到成型动力的作用。

(2)土壤耕作的作用　适时合理的耕作、中耕、耙、镇压等措施具有切碎、挤压等作用，有利于促进团聚体的形成。当然不合理的耕作反而会破坏土壤结构。

(3)土壤的干湿交替　干湿交替指土壤反复经受干缩和湿胀的过程。土壤由湿变干时，土壤各部分脱水程度不同，干缩的程度也不一致，就会沿黏结力薄弱的地方裂成小块；当土壤由干变湿时，各部分吸水程度和吸水速度不同，所受的挤压力也不均匀，会使土块破碎；当水分迅速进入土壤时，被封闭在土壤中的空气受到压缩，而发生爆破，使土块破碎。土块愈干，破碎得愈好。所以晒垡一定要晒透，降水和灌水愈急，土块破碎效果愈好。

(4)冻融交替作用　冻融交替指土壤反复经受冷冻和热融的过程。土壤孔隙中的水分结冰时，体积增大，对周围的土体产生压力而使土块崩解。同时水结冰后引起胶体脱水，有利于胶体的凝聚，促进土粒的团聚。在冻融交替中，土壤内部产生裂缝，一旦融化土块就会酥碎。农民对板结的土壤常以晒垡(犁冬晒白)、冻垡来改善土壤结构，就是这个道理。

(五)创造团粒结构的措施

团聚体在外力作用下的破坏过程，称团聚体的崩解。因为土壤结构只能是相对地稳定，它一方面在不断地形成，另一方面又在不断地破坏。其破坏的原因有以下几个方面。

机械破坏：在耕作、播种、人畜践踏、耕作机具摩擦挤压、暴雨的冲击以及过度干湿交替和冻融交替等导致的粉碎作用，均会使团聚体崩解。

物理化学破坏：如果土壤长期单纯施用化学肥料(硫酸铵、硫酸钾等)，土壤溶液中的 NH_4^+，K^+ 等1价阳离子浓度增加，会将腐殖质上面的2价钙离子交换下来，变成腐殖酸盐，遇水分散。这种由1价阳离子引起的胶体分散作用，会破坏土壤的良好的结构。另外，由于土壤发生还原作用，使氧化铁胶结剂溶解，也会使团聚体散碎。

生物破坏：好气性微生物分解腐殖质，会导致团聚体破坏。在嫌气条件下，多糖也会被微生物分解而丧失胶结能力，使团聚体散碎。团聚体和微团聚体的破坏过程，在无林地，特别是苗圃甚为显著，所以要注意团聚体的培育。

我们已经了解了土壤团聚体破坏的原因和形成需要的条件，可以根据具体条件，因地制宜地采取各种措施，培育土壤团聚体。

1.深耕结合施用有机肥料

在深耕过程中,农机具对土壤产生推拉、切割、翻转等作用,使土体破碎,变成小土团。改变了土壤原有的结构状态。再结合施用有机肥使"土肥相融",有机胶体与矿质胶体紧密结合,并根据不同土壤特性适当施用石灰、石膏、过磷酸钙、钙镁磷肥等,以补充钙离子,增加高价离子的数量,调节土壤中阳离子的组成。

2.种植绿肥

种植绿肥是增加土壤有机质,改良土壤结构的有效措施。豆科绿肥根系发达,扎入土层深处,对下层土壤具有强大的切割、挤压作用,绿肥压青作肥料,既能增加植物需要的养分物质,又可以形成大量腐殖质,有利于团聚体的形成。

3.合理耕作

合理耕作在一定时期有改良土壤结构的作用,在耕作时要掌握水分状况,不宜过干或过湿,土壤过干耕作,黏质土就会造成大块状结构,粉质土会形成碎屑状结构。若土壤过湿时耕作,同样会造成大块状结构。耕地次数要适当。一般不宜过多,黏重的土壤宜多耙,壤质土要适量。另外,还可以进行中耕、晒垡、冻垡等措施,来改良土壤结构。

4.施用土壤结构改良剂

早期施用的土壤结构改良剂,是从植物遗体、泥炭、褐煤或腐殖质中提取的腐殖酸,制成天然的土壤结构改良剂,其缺点是成本高,用量大,难以在生产上广泛应用。20 世纪 60 年代后人工合成的土壤结构改良剂的研究逐渐开展起来,由工厂合成的土壤结构改良剂制造成功。常用的为水解聚丙烯腈钠盐和乙酸乙烯酯等。它们具有很强的黏结力,能使分散的土粒胶结成稳定的团聚体,形成的团聚体具有较高的水稳性和抗生物分解的生物降解性,同时能创造适当的土壤孔隙。施用量一般占干土质量的 0.1%～0.15%。土壤结构改良剂要求施用时的土壤含水量为田间持水量的 70%～90%,可喷施或干粉散施,然后用耙耙均匀即可。创造的团聚体能保持 2～3 年之久。南京土壤研究所 1973 年在黄棕壤上利用水解聚丙烯腈进行田间试验,施用量为 0.1%的小区,大于 0.25 mm 的团聚体由原来的 19.8%增加到 82.94%,大于 1 mm 的团聚体由原来的 56.4%增加到 64%,施用量 0.01%的效果不及施用量 0.1%的显著。这些团聚体前两个月内较为稳定,以后逐渐减少,一年后分别降为 62.26%和 36.39%。土壤结构改良剂的施用是一项新技术,因成本高,尚难推广,目前大多用在经济价值高的植物上。另外,在改良盐碱土和防止水土流失方面也有一定作用,随着科学和技术的发展,土壤结构改良剂将会得到广泛的应用。

四、教学案例与分析

良好的土壤结构不但可以使土壤具有良好的孔性、通气性、水肥协调能力,同时可以使土壤具有较好的水土保持功能。

土壤结构对土壤的入渗能力有明显影响,土壤结构由疏松变密实,土壤入渗速度稳定减小,入渗能力递减。

吴海勇等通过 3 年的田间定位试验,系统地研究了稻草不同途径还田对稻田土壤密度、孔隙度、团聚体、有机碳总量、腐殖质组成及腐殖质结合形态的影响。结果表明,与无肥及纯施化肥对照相比,稻草直接深埋还田及利用后的菌渣、牛粪、沼渣深埋还田均能一定程度降低土壤密度、增加孔隙度、增加 >0.25 mm 水稳性团聚体的数量和提高土壤团聚体的稳定性,有利于形成和保持良好的土壤结构。

王珍等对比分析了秸秆在经过粉碎、氨化及与无机土壤改良剂混合 3 种措施处理后加入土壤对土壤团聚结构、土壤密度、孔隙度及低吸力段土壤水分蒸发特性的影响。结果表明，粉碎并氨化处理过的秸秆施入土壤后，能显著改善土壤团聚结构，减小土壤密度，增加土壤孔隙度；秸秆加入土壤中会导致处理低吸力段土壤孔隙分形维数变小，孔隙分布均匀性、连通性变差，导致土壤蒸发速率过快，而无机土壤改良剂（氢氧化铁）能有效改善土壤孔隙分布，抑制土壤蒸发，当其与秸秆混合施用时，对雨水保蓄利用效果更好。

土壤结构是土壤中各种过程进行的物理框架，土壤结构的定量化对土壤水、气、热和土壤生物化学过程定量化研究具有重要意义。对土壤结构的定量化是土壤物理学家、土壤化学家和土壤生物学家共同关注的问题，土壤结构的定量化也必将促进各个土壤分支学科的发展。在研究方法上，土壤切片和 CT 技术仍将是研究原状土壤结构最主要的方法，并且随着数字图像处理和计算机技术的发展，其在土壤结构研究中的应用将日趋成熟和广泛。

第三节　土 壤 耕 性

一、土壤耕性的含义

土壤耕性是我国农民在长期耕作实践中总结出来的传统概念。它泛指土壤在耕作中所表现的各种性质及耕作后的表现。土壤耕性的好坏可以反映土壤的熟化程度，直接关系到能否给作物创造一个合适的土壤环境和提高劳动效率的问题。土壤耕性的内容一般归纳为以下 3 个方面。

（一）耕作的难易程度

耕作的难易程度是指土壤在耕作时对农机具产生阻力的大小，它决定人力、畜力和机械动力的消耗，直接影响耕作效率。不同土壤耕作阻力大小不同。耕作阻力大的称难耕，耕作阻力小的称易耕。一般把土壤耕作的难易程度，当作判断土壤耕性好坏的首要条件。耕作时要求阻力尽量小，以便于耕作，节省能源。一般沙土、壤土、含有机质多的土壤及团粒结构多的土壤易耕，农民称这种土壤为“土轻”、“口松”、“绵软”，而把缺乏有机质的黏重难耕的土壤称为“土重”、“口紧”、“僵硬”。

（二）耕作质量好坏

土壤质量好坏指耕后土壤表现的状况及其对作物生长发育的影响。凡耕后土垡松散，容易耙碎，不成坷垃，结构良好，土壤松紧适度，有利于种子发芽、出土及幼苗生长的，称为耕作质量好，反之称为耕作质量差。耕作质量好坏是土壤耕性的主要标志。

（三）宜耕期的长短

宜耕期长短指在保证耕作质量和劳动效率的前提下，土壤宜于耕作时间的长短。它反映了土壤在耕作时对含水量要求的严格程度。一般来说，沙土宜耕期长，对含水量要求较宽，表现为“干好耕、湿好耕、不干不湿更好耕”。黏土宜耕期短，对含水量要求较严，一般只有一两天，一旦错过时间耕作就费劲，耕作质量就不好，表现为“早上软，晌午硬，到了下午锄不动”的“时辰地”；或称之为“三蛋土”即耕作时表现为“湿时像软泥蛋，干时像敲铁蛋，不干不湿时像泥肉蛋”。壤土宜耕期介于二者之间。因此，掌握适宜的土壤含水量进行耕作是保证耕作质量的关键。

二、影响耕性的因素

土壤耕性的好坏是由土壤的物理机械性质决定的。土壤物理机械性质是土壤在不同含水量情况下所表现的物理性质，是多项土壤动力学性质的统称，它包括土壤的黏结性、黏着性、可塑性、胀缩性以及其他受外力作用（如农机具的切割、穿透和压板等作用）而发生形变的性质。

（一）土壤黏结性和土壤黏着性

土壤黏结性指土粒与土粒之间由于分子引力而相互黏结在一起的性质。这种土粒间的分子引力又称土壤“内聚力”。这种性质使土壤具有抵抗外力破碎的能力，也是耕作时产生阻力的主要原因之一。土壤黏结性在干燥时主要是由于土粒本身的分子引力所产生的；而在湿润时，土粒间的分子引力是粒间水膜的引力作用，所以土壤的黏结力实际上是土粒—水—土粒间的相互引力而产生的，土壤的黏结力会增加耕作阻力，并影响耕作质量。

土壤黏着性是土壤在一定含水量的情况下，土粒黏附于外物表面的性能。土壤过湿时进行耕作，土壤黏着农具，增加土粒与农具间的摩擦阻力，使耕作困难。土壤黏着性是由水分子和土粒之间的分子引力，以及水分子和外物接触表面所产生的分子引力所引起的，即土粒—水—外物相互间的分子引力引起的。干土无黏着力。一般土壤含水量达到饱和含水量的40％～70％时土壤黏着力开始表现出来，当达到80％时黏着力最大。含水量再增加，由于水膜过厚，黏着力反而降低，土壤呈流体状态，黏着力逐渐消失。土壤开始不黏着于外物时的质量含水量称黏着点，又称脱黏点。土壤质地对黏着力也有一定的影响，质地越黏重黏着力越强，腐殖质含量越多，黏着力越弱；1价阳离子多，黏着力强，2价阳离子多，黏着力弱。黏着力强的土壤，耕作时黏附农具，增加摩擦阻力，耕作费力费工，耕作质量较差。

影响土壤黏结性和黏着性的因素有以下几方面。

1.土壤质地

土壤颗粒越细，比表面越大，接触面积越大，黏结性和黏着性越强，其耕性越差。沙土中的沙粒粒径大，比表面小，沙粒之间接触面积小，黏着力弱，有的甚至无黏着力，耕性良好。黏质土壤的黏结性和黏着性都很强，耕作困难。总之，土壤质地越黏重，土壤黏结力和黏着力越大，耕作就越困难。

2.土壤水分含量

土壤水分含量对黏结性有很大影响（表3-2），土壤干燥时，土粒间的水膜很薄，土粒愈靠近，黏结力就愈强。黏重的土壤，含水量减少时，黏结力增强很快。当土壤含水量高时，水膜加厚，张力降低，粒间距加大，分子引力减弱，黏结力降低。当含水量增加到一定程度，土壤成为流体，黏结力消失。如果在黏质土壤含水量过大时翻动，由于黏结力的影响，常形成大小不同的块状结构，干后很难破碎。但沙土因黏粒含量少，黏结力很弱，完全干燥的沙土无黏结性。

表 3-2 不同水分条件下几种质地土壤的黏着力

项目	质地										
	中壤土				轻壤土				沙壤土		
水分/%	20	24	29	32	16	20	24	30	12	21	25
黏着力/(10^2 N/cm^2)	17.6	25.5	36.3	30.4	11.8	16.7	18.6	16.7	8.8	13.7	5.9

(引自王介元主编《土壤学》)

土壤含水量对黏着性的影响也很大。当土壤含水量很少时,水分完全为土粒吸收,主要产生土粒间的水膜拉力(黏结力),而没有多余的力去黏结外物,所以干土没有黏着性,只有当含水量增加,在土壤表面与外物间有水膜生成时,才会产生黏着性,且随水分含量的增加,其黏着性加大。但水分过多时(一般认为超过土壤饱和持水量的 80%以上),由于水膜太厚而降低了黏着性,直到土壤出现流体状态时,黏着性逐渐消失。所以黏质土在水分较多时进行耕作,常因土壤黏着于农具而感到费力;而土壤在渍水条件下耕耙却很少受黏着性的影响。

3. 土壤腐殖质含量

腐殖质的黏结力比黏粒小,比沙粒大。此外,腐殖质能在土粒外围形成薄膜,改变了黏粒接触面的性质,使分子间的引力减弱,从而降低了土壤的黏结力。同时腐殖质含量多的土壤土粒常黏聚成团聚体,分子间的引力减弱。实验结果表明,在相同质地条件下团聚体含量多的土壤比无团聚体的土壤黏结力要小。腐殖质含量增加可降低黏土的黏结性和黏着性,改善沙土过于松散的特性。

4. 土壤交换性阳离子的组成

Na^+,K^+,NH_4^+ 等 1 价阳离子,能使土壤胶体分散,增加颗粒间的接触面积,增强土壤的黏结力。2 价的 Ca^{2+},Mg^{2+} 等能促进土粒凝聚,减少颗粒间的接触面积,从而降低土壤黏结力。所以碱土一般比相同质地的钙质土黏结力强。

5. 土壤结构

团粒结构可使土壤接触面积减少,因而黏结性和黏着性降低,土壤疏松易耕。据试验,在相同质地条件下,团粒结构土壤的黏结力是无团粒结构土壤的 1/6~1/2。

(二)土壤的可塑性

土壤可塑性(soil plasticity)指土壤在一定含水量范围内,可被外力任意改变成各种形状,当外力去除后和土壤干燥后仍能保持变形的性能。如黏土在一定的水分条件下,可以搓成条状、球状,压成片状等任何形状,干燥后仍能保持条状、球状、片状等。

土壤可塑性产生的原因是因为土壤中的黏粒呈薄片状,杂乱地排列在一起,彼此间接触面很大,当土壤水分增至可塑性出现时,黏粒表面包被着足够厚的一层水膜,若加一定外力揉搓,使片状黏粒在水膜的润滑下可将原来紊乱的排列,变成相互平行的排列,并能被水膜拉力所固定,保持新的形状,失水干燥后,由于黏粒本身的黏结力而保持这种形状(图 3-6)。

影响土壤可塑性的因素有以下几方面。

1. 土壤水分含量

干土无可塑性,土壤水分过多时,因土粒表面水膜加厚失去拉力,使土壤呈泥浆状也不会产生可塑性。因此土壤可塑性与土壤含水量有关。

土壤开始出现可塑状态时的含水量称为下塑限(塑限 plastic limit);土壤失去可塑性而开

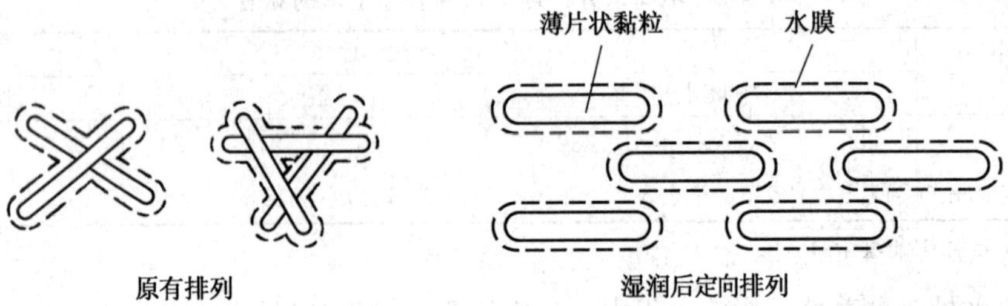

图 3-6 土壤可塑性示意图

始流动时的含水量称为上塑限(upper plastic limit)(流限)。上塑限和下塑限之间的含水量范围称为塑性范围(plastic range)。上塑限和下塑限之间的含水量之差称为塑性值(plastic number),也叫塑性指数(plastic number)。塑性值大,则可塑性范围宽,土壤的可塑性强。显然,土壤只有在塑性范围内,才有可塑性(图 3-7)。上塑限、下塑限和塑性值均以含水量百分数表示。

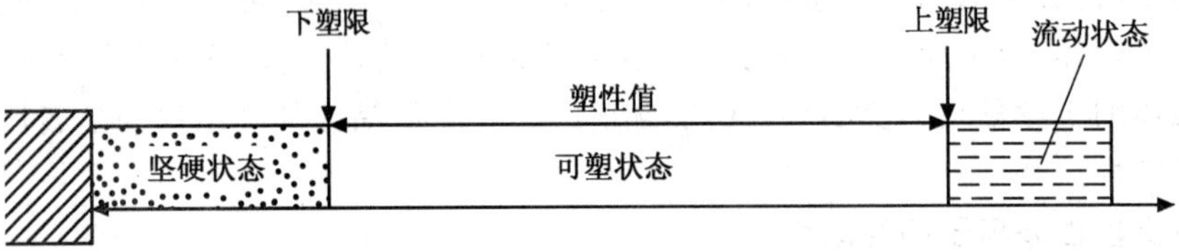

图 3-7 土壤不同湿度条件下的结持状态

2. 土壤质地

土壤可塑性除与含水量有关外,还与土壤质地密切相关。土壤中黏粒愈多,质地愈黏重,可塑性愈强,可塑性是黏土的特性,沙土没有可塑性或可塑性很小。土壤质地与可塑性的关系如表 3-3 所示。

表 3-3 土壤质地与可塑性的关系

土壤质地	物理黏粒/%	上塑限/%	下塑限/%	塑性指数/%
沙壤	<20	28±	23±	5
轻壤偏沙	20~25	30±	22±	8
轻壤偏中	24~30	31±	21±	10
中壤	28~40	32~34	18~20	12~16
中壤偏重	>40	34~40	19~26	18~21

(引自中国农业大学资料)

一般把塑性指数大于 17%的土壤称高度可塑土,17%~7%者称可塑土,小于 7%者称轻度可塑土,不可塑土的塑性指数为 0。

另外,土壤可塑性的大小,还与有机质含量有关,有机质含量可提高土壤上、下塑限,而塑性指数不变,并不增强土壤可塑性。钠离子可增强可塑性,钙离子可减弱可塑性。黏土矿物种类不同，塑性大小不一，蒙脱石比高岭石可塑性强。

土壤可塑性越强耕作质量越差。土壤含水量在塑性范围之内，不宜耕作和翻动，因为不但耕作阻力大，而且耕后形成表面光滑的大土垡，由于可塑性的影响，保持耕作时形成的形状，不易散碎，干后犁垡板结形成硬块，不易耙耢破碎，达不到松土的目的。所以黏性土壤不易在过湿时进行耕作。

(三)土壤胀缩性

土壤吸水后体积膨胀干燥后体积收缩的特性称为土壤胀缩性。土壤胀缩性强对农业生产不利。因为土壤膨胀时对周围土壤产生强大的压力，会使植物根系发生机械损伤，收缩龟裂时拉断植物根系。同时，土壤湿时膨胀，体积增加，使土壤孔隙变小，土壤透水困难，通气性差，热量状况也受影响。土壤干时体积收缩，表土因收缩强烈而引起龟裂，裂缝可达数厘米宽、十几厘米深，造成漏风、跑墒，拉断根系。下层水分蒸发快，导致土层干燥、根群减少，可使作物产生不正常的早熟而降低产量。在我国西北地区，常因入冬后土壤干裂，土温下降，对小麦越冬不利，造成大片麦苗冻死。

影响土壤胀缩性的主要因素是土壤胶体。胶体的品质影响土壤胀缩性强弱。蒙脱石由于晶层间结合不紧，水分容易进入晶层使层间距离拉大，因此膨胀性远较晶层结合紧密的高岭石大。在盐碱土区，由于吸收性 Na^+ 增强了水化作用，使土壤胀缩性增大，湿时膨胀黏闭，干后收缩，构成典型的柱状结构。要减少土壤的胀缩程度，除了黏重的土壤应予改良质地外，还可以通过培育良好的土壤结构，增加土壤有机质含量，使土壤孔隙度增大，以便使土体胀缩时多一些缓冲的余地。此外，还可适时耕锄，使土壤保持疏松状态。

三、改良土壤耕性的措施

不同土壤耕性的差异，主要是由于它们的黏结性、黏着性和可塑性、胀缩性等土壤物理机械性不同所引起的，因此改良土壤耕性要从调节影响土壤物理机械性的因素着手，主要措施有增施有机肥料，有机肥料能提高土壤有机质的含量，能使土壤疏松多孔并能和矿质土粒结合，形成有机无机复合胶体，从而形成良好的土壤结构体；改良土壤质地，可通过沙掺黏、黏掺沙的方法改善其耕性；控制宜耕期含水量，根据土壤水分状况合理灌排。

四、教学案例与分析

土壤耕性的好坏直接影响着宜耕期的长短与耕作的难易程度，所以必须掌握土壤含水量与土壤耕性的好坏之间的关系，为田间合理耕作提供参考依据。

国际上从机械耕作的作业次数和强度，把土壤耕作分为常规耕作、免耕和少耕 3 种耕作方法和体系。常规耕作又称传统耕作(conventional tillage)，指用犁翻耕土壤后，随之以耙、压整地，作物播种或移栽后进行土壤管理的一类耕作方法。少耕(minimum tillage)是指在常规耕作的基础上尽量减少土壤耕作次数和耕作深度或在全田间隔播种，减少耕作面积的一种耕作方法，它是介于常规耕作和免耕之间的中间类型。免耕(no-tillage)又称零耕(zero-tillage)，是指作物播前不用犁、耙整理土地，直接在茬地上播种，播后作物生育期间不使用农具进行土壤管理，于播种或移(抛)栽前后利用化学除草剂灭茬的一类耕作方法。由于免耕能利用前茬残留物覆盖地表，借以减少水土流失和保护农田，因而也被称之为保护性耕作。

免耕栽培技术的发展大体可分为3个阶段。

20世纪40～60年代为研究与试验阶段。该阶段重点围绕杂草控制，如何在作物残茬上播种，秸秆还田量多少为好，如何实现施肥、播种等问题开展一系列研究。但由于除草剂、免耕播种设备昂贵，土壤与作物营养等一系列具体问题没有得到较好的解决，使得免耕栽培在生产上缺乏吸引力。

20世纪70年代为起步阶段。通过大量的试验研究工作，免耕栽培技术在以下5个方面取得了重大进展：一是作物收获后有30%的秸秆留在地表；二是从收获到播种前尽量不扰动土壤；三是一次完成施肥和播种过程；四是通过除草剂控制杂草；五是长期免耕可显著提高土壤质量和生产力，减少土壤退化，病虫害在大多数土壤上较少重发。与此同时，除草剂和播种机械产业得到快速发展，价格逐步下降，免耕栽培技术逐步完善。从此，免耕栽培技术从美国走向了世界。

20世纪80年代以来为快速发展阶段。在该阶段由于用草甘膦取代百草枯来控制杂草取得显著成效，且价格持续下降；加之更加有效的播种与施肥联合作业机械问世，形成了比较完整的理论和技术体系，使免耕栽培技术更加便捷和有效，免耕栽培技术由此进入快速发展阶段。据有关部门统计，2005年全世界免耕栽培面积已达1.11亿 hm^2，比1999年扩大了1.5倍。其中巴西、阿根廷、加拿大、巴拉圭等国家免耕栽培面积占到农作物种植面积的60%左右，美国达到23%。2006年我国免(少)耕栽培技术推广应用面积2 000多万 hm^2，占农作物种植面积的13%左右，居世界第4位。

传统耕作因集约和重复的土壤耕作造成耕层土壤流失，对土壤有机质含量、土壤结构、土壤温度、土壤湿度、水分渗漏、土壤微生物和土壤养分具有不可避免的负面作用，导致土壤化学、物理和生物性能的退化，以及持久的减产和土壤生产力的损失，使得土壤变得日益贫瘠。通过免耕和秸秆覆盖栽培，可以及时补充由于渗漏损失和收获作物带走的养分，防止焚烧作物秸秆和杂草造成的环境污染，从而实现农业的可持续发展。

免耕栽培与常规栽培相比，用工减少50%～60%，劳动力成本降低40%～80%，经济效益提高20%～30%。在加拿大，免耕比翻耕节约15%的生产成本，其中能耗减少50%，劳动力成本减少40%。免耕栽培与机械化技术相结合，提高了作业效率，缩短了农时，缓解了季节与劳动力的矛盾，达到不误农时、适时移栽和播种的目的。因此，免耕栽培有效地延长了作物生长发育时间，增加熟制，提高了作物产量和经济效益。

免耕抛秧不用犁耙田，不打乱耕作层，不切断土壤毛管孔隙，不仅可以减少水土流失，保护和改善土壤耕层结构，还可以减少机耕作业所造成的空气污染，保护生态环境；并且减少耕地结构破坏，有利于土壤通透性和团粒结构形成，可以避免或最大限度地减少土壤退化，有助于减少由于降雨、灌溉等造成的水土流失。国内外试验结果表明，免耕和秸秆覆盖是一项防御风蚀、保持水土的有效耕作方法，残茬覆盖能减少水土流失90%。单就保护土壤而言，免耕法使得土壤生物达到平衡水平，并使这些微生物承担起“耕作任务”。采用免耕法，收获农作物时，将秸秆留在田间，自然形成一个很好的保护层，保持了土壤水分，有利于农业的可持续发展。

旱地免耕在我国始于20世纪50年代后期，开始主要在农垦系统试验示范，直到70年代以后，黑龙江省研究推广了深松技术，免耕法才逐步发展起来。中国农科院土壤肥料研究所在晋东南地区进行了休闲期不同耕作法的研究，同时北方地区注意了免耕、秸秆覆盖技术的研究和开发，形成了一年两作夏玉米免耕覆盖、麦田套种夏玉米苗期覆盖等技术。近年来，山西农业科学院土肥所在黄土高原进行了整秸覆盖免耕的培肥试验，山东农业大学对免耕土壤的养分行为进行了研究。多数研究者和学者认为免耕覆盖等措施，能增加土壤水分，减少地面蒸发，改善土壤结构，降低耕层盐分，增强生物活性，增产幅度一般在10%以上。

我国稻田免耕的试验起于20世纪60年代，当时的研究只处于试验阶段，直到80年代，稻田免耕在南方稻区得到迅猛的发展。江苏农业科学院为解决土壤泡水时间过长，旋耕过多，产生次生潜育化等问题，在太湖地区进行了免耕稻茬麦、麦茬免耕稻的研究。1982—1989年西南农业大学和四川农业科学院分别在川西平原和川东丘陵区，采取开沟起垄，垄上种植免耕稻，垄沟养鱼或养萍，冬季种小麦或油菜，形成立体开发、连续利用的开发模式。许多研究者认为，稻田免耕可提高作物产量，改变土壤的理化特性和稻田生态环境，提高土地的产出率，具有省工、省肥、省水和高产等优点。

但在免耕技术推广应用过程中，也存在一定的问题。地表覆盖的作物秸秆在嫌气分解过程中可能会产生水溶态或气态有害物质，阻碍或抑制植物的早期生长。免耕残茬覆盖会助长某些病虫害的发生，尽管采用多种除草剂控制杂草，但某些抗药性强或再生能力强的杂草仍很难控制，所以采用免耕法的地区每隔几年应将土地翻耕一次。

另外我国地域广阔，应根据不同地区的水热条件研究不同作物的少免耕栽培技术。免耕法使用特定的免耕播种机，机组进地一次完成破茬、开沟、播种、施肥、撒药、覆土、镇压等作业，在作物全部生长过程中，除采用除草剂控制杂草外，不再进行任何田间作业，直至收获。

免耕播种机与普通播种机的不同之处主要表现在土壤工作部件的作业环境不同，需要具备的功能不同。我国的免耕播种机已有了很大的发展，但还存在许多不足，国外在免耕技术方面，积累了丰富的理论知识和实践经验，完全可以指导我国免耕技术的实施。国外的相关机具主要为大中型拖拉机配套，机具性能先进、可靠，但是由于机具价格昂贵，大批成套引进既不可能又不现实。现今我国农业的生产体制决定了中小拖拉机配套的保护性耕作机具市场潜力巨大。在着力研究、消化吸收国外先进技术的基础上，要积极研制和开发适合我国急需的中小型配套机具。因此，免耕播种机具有很广阔的市场前景。

保护性耕作是国际农业可持续发展的重要支撑技术。但目前该技术类型种类繁多且零散、规范性差，限制了其大面积的推广应用。因此，亟须根据不同区域的自然、社会、经济条件来研究不同技术的空间适应性和布局，制定区域保护性耕作技术区划，为区域保护性耕作技术的推广应用提供科学支撑。

复习思考题

1. 解释下列名词：土粒密度、土壤密度（土壤容重）、土壤孔隙度、当量孔隙。
2. 土壤结构有哪几种？如何识别？
3. 为什么说团粒结构是土壤肥力因素的调节器？

4. 生产中常采用哪些措施培育土壤团粒结构?

5. 土壤耕性的含义是什么?影响耕性的因素有哪些?如何调节土壤耕性?

6. 某土壤土粒相对密度为 2.65,土壤密度为 1.2 g/cm^3。

求:(1)土壤孔隙度。

(2)1 hm^2 土地 20 cm 土层土壤质量。

(3)若使 0~20 cm 土层的水分由 12%增加到 20%,1 hm^2 地需灌水多少吨(理论值)?土壤通气孔隙度为多大?

参 考 文 献

1. 林成谷.土壤学.北方本.2 版.北京:中国农业出版社,1996.
2. 朱祖祥.土壤学.北京:农业出版社,1983.
3. 侯光炯.土壤学.南方本.2 版.北京:农业出版社,1992.
4. 黄昌勇.土壤学.北京:中国农业出版社,2000.
5. 王荫槐.土壤肥料学.北京:农业出版社,1992.
6. 陆欣.土壤肥料学.北京:中国农业出版社,2002.
7. 王介元,王昌全.土壤肥料学.北京:中国农业科技出版社,1997.
8. 关连珠.土壤肥料学.北京:中国农业科技出版社,2000.
9. 张景略,徐本生.土壤肥料学.郑州:河南科学技术出版社,1985.
10. 牟树森,青长乐.环境土壤学.北京:农业出版社,1991.
11. 李天杰.环境土壤学.北京:高等教育出版社,1996.
12. 熊顺贵.基础土壤学.北京:中国农业大学出版社,2001.
13. 陈恩凤文集编委会编.陈恩凤文集.沈阳:辽宁科学技术出版社,1990.
14. 潘晓华,吴建富,邓强辉,等.水稻免耕栽培理论与实践.北京:中国农业出版社,2010.
15. 邵明安,王全九,黄明斌.土壤物理学.北京:高等教育出版社,2006.
16. 陈恩凤,周礼凯.微团聚体的保肥供肥性能及其组成比例在评判土壤肥力水平中的意义.土壤学报,1994,131(1).
17. 陈恩凤,关连珠.土壤特征微团聚体的组成比例与肥力评价.土壤学报,2001,138(1).
18. 马泽成.有机质质量分数对土壤几项物理性质的影响.土壤通报,1994,125(2).
19. 刘小梅,依艳丽,郑存德.棕壤不同容重对玉米根系生长的影响.黑龙江农业科学,2011(8).
20. 于博,赵兰坡,高聚林,等.松辽平原高产农田土壤孔性对冻结的响应及机理研究.中国农学通报,2012,28(24).
21. 黄毅,王瑞丽,赵凯.辽西旱农区深层水肥调控对土壤主要物理性质和玉米产量的影响.干旱地区农业研究,2013,31(1).
22. 李梅,杨万勤,肖艳,等.干扰对毕棚沟生态旅游区土壤物理性质的影响.中国农学通报,2010,26(14).
23. 韩勇鸿,樊贵盛,孔令超.土壤结构与田间持水率间的定量关系研究.太原理工大学学报，2012,43(5).
24. 解文艳，樊贵盛. 土壤结构对土壤入渗能力的影响. 太原理工大学学报，2004,35(4).
25. 吴海勇，李明德，刘琼峰，等. 稻草不同途径还田对土壤结构及有机质特征的影响. 土壤通报，2012,43(4).
26. 周虎，吕贻忠，李保国. 土壤结构定量化研究进展. 土壤学报，2009，46(3).
27. 王珍，冯浩. 秸秆不同还田方式对土壤结构及土壤蒸发特性的影响. 水土保持学报，2009,23(6).
28. 王丽艳，郭树国，邱立春. 免耕技术及免耕播种机的发展. 农机化研究，2006,2.
29. 焦伟华，陈源泉，隋鹏，等. 保护性耕作技术适宜性区划的指标体系初探——以免耕为例. 中国农学通报，2007,23 (10).

第四章　土壤水分、空气与热量状况

[本章导读]　土壤水、气、热是土壤重要的肥力要素，三者相互联系，相互制约，始终处在运动和变化之中，使土壤表现出不同的理化性质，呈现出不同的肥力特征。在本章的学习时，应重点掌握土壤水、气、热的性质和运动变化规律，在农业生产上的意义及其调节措施等。具体内容包括土壤水分的表示和测定方法、形态类型、能量状态、有效性、运动规律，水分的田间循环及平衡，土壤水分状况及调节；土壤空气的组成及特点，土壤通气性机制及指标，土壤通气性调节；土壤热量来源，地表辐射平衡，土壤热量平衡，土壤热性质，土壤温度及热量状况的调节；土壤水、气、热状况的相互关系及综合调节措施等。

土壤水分、空气和热量是作物正常生长发育所必需的基本条件，和土壤养分一起，共同构成土壤肥力的4个基本要素，它们相互联系、相互制约，经常处在动态变化之中，使土壤表现出不同的肥力特征。尤其是土壤水分和土壤空气，二者是土壤的重要组成成分，共同占据土壤的孔隙部分，在容积上相互消长，使土壤温度和土壤养分状况随之发生相应的变化。土壤水分、空气和热量状况的好坏，不仅取决于这些要素数量的多少，更重要的是取决于各个要素之间的组合状况。其中土壤水分是最为活跃的因素，土壤水分的含量、时空变化，常常引起土壤空气和热量状况的迅速改变，因此，土壤水分成为影响土壤空气和热量的主导因素。所以，在全面了解土壤水分、空气和热量的运动、变化规律的基础上，深入分析它们之间的相互关系，研究以土壤水分调控为核心的农业生产技术，达到“以水调温”、“以水调气”、“以水促肥”、“综合调控”的目的，对于改善土壤肥力状况，提高土壤生产力水平，促进“高产、优质、高效”农业的发展和土壤资源的可持续利用具有重要意义。

第一节　土壤水分

一般情况下，自然土壤的孔隙随时被液相和气相组分共同占据。土壤水分(soil water)是土壤重要的液相部分，但也有固态、液态和气态3种形态，固态水(冰)只有在低温下(如我国北方冬季)才出现，而在常温下经常存在的状态是液态和气态。土壤液相部分不是纯水，而是稀薄的溶液和悬浮液，土壤中含有一些可溶性的物质能在土壤水中溶解，土壤胶体颗粒也悬浮或分散在土壤水中。土壤中除了含有游离的水外，还含有化合水和结晶水，如黏土矿物晶格中保持的水分和水合氧化物中所结合的水是化合水，而在石膏($CaSO_4 \cdot 2H_2O$)、氯化镁($MgCl_2 \cdot 6H_2O$)等化合物中的水是结晶水。我们通常所说的土壤水分是指在105～110℃下能从土壤中驱逐出来的水分，而不包括化合水和结晶水，我们本章所研究的土壤水分就是指这部分水分，而不是指土壤溶液。

土壤水分是重要的土壤肥力要素，是作物生长发育所需水分的主要来源，也是作物吸收养分的重要条件；同时也参与土壤中许多物理、化学和生物学过程，如矿物风化、母质形成、物质的淋溶、有机质的分解与合成等。另外，土壤水还是自然界的重要“水库”和水循环的重要环节，是生态环境的重要组成部分，因此，土壤水分的数量，时空特征及运动变化状况不仅直接影响作物生长，控制着土壤的形成，而且在自然界的水循环中也发挥着重大的作用。

一、土壤水分含量及表示方法

（一）土壤含水量的表示方法

土壤中所含水分的数量即为土壤含水量（soil water content），也称土壤湿度（wetness），根据不同的用处和研究需要，可以用不同的方法表示。

1. 质量含水量

质量含水量（mass water content）也称重量含水量，指单位质量土壤中水分所占的比例，无量纲，常用 θ_m 表示。在自然条件下，土壤含水量的变化范围较大，为便于比较，常采用烘干土作为基数。质量含水量可以用小数的形式表示，也可以用百分数表示，若用百分数表示，计算公式如下：

$$土壤质量含水量=\frac{土壤水的质量}{烘干土质量}\times 100\%$$

目前，有的资料中也用每千克土壤中水的克数来表示质量含水量，即单位为 g/kg，表明是土壤水分与土壤的质量比，无须再单独注明质量含水量。

2. 容(体)积含水量

容(体)积含水量（volumetric water content）指单位容积土壤中水分所占的比例，无量纲，常用 θ_V 表示。容积含水量可以表示土壤水分占据土壤，尤其是土壤孔隙的容积比例，克服了质量含水量的不便之处。孔隙容积含水量也可以用小数或百分数形式表示，若用百分数表示，计算公式如下：

$$\begin{aligned}土壤容积含水量&=\frac{土壤水的容积}{土壤总体积}\times 100\%\\&=\frac{水的质量/1}{烘干土质量/土壤密度}\times 100\%\\&=\frac{水的质量}{烘干土质量}\times 100\%\times 土壤密度\\&=土壤质量含水量\times 土壤密度\end{aligned}$$

式中的“1”是水的密度（取 4℃时纯水的密度值），土壤总体积是土壤颗粒、土壤水和土壤空气的体积之和。从式中可见，土壤容积含水量和土壤质量含水量的数值可以通过土壤密度互相转化，通过实验测定土壤密度、土粒相对密度（也可以取平均值 2.65）和土壤质量含水量可以计算土壤孔隙度和土壤三相比，公式如下：

$$土壤固相率=\frac{土壤密度}{土粒相对密度}\times 100\%$$

$$土壤孔隙度=\left(1-\frac{土壤密度}{土粒相对密度}\right)\times 100\%$$

土壤液相率＝容积含水量＝质量含水量×土壤密度

土壤气相率＝土壤孔隙度－土壤液相率

土壤三相比＝土壤固相率∶土壤液相率∶土壤气相率

容积含水量也可以用数值后面附加单位 cm^3/cm^3 的形式表示，而无须再单独注明容积含水量。

3. 相对含水量

相对含水量(relative water content)指土壤的自然含水量占田间持水量或土壤饱和含水量的百分数。在农业生产中多以田间持水量为基数，即

$$相对含水量=\frac{土壤自然含水量}{田间持水量}\times 100\%$$

一般认为，田间持水量是土壤保持作物有效水分的上限，因此，相对含水量可以反映土壤水分的有效程度。一般农作物适宜的相对含水量为田间持水量的70%～80%，水分过多过少对作物生长都不利，如果测得土壤实际质量含水量为18%，仅从这一含水量很难确定水分的多少，但如果同时测得该土壤的田间持水量为24%，则相对含水量为75%，就可以判断土壤的实际含水量比较适宜于作物生长。

4. 水层厚度

为了使土壤实际含水量与降雨量、蒸发量进行比较，将一定厚度土层中所含的水分换算成水层厚度来表示，单位多采用 mm。若土层厚度单位为 cm，其换算公式为：

$$\begin{aligned}水层厚度(mm)&=\frac{土层厚度(cm)\times 土壤面积(cm^2)\times 土壤密度\times 质量含水量(\%)}{土壤面积(cm^2)}\times 10\\&=土层厚度(cm)\times 质量含水量(\%)\times 土壤密度\times 10\end{aligned}$$

5. 土壤水分贮量

土壤水分贮量指一定面积一定厚度土层水分的总贮量，可用体积或质量表示，为和灌水量、排水量相一致，多采用 $m^3/666.7\ m^2$ 或 m^3/hm^2(方/公顷)表示，其换算公式为：

$$\begin{aligned}土壤水分贮量(m^3/666.7\ m^2)&=水层厚度(mm)\times 1/1\ 000\times 2\ 000/3(m^2)\\&=2/3\times 水层厚度(mm)\end{aligned}$$

$$\begin{aligned}土壤水分贮量(m^3/hm^2)&=水层厚度(mm)\times 1/1\ 000\times 1\ 000(m^2)\\&=10\times 水层厚度(mm)\end{aligned}$$

在换算时要注意土层厚度、水层厚度和土壤面积的单位。

(二)土壤水分含量的测定

测定土壤水分含量有多种方法，如烘干法、电阻法、中子法、γ射线法、TDR 法等，这里仅介绍常用的烘干法和比较先进的 TDR 法。

1. 烘干法

经典的烘干法是目前国际上沿用的标准方法，其基本的测定过程首先是根据研究的需要，选择有代表性的取样点，确定采样的部位，采集土样；然后将土样放入已知质量 w_0 的铝盒(或最后再称取铝盒的质量)中，迅速盖上盒盖(防止水分散失影响结果的准确性)称重，记为 w_1，

打开盒盖，放在烘箱中，于 105～110℃下烘至恒重(6～8 h 及以上)，称重，记为 w_2；最后用下式计算该土样的质量含水量(θ_m)：

$$\theta_m = \frac{w_1 - w_2}{w_2 - w_0}$$

为减小测定误差，一般应取 3 次以上重复，求平均值。该方法简单、可靠，但存在费时、费力、不能原位测定、不能即时得出结果等不足之处。

为克服经典烘干法费时的缺点，可以采用快速烘干法，如红外线烘干法、微波炉烘干法、酒精燃烧法等，测定时间大大缩短，但仍无法实现土壤水分的原位即时测定。

2. TDR 法

TDR 即时域反射仪(time-domin-reflectometry)，是利用电磁波脉冲测定土壤水分或盐分的一种较为先进的仪器，其系统类似一个短波雷达系统，由一对平行的金属传导杆连接在信号处理装置上构成(图 4-1 上图)。

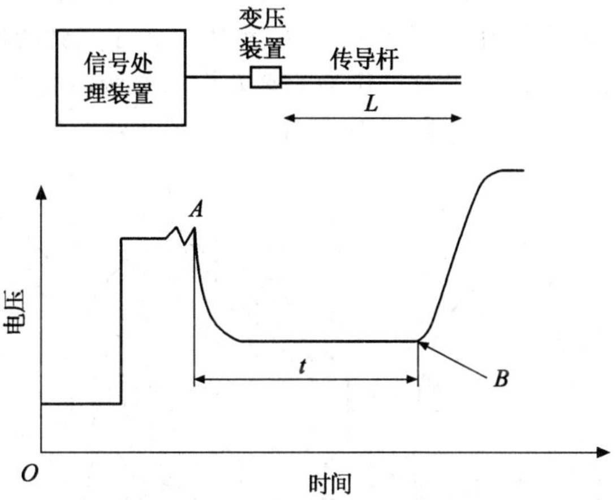

图 4-1　TDR 系统的构成(上)和电磁脉冲的传播时间(下)示意图

测定时，将传导杆插入土壤中，当电磁波脉冲沿传导杆传播时，电磁波信号在传导杆末端反射并返回信号处理装置，信号接收元件可以测量电磁波脉冲发射与返回之间的时间(图 4-1 下图)。对长度为 L 的传导杆而言，时间(t)与信号在土壤中传播的速度(v)呈反比，而传播速度(v)与土壤的介电常数(ε_r)的平方根呈反比，即

$$v = \frac{c}{\sqrt{\varepsilon_r}}$$

式中：c 为电磁波在自由空间中的传播速度(3×10^8 m/s)。电磁脉冲的传播速度(v)可由脉冲信号传播的距离($2L$)与测定的时间求出，进而可以计算出土壤的介电常数，即

$$\varepsilon_r = (ct/2L)^2$$

土壤的介电常数与土壤的容积含水量(θ_V)有密切关系，而受土壤的类型、密度、温度和溶液的电导率等因素的影响较小，因此，可以根据以下经验公式求出土壤的容积含水量：

$$\theta_V = -5.3\times10^{-2}+2.9\times10^{-2}\varepsilon_r-5.5\times10^{-4}\varepsilon_r^2+4.3\times10^{-6}\varepsilon_r^3$$

TDR 法的测量精确度可达 2%，准确度可达 1%，可以方便、快捷、可靠地进行土壤水分的原位测定；另外，TDR 可实现同一地点的土壤水盐含量同时测定，测定结果具有一致性，因此，从 20 世纪 80 年代以来，TDR 法发展很快，国内外都已普遍采用。

二、土壤水分类型与水分常数

（一）土壤水分的类型与性质

土壤中的水分主要来源于大气降水和灌溉。土壤水分与自由水相比，化学组成基本没有差异，但在土壤中的受力状况比自由水复杂。水分进入土壤后，在各种力的作用下，或者保持在土壤中，或者发生深层渗漏或侧向渗漏而流出土体。这些力主要包括 3 种：一是土壤颗粒对水分子的吸附力，它又包括土壤颗粒表面的剩余表面能对水分子的吸附力和土壤胶体表面电荷对极性水分子的静电引力；二是水和空气界面上的弯月面力，即水分在土壤颗粒与颗粒间隙所构成的极细的“毛管”中所产生的毛管力；三是地心引力（重力）。由于受到的作用力的性质、大小和方向不同，土壤水分的存在形态、性质以及对作物的有效性都有所不同。根据土壤水分的受力状况，可以把土壤水分分为吸湿水、膜状水、毛管水和重力水等几种类型（图 4-2）。

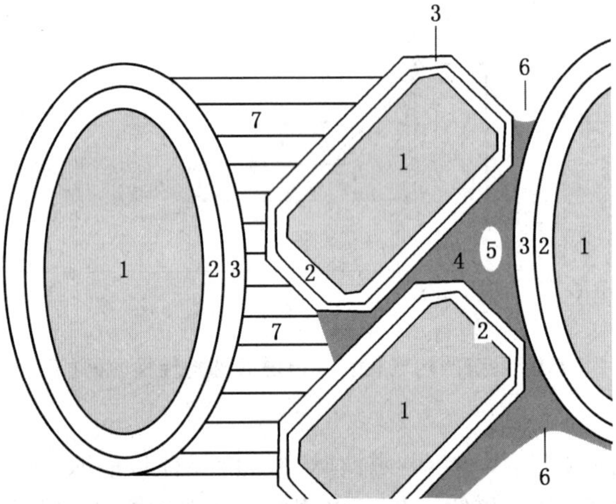

1.土粒　2.吸湿水　3.膜状水　4.毛管水　5.孔隙中的气态水
6.毛管弯月面　7.土壤大孔隙中的重力水

图 4-2　土壤水的形态示意图

1.吸湿水

干燥土壤颗粒表面吸附的气态水分子，称为吸湿水。干燥的土壤颗粒表面具有剩余的自由能（表面分子剩余的分子引力与静电引力等），能吸附空气中的水汽分子，在一定条件下能达到吸附与解吸平衡。土壤具有吸附空气中水汽分子的性质，称为吸湿性。吸湿水的含量称为吸湿量。土壤风干后，其中仍含有一定量的水分，这部分水分就是吸湿水。在土壤分析中，常以烘干土作为基数，因此，要测定风干土吸湿量，以换算为烘干土。

吸湿水以若干水分子层形成的膜包裹在土壤颗粒表面，受到土壤颗粒的吸附力很大，最内层可达 1 000～2 000 MPa，外层约为 3.1 MPa，其密度为 1.2～2.4 g/cm^3，平均为 1.5 g/cm^3，表现出固态水的性质，不能自由移动，没有溶解溶质的能力，冰点可下降到 −7.8℃。由于植物根系的吸水力为 1～2 MPa，平均为 1.5 MPa，小于土壤颗粒对吸湿水的吸附力，因而吸湿水是植物不能吸收利用的无效水分。

土壤吸湿量主要受土壤颗粒比表面和空气相对湿度的影响。土壤质地越细，比表面越大，吸湿量越大；有机质含量越高，吸湿量越大；空气湿度越大，吸湿量也越大。当空气湿度达到饱和时，土壤的吸湿量达到最大，此时的吸湿量叫作最大吸湿量或吸湿系数。

2. 膜状水

当土壤颗粒吸附水汽分子达到饱和时，仍然具有剩余的分子引力，虽然再不能吸附半径较大的气态水分子，但能吸附半径较小的液态水分子。土壤颗粒吸附的液态水分子形成水膜包裹在吸湿水外，这部分水分称为膜状水。膜状水所受的分子引力比吸湿水小，内层与最大吸湿水相连，所受吸力达 3.1 MPa，外层的吸力约为 0.625 MPa，分子引力仍大于常态水。其平均密度为 1.25 g/cm^3，溶解溶质的能力较弱，冰点约为 −4℃；能缓慢地从水膜厚处向薄处移动，速度只有 0.2～0.4 mm/h。

膜状水的含量也取决于土壤的比表面；此外，还受土壤盐分浓度的影响，浓度大时，膜状水的含量增高。膜状水含量达最大量的土壤含水量称为最大分子持水量。最大分子持水量一般相当于最大吸湿量的 2～4 倍。

一般植物根系的吸水力平均为 1.5 MPa，当土壤水分引力大于或等于 1.5 MPa 时，植物一般不能吸收水分，发生永久萎蔫现象（植物叶子萎蔫后，即使放在水汽饱和的空气中，仍不能恢复正常），此时的土壤含水量称为凋萎含水量或凋萎系数或萎蔫系数。萎蔫系数因作物种类、生育时期及土壤质地的不同而不同。一般情况下，土壤质地越细，萎蔫系数越大；质地越粗，萎蔫系数越小。各种作物的萎蔫系数可以通过生物法实际测得，也可以按该土壤的最大吸湿量的 1.5 倍换算求得。

由于膜状水所受的分子引力在 0.625～3.1 MPa 范围内，因此，受土壤分子引力大于 1.5 MPa 的那部分水分，一般植物无法吸收，是无效水；而所受分子引力小于 1.5 MPa 的那部分水分，可被作物吸收利用，是有效水，但由于移动速度很慢，只有与植物根系接触才能被吸收，所以仅有这部分水分不能满足植物生长的需要，植物在利用完这部分水分之前就会萎蔫。

3. 毛管水

当土壤含水量超过最大分子持水量后，土壤中的液态水在毛管力的作用下保持在土壤孔隙里，称为毛管水。土壤颗粒间构成很多孔隙，成为保持水分的“毛管”，当水分与这些孔隙接触时，在固、液、气三相界面上产生弯月面力（毛管力，见图 4-2），弯月面力（P）的大小可用拉普拉斯公式表示：$P=2T/R$，即弯月面力与水的表面张力（T）呈正比，与毛管的半径（R）呈反比。当土壤膜状水含量达最大后，不能被土壤颗粒依靠分子引力吸附的土壤水分就会由毛管力保持在土壤孔隙里。

毛管水所受的毛管力为 0.008～0.625 MPa，远小于一般植物根系的吸水力，因此植物可以全部吸收利用。毛管水受毛管力和重力平衡的影响，既能被土壤毛管孔隙保存，又能在土壤中向各个方向运动，而且运动速度快，在 10～300 mm/h，能迅速供给植物吸收利用。毛管水不但能溶解多种养分，而且能携带养分一起运输到植物根际，供植物吸收利用。因此，对于种植业来说，毛管水是最有效的水分。

土壤毛管水的含量主要决定于土壤质地、结构、土体构造等能影响土壤孔隙状况的因素和地下水的深度等。根据土壤剖面中毛管水的位置和水分的来源,毛管水可以分为毛管悬着水和毛管上升水(图 4-3)。

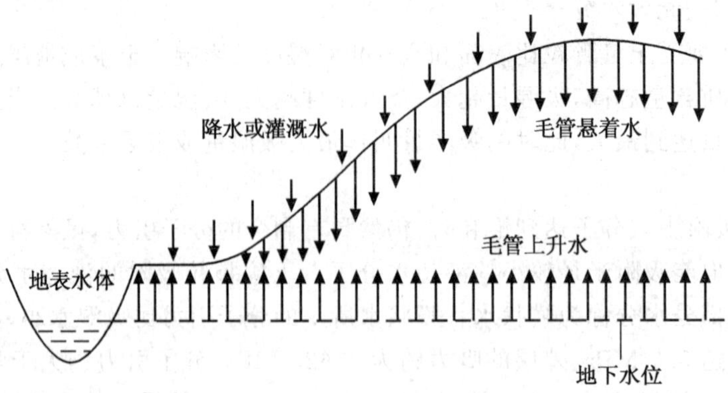

图 4-3 土壤毛管悬着水和上升水示意图

毛管悬着水是指在地形部位较高,地下水位较深的土壤中,借助毛管力保持在上层土壤中的水分。它与地下水面无直接联系,同下部的土层有着明显的湿润分界,好似“悬挂”在上层土壤的毛管孔隙中。在地下水位较深的土壤中,毛管悬着水是植物利用的最主要的水分。土壤毛管悬着水的含量达到最大时的含水量称为田间持水量。随着植物的吸收利用和土面蒸发,毛管悬着水逐渐减少,使毛管孔隙中连续运动的水分发生断裂,此时的土壤含水量称为毛管断裂含水量(毛管水断裂量)。毛管断裂时水分所受的土壤吸力值为 0.04～0.08 MPa,毛管中虽然有水分,但运动速度缓慢,植物根系吸收变得困难,在植物大量需水的时期就会受到一定的影响,因此,毛管断裂含水量又称生长阻滞含水量,其数值一般相当于田间持水量的 70%左右。

毛管上升水是指在地势较低、地下水位较浅的土壤中,地下水借助毛管作用上升到一定高度而保持在土壤中的水分。它与地下水面有直接联系,受地下水位变化的影响。在地势低洼的地区,土壤表面经常保持湿润,就是毛管上升水的作用。在地下水位 1～3 m 的范围内,毛管上升水可以作为植物生长的主要水分。土壤中毛管上升水的数量达到最大时的土壤含水量称为毛管持水量。

土壤田间持水量在水位深的情况下是毛管悬着水达最大时的土壤含水量,而在地下水位较浅时,则接近于毛管持水量。所以,田间持水量实际上就是在自然状态下,土壤所有孔隙都充满水,经过一段时间排完重力水后,土壤所能保持的最大含水量。土壤含水量达田间持水量时,所有的毛管孔隙中都充满水,从数值上包括吸湿水、膜状水和毛管水的总和,它的大小反映土壤保持水分的能力,是土壤保持最大量有效水分时的土壤含水量,常用来确定灌水定额,在农业生产中具有重要意义。

4. 重力水

土壤含水量达到田间持水量后,多余的水分不能被毛管力保持在土壤孔隙中,在重力的作用下沿非毛管孔隙向下运动,这部分水分称为重力水。土壤所有孔隙都充满水时的土壤含水量称饱和含水量或全持水量。土壤达到饱和含水量时,所有的非毛管孔隙已充满重力水。重力水与土壤颗粒表面的引力已接近零,虽然能被植物吸收,但在一般土壤中会很快渗漏到根层以下，不能持续为植物利用，因此对旱地作物用处不大；并且，过多的重力水不仅是水分的浪费，还会造成养分的流失(可溶性养分随水流走)或形成内涝(长期积水致使通气不良)。所以农业生产中应尽量避免大水漫灌。

(二)土壤水分常数与有效性

1. 土壤水分常数

干燥的土壤开始以分子引力吸持水汽分子和液态水分子，然后以毛管力吸持水分，直至完全饱和，在这一过程中，土壤对水分子的引力从土壤颗粒表面最内层吸湿水的 1 000～2 000 MPa，到完全饱和时降到 0。由于受到的作用力不同，土壤水分的性质和形态也不同，不同性质和形态的水分之间存在一定的界线，这是水分受力由量变引起质变的标志，这些分界线所对应的土壤水分含量称为土壤水分常数。如土壤最大吸湿水量、萎蔫系数、最大分子持水量、毛管断裂含水量、田间持水量、毛管持水量、全持水量等，都是水分常数。对于某一具体土壤而言，土壤水分常数都应该有一个固定的值，但由于土壤组成和性质的复杂性，以及测定条件和测定方法的差异，使土壤水分常数的值并不是一个完全准确的常数值，而是一个比较固定的数值范围。

2. 土壤水分的有效性

土壤水分的有效性是指土壤水分能否被植物吸收利用以及其难易程度。土壤中不能被植物直接吸收利用的水称为“无效水”，能被植物直接吸收利用的水称为“有效水”。土壤无效水虽然不能被植物直接吸收利用，但也是土壤水分的重要组成部分，是有效水能被作物吸收利用的基础。一般把萎蔫系数作为土壤有效水的下限含水量，当土壤含水量低于萎蔫系数时，土壤水分为无效水，植物会因吸收不到水分而萎蔫。一般把田间持水量作为土壤有效水的上限含水量，因此，可以根据萎蔫系数、田间持水量、土壤的自然含水量推算土壤有效水的最大含量和实际含量。

土壤有效水的最大含量(%)＝田间持水量(%)－萎蔫系数(%)

土壤有效水的实际含量(%)＝土壤自然含水量(%)－萎蔫系数(%)

土壤有效水的最大含量受土壤因素和作物因素的影响。如果作物的根系吸水力强，在同等条件下，最大有效水含量的范围加大，所以选用根系优良的作物品种，培育健壮的根系，对于增强作物的抗旱性，提高土壤水分的利用率有重要意义。不同质地的土壤，有效水的最大含量不同(表 4-1)。沙质土萎蔫系数的值较低，但保持的水分少(田间持水量低)；黏质土虽然保持的水分多，但萎蔫系数高；而壤质土保持的水分量多，无效水的量又较少，所以壤质土最大有效水含量往往最多。

表 4-1 土壤质地与有效水含量的关系 %

土壤质地	沙土	沙壤土	轻壤土	中壤土	重壤土	黏土
田间持水量	12	18	22	24	26	30
萎蔫系数	3	5	6	9	11	15
有效水最大含量	9	13	16	15	15	15

(引自黄昌勇《土壤学》,2000)

在土壤有效水范围内，不同形态水分由于所受土壤的作用力不同，与植物根系吸水力的对比关系不同，因此，对植物的有效程度不同。根据水分被植物吸收的难易程度可以分为速效水（易效水）和迟效水（难效水）。不同土壤水分形态与土壤水分常数、土壤对水的吸力以及有效性之间的关系如图 4-4 所示。在田间持水量至毛管水断裂量之间，水分所受土壤的吸力小，水分运动速度快，植物吸收容易，所以这部分水分是速效水；当土壤含水量低于毛管水断裂量时，水分所受的吸力增加，土壤毛管孔隙中的水分已不再呈连续状态，水分运动缓慢，植物吸收较为困难，因此，这部分水分是迟效水。

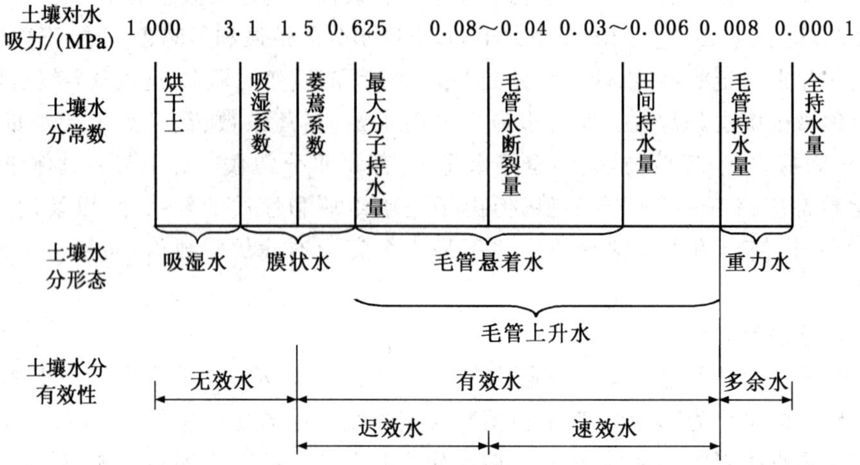

图 4-4 土壤水分形态与土壤水分常数、能量和有效性的关系

三、土壤水分能量状态

传统的物理学认为，自然界任何物体都具有不同形式和数量的能量，能量通常分为动能和势能。土壤水的能量状态就是指土壤中的水分受到各种力的作用后，自由能的变化状态。土壤水的运动速度很小，其动能可以忽略不计，因而土壤水的能量主要表现为由位置和内部状况不同所产生的势能。自然界的物体总是由势能高处向低处运动，在这个运动过程中，物体要做功。物体做功后，自由能（用来做有用功的能量）要降低。土壤水分的运动也主要是由土壤中不同部位水分势能的差异驱动的，土壤水分总是由势能高处向低处运动；土壤水分运动后，其自由能也要降低。为了研究土壤水分的能量状态，引入了"土壤水势"的概念，简称土水势（soil water potential）。

（一）土水势的概念

国际土壤学会术语委员会给出的土水势定义为：单位数量纯水可逆地等温地无限小量从标准大气压下规定水平的水池移至土壤中某一地点（成为土壤水）所必须做的功。这个定义只是为我们提供了一个概念上的认识，表明土水势不是土壤水分所具有的绝对势能值，而是一个以标准状态纯自由水作参比的相对值，"标准参比状态"通常是假定的标准大气压下，与土壤水分温度相同的给定高度的水池中的纯自由水。标准状态下纯自由水的势能值通常假定为零，由于土壤水在各种力场(土壤的吸附力、毛管力,自由水面的静水压力,溶质对土壤水分的作用力,外界的气压、重力等)作用下,其势能要比纯自由水的势能低,因而一般情况下土水势的值为负值,这个负值的绝对值越大,土壤水的能量水平越低,绝对值越小,土壤水的能量水平就越大,即土壤水的势能越接近纯自由水的势能。土水势通常用字母 Ψ 表示。

使用土水势的优点在于,第一,作为表征土壤水分存在状态的统一的标准。在引入土水势之前,研究土壤水分采用形态分类法和数量法,无法克服不同形态水分之间界限不清和对水分运动精确定量的问题。利用土水势研究土壤水分,不同土壤间或不同土层间土壤水分可以同样的能量状态进行比较。第二,可以在土壤—植物—大气统一体(SPAC)中统一应用,以比较土壤、根系、叶子和大气中的水势,判断水分的运动方向以及有效性。第三,对土壤水分研究提供某些更为精确快捷的测定手段。

(二)土水势的分势

土水势是由于土壤水受各种力场的作用引起的,根据影响土水势的各种因素,一般可将土水势分为基质势、压力势、溶质势和重力势等。

1. 基质势

基质势(matric potential,Ψ_m)是由于土壤固相颗粒(基质)对土壤水分的吸附力和毛管力造成的土水势的变化。在水分不饱和的土壤中,水分受到土壤颗粒的吸附力和孔隙的毛管力的作用,自由能降低,其水势低于参比标准下的水势(其数值为零),所以,基质势总是负值。基质势与土壤含水量密切相关,土壤含水量越小,基质势越小(即基质势的绝对值越大);土壤含水量越大,基质势越大(即基质势的绝对值越小);当土壤水分达到饱和时,土壤的基质势为零。

2. 压力势

压力势(pressure potential,Ψ_p)是由于土壤水在饱和状态下承受静水压力而引起的水势的变化。在不饱和土壤中,土壤水与自由水面一样,都承受大气压,因而压力势与自由水面一样都为零。在水分饱和的土壤中,水分在土壤孔隙中形成完全连续的水体,在土壤表面的水与自由水面一样,压力势为零;在土壤表面以下的水分除受大气压外,还受到上部水体的静水压力,压力势大于参比标准下的压力势,因而压力势为正值。压力势大小与水分所处的位置有关,土壤水的位置越深,压力势越大。土壤水的压力势用公式表示为:

$$\Psi_p = \rho_w Vgh$$

式中:ρ_w 为水的密度;V 为土壤水的体积;g 为重力加速度;h 为土壤水距表层水面的垂直距离。

3. 溶质势

溶质势(solute potential,Ψ_s)是由于土壤中溶解的溶质引起的土水势的变化。土壤中的溶质在土壤水中溶解成为离子,对土壤水分具有一定的吸持能力,降低了土壤水分的自由能,所以溶质势为负值,其数值等于土壤溶液的渗透压,但符号为负,所以溶质势也称为渗透势(osmotic potential)。渗透势的大小与土壤中溶质的数量有关,溶质越多,溶质势越低。由于土壤溶液可以认为是均匀一致的,所以溶质势对土壤水分的运动基本没有作用,但对于植物根系吸水有重要影响,如在盐碱土中,由于土壤溶液中盐分的浓度高,溶质势低,造成植物根系吸水困难，往往导致植物缺水死亡。

4. 重力势

重力势(gravitational potential，Ψ_g)是由于土壤水分位置不同导致所受的重力不同引起的水势的变化。重力势的大小与土壤水的性质无关，只与所选的参比面的位置有关，一般以地下水面作为参比面(重力势为零)，水分在参比面以上时，重力势为正值；水分在参比面以下时，重力势为负值。用公式表示为：

$$\Psi_g = \pm Mgz$$

式中：M 为土壤水的质量；g 为重力加速度；z 为土壤水距参比面的垂直距离，当土壤水分在参比面以下时取负号，在参比面以上时取正号。

土壤的土水势(总水势，Ψ_t)就是各个分势的和，用数学式表达为：

$$\Psi_t = \Psi_m + \Psi_p + \Psi_s + \Psi_g$$

土水势的各个分势并不是在任何情况下都存在。如在土壤水分不饱和的情况下，Ψ_p 等于 0；在土壤水分饱和的情况下，Ψ_m 等于 0；在盐碱土中，考虑计算 Ψ_s 值，而一般情况下不考虑 Ψ_s 的影响；只有 Ψ_g 在参比面以外都存在。

(三)土水势的定量表示

土水势可以用单位数量(单位质量、容积或重量)土壤水的势能来定量表示。由土壤水分压力势公式 $\Psi_p = \rho_w Vgh$，可以推导出单位质量、单位容积和单位重量的土壤水分的压力势分别为 gh，$\rho_w gh$ 和 gh。由土壤水分的重力势公式 $\Psi_g = \pm Mgz$，可以推导出单位质量、单位容积和单位重量的土壤水分的压力势分别为 $\pm gz$，$\pm \rho_w gz$ 和 $\pm gz$。

单位容积土水势用压力的单位帕(Pa)、千帕(kPa)或兆帕(MPa)表示，习惯上也用巴(bar)和大气压(atm)表示。单位重量土水势用相当于一定压力的水柱高度(厘米水柱，cmH_2O)来表示。不同单位之间的换算关系为：

1 Pa＝0.010 2 cmH_2O

1 atm＝1 033 cmH_2O ＝1.013 3 bar

1 bar＝0.989 6 atm＝1 020 cmH_2O

如同用 pH 表示溶液氢离子浓度一样，用厘米水柱的对数来表示土水势，称 pF，可以用较小的数字表示很宽的土水势范围。如土水势为－1 大气压时，pF 值约为 3.01。土壤达到最大吸湿量时对应的土水势为－3.1 MPa，用 pF 表示约为 4.5。

(四)土壤水吸力

土壤水吸力(soil water suction)是指土壤水在承受一定吸力的情况下所处的能态，简称吸力。其意义并不是指土壤对水的有一定大小和方向的具体吸力，而是表示在各种因素作用下土壤水的能态，与土水势的意义一致。但因为土壤水吸力为正值，所以使用时更方便。在土水势各个分势中，只有土壤基质势和溶质势可用吸力表示，分别称为基质吸力(matric suction)和溶质吸力(solute suction)。一般土壤中溶质势对土壤水分运动的影响可忽略，所以，土壤水吸力一般是指基质吸力。用土壤水吸力判断土壤水分的运动方向时，水分总是由吸力小处向吸力大处运动。

（五）土水势的测定

土水势的测定方法很多，主要有张力计法（又称负压计法）、压力膜法、水汽压法（又称吸湿法）、冰点下降法、沙型漏斗法（又称毛管计法）等。由于测定原理不同，测定的土水势范围也不同。如水汽压法可测定吸湿水对应的土水势，沙型漏斗法可测定饱和含水量至毛管断裂量间对应的土水势，张力计法测定土壤水分吸力低于 8.5×10^4 Pa 的土壤基质势，压力膜法可测定的土水势范围为 0.01～2.0 MPa。若要测定从吸湿水到饱和含水量间的土水势，应选择不同的测定方法配合使用。

1. 张力计法

张力计法用来测定土壤水分的基质势。张力计（tensiometer）由陶土管、贮水管、塞子和负压表（或水银压力表）构成（图 4-5）。陶土管与贮水管紧密地连接为一体，压力表连接在贮水管上。陶土管上分布着无数 1～1.5 μm 的细孔，在一定压力下，水能通过，但空气不能通过。测定时，在贮水管中充满纯水，密封后插入土壤的待测深度，使陶土管与周围土壤紧密结合，陶土管中水分与周围土壤的水分相连。由于土壤水分含量少，土壤基质势低，陶土管内水分进入土壤，管内水分减少而产生负压室，负压的大小由负压表或水银压力表读出。当管内水分与土壤水分达到平衡时，负压室的负压就是土壤水分基质势。

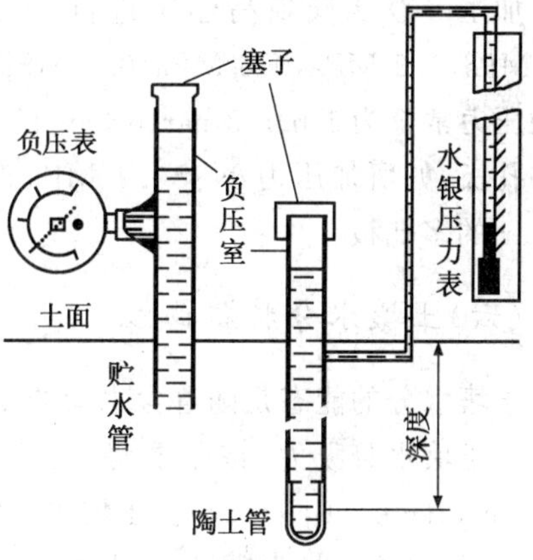

图 4-5　张力计结构示意图

由于陶土管孔径在小于 0.85 atm 下才能保证水分通过而空气不能通过的性能，超过这个压力，空气就进入到陶土管内，所以，张力计法只能测定高于（土壤水分吸力低于）8.5×10^4 Pa 的土壤基质势。植物能吸收的土壤水分所对应的土水势都在张力计的测定范围内，所以张力计法常用在确定田间灌溉的开始点和监测土壤水分的动态变化等方面。

2. 压力膜法

压力膜法测定土水势的原理与张力计法稍有不同，张力计测定的是贮水管内与土壤水分达平衡时负压室内的负压，而压力膜法是给土样施加一定的压力，把“多余”的水分赶出土壤，土壤所能保持的水分的土水势与所施加的压力数值相等。

压力膜仪主要由压力源、压力室和出口等 3 部分构成（图 4-6），压力源是通过空气压缩机或压缩气瓶提供压缩气体，通过压力表调节压力，向加压室施加所需的压力。压力室外壳为上下可开闭的抗高压的钢室，中间装配陶土制成的多孔板（压力膜），在一定压力下能透过水分，而不能透过空气。多孔板把压力室分为上面的加压室和下面的常压室。出口连接在常压室中，与大气相连。测定时，将待测土样（原状土或扰动土）置于环刀中，浸水达饱和后，置于加压室中，密封，通入压缩气体，使加压室保持一定的气压 p，土壤中吸力低于该气压的土壤水分，通过多孔板被“压”入常压室，通过出口排到室外。待土壤中保持的水分达到平衡后（一般需

48 h 以上)，测定土样的含水量，即为该压力(土壤水分吸力)下土壤的含水量。每次调节加压室的气压 p，可以得到多组土壤水分吸力与对应土壤含水量的数值。

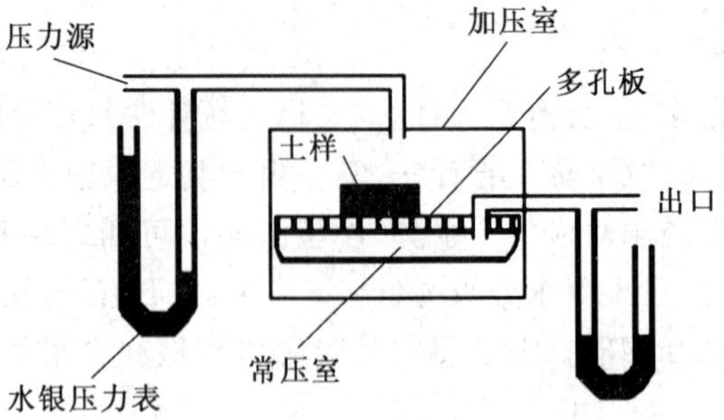

图 4-6　压力膜仪的结构示意图

加压一般从低到高逐次进行，如可按 0.02 MPa，0.04 MPa，0.06 MPa，0.08 MPa，0.1 MPa，0.3 MPa，0.6 MPa，0.8 MPa，1.0 MPa，1.5 MPa 的顺序加压。多孔板根据所能承受的压力常分为 1 bar、3 bar、6 bar、15 bar 等几种，在测定过程中要根据所加的压力更换适宜的多孔板，如所加压力小于 0.1 MPa 时，选用 1 bar 的多孔板；所加压力大于 6 bar 时，选用 15 bar 的多孔板。

(六)土壤水分特征曲线

土壤水分的能态是随着含水量的变化而变化的，不同的土壤水分能态对应不同的土壤含水量。土壤水分吸力(或基质势)与土壤含水量间的关系曲线称为土壤水分特征曲线(soil water characteristic curve)。土壤水分特征曲线通常是用实验方法测定不同吸力下土壤的含水量，然后以含水量为横坐标，以土壤水分吸力为纵坐标绘制出来(图 4-7)。运用土壤水分特征曲线可以根据土壤含水量查出土壤水分吸力，也可以根据土壤水分吸力查出土壤含水量。

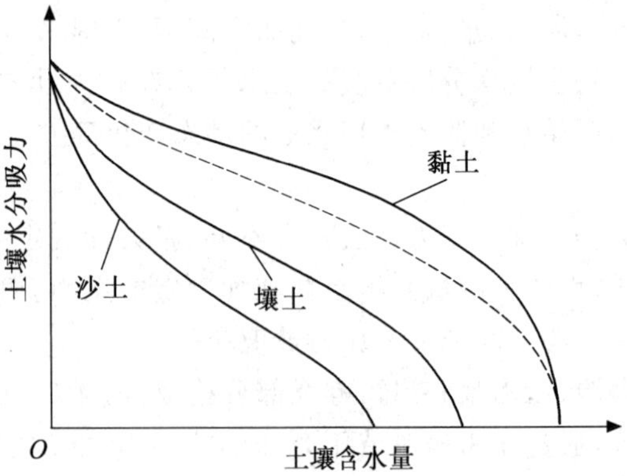

图 4-7　几种不同质地的土壤水分特征曲线示意图

不同的土壤，土壤水分特征曲线的形状不同，为了分析和应用的方便，通常根据实验测定的多组土壤水分吸力和土壤含水量的数值进行曲线拟合，以函数式的形式表示土壤水分吸力与土壤含水量间的对应关系。常用的经验公式有以下几种：

$$\Psi=a(f-\theta)^{b}/\theta^{c}$$

$$(\theta-\theta_{r})/(\theta_{m}-\theta_{r})=(\Psi_{e}/\Psi)^{\lambda}$$

$$\Psi=a\theta^{-b}$$

$$\theta_{e}=[1+(a|\Psi|)^{n}]^{-m}$$

式中：Ψ 为基质吸力或基质势；f 为孔隙度；θ 为容积含水量；θ_r 为剩余含水量（在很大的吸力下保存在微小孔隙中而不能排出的水分含量）；θ_m 为最大含水量（饱和含水量或接近饱和含水量）；Ψ_e 为进气吸力（当土壤水分饱和时，施加很小的吸力可能没有水排出，当有水排出的吸力值即为进气吸力，也称进气值）；θ_e（进气含水量）；a、b、c、n、m、λ 分别为相应的经验系数。

土壤水分特征曲线主要受土壤质地、结构、温度和水分变化过程的影响。不同质地的土壤，水分特征曲线有较大的差异（见图 4-7）。沙土的土壤孔隙度小，而且大孔隙多，细孔隙少，持水量少，在较低的吸力范围下，大孔隙中的水分就排出，含水量迅速减少，所以在较低吸力范围内，土壤水分特征曲线比较平缓，而在较高吸力范围内，比较陡直；黏土的孔隙度大，大孔隙少，各级细孔隙多，持水总量大，随着吸力的提高，各级孔隙中的水分逐渐排出，含水量逐渐减少。在土壤水分吸力相同时，沙土的水分含量低于黏土，而在土壤水分含量相同时，沙土的水分吸力低于黏土。

土壤水分特征曲线受土壤结构的影响，如压实的土壤与原状土壤相比，由于大孔隙被破坏，部分大孔隙变为中孔隙或小孔隙，总孔隙度也减少，所以饱和含水量减少，而且在较低吸力范围内，随着吸力的提高，水分排出量少；而很细的孔隙没受到压实的影响，所以在较高吸力范围内，土壤水分特征曲线又重合（图 4-8）。

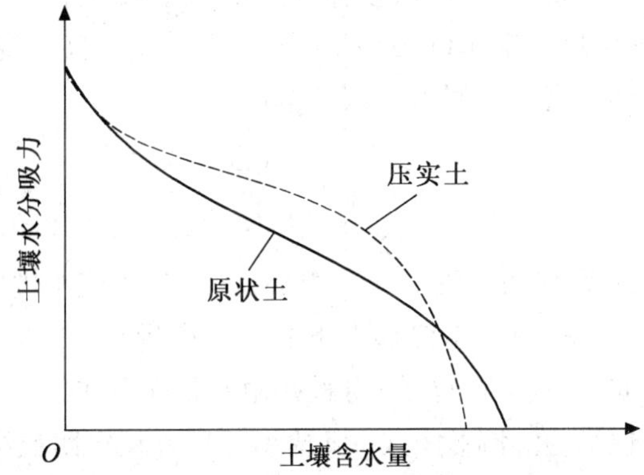

图 4-8　土壤结构对土壤水分特征曲线的影响示意图

温度对土壤水分特征曲线的影响主要是由于温度影响水的表面张力和黏滞性，当温度升高时，水的表面张力和黏滞性减小，土壤水分吸力降低，土水势增高，所以在同一含水量下，温度高时，土壤水分吸力较低，温度低时，土壤水分吸力较低；或者在同一土壤水分吸力下，温度升高，土壤含水量减少，温度降低，土壤含水量增加。

土壤由湿变干和由干变湿的过程不同，土壤水分特征曲线也不同。图 4-8 中虚线是吸水过程的土壤水分特征曲线，而相应的实线为脱水过程的土壤水分特征曲线，两条曲线并不完全重合，这种现象称为滞后现象（hysteresis）。滞后现象的产生可能是由于土壤的胀缩性和土壤孔隙的性质(如存在封闭孔隙、孔隙的不规则性等)所致。

土壤水分特征曲线在土壤水分运动和保持研究中具有重要的实用价值。首先,可以进行土壤水分吸力(或基质势)与土壤含水量间的换算。如,利用张力计监测土壤水分吸力的动态变化,换算出灌溉的初始含水量,计算灌水定额。其次,可以间接反映土壤孔隙的分布状况。由土壤水分吸力可以换算为土壤孔隙的当量孔径,由不同吸力间土壤水分含量的变化可以分析不同大小的孔隙分布状况。第三,可以用来帮助分析土壤的持水性,水分的有效性。如不同质地土壤含水量相同时,土壤水分吸力差异较大,一般沙土的水分有效性较高,而黏土的水分有效性较低。第四,是应用数学物理方法研究土壤水分运动时的重要参数。如土壤水分特征曲线的斜率(C_0,定义为比水容量)是计算水力扩散的重要参数。

四、土壤水运动及田间循环

(一)土壤水分的运动

土壤水分的运动包括液态水运动和水汽(气态水)运动,液态水运动又分为饱和流动和非饱和流运动两种。

1.土壤水分的饱和流动

土壤中所有孔隙始终充满水时的水分运动称为饱和流动。在水分饱和时土水势主要为重力势和压力势,所以重力势和压力势梯度是水分饱和流动的主要推动力。在生产实际中,有几种情况属于土壤水分饱和流动,如大量持续灌水或降水,造成土壤饱和,表层积水,土壤水分的流动是在重力势和压力势推动下的饱和流动;泉水沿孔隙向上涌出,是向上的饱和流动;水体向下渗水,属于向下的饱和流动,而水库沿坝体向周围的渗水属于水平饱和流动。

土壤水分饱和流动遵循达西定律(Darcy's law),即单位时间内通过单位面积土壤的水量(土壤水通量)与土水势梯度呈正比,用公式表示为:

$$q=-K_s\frac{\Delta H}{L}$$

式中:q 为土壤水通量;ΔH 为饱和水流两端土水势差;L 为水流两端的直线长度;$\Delta H/L$ 为水势梯度;K_s 为土壤饱和导水率(单位水势梯度下的水流通量)。

土壤饱和导水率 K_s 的大小受质地、结构和孔隙状况的影响。一般情况下,质地越粗,孔隙越大,K_s 值越大;质地越细,孔隙越小,K_s 值越小。具有稳定团粒结构的土壤比不稳定团粒结构的土壤 K_s 值大。土壤饱和导水率反映土壤水分饱和时的渗透性能,是设计水渠、排水沟,制定灌溉制度的重要参数。具有适当的饱和导水率有利于灌水和降水及时渗入土壤,避免产生大的地表径流,造成土壤和养分的流失。稻田保持每日 10～15 mm 的饱和导水率,有得于调节土壤的氧化还原电位,排出毒性物质,减少对水稻根系的毒害。

2.土壤水分的非饱和流动

土壤中部分孔隙充满水时的水分运动称为非饱和流动。在土壤水分不饱和的情况下,土水势主要是基质势和重力势,而重力势对水分运动的影响较小,所以,土壤水分非饱和流动的推动力主要是基质势。在土壤中只含吸湿水和膜状水的时候,水分由吸附力低处(水膜厚处)向吸附力高处(水膜薄处)运动;而土壤中的毛管水则由毛管力低处(毛管弯月面曲率半径大处)向毛管力高处(毛管弯月面曲率半径小处)运动。

土壤水分非饱和流动也可以用达西定律来描述,一维垂直方向非饱和流动的表达式为:

$$q=-K(\Psi_{\mathrm{m}})\frac{\mathrm{d}\Psi}{\mathrm{d}x}$$

式中:$K(\Psi_{\mathrm{m}})$为非饱和导水率;$\mathrm{d}\Psi/\mathrm{d}x$ 为非饱和水流两端总水势梯度。

土壤非饱和导水率不是一个常数,而是基质势 Ψ_{m}(或含水量)的函数。在土水势较高时,土壤水分含量大,孔隙被水分占据的比例大,非饱和导水率高;土水势较低时,土壤含水量小,孔隙被水分占据的比例小,非饱和导水率低。土壤非饱和导水率和饱和导水率一样,也受质地和孔隙状况的影响,只是在不同的土水势范围趋势不同,在土水势较高时,沙质土非饱和导水率比黏土高,而在土水势较低时趋势相反,这是因为在一定土水势下,黏质土中充水孔隙比沙质土多,土壤水分的连续性好,运动速度相对较大的缘故。

在土壤非饱和流动中,毛管水的运动对土层中水分的再分配、水分向植物根际运动、表层土壤水分的蒸发都有重要作用。

3.气态水运动

土壤中的气态水来源于土壤中液态水的汽化和大气中的气态水的补充,一般存在于土壤通气孔隙(非毛管孔隙)中,是土壤空气的组成部分,其运动表现为两种现象:水汽扩散和水汽凝结。

土壤中水汽扩散遵循一般气体的扩散规律,即水汽的扩散量与水汽压梯度呈正比,用公式表示为:

$$q_v=-D_v\frac{\mathrm{d}p_v}{\mathrm{d}x}$$

式中:q_v 为水汽扩散量(水汽通量);D_v 为水汽扩散系数(单位时间单位水汽压梯度下,通过单位面积的水汽扩散量);$\mathrm{d}p_v/\mathrm{d}x$ 为水汽压梯度(单位距离水汽压差)。负号表示水汽向水汽压减小的方向运动。

在水汽压梯度的推动下,水汽由水汽压高处向低处扩散,而水汽压梯度由土水势梯度和温度梯度所决定,当土壤中温度相同时,土水势高处水汽压大,水汽由湿度大处向湿度小处运动;当湿度相同时,温度高处水汽压大,水汽由温度高处向低处运动。一般土壤的含水量最少也高于最大吸湿量,而且土壤孔隙多呈封闭状态,因此,土壤中水的水汽经常处于饱和状态,其运动主要受温度变化的影响。

土壤的温度受气温的影响,随着昼夜和季节气温的变化,土壤上下层温度产生明显差异,水汽压也随之发生变化,引起土壤水汽的运动。在夏、秋季节,天气晴朗时,昼夜温差较大的情况下,夜间表土温度低,含水量小,而下层土壤温度高,水汽压大,引起水汽向表土层运动,并在温度较低的地表凝结,形成凌晨的露水,使表土潮湿,这种现象称“夜潮”现象,在干旱地区一昼夜能增加 4～8 mm 水分,对缓解干旱的危害有很大的作用。冬季土壤表层冻结,水汽压急剧下降,下层土壤水汽不断向冻层运动、冻结,使表层土壤含水量不断增加,这种现象称为“冻后聚墒”。通过冻后聚墒能使上层土壤水分增加 2%～4%,对于缓解春旱、及时春播提供了必要条件。

土壤水分以气态的形式由土表扩散到大气而损失的过程称为土面蒸发。土面蒸发是土壤水分损失的最主要途径之一,是田间水分循环的重要内容。

(二)田间水分的循环

大气降水或灌溉水进入地面后,一部分可能形成地表径流汇入地表水体;另一部分则经过入渗过程,成为土壤水。土壤水在土水势梯度和水汽压梯度的作用下进行再分布,一部分可能进一步下渗,成为地下水;一部分被作物吸收利用;一部分经作物叶面蒸腾作用和土面蒸发散失到大气中,成为大气水;还有一部分可能在较长时间内保存在土壤中,并且也始终处在不停的运动之中,但最终也必然参与自然界的水循环。因此,田间土壤水分循环是自然界水分循环的重要组成部分。了解土壤水分循环的途径和规律,对于进行田间土壤水分管理有一定的指导意义。

1.水分的入渗

入渗过程是指外界水分渗入土壤的过程,一般是指地表水垂直向下渗入土壤的过程,沟灌时水分的侧渗过程和地下灌溉时水分向上的过程也是入渗过程。

入渗过程主要由两方面因素决定:供水速率和土壤的入渗能力。当供水速率小于土壤的入渗能力时(如微喷灌、滴灌或低强度降雨等),进入地面的水分迅速被土壤吸收,水分入渗的多少主要取决于供水速率的大小;当供水速率大于土壤的入渗能力时(如大量灌水或高强度降雨等),土壤表面形成积水层,水分入渗的快慢主要取决于土壤入渗能力的大小。

土壤的入渗能力是指土壤对外界水分的吸收能力,主要由土壤的干湿程度和孔隙状况所决定,如干燥的土壤、质地粗的土壤和有良好结构的土壤比湿润的土壤、质地细的土壤和无结构的土壤入渗能力强。土壤入渗能力的强弱通常用入渗速率表示,即单位时间吸收水分的厚度,单位是 mm/s 或 cm/d;也可以用累积入渗量,即单位时间单位面积土壤入渗的水量表示。入渗开始后,土壤初始入渗速率会因土壤的干湿程度不同而不同,但都会随时间的延长而逐渐减小,最后达到一个比较稳定的数值(图 4-9),这个稳定的入渗速率称为透水率或渗透系数,常用来表示土壤渗水能力的强弱。

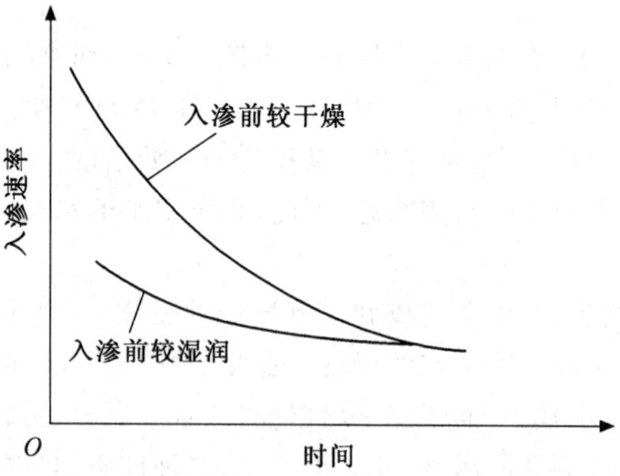

图 4-9 土壤入渗速率随时间变化示意图

水分在土壤中入渗时,从表层向下形成一个土壤水分剖面(图 4-10),表土可能有一个不太厚的饱和层(有时可能没有),此层之下是一个接近饱和的延伸层或过渡层,下面紧接着是一层厚度不大的湿润层，湿润层与延伸层相比，含水量迅速降低。湿润层的前缘就是湿润锋。在入渗过程中，湿润锋不断向前推进，逐渐入渗到土壤的深处。

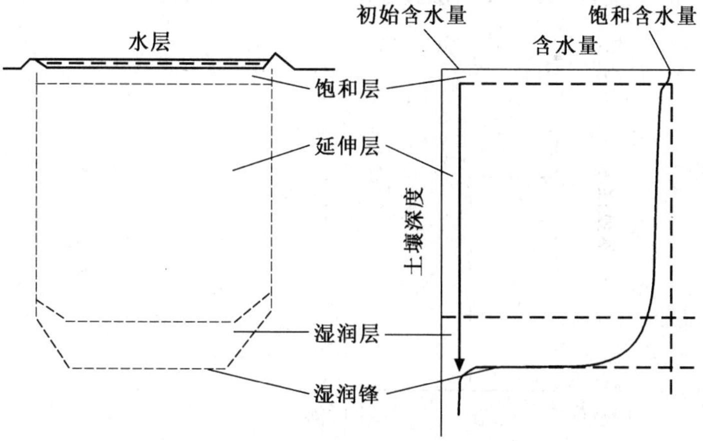

左为土壤水分剖面示意图，右为土壤含水量随深度变化示意图

图 4-10　入渗土壤水分剖面

（引自 Bodman，1944）

入渗过程持续的长短与变化快慢，对降水或灌水渗入土壤的数量和地表径流产生的数量比例有重要影响，在山地、丘陵和坡地上，如果土壤入渗速率太小，在降雨强度较大时，易造成水土流失。

2. 土壤水分的再分布

在降雨或地面灌溉结束，地面的水层消失后，入渗过程也随之结束，但入渗土壤中的水分在重力、吸力梯度和温度梯度的作用下继续运动。水分在土壤剖面的不停运动，使土壤中水分进行重新分配的过程称为土壤水的再分布。土壤水分再分布的推动力仍然是土水势梯度，在土水势梯度的作用下，水分由供水开始的层次（对地面灌溉而言即为土壤上部的层次）向水势较低的层次运动，这个过程持续时间很长，有时达 1～2 年时间或更长，不过土壤水分再分布的速率也随着时间的推移而减慢。土壤水分再分布的结果是使土壤剖面各点间土水势梯度减小，对于质地均一的土壤而言，经过土壤水分的再分布，各层次土壤含水量逐渐均匀。土壤水分再分布对于提高灌溉的质量和效果，满足不同层次植物根系对土壤水分的需求，具有重要意义。

3. 土面蒸发

土面蒸发是土壤中气态水扩散运动的结果，是造成土壤水分损失的主要的途径。土面蒸发的形成需要具备两方面的基本条件：一是大气蒸发能力，包括辐射、气温、湿度、风速等因素，是形成蒸发的外部条件，决定着土面蒸发过程中用于蒸发水分的能量；二是土壤供水能力，包括土壤含水量、土壤导水率等因素，是土壤向地表输送水分的能力。土面蒸发作用的强弱通常以蒸发强度，即单位时间单位土壤表面上蒸发的水量来表示。土面蒸发强度的大小主要取决于大气蒸发力和土壤供水能力的大小，在土壤供水能力相同时，大气蒸发能力越大，蒸发强度越大，反之，蒸发强度越小。一般沙土蒸发快，黏土蒸发慢；孔隙大、坷垃多的土壤水分蒸发快，结构好、孔隙小的土壤水分蒸发慢。当土壤供水充足时，由大气蒸发能力决定的最大可能蒸发强度称为潜在蒸发强度。

对于水分饱和的土壤，土面蒸发一般经过具有明显不同特点的3个阶段(图4-11)。

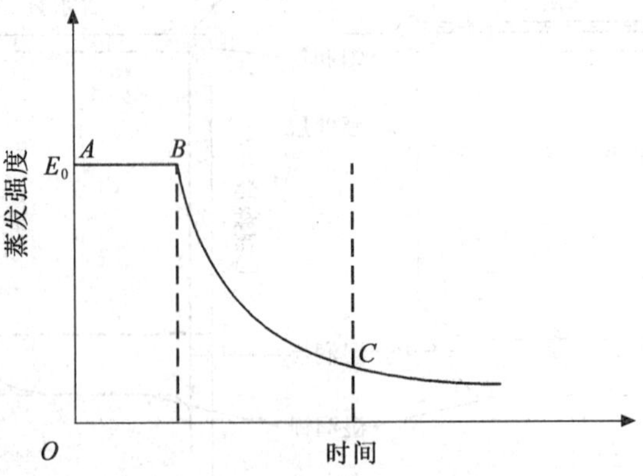

图4-11　土面蒸发3阶段示意图

第一，大气蒸发能力控制阶段：当灌溉或降水停止后，土壤从表层到一定深度范围内水分达到或接近饱和状态，尽管表土层含水率在逐渐降低，但在含水量大于某一临界值时，土壤下层的水分仍能不断向上运动，补充地表由于土面蒸发造成的水分损失，地表处的水汽压仍维持或接近于饱和水汽压，在外界气象条件基本稳定的情况下，水汽压的梯度基本上无变化，蒸发强度与自由水面的蒸发强度 E_0 相似，主要受大气蒸发能力的决定，而不会随土壤含水量的变化而变化，所以这个阶段又称为稳定蒸发阶段，如图4-11*AB*所示。这个阶段持续的时间不长，一般只有几天，当土壤含水量小于临界含水量时，土面蒸发进入下个阶段。临界土壤含水量与土壤的性质以及大气蒸发能力有关。一般认为临界土壤含水量相当于毛管断裂含水量，或田间持水量的50%～70%。在大气蒸发能力控制阶段，土壤水分以很大的蒸发强度通过土面蒸发持续散失，水量损失很大，因此，在降雨或灌溉后，要及时进行中耕或地面覆盖，以减少土壤水分的大量损失。

第二，土壤导水率控制阶段：随着土壤水分的不断蒸发，土壤含水量逐渐减小，土壤导水率也不断减小，当土壤含水量低于临界含水量时，下层土壤向表层输送的水分减少到已不能满足大气蒸发能力所能蒸发的水量，土面蒸发的水量多少已不再取决于大气蒸发能力，而是取决于土壤供水能力。而土壤的供水能力主要取决于土壤不饱和导水率的大小，因此，在这一阶段，土面蒸发主要受土壤导水率控制，随着土壤不饱和导水率的逐渐降低，蒸发强度也不断减小，如图4-11*BC*所示。这个阶段维持的时间，直至土面的水汽压与大气的水汽压达到平衡，土面成为风干状态的土层为止。通过中耕及早使表土干燥是减少这一阶段土面蒸发的有效措施。

第三，扩散控制阶段：土面成为干土层后，土壤向干土层的导水率降至近于零，液态水已不能运行至地表，干土层以下稍湿润的土层中的水分只能以水汽分子的形态，通过干土层的孔隙扩散到大气中，蒸发强度已降至很低，蒸发的水量主要受水汽扩散通量的控制，这样散失的水量已很少。一般情况下，只要土表有1～2 mm干土层就能显著降低蒸发强度。压实表层，减少大孔隙是防止水汽向大气扩散的有效措施。

4. 田间土壤水分的平衡

田间土壤水分平衡是指在一定容积的土壤范围内，土壤水分的亏损和盈余状况。在农田中，土壤水分平衡主要是指根系活动层的土壤水分平衡，一般在 1～2 m 深度范围以内，也可以是某个特定的层次，如耕层、主要根系活动层等。

田间土壤水分的运动虽然比较复杂，但水分含量的变化仍然遵循质量守恒定律，某一时期土壤水分含量的变化量（ΔW）等于该时期内土壤水分的收入与支出的差值。田间土壤水分的收支项目如图 4-12 所示。其中收入项目有降水（*P*）、灌溉（*I*）、上行水（*U*）（地下水补给土壤水）。支出项目有：地表径流（*R*）、下渗水（*D*）、土面蒸发（*E*）、植物叶面蒸腾（*T*）、植物冠层截留蒸发量（*In*）。土壤水分平衡用公式可以表示为：

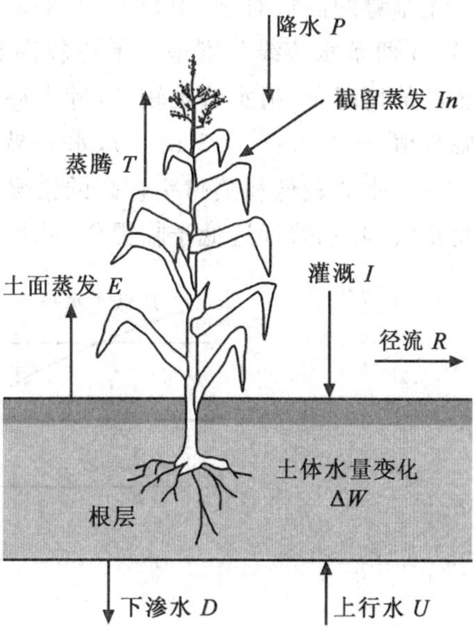

图 4-12　田间土壤水分平衡示意图

$$\Delta W = P + I + U - D - R - E - T - In$$

ΔW 表示某一时段的初始水量与结束水量的差值。式中各项水量单位均用水层厚度单位 cm 或 mm。土面蒸发和植物叶面蒸腾很难完全分开，所以常合在一起称为蒸散（*ET*）。灌溉和降水二者也经常合并，用 *P* 表示。植物冠层截留在降水或喷灌时发生，截留量一般小于 5%，有些场合可以忽略不计。在平坦的田间，在灌溉或降水强度不大的情况下，一般不会有地表径流产生，地表径流可以忽略，于是，土壤水分平衡的公式可以简单化为：

$$\Delta W = P + U - ET - D$$

土壤水分平衡原理在研究土体水分状况年际变化、水资源的规划利用、确定农田的灌溉时间以及研究土壤-植物-大气连续体中的水分变化时应用较广。

5. 土壤—植物—大气连续系统（SPAC）

土壤水分的运动并不完全是单一的物理过程，尤其是土壤水分通过植物向大气的散失，与植物根系吸水、叶片的蒸腾以及大气的水汽压都有密切的联系，因此，常把水分从土壤经植物向大气的流动过程看作一个统一的动态连续系统来研究。在这个系统中，土壤中的水分向根表皮流动，被根表皮吸收后，通过根和茎的木质部输送到叶；水分在叶细胞间隙中汽化成水汽，然后经叶孔扩散到叶表面的空气中，最后再扩散到大气中。这个系统的各个环节相互连接、相互依赖，形成统一的整体，称为土壤—植物—大气连续体（soil-plant-atmosphere continuum，SPAC）。

水分在 SPAC 中的运动的推动力是不同环节间的水势梯度，即土水势、根水势、茎水势、叶水势及大气间水势的差值（图 4-13），水分由水势高的地方流向水势低的地方，其流速与水势差呈正比。一般土壤与植物间的水势差较小，从 1 MPa 到几兆帕，土壤与大气间的水势差较大，为几十兆帕到上百兆帕。

土水势的高低对于SPAC中水势的变化和植物叶片的状态及生长发育影响很大，图4-13中A、B两条水势线分别是土水势较高和较低情况下，各个环节中水势的变化情况。在土水势较高的情况下，根水势也较高，叶水势比根水势稍低，但不超过细胞维持膨压、保持正常状态的临界值(−2.0～−1.5 MPa)，水分易被吸收，植物蒸腾作用正常进行，植物叶片不发生萎蔫。在土水势较低和蒸腾率较高的情况下，根土间的水势差要大得多，叶水势与根水势间的差值也更大，叶水势远远低于临界值，叶片不能维持正常膨压，发生萎蔫。

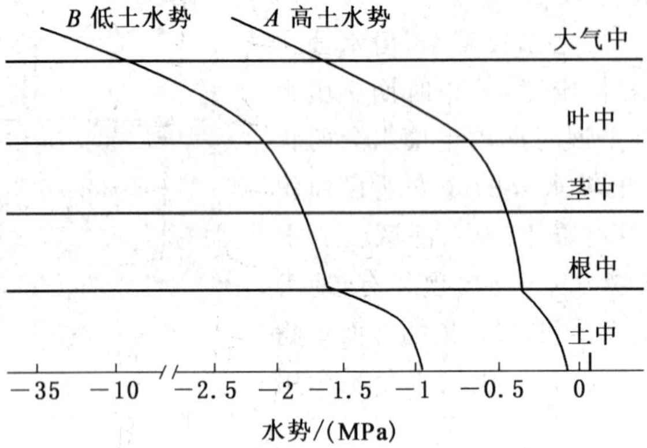

图4-13 SPAC中的水势变化示意图

(引自Hillel,1971)

五、土壤水分状况及其调节

(一)土壤水分状况

土壤水分状况是指周年中土壤剖面上下各层的含水量及其变化情况。土壤不断接受外界的水源(降水和灌溉)，也通过各种途径(蒸散、渗漏等)不断损失水分，土壤剖面中水分也是不断运动的，所以，土壤水分状况是土壤水分平衡和土壤水分运动的共同结果。土壤水分的主要来源之一是降水，因此，降水量的多少与土壤含水量，尤其是浅层土壤含水量关系密切。我国幅员辽阔，气候类型各异，不同地区土壤水分状况差异较大，例如，北方地区和南方地区在土壤水分丰缺时期的长短、出现时间、持续时间、各时期含水量的范围、对作物生长发育的满足程度、土壤水分的剖面变化等方面都有明显不同。下面主要介绍我国北方地区的土壤水分状况的季节变化。

我国北方地区的土壤水分状况通常分为以下几个时期：

第一，冬季至早春土壤湿度相对稳定期(即冻结稳墒期)。在每年11月中旬到第二年3月份，这期间气温低，土壤表层冻结，北方土壤都出现不同厚度的冻层，而下层土壤温度高，水汽不断向上扩散并冷凝，出现“冻后聚墒”现象，表土以下的含水量不断增加，而且这个过程相对比较稳定，保持较好的冬季墒情，为来年春季墒情提供必要的条件，避免出现或缓解春旱。

第二，春夏之间强烈蒸发干旱期(即春旱跑墒期)。在4～6月份，这期间降水量少，蒸发量大，土壤水分迅速损失，是土壤水分损失最大的时期，土壤含水量降低到全年中的最低水平，北方很多地区出现春旱威胁，影响作物的春播和苗期生长，因此，加强保墒、及时灌水尤为重要。

第三，夏秋之间土壤水分收集期(即雨季收墒期)。在7～9月份，此期间正是北方地区夏秋多雨季节，土壤接受大气降水，入渗到土壤中，使土壤中储存的水分增加，土壤含水量达到一年中的最大值，土壤底墒和深墒(底土层和更深土层的土壤水分状况)得到恢复。这个时期是一年中土壤接收水分的最重要的时期，应注意加强蓄水保墒，为越冬作物的返青和次年作物的生长蓄足水分。部分地区在降水量集中的时期会出现短期的内涝，应注意排水。

第四，晚秋至冬初的土壤失水期。在10～11月份，此时期降水量少，蒸发仍较快，土壤水分损失，有时形成秋后旱，影响越冬作物的播种，需要灌水补充土壤水分。越冬前可以灌水，增加土壤含水量，延迟土壤冻结时间，促进冻后聚墒，防止来年春旱。

综上所述，我国北方很多地区的土壤水分状况呈现"春旱、夏涝、晚秋旱"的特点，应结合农业生产对土壤水分状况的需求进行调节。

(二)土壤水分状况的调节

在不同的地区，由于气候条件、土壤特性、耕作制度和作物对土壤水分的吸收利用状况各不相同，造成土壤水分状况差异较大，在数量和时间等方面与作物生长发育的需求也都存在不相协调的现象；同时，不同地区不可能有统一的土壤水分调节的方法，也不可能仅仅应用单一的调节措施达到土壤水分调节的目的，因此，需要根据各地的具体情况，采用多种措施，进行综合调节。土壤水分调节应围绕着增强土壤水分的保蓄能力，减少土壤水分的损失，合理灌溉排水等原则进行，主要的调节措施有：

1.加强农田基本建设，改良土壤质地和结构，增强土壤水分的保蓄能力

提高土壤水分的保蓄能力是调节土壤水分的根本措施。在加强农田基本建设的基础上，通过多施有机肥，合理轮作与耕作，深耕深耙，晒垡和冻融交替等措施，改良土壤质地，提高土壤的团聚程度，形成良好的土壤结构，创造上松下实的土壤剖面构造，促进水分的入渗，增强土壤的蓄水、保水和供水能力。

2.增加土壤水分入渗，减少土壤水分损失

根据土壤水分平衡的理论，土壤水分状况取决于土壤水分的收支两个方面，增加土壤水分的收入，减少土壤水分损失，对增加土壤水分的实际储量都具有重要意义。通过修筑梯田、等高种植、地面覆盖、深耕深松等措施，可以减少降水后的地表径流，促进水分的下渗，增加土壤水分含量。秋后耕翻土壤，可以疏松土壤，提高入渗能力，减少土面蒸发。初春顶凌耙地(即在土壤刚开始解冻时耙地)可以减缓冻层融化速度，降低土面蒸发量。灌水后及时中耕，可以切断下层土壤与表层相连的毛细管，表土很快形成干土层，降低土面蒸发速率，所以农谚有"锄头底下有水"之说。另外，通过覆草、覆盖塑料薄膜等也可有效地减少土面蒸发。

3.合理灌溉排水，及时增减土壤水分

加强农田基本建设，完善灌溉排水系统，保证旱时能灌，涝时能排，灌排及时，防止旱涝灾害。在灌溉管理中，改变传统的漫灌、畦灌和沟灌等地面灌溉方式，采用波涌灌、膜下灌等改良的灌溉方式，有条件的地区、栽培价值较高的经济作物时，可采用较为先进的滴灌、喷灌和渗灌等方式，减少水分的损失，提高水分的利用率。

六、教学案例与分析

沙田——古老的覆盖保墒技术

沙田是我国西北干旱地区劳动人民在与干旱、水土流失斗争中创造出来的一种蓄水保墒、防旱抗旱、保土稳产的覆盖技术，已有300多年的历史。其方法是在土壤表面覆盖一层厚度为5～15 cm的卵石、粗沙或细沙，然后播种、收获。

沙田的基本原理是增加土壤水分入渗，提高土壤蓄水量，减少水分蒸发，提高水分利用率。沙田主要分布在我国西北干旱地区，集中分布的地区在青海、甘肃一带，海拔较高，属大陆性气候，年均温为8～10℃，冬春干旱，夏秋多暴雨，年降水量180～300 mm，年蒸发量1 000～1 500 mm，年蒸发量远大于降水量。沙田由于表面有沙石覆盖，沙石结构松，沙石间孔隙大，渗透性能好，在降雨时可避免地表径流，除大暴雨外，降水都能渗入土中，提高了土壤蓄水量。资料表明，沙田不同月份内土壤水分含量均高于土田。沙田覆盖避免了土壤水分直接通过土面蒸发，切断了土壤毛管水分的上升通道，减少了土壤水分蒸发，研究表明，沙田蒸发量仅为土田的1/5，减少了水分的损失，提高了水分的利用率。

此外，沙田还具有提高土壤温度，减轻盐碱危害，防止风蚀，减轻水土流失，保土保肥等作用，因而，在这些干旱地区，沙田与土田相比，能保证稳产、高产。

第二节 土壤空气

土壤空气是土壤三相物质的气相部分，存在于未被土壤水分占据的土壤孔隙中，是土壤肥力的四大重要因素之一，对作物的生长发育、土壤微生物的活动、各种养分的形态与转化、养分和水分的吸收，热量状况等土壤的物理、化学和生物化学过程都有重要的影响。

一、土壤空气的来源及组成特点

土壤空气主要来源于大气，其次是土壤中存在的动植物与微生物生命活动产生的气体，还有部分气体来源于土壤中的化学过程，所以土壤空气与近地表的大气在组成和数量上既相似，也存在一定的差异（表4-2）。

表4-2 土壤空气与大气组成的比较(容积) %

气体成分	氧气	二氧化碳	氮气	水汽(相对湿度)	惰性气体
土壤空气	18.00～20.03	0.15～0.65	78.80～80.29	100	痕量
近地表大气	20.99	0.03	78.05	60～90	0.938 9

与地面大气相比，土壤空气具有以下几个方面特点：

(一)土壤空气中的CO_2含量高于大气

大气中的CO_2含量约为0.03%，而土壤空气中的CO_2含量一般为大气的五至数十倍，多者可达百倍以上。土壤空气中 CO_2 含量高的原因，一般情况下主要是由于生物作用所致：土壤微生物分解有机质时产生 CO_2；植物根系呼吸也释放 CO_2，例如，株数为 20 万的 1 亩小麦地一昼夜能够放出的 CO_2 量约为 4 L。此外，土壤中的 $CaCO_3$ 与各种酸类作用也产生 CO_2。土壤空气中的 CO_2 有利于土壤矿物质碳酸化作用的进行，对促进矿物风化和矿质养料的释放有一定意义。

（二）土壤空气中 O_2 含量低于大气

这是由于土壤微生物和根系的呼吸作用消耗 O_2 所致。土壤微生物与根系的呼吸作用越强，O_2 的消耗量越多，其含量越低，而 CO_2 含量则越高。

（三）土壤空气中的水汽含量高于大气

在一般含水条件下，土壤空气中的水汽含量是饱和的（即相对湿度为 100%），土壤含水量即使在凋萎点，土壤空气的湿度仍然在 99%以上，而大气的相对湿度通常多为 60%～90%，即使是在雨季，也不一定达到饱和。

（四）土壤空气中有时含有少量还原性气体

当土壤通气严重受阻或渍水的情况下，土壤空气中常会出现一些还原性气体，如 H_2S、CH_4、H_2、PH_3、CS_2 等，是土壤微生物嫌气分解有机质的产物，积累到一定程度会对作物产生毒害作用。

（五）土壤空气的组成不稳定

土壤空气的组成常随土壤深度、季节、土壤含水量和生物活动等情况不断发生变动。一般来说，CO_2 与 O_2 含量是相互消长，其总量基本上维持在 19%～22%，随着土壤深度增加，土壤空气中 CO_2 含量增加，O_2 含量减少。从春季到夏季，土壤空气中 CO_2 含量逐渐增加，而到冬季表土中 CO_2 含量最少。主要原因是土壤温度升高，微生物活动和根系的呼吸作用加强而消耗更多 O_2，同时释放出更多的 CO_2。此外，土壤空气的组成还会随施肥情况、耕作栽培措施、气候变化等发生变化。

（六）土壤空气存在形态与大气不同

大气是以自由态存在，而土壤空气在土壤中的实际存在形态，按照其物理性质可以分为自由态、吸附态和溶解态 3 种：自由态气体，是土壤空气的主体，存在于土壤孔隙中，易于移动，有效性高；吸附态气体，主要是指被土壤矿物质颗粒和有机质表面吸附的水蒸气、CO_2、NH_3 等，移动性和有效性较小；溶解态气体，是指溶解在土壤溶液中的气体。在 20℃时，O_2 在 1 L 水中能溶解 0.31 cm^3，溶解氧的数量对稻田供氧意义重大。气体在水中的溶解度，除不同气体本身性质外，还受气体分压和温度的影响，通常气体的溶解度是随气体分压的增高和温度的降低而增大。

二、土壤通气性及其调节

(一)土壤通气性及其机制

土壤通气性(soil aeration)是指土壤空气与大气进行交换以及土体内部允许气体扩散和流通的性能。通过土壤与大气的气体交换,土壤空气中的氧气不断得到补充,二氧化碳得到排除,土体内部各部分的气体组成趋向于均一,为土壤生物和根系生长创造良好的相对稳定的土壤环境。如果土壤没有通气性,土壤空气中的氧在很短的时期内就可能被全部耗竭,而二氧化碳含量则会增至很高,必然危害土壤生物的生命活动和作物根系的呼吸。因此维持土壤具有良好的通气性,是保证土壤空气质量和维持土壤肥力不可缺少的条件。

土壤是一个开放的耗散体系,时刻与外界进行着物质与能量的交换。土壤空气在土体内部不断运动,并与大气进行交换。土壤通气的机制主要有两种:气体对流和气体扩散。

1. 气体对流

气体对流(gaseous convection)又称质流,是指土壤空气与大气之间在总气压梯度推动下气流由高压区向低压区的整体流动。气体对流不是土壤空气中个别成分的流动,而是土壤空气中的全部成分与大气中的全部成分的整体交换。总气压梯度是由于温度和大气气压的变化、风的抽吸作用,以及降雨与灌溉水入渗、植物根系吸水等作用的影响而产生的。当土壤温度高于大气温度时,土壤空气受热膨胀,排出到近地表大气中,而大气则下沉并透过土壤孔隙渗入土体中,形成冷热气体的对流。如果大气压上升,大气的重量增大,一部分大气进入土壤孔隙;大气压下降,土壤空气膨胀,使得一部分土壤空气排出。当土壤接受降雨或灌溉水时,土壤含水量增加,更多的孔隙被水充塞,而把部分土壤空气"挤出"土壤孔隙;相反,当由于土面蒸发和作物蒸腾导致土壤水分减少时,大气中的空气又会进入土体孔隙中。在水分缓慢渗入土体中时,土壤排出的空气数量较多,但是在暴雨或者大水漫灌时,会有部分气体来不及排出而被封闭在土壤孔隙中,阻碍土壤水分的运动;同时被封闭的空气也不能够进行对流。风的抽吸作用和气体流动也会推动表层土壤空气的整体流动,土壤耕翻或者疏松土壤以及农机具或人为的压实作用,使土壤孔隙度降低,影响土壤空气的交换。所有这些因素都会导致土壤空气的压力发生短暂的变化,引起土壤空气与大气之间的压力差,使土壤空气与大气之间发生气体对流。

土壤空气对流可以用以下方程式描述:

$$q_V = -(\kappa/\eta)\nabla p$$

式中:q_V 为空气的容积对流量(单位时间通过单位横截面积的空气容积);κ 为通气孔隙透气率;η 为土壤空气的黏滞度;∇p 为土壤空气压力的三维梯度。

2. 气体扩散

气体扩散(gaseous diffusion)是指气体分子从分压高处(或浓度大处)向分压低处(或浓度低处)的运动。气体扩散是土壤通气的主要机制,其推动力是气体分子的分压梯度(或浓度梯度)。土壤空气由多种气体组成,各种气体的浓度与大气同类气体成分的浓度有差异,例如土壤空气中的 CO_2 浓度比大气中 CO_2 的浓度高,而 O_2 的浓度比大气中的 O_2 的浓度低。因此,土壤中 CO_2 不断向大气中扩散,O_2 则不断由大气向土壤空气中扩散。土壤从大气中吸收

O_2，排出 CO_2 的气体扩散过程，通常称为土壤呼吸。通过土壤呼吸，土壤空气不断得到更新。

土壤中气体的扩散过程，部分发生在气相，另一部分发生在液相。在土壤中，土壤水分和土壤空气共同占据土壤孔隙，通过通气孔隙的扩散为气相扩散，通过土壤溶液的扩散为液相扩散。土壤溶液中有的气体不断被吸收，有的气体则进入土壤空气中。通过通气孔隙的扩散，可以保持土壤空气和大气之间的气体交换；通过不同厚度水膜的扩散，则能够供给活体组织需要的氧气。植物根系和微生物生活在土粒表面的水膜中，或较小的充水孔隙中，它们吸收的氧并不是直接来自于土壤气相，而是来自于水膜中扩散到根毛或微生物表面的氧气。

土壤中气体扩散过程可以用费克(Fick)定律表示：

$$q_d = -D\frac{dc}{dx}$$

式中：q_d 为扩散通量(单位时间通过单位面积扩散的质量)；D 为扩散系数(量纲为面积/时间)，指气体在单位分压(或浓度)梯度下，单位时间内通过单位面积土体断面的气体量；c 为某种气体的浓度(单位容积扩散物质的质量)；x 为扩散距离；$\frac{dc}{dx}$为浓度梯度。

扩散系数 D 的大小受温度、气压、土壤性质与气体的种类等许多因素的影响。由于土壤是三相多孔体，土壤孔隙迂回曲折，且粗细不等，而且有部分孔隙被水分占据，这样气体分子在土壤中扩散所经历的路程远大于土层厚度，因此气体在土壤中的扩散系数明显小于在大气中的扩散系数。土壤质地不同，土壤空气的扩散系数也不同，沙土、疏松的土壤和有团粒结构的土壤扩散系数高于黏土，所以通常沙土的通气性比黏土高。不同气体的扩散系数不同，如在同样条件下，O_2 在土壤中的扩散系数比 CO_2 的扩散系数大 1.25 倍左右。温度和气压对扩散系数的影响也较大，一般情况下，扩散系数的大小与温度的平方呈正比，与气压呈反比。

(二)土壤通气性指标

土壤的扩散系数 D 可以作为土壤通气性的指标，但是其测定较为困难，所以在实际工作中通常用以下指标：

1. 土壤呼吸强度

土壤呼吸强度(soil respiratory intensity)是指单位时间内、单位面积土壤上扩散出来的二氧化碳数量[$mg/(m^2 \cdot h)$]。土壤呼吸强度是反映土壤中生物活动的常用指标，其值越大，通气性越好，土壤生物活动越旺盛。

2. 土壤呼吸商

土壤呼吸商(soil respiratory quotient，RQ)是指一定时间内、一定面积上产生的二氧化碳与消耗氧气的体积比。在正常情况下，RQ 接近于 1。RQ 值超过 1，表明土壤通气不良。

3. 土壤氧扩散率

土壤氧扩散率(soil oxygen diffusion rate，ODR)是指每分钟扩散通过每平方厘米土层氧气的克数。它的大小标志着土壤空气中氧补给速率的快慢。一般 ODR 随着土层深度增加而递减。当土壤的 ODR 应该在 $30\times10^{-8}\sim40\times10^{-8}g/(cm^2 \cdot min)$及以上时，植物生长正常；当土壤 ODR 下降至 $20\times10^{-8}g/(cm^2 \cdot min)$时，大部分植物根系就会停止生长。各种作物对 ODR 的要求不同(表 4-3)，通常是甜菜＞豆科＞禾本科。

表 4-3 不同作物生长与氧扩散率的相关性

作物	土壤质地	不同土层深度的 ODR/[$\times 10^{-8}$ g/(cm^2 · min)]			生长状况
		10 cm	20 cm	30 cm	
甘蓝	壤质	53	31	38	很好
莴苣	粉沙壤	49	26	32	很好
蚕豆	壤质	27	27	25	缺绿
甜菜	壤质	58	60	16	主根生长受阻
草莓	沙壤质	36	32	34	缺绿
棉花	黏壤	7	9	—	缺绿
柑橘	沙壤	64	45	39	根系生长快

(引自仲跻秀主编《土壤学》,1992)

4. 土壤通气量

土壤通气量(soil aeration quantity)是指单位时间内,进入单位体积土壤中的气体总量(CO_2+O_2),单位为 mL/(cm^3 · s)。通气量表明土壤空气整体流动的状况,通气量大,通气状况良好。

5. 土壤氧化还原电位

土壤溶液中的 O_2 多,变价化合物处于高价氧化态时,土壤氧化还原电位(soil oxidation-reduction potential,*Eh*)值就大;反之 O_2 少,变价化合物处于低价还原态时,*Eh* 值小。反过来看,当土壤 *Eh* 值高,表明土壤空气中的 O_2 含量高,土壤通气良好;相反,*Eh* 值低时,表明土壤通气不良。据测定,一般旱田土壤的 *Eh* 值为 200～700 mV 时,通气良好,养分供应正常,植物根系生长发育正常;*Eh* 值<200 mV 时,通气不良,土壤进行强烈的还原作用。在淹水条件下 *Eh* 会迅速降低,直至负值。水稻适宜生长的 *Eh* 值在 200～300 mV,长期低于 200 mV,水稻也容易发生黑根,甚至死亡。

6. 土壤通气孔隙度

由于土壤空气的扩散速度与土壤通气孔隙度(soil air-space porosity)呈线性相关,所以土壤通气孔隙度愈大,土壤通气性愈好。对一般作物来说,通气孔隙度<10%为通气不良,10%～15%为通气中等,15%～20%为通气良好。

(三)土壤通气性的调节

土壤通气不良会导致植物生理活动受阻,好气微生物活动受到抑制,养分转化不能正常进行,影响土壤的肥力状况和作物产量。因此,通气不良的土壤必须进行调节。影响土壤通气性的直接因素有土壤孔隙状况和土壤含水量,间接因素有土壤质地、结构、有机质含量、交换性阳离子的种类、土壤紧实度等,所以凡是改善这些因素的方法,都可以调节土壤通气性。常用的措施有以下几方面。

1. 改良土壤质地与结构

这是改善土壤通气性的根本措施。质地黏重、结构不良的土壤,通气的孔隙度小,土壤中粗细孔隙比例不协调,水、气矛盾比较突出,通气速度慢,不能满足作物对土壤通气性的要求,可以采取客土法和增施有机肥料等方法调节土壤质地，促进团粒结构的形成。同一质地的土壤，有团粒结构的土壤通气性比无团粒结构的大 50～100 倍。水稳性团聚体增至 21%～36% 之间，通气孔隙适宜，水气状况协调，既耐旱又耐涝。

2. 加强耕作管理

深耕、中耕等一系列措施能使土壤疏松，破除板结层，改善土壤结构，以利于通气，特别是深耕可以提高土壤总孔隙度和空气孔隙度（表 4-4），增强土壤的透气性，促进土壤呼吸，改善植物根系的通气条件和生长环境，增产效果明显。

表 4-4　深耕对土壤孔隙度的影响

土壤层次/cm	深耕 25 cm		深耕 50 cm	
	总孔隙度/%	空气孔隙度/%	总孔隙度/%	空气孔隙度/%
0～10	48.3	17.3	51.9	14.7
10～25	49.2	13.1	50.4	20.0
25～50	44.6	15.3	53.8	20.0

（引自仲跻秀主编《土壤学》，1992）

雨后、灌后中耕松土，也是增强土壤通气性、创造良好水、气、热条件的重要措施。特别是对一些要求氧气较多的作物，如棉花等，中耕的增产作用更为突出。

3. 排除积水和适时合理灌溉

土壤水分过多，土壤空气的容量减少，也阻碍土壤空气和大气的气体交换。所以在地势低洼地区，雨后易积水的土壤，应完善排水系统，及时排除积水，保证土壤通气性。灌溉应尽量采用先进的灌溉方式进行，避免大水漫灌，既浪费水资源，又影响土壤通气性。对通气性良好的土壤，应及时灌溉，避免通气强烈时土壤有机质矿质化过快，造成养分快速损失。

4. 科学施肥

对通气不良或易淹水的土壤，尤其注意不要在高温季节大量施用绿肥、新鲜有机质和未腐熟的有机肥，以避免这些物质厌氧分解大量耗氧，加重通气不良造成的危害。

三、教学案例与分析

东北低湿地高垄平台耕作法

我国东北地区分布大面积的低湿地，仅三江平原地区，总面积就达 10.89 万 km^2，土地资源丰富，但在旱作农业中存在着地势低洼，地下水位高，通透性差，通气不良，易出现耕地内涝等问题，粮食单产低，增产难度大。采用高垄平台耕作法可以改变低湿地的微地貌，有效克服低湿地排涝的主要障碍。

高垄平台耕作法就是由人工或机械将地表修筑成台田和台沟，在台面种植农作物的耕作方法，也称台田耕作法。目前三江平原地区筑台的规格一般是台底宽 140 cm，台顶宽 90 cm，台高 30 cm，台沟和台体都结合深松进行耕作。其原理是通过改变地面微地貌，抬高种植区高度，散墒排水，降低土壤含水量；台沟蓄积、排渗地表水，防止内涝；深松耕作，降低土壤密度，增加土壤孔隙度和通气孔隙度，增强通透性，提高耕层温度，改善耕层土壤性状，提高作物产量。连续 3 年的生产实践证明，采用高垄平台耕作法与传统耕法相比，玉米、大豆、小麦分别增产量 52%、30%和 65%，增产效果十分明显。

第三节 土壤热量

土壤中一切生命活动和生物化学过程都需要在一定的温度下进行，土壤温度是土壤热量状况的具体指标，是由土壤热量的收支和土壤本身热性质决定的。土壤热量状况不仅影响植物的生长发育、土壤微生物的活性，而且影响土壤有机质的分解、矿物的风化、养分形态的转化、土壤水分和空气状况及其运动变化以及土壤的形成过程和土壤性状。所以，土壤热量是土壤肥力的重要因素之一。了解土壤热量的收支状况、热性质和土壤温度变化规律，对调节土壤的温度，提高土壤肥力，促进作物的生长发育具有非常重要的意义。

一、土壤热量的来源和平衡

(一)土壤热量的来源

土壤热量有 3 个来源：第一，是太阳辐射能，这是土壤热量最主要的来源，称为“基本热源”。当地球与太阳间距离为日地间平均距离时，在地球大气圈顶部所测得的太阳辐射强度(即 1 cm^2 的黑体表面在太阳光直射下 1 min 内吸收的辐射能)平均为 $8.122\ 4\times10^4$ J/(m^2·min)，此值称为太阳常数。当太阳辐射通过地球大气层时，有 10%～30%的热量被大气吸收和散射，另有一部分被云层和地面反射，土壤吸收的热量平均只占太阳常数的 47%。第二，是生物热。微生物分解有机质的过程中会释放出一定的热量，这些热量一部分被微生物自身利用，大部分用于提高土壤温度。细菌对于热量的利用系数很少超过 50%，无机营养型细菌利用的更低。所以微生物分解有机质在提高土壤温度上有一定的作用。在保护地早春蔬菜栽培或育秧时，施用有机肥，并添加热性物质，如易分解的马粪、羊粪、棉籽屑与粪水等厩肥，利用生物热来提高地温，可以改善早春温度偏低的状况，促进植物早长或幼苗正常发芽快长。第三，是地球内热。地球内部温度高约 4 000℃，其热量不断向地表传导。但由于地壳导热能力很差，全年每平方厘米的地面从地球内部获得的热量总共不超过 226 J，是太阳常数的十余万分之一。从地层的 20 m 深处向下，每深入 20～40 m，温度才增加 1℃，因此与太阳辐射热量相比，地球内热对土壤温度的影响相对很小。但是在地热异常地区，如温泉、火山口附近，这一因素不可忽视。

(二)土壤表面的辐射平衡

物体的辐射特性通常用辐射强度与辐射波长来表示，物体的温度愈高，其辐射强度愈大，辐射的波长愈短。太阳的辐射主要是短波辐射，太阳辐射透过大气层时，有相当大一部分被大气中的水汽、云雾、CO_2、O_2、O_3 和尘埃物质等吸收、散射和反射，直接到达土壤表面的只是一少部分。直接到达地表的太阳辐射能称为太阳直接辐射(I)。被大气散射和云层发射的太阳辐射能，通过多次的散射和反射，其中一部分又间接辐射回地面，称为天空辐射，也称为大气辐射(H)。太阳的直接辐射和间接辐射都是短波辐射。短波辐射达到地面以后，一部分被地面反射，地面对辐射能的反射率以 α 表示，则地面发射的短波辐射总量应等于$(I+H)\times\alpha$。

地面接受太阳辐射后，温度上升，便向大气层进行长波辐射 E，即地面支出的长波辐射能。当大气因吸收热量变热时，便向地面产生长波逆辐射 G，是地面收入的长波辐射。这两种长波辐射的差值为地面向四周辐射的有效长波辐射，称为地面有效辐射，其强度用 r 表示，$r=E-G$。

地面辐射能收支如图 4-14 所示，总收入和总支出的差数就是地面辐射平衡差额，用 R 表示。

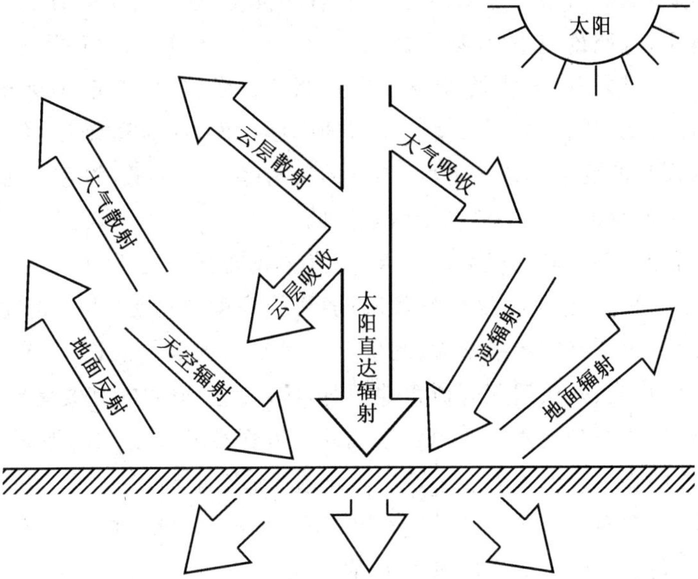

图 4-14 地面辐射平衡示意图

$$R=(\text{收入的短波辐射}-\text{支出的短波辐射})+(\text{收入的长波辐射}-\text{支出的长波辐射})=$$
$$[(I+H)-(I+H)\times\alpha]+(E-G)=$$
$$(I+H)(1-\alpha)-r$$

R 是某一段时间(瞬时、日、月、季、年)的总值。当 R 为正值时表明地面辐射收入大于支出，为负值时表明地面辐射支出大于收入，它决定着地面的增温或降温。R 值的大小表示增温或降温的程度。通常在白天 R 为正值，地面增温；在夜间 R 为负值，地面降温。

R 有日变化和年变化。一天中白天大多数时间为正值，午后不断减小，近日落时，由正值变为负值，数值逐渐变小，到日出后 1 h 左右，又重新由负值变为正值。一年中，在中纬度地区，夏季 R 为正值，秋季或初冬转为负值，春季由负值变为正值。R 的大小和正负值转变的时间，往往因纬度、季节、天气和地面状况的不同而不同。例如，在低纬度地区，R 值大，且全年为正；随着纬度的增高，R 值变小，冬季为负值的时间相对延长；在北极圈附近地区，R 值很小，且几乎全年均为负值。

影响地表辐射平衡的因素主要有太阳总辐射强度、地面反射率和地面有效长波辐射等。

太阳的总辐射强度主要取决于气候，晴天的辐射强度要比阴天大。在天气情况相同的条件下，地面所接受的太阳辐射能量的多少，主要取决于太阳光在地面的投射角，即日照角。日照角越大，则单位面积上接受的热量越多，辐射强度越高。因地球的公转与自转，一天之内和一年四季日照角均有变化（除南极圈与北极圈外），地面所获得的太阳辐射能也相应的发生改变。在一定纬度和高度下，太阳日照角的大小因坡度而变化。在北半球南向缓坡上的太阳日照角比平地大，辐射强度随倾斜度的增加而增大，因此在其他条件相同的情况下，北半球的南向缓坡上，土壤温度一般比平地要高。在中纬度地区，南坡坡角每增加 1°，约相当于纬度南移 100 km 所产生的影响。

地面对太阳辐射的反射率与太阳的日照角、日照高度、地面状况等方面有关。太阳的日照角越大，反射率越小；日照角越小，反射率越大。太阳的日照高度愈高，反射率愈小；日照高度愈低，反射率愈大。土壤表面的性质、状态、颜色、粗糙程度、含水状况、有无植被覆盖及其覆盖特征等都影响地面对太阳辐射的反射率。积雪的土壤表面，反射率最大，达到 75%～95%；水面的反射率较低，森林的反射率比草地低，湿土的反射率比干土低，深色土壤比浅色土壤反射率低，粗糙的土壤表面反射率比平滑的土壤表面低。

地面有效辐射受很多因素的影响。云雾、水汽和风能强烈地吸收和反射地面放出的长波辐射，使大气逆辐射增大，地面有效辐射降低；随海拔高度的增加，空气密度、水汽、尘埃等减少，大气逆辐射相应减少，有效辐射增大；起伏地表比平滑地表辐射面大，有效辐射也大；导热性差的物体如秸秆，草皮、残枝残茬等覆盖地面时，可以减少地面的有效辐射。

土壤的夜间降温主要是地面有效辐射造成的。地面有效辐射大的地区，在晴朗无云的冬季夜晚常发生严重的霜冻降温。农业生产中常用喷雾、熏烟等方法防止霜冻，其原理是利用烟雾等降低地面的有效辐射。在开阔地带，营造农田防护林，既能够防风护田，又能够增加逆辐射，减少有效辐射，防止夜间土壤温度过度下降。

（三）土壤的热量平衡

到达土壤表面的太阳辐射能转换为热能时，这些热能大部分用于土壤水分蒸发与大气之间的湍流热交换上，部分被生物活动所消耗，只有少部分通过热交换传导到土壤表面以下土层，其热量交换的总指标为热通量（heat flux），即单位面积上单位时间内垂直通过的热量，以 B 表示，单位为 $J/(cm^2 \cdot min)$。就北半球热量收支的年平均值进行计算，达到地表的 47%的太阳辐射能，有 23%消耗于蒸发而散入大气中。通过对流和传导进入大气的有 10%，通过长波辐射进行热量交换从地表散失的热量有 14%。

根据能量守恒定律，土壤热量收入和支出的平衡可用下式表示：

$$Q=R\pm P\pm L_E\pm B$$

式中：Q 为土壤在单位时间获得或失掉的实际能量；R 为地面辐射平衡差额；P 为土壤与大气层之间的湍流交换量；L_E 为水分蒸发、蒸腾或水汽凝结而造成的热量损失或增加的量；B 为土壤表面与下层之间的热交换量。各项之前的加减号，表示它们在不同的情况下有不同的方向，指向地面时为正，相反为负。在白天土表强烈吸收太阳辐射，土表吸收的净辐射能转变为热能，从热量平衡方程计算出 Q 为正值时，可以判断出土壤温度升高。夜间，R 为负值，地表由于向外辐射不断损失热量，温度低于邻近空气及下层土壤，于是下层土壤的热流就向地表扩散，可以判定 Q 为负值，地表温度降低。

二、土壤的热性质及其调节

(一)土壤热性质

不同土壤接收同样的太阳辐射能后，土温有高有低，变化有快有慢，变幅有大有小，这是由于土壤本身的热性质不同所决定的。土壤热性质主要是指土壤的热容量、导热性和导温性等。

1. 土壤热容量

土壤热容量(soil heat capacity)是指单位质量、重量或容积的土壤每升高或降低1℃所需要吸收或放出的热量。一般以 C 代表质量或重量热容量，单位为J/(g・℃)，C_V 代表容积热容量，单位是J/(cm³・℃)。质量热容量与容积热容量之间的换算关系为：

$$C_V = C \times \text{密度}$$

土壤是三相物质组成的混合体，不同的组分，热容量差异较大(表4-5)。土壤水分的 C_V 最大，土壤空气的 C_V 最小，土壤矿物质和有机质的 C_V 介于土壤水分和土壤空气之间，约为土壤水分的 C_V 的1/2。

表4-5　土壤不同组分的热容量

土壤组分	土壤水分	土壤空气	腐殖质	粗石英砂	高岭石	石灰	Fe_2O_3	Al_2O_3
质量热容量/[J/(g・℃)]	4.184	1.004	1.996	0.745	0.975	0.895	0.682	0.908
容积热容量/[J/(cm³・℃)]	4.184	1.255×10^{-3}	2.515	2.163	2.410	2.435	—	—

(引自黄昌勇主编《土壤学》，2000)

土壤热容量的大小，取决于固、液、气三相的比例。对于某一具体土壤而言，矿物质和有机质含量基本变化不大，而土壤水分和土壤空气则是经常发生变化的因素，由于土壤空气的 C_V 是土壤水分的 C_V 1/3 000以下，几乎可以忽略不计，所以，土壤热容量变化主要是决定于土壤水分的含量。土壤含水量大，热容量就大，土温升高需要吸收的热量多，升温较慢。相反，含水量少的土壤，热容量小，土温升降都较快。通常沙土含水比黏土少，热容量小，春季气温升高时，升温比黏土快，因此农民群众把沙性土称为热性土，把黏土称为冷性土，而把温度变化比较缓慢的壤土称为暖性土。

由于土壤水分和土壤空气共同占据着土壤孔隙，而水、气含量变化的主要因素是水，所以在农业生产中，常用增减土壤水分的方法来调节土温。如涝洼地排水、松土散墒等措施来提高土温。相反，夏季用灌水来降低土温。

2. 土壤导热性

土壤吸收热量后，一部分用于自身升温，一部分向邻近土层传导，土壤传导热量的性能称为土壤导热性(soil heat conductance)。导热性的大小通常用导热率来衡量。土壤导热率(soil heat conductivity)是指在单位厚度土层(1 cm)，两端温差为1℃时，每秒钟通过单位土壤断面(1 cm²)的热量，通常用 λ 表示，其单位是J/(cm・s・℃)。热量传导的方向是由高温处到低温处，设土壤两点的温度分别为 t_1 和 t_2，两点间的厚度为 d，在一定时间(T)内流过的热

量为 Q。则一定时间内单位面积上通过的热量为 Q/AT。两端间的温度梯度为 $(t_1-t_2)/d$。根据定义导热率 λ 为：

$$\lambda=\frac{Q/AT}{(t_1-t_2)/d}\text{或}\lambda=\frac{Qd}{AT(t_1-t_2)}$$

土壤导热率的大小，也决定于土壤固、液、气三相组成的比例及其各自的导热率(表 4-6)。

表 4-6 土壤不同组分的导热率

土壤组分	土壤水分	土壤空气	腐殖质	泥炭	干沙粒	湿沙粒	石英
导热率/[J/(cm·s·℃)]	5.021×10^{-3}	2.092×10^{-4}	1.255×10^{-2}	6.276×10^{-4}	1.674×10^{-3}	1.674×10^{-2}	4.427×10^{-2}

(引自黄昌勇主编《土壤学》,2000)

在土壤三相组成中，土壤矿物的导热率最大，水分的导热率居中，空气的导热率最低。但对某一具体土壤而言，土壤矿物是相对稳定的，而水分和空气总是处于动态变化之中，因此，土壤导热率的大小主要决定于土壤孔隙状况和含水量的多少。水的导热率比空气大 25 倍，而且土壤水分还可以增加土粒间的彼此连接，增加了导热途径，同一土壤在水分饱和状态比在风干状态时，导热率大 5～10 倍，所以，湿土比干土传热快，增加土壤水分，可以提高土壤的导热率。

影响导热率大小的主要因素是土壤质地、土壤含水量、松紧度和孔隙状况等。一般情况下，土壤的导热率随质地的变粗而增大。不同质地土壤的导热率，都随土壤水分的增加而增加，但变化的规律是不同的。质地较粗的土壤，有较少的水分就可以在土粒间形成水膜，使热量易于通过，所以在最初供水时导热率显著增加，继续增加供水，导热率很快接近最高导热率，随水变化的幅度变小。较黏重的土壤比表面积大，需要较多的水分才能形成包被土粒的水膜，所以，最初供水时导热率增加不多，继续供水，土壤导热率才显著增加。在其他条件相同时，土壤越疏松，导热率越小，土壤越紧实，导热率越大。此外，导热率还与土粒的大小、形状以及空间排列都有关。

土壤导热率的大小对土温变化的影响很大。如导热率低的土壤，白天受热后，热量不易传给下层土壤，表土升温快；夜间降温时，下层土壤的热量也不易补给表层，温度下降快，昼夜温差大；导热率大的土壤相反，昼夜温差小，土温比较稳定。冬季麦田干旱时，土壤导热率小，昼夜温差大，夜晚土温低，易形成冻害。所以，在冬小麦越冬前常灌"冻水"，以增加土壤的导热率，提高夜晚土壤温度，减小昼夜温差，减轻冻害。

3. 土壤导温性

土壤导温性是指土壤传递热量后温度变化的性能。土壤导温性的大小用导温率(D)来表示。土壤导温率是指在土层的垂直方向上，每厘米距离内土温相差 1℃时，每秒通过 1 cm^2 截面的热量，使 1 cm^3 土壤发生的温度变化，单位用 cm^2/s。

土壤导温率的大小反映了土壤导热率引起土温变化能力的强弱。土壤导温率(D)与导热率(λ)和容积热容量(C_V)之间有如下关系：

$$D=\frac{\lambda}{C_V}$$

当热容量不变时，导温率的增减与导热率的增减完全一致。但是当热容量发生变化时，导温率与导热率的变化趋势未必一致(图 4-15)。干土开始增加含水量时,由于导热率增大,导温率也随之增大,但当土壤水分含量超过一定数量以后,由于土壤热容量增加的幅度大,导热率虽有增加,但导温率反而下降。

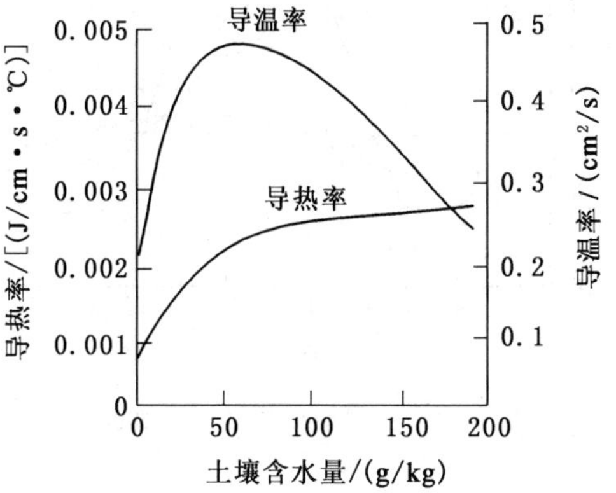

图 4-15　土壤导热率、导温率与土壤含水量间的关系

在农业生产实际中,春季适量灌水,增加耕层的含水量,可以加速提高耕作层土温;但如果灌水过多,土壤增温缓慢,就会出现"冷浆"现象。

（二）土壤温度

土壤温度是土壤热量状况的衡量指标,是土壤热量平衡和土壤热性质共同作用的结果。土壤热量收支状况因不同气候带、季节、地点而不同;而土壤热性质则随土壤本身的组成、状态和其他性质而异;农田土壤热量状况还受作物的种类、生育时期和栽培措施等因素的影响。因此,土壤温度状况的分析必须在了解气候带和区域规律的基础上,结合具体的土壤性质和农业利用状况等进行。

1. 土壤温度的变化规律

地球上昼夜往复,季节交替,太阳辐射能随昼夜和季节有规律地发生变化,土壤温度也相应的具有一定的规律性。与大气的温度变化相似,土壤温度的变化具有日变化和年变化。

土壤温度随昼夜往复发生的周期性变化称为日变化。土壤温度昼夜变化的规律是:从日出开始土壤温度逐渐升高,至 14 时左右达到最高峰,以后逐渐下降,至日出之前(即凌晨 5～6 时)达到最低。土壤温度的日变幅,表层最大,随土层加深逐渐减小,在一定深度土壤温度趋于稳定。在中纬度地区,日变化的影响深度一般不超过 50 cm。白天表层土温高于底层,夜间底层土温高于表层(图 4-16)。

土壤温度随一年四季发生的周期性变化称为年变化。土壤温度与四季的气温变化类似,全年最低温度出现在 1～2 月份,最高温度出现在 7～8 月份。随着土层深度的增加,土温的年变化幅度逐渐减小以致不变,最高最低气温出现的时间也逐渐推迟(图 4-17)。在中纬度地带, 15～20 m 深处年变化基本消失,土壤温度终年保持不变。

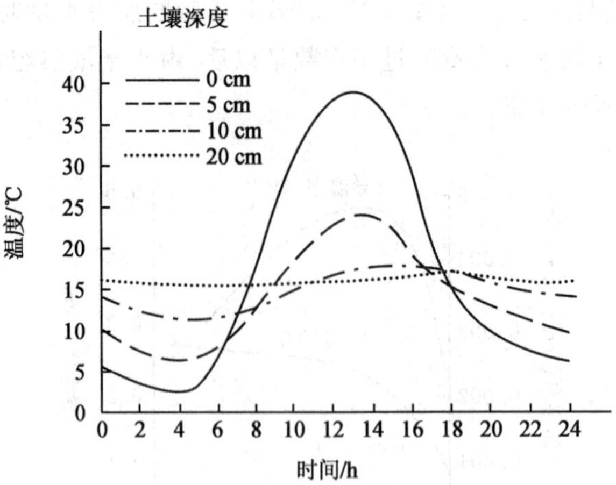

图 4-16 土壤温度的日变化曲线

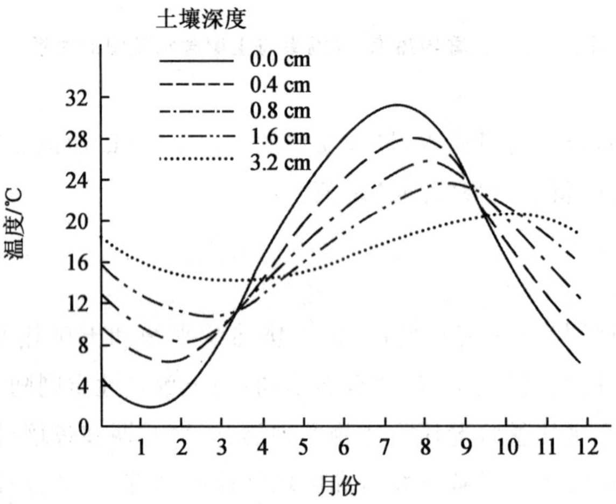

图 4-17 土壤温度的年变化曲线

2. 土壤温度的影响因素

(1)环境因素对土壤温度的影响

①海拔高度与纬度:海拔高度不同,接受的太阳辐射不同。海拔高处大气层的密度稀薄,透明度增加,土壤从太阳辐射吸收的热量增多,所以高山上的土温比气温高。但由于地面辐射增强,所以在山区随着高度的增加,土温和气温还是比平地低。一般海拔每增加 100 m,温度下降 0.6～1℃。纬度不同,接受的太阳辐射能也不同,高纬度地区比低纬度地区地面接受的太阳辐射能少,土壤温度一般低于低纬度地区。

②坡向与坡度:坡地接受的太阳辐射因坡向和坡度而不同。北半球的南坡为阳坡,太阳光的入射角大,接受的太阳辐射和热量较多,土壤温度比平地高。北坡是阴坡,接受的太阳辐射和热量较少,土温较平地低。南坡的土壤温度和水分状况可以促进作物早发、早熟,并能够躲避晚霜。

③地面覆盖:当地面有覆盖物时,可以阻止太阳的直接照射,同时也可以减少土面蒸发而

损失的热能，所以土温变化较小。因此霜冻前，增加地面覆盖可以防止土温骤降对作物造成冻害。冬季积雪可以起到保温的作用；秸秆覆盖在冬季有利于保温，夏季有利于降温；地膜覆盖在早春起到增温和保水的作用。

(2)土壤性质对土壤温度的影响

①土壤质地：沙性土为热性土，热容量小，导热率低，早春表土增温快；黏性土为冷性土，热容量大，导热率高，早春表土增温慢，降温也慢；壤土为暖性土，热容量、导热率大小适中，有利于土壤温度的保持与稳定。

②土壤颜色：深色的土壤吸热多，浅色土壤吸热少，反射率高。因此早春在菜地和苗床覆盖草木灰、炉渣等深色物质可以提高土温。

③土壤孔隙状况与松紧度：疏松多孔的土壤，导热率低，表土温度上升快；紧实的土壤，导热率高，土温上升慢。

(三)土壤热量状况的调节

1. 灌溉排水

夏季气温和土温较高时，灌大水可以增加土壤热容量，同时加速地面蒸发，降低土温，防止高温灼伤作物。冬季冻前灌水，可以保持土温，减轻冻害。低洼地排出积水，减少地面蒸发，降低热容量和导热性，可以提高土温。

2. 施用有机肥

多施有机肥，可以使土壤颜色加深，增强土壤的吸热能力。有机质的分解可以释放出热量，所以冬春季节，在菜地、苗床施用马粪、羊粪等有机肥，可以提高土温。

3. 中耕与镇压

中耕可以疏松表土，减小热容量和导热率，有利于早春表土增温，农谚讲“锄头底下有火”就是这个道理。镇压可压实表土，提高热量向上、向下的传导能力，起到稳定土温的作用。

4. 向阳作畦与设置风障

垄作可以增加太阳辐射的吸收，增加土温。冬春使用风障，可以减少土壤与空气的热交换，对防止土温下降有一定作用。

5. 覆盖

利用秸秆、杂草、地膜或增温剂等覆盖地面，可以减少土面蒸发和散热，达到增温的效果。

三、教学案例与分析

反季节栽培与温度调控

反季节栽培是指在热量等环境条件无法满足作物需要的季节内，利用特殊环境资源或采取保护性设施创造作物需要的地上和土壤环境条件进行生产的栽培方式。目前，反季节栽培主要用于蔬菜、花卉、果树等经济作物生产中，调控的环境条件主要是热量和光照等。常用的技术有以下几种。

(一)高山反季节栽培

在炎热季节利用高山土地资源生产不耐热作物产品的技术。炎热的夏秋季，在高海拔山区，气温低于低海拔区，可以种植平川地区因高温不能种植的蔬菜，如大白菜、芹菜、胡萝卜、四季豆等。

(二)增温保温反季节栽培

在寒冷季节利用设施条件提高气温和土壤温度进行蔬菜、果树等作物生产的栽培技术。增温保温的主要措施有:塑料大棚覆盖、塑料小拱棚覆盖、地膜覆盖、温室栽培等。一般用于春季提前上市栽培和晚秋延后栽培。

(三)遮光降温反季节栽培

在夏秋季节用遮光材料降低光照强度和温度进行作物栽培的技术。夏秋季节光照强度大，温度高，不利于作物生产，可以用遮阳网作为覆盖材料，发挥遮光、降温、防风、防雨等作用，进行蔬菜等作物的生产。

第四节 土壤水、气、热的关系及其调节

一、土壤水、气、热的关系及其相互影响

土壤水、气、热是土壤肥力的重要组成要素，三者相互矛盾，又相互联系，相互制约。首先，土壤水分和空气共同处于土壤孔隙中，水多气少，水少气多，二者互为消长。土壤水分的变化是引起土壤空气状况变化的主要原因，农田的灌溉过程中，土壤水分不断占据土壤孔隙，而土壤空气的比例逐渐减少。如果大量灌水或长时间大量降雨会导致土壤积水，水分达到饱和状态而使土壤空气的比例过小，造成通气不良，影响作物根系和土壤微生物呼吸。第二，土壤水、气状况和二者的比例关系在一定程度上决定着土壤的热性质，影响土壤温度的变化。含水量较大的土壤，土壤热容量和土壤导热率都较大，土壤温度比较稳定，温度变幅小，不同深度土层间的温差也较小；相反，含水量少比较干燥的土壤，土壤热容量和土壤导热率都较小，土壤温度变幅大，表土和深层土壤的温差较大。第三，土壤热量状况反过来也影响土壤的水、气状况。土壤温度较高时，水分通过土面蒸发的蒸发量大，土壤很快失水变干，土壤空气的比例增加，通气性很快得到改善。而在冬春季节，土壤温度较低时，如果土壤水分含量较高，空气比例较少，土壤通气不良，而且水分蒸发较慢，这种不良状况在短时间之内较难得到改善。

二、土壤水、气、热的调节

首先，在农业生产中，土壤水、气、热对农作物的生长发育都有重要意义，三者同等重要，不能相互替代，任何一种要素都能成为作物生长的限制因素，其中某种要素的状况无论多么良好，都不能替代其他的要素。要想获得良好的农作物生长发育的环境，必须兼顾土壤水、气、热的状况，进行综合调控。其次，在农业生产中，农田的旱涝灾害是常见的自然灾害，土壤水分状况变化频繁，时多时少，所以，在土壤水、气、热三个肥力要素中，土壤水分状况经常成为影响土壤气、热状况的主导因素，成为作物生长发育的限制因素。再次，土壤气、热状况在需要调节的时候，可以通过调节水分状况或依靠自然调节来实现。因此，在农业生产中，除个别特殊情况

外，土壤水、气、热状况的调节通常是以土壤水分调控为核心的，通过土壤水分调控，达到“以水调温”、“以水调气”、“以水促肥”、“综合调控”的目的。

土壤水、气、热的调节措施在前面已分别介绍，下面再介绍几种农业生产中的综合调节措施：

（一）加强农田基本建设，改善土壤水、气、热状况

农田基本建设主要包括改造地表条件、平整土地、改良土壤、培肥地力、加强山、水、林、田、路的综合治理等。在山地丘陵区以整理地形、修筑梯田、等高种植、植树种草、截留降水、保持水土为主，充分利用自然条件，减少水土流失；在平原地区以平整土地、修筑道路、兴修水利沟、渠、井体系、种植农田防护林网为主，合理调节土壤水、气、热状况、提高农田抗旱、防涝的能力，争取旱涝保收、高产稳产；在低洼积水区以修筑台田和条田、完善灌排体系、排涝洗盐为主，以便抬高田面，降低地下水位，排水改土；对土质不良、肥力低下的土壤，以改良土质、创造良好的土壤结构、培肥地力为主。加强农田基本建设的目的就是从根本上改善土壤的水、气、热状况，创造良好的作物生长环境，提高土壤抗御旱涝等自然灾害的能力，实现持续高产稳产。

（二）合理灌排，调控水分，调节气热

合理灌排就是根据土壤、作物、气候等因素制定科学的灌排制度，确定科学的灌排方法，并组织实施。

合理灌排对减轻旱涝灾害危害尤为重要。旱灾是我国北方地区农业生产中常见的自然灾害，春旱、伏旱和秋旱经常发生。在旱灾发生后，要及时地开发水源，根据作物旱情，合理分配水源，组织灌溉。涝灾在夏季也时有发生，尤其是在大量长时间降雨后，要及时排出农田积水，散墒通气。

合理灌溉要灵活采用不同的灌溉方式。对大田作物和果园采用沟灌、漫灌时，要尽量平整地面，减少水量的浪费，在有条件时尽量采用改进的地面灌溉方式，如波涌灌、膜上灌、膜下灌等，减少灌溉对土壤结构的破坏。在菜田和设施栽培中，尽量采用先进的灌溉方式，如滴灌、渗灌等，既节水，又高效，尤其是渗灌，在地下一定深度（一般是根层）埋设渗灌管道，在地表保持干燥的情况下，直接给作物根系供水，有利于创造良好土壤水、气、热协调的作物生长环境，适宜在设施栽培和一些经济作物栽培中推广。

合理灌排要与调节气热相结合。北方地区在冬小麦越冬前灌“冻水”可以保温防冻；在夏季高温时灌大水可以降低地温和近地表气温，防高温灼伤作物；低洼地区经常排水，可以散墒通气，提高地温；水田控制水层厚度、排水落干，可以调节土壤通气状况和土壤温度，促进水稻生长，获得高产。

（三）加强田间管理，精耕细作

1. 合理耕翻耙耱

合理耕翻能降低土壤容重，增加土壤孔隙度，减少水分的土面蒸发，有利于创造疏松深厚的耕作层，增强蓄水保墒和抗旱防涝的能力。同时可以改变耕作层的土壤热容量和导热率，有利于早春提高耕作层的土温。耕翻一般不宜太深，避免翻起生土，影响作物产量。同时要根据不同的季节确定耕翻的深度，一般春耕时间要早，深度要浅，以利春播；而伏耕和秋耕要适当深

一些，利于水分入渗。我国北方地区习惯秋耕，有利于接纳雨雪，蓄足底墒，利于春播，防止春旱。耕翻要与耙耱相结合，通过耙耱，压碎“坷垃”，平整地面，减少大的缝隙，形成散碎的干土层覆盖地面，减少水分蒸发，有利于保墒。耙耱后除表土层含水量稍有减少外，其他土层的含水量都有显著提高。我国北方地区在春季有顶凌耙地的习惯，其主要目的是减少水分蒸发，保墒以备春播。

2. 及时中耕

中耕除了清除杂草外，在调节土壤水、气、热等方面的效果也很明显。中耕可以疏松表土，切断表土与下层土壤的毛细管联系，表土中耕后形成干土层覆盖在地表，既可以减少水分蒸发，又可以提高土壤温度，故有“锄头底下有水，锄头底下有火”之说。中耕还能调节土壤通气状况，促进养分分解和转化。灌水后及时中耕，可以打破表土板结层，保墒、增温、通气，提高灌水的质量和水分利用率。冬小麦返青后，在墒情较好的情况下及时中耕，可以起到保墒、稳温和蹲苗的作用，促进小麦的健壮生长。

3. 镇压

镇压可以压碎表层土块，减少大孔隙，防止水分大量蒸发；通过镇压，可以使表层和下层间毛细管联系更加密切，利于下层水分通过毛细作用上升到表层，供作物利用；在水分较多的情况下，镇压可以促进水分的蒸发，以尽快散墒提温；在播种后镇压可以使种子与土壤紧密接触，促进种子对土壤水分的吸收，使种子快速萌发。

（四）重视有机肥施用，提高土壤自身调节能力

施用有机肥不仅可以直接为作物提供各种养分，而且能改良土壤质地，改善土壤结构性和孔性，增强土壤保水、保肥和通气的能力，还可以调节土壤的热量状况，发挥增温和稳温的作用。施用有机肥提高土壤有机质的含量，增强土壤的自身调节能力，能更好地协调土壤的水、气、热状况。

（五）重视地面覆盖和保护性耕作

地面覆盖可以有效地降低水分的蒸发，提高土壤温度。尤其是近年来逐渐普及的地膜覆盖，在抑制杂草生长，减少水分损失，提高土壤温度，促进养分分解和供应，协调水、肥、气、热等方面都具有明显的效果。另外，采用温室、塑料大棚栽培，设置温床，利用风障等措施，对调节土壤水、气、热状况都有较好的效果。

三、教学案例与分析

地下灌溉新方法——渗灌

渗灌就是灌溉水在一定的灌水压力下通过埋在地下土层中的渗灌管渗出，凭借土壤的毛细管作用给作物根层供水的一种灌溉方法。这种灌水方法在地表保持干燥的情况下，直接给作物根系供水，水、气、热综合调控，有利于创造良好土壤水、气、热协调的作物生长环境。

渗灌综合调控水、气、热的原理和优势在于：灌水过程在地下进行，地表保持干燥，可减少土壤水分蒸发损失；灌水时可直接为根层灌水，能集中为作物根系供水；地表不经过水分冲刷

和入渗，能保持良好的土壤结构，地表不板结，有利于通气；地表含水量一直较低，有利于土壤升温。

渗灌的优势还表现在灌水损失少，抑制杂草和病虫害，灌水耗能少，灌溉系统占地少，可实现自动化控制等；但同时也存在表土湿润差，易发生深层渗漏，设施维护困难，投资较高等缺点，因此，这项技术需要不断完善，逐渐克服这些缺点。

复习思考题

1. 土壤水分有哪些表示方法？各种方法之间如何换算？
2. 土壤水分的形态类型、特性及有效性如何？
3. 什么是土壤水分常数？它是否一定是常数？各种土壤水分常数的意义是什么？
4. 什么是土水势？应用土水势有什么意义？它包括哪些分势？如何表示土水势？
5. 什么是土壤水分特征曲线？有什么意义？
6. 何谓土壤饱和流和非饱和流？其推动力分别是什么？其导水率受哪些因素影响？
7. 土壤为什么会发生夜潮和返浆现象？在生产上有什么意义？
8. 土面蒸发的分几个阶段？各个阶段有什么特点？在农业生产中如何控制？
9. 不同质地土壤持水性和水分有效性如何？
10. 什么是土壤水分状况？结合自己所在的地区，说说土壤水分状况的特点和调节措施。
11. 土壤空气的组成有哪些特点？为什么会有这些特点？
12. 土壤通气性的机制是什么？用什么指标来表示土壤通气性？如何调节土壤空气状况？
13. 土壤的热性质有哪些？分别受哪些因素影响？试比较不同质地的土壤热性质？
14. 土壤温度受哪些因素影响？说明土壤温度的变化规律和调节措施。
15. 越冬作物临冬灌水的目的是什么？炎热的夏天作物大量灌水的目的是什么？
16. 为什么称沙土为热性土，黏土为冷性土？
17. 为什么说“锄头底下有水，锄头底下有火”？
18. 土壤水、气、热状况的相互关系如何？如何进行综合调控？

参考文献

1. D. Hillel. 土壤和水. 华孟，叶和才译. 北京：农业出版社，1981.
2. Hillel，D. Environmental Soil Physics. San Diego：Academic Press，1998.
3. 范业宽，叶坤合. 土壤肥料学. 武汉：武汉大学出版社，2002.
4. 冯永军，诸葛玉平. 土壤与肥料. 济南：山东省农业广播电视学校，1997.
5. 关连珠. 土壤肥料学. 北京：中国农业出版社，2001.
6. 郭建平，高素华，王广河，毛飞，他应林，庄立伟. 中国云水资源和土壤水资源. 北京：气象出版社，2001.
7. 华孟. 土壤物理学(附实验指导). 北京：北京农业大学出版社，1993.
8. 黄昌勇. 土壤学. 北京：中国农业出版社，2000.
9. 李志洪，赵兰坡，窦森. 土壤学. 北京：化学工业出版社，农业科技出版中心，2005.
10. 林成谷. 土壤学. 北京：农业出版社，1983.

11. 林大仪. 土壤学. 北京：中国林业出版社，2002.
12. 吴礼树. 土壤肥料学. 北京：中国农业出版社，2004.
13. 仲跻秀. 土壤学. 北京：农业出版社，1992.
14. 朱祖祥. 土壤学. 北京：农业出版社，1983.
15. 龚振平. 土壤学与农作学. 北京：中国水利水电出版社，2009.
16. 丁乔，杨广林，马秀峰. 高垄平台耕法及其台形结构参数研究. 农机化研究，1999，3：48-50.

第五章　土壤胶体与土壤吸收性能

［本章导读］　本章主要是在介绍土壤中细小土粒——土壤胶体性质和作用的基础上，讨论土壤的吸收性能和土壤对阴阳离子的物理化学吸附作用。要求了解土壤胶体的概念和作用，掌握土壤胶体的基本性质，理解土壤对阴阳离子吸附和解吸作用的过程和意义。

土壤胶体和土壤吸收性能主要研究土壤胶体的结构、表面性质和表面上发生的化学及物理化学反应，是土壤学中的微观研究领域。土壤胶体是土壤中最细小、最活跃的部分，土壤胶体的组成和性质对土壤的结构性、吸收性、酸碱性、缓冲性和胀缩性等理化特性都有很大的影响。土壤胶体的数量、组成和性质与土壤肥力密切相关。同时，土壤胶体的形成过程也能反映了土壤的形成过程，由于成土条件的不同，土壤胶体的类型、含量和性质均有较大差异。土壤表面电荷和表面积是土壤具有肥力、对污染物有一定自净作用和环境容量的基本原因，土壤表面电荷和表面积又与土壤胶体密切相关。所以，要了解土壤的形成过程、土壤肥力和土壤吸收性能的实质，必须弄清土壤胶体的性质。

第一节　土壤胶体的概念与基本性质

一、土壤胶体的概念与作用

（一）土壤胶体的概念

1. 土壤胶体是一种分散系统

胶体是一种分散系统，分散相均匀地分散在分散介质中，构成胶体分散系统，如烟是微细的碳粒分散在空气里，云雾是小水滴分散在大气里，豆浆是大豆蛋白分子分散在水里等。

土壤是一个复杂的多元分散系统。一般情况下，把土壤固相颗粒作为分散相，而把土壤溶液和土壤空气看作分散介质。土壤胶体（soil colloid）是细小土粒分散在土壤溶液和土壤空气中形成的分散系统。

2. 土壤胶体的大小范围

土壤胶体是土壤中最细微的颗粒，胶体颗粒的直径一般在 1～100 nm（长、宽、高 3 个方向上，至少有一个方向在此范围内），但实际上土壤中小于 1 000 nm 的黏粒都具有胶体的性质。所以，土壤胶体的大小范围与通常所指的胶体有所不同，直径在 1～1 000 nm 的土粒都可归属于土壤胶粒的范围。

(二)土壤胶体的种类

土壤胶体按其成分和来源可分为无机胶体(也称矿质胶体)、有机胶体和有机无机复合胶体3类。

1.无机胶体

无机胶体又称矿质胶体,主要为极细微的土壤颗粒,它是岩石风化和成土过程的产物,主要包括成分较为简单的含水氧化铁、氧化铝、氧化硅等胶体物质和成分较为复杂的次生层状铝硅酸盐类黏土矿物。在数量上,无机胶体比有机胶体多几倍到几十倍。通常用土壤中黏粒($d<0.001$ mm)的含量来反映土壤无机胶体的数量。不同质地的土壤,无机胶体的含量差异很大,沙土中无机胶体的含量要比黏土少得多。土壤中无机胶体的数量和组成对土壤的理化性质影响较大。

(1)含水氧化硅胶体　多为游离态的无定形氧化硅的水合物 $SiO_2 \cdot nH_2O$(实际上可写成偏硅酸 H_2SiO_3)分子,当发生电离时,可使 H^+ 解离到溶液中,而使胶体带负电。

$$H_2SiO_3(SiO_2 \cdot nH_2O) = H^+ + HSiO_3^- = H^+ + SiO_3^{2-}$$

土壤中氧化硅的含量很多,包括结晶质和非结晶质两种形态,主要以结晶质的石英形式存在于沙粒和粉粒中,非结晶质的无定形氧化硅才具有胶体性质。无定形的氧化硅可溶于土壤溶液,形成 $Si(OH)_4$ 溶胶,通过聚合过程,向稳定状态转化,即从单体→水溶胶→水凝胶→最终形成类似蛋白石的脆性物质。无定形氧化硅无论呈溶胶还是凝胶形态,都是一种活性很高的吸附剂。尤其是氧化硅凝胶,它具有很大的表面积和孔隙度,在 pH 3.5 以上,带负电荷,能吸附阳离子或极性物质或其他带正电的溶胶。氧化硅胶体带有一定的负电荷,随 pH 升高,其所带负电荷数量增加,但其交换量很有限。在一定条件下,凝胶也可转化为溶胶,随水流动、迁移。无定形的氧化硅溶解随水流动、沉积,不仅可填充土壤空隙,有利于细孔隙的形成,同时沉积的氧化硅凝胶可使土壤松脆。土壤中氧化硅胶体的存在和集聚,对土壤的形成和理化性质都有重要影响。一般把无定形氧化硅看作酸胶基,它与氧化铁、铝等碱胶基相互作用是形成土壤黏粒矿物的途径之一。

(2)含水氧化铁、氧化铝胶体　含水氧化铁、氧化铝胶体多为结晶态矿物,属两性胶体,其带电情况随环境条件的酸碱变化而改变,在酸性条件下(一般指 $pH<5$)带正电,而在碱性条件下可带负电,氧化铝表现得更明显。

$$Al(OH)_3 + H^+ = Al(OH)_2^+ + H_2O \qquad \text{带正电}$$
$$Al(OH)_3 + OH^- = Al(OH)_2O^- + H_2O \qquad \text{带负电}$$

土壤中含水氧化铝胶体是矿物风化而来的,有晶态的,也有非晶态的(无定型的)。Al_2O_3、$Al(OH)_3$、AlOOH 是晶态的,无定型的铝主要是羟基铝及其聚合物。Al^{3+} 在溶液中可形成较大的 OH—Al 聚合物呈溶胶状。土壤中常见的铝氧化物是三水铝石[$Al(OH)_3$],主要分布在热带和亚热带高度风化的酸性土壤中。土壤中三水铝石的含量可作为脱硅作用和富铝作用的指标。土壤中三水铝石的形成和含量的高低与水热条件和矿物风化特点有着密切的关系。氧化铝的形态和数量对土壤结构、土壤酸碱性、土壤缓冲性等都有重要影响。

土壤中最常见的铁氧化物是针铁矿和赤铁矿。

针铁矿(α-FeOOH)一般晶体都很小，比较大的带黄色，较小的带棕色，常呈针状，故称为针铁矿，在温带、亚热带与热带的土壤中大量存在。天然的针铁矿中有一部分 Fe^{3+} 被 Al^{3+} 所替代。一般说来，含有 Al^{3+} 替代的针铁矿其结晶程度都比较差。

赤铁矿(α-Fe_2O_3)，呈很明显的红色，土壤呈红色是由于有赤铁矿的存在，即使土壤中的氧化铁以针铁矿为主，少量赤铁矿的存在也会使土壤看起来呈红色。赤铁矿在高温、潮湿、风化程度很深的红色土壤中存在，而在黄色或棕色的土壤中是不存在的。

除针铁矿和赤铁矿外，土壤中还有磁赤铁矿、磁铁矿、纤铁矿和氢氧化铁或水铁矿等。各种铁氧化物在不同土壤中的种类和含水数量不同，各种氧化物在不同土壤中的颜色也不同，因此对土壤的染色也不同。

土壤中的氧化铁一般以两种以上的形态混合存在，它可以呈胶膜质包被在土壤颗粒的表面，也可以形成溶胶沿剖面移动或者结晶成小的颗粒存在于土壤中，还有部分形成络合物或者被吸附在黏土矿物表面。氧化铁普遍存在于黏粒和非黏粒之中，但一般在黏粒中较多。土壤中氧化铁的形态在土壤 pH、温度、有机质和 Fe^{2+} 的浓度等的影响下可以相互转化，如当土壤 pH>7 时，可形成 $Fe(OH)_3$，生成针铁矿。

(3)*层状硅酸盐矿物* 层状硅酸盐(phyllosilicate, layer silicate)矿物是无机胶体的主体，大都呈结晶态的次生黏土矿物，晶型结构由硅氧片和铝氧片两个基本单位构成。

①硅氧四面体和硅氧片：硅氧四面体的基本结构是由 1 个硅离子(Si^{4+})和 4 个氧离子(O^{2-})所构成。其排列方式是以 3 个氧离子构成三角形为底，硅离子位于底部 3 个氧离子之上的中心低凹处，第 4 个氧则位于硅离子的顶部，恰恰把硅离子盖在氧离子的下面。在水平方向上四面体通过共用底部氧的方式在平面两维方向上无限延伸，排列成近似六边形蜂窝状的四面体片(简称硅氧片)(见图 1-1)。

②铝氧八面体和铝氧片：铝氧八面体的基本结构是由 1 个铝离子(Al^{3+})和 6 个氧离子(O^{2-})(或氢氧离子)所构成。6 个氧离子(或氢氧离子)排列成两层，每层都由 3 个氧离子(或氢氧离子)排成三角形，但上层氧的位置与下层氧交错排列，铝离子位于两层氧的中心孔穴内。铝氧八面体在水平方向上相邻八面体通过共用两个氧离子的方式，在平面两维方向上无限延伸，排列成八面体片(简称铝氧片)(见图 1-2)。

矿物晶层由硅氧片和铝氧片重叠而成。一层硅氧片和一层铝氧片重叠构成 1∶1 型矿物，如高岭石类(高岭石、珍珠陶土、迪恺石及埃洛石等)，这类矿物晶层与晶层间距离稳定，连接紧密，内部空隙不大。两层硅氧片间夹一层铝氧片而构成 2∶1 型矿物，如蒙脱石类(蒙脱石、绿脱石、拜来石、蛭石等)和水化云母类(水化云母、伊利石等)，这类矿物在形成过程中易发生较强的同晶替代作用，即原来晶格中的中心离子被大小相近且电性符号相同的其他离子所取代而晶格构造保持不变的现象。不同类型的黏粒矿物表现出的胶体性质差异较大，1∶1 型的高岭石类矿物单位晶胞小，形成的颗粒较大，其胶体的分散度低，胀缩性、黏性和吸收容量都不如 2∶1 型矿物大；2∶1 型蒙脱石类矿物的晶胞较大，而形成的颗粒较小，其胶体分散度高，胀缩性、黏性和吸收容量都较大；水云母类的晶层间夹含钾离子，晶格距离较为稳定，其胀缩性、黏性和吸收容量介于高岭石类和蒙脱石类之间。层状硅酸盐矿物电荷主要来源于同晶替代作用，其中以 2∶1 型的同晶替代较多，电荷数量也多；1∶1 型的同晶替代少，电荷也较少。1∶1 型的黏矿物在我国南方酸性土壤中含量较多，而 2∶1 型的黏粒矿物在北方土壤中较多。

2. 有机胶体

土壤中的有机物质，尤其是腐殖质(胡敏酸、富啡酸、胡敏素等)，是土壤中含有的一类相对分子质量大、结构复杂的高分子化合物，具有明显的胶体性质，故称之为土壤有机胶体。土壤腐殖质是土壤有机胶体的主体，此外，还有少量的蛋白质、多肽、氨基酸以及木质素、纤维素等高分子化合物，它们也具有胶体的性质。值得注意的是，土壤中还有大量的微生物，它们本身也具有胶体性质，是一种生物胶体。土壤中大量的微生物对增加土壤的表面积和吸附性，促进土壤结构的形成有很大的作用。

有机胶体与无机胶体一样，颗粒细小，具有巨大的比表面并带有电荷。土壤有机胶体在土壤中的含量同其他胶体相比并不多，但其性质却极为活跃，因为它带有大量的活性功能团，尤其是表面的酸性功能团解离出 H^+ 后，使其带有大量的负电荷。有机胶体带的负电荷比黏粒矿物大，阳离子代换量可高达 300～500 cmol (＋)/kg。大多数土壤的有机胶体是非晶质的，有很高的亲水性，可从大气中吸收水分子，最大时可达其自身重量的 80％～90％。因此，土壤中有机胶体虽然数量不多，但起的作用却很大。

3. 有机-无机复合胶体

土壤中有机胶体很少单独存在，绝大部分的有机胶体和无机胶体通过物理、化学或物理化学的作用，相互结合在一起形成有机-无机复合体(organo-mineral complex)。有机胶体与无机胶体的结合方式有多种，但大多数通过土壤无机 Ca^{2+}、Mg^{2+}、Fe^{3+}、Al^{3+} 或功能团(如羧基、醇基等)将带负电荷的黏粒矿物与腐殖质连接起来。有机胶体主要以薄膜状紧密覆盖于黏粒矿物的表面上，还可能进入黏粒矿物的晶层之间。复合的过程中，很多有机化合物可以和黏粒形成稳定性不等的各种复合体。通常根据复合体结合的牢固程度把有机无机复合体分为水散微团聚体、钠分散微团聚体和钠质机械分散团聚体 3 组。水散微团聚体结合松散，遇水即使之分解；钠分散微团聚体以 Ca^{2+} 为键桥连接，用中性 NaCl 可使之分解；钠质机械分散微团聚体通过 Fe^{3+}，Al^{3+} 胶结作用连接，只能用钠盐加机械研磨或用稀碱溶液才能将其分散。土壤有机质绝大部分是以有机-无机复合体的形式存在的。一般把土壤的有机-无机复合体中含碳量占土壤总碳量的百分数称为有机无机复合度，作为衡量土壤有机-无机复合体的数量指标。据熊毅研究，土壤有机无机复合度可达 50％～70％，不同土壤类型差异很大。

土壤有机-无机复合胶体的形成对改善土壤的理化性质有重要作用，有机-无机复合体的稳定性比单纯的有机胶体高得多，水稳性比单纯的矿质团聚体高，实际上土壤腐殖质的稳定性正是由于形成有机-无机复合体所造成的。在很多情况下，有机胶体以胶膜状紧密覆盖于黏粒矿物的表面上，可以改变(或改善)无机胶体的表面性质，由于胶膜的作用使一些原来颗粒较大的矿质颗粒，也表现出胶体的性质。有机-无机复合胶体的黏性、塑性要比黏粒弱，其表面积和代换量一般比复合前有机胶体和无机胶体两者之和小，不具有加和性。土壤有机-无机复合体是形成良好的稳定性团聚体的基础，从而对土壤的结构性、通透性、耕性等产生重要影响。土壤的肥沃程度同有机胶体与无机胶体的复合程度有关，有机胶体与无机胶体结合得愈紧密则土壤愈肥沃。在南方酸性红壤上施用有机肥或石灰，特别是二者配合施用，可以提高土壤pH，降低土壤有机-无机复合体的比表面和无定形氧化铁、氧化铝的含量，减少磷的固定，有利于改善土壤有机-无机复合体的品质。

(三)土壤胶体的基本构造

土壤胶体分散系包括胶体微粒(分散相)和微粒间溶液(分散介质)两部分。根据双电层理论，胶体微粒在构造上可分为微粒核和双电层（决定电位离子层和补偿离子层）两部分（图 5-1）。

- 胶体微粒
  - 微粒核（胶核）
  - 双电层
    - 决定电位离子层（双电层内层）
    - 补偿离子层（双电层外层）
      - 非活性补偿离子层
      - 扩散层

1. 微粒核（胶核）

胶核是胶体微粒的核心物质，主要由腐殖质，无定形的 SiO_2、Al_2O_3、Fe_2O_3，铝硅酸盐矿物，蛋白质分子以及有机-无机复合胶体的分子群组成。在表层土壤中，它们以有机-无机复合胶体的形式为主，而在下层土壤中则以无机矿物质为主。

2. 双电层

胶核表面的一层分子通常解离成离子，形成符号相反而电量相等的两层电荷，同时，由于静电引力的作用，胶核可以吸附周围溶液中反号电荷离子而形成两层离子层，这样就构成了双电层。胶核表面的电荷数量和密度对外层反号离子的多少及两层电荷间电位具有决定作用，故称之为决定电位离子层。

外层电荷（离子）对决定电位离子层起补偿作用，使整个胶体微粒达到电中性，故称之为补偿离子层，而这些来源于溶液中的反号离子就称为补偿离子。

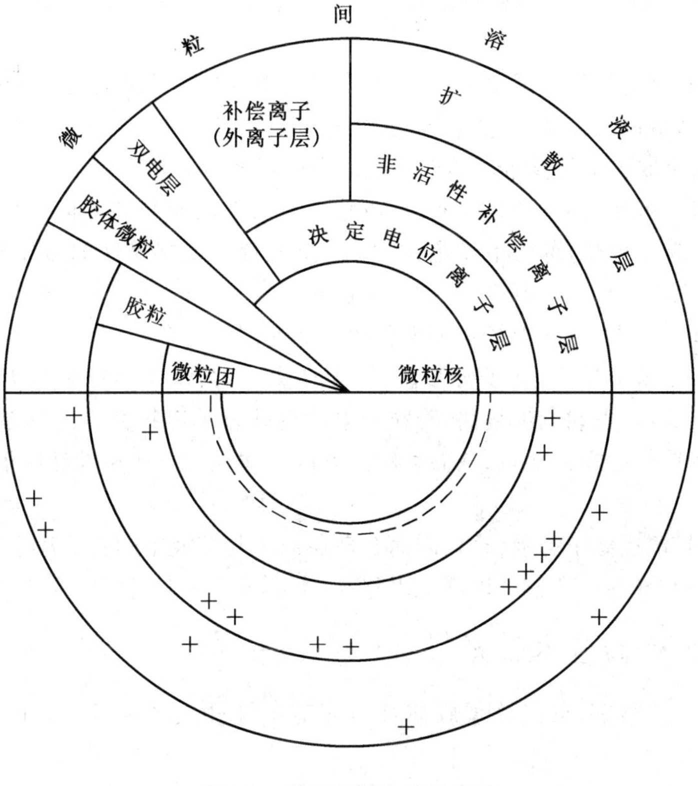

图 5-1　胶体微粒构造示意图

(1)决定电位离子层　决定电位离子层电荷的正负决定胶核表面吸附的离子种类(阳离子、阴离子),电位的高低决定吸附离子的多少。一般而言,土壤中铝硅酸盐和有机胶体带负电,氧化铁胶体多带正电,氧化铝胶体则为两性胶体,所带电荷视环境 pH 而定。决定电位离子层电位的高低由胶体净电荷的多少决定,一般情况下,带负电的土壤胶体在数量上要多些,所以土壤的净电荷多为负电荷。

(2)补偿离子层　在溶液中胶核表面的电荷通过静电引力,将反号离子吸引在胶核的外围,而反号离子由于热运动,总有远离胶核表面的趋势,同时,反号离子被吸附力的大小与离子电荷的数量呈正比,而与距离的平方呈反比(库仑定律)。因此,胶核表面的反号离子多而活性低,离胶核表面越远,反号离子越少而活性增大。根据补偿离子的活性又可把补偿离子层分为非活性补偿离子层和扩散层两层:靠近胶核表面的决定电位离子层的补偿离子被吸附得很紧,活性很小,难以解离,不起交换作用,故称为非活性补偿离子。另一层距胶核表面较远,吸附得较松,有较大的活动性,可以和周围的离子交换,称为扩散层。扩散层中的离子分布很不均匀。

非活性补偿离子层是一层靠近胶核表面的决定电位离子层,被吸附得很紧,难以解离,无活动性,不起交换作用,由此所吸附的养分也较难被植物吸收利用。非活性补偿离子和胶核决定电位离子层是一个整体,故称为胶粒。当胶体和周围环境起代换作用时,大都发生在胶粒表面,而不在胶粒内部,故胶粒是起胶体作用的基本单位。

扩散层离子分布在非活性补偿离子层以外,距离决定电位离子层较远,因而被吸附得较松,有较大的活动性,所以能和周围环境中的离子进行交换。扩散层中离子的分布也是不均匀的,而是距离胶粒越远越接近溶液,离子数量越少,也就是这一层逐渐过渡到微粒表面溶液。

补偿离子和决定离子组成了双电层,在双电层的两层电荷之间存在着电位差,电位随着离胶核表面距离的增加而逐渐降低,由决定电位离子层到扩散层外缘的电位差,称之为全电位(ξ_0),全电位的大小取决于胶核表面的电荷数量和电荷密度。从整体上看,双电层的电性是中和的,但是补偿离子分布得并不密集,所以,由整个不活动的胶粒的表面到扩散层的外缘就有一段距离,就有一定的电位,称为电动电位(ξ),ξ 是表现双电层特性的重要指标,可以测定出来。电动电位的大小受扩散层厚度的制约,而扩散层的厚度在一定浓度条件下,决定于补偿离子的性质,即受离子价数、离子半径及其水化程度等的制约。离子价数愈高,半径愈大,其水化半径愈小,扩散层愈薄。反之,离子价数愈低,半径愈小,其水化半径也愈大,扩散层也愈厚。一般而言,扩散层越厚,电动电位越高,胶粒的电性也就显示得越充分。胶粒电性显示得充分与否,直接关系到胶体存在的状态,从而影响土壤的结构性、黏性、耕性和胀缩性等一系列物理性质。

由于胶粒与扩散层离子有吸引力,因而扩散层离子与溶液中的自由离子不同,始终只能随胶粒移动,这就是交换性阳离子可以不随水移动,土壤可以保存它们的原因所在。

二、土壤胶体的基本性质

土壤胶体的性质很多,最能体现胶体性质并对土壤性质产生巨大影响的主要有以下几方面。

(一)土壤胶体的比表面和表面能

比表面(简称比面)是指单位质量或单位体积物体的总表面积(cm^2/g,cm^2/cm^3),即

$$比表面=\frac{总表面积}{质量(体积)} \tag{1}$$

例如,设有一半径为 r 的球形土粒,土壤的密度为 2.65 g/cm^3,则其比表面为:

$$比表面=\frac{4\pi r^2}{\frac{4}{3}\pi r^3 \times 2.65}=\frac{1.13}{r}(cm^2/g)$$

从式(1)可以看出,比表面和颗粒半径呈反比,也就是说,一定质量的物体,颗粒越细则总比表面越大。如半径为 0.1 cm 的 1 g 沙粒,比表面为 11.3 cm^2/g,而半径为 0.000 1 cm 的 1 g 黏粒的比表面则可达 11 300 cm^2/g,增加了 1 000 倍,因而大多数土壤的比表面主要取决于黏粒部分。但实际上,土粒的形状各不相同,都不是光滑的球体,它们的表面凹凸不平,故表面积要比光滑的球体大得多。再加之部分粉粒和大部分黏粒呈片状,比表面就更大。

有些无机胶体(如蒙脱石)的片状颗粒,不仅具有巨大的外表面积,而且由于颗粒内部的晶层之间可以扩展还具有很大的内表面积。外表面是指黏粒矿物的外表以及腐殖质、游离氧化铁、氧化铝的表面。内表面是指层状铝硅酸盐晶层间的表面。有机胶体由于具有网状多孔结构因而具有很大的内外表面积,如土壤腐殖质的比表面可达 1 000 m^2/g。可以吸附大量的养分离子。因此,1 g 土壤胶体的表面积是巨大的(表 5-1)。

表 5-1　土壤中常见黏土矿物的比表面　m^2/g

胶体成分	内比表面	外比表面	总比表面
蒙脱石	700～750	15～150	700～850
蛭石	400～750	1～50	400～800
水云母	0～5	90～150	90～150
高岭石	0	5～40	5～40
埃洛石	0	10～45	10～45
水化埃洛石	400	25～30	430
水铝英石	130～400	130～400	260～800

不同土壤的胶体组成不同,土壤的比表面也不相同。一般土壤中有机质含量高,2∶1 型黏粒矿物多,则比表面较大。反之,如果有机质含量低,1∶1 型黏粒矿物较多,则其比表面就较小。以高岭石和三水铝石为主的砖红壤胶体,其比表面只有 60～80 m^2/g,并以外表面为主;以高岭石和水云母为主的红壤胶体,其比表面为 100～150 m^2/g,外表面积大于内表面积;以水云母和蛭石为主的黄棕壤胶体,其比表面为 200～300 m^2/g,且以内表面为主。

由于土壤胶体有巨大的比表面,因而产生了巨大的表面能。表面能是指界面上的物质分子所具有的多余的不饱和能量。物体内部分子处在周围相同分子之间,在各个方向上受到的吸引力相等而相互抵消。表面分子则不同,在胶体与液体或气体接触的界面上,由于液体分子或气体分子对它的引力小于胶体内部分子的引力,使胶体表面分子产生多余的不饱和能量,按

照热力学定律,多余的能量消耗在与外界其他分子的作用上,从而达到稳定状态。土壤的物理吸附作用就是表面能作用的结果。比表面积愈大,表面能就越高,产生的物理吸附作用就愈强。因此,土壤质地愈黏重,物理吸附作用就愈强。随着表面积和表面能的增加,土壤胶体的胀缩性、可塑性、黏着性、黏结性等性质明显增强。

(二)土壤胶体的带电性

土壤胶体的带电性是胶体的最重要性质,由于土壤胶体的组成和性质的不同,产生电荷的机制也不同。土壤胶体上的电荷根据其稳定性可分为永久电荷和可变电荷。

1. 永久电荷

永久电荷起源于矿物晶格内部离子的同晶置换,这种作用产生于黏粒矿物的形成过程中,硅氧片中 Si^{4+} 有时可被其他大小与其相近且电性相同的离子(一般为 Al^{3+})所代换,而水铝片中的铝则可被 Mg^{2+},Fe^{2+} 等代换,造成正电荷的亏缺而使得黏粒矿物晶层内产生多余的负电荷。由同晶置换所产生的电荷是由于晶体结构本身的变化所引起的。同晶置换一旦发生,矿物晶体所具有的电荷就不受外界环境(如 pH、电解质浓度等)影响,故称之为永久电荷、恒电荷或结构电荷。同晶置换作用是 2∶1 型层状黏土矿物负电荷的主要来源。一般 2∶1 型的黏粒矿物如蒙脱石类、伊利石类的同晶代换产生的永久负电荷较多,而 1∶1 型的高岭石类则较少。同晶置换主要产生负电荷,但有时也有高价阳离子被低价阳离子置换而产生永久正电荷的现象。

2. 可变电荷

可变电荷是由胶体表面分子或原子团解离所产生的电荷。可变电荷的数量和符号取决于可变电荷表面的性质、介质 pH 和电解质浓度等。可变电荷的产生原因主要有:

(1)*表面分子解离*　表面分子解离是大多数胶体产生可变电荷的主要原因。层状硅酸盐矿物晶层表面上的—OH、腐殖质胶体上的羧基、酚羟基、醇羟基等基团解离出 H^+ 而使土壤胶粒带负电。各种基团的解离带电受环境 pH 的影响。一般而言,介质 pH 高时,基团解离 H^+ 的能力强,所产生的负电荷就多,随着介质 pH 下降,基团解离产生 H^+ 的能力也随之下降,产生的负电荷就少。当土壤不产生可变电荷时的介质 pH 称为可变电荷零点(等电点)。当介质 pH 小于等电点时,土壤胶体会带正电荷。例如,高岭石的电荷零点为 5,当介质 $pH>5$ 时,—OH 解离出 H^+ 而使胶体带负电。3 水铝石电荷零点为 4.8,当介质 $pH>4.8$ 时,$Al_2O_3 \cdot 3H_2O \rightarrow 2Al(OH)_2O^- + 2H^+$ 而使胶体带负电;当介质 $pH<4.8$ 时,$Al_2O_3 \cdot 3H_2O \rightarrow 2Al(OH)_2^+ + 2OH^-$ 而使胶体带正电。含水氧化硅($SiO_2 \cdot H_2O$)的电荷零点为 2,在土壤中一般不会产生正电荷。在较高 pH 条件下,腐殖质上的羧基(R—C═O—OH)和酚羟基(酚—OH)可解离出 H^+ 而带负电,在较低 pH 条件下,氨基($R—CH_2—NH_2$)可以吸附 H^+ 而带正电荷。

(2)*断键*　硅酸盐黏土矿物在风化破碎时,会引起晶层断裂,使硅氧片和水铝片的断裂边角上出现电荷,一般以负电荷居多,这是高岭石类矿物产生可变电荷的主要原因。

(3)*吸附*　胶体表面从介质中吸附离子也是胶体带电的原因。如硅酸盐或铁铝氢氧化物胶体从介质中吸附 PO_4^{3-}、OH^- 而使胶体带负电,铁铝氢氧化物在 pH 小于电荷零点时吸附 H^+ 而带正电荷。

自然土壤的 pH 通常为 5~9,而土壤胶体的大部分,特别是腐殖酸的等电点远远低于这个范围,因而大部分土壤胶体都带负电荷。只有两性胶体的可变电荷和少量的同晶代换可产生一定量正电荷。但从整体来看，土壤胶体以带负电荷为主。pH<5 的土壤可能带有较多的正电荷。

一般情况下，土壤胶体整体上带负电荷，使土壤胶体以静电引力把土壤溶液中的 NH_4^+、K^+、Ca^{2+}、Na^+ 等阳离子吸附在土壤胶体的表面，而不致随水流失，使土壤具有保肥性。

3. 土壤电荷的数量及影响因素

衡量土壤电荷的常用单位是 cmol/kg，当然也有以单位土壤所带的电荷库仑数来表示的（1 cmol=96.5 C），影响土壤电荷数量的因素，主要有以下几个：

（1）土壤质地　因为土壤的电荷 80%以上是在<2 μm 的细粒部分，因此土壤带电多少就取决于土壤中<2 μm 的颗粒的数量，因此质地越黏，单位土壤的电荷量也就越大。

（2）土壤胶体类型　土壤质地完全相同的两种土壤，它们所带的电荷数量可以完全不同，究其原因往往是由于两种土壤的胶体类型不同所致。就土壤胶体类型而言以有机胶体、腐殖质所带的电荷量最大，有人估计每千克腐殖质的负电荷为 200～500 cmol，平均为 350 cmol，而无机胶体为 5～100 cmol，平均为 10～80 cmol，两者之间相差 4～35 倍，其中在无机胶体中，高岭石为 5～15 cmol，伊利石为 20～40 cmol，蒙脱石为 80～100 cmol，蛭石为 100～140 cmol。可见无机胶体的本身因其矿物不一致，所带的电荷量也不相同。

就单位胶体对土壤电荷的贡献来看以有机胶体为主，而就单位土壤对土壤电荷贡献来看，还是无机胶体对土壤电荷的贡献大。一般来讲，由有机胶体提供的电荷只占总电荷总量的 20%左右。其余均为无机胶体所提供。主要是因为土壤中无机胶体占的比重较大，而有机胶体占的比重小。

由于土壤所带的电荷量主要决定于无机胶体的数量和组成，因此不同土壤由于其无机胶体数量和组成不一致，因此所带电荷量也就不一致。例如以高岭石和三水铝石为主要胶体的我国南方砖红壤，每千克土壤所带电荷量只有 5 cmol 左右；发育在下蜀黄土母质上的长江中下游地区的黄棕壤，主要以水化云母，蒙脱石为主要胶体，所以每千克土壤的负电荷量为 15～20 cmol。沈阳地区的棕壤由于以蒙脱石和蛭石为主，其负电荷量可达 20～30 cmol。由以上分析可以看出，由于黏土矿物类型不一致，因此土壤所带电荷量差异很大，总的趋势是 2∶1 型矿物为主的土壤（北方）的负电荷量较大，1∶1 型矿物为主的土壤（南方）的负电荷量就很少。也就是说土壤的电荷量在我国有由北向南递减的趋势。

（3）有机胶体和无机胶体的相斥作用　在土壤中有机胶体和无机胶体通常不是以机械混合的方式存在的，而是通过各种方式相互结合形成有机无机复合体形式存在的，由于有机胶体与无机胶体的复合，使带负电荷的胶体和带有正电荷的胶体电性中和及有机胶膜（有机胶体被多价正离子等固定以后的形式）对无机胶体交换点的掩蔽作用，造成有机无机复合体的负电荷量小于结合前各自负电荷量的总和，这种现象我们称之为负电荷的非加和现象。这种非加和性的明显程度，各种土壤并不相同，根据目前的研究表明，红壤类土壤的电荷非加和性表现特别明显，这可能是由于红壤带有较多正电荷的缘故。

（4）土壤对阴离子的吸附　土壤胶体表面对一些阴离子的吸附也可以改变土壤的负电荷数量，甚至改变其电荷性质。例如土壤吸收磷酸根后，可以使其负电荷增加。且在一定范围内，土壤负电荷的增加与磷酸盐的吸附量呈正比。据研究，热带地区土壤每吸持 1 mg 分子磷酸盐可以使阳离交换量增加 0.8 cmol，同样硅酸盐被土壤吸持后，也可增加土壤的负电荷量。

（5）土壤 pH　土壤 pH 的改变可影响土壤的电荷数量，不过 pH 只能影响可变电荷。

（三）土壤胶体的凝聚性和分散性

土壤胶体有两种不同的状态。一种是胶体微粒均匀地分散在水中，称溶胶；另一种是胶体微粒相互凝结聚合在一起而呈絮状的凝胶。溶胶和凝胶并不是永久不变的，在一定条件下，可以相互转化。由溶胶变成凝胶的过程称为胶体的凝聚；由凝胶转化为溶胶的过程，称为胶体的分散。土壤胶体在大多数情况下都呈凝聚状态，凝聚态的土壤胶体可以用一价的 Na^+，K^+ 等阳离子使其分散。

土壤胶体的存在状态主要受胶粒之间的静电斥力和分子间引力的影响。如果静电斥力大于分子间引力，则胶体呈溶胶状态；若静电斥力小于分子间引力，则胶体呈凝胶状态。这两种力的大小与胶粒之间的距离和胶粒静电荷的数量有关。当胶粒电荷和胶粒大小一定时，随着胶粒间距离的减小，引力可能超过斥力，使胶粒相互团聚。胶粒静电荷的数量受补偿作用的控制，不同阳离子的补偿作用不同。Ca^{2+}、Mg^{2+}、Fe^{2+} 等二价阳离子，水化半径较小，它们对土壤胶体所带的负电荷的补偿作用较大，胶粒的剩余电荷较少，在胶粒间的静电斥力大大减小，此时分散的胶粒之间的距离可达分子间引力作用的范围之内，使胶粒相互凝聚在一起；Na^+、K^+、NH_4^+ 等一价阳离子，水化半径较大，它们对胶体所带的负电荷的补偿作用较小，静电斥力就相当高，同时扩散层的厚度较大，分子引力较小，因而胶体呈分散状态。

在土壤中，胶体处于凝胶状态，可以形成水稳性团粒，对土壤理化性质有良好的作用。当土壤胶体成为溶胶状态时，不仅不能形成团粒，而且土壤黏结性、黏着性、可塑性都增大，宜耕期缩短，降低耕作质量。

电解质对胶体的凝聚作用有很大的影响，不同的电解质对胶体的凝聚能力不同，一般是三价离子＞二价离子＞一价离子。一般三价阳离子的凝聚力是二价阳离子的 4～6 倍，二价阳离子的凝聚力比一价阳离子高 20～25 倍。由于钙盐的凝聚能力较强，又是植物必需的大量营养元素，且价格低廉容易取得，在农业生产中常用它作凝聚剂。

土壤中常见的阳离子按其对胶体的凝聚力的大小，可排成如下顺序：

$$Fe^{3+} > Al^{3+} > H^+ > Ca^{2+} > Mg^{2+} > NH_4^+ > K^+ > Na^+$$

离子凝聚力的大小取决于所带电荷的数量和水化半径的大小。离子的价数越高，电荷越多，对胶体本身电荷的中和能力越强。离子的水化半径越小，水膜越薄，胶体的扩散层越薄，使胶体微粒之间的距离更近，有利于胶粒的相互凝聚。对于同价离子，水化半径小的，其凝聚力较大。离子水化度越高，则水膜越厚，凝聚力越低。H^+ 比较特殊，因为 H^+ 作为单纯的质子，电场强度很大，而半径又极小，故其凝聚力很强。因此，二价以上的阳离子和 H^+ 一般起凝聚作用，而一价（H^+ 除外）离子经常起分散作用。

除了溶液中电解质的种类外，电解质浓度对胶体的分散和凝聚也有很大的影响。即使是凝聚力大的三价阳离子，如果浓度太小，也不能使分散的胶体凝聚下来。相反，当溶液中的一价阳离子的浓度很高时，由于每个阳离子都没有充分水化，水膜很薄，其凝聚能力较强，照样能使溶胶变成凝胶。例如，在北方盐渍化土壤中，含钠、钾盐较高，其表层有凝聚很好的假团聚体柱状或团粒结构，当盐分淋失后，这些结构体就不复存在了，土壤的通透性立刻就会变得很差，其他的物理性状也随之恶化。

胶体的凝聚作用有的是可逆的，有的是不可逆的。由一价阳离子（NH_4^+、K^+、Na^+、H^+）

所引起的凝聚作用是可逆的，当稀释时，凝胶又可转化为溶胶，形成的土壤结构是不稳定的。二价、三价阳离子(Ca^{2+}、Mg^{2+}、Fe^{3+}、Al^{3+})形成的土壤凝胶一般是不可逆的。因为高价的阳离子被土壤胶体吸附得很紧，不易被代替出来。所以，由二价或三价阳离子形成的凝胶可以进一步形成稳定性较高的结构体，对土壤的其他理化性质都有较好的影响。

干湿交替、冻融作用以及施肥、灌排、中耕等各种农耕措施会引起土壤中的电解质浓度经常变化，从而使土壤胶体的状态发生变化。施用石灰可显著增加土壤中 Ca^{2+} 的浓度，从而促进土壤胶体凝聚，使结构不良的土壤得以改良。肥料集中施用使局部土壤溶液的电解质浓度显著提高，局部土壤胶体的状态随之发生变化。

总之，土壤胶体的凝聚与分散，直接影响到土壤的结构性、通透性和耕性等许多重要性质。

三、教学案例与分析

有机-矿物质复合胶体的复合机理

土壤固体中矿物质占多大部分，有机质相对较少，它们通过各种力的作用相互结合在一起。这是因为大多数矿物质具有表面活性，而有机质有巨大的表面积，极易相互结合。其中一部分腐殖质和黏粒复合得相当紧密，很难分离，使二者在土壤中长期保存。黏粒和有机质相互结合的作用力主要有静电引力、分子引力等。

静电引力的作用表现在 3 个方面。一是阳离子键合，土壤矿物质胶体一般带负电荷，可以吸附有机阳离子；或者有机化合物经过质子化变为阳离子而被黏粒吸附，这些质子来源可能是处于交换点位上的 H^+，水和交换点上的金属阳离子的缔合，以及黏粒表面阳离子传递过来的质子；矿物质和有机质也可形成半盐复合体，即二者同时竞争质子，这个质子被共用，形成对称的氢键型的半盐复合体。二是阴离子键合，土壤矿物质胶体表面也可以带正电荷，直接吸引有机阴离子。三是离子与极性分子之间相互作用产生离子偶极键。

分子引力是指分子间的作用力，包括氢键合和共价键合。氢键合包括 3 种：一是通过水桥，极性有机分子通过水分子与交换性金属离子相连接；二是有机-有机氢键合，如黏粒上已经吸附了交换性有机阳离子，有机物再通过氢键与其他有机化合物相结合；三是有机物质与黏土矿物的氧和氢氧根形成氢键而相互结合。共价键合是指有机物的基团和硅酸盐通过共价键结合起来。

总之，探讨有机物和土壤矿物质相互复合的机理，对土壤肥力的培育、环境污染的治理都有理论和现实意义。

第二节　土壤的吸收性能

土壤吸收性能是土壤的重要特性，它决定了土壤保肥能力、土壤净化能力的强弱，对土壤发育和土壤中养分物质的存在形态和转化，对土壤中污染物质的迁移转化均有着重要的作用。

一、土壤吸收性能的类型

土壤能吸收保持分子态、离子态或气态、固态物质的能力和特性，称为土壤的吸收性能。如混浊的水通过土壤会变清，粪水通过土壤后臭味会消失或减弱，海水通过土壤后会变淡等。

土壤吸收作用按其作用机理可分为;机械吸收、物理吸收、化学吸收、生物吸收和离子交换吸收等5种类型。

1. 机械吸收作用

指具有多孔的土壤对进入土体的固体颗粒的机械截留作用,如粪便残渣,有机残体和磷矿粉等,主要靠这种截留作用保留在土壤中。据此原理,多耕多耙可以增强土壤机械吸收作用,因而能较好地改良漏水田。

2. 物理吸收作用

指土壤对分子态的养分(如氨、氨基酸等)吸收保持的性能。物理吸收保肥作用有正负之分,凡能降低土壤表面张力的分子态物质如上述的氨、氨基酸等为正吸附,反之为负吸附,如强酸或强碱的盐类等。表现为负吸收的养分容易随水流失。

3. 化学吸收作用

指土壤溶液中一些可溶性养分与土壤中某些物质或在固相的表面上发生沉淀的过程。例如,施入土壤中的速效性磷肥,可与土壤中的 Ca^{2+} ,Fe^{3+} ,Al^{3+} 等作用,生成难溶性的磷酸钙和磷酸铁、铝。化学吸收保肥作用的实质是养分的固定作用,能使养分在土壤中免于淋失,但对植物有效养分的供应不利,生产上应尽量避免有效养分的固定作用发生。在某些情况下,化学吸收还具有特殊意义,如能吸收有毒物质,减少土壤污染。

4. 生物吸收作用

指土壤中的微生物和植物根系对养分的吸收、保存和积累在生物体中的作用。保存在生物体中的养分,虽然暂时失去了对作物的有效性,但却避免了随水流失或化学固定。当生物死亡后,被保存的养分,还可能转化为对植物有效的状态。生物吸收的特点是有选择性和创造性,能为土壤富集养分。生物吸收作用是土壤肥力形成的动力,人们常常利用这种作用来改良土壤,养地培肥,如种植绿肥、施用菌肥、轮作倒茬等。

5. 离子交换吸收作用

离子交换吸收是指带有电荷的土壤胶粒能吸附土壤溶液中带相反电荷的离子,这些被吸附的离子又能与土壤溶液中带同号电荷的离子相互交换。它是一种物理化学的现象,故称物理化学吸收或离子交换吸收。土壤胶体愈多,电性越强,离子交换吸收作用愈强,则保肥性和供肥性就愈好。

二、土壤对阳离子的吸附与交换

(一)离子吸附与交换的基本概念

由于土壤是一个带电体,所以可吸附一些电性相反的离子,其离子因被胶体吸附而富集在胶体表面,因此离子在胶体表面富集的过程我们称之为离子吸附,被吸附于胶体表面的离子又可能与土壤溶液中存在的另一种或另一类离子互相换位,而被解吸下来,这种通过吸附和解吸过程,引起离子位置互换的作用,就叫离子交换作用,而参加这种相互交换作用的离子就叫做中交换性离子。

(二)阳离子吸附与交换的基本特征

土壤中的阳离子交换是按一定的规律进行的,这些规律可以概括为以下3点。

1. 阳离子交换是一种可逆反应

土壤胶体上和土壤溶液中的离子组成和浓度永远保持平衡，也就是说当溶液中的离子被胶体吸收到它的表面上，和溶液达成平衡后，如果溶液组成或浓度的改变，则胶体上的交换性离子就和溶液中的离子产生逆向交换，把已被胶体表面吸附的离子重新归还到溶液中，建立新的平衡。这个原理，对农业化学实践有很大意义，如植物根系从土壤溶液中吸收了阳离子养料，就可以获得吸着在土壤胶体上的交换性阳离子的补给。

2. 阳离子交换是以原子价为依据的等量交换

例如，1 kg 离子的 Ca 可以交换 2 kg 离子的 Na(40 g Ca 交换 46 g Na)，1 kg 离子的铁，可以交换 3 kg 离子的铵等。

3. 阳离子的交换符合质量作用定律

在交换建立平衡时，各反应产物的克分子浓度乘积除以各反应物的克分子浓度乘积所得的商，在温度固定时是一个常数，叫平衡常数。

$$A+B \Longleftrightarrow C+D$$

$$k=\frac{[C]\cdot[D]}{[A]\cdot[B]} \qquad k \text{ 为平衡常数}$$

（三）影响阳离子吸附与交换的因素

1. 阳离子的交换力

阳离子的交换力是指土壤溶液中阳离子代换土壤胶体上吸附态阳离子的能力。阳离子交换主要靠的是静电引力，因此其交换力的大小应该服从于库仑定律：

$$F=K\frac{q_1 \cdot q_2}{r^2}$$

即两个带相反电荷的质点，相互之间产生的静电引力与两个带电体所带电量的乘积呈正比，与它们之间距离的平方呈反比。

(1)离子价　根据库仑定律可知，在土壤溶液中和土壤胶体上可见的阳离子(K^+、Na^+、Ca^{2+}、Mg^{2+}、NH_4^+、Li^+、H^+、Fe^{3+}、Al^{3+}等)中，离子价数越高，其交换力越大。因此在这些阳离子中，其交换力大小的顺序应该是 $Fe^{3+} > Al^{3+} > H^+ > Ca^{2+} > Mg^{2+} > NH_4^+ > K^+ > Na^+$，从这个顺序中，大家可以看出，三价离子的代换能力大于二价离子，二价离子又大于一价离子。但是有两个问题，其一是 H^+ 本身为一价离子，为什么它的代换力大于二价的离子？这主要是因为 H^+ 本身是一个质子，离子半径很小，而且水化也很弱，其运动速度较大，因而代换力强。在交换时 Al^{3+} 和 H^+ 同时发生，因此在测定 H^+ 的交换力时，往往包含有 Al^{3+} 的交换力在内。问题二是在同价离子中其代换力也不相同，例如在一价离子中 $K^+ > Na^+$，在二价离子中 $Ca^{2+} > Mg^{2+}$，在三价离子中 $Fe^{3+} > Al^{3+}$。这主要是因为它们的离子半径和水化程度不同而致。

(2)离子半径和水化程度(水化半径)　同价阳离子本身，半径小而水化程度大者(即带水的半径大)距胶核界面的距离远，离子与胶核相互吸引力小，因此交换力就小。往往离子半径与其水化程度又呈反比，这是因为离子半径小，电荷密度大，吸附水的能力就强，形成的水膜就厚，水化程度也就高。

(3)离子浓度　离子浓度愈大，代换能力愈强，例如施硫酸铵于土壤中，其中 NH_4^+ 可以代换土壤胶体上的 Ca^{2+}。

2. 土壤胶体组成

不同的土壤胶体，表面电荷密度是不相同的，进而阳离子交换量也就可能不同，同时由于不同胶体产生负电荷的位置不同，因此吸附阳离子的能力也必然不同。例如，负电荷来源于Si-O四合体的同晶替代，由于与晶面距离较近，吸附能力也就大，负电荷来源于Al-O八面体，由于与晶面距离较远，吸附能力就较弱。

3. 环境因素

(1)陪伴离子的种类　所谓陪伴离子是指与阳离子同时存在的阴离子。由于其陪伴的阴离子种类不同，因此土壤胶体对 Na^+ 的吸附量也不同，例如，同是 Na^+，则 $NaCl = Na_2SO_4 < Na_2CO_3 < NaOH$。其原因有二：一是由于阴离子种类不同，影响土壤的pH，进而影响带电量；二是不同盐类解离以后形成离子对的能力不同，例如，$Cl^- = SO_4^{2-} > CO_3^{2-} > OH^-$。

(2)土壤pH　土壤pH不一样，可以影响阳离子在土壤中的存在形式，一般来讲pH高，碱土金属(Ca，Mg)则受 OH^- 的影响，主要以氢氧化物的形式或羟基盐[$M(OH)^+$]的形式存在，改变了离子带电数，进而也就改变了代换力。这种现象对于高价离子来讲更明显。

(3)温度　温度可以影响离子交换速度和吸附强。温度高，离子运动加快，增加了离子相互碰撞的机会，吸附速度增加，同时温度高，动能增加，吸附强度减弱。

(四)阳离子交换量

阳离子交换量(cation exchange capacity，CEC)又叫吸收容量，是指在一定pH条件下(一般为7)，每千克土壤所吸附的可交换的一价阳离子的厘摩尔数，表示单位为cmol(+)/kg。

阳离子代换量是衡量土壤保肥能力的重要指标，如果CEC值<10 cmol(+)/kg，土壤的保肥能力较弱；CEC为10～20 cmol(+)/kg，土壤的保肥能力中等；如果CEC值>20 cmol(+)/kg，则土壤的保肥能力较强。就我国来看，从北向南，阳离子交换量逐渐降低，从东向西也有逐渐降低的趋势。

(五)盐基饱和度

土壤胶体上吸着的阳离子一般来讲可以分为两类，一类是 H^+ 和 Al^{3+}，解离以后都会使土壤变酸叫致酸离子，另一类是除 H^+ 和 Al^{3+} 以外的其他金属离子，如 Ca^{2+}，Mg^{2+}，K^+，Na^+，NH_4^+ 等叫盐基离子。当土壤胶体上所吸附的阳离子都属于盐基离子时，这一土壤胶体呈盐基饱和状态，否则不饱和状态。各种土壤盐基饱和的程度是不同的，通常用盐基饱和度(base saturation，BS)来表示，即交换性盐基离子数量占阳离子交换量的百分数。

$$\text{盐基饱和度} = \frac{\text{交换性盐基离子的总量}}{\text{阳离子交换量}} \times 100\%$$

一般认为BS>80%基本上饱和，BS<80%，盐基不饱和。

从我国土壤来看，在北纬33°以北的土壤相当于山东、河南、陕西以北的土壤，一般来说都是盐基饱和的土壤。北纬33°以南，大部分土壤都是盐基不饱和的，而且越往南，其BS越低。

(六)交换性阳离子对土壤性质的影响及其有效度

1. 交换性阳离子组成对土壤性质的影响

当吸附性阳离子中有 H^+ 和 Al^{3+} 时,且含量很高,BS 很低时,土壤呈酸性反应,而且随 H^+,Al^{3+} 的增多,酸性越强。而当 Na^+ 多时,土壤呈碱性反应,Ca^{2+},Mg^{2+} 多时土壤为中性至微碱性反应。如果土壤胶体被 Na^+ 饱和,则土壤分散,结构不良。如果被 Ca^{2+} 饱和,则结构良好,有一定的水稳性。

2. 交换性阳离子的有效度

由于吸附在胶体上的阳离子种类和数量不一样,必然影响到这些离子对植物的有效性。可以说,交换性阳离子对植物来讲全部都是有效的,但有效程度很不一致。

某一种离子占整个交换性阳离子总量的百分数,就叫离子饱和度。离子饱和度越高,有效性也就越高,而与该种交换性离子在胶体上的绝对量没有直接关系,同时不同土壤要求的最低限度的饱和度也是不一样的。

土壤胶体上并存着各种离子,其中对某一指定离子来说,其他同时存在的离子都称为互补离子。由于互补离子不一样,它的有效性也会有所不同。例如一个离子的互补离子对胶体的亲和力差,则这个离子的有效度就低,以 Ca^{2+} 为例,如果互补离子是 Na^+,由于 Na^+ 对胶体的吸力小,因此 Ca^{2+} 的有效性就相对小。

但是注意,这个互补离子效应的发挥受质量作用定律的支配,也就是说在浓度相同的条件下,才存在着互补离子效应。

三、土壤对阴离子的吸附与交换

土壤中很多重要营养元素,如 N、P、S、B、Mo 等,在土壤中多呈阴离子形式存在。土壤对这些阴离子的吸收和保持机理,较阳离子更为复杂。

现今的研究结果把阴离子的吸附和交换机理分为两类:一是非专性吸附;二是专性吸附。

(一)非专性吸附(交换性吸附)

该种吸附即是通常所指的阴离子交换,由带正电荷的胶体吸收阴离子作为其平衡离子,这些被吸附的阴离子可被溶液中的其他阴离子所交换,并服从离子交换的一般法则。

(二)专性吸附

专性吸附(specific adsorption)是指离子通过与土壤胶体内层或决定电位离子层的阳离子共享 1 个(或 2 个)氧原子,形成共价键而被土壤吸附的现象。专性吸附与非专性吸附不同,胶体表面不一定带有正电荷,或正电荷已为阴离子所中和,甚至带有负电荷,但也能吸附阴离子。被吸附的阴离子不是存在于胶体的外表面,而是进入胶体的内层,并交换金属离子氧化物表面的配位阴离子。因此,专性吸附又称为配位体交换。

专性吸附的离子不能被非专性吸附的离子交换下来,处于一种比较稳定的状态,但是却比结晶的矿物态离子容易释放,可以被亲和力更强的离子交换下来。专性吸附较好地解释了为什么水化氧化物及水铝英石含量多的土壤对阴离子具有强烈的吸附现象,改变了过去那种纯化学固定的概念,是土壤吸附机理研究的重要进展。需要指出的是,二价的过渡金属阳离子

（如 Cu^{2+}、Mn^{2+}、Zn^{2+} 等）也发生专性吸附。

土壤中的阴离子，依其吸附能力的大小可分为3类。

1. 易被土壤吸附的阴离子

最重要的是磷酸根离子（$H_2PO_4^-$、HPO_4^{2-}、PO_4^{3-}），其次是硅酸根离子（$HSiO_3^-$、SiO_3^{2-}）及若干有机酸根（$C_2O_4^{2-}$）。属于这一类的阴离子常和阳离子起化学反应，形成难溶性化合物。

2. 吸附作用很弱或进行负吸附的离子

如氯离子（Cl^-）、硝酸根离子（NO_3^-）和亚硝酸根离子（NO_2^-），这类阴离子在溶液中的浓度往往超过它们在固体与溶液界面上的浓度。一价阴离子不发生专性吸附。

3. 中间类型的阴离子

如硫酸根（SO_4^{2-}）碳酸根（CO_3^{2-}），它们所表现出来吸附作用的强弱，介于以上两类之间。根据测定，各种阴离子被土壤吸附的次序如下：

F^- > 草酸根 > 柠檬酸根 > 磷酸根 > HCO_3^- > $H_2BO_3^-$ > CH_3COO^- > SCN^- > SO_4^{2-} > Cl^- > NO_3^-

在这个次序中，特别引起我们注意的是，磷酸根很易被吸收固定，而硝酸根很易流失，这是在施肥上需要考虑的问题。

在阴离子吸附过程中，常伴随着化学反应，使问题复杂化。总的概念是，阴离子的吸附量是随着电解质溶液中氢离子浓度的增高而增加，随着 pH 的升高而降低，并在某一 pH 时可能出现负吸附。

四、教学案例与分析

专性吸附的环境意义

土壤中的多价含氧酸根和 F^- 以及重金属离子，有些是植物必需营养元素，不论是土壤固有还是外源添加，含量过多时都会导致污染，有一些元素本身就是污染物。这些专性吸附的元素在土壤溶液中的浓度、迁移、转化和进入食物链的数量和速率都受到土壤可变电荷表面的专性吸附所控制，并在一定范围内调节和净化了它们对水体和土壤的污染。

例如，土壤中的 MnO_2 可控制植物对 Co 的积累，也能较强地抑制三叶草对 Pb 和 Co 的吸收，从而减少了这些元素对植物生长的影响以及进入食物链的数量；海水中 10 多种金属能在较长时期保持不影响水生生物生长的浓度，除了它们之间的共沉淀外，海水中所含氧化锰、铁凝胶和有机物质的专性吸附则是一个重要的原因。土壤中某些凝胶的专性吸附还是黏土矿物新生作用的机理之一。如硅酸（H_4SiO_4）被无定形三水铝石所吸附可能形成高岭石；如果 Si/Al 摩尔比率在 2～4 时，且为碱性条件则两者间的专性吸附可能导致 2∶1 型黏土矿物的形成。土壤的专性吸附对这些离子起到了阻滞和富集的作用，可以控制这些元素的化学迁移，也为地球化学探矿技术提供了线索。我们可以利用专性吸附原理从水中消除某些无极污染离子，如利用氧化铁消除水体中的磷酸根，以防止水体的富营养化，利用二氧化锰富集工业污水中的贵金属离子（如银），以达到回收和消除污染的目的等。

复习思考题

1. 土壤胶体有哪些基本性质？其中最重要的性质是什么？

2. 了解土壤胶体的概念、种类、存在形态以及基本性质对于指导农业生产有何实际意义？
3. 影响土壤电荷数量的因素有哪些？土壤电荷数量与土壤的阳离子交换量之间存在何种关系？
4. 土壤的阳离子交换量有何实际意义？影响土壤阳离子交换量的因素有哪些？
5. 了解土壤吸收性能的种类有何实际意义？土壤具有保肥能力的主要机制是什么？

参考文献

1. 黄昌勇. 土壤学. 北京：中国农业出版社，2000.
2. 熊顺贵. 基础土壤学. 北京：中国农业大学出版社，2001.
3. 沈其荣. 土壤肥料学通论. 北京：高等教育出版社，2001.
4. 李学垣. 土壤化学. 北京：高等教育出版社，2001.
5. 吴礼树. 土壤肥料学. 北京：中国农业出版社，2004.
6. 谢德体. 土壤肥料学. 北京：中国林业出版社，2004.
7. 朱祖祥. 中国农业百科全书 土壤卷. 北京：中国农业出版社，1996.

第六章　土壤溶液与土壤反应

［本章导读］　本章主要讲述了土壤溶液、组成及影响因素，土壤酸碱性的成因，衡量土壤酸碱性的指标，土壤酸度类型与土壤的缓冲作用，土壤的氧化还原过程及其影响因素，土壤酸碱性、氧化还原状况与肥力的关系。

第一节　土壤溶液及其组成

一、土壤溶液的概念与作用

土壤水不是纯净的，含有多种多样可溶性有机、无机成分。有离子态的、分子态的，还有胶体态的，故土壤水实质为一种稀的溶液，因此土壤溶液是指含有溶质和溶解性气体的土壤间隙水。

土壤溶液的作用主要表现在它是物质转化与运输的载体。第一，土壤溶液是大多数土壤化学反应和土壤形成过程发生的场所，是土壤与环境间物质交换的载体，是物质迁移与运动的基础。第二，土壤溶液是植物根系获取养分的源泉。植物根系直接从土壤溶液中吸收营养物质，是养分循环的开端。土壤溶液中养分不断向根系运移，这使土壤溶液的组成发生变化，土壤固相养分不断释放补充到土壤溶液中，实现养分的转换、运输、更新与平衡，土壤溶液能反映土壤的最新动态。目前，土壤溶液已用于研究土壤发生过程，土壤酸中和能力，原位土壤固—液相的相互作用，土壤养分的时空分布、迁移和有效性，化学物质在土体中的迁移，溶质运移模型的校验等众多领域。土壤和沉积物中水溶液的特征在元素生物地球化学循环中起重要作用，土壤溶液已成为土壤、植物营养、生态与环境等学科的重要研究内容。

二、土壤溶液的组成和浓度

土壤溶液由水分和溶质组成。溶质的化学组成及其浓度决定于土壤组成及其与生物、大气、水分之间发生的物质交换，这是一系列物理、化学、物理化学和生物化学过程的结果。如：水对可溶性物质和土壤空气中气体的溶解作用；溶液和土壤胶体的代换吸收作用；溶液对土壤胶体的消散作用；溶液与植物根毛和土壤微生物之间的相互作用；土壤水和潜水的交互作用等。由于这些作用，使土壤溶液中存在分子态、离子态和胶体态的溶解物质。其中有无机化合物、有机化合物、有机-无机复合物、气体及最细小的胶体水溶胶。

有机溶质包括可溶性的纤维素、腐殖酸、糖类、有机酸、氨基酸、农药、有机金属络合物和螯合物等；无机物包括 Ca^{2+}、Mg^{2+}、K^{+}、Na^{+}、NH_4^{+}、NO_3^{-}、CO_3^{2-}、HCO_3^{-}、Cl^{-}、SO_4^{2-}、微量元素及重金属等。溶液中有机部分和无机部分的比值在不同土壤和不同土层中有着明显差异。一般在生草灰化土和潜育灰化土中，有机部分占优势。在黑土中，两部分大致相等。在栗钙土、棕钙土和灰钙土中,多为无机部分。

土壤溶液中无机部分的含量在各种土壤中变化很大。一般非盐渍化和非碱化土壤中,大多为万分之几;在盐土和碱土中,可达千分之几至百分之几。无机物主要为钙、镁、钾、钠、铵等的硝酸盐、亚硝酸盐、重碳酸盐、碳酸盐、氯化物、硫酸盐及磷酸盐。在沼泽土和酸性土中有亚铁、锰的化合物。在碱土和盐土中以氯化钠、硫酸钠、碳酸氢钠、碳酸钠占优势。

土壤胶体物质主要是硅酸、铁、铝的氢氧化物和一些有机化合物,它们在土壤溶液中含量很少,根据盖德罗伊茨的研究,土壤溶液中的胶体物质占干残留物的1/4～1/10,甚至1/20,只有在碱土的碱化层中胶体物质才占优势。

不同土壤的土壤溶液的化学组成有一定的差异,并表现有明显地带性。

对植物来说土壤溶液的总浓度适宜范围为200～1 000 mg/kg。植物根系能否从土壤中吸水,取决于根毛细胞液与土壤溶液浓度的大小,一般情况下,细胞液的浓度大于土壤溶液浓度,所以能从土壤中吸水。反之,则不能。当土壤溶液浓度大于1 000 mg/kg时,根系就很难吸收水分和养料。一次施肥过多,使土壤溶液浓度过高,植物根系不能吸水反而失水,造成了“烧苗”,正是这个道理。当土壤溶液浓度小于200 mg/kg时,浓度过稀,缺乏养分,不能满足作物的需要。

三、影响土壤溶液变化的因素

土壤溶液中的物质与土壤的固相及气相、植物的根系及栖息于土壤中的小动物和微生物有着连续不断的相互作用。成土母质、气候、地下水、降水、灌溉、施肥、农药、作物品种及生育期、耕作措施等都影响着土壤溶液的组成和含量,因此土壤溶液的成分和浓度经常处于变化之中。影响土壤溶液变化的因素主要有以下几方面。

(一)土壤温度

土壤温度的变化是引起土壤溶液变化的主要因素,因为温度升高使许多无机盐类的溶解度增加。各种无机物质的溶解度都是随着温度的升高而增加,这种增加的程度对于各种不同的物质来说又是不同的,如图6-1所示。

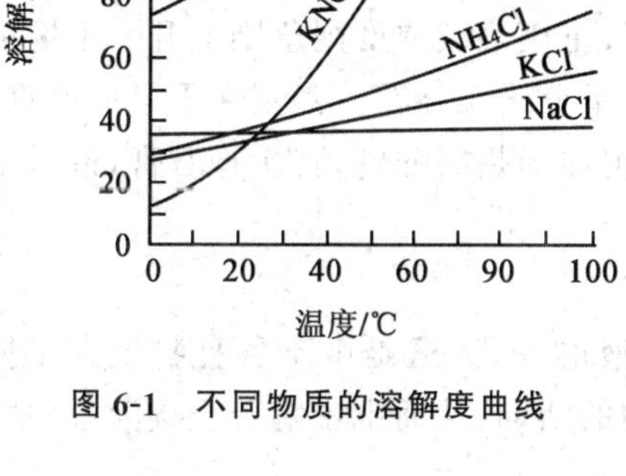

图6-1　不同物质的溶解度曲线

温度不同时,气体在土壤溶液中的溶解度差异也很显著,尤其是氧气和二氧化碳的溶解度,变化情况见表6-1。

表6-1 几种气体的溶解度与温度的关系

气体	溶解度符号	温度/℃								
		0	10	20	30	40	50	60	80	100
H_2	$\alpha\times10^2$	2.17	1.98	1.82	1.72	1.66	1.63	1.62	1.60	1.60
	$q\times10^4$	1.92	1.74	1.6	1.47	1.39	1.29	1.18	0.79	0
O_2	$\alpha\times10^2$	4.89	3.80	3.10	2.61	2.31	2.09	1.95	1.76	1.70
	$q\times10^3$	6.95	5.37	4.34	3.59	3.08	2.66	2.27	1.38	0
N_2	$\alpha\times10^2$	2.35	1.86	1.55	1.34	1.18	1.09	1.02	0.958	0.947
	$q\times10^3$	2.94	2.31	1.89	1.62	1.39	1.21	1.05	0.66	0
空气	$l\times10^2$	2.918	2.284	1.868	1.564					
NH_3	q	89.5	79.6	72	65.1	63.6	58.7	53.1	48.2	44
H_2S	α	4.67	3.4	2.58	2.04	1.66	1.39	1.19	0.917	0.81
	$q\times10$	7.07	5.11	3.85	2.89	2.36	1.88	1.48	0.77	0
CO	$\alpha\times10^2$	3.54	2.82	2.32	2	1.78	1.62	1.49	1.43	1.41
	$q\times10^3$	4.4	3.48	2.84	2.41	2.08	1.8	1.52	0.98	0
CO_2	α	1.71	1.19	0.878	0.665	0.53	0.436	0.359		
	$q\times10$	3.35	2.32	1.69	1.25	0.97	0.76	0.58		
SO_2	l	79.8	56.7	39.4	27.2	18.8				
	q	22.8	16.2	11.3	7.8	5.41				
CH_4	$\alpha\times10^2$	5.56	4.18	3.31	2.76	2.37	2.13	1.95	1.77	1.70
	$q\times10^3$	3.95	2.96	2.32	1.90	1.59	1.36	1.14	0.695	0

注:表中的符号意义如下:

α 为吸收系数,指在气体分压等于101.325 kPa时,被一体积水所吸收的该气体体积(已折合成标准状况);

l 为气体在总压力(气体及水汽)等于101.325 kPa时溶解于1体积水中的该气体体积;

q 为气体在总压力(气体及水汽)等于101.325 kPa时溶解于100 g水中的气体质量(单位:g)。

(二)土壤湿度

土壤湿度的变化强烈地影响着土壤溶液的变化,土壤湿度增加,土壤溶液浓度变小,而在高温和强烈蒸发时,土壤变干,土壤溶液浓度则急剧上升。土壤溶液浓度较低则其所含各类元素多呈离子状态存在,反之则呈分子态存在。甚至在干旱而严重缺水的情况下,会有某些物质从溶液中析出而沉淀。首先沉淀的是碳酸钙,其次是石膏,最后是易溶性盐类,如氯化物等。

(三)土壤酸碱度

土壤酸碱度影响土壤溶液的变化,这是由于各种物质在不同酸碱度条件下溶解度不同。另外,酸碱度也影响着微生物的活动,从而也影响着土壤溶液中物质的转化。

(四)土壤溶液组成成分间的相互作用

土壤溶液中某些元素浓度在一定条件下达到过饱和时，就会产生沉淀，如碱土金属离子容易与酸根(如 CO_3^{2-}，SO_4^{2-} 等)发生反应，形成沉淀，一些物质也可降低或增加其他物质的溶解度，如 Na_2SO_4 降低 $CaSO_4$ 的溶解度。

(五)土壤生物活动

土壤溶液中的物质与土壤的固相及气相、植物的根系及栖息于土壤中的小动物和微生物有着连续不断的相互作用。土壤生物呼吸作用释放 CO_2，植物根系分泌有机物，微生物参与土壤中碳、氮、磷、硫等元素的转化，这些都直接关系着土壤溶液的组成和浓度。如微生物分解有机质使土壤中 CO_2 含量增加，土壤溶液中碳酸的浓度也随之加大，不同植物利用、富集各种元素的作用不一样，也能造成土壤溶液中元素含量的差异。

四、教学案例与分析

水肥一体化技术

我国是一个淡水资源严重缺乏的国家，人均淡水资源仅为世界平均水平的 1/4，同时我国施肥不合理，肥料当季利用率低于发达国家水平，不仅浪费资源，也带来诸多问题，如土壤板结、酸化、盐渍化等，对生态环境造成严重负面影响，危及农业可持续发展。水肥一体化技术(fertigation)是将灌溉与施肥融为一体的技术，是借助压力系统(或地形自然落差)，将肥料配兑成的肥液与灌溉水一起施用，使土壤始终保持适宜的含水量，同时根据不同的作物需肥特点、土壤养分含量状况和作物不同生长期需水需肥规律进行调节。

水肥一体化技术不但能提高水肥利用率，还能减少农药用量，提高农产品品质，同时省工省时，适应了我国粮食安全、节约水资源、提高肥料利用率、环境保护的需要。水肥一体化技术起源于以色列，在国内尚处于起步阶段，针对不同区域、不同作物的水肥搭配技术方法研究还不够深入，技术产品也不够成熟。今后亟待加强水肥一体化技术产品的研究与开发，为水肥一体化技术广泛推广应用打下坚实基础。设备成本高是水肥一体化技术应用的重要障碍。水肥一体化技术主要依靠灌溉设备来实现，首次设备投入成本较高，亟待相关技术产品的研发，特别应注重简单实用、成本低廉、易于技术维护的产品研发。另外，相应的水溶肥料产品也缺少严格标准，导致各种品牌肥料鱼龙混杂，高质量针对性的水溶肥料相对较少，针对不同地区和作物的水溶肥料品种可选择空间也较小。但水肥一体化技术是农业现代化发展的趋势，需要人们加以关注和研究。

第二节 土壤溶液中的酸碱反应及其调节

土壤溶液中的酸碱反应是土壤的重要性质之一，也是影响土壤肥力的一个重要因素，它不仅直接影响植物、微生物的活动，而且左右土壤一些性质的变化，各种植物都有其适宜的酸碱度范围，超出这个范围时，生长受阻。

一、土壤中酸碱的来源及其影响因素

土壤酸碱性的变化，取决于土壤中酸性物质（H^+、Al^{3+}、Mn^{4+}、CO_2 等）和碱性物质（Ca^{2+}、Mg^{2+}、K^+、Na^+ 等）的化学平衡。土壤酸碱性变化受自然因素和人为活动的影响，近年来，土壤酸化已经成为世界上土壤退化的重要形式之一，了解土壤酸碱来源及其影响因素，有助于更好地解决土壤酸化或碱化问题。

（一）大气酸沉降导致土壤酸化

随着经济社会快速发展，大量的致酸气体二氧化硫（SO_2）、氮氧化物（NO_x）和氨（NH_3）的排放，通过酸沉降（包括干沉降和湿沉降，其中湿沉降俗称酸雨）导致土壤酸化，这是土壤酸化的速率和强度不断扩展和增强的主要原因之一。例如：

$$SO_2 + 1/2O_2 + H_2O \rightleftharpoons SO_4^{2-} + 2H^+$$

（二）岩石矿物的风化作用缓冲土壤酸化

风化作用是元素生物地球化学循环的重要组成部分，是土壤形成的基础，并提供植物生长所需要的大部分营养元素（K、Ca、Mg、P、Fe、Mn、B 等）。岩石风化消耗 H^+，长期释放盐基离子（Ca^{2+}、Mg^{2+}、K^+、Na^+），缓解 Al^{3+} 毒害，缓冲土壤酸化；硅酸盐风化消耗大气 CO_2，对维持大气 CO_2 平衡、全球碳循环和全球气候起到关键性作用。风化作用缓冲了土壤和地表水的酸化。风化的缓冲作用与区域的母质、气候、地形、人为活动等有关。

（三）气候影响土壤酸碱性

气候条件是影响土壤酸碱性的主要因素，其中温度和雨量直接影响着土壤物质的转化，也影响植物和微生物的活动。特别是降雨量的多少，淋溶作用的强弱，对土壤是否酸化起着主导作用。高温多湿有利于矿物的风化和淋溶，在降雨量大于蒸发量的气候条件下，岩石、母质和土壤中的矿物，在风化成土过程中释放出的可溶性盐基物质很容易被雨水淋失，而溶液中经常存在的 H^+ 则不断取代土壤胶体上的盐基离子，因而 H^+ 即在土壤胶体上积累，当吸附的 H^+ 超过一定限度时，铝氧八面体结构就会发生一定程度的瓦解，使铝被溶解出来，进入胶体表面而成为交换性 Al^{3+}，最后酸性土壤胶体表面上出现了大量的 Al^{3+}，比 H^+ 的数量大得多，土壤所表现的潜在酸度，基本上由 Al^{3+} 所引起。土壤胶体吸附的 Al^{3+} 被代换到土壤溶液中水解可产生三个 H^+，是引起潜在酸性的主要原因。相反，低温少雨的气候条件下形成的土壤有利于碱性的发展。“南酸北碱”概括了我国土壤酸碱反应的气候性差异。

（四）母质影响土壤酸碱性

母质类型不同，影响土壤的酸碱性。酸性岩发育的土壤含酸性物质较多；基性岩和超基性岩发育的土壤，由于母质富含盐基离子，土壤碱性成分较多；黄土高原的黄土母质和南方碳酸盐岩等发育的土壤中富含碳酸盐，土壤呈现微碱性反应。

（五）施肥影响土壤酸碱性

一些肥料物质在土壤中留下酸性残余物，一些留下碱性残余物，还有一些似乎不影响土壤

pH。化肥的长期不合理施用是土壤酸化的主要原因之一。尿素和铵(氨)态氮肥在土壤中最终都通过硝化作用产生 H^+，是土壤酸化的普遍现象。

$$尿素水解：(NH_2)_2CO+3H_2O \rightleftharpoons 2NH_4^+ +2OH^- +CO_2$$

$$硝化作用：NH_4^+ +2O_2 \rightleftharpoons NO_3^- +H_2O+2H^+$$

一些生理酸性肥料如硫酸铵、氯化铵、硫酸钾等，施入土壤后，由于植物选择性吸收 NH_4^+ 或 K^+，剩余的酸根就导致土壤酸化，而生理碱性肥料如硝酸钠，作用正好相反。

重过磷酸钙(磷酸一钙)和磷酸一铵释出的磷酸能暂时使施肥区局部酸化，前者能使 pH 降至 1.5，后者可使 pH 降至 3.5，这些酸能很快被中和，但其酸性反应产物可能继续影响土壤酸碱性。磷酸二铵刚施入土壤时会使施肥区的土壤 pH 升至 8 左右，尽管在极酸土壤上这种变化很短暂，但所产生的碱性磷酸盐化合物可能会持续一段时间。磷酸二铵中铵离子硝化产生的酸度一般会抵消最初的碱效应。磷酸一铵的硝化也有相当的酸效应。

土壤有机质含量及其转化，对土壤酸碱度影响很大。有机质主要组分中的富里酸和胡敏酸本身就是弱酸，有机质或有机肥在分解过程中产生的二氧化碳、多种有机酸及无机酸等均可促使 pH 下降。此外，硫化细菌和硝化细菌等微生物，还可以产生硫酸和硝酸，对土壤酸化也有一定影响。

(六)植物类型及其吸收养分影响土壤酸碱性

植物根系吸收养分时，为保持细胞内电荷平衡和交换吸附，会向土壤中排出电性相同的 H^+ 和 OH^-/HCO_4^-，大多数植物根系吸收的阳离子数量多于阴离子的数量，结果使土壤酸化。这还和施用化肥的种类有关，例如，携有盐基阳离子的硝态氮应比铵态氮产酸少。SO_4^{2-} 等不像 NO_3^- 那样易迅速被作物吸收，故携有该酸性阴离子的铵态氮肥比氨或尿素等肥料产酸更多。因此，生产上施用化肥时应注意肥料种类的合理搭配。

木本植物的灰分中盐基离子较少，特别是针叶植被的凋落物中含单宁树脂等物质较多，分解后产生酸性物质，导致土壤矿物质产生酸性淋溶而酸化；草本植物的灰分中含盐基离子较多，使土壤向中性和微碱性发展。而干旱地区的植物，尤其是盐生植物，富集土壤中的盐基离子，使盐基离子向地表集中，对土壤碱性的发展起积极作用。

(七)CO_2 影响土壤酸碱性

土壤有源源不断的 CO_2 供应，土壤中有机物质分解、植物根系和土壤微生物代谢活动等产生的 CO_2，溶于水即成为 H_2CO_3，碳酸虽为弱酸，但解离产生 H^+ 和 HCO_3^-，不断释放出少量的 H^+。

近中性或含一定数量碳酸盐或重碳酸盐的土壤的 pH 在很大程度上受土壤空气 CO_2 分压的影响。例如，含游离碳酸钙并与地表正常大气压下 CO_2 平衡的土壤，其 pH 为 8.5。如果这种土壤空气的 CO_2 分压升到 0.02 个大气压，土壤 pH 将降至约 7.5。

(八)碱性物质的水解使土壤产生碱性

土壤中 OH^- 的主要来源是弱酸强碱盐水解。土壤中常见的弱酸强碱盐有钾、钠、钙、镁等碳酸盐及重碳酸盐类。土壤胶体上吸附性盐基离子(Na^+、Ca^{2+})的水解作用也可以产生

OH^-。当土壤胶体上吸附 Na^+ 达到一定的饱和度时，会起代换水解作用，而使溶液呈碱性反应，由于土壤中总是有 CO_2 存在，水解产生的 NaOH 与碳酸发生反应，实际上土壤碱性总是以碳酸钠或碳酸氢钠形态表现出来的。

二、土壤中酸碱的类型与表示方法

（一）土壤中酸的类型与表示方法

土壤中的酸有两种存在状态，一种是以土壤溶液中游离态存在的 H^+ 直接表现出酸度；另一种是土壤胶体上吸附的 H^+ 和 Al^{3+}，平常不表现酸性，只有通过交换作用进入溶液中，产生 H^+，才表现出酸性。因此，土壤酸度可分为下列 2 个基本类型。

1. 土壤活性酸度

土壤活性酸度是指土壤溶液中的 H^+ 和 Al^{3+} 直接表现出来的酸度，通常用 pH 来表示。

pH 是活性 H^+ 浓度的负对数，即 $pH=-\log[H^+]$。土壤溶液为极稀薄的水溶液，即可认为：当 pH<7 时表示 H^+ 多于 OH^-，表现为酸性反应，pH 愈小，酸性愈强；当 pH>7 时，表示 OH^- 多于 H^+，则土壤呈碱性反应。

土壤 pH 不是一个固定常数，常随土壤中二氧化碳的含量和水分含量等发生变化。因为水分含量能影响离子交换和某些盐类（如 $CaCO_3$）的溶解，一般水分含量高时 pH 也增高。田间土壤含水较少，土壤空气中 CO_2 含量也相对较高，测得的 pH 常较实验室测得[1∶(1～2.5)的土水比]的结果偏低。根据土壤 pH 可以将土壤酸碱度分为 7 级（Henry，1990）：

级别	强酸性	中强酸性	微酸性	中性	微碱性	中强碱性	强碱性
土壤 pH	<5.5	5.5～6.0	6.0～6.5	6.5～7.5	7.5～8.0	8.0～8.5	>8.5

我国土壤的 pH 一般变化在 4.0～9.0，多数在 4.5～8.5 范围内，极少低于 4.0 或高于 10.0。长江以北的土壤，多属中性至碱性，只有某些针叶林下的土壤或在酸性母岩上发育的土壤才呈酸性；长江以南的土壤多为酸性至强酸性，只有在石灰性母岩上发育的土壤 pH 在 7.0～8.0。

2. 土壤潜性酸

土壤潜性酸是指土胶体上吸附的交换性氢离子、铝离子、羟基铝离子被交换进入溶液后引起的酸度。根据测定时使用交换剂的不同，潜性酸可分为交换性酸和水解性酸。潜性酸以 cmol/kg 表示，交换性酸有时也用 $pH_{(KCl)}$ 表示。

（1）交换性酸　通过中性盐的阳离子交换反应使土壤胶体上的 H^+ 和 Al^{3+} 进入溶液而表现出的酸度，称交换性酸。通常用过量的 1 mol/L 的 KCl 溶液与土壤胶体发生交换作用，土壤胶体表面吸附的大部分 H^+、Al^{3+} 被浸提剂的阳离子所交换而进入溶液，测定溶液中 H^+ 的浓度即得交换性酸度。

$$\boxed{土壤}-H^+ + KCl \rightleftharpoons \boxed{土壤}-K^+ + H^+ + Cl^-$$

$$\boxed{土壤}-Al^{3+} + 3KCl \rightleftharpoons \boxed{土壤}\equiv 3K^+ + Al^{3+} + 3Cl^-$$

$$Al^{3+} + H_2O \rightleftharpoons Al(OH)^{2+} + H^+$$

$$Al(OH)^{2+} + H_2O \rightleftharpoons Al(OH)_2^+ + H^+$$

$$Al(OH)_2^+ + H_2O \rightleftharpoons Al(OH)_3 + H^+$$

由于上述可逆反应产物解离度很大，当反应平衡时，并不能把土壤胶体上的所有 H^+ 和 Al^{3+} 交换下来，测得的结果只是土壤潜性酸的大部分，而不是全部。

(2)水解性酸　用弱酸强碱盐交换土壤胶体上的 H^+ 和 Al^{3+}，使之进入溶液而表现出来的酸度，称为水解性酸度。通常用醋酸钠作为浸提剂。它在水解时产生 NaOH，pH 可达到 8.5，Na^+ 可以把绝大部分代换性 H^+ 和 Al^{3+} 代换下来形成 H_2O、$Al(OH)_3$、醋酸，溶液中的醋酸为弱酸，主要以分子形态存在，解离出的 H^+ 浓度也很小，使交换反应更为完全，比用中性盐溶液能够从土壤胶体上交换出更多的氢、铝离子，滴定溶液中醋酸的总量即是水解性酸的量。

$$CH_3COONa + H_2O \rightleftharpoons CH_3COOH + NaOH$$

$$\boxed{土壤}—H^+ + NaOH + CH_3COOH \rightleftharpoons \boxed{土壤}—Na^+ + CH_3COOH + H_2O$$

$$\boxed{土壤}—Al^{3+} + 4CH_3COOH + 4NaOH \rightleftharpoons \boxed{土壤}—4Na^+ + Al(OH)_3 + 4CH_3COOH + H_2O$$

水解性酸度也称为土壤的总酸度，其一般都大于交换性酸，交换性酸是水解性酸的一部分。

土壤潜性酸的测定过程实际包括了土壤活性酸，从数量上讲，潜性酸远大于活性酸，常有几百倍、数千倍甚至几万倍的差距。潜性酸决定着土壤的总酸度，因此说活性酸是土壤酸性的强度指标，而潜性酸则是土壤酸性的容量指标。活性酸与潜性酸是土壤胶体交换体系中两种不同的形式，它们之间没有截然界限，当溶液的浓度和组成不发生改变时，活性酸与潜性酸暂时处于相对平衡中，如果土壤溶液发生改变时，它们可以互相转化，再达到新的平衡。

(二)土壤中碱的类型与表示方法

土壤溶液中 OH^- 浓度超过 H^+ 浓度时表现为碱性反应。土壤的 pH 愈大，表明土壤碱性愈强。土壤碱性除用 pH 表示外，还可用总碱度和碱化度两个指标表示。

1. 土壤总碱度

土壤溶液或灌溉水中 CO_3^{2-} 和 HCO_3^- 的总量称总碱度。其中主要是 K，Na，Ca，Mg 等碳酸和重碳酸盐。它们水解后都呈碱性反应。

$$NaCO_3 + 2H_2O \rightleftharpoons 2NaOH + H_2CO_3$$
$$NaHCO_3 + H_2O \rightleftharpoons NaOH + H_2CO_3$$
$$2CaCO_3 + 2H_2O \rightleftharpoons Ca(HCO_3)_2 + Ca(OH)_2$$
$$Ca(HCO_3)_2 + 2H_2O \rightleftharpoons Ca(OH)_2 + 2H_2CO_3$$

2. 土壤碱化度

土壤碱化度(exchangeable sodium percentage，ESP)是指土壤胶体吸附的交换性钠离子占阳离子交换量的百分数，即土壤交换性钠离子的饱和度。

$$碱化度=\frac{交换性钠[cmol(+)/kg]}{阳离子交换量[cmol(+)/kg]}\times 100\%$$

当土壤碱化度达到一定程度，会引起钠的代换水解作用，而使土壤溶液呈碱性反应，如下式：

$$\boxed{土壤}-Na^{+}+2H_2O \rightleftharpoons \boxed{土壤}-H^{+}+Na^{+}+OH^{-}$$

土壤的碱化度愈高，土壤的碱性愈强。当土壤的 ESP 大于 5%，pH 高于 8.5，土壤就开始发生碱化作用；钠离子饱和度 ESP 为 5%～10%为轻度碱化，10%～15%为中度碱化，15%～20%为强碱化；我国以土壤上部 40 cm 厚度内某一亚层中交换性钠饱和度 ESP≥30%、pH≥9.0、表层土壤含盐量≤5 g/kg 时定义为碱土。

土壤溶液的碱性反应也用 pH 表示。强碱性反应对植物的根系有腐蚀作用，使微生物丧失活性，还可导致微量元素有效性降低以及土壤理化性质恶化等，故对大多数植物都是极有害的。上述盐类中碳酸钙的溶解度较小，随着土壤溶液中 CO_2 的增加溶解度增大，溶解产生碳酸氢钙，增加了氢离子的浓度，pH 变小，一般含碳酸钙的土壤溶液的 pH 为 7.5～8.5，只有含碳酸钠、碳酸氢钠的盐碱土 pH>8.5。

三、土壤酸碱性与土壤质量的关系

(一)土壤酸碱性对土壤养分有效性的影响

土壤酸碱性影响土壤养分的有效性，因为土壤养分的变化是通过生物参与下的化学作用进行的，而土壤溶液的酸碱度能直接影响土壤的化学作用和微生物的生命活动。主要营养元素的有效性与土壤反应的关系见图 6-2。

图 6-2 所示各处营养元素的条带宽度，只表明该元素在不同 pH 时对植物的相对有效性，没有绝对含量的含义。从图 6-2 看出，大多数营养元素在 pH 6.0～8.0 范围内有效性最高，但各种元素都有各自适宜的 pH 范围，简述如下：

1. 氮素

土壤无机氮的溶解度在各种 pH 时都很高，但有机质中氮的矿化以 pH 6.0～8.0 时最好，有效态氮供应数量多。此时固氮菌活动能力强，增加土壤氮素输入，提高土壤氮的有效性。pH 6.0 以下时，固氮菌的活动能力降低，pH 8.2 以上时硝化作用减弱，都使有效态氮的供应减少。

2. 磷素

磷素在 pH 6.5～7.5 时有效性最高，这时磷主要以 $Ca(H_2PO_4)_2$ 的形态存在，溶解度最大，有效性最高。当 pH 小于 6.5 时，铁、铝、锰溶解度增大，产生铁、铝、锰的磷酸盐沉淀，从而降低磷的有效性。pH 7.5～8.5 时，磷酸根与钙离子作用形成难溶性的磷酸三钙沉淀，此时碳酸钙的存在同样抑制磷酸钙的溶解，磷的有效性降低。当 pH>8.5 时，由于钠离子的存在而形成可溶性的磷酸钠，溶解度增大，又提高了磷的有效性。

3. 钾、钙、镁、硫素

在酸性土壤中，这些营养元素的盐类溶解度大，有效性应该高，但土壤 CEC 降低，这些养分易于淋失而造成其交换性离子减少，表现缺乏；钙、镁在 pH>8.5 的土壤中，由于钠离子的增加，将钙、镁离子从胶体颗粒上交换下来，生成钙、镁的碳酸盐类沉淀，降低有效性。

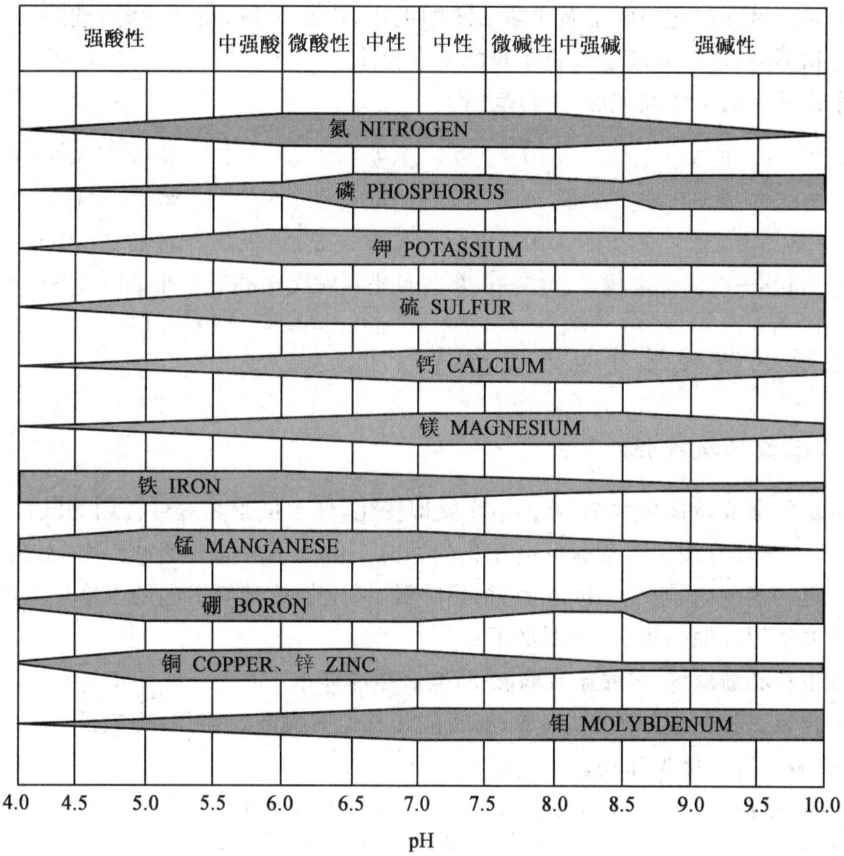

图 6-2　植物养分有效性与 pH 的关系

（条带越宽表示土壤养分有效性越高）

4. 微量元素

土壤中的微量元素锌、铜、铁、锰、硼，一般在酸性土壤中溶解度较大，有效性高，但在 pH<5.5 的强酸性土壤中，易造成土壤的铝、锰胁迫与毒害；在石灰性土壤里铁、锰、铜、锌常因生成氢氧化物沉淀而降低有效性。而硼随着 pH 升高，先生成硼酸钙的沉淀而降低有效性，当 pH 大于 8.5 后，由于生产可溶的硼酸钠而使其有效性提高。钼的有效性恰好与上述元素相反，在酸性土中常因与铁、铝生成钼酸铁、钼酸铝沉淀而降低有效性，随 pH 的升高而有效性增加。

（二）土壤酸碱性对土壤物理性质的影响

土壤过酸或过碱，易使土壤团聚性不好，结构性变差，黏重，土壤水、气、热不协调，不利耕作和植物生长。

（三）土壤酸碱性对植物和微生物的影响

土壤微生物活动有其适宜的 pH 范围，土壤细菌和放线菌较适宜中性至微碱环境，在此条件下活动旺盛，较易使土壤有机质矿质化，释放更多有效养分。而真菌更适于酸性的土壤环境。

多数植物适于在中性至微酸性土壤上生长，有些植物对酸碱反应敏感，如茶树、杜鹃、蔓越莓等喜酸性土壤，对中性以上土壤不适应；马铃薯的疮痂病容易发生在偏碱性的土壤中；因此要根据植物对酸碱性的适当要求及土壤 pH 的大小，因土种植，适地适种，选择适宜当地种植的作物品种和类型，能较好满足作物生长的土壤要求。

主要作物适宜的土壤酸碱度(pH)范围：

水稻	5.0～6.5	麻类	6.0～7.0	小麦	5.5～7.5	花生	5.3～6.6
棉花	6.0～8.5	芝麻	6.0～7.5	油菜	6.0～7.5	烟草	5.5～7.5
玉米	5.5～7.5	瓜类	6.0～8.5	红苕	6.0～7.5	番茄	5.5～7.5
马铃薯	4.8～6.5	茶树	4.5～6.0	豆类	6.0～8.5	油茶	4.5～6.0

四、土壤的酸碱缓冲性及其调节

(一)土壤酸碱缓冲性

若把少量的酸或碱加到水中，水的 pH 立即变化，但土壤不是这样。因为酸性或碱性物质加入土壤后，土壤具有缓和其酸碱反应变化的性能。由于土壤具有缓冲作用，土壤的酸碱度经常保持在一定的范围内，避免了因施肥、根系呼吸、微生物活动等引起的土壤反应的显著变化。土壤产生缓冲作用的原因很多，主要如下：

1. 土壤中存在着弱酸-弱酸盐或弱碱-弱碱盐缓冲体系

土壤中含有多种弱酸如碳酸、硅酸、腐殖酸和其他有机酸及盐类，构成了一个缓冲体系，它们对酸、碱都有一定的缓冲作用。

例如：加入酸时： $Na_2CO_3 + 2HCl \longrightarrow H_2CO_3 + 2NaCl$

加入碱时： $H_2CO_3 + 2NaOH \longrightarrow Na_2CO_3 + 2H_2O$

2. 土壤具有阳离子交换作用

当酸碱物质进入土壤后，可与土壤中交换性阳离子进行交换，生成水和中性盐。

例如：向土壤中加入少量酸：

$$2K^+ - \boxed{\text{土壤}} - Ca^{2+} + 4HCl \rightleftharpoons \boxed{\text{土壤}} - 4H^+ + 2KCl + CaCl_2$$

向土壤中加入少量碱(如 NaOH)：

$$H^+ - \boxed{\text{土壤}} - Al^{3+} + NaOH \rightleftharpoons Na^+ - \boxed{\text{土壤}} - Al^{3+} + H_2O$$

3. 土壤中两性物质的缓冲作用

土壤中有许多两性物质，如蛋白质、氨基酸、胡敏酸等都是两性物质，这些胶体表面的—COOH，—OH，—NH_2 等，在一定条件起缓冲作用。

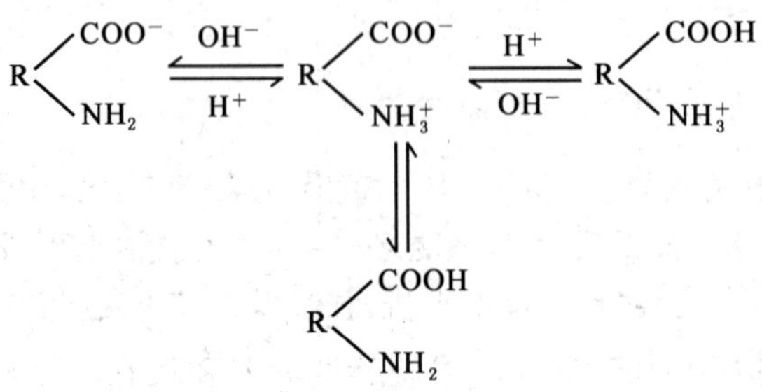

另外，pH＜5 的酸性土壤中，Al^{3+} 对碱起缓冲作用。在 pH＜5 的强酸性土壤中，由于交换作用或自由扩散进入土壤溶液中的铝离子，往往被六个水分子所围绕，形成带有三个正电荷的离子团 $[Al(H_2O)_6]^{3+}$，当加入碱性物质时，OH^- 可被铝离子周围水分子解离出的 H^+ 中和，两个铝离子通过共用两个 OH^- 而形成聚合态羟基铝离子，起到了对碱的缓冲作用，如下式：

$$2[Al(H_2O)_6]^{3+}+2OH^- \rightleftharpoons \underset{\text{聚合态羟基铝离子}}{[Al_2(OH)_2(H_2O)_8]^{4+}}+4H_2O$$

土壤溶液缓冲作用的大小常用缓冲容量表示，土壤缓冲容量是指使土壤溶液的 pH 改变一个单位所需要加入的酸量或碱量。土壤缓冲容量的大小一般顺序是：有机胶体＞无机胶体；蒙脱石＞伊利石＞高岭石＞含水氧化铁、铝；腐殖质＞黏土＞壤土＞沙土。所以，增加土壤有机质和黏粒含量，就可增大土壤缓冲容量，提高土壤缓冲性。

（二）土壤酸碱性的调节

土壤过酸过碱都不适宜植物生长，旱田、水田和园林土壤可采取相应措施调节土壤酸碱度。

1. 酸性土的调节

改良酸性土壤通常施用石灰、石灰石粉和碱性、生理碱性肥料。既能中和活性酸和潜性酸，又有利于团聚体的形成和增加土壤钙素营养的功能。还能减少磷素被活性铁、铝的固定。其反应如下：

$$CaO+H_2O \longrightarrow Ca(OH)_2$$

$$\boxed{\text{土壤}}—2H^+ +Ca(OH)_2 \rightleftharpoons \boxed{\text{土壤}}—Ca^{2+}+2H_2O$$

$$\boxed{\text{土壤}}—2Al^{3+}+3Ca(OH)_2 \rightleftharpoons \boxed{\text{土壤}}—3Ca^{2+}+2Al(OH)_3\downarrow$$

碳酸钙通过离子交换可中和土壤酸性，反应如下

$$\boxed{\text{土壤}}—2H^+ +CaCO_3 \rightleftharpoons \boxed{\text{土壤}}—Ca^{2+}+H_2CO_3$$

$$H_2CO_3+CaCO_3 \rightleftharpoons Ca(HCO_3)_2$$

酸性土壤石灰施用量可根据交换性酸量或水解性酸量进行大致估算，一般 pH＜5.5 才可施用石灰。同时还应考虑不同植物最适宜的土壤反应、石灰的种类和性质、土壤质地和有机质含量等。一般理论计算的施用量仅供参考。土壤石灰需要量的计算如下：

$$\text{石灰需要量(kg)}=\frac{1}{2}(\text{土壤容重}\times\text{土壤面积}\times\text{耕层深度})\times CEC\times(1-BS)\times\text{相对分子质量}$$

使用石灰石改良土壤酸性，在美国和苏联很普遍，我国也有使用。用石灰石粉的好处是中和作用缓慢，后效长，不用连年施用，不会突然改变土壤酸碱度，使微生物和植物的生长活动受影响。石灰石粉在土壤中溶解的速度与其颗粒的细度有关。在通常的情况下，石灰石粉颗粒愈细中和作用愈明显、愈迅速；颗粒愈粗作用愈缓慢，后效愈长久。

2. 碱性土的调节

改良碱性土可施用石膏、明矾、硫酸亚铁和硫黄等。施用石膏是利用 Ca^{2+} 交换碱土胶粒

上吸附性的Na^+，生成的硫酸钠可结合灌水使之淋洗掉。

$$\boxed{土壤}-2Na^+ + CaSO_4 \rightleftharpoons \boxed{土壤}-Ca^{2+} + Na_2SO_4$$

施用硫黄、明矾[$K_2SO_4 \cdot Al_2(SO_4)_3 \cdot 24H_2O$]或硫酸亚铁以中和碳酸钠所显示的碱性，并有改变土壤中的石灰为石膏的作用，反应如下：

$$S + O_2 + H_2O \longrightarrow H_2SO_3$$

$$2H_2SO_3 + O_2 \longrightarrow 2H_2SO_4$$

$$Al_2(SO_4)_3 + 6H_2O \longrightarrow 2Al(OH)_3 + 3H_2SO_4$$

$$FeSO_4 + 2H_2O \longrightarrow Fe(OH)_2 + H_2SO_4$$

$$CaCO_3 + H_2SO_4 \longrightarrow CaSO_4 + H_2O + CO_2$$

需要注意的是改良碱土最好结合灌溉或在雨前施用，还要结合增施有机肥才能收到良好的改良效果。

五、教学案例与分析

土壤酸化对环境质量的影响

（一）严重危害植物生长和农业生产

土壤酸化可以引起土壤一系列物理、化学和生物学性质的变化，导致营养元素淋失和有毒元素释放，从而影响农业生产。土壤酸化后加剧 Al 和 Mn 等释放和矿物风化，当酸化到一定程度，Al 含量增高对作物造成铝毒害，锰毒害，产量下降，甚至死亡；频繁发生的酸雨作用下，可以使钾、钠、钙、镁等土壤养分释放，并随着雨水流失，造成土壤贫瘠，如缺镁、钾、钼、钙；酸雨还抑制土壤微生物的繁殖和酶活性，如固氮菌、细菌受到抑制；阻碍根发育。在强酸性土壤上作物生长极差，产量极低。土壤酸化不仅可以影响植物生长和作物产量，而且可以影响作物的品质，不少强酸性土壤上生产的农产品，铝的含量高，从而威胁人体健康，易造成老年痴呆的发生。20 世纪 80 年代，欧洲森林大面积死亡就是土壤酸化的结果。

（二）土壤酸化引起水体质量恶化

土壤酸化能使湖泊等水体酸化，生物、鱼类大量死亡，在欧洲和北美，这种例子已经很多。一些资料表明，对于盐基饱和度低于 10%的森林土壤，酸沉降中的酸只有不到 1/4 被 1 m 厚的土壤所缓冲，其余都进入渗漏水和地下水。酸化水排入河流、港湾、鱼塘等，可将沉积物中污染的重金属活化释放，起定时炸弹的作用。水体酸化后可使鱼类和甲壳纲动物死亡，影响水产养殖业；热带、亚热带沿海平原低洼处，红树林下有含硫物质的积累，在开垦后土壤会酸化，如FeS_2 氧化成硫酸，土壤 pH 可低至 2.8：

$$FeS_2 + 3.5O_2 + H_2O \longrightarrow Fe^{2+} + 2SO_4^{2-} + 2H^+$$

强酸性富铝化水的絮凝作用使水体异常清澈，有可能被人误认为适合于游泳和饮用，从而带来对身体的伤害。

(三)土壤硫对大气的影响

人类活动排放的 SO_2、NO_x、PM、NH_3 等物质通过大气酸沉降进入土壤。虽然我国 SO_2 排放得到了一定的控制,但 NO_x 和 NH_3 排放量的持续增长,并没有减少酸沉降对土壤的酸化。

硫是植物中量的必需元素,缺乏或过多对植物生长都不利,使其产量和品质下降,因为蛋白质合成需要硫。以往,酸沉降中的硫进入土壤,相当于施用了硫肥。目前,土壤缺硫现象越来越明显,硫肥需要也越来越大,原因是以前硫是其他化肥的伴随物,如硫酸铵、过磷酸钙、硫酸钾以及作为碱性土壤改良剂的石膏(硫酸钙),用量都较大,为土壤补充了大量的硫。但随着化肥品种的改变和工业硫污染的治理(烟气脱硫),硫肥施用将会逐渐提到日程上来。氮肥的过量施用也导致作物缺硫,植株的 N/S 是衡量作物营养价值的重要指标,N 素和 S 素的供应比例应为(12～15)∶1,才能使作物蛋白质的含量和品质都得到提高。淹水土壤中硫的还原产物特别是 H_2S 对植物根系有极大破坏作用。

土壤中的硫也能产生大量的气态硫化物,并进入大气,影响全球变化,形成大气酸沉降和环境酸化,威胁到自然生态系统和人类生存环境;土壤中硫的氧化还原作用对氮循环、碳循环、土壤环境本身有一定的影响。土壤每年有 1 亿 t 的气态硫进入大气,包括无机硫气体和有机硫气体。在好气和淹水条件下,土壤硫化合物都可被微生物转化生成可挥发性硫化合物,有 H_2S、SO_2、DMS[DiMethyl Sulfide、二甲基硫,$(CH_3)_2S$,二甲硫]、DMDS[二甲二硫,$(CH_3)_2S_2$)]、COS(氧硫化碳):COS 与 O_3 反应,破坏臭氧层、二硫化碳(CS_2)、甲基硫醇(CH_3SH)等。植物通过叶片的气孔可吸收大气中的 SO_2、SO_3、H_2S、COS 等。但植物可以向大气释放一定量的硫化物气体,如十字花科残体分解可放出甲基硫醇、二甲硫和二甲二硫,这些物质能控制豌豆、菜豆和芝麻根腐病;盐沼、玉米等植物也可以释放硫化物(盐沼每年释放 3.5～650 g/m^2;玉米每年释放 0.237 g/m^2);植被或有机质分解中也可以直接释放出硫,动物粪便分解时也放出大量挥发性硫化合物。酸性硫酸盐土也能产生 SO_2,可引起呼吸困难和污染大气。

另外,土壤酸化还可腐蚀地下管道和金属建筑材料。所以,凡是有酸性土壤分布的地区,都应十分重视土壤酸化的防治。

第三节　土壤溶液中的氧化还原反应

一、土壤中的氧化还原体系

(一)土壤氧化还原过程的基本概念

土壤中存在许多的氧化剂和还原剂,因此,在土壤复杂的化学和生物化学过程中,普遍地、经常地进行氧化还原反应,这种过程对于土壤中有机无机物质的转化、迁移、积累和根系生长有直接的影响。氧化还原过程实质是电子的转移过程。一种物质的氧化必然伴随着另一种物质的还原。一些物质失去了电子被氧化;另一些物质得到电子被还原。所以在土壤溶液中,氧化反应和还原反应是同时进行的,是一个反应过程的两个方面。一般说对于同一物质,以能吸收电子的状态存在时，称为氧化剂；以能放出电子的状态存在时，称为还原剂。对于不同的物质，也可以根据得失电子能力的不同称为氧化剂或还原剂，但有很大的相对性。氧化还原反应最简单的表示形式为：

$$\text{氧化剂}^{+m} + ne^- \rightleftharpoons \text{还原剂}^{m-n}$$

土壤的氧化还原状态用氧化还原电位（Eh）来表示。Eh 是指由于溶液中氧化态物质和还原态物质的浓度关系而产生的电位，其单位为毫伏（mV）或伏（V）。土壤中氧化还原电位高低决定于土壤中氧化剂和还原剂的性质与浓度，可用能斯特（Nernst）方程式表示：

$$Eh = E_0 + \frac{RT}{nF}\log\frac{[\text{氧化剂}]}{[\text{还原剂}]}$$

式中：Eh 为氧化还原电位；E_0 为标准氧化还原电位，是一个常数，指氧化剂和还原剂的活度比为 1 时的 Eh 值；R 为气体常数；T 为绝对温度；n 为反应中电子转移数；F 为法拉第常数。

在恒温下，一定的氧化还原体系的 E_0、R、T、n 和 F 都是常数，所以氧化剂与还原剂活度的比值愈大，Eh 值愈高，氧化强度愈大；反之，则还原强度愈大。

土壤中产生氧化还原电位的原因和一般电池中电位产生的原因一样，将不同的电极放在溶液中（如伏特电池是铜锌两电极放在硫酸溶液中），电极之间就显示出电位（在伏特电池中近 980 mV），而在电极相连时就发生电流。一般来说，两电极之间电位的大小决定于电池溶液中氧化剂和还原剂的浓度和性质。在测定土壤中的氧化还原电位时，通常用铂电极和甘汞电极来进行。当把这样两个不同电极插入土壤时，就会产生电位差；把两极连通时就会有电流通过，其电位差就是氧化还原电位。

（二）土壤氧化还原反应体系

土壤有多种多样氧化物质和还原物质，构成了不同的氧化还原体系，这些体系基本上可分为无机体系和有机体系两大类。在无机体系中，重要的有氧体系、铁体系、锰体系、硫体系、氮体系和氢体系等。关于有机体系，可能包括不同分解程度的有机化合物、微生物的细胞体及其代谢产物，还可能包括小部分的植物根的分泌物以及能起氧化还原反应的有机酸类、酚类、醛类和糖类等化合物。土壤氧化还原体系的反应有可逆的、半可逆的和不可逆的，例如，有机体系是半可逆的和不可逆的。简单介绍这些体系如下。

1. 无机体系

（1）氮体系　土壤无机矿物态氮的氧化还原反应（NH_4^+ 氧化的硝化反应、NO_3^- 还原的反硝化反应），主要是由微生物和酶参与的生物化学过程。如从铵态氮转化为硝态氮，需在氧化条件下进行，一般要求土壤 Eh 在 400 mV 左右。较铁、硫氧化所需 Eh 高得多。为了减少肥料损失和防止硝化产物的环境污染，可以加入抑制剂（如 2-氯-6-三氯甲基吡啶）来终止硝化反应的第一阶段，如下式（反向箭头表示生物氧化受到抑制）：

$$NH_4^+ \xleftarrow{\text{加亚硝酸菌抑制剂}} NO_2^- \xrightarrow{\text{硝酸菌的氧化}} NO_3^-$$

而从硝态氮进行反硝化形成气态氮化合物的过程，则要求在嫌气还原条件下进行，一般要求 Eh 小于 300 mV。硝酸盐还原的通式：

$$2NO_3^- \longrightarrow 2NO_2^- \longrightarrow 2NO \longrightarrow N_2O \longrightarrow N_2$$

硝化反应产生的 NO_3^- 吸附能较低，易于淋失进入地下或地表水体造成污染或富营养化，严重影响水体质量；反硝化反应产生温室气体，N_2O 还对臭氧层有破坏作用，造成全球变化问题。研究无机氮氧化还原过程的合理调控，不但为减轻化学氮肥由于硝化-反硝化而大量损失、合理施肥、提高氮肥利用率所必需，也可为防治环境污染、调控温室效应提供某些参考数据。

(2)氮体系　土壤中的氧主要是来自大气，降水和灌溉水也带进一部分溶解的氧气。此外，蓝、绿藻进行光合作用放出的氧，也是氧的来源之一。氧体系的反应式可表示如下。

$$O_2 + 4H^+ + 4e^- \longrightarrow 2H_2O$$

在 25℃时，氧化还原电位 $Eh = 1.23 - 0.059\ \text{pH} + 0.015\ \log[O_2]$，当氧的浓度为 0.2 大气压时，氧化还原电位可达 710 mV。通气状况，特别是氧气数量与土壤中氧化还原状况有直接关系。氧体系在土壤氧化还原电位中居最高，氧是一种化学性质极为活泼的氧化剂。在土壤中氧的消耗，主要是用于微生物和动植物的活动。

(3)铁体系　包括土壤中含铁的各种化合物，一般都以氧化态形式存在(如赤铁矿、磁赤铁矿、针铁矿、纤铁矿、水铁矿等)，而在土壤有机质积累层中或在渍水还原的土壤条件下，可以还原成低价铁(亚铁)。这个体系的最简单的反应式为：

$$Fe^{3+} + e^- \rightleftharpoons Fe^{2+}$$

在 25℃时，

$$Eh = 1.124 - 0.77\text{pH} + 0.059\ \log \frac{1}{[Fe^{2+}]}$$

随着高价铁被还原成低价铁，便组成了土壤中的一个氧化还原体系。当土壤中氧化铁的含量较高时，则渍水后氧化还原电位下降较慢。由于土壤中的含铁量较高，作为一个氧化还原体系来看，铁是很重要的。

事实上，铁体系在土壤中还与其他化学平衡有关，在有氧参与的情况下，铁体系与氧体系之间又要达到平衡，根据多种体系的平衡原理，经换算可得：

$$\text{p}Fe^{2+} = 1.93 + 2\text{pH} - \frac{1}{4}\text{p}O_2$$

由此可见，Fe^{2+} 的浓度受氧浓度的影响很大，并受 pH 的影响。

(4)锰体系　锰也是土壤中含量较高的元素，其氧化还原反应与铁相似，但锰在土壤中的含量较铁少，而价数的变化却比铁复杂，常见的反应式为：

$$MnO_2 + 4H^+ + 2e^- \rightleftharpoons Mn^{2+} + 2H_2O$$

在 25℃时，$Eh = 1.24 - 0.118\text{pH} + 0.029\,5\ \log \dfrac{[MnO_2]}{[Mn^{2+}]}$，考虑到有氧参与的平衡，可得：$\text{p}Mn^{2+} = 2\text{pH} - \frac{1}{2}\text{p}O_2$，由此可见，锰体系也受 O_2 和 pH 的影响。但锰体系的标准氧化还原电位较铁体系高，锰的化合物较铁的化合物更易还原。酸性土壤中锰很容易转化为 Mn^{2+}，往往达到对植物有害的程度，而石灰性土壤中，锰则多为无效的氧化态，导致土壤微量元素的失衡。

(5)硫体系　土壤中的硫以无机态和有机态两种形态存在，而以有机态硫占多数，无机硫只占总硫量的20%以下。有机态硫在未分解前是难溶性的，一般不参与氧化还原反应，经微生物分解和矿化后，形成无机态硫及其化合物，在氧化条件下，即成为硫酸盐形态，这种氧化作用包括纯化学氧化(H_2S在有氧时的氧化)和生物氧化。但在较强的还原条件下，即成为H_2S或金属硫化物及硫的不完全氧化物等。

在土壤中参与氧化还原反应的物质主要是S^{2-}和SO_4^{2-}。从S^{2-}氧化成SO_4^{2-}主要以生物化学为主，先由S^{2-}氧化成SO_3^{2-}，再由SO_3^{2-}进一步氧化成SO_4^{2-}。但实际上第一步所产生的SO_3^{2-}即刻被氧化成SO_4^{2-}，在土壤中几乎没有SO_3^{2-}的存在。因此这个反应的机制，目前尚不太清楚，故其氧化电位无法用数学式确切表达。总之，硫的氧化还原受土壤性质和环境条件的制约非常显著。

(6)氢体系　在一般土壤中，氢气是很少有的，但是在渍水土壤的强烈还原层中，氢气可以积累得相当多。氢体系的反应式可表示如下：

$$2H^+ + 2e^- \rightleftharpoons H_2$$

氢体系在土壤中是较强的还原剂，因其产生的条件比较特殊，所以缺乏普遍意义，除了在强烈的还原条件下之外，在土壤中所起的作用一般较小。

2. 有机体系

土壤有机质在分解氧化时，所引起的还原作用是使高价金属离子还原为低价金属离子的重要驱动力。它包括不同分解程度的有机化合物，尤其是有机酸类，还有微生物的细胞体及其代谢产物，另外，还有一些植物的分泌物等。因此，土壤中的各种有机物质是土壤氧化还原反应中主要的电子供体，没有还原性有机物质的存在，就没有氧化还原反应。土壤中氧化还原反应的有机体系有别于无机体系，首先是有机体系的还原性较强，在pH为7时，各有机体系的标准氧化电位都是负值。其次是有机体系是生物化学作用的产物，在一定的条件下才是可逆的。再次这些有机体系是分解的中间产物，只是暂时处于静止状态，是一个动态平衡，在适当条件(如氧化条件)下极易分解或转化而消失，其变动十分剧烈。一般在渍水条件下，土壤氧化还原电位总是迅速下降的，而当易分解的有机物质含量高时，下降更为激烈。有机体系受土壤*Eh*的制约性大，一般把土壤的*Eh*值250～300 mV作为氧化和还原的分界点，高于分界点，进行氧化过程；低于分界点，则进行还原过程。

在有机氧化还原体系中，有机酸类体系是比较主要的，有机酸是微生物在嫌气条件下分解糖时所产生的一类产物，其数量和各种有机酸之间的比例，受土壤pH、通气状况和微生物的营养等条件的影响。土壤中有机酸体系主要有延胡索酸盐-琥珀酸盐、草酰乙酸盐-苹果酸盐、丙酮酸盐-乳酸盐等体系，这些体系在土壤中的标准氧化还原电位也都小于零。

土壤中氧化还原体系可同时以程度不同的多种体系共存，各体系间存在着相互重叠、相互影响。且在不同的条件下，土壤中各种氧化还原体系的作用大小是不同的。具体说，在*Eh*值高于300 mV时，在一般土壤pH条件下，氧体系起着巨大作用，在*Eh*值约低于100 mV时，决定电位大小的主要是有机体系，虽然这时铁体系也可以起到较大的作用，但它要受到氧体系和有机体系的制约。另外，土壤中氧化锰含量虽然比氧化铁含量低很多，但是氧化锰的氧化能力强，对酚类化合物的氧化降解有重要作用，在土壤腐殖质形成和有毒有机污染物降解等方面发挥了重要作用。酚类化合物是突然中一类比较活泼的有机化合物，包括酚酸和多元酚，主要来源于植物残体分解的中间产物和根系和叶的分泌物，农药和除草剂中 25%属于酚类化合物，也是土壤酚类化合物的一个重要来源。土壤氧化锰能使邻苯二酚、氢醌和间苯二酚等酚类化合物发生聚合反应，是土壤腐殖质形成和降低酚类化合物毒性和生物有效性的重要步骤。

二、土壤的氧化还原状况

土壤类型、地形、植被和土地利用方式的不同，*Eh* 值差异很大，这主要决定于土壤的水分状况和有机质的含量。土壤含水多，土壤通气状况愈差，*Eh* 值就低；有机质分解是在微生物参与下的耗氧过程，在一定通气条件下，土壤中易分解有机质含量愈高，微生物活性愈强，耗氧愈多，*Eh* 值也愈低。自然植被下的土壤以氧化过程占优势。其表层因受有机质的影响，氧化还原电位可较底土低数十至一两百毫伏。这是由于在表层中含有一定数量的还原性物质。

旱田土壤直接与大气接触，土壤中氧气含量丰富，一般以氧化态为主，氧化还原电位一般在 200 mV 以上，多数变化在 300～600 mV。其中耕层有时因有少量有机还原性物质，氧化还原电位可较底土低数十毫伏。对大多数植物，旱田土壤一般在 200～750 mV 较好，水、气、热协调。如果大于 750 mV，此时土壤的一般成分几乎全部处于氧化状态，对于旱地作物的生长完全无碍，但此种情况下，有机质分解较快，养分易于流失；如低于 200 mV 时，则还原过强，还原物质增多，有害物质增多。

水田土壤 *Eh* 变动较大，在淹水期间，由于土壤与大气被水层阻隔，一般以还原状态为主，其 *Eh* 值往往低于 200～300 mV，地下水位较高的土壤可低至－100～－200 mV；在排水烤田期间土壤通气性改善，*Eh* 可增至 500 mV 以上，水稻适于生长的 *Eh* 在 200～400 mV。如果土壤 *Eh* 经常在 180 mV 以下或低于 100 mV，水稻分蘖就会停止，发育受阻。如果长期处于－100 mV 以下，水稻甚至会死亡。

由于旱田和水田土壤的氧化还原状况差异较大，故几种主要元素的存在形态也不同(表 6-2)。

表 6-2 旱田及水田土壤中几种元素的存在形态

元素	旱田(氧化状态)	水田(淹水还原状态)
碳(C)	CO_2	CH_4
氮(N)	NO_3^-	N_2，NH_4^+
硫(S)	SO_4^{2-}	S，H_2S
铁(Fe)	Fe^{3+}	Fe^{2+}
锰(Mn)	Mn^{4+}，Mn^{3+}	Mn^{2+}

三、影响氧化还原状况的因素及其调节

(一)影响氧化还原状况的因素

影响土壤氧化还原状况的因素很多，归纳起来有以下几个方面：

1. 土壤中易分解有机质状况

土壤中易分解的有机质包括许多有机化合物，主要指糖类、淀粉、纤维素、蛋白质等以及微

生物本身的某些中间分解产物和代谢产物，如有机酸、醛、醇等，其中很大部分可以作为微生物的营养物质和能源物质。在有机质的分解过程中，主要是耗氧过程，形成大量的各种各样的还原性物质，是主要的电子供体，将土壤中的氧化铁、锰和硫酸盐还原成 Fe^{2+}、Mn^{2+} 和 S^{2-}，间接增加了土壤中无机还原性物质。在渍水条件下，土壤的氧化还原电位总是迅速下降的，并且在易分解的有机质含量高时，下降得更为剧烈。土壤有机物质的多少是影响土壤还原性物质多少的重要因素，有机物质种类不同产生的还原性物质的数量也不同。

2. 土壤水分和通气状况

土壤通气状况，主要由土壤的孔隙状况和水分状况所决定。土壤孔隙度大，水分含量低，则通气良好。此时土壤空气与大气间气体交换迅速，土壤空气中氧浓度较高。在排水不良的土壤中，通气孔隙少，土壤空气与大气交换缓慢，气体所占的比例降低，因此氧的浓度也下降，再加上微生物活动的耗氧，有机物质进行厌氧分解产生大量的还原物质，使氧的浓度更低。渍水的土壤是这方面的一种极端情况。有人认为，当土壤渍水时虽然排除了氧，但若缺乏微生物活动所需的能源物质时，仍不能使电位显著下降。总之，即在通气良好时 Eh 升高，而在通气不良时则 Eh 下降。因此，对于同一种土壤，Eh 也可以作为通气状况的相对指标。

3. 土壤中易氧化或易还原的无机物质状况

土壤中易氧化的无机物质愈多，则还原条件愈发达，并且抗氧化的平衡作用也愈强。反之，易还原的无机物质较多时，抗还原的能力也较大。土壤中的氧化铁和硝酸盐的含量高时，可以减弱还原条件，使 Eh 值下降得较少。所以可把氧化铁、锰和硝酸盐都看作受氢体。由于易氧化的无机物质与氧能直接起反应，因此在土壤排水后，电位很快上升，而这些物质也就很快地被氧化了。

4. 植物根系的代谢作用

植物根系分泌物可以直接或间接地影响到根际土壤的氧化还原电位。植物根系能分泌出有机酸等有机物质，造成特殊的根际微生物的活动条件，并且这些分泌物本身，也可能有一部分直接参与根际土壤的氧化还原反应。

5. 土壤的 pH

pH 是控制沉淀—溶解平衡的重要因素，如还原性物质中大量的 Fe^{2+} 数量与平衡溶液的 pH 呈负相关。土壤 pH 和 Eh 的关系很复杂，由于氢离子参与氧化还原反应，在理论上把土壤的 pH 与 Eh 关系固定为 $\Delta Eh/\Delta pH=-59$ mV（即在通气不变条件下，pH 每上升一个单位，Eh 要下降 59 mV），但实际情况并非完全如此。据测定，我国 8 个红壤性水稻土样本 $\Delta Eh/\Delta pH$ 关系，平均约为 85 mV，变化范围为 60～150 mV；13 个红黄壤平均 $\Delta Eh/\Delta pH$ 约为 60 mV，接近于 59 mV。一般土壤 Eh 随 pH 的升高而下降。

综上所述，影响土壤中氧化还原过程的条件是经常变化的，它受土壤水分、通气状况、pH、温度、施肥、微生物活动、植物生长等多种因素的影响，特别是受农林业技术措施的影响更大。这些因素都会影响到土壤中硝酸盐、铁、锰等养分的转化和根系的生长发育。灌溉、施入新鲜有机肥等都可以降低氧化还原电位；排水使土壤变干，疏松通气，可以提高氧化还原电位。因此，在缺乏有效态铁、锰、铜的土壤中，可以施用有机肥料加强还原作用，促进其溶解。在还原物质多，危害植物生长发育时，可以采取各种改善通气的措施，如降地下低水位及深耕晒垡等。

（二）土壤氧化还原状况的调节

土壤的氧化还原状况，对植物的生长影响是很大的，因此，在农业生产实践中，也需要对土壤的氧化还原状况加以调节。

在一般情况下，还原过程的适当发展对水稻的生长是利多于弊。这时土壤的养分状况和物理化学条件对水稻的生长转为有利，而还原物质一般还不致达到危害水稻生长的程度。但水稻土氧化还原交替，有助于高肥力水稻土的形成，如土色较黑，排水落干后出现血红色的“锈纹、锈斑”（俗称鳝血），整个剖面有一定的层次排列，这是肥沃水稻土的剖面形态特征。

对某些排水不良的潜育性水稻土，如“冷浸田”、“冬水田”，土壤的还原性过强，易产生有毒物质的积累，则需采取开沟排水、烤田等措施降低地下水位，以改善土壤的通气性，消除过强的还原性质，以创造氧化条件。

对旱田土壤来说，当然以氧化条件为主，但过强的氧化条件不利于有机质的积累，还可导致某些养分的有效性降低，通常可通过灌溉和施肥有机肥等措施加以调节。

四、教学案例与分析

土壤 *Eh* 的测定——铂电极直接测定法

氧化还原电位作为氧化还原体系的强度指标，已被广泛用于评估土壤的氧化还原状况。由于土壤氧化还原状况易变，最理想的状态是在田间进行原位测定。测定土壤 *Eh* 常用的是铂电极直接测定法，但精度不如铂电极去极化法。

（一）方法原理

将铂电极和参比电极（如饱和甘汞电极）插入土壤或水中，其中可溶性氧化剂或者还原剂将从铂电极上接受或给予电子，直至在铂电极上建立起一个平衡电位，即氧化还原电位 *Eh*，其符合 Nernst 方程，即氧化剂与还原剂的活度比决定了 *Eh* 值的大小。用电位计测量铂电极和参比电极构成的电池的电动势，计算出铂电极上的平衡电位 *Eh* 值。

（二）实验试剂

（1）酸性重铬酸钾洗液　称取化学纯重铬酸钾 50 g，置于 100 mL 蒸馏水中，加热溶解，冷却后，在搅拌条件下缓慢地加入浓硫酸 900 mL。

（2）脱膜溶液（0.2 mol/L HCl ＋ 0.1 mol/L NaCl）　量取 8.5 mL 浓盐酸，倒入 400 mL 蒸馏水中，再加入 2.92 g 氯化钠，搅匀后定容到 500 mL。

（3）pH 4.01 缓冲溶液　称取经 105℃烘干的 10.21 g 分析纯的苯二甲酸氢钾溶于蒸馏水中并定容 1 L。

（4）氧化还原标准缓冲液　在 30 mL 的 pH 4.01 缓冲液中，加入少量醌氢醌固体粉末，使溶液中有不溶的固体存在。

（5）氯化钾饱和溶液　称取化学纯的氯化钾 35 g，溶于 100 mL 蒸馏水中，搅匀后仍有固体 KCl 存在。

（6）其他　化学纯的固体亚硫酸钠、醌氢醌。

(三)仪器设备

①铂电极:铂电极在用前要用脱模溶液做表面处理。具体方法:将铂电极浸入 25 mL 脱膜溶液中,加热至微沸,加入少量的亚硫酸钠固体(100 mL 溶液加入 0.2 g 左右),继续保温并维持溶液体积不变至 30 min,冷却后,用蒸馏水洗净电极。脏的或用久的铂电极在做脱膜处理前,最好先用酸性重铬酸钾洗液浸泡 30 min。表面处理完毕后,铂电极还需要在标准还需要在标准氧化还原缓冲液中,检测电极电位是否准确,即将铂电极和饱和甘汞电极插入该缓冲液中,测定其组成的电池电动势 E(mV),由下式计算 pH:

$$\mathrm{pH}=\frac{455-0.09(t-25)-E}{59.1+0.2(t-25)}$$

根据实测的 E 而计算的 pH 与该温度下缓冲溶液的 pH(表 6-3)之差应小于 0.04 单位,如果差值过大,需要对铂电极在用脱膜溶液处理一次,并重新检验。

表 6-3 浓度为 0.05mol/L 苯二甲酸氢钾溶液在不同温度时的 pH

温度/℃	pH	温度/℃	pH
0	4.003	30	4.015
5	3.999	35	4.024
10	3.998	38	4.030
15	3.999	40	4.035
20	4.002	45	4.047
25	4.008	50	4.060

②饱和甘汞电极。
③常用的毫伏计或离子 pH 计。
④温度计。

(四)操作步骤

将铂电极和饱和甘汞电极分别与电位计或 pH 计(离子计)的接线柱的正、负极端相连,选择开关置于 mV 挡,然后将两电极插入土壤或者其他介质中,平衡 2 min 或 10 min 后读数(5 min 的电位值变动不超过 1 mV)。重复 5~10 次。重复测定时,取出的铂电极要用水洗净,再用滤纸吸干,饱和甘汞电极应洗干净,并在氯化钾饱和溶液中稍加浸泡。在测定 Eh 的同时,测定温度和 pH。

(五)结果计算

$$土壤\ Eh=E_{测出读数}+E_{饱和甘汞电极}$$

饱和甘汞电极的电位($E_{饱和甘汞电极}$)受温度的影响,可根据表 6-4 查得不同温度的电位值。或者在 0~40℃范围内用公式 $E_{t饱和甘汞电极}=244+0.64(25-t)$计算。

表 6-4　饱和甘汞电极在不同温度时的电位

温度/℃	E/mV	温度/℃	E/mV
0	260.1	25	244.3
10	254.0	30	241.0
12	253.0	35	237.6
15	250.8	38	235.6
18	248.9	40	234.2
20	247.6	50	227.1

复习思考题

1. 影响土壤溶液变化的因素有哪些?
2. 土壤潜在酸与活性酸之间存在什么关系?
3. 土壤酸、碱来源有哪些?
4. 我国土壤的酸碱性有什么规律?
5. 土壤酸碱性与土壤质量存在什么关系?
6. 土壤为什么具有缓冲作用?
7. 土壤氧化还原可以归结为哪几种途径?

参考文献

1. 山西农业大学. 土壤学(北方本). 2 版. 北京:农业出版社,1990.
2. 丁昌璞,于又先. 鼎湖山、尖峰岭和那大地区某些土壤的氧化还原状况. 土壤学报,1991,28(3):295-301.
3. 赵兰坡,邹永久,杨学明. 土壤学. 北京:北京农业大学出版社,1993.
4. 北京林业大学. 土壤学. 北京:中国林业出版社,1994.
5. 廖万有. 茶园土壤中氧化还原反应的微生态效应. 茶叶,1996,22(4):12-15.
6. 宋静,骆永明,赵其国. 土壤溶液采样技术进展. 土壤,2000,(2):102-106.
7. 黄昌勇. 土壤学. 北京:中国农业出版社,2000.
8. 熊顺贵. 基础土壤学. 北京:中国农业大学出版社,2001.
9. 李合生. 现代植物生理学. 北京:高等教育出版社,2002.
10. 哈弗林(Havlin J. L.)等. 土壤肥力与肥料:养分管理导论. 7 版(影印本). 北京:高等教育出版社,2006.
11. Henry D. F. Fundamentals of soil science. 8th ed. John Wiley & Sons,Inc. USA. 1990.
12. 朱祖祥. 中国农业百科全书 土壤卷. 北京:中国农业出版社,1996.
13. 丁昌璞,徐仁扣. 土壤的氧化还原过程及其研究法,北京:科学出版社,2011.

第七章 土壤养分

［**本章导读**］ 本章主要讲述土壤养分的来源、含量、形态和有效性。而养分的有效性与养分的各种形态相互转化密切相关。本章重点内容是土壤中的氮、磷、钾素养分的形态、转化及其有效性。

第一节 土壤养分概述

土壤养分是指土壤供给植物生长发育所必需的营养元素。生物体内含有的元素有90余种，已发现植物生长所需的元素有22种，它们是碳、氮、氧、氢、磷、钾、钙、镁、硫、铁、锰、钼、锌、铜、硼、氯、镍、钴、钒、钠、硒和硅。其中碳、氢、氧主要来源于大气和水，其余的元素称为矿质元素，来自于土壤。前17种元素为所有植物所必需(必需元素)，后5种为一些植物所必需(有益元素)。氮、磷、钾为植物营养三要素，或肥料三要素，钙、镁、硫属于中量元素，其余矿质元素为微量元素。每种养分元素在土壤中都有不同的形态和各自的转化过程。

各养分元素每年在土壤中如何变化必然取决于两个方面:①土壤中这一养分元素的含量和组成，它是转化的物质基础;②影响养分转化的土壤条件，主要是土壤的水、热、空气状况和土壤的pH和*Eh*，这些是转化的条件。作物生长发育中对土壤养分的要求有其遗传特征，也决定于其生物学特性，土壤养分状况一般是不能完全满足作物在不同生长时期的要求的。二者间的差距就是利用施肥、排灌、耕作等栽培措施，控制土壤对作物供给养分(或营养条件)的依据。在调节土壤的养分状况上，施肥固然是重要手段，它是提供养分和养分转化的物质基础;但调节土壤的水、热、空气、pH、*Eh*等条件也同样重要，因为它们是土壤养分转化的环境条件。光有物质基础，没有适宜的条件，是不能进行转化的。具备条件，缺乏物质基础也同样无从进行转化。两个方面缺一不可。

一、土壤养分的来源

(一)土壤矿物质的风化

岩石矿物风化释放出来的养分，是土壤最初的养分来源。如正长岩、流纹岩和花岗岩、云母片岩等向土壤释放大量钾素;玄武岩、闪长岩、花岗岩等向土壤释放磷素;石灰岩最多，其他如辉长岩、玄武岩、闪长岩等向土壤释放钙素;镁素多来自橄榄岩，其次玄武岩、辉长岩等;玄武岩含有铁最多。

(二)土壤有机质的分解

有机质分解释放出来养分，N、P、S等营养元素绝大部分以有机态积累和贮藏在土壤中。

(三)其他来源

例如:生物固氮;大气降水中含有 NO_2、NO 、SO_2、NH_3、Cl_2 及 Mg、Na、K、Ca;人为施入有机或无机肥料等。

二、土壤养分的有效性

土壤养分的有效性是决定植物生长和土壤生产力的主要因素之一,是土壤肥力的重要因子之一。土壤中不是所有的养分形态均能被植物吸收的,这决定于它们的存在形态,能被植物吸收的养分称为有效养分(available nutrient)。

土壤养分——植物所必需的,主要是土壤来提供的营养元素就叫作土壤养分。土壤养分是土壤肥力的物质基础,是土壤肥力的重要组成因素。

有效养分——能够直接或经过转化被植物吸收利用的土壤养分。

速效养分——在作物生长季节内,能够直接、迅速为植物吸收利用的土壤养分。

无效养分——不能被植物吸收利用的土壤养分。

土壤养分状况——土壤养分的含量、组成、形态、分布和有效性的高低。

亚农(Arnon)1954 年对植物"必需"的养料元素定了 3 条标准:①如果缺少这种元素,植物就不能生长或不能完成生命周期(必要性);②这种元素不能被其他元素所代替,它有所具有的营养作用(不可替代性或专一性);③这种养料元素在植物的代谢过程中具有直接的作用(直接性)。

三、教学案例与分析

土壤养分与配方施肥

作物的高产优质及其可持续生产是保证粮食安全和国民经济健康发展的基本保证。良性循环的农业生态系统需要土壤能持续为作物提供充足的养分。作物养分需求量的多少受到多个综合因素的相互影响,如作物种类和品种、土壤肥力水平、土壤的性质、外界环境条件的变化、人为的管理措施等。近年来,由于某些人为补给和控制土壤养分的管理措施的不合理,不但威胁到粮食生产的可持续,也造成一些环境污染问题,如水体的氮磷污染和土壤退化。如何合理评价土壤养分状况和合理的配方施肥显得尤为重要。

配方施肥也称为平衡施肥,是以土壤测试、植株分析和肥料田间试验为基础,根据作物的需肥规律、土壤供肥性能和肥料效应,在合理施用有机肥料的基础上,提出氮、磷、钾及中、微量元素等肥料的施用数量、施肥时期和施用方法。

土壤测试主要是通过采用适宜的化学浸提剂对土壤各种养分进行提取进而评估土壤养分的状况。但在土壤测试之前要采集有代表性的土壤样品。土壤由于受地形、母质、耕作、施肥等影响造成其具有不均一性。田间采取 1 kg 土壤样品,再从中取出几克或几百毫克,并足以代表一定面积的土壤,这比正确的室内化学分析还要困难。这就要求所采集的样品对所研究的对象必须具有最大的代表性,否则任何精密仪器和熟练的分析技术都将失去意义,还可能得出错误的结论。一般情况下采样误差要比分析误差大得多。为保持样品的代表性,必须采取技术措施控制采样误差。土壤养分分析一般采集耕层(深度 20 cm)的混合土样作为代表即可。土壤测试的养分有效性和数量并不是植物能真实吸收的养分数量,但只要其数值与作物吸收量和产量有密切的相关性,即能作为反映土壤养分状况的指标即可。

植株分析包括植株表观的缺素症状诊断、组织快速分析和室内化学分析等。根据植株分析结果能够获得作物对养分的需要量和需肥规律。

根据土壤、植物分析结果,就可以配制相应的肥料,通过田间试验和盆栽试验进一步的验证,最后获得比较合理的配方施肥方法。

第二节 土壤中的氮、磷、钾

一、土壤中的氮素

(一)土壤中氮素的含量

氮是重要的生命元素,在农业生产中为"肥料三要素"之首。我国土壤中全氮的含量差异很大,耕地土壤全氮含量为0.4~3.8 g/kg,平均为1.3 g/kg,自然植被下未受侵蚀的土壤全氮含量为0.4~7.5 g/kg,平均为2.9 g/kg。土壤全氮含量是土壤中各种形态氮素之和,在一定程度上代表着土壤的供氮水平,土壤中的氮素主要以有机形态存在,所以土壤全氮含量与土壤有机质含量之间存在高度正相关关系。

(二)土壤氮含量的影响因素

土壤的氮来源于生物固氮(自生和共生固氮菌完成)、雨水和灌溉水带入氮和施肥(有机肥和化学肥)。土壤有机质和全氮含量的消长,主要决定于生物积累和分解的相对强弱,而与气候、植被、耕作制度等因素密切相关。我国土壤全氮与有机质的地理变化趋势一致。

自然植被下,从东向西,随着降水量的逐渐减少和蒸发量的逐渐增大,植被逐渐变得稀疏,生物累积逐渐减少和生物分解作用逐渐增大,土壤表层的全氮含量沿黑土→黑钙土→棕钙土→灰钙土→漠土的顺序逐渐减少;由北到南,随着温度的升高,分解速率增大,但生物累积也增多,全氮含量的变化稍显复杂。如东部沿海地区森林土壤的全氮量表现为北高(暗棕壤)、中低(棕壤、褐土、黄棕壤)、南高(红壤、砖红壤)的"V"字形变化。

耕地土壤除了受到自然因素的影响外,还受到人为耕作和管理的影响,耕地土壤中全氮含量的变化趋势大体上与自然植被下的土壤相似。耕地土壤的全氮量一般低于自然土壤,其中旱地土壤的全氮量又低于水田土壤。

(三)土壤中氮素的存在形态及其有效性

1.土壤氮素的存在形态

土壤氮的存在形态一般可分为无机态和有机态两大类。

(1)无机态氮 在土壤中含量很少,只占全氮含量1%~10%,主要包括铵态氮(NH_4-N)和硝态氮(NO_3-N),有时有少量亚硝态氮(NO_2-N)。NH_4^+ 和 NO_3^- 是植物可直接吸收利用的有效态氮,NO_2-N则对植物有毒害作用。其中铵态氮又可分为土壤溶液中的铵、交换性铵(土壤胶体表面吸附的铵)和固定态铵(主要指 2∶1 型黏土矿物晶层之间固定的铵)。由于固定态铵存在于黏土矿物的晶层之间难以被作物吸收利用,而亚硝态氮一般在土壤中含量极低,没有太大的营养价值,我们把土壤溶液中的铵、交换性铵和硝态氮称为速效态氮,它们是植物氮素的直接来源。

旱地土壤无机氮一般以 NO_3-N 较多,淹水土壤则以 NH_4-N 占优势。对水田来讲,由长期淹水,土壤 *Eh* 下降,铵态氮是速效氮的主体、硝态氮含量极低;对于旱地土壤来讲,由于通气状况良好,土壤 *Eh* 升高,硝态氮含量高,而铵态氮含量较低。

(2)有机态氮 是土壤氮素的主要存在形态,一般占全氮含量的 95%以上,主要是蛋白质、核酸、氨基酸和腐殖物质四大类,大部分是腐殖物质。目前已经鉴定出的含氮化合物单体有:氨基酸、氨基糖、嘌呤、嘧啶,以及微量存在的叶绿素及其衍生物、磷脂、各种胺、维生素等,它们在土壤中很少单独存在,通常与其他有机质、黏土矿物、多价阳离子结合形成复合体,还有一小部分存在于生物体中。有机态氮大部分不能被植物直接吸收利用,必须经过微生物分解矿化成无机氮后才能被植物吸收利用。一年中有 1%~5%的有机氮可矿化为无机氮。有机氮通常按其分解难易和对作物的有效程度分为 3 组:水溶性有机氮、水解性有机氮和难矿化有机氮。

2. 土壤氮素的有效性

历来许多研究工作者进行了土壤各种有效氮的测定,即有水溶性氮(NO_3^--N,NH_4^+-N),水解氮、易分解氮、培养法矿化氮等,各有其特点和应用价值。目前我国广为应用的是碱解有效氮,即土壤在碱液中浸提,用扩散法测出,碱解有效氮包括了土壤中的水溶氮和一部分易分解的有机态氮,其分级指标如表 7-1 所示。

表 7-1 土壤氮素养分含量分级与丰缺度

级别	丰缺度	有机质/(g/kg)	全氮/(g/kg)	碱解氮/(μg/g)
1	丰	>40	>2.0	>150
2	稍丰	30~40	1.5~2.0	120~150
3	中等	20~30	1.0~1.5	90~120
4	稍缺	10~20	0.75~1.0	60~90
5	缺	6~10	0.5~0.75	30~60
6	极缺	< 6	< 0.5	< 30

(引自《第二次全国土壤普查技术规程》)

由于土壤中有机态氮矿化是微生物活动的结果,受控于土壤有机质和土壤水、热状况,而后二者又处在易变动的状态,一年四季里的变动范围很大,甚至在一天内都有变化。因此,包括碱解氮在内的各种有效量是极不稳定的。表 7-1 中所列数值,仅供各地在估计土壤供氮能力方面参考。

另外,一个全国性的分级指标也很难适应于各地区的实际情况。例如,吉林省长春地区土壤普查之后采用田间试验校验结果表明,碱解氮 120~130 mg/kg 属"较缺"等级;<60 mg/kg 属"极缺"等级,把全国标准丰缺程度相应提高了一个等级。他们还指出,碱解氮丰缺与否和碱解氮/速效磷比值有关,凡 $N/P_2O_5<5$ 的土壤,属碱解氮"较缺"。说明土壤碱解氮的丰缺与否还和其他因素有关。

(四)土壤中氮素的循环转化

土壤氮素的循环转化包括生物化学、物理化学、物理、化学的过程(图 7-1),具体转化过程主要包括:氮素的矿化与生物固持作用、硝化作用与反硝化作用、铵的矿物固定与释放作用、铵的吸附与解吸作用、铵-氨平衡与氨的挥发。下面分别介绍土壤中氮素的这些转化过程。

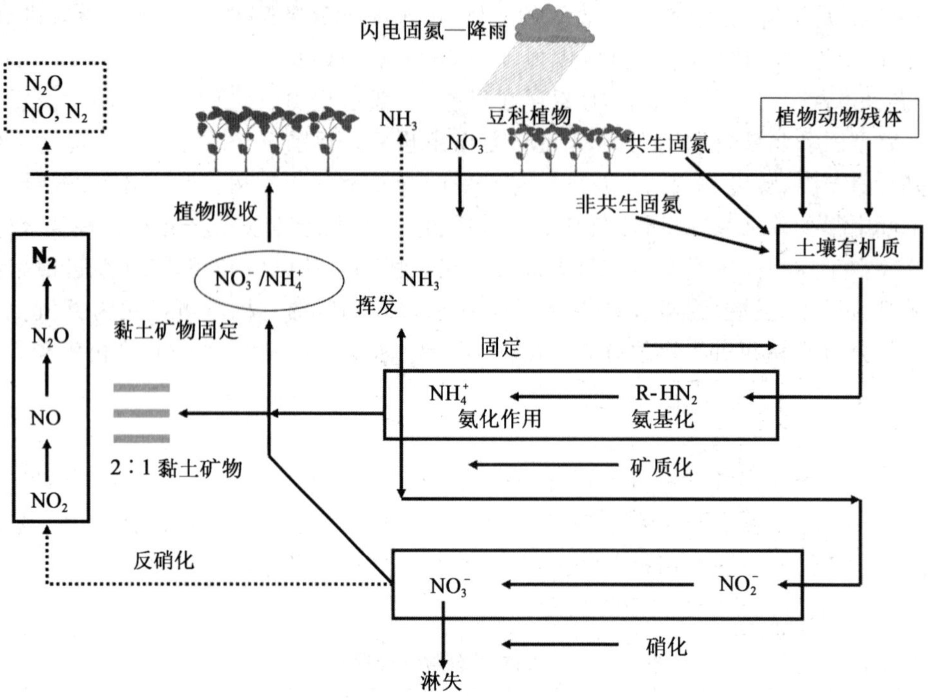

图 7-1 土壤氮素循环

1. 氮素的矿化与生物固持作用

土壤氮素的矿化与生物固持作用是土壤中不断进行的两个相反过程。

(1)有机态氮的矿化 是指土壤中有机态氮在微生物的作用下分解释放出铵或氨的过程。有机态氮的矿化大体上可分为两个阶段:

①氨基化阶段(氨基化作用):复杂的含氮有机化合物(蛋白质、核酸、氨基糖及其多聚体等)逐步分解成简单的氨基化合物。如:

$$蛋白质 \rightarrow R—NH_2 + CO_2 + 能量 + 其他产物$$

②氨化阶段(氨化作用):氨基化合物在氨化细菌的作用下,通过氧化、还原、水解等多种方式的作用生成氨。如:

$$R—NH_2 + HOH \longrightarrow NH_3 + R—OH + 能量$$

$$NH_3 + H_2O \longrightarrow NH_4^+ + OH^-$$

有机态氮的矿化是在细菌、真菌、放线菌等多种微生物作用下完成的,它们都是以有机质的碳素作为能源,在好气或嫌气条件下都能进行,一般来讲通气良好、土壤湿润、土温高、中性-

微碱性反应有利于矿化，当这些外界条件相同时，碳氮比（C/N）小的有机物易矿化。

（2）氮素的生物固持作用　是指土壤中的微生物同化无机态氮并将其转化为细胞体有机态氮的过程。通过生物固持作用形成的生物量态氮容易通过矿化作用重新分解释放出来，有利于土壤氮素的保存和周转，但是随着时间的推移，生物量态氮转化为更复杂的有机态氮，其分解性会逐渐降低。

氮素矿化与生物固持作用这两个相反过程的相对强弱，受能源物质的种类、数量（主要是有机物质的化学组成和 C/N），水热条件等因素的影响很大。当易分解的能源物质大量存在时（C/N＞15～30）：无机态氮的生物固持速率大于有机态氮的矿化速率，从而表现出净生物固持，土壤中无机态氮含量趋于减少。随着能源物质的逐渐分解和消耗，生物固持速率逐渐降低，当 C/N 降到 15 左右时，生物固持速率小于有机态氮的矿化速率，从而表现出净矿化，土壤无机态氮得以累积。

2. 硝化作用与反硝化作用

（1）硝化作用　土壤中的铵或氨，在有氧的条件下，经亚硝化细菌和硝化杆菌的作用氧化为硝酸盐的过程称为硝化作用，大体上可分为两个阶段：

第一阶段：

$$2NH_4^+ + 3O_2 \longrightarrow 2NO_2^- + 2H_2O + 4H^+$$

第二阶段：

$$2NO_2^- + O_2 \longrightarrow 2NO_3^-$$

NH_4^+、NO_3^- 易溶于水，一般情况下，带负电荷的土壤胶体表面对 NH_4^+ 产生正吸附，使 NH_4^+ 保持于土壤中；而对 NO_3^- 产生负吸附（排斥作用），使 NO_3^- 存在于土壤溶液中，易被淋失。土壤 NO_3^- 的淋失主要取决于雨水条件，我国南方雨水多于北方，NO_3^- 的淋失就大于北方，故在旱地土壤氮肥施用上，一般有“南铵北硝”的说法。

影响硝化作用的因素主要有以下几个方面：

①土壤含水量和通气性：硝化作用是一个生物氧化过程，硝化微生物是好气性微生物，它的活性受土壤通气影响很大，而土壤通气又受控于土壤含水量，一般在田间最大持水量的 50%～60%时，硝化作用最旺盛。由于硝化作用需要良好的通气条件，所以硝化作用一般存在于通气良好的旱地土壤中以及水田表面的氧化层中。

②土壤 pH：土壤 pH 与硝化作用有很好的相关性，在 pH 5.6～8.5 范围内，随着 pH 升高，硝化作用的速率成倍增加。

③土壤温度：大多生物反应都受温度的影响。在一定的温度范围内，温度升高能促进硝化作用的进行，一般来讲硝化作用最适宜的土温是 20～25℃，但是不同气候条件下土壤中的硝化细菌最适宜的温度是不一样的。

④NH_4^+ 的供应：硝化作用首先需要底物 NH_4^+ 的供应，如果条件不适于有机质释放氨或未施含铵肥料，则不会产生硝化作用。研究发现硫酸铵施用量（以 N 计算）在 300 mg/kg 用量以下时，硝化速率随施用量增加而增加，但超过 300 mg/kg 时，硝化速率迅速降低，这是由于高浓度的氨产生的毒害作用，以及过量的硫铵使土壤 pH 下降而造成的结果。施用有机肥料一般能促进硝化作用，因为有机肥料中含有大量的有硝化活性的微生物。

⑤根系：根系对硝化作用的影响，目前研究较少，一般认为根系分泌的有机物质比如酚类物质、有机酸等，能抑制硝化作用。

(2)反硝化作用　又称生物脱氮作用，是指在缺氧条件下，NO_3^- 在反硝化细菌作用下还原为气态氮（NO、N_2O、N_2）的过程。

$$2HNO_3+4H^+\longrightarrow 2H_2O+2HNO_2$$

$$2HNO_2+2H^+\longrightarrow 2H_2O+2NO\uparrow$$

$$2NO+2H^+\longrightarrow H_2O+N_2O\uparrow$$

$$N_2O+2H^+\longrightarrow H_2O+N_2\uparrow$$

这种氮素损失主要发生在淹水稻田的还原层，在通气不良和含有大量易分解有机质的旱地土壤的局部嫌气环境下也会发生。研究表明反硝化的临界 *Eh* 约为 334 mV，最适 pH 为 7.0～8.2，pH 小于 5.2～5.8 的酸性土壤，或高于 8.2～9.0 的碱性土壤，反硝化作用显著下降。反硝化作用是水田氮素损失的主要途径。水田应不施硝态氮肥，铵态氮肥要深施，以防止反硝化脱氮损失和 NO_3^- 淋失。另外，硝酸盐在一定条件下也可进行纯化学的分解过程，其反硝化产物主要是分子态氮（N_2）和一氧化氮（NO），这不是反硝化作用的主要形式。

在反硝化细菌作用下产生 N_2O 和 N_2 比例取决于嫌气程度、pH 大小和温度高低。渍水条件下，嫌气程度高，反硝化产物几乎全部是 N_2；而嫌气程度较低时，以及 pH、温度较低时，N_2O 的比例较高。

影响反硝化作用的因素主要有：

①土壤含水量和通气性：反硝化作用主要是一个嫌气条件下所进行的生物还原过程，所以土壤通气条件直接影响到反硝化作用的进程，而土壤通气条件直接受控于土壤水分。旱地雨后会造成局部嫌气条件，会产生反硝化作用；水田长期淹水，在还原层中会产生反硝化作用，旱地深层也有反硝化作用。

②土壤易分解有机质：土壤中易分解的有机物质含量高，会促进反硝化作用，因为易分解的有机物质在分解过程中会消耗掉土壤中的氧，间接地促进了土壤嫌气条件的形成。

③土壤温度：反硝化作用在 2～60℃内随温度的增加而增加，温度超过 60℃，反硝化作用受到抑制，温度过低也能抑制反硝化作用。

④土壤 pH：反硝化作用能进行的 pH 范围也比较宽，pH 3.5～11.2 都有反硝化作用存在，pH 7～8 时反硝化作用最大，但强酸强碱条件都会抑制反硝化作用，比如 pH 3.6～4.8 时，反硝化速率很低。

⑤土壤中硝酸盐含量：土壤中硝态氮和/或亚硝态氮是产生反硝化作用的先决条件。在一定的浓度范围内，NO_3^- 含量与反硝化速率呈正相关，但浓度过高、过低，都会抑制反硝化作用，NO_3^- 浓度过高时，会抑制反硝化细菌的生长，从而抑制反硝化作用。

3. 铵的吸附与解吸

铵的吸附是指土壤溶液中的 NH_4^+ 被土壤颗粒所吸附的过程。铵的解吸是指土壤固相表面吸附的 NH_4^+ 由土壤固相进入液相的过程，铵的吸附与解吸是 NH_4^+ 在土壤固相与液相之间存在的一种动态平衡。铵的吸附量一般随土壤中黏粒含量、有机质含量以及溶液中 NH_4^+ 的浓度的增加而增加，铵解吸的难易程度主要取决于黏土矿物的特性，与 NH_4^+ 饱和度的关系不大。土壤干燥时，吸附态铵可部分转化为固定态铵；而淹水时，固定态铵也可由于矿物膨胀而部分转化为吸附态铵。

4. 铵的矿物固定与释放

黏土矿物对铵的固定和释放，也是两个相反的作用过程。

(1)*黏土矿物对铵的固定*　铵离子被土壤中的黏土矿物所吸持而形成非交换性铵的过程。

固定铵的黏土矿物主要是 2∶1 型矿物，1∶1 型黏土矿物基本上不固定铵，2∶1 型黏土矿物是由两层硅氧四面体片夹一层铝氧八面体片组成的单位晶层相互堆叠而成，每一个硅氧片中有许多由 6 个氧离子连接而成的六角形孔穴，NH_4^+ 离子半径为 0.148 nm，与 2∶1 型黏土矿物晶层表面六角形孔穴半径 0.140 nm 接近，可陷入层间的孔穴中，另外黏土矿物同晶置换能产生负电荷，这种负电荷能吸引 NH_4^+ 并使其脱去水化膜而进入孔穴中，从而使 NH_4^+ 固定下来，这种固定的 NH_4^+ 不能被其他的阳离子所代换，也称为非交换性铵。在蛭石多的土壤中，固定态铵高达 600 mg/kg，可占全氮的 3%～8%(底土所占比例更高)。

影响土壤对 NH_4^+ 固定的因素主要有：

①黏土矿物的种类和数量：只有 2∶1 型黏土矿物才固定 NH_4^+，1∶1 型黏土矿物不固定 NH_4^+，不同的 2∶1 型黏土矿物固定铵的能力不同，蛭石＞蒙脱石，伊利石的固铵能力取决于风化程度和 K^+ 的饱和度。

②土壤质地：因为黏土矿物主要集中在黏粒和细粉沙粒级中，所以黏粒和细粉沙含量越高的土壤固铵能力越强。

③土壤 pH：土壤固铵的能力一般随 pH 升高而增大，pH＜5.5 时，固铵能力一般比较低。

④溶液中 NH_4^+ 的浓度：土壤对 NH_4^+ 的固定量一般随溶液中 NH_4^+ 的浓度增加而增大。

⑤伴随离子：黏土矿物除了对 NH_4^+ 会产生固定外，对 K^+ 也存在着同样的固定方式，所以 K^+ 和 NH_4^+ 会竞争固定位置，K^+ 的存在会抑制黏土矿物对 NH_4^+ 的固定。

(2)*土壤固定态铵的释放*　土壤中黏土矿物所吸持的非交换性铵转化成交换性铵，甚至水溶性铵的过程。

迄今为止，有关固定态铵释放机制了解很少，一般认为土壤中固定态铵与交换性铵处在相互转化的动态平衡中，随着交换性铵的降低，有一部分固定态铵可以转化为交换性铵而表现出生物有效性，一般来讲新固定态铵有效性很高，原有的固定态铵有效性则低。当固定态铵被硝化为 NO_3^- 后也可恢复有效性。

5. 铵-氨平衡与氨挥发

土壤溶液中存在着铵-氨化学平衡：

$$NH_4^+ + OH^- \rightleftharpoons NH_4OH \rightleftharpoons NH_3\uparrow + H_2O$$

这一平衡制约着氨的挥发损失，它的平衡点主要取决于土壤的 pH 及温度，随着 pH 和温度的升高，氨的挥发速率加快。氨的挥发损失是指氨气从土表或水面散发到大气中而造成的氮素损失，这主要发生在碱性土壤中。只要土表或水面 NH_3 的浓度大于大气中 NH_3 的浓度，就会引起 NH_3 的挥发损失，影响氨挥发损失的因素还有浓度、土壤质地等。总之，高温，碱性条件，与碱性物质混合时风大，土壤质地粗糙，NH_4-N 的暴露面积大等都会加速氨的挥发损失。

(五)土壤中氮素的调节

矿化作用和硝化作用使土壤有机氮转化成有效氮,生物固持作用和铵的固定作用使有效氮转化为无效氮,反硝化作用和化学脱氮使有效氮遭受损失。土壤氮素的调解主要通过维持土壤氮素平衡、防止氮损失、提高氮肥利用率和避免有害物质积累来实现,主要措施有:

1. 有机肥与无机氮肥配合施用

由于土壤氮的净矿化数量与有机质本身的碳氮比(C/N)有关,在实施秸秆还田时应根据有机质的碳氮比值补充化学氮肥的数量,以维持土壤有效氮的平衡,如表 7-2 所示。

表 7-2 有机质的碳氮比与土壤氮净矿化量的关系

有机质 C/N	土壤氮的转化	氮的净矿化量	措施
＞30	固定量＞矿化量	＜0	补充速效氮肥
30～15	固定量＝矿化量	＝0	可单施有机质
＜15	固定量＜矿化量	＞0	可单施有机质

2. 应用"激发效应"调节土壤有机质和氮素平衡

激发效应是指外加有机物质或含氮物质而使土壤中原来有机质的分解速率改变的现象。对于有机质丰富的土壤,施用绿肥等新鲜有机肥产生正激发效应,促进土壤原来有机氮的矿化和更新;而对于有机质缺乏的土壤,施用富含木质素的粗有机肥,产生负激发效应,增加土壤有机质和氮的积累。

3. 防止土壤氮的损失

主要措施有:水田土壤不施硝态化肥并避免频繁的干湿交替;在水田和旱地上氮肥要深施覆土;碱性土少施碳铵,防止氨的挥发损失;应用氮肥增效剂(如硝化作用抑制剂)提高氮肥利用率等。

4. 避免 NO_2^- 的积累

亚硝酸盐是人类的致癌物质,也是植物的有害物质。如 NO_2^- 可使水稻幼苗出现青枯病,可使小麦、玉米烧种、烂芽、烂根以及幼苗死亡。如果土壤通气条件不足,即可造成亚硝酸盐的积累,故应改善土壤通气条件。

二、土壤中的磷素

(一)土壤中磷的含量及其影响因素

土壤磷的含量不如氮、钾多。我国土壤全磷(P)含量一般为 0.17～1.1 g/kg,耕地土壤受耕作施肥等人为因素的影响,全磷量的局部变异很大,一般为 0.4～2.5 g/kg,土壤中全磷的含量只能反应磷素的潜在供应水平,土壤中的各种含磷化合物对当季作物是否有效要看它们在土壤中的形态和转化。

土壤含磷量既受到母质及成土过程的影响,也受施肥制度的影响。成土矿物是土壤磷的主要来源,土壤含磷量主要取决于母质类型。我国土壤中全磷含量从南到北有逐渐递增的地域变化趋势,北方石灰性土壤比南方酸性土壤全磷的含量高,从东到西也有一些增加,但是由于磷酸盐在土壤中的移动性小,所以即使同一地区磷的含量和分布也有明显的局部差异。

(二)土壤磷素的存在形态

土壤中磷的存在形态分为无机态和有机态两大类。

1. 土壤无机态磷

无机态磷占土壤全磷含量的50%～80%,按照溶解度的不同大体上可分为3类:

(1)水溶态磷　主要是与K、Na形成的正磷酸盐以及与Ca、Mg结合形成的一代磷酸盐,如KH_2PO_4、NaH_2PO_4、K_2HPO_4、Na_2HPO_4、$Ca(H_2PO_4)_2$、$Mg(H_2PO_4)_2$等,这些磷酸盐在土壤溶液中主要以3种磷酸根离子$H_2PO_4^-$、HPO_4^{2-}、PO_4^{3-}存在,其各自的数量随溶液pH的变化而变化。当土壤溶液pH等于7.22时,$H_2PO_4^-$和HPO_4^{2-}数量几乎相等;pH<7.22时以$H_2PO_4^-$为主,pH>7.22时以HPO_4^{2-}为主。但根际土壤多呈酸性,根主要吸收$H_2PO_4^-$。虽然磷酸根离子能被作物直接吸收利用,但是含量少,一般为0.003～0.3 mg/L,而且极不稳定,很容易转化为难溶性磷酸盐。水溶态磷中还存在部分聚合态磷酸盐和某些有机磷化合物,但对大多数土壤,它们不太重要。

(2)吸附态磷　指土壤固相表面吸附的磷酸根离子,主要是配位体交换吸附(专性吸附),其次是静电交换吸附。酸性土壤对磷产生专性吸附的主要是铁、铝氧化物及其水合物。在石灰性土壤中则主要是方解石和黏土矿物。

(3)难溶态磷　一般在土壤中,99%以上的无机态磷是以固相的磷酸盐化合物存在。其主要有4种:磷酸钙盐(Ca-P)、磷酸铝盐(Al-P)、磷酸铁盐(Fe-P)和闭蓄态磷酸盐(O-P)。它们在土壤中溶解度低,难以被作物吸收利用。石灰性土壤以磷酸钙盐为主,酸性土壤则以磷酸铁盐和磷酸铝盐为主。

①Ca-P:土壤中磷酸离子与钙离子形成的化合物。土壤磷酸钙盐有原生的和次生的两类。原生的磷酸钙盐主要包括氟磷灰石$[Ca_{10}(PO_4)_6F_2]$和羟磷灰石$[Ca_{10}(PO_4)_6(OH)_2]$,次生的磷酸钙盐是由磷灰石风化或施入的磷肥转化而来的,主要有磷酸八钙$Ca_8H_2(PO_4)_6 \cdot 5H_2O$等。

②Al-P:土壤中磷酸离子与铝离子形成的化合物。

③Fe-P:土壤中磷酸离子与铁离子形成的化合物。在渍水种植水稻的条件下,由于高价铁被还原成亚铁,磷的活性显著提高,所以Fe-P是水稻磷素营养的重要给源。

④O-P:指氧化铁胶膜包被的磷酸盐,包在里面的主要是磷酸铁盐,也是无效磷,当Fe_2O_3胶膜还原溶解后,磷被释放。

2. 土壤有机态磷

土壤有机态磷是指存在于土壤有机质、植物和微生物体中以及施入土壤中的有机肥料中所含有的各种含磷有机化合物,土壤有机磷含量变幅大,一般占土壤表层全磷的20%～80%,随土壤有机质含量增加而增加。

土壤有机磷的化学组成,目前大部分未能查明,已知有5类:肌醇磷酸盐、磷脂、核酸、核苷酸和磷酸糖,前3种是主要形式。这些有机态磷很少能被直接吸收利用,大部分需要矿化为无机磷后才能被吸收利用。

(1)肌醇磷酸盐　最常见的是肌醇六磷酸(植酸)与钙、镁、铁、铝等金属离子结合而成的磷酸脂。占土壤有机磷总量的10%～50%。其溶解度极低,十分稳定。

(2)磷脂　是含磷脂肪酸的酯类,其中重要的是卵磷脂(磷脂酰胆碱)和磷脂酰乙酰胺,占土壤有机磷总量的1%～5%。

(3)核酸 含磷、氮的复杂有机化合物，所有生物都含有两种核酸，即核糖核酸(RNA)和脱氧核糖核酸(DNA)。在土壤中分解较快，无法从土壤中分离提纯。占土壤有机磷总量的0.2%～2.5%。

土壤有机磷的分解决定于微生物的活性及其适宜环境，尤其是土壤温度，低温限制其分解和有效化。土壤有机磷的分解速率还受到土壤有机质中C/P的影响，此比值小于200，分解过程中将有无机态磷的释放，比值大于300时，不但不能释放无机磷，反而要从介质中吸收无机磷。

(三)土壤磷的有效性

土壤有效磷是指土壤中在短期内能为作物所吸收利用的那部分磷。从土壤学可知，土壤中磷素状况极为复杂。土壤有效磷含量往往要视磷素化合物的形态和土壤pH而定。全国第二次土壤普查中采用0.5 mol/L $NaHCO_3$ 溶液浸提土壤有效磷(即Olsen法)，与许多测磷方法相比，具有较为广泛的应用价值。有效磷分级指标如表7-3所示。

表7-3 土壤磷素养分含量分级与丰缺度

级别	丰缺度	全磷 /(g/kg)	速效磷/(mg/kg)
1	丰	＞1.0	＞40
2	稍丰	0.81～1.0	20～40
3	中等	0.61～0.80	10～20
4	稍缺	0.41～0.60	5～10
5	缺	0.20～0.40	3～5
6	极缺	＜0.20	＜3

(引自《第二次全国土壤普查技术规程》)

应当指出，0.5 mol/L $NaHCO_3$ 法只能适用于石灰性、碱性土壤和中性土壤。本法对Ca-P，Fe-P，Al-P均可适当提取，水田、旱田均可应用。缺点是提取量小，温度系数大，不适于测定酸性土壤有效磷。浙江省农业科学院周鸣铮研究指出，除0.5 mol/L $NaHCO_3$ 法之外，另外两种方法也有较好的应用价值。用0.025 mol/L HCl＋0.03 mol/L NH_4F 法(Bray-l，1945)虽也照顾到各级磷的提取，但以Al-P为主，Fe-P次之。因HCl的存在使其不适于北方石灰性土壤，只适用于pH在7.5以下的中性与酸性土壤。用0.3 mol/L NaOH＋0.5 mol/L $\frac{1}{2}Na_2C_2O_4$ 法(Al-Abass，1965)，以提取Fe-P为主，Al-P次之，根本不能提取Ca-P，本法特别适用于南方水稻土及水旱轮作的耕地土壤，本法另一优点是提取量大，测定值高低分组清楚。总之，土壤有效磷测定及其分级指标的地区性很强。选择一种适合于当地土壤的有效磷测定方法，并根据作物具体情况制定出分级标准是极为重要的。

(四)土壤磷的循环转化

1.成土过程中磷的转化

在成土过程中，母质中的磷灰石矿物风化释放水溶态磷，并被次生矿物吸附固定，进而形成新的矿物态磷。随着土壤矿物风化程度的提高，Ca-P 逐渐减少，Fe-P 和 O-P 逐渐增多，而 Al-P 在各类土壤中所占的比例均较小，见表 7-4。成土过程中由于生物作用，土壤中出现有机磷，并随有机质积累而增加。

表 7-4 我国主要地带性土壤的无机磷形态构成比例 %

土壤	无机磷形态			
	Al-P	Fe-P	Ca-P	O-P
棕壤	10～20	5～20	20～60	20～50
褐土	3.4～6.9	0.0～0.5	61～71	12～20
黄棕壤	3.7～10	25～27	13～20	45～57
红壤	0.3～5.7	15～26	1.5～16	52～83
砖红壤	0.0～1.5	2.5～14	0.9～5.3	84～94

2. 耕地土壤磷的转化

土壤中各种形态的含磷化合物在一定条件下能相互转化，包括磷的固定和磷的释放两个方面。

(1)磷的固定　是水溶性磷加入土壤后转入固相的过程。如可溶性化学磷肥主要是 $Ca(H_2PO_4)_2$，施入土壤后，很快转变为不溶性磷。磷肥在土壤中的生物利用率一般只有 10%～20%，远较氮、钾肥低，磷的固定是主要原因。磷的固定可分为沉淀反应、吸附反应、闭蓄固定和生物固定 4 类。

①沉淀反应：在石灰性土壤中磷主要与 Ca、Mg 结合形成溶解度低的 Ca-P，最终成为磷灰石；在酸性土则主要形成溶解度低的 Fe-P 和 O-P。

②吸附固定：指的是土壤溶液中的磷被铁铝氧化物、黏土矿物、石灰性物质以及有机物质所吸附。在磷的化学固定上，吸附固定比沉淀反应更为重要。如土壤中的铁铝氧化物和某些黏土矿物表面的—OH 或—OH_2 与磷酸离子发生配位交换，产生专性吸附，所生成的环状结构比较稳定，使得吸附磷有效性降低。

③闭蓄固定：由于受土壤 *Eh* 交替变化的影响，在磷酸盐的外面，尤其是磷酸铁盐的外面会形成一层氧化铁的包膜，从而将磷酸盐包蔽在其中，称为闭蓄固定，其中的磷难于被作物吸收利用，有效性低。闭蓄态磷主要存在于强酸性土壤和酸性土壤中。

④生物固定：土壤中的微生物吸收有效态的磷，用于构成微生物体成分。不过这种固定只是一种暂时的固定，微生物死亡后又会释放出来供作物吸收利用，而且有效磷被生物固定后能减少化学固定和专性吸附固定。

(2)土壤难溶性磷的释放　土壤中的有效磷虽然很容易转化为难溶性磷酸盐，但在一定条件下，难溶性磷酸盐也能转化为易溶性磷酸盐，增加磷的有效性。如在石灰性土壤上，难溶性的磷酸盐能借助根系、微生物生命活动产生的 H_2CO_3 和有机酸的作用，逐渐转化为溶解度比较高的 $CaHPO_4$，甚至水溶性的 $Ca(H_2PO_4)_2 \cdot H_2O$。又如水稻土在淹水条件下，其有效磷量显著增加，磷有效性提高，其原因主要有以下几个方面：

①淹水使土壤 *Eh* 下降：导致三价铁还原为二价铁，使 Fe-P 释放出来，同时闭蓄态磷外层的氧化铁还原为氧化亚铁，消除包膜，从而使闭蓄态磷裸露而增加其有效性。这是淹水后土壤磷有效性增加的主要原因。

②淹水改变了土壤 pH：淹水使酸性土壤 pH 升高，增加了 Fe-P 和 Al-P 的溶解度，而使石灰性土壤 pH 下降，也将增加 Ca-P 的溶解度。

③淹水后，有机质在还原条件下分解不完全，会产生许多有机酸。这些有机酸一方面能络合 Fe^{3+}、Al^{3+}，减少 Fe^{3+}、Al^{3+} 对 P 的固定，促进 P 的释放；另一方面有机阴离子置换专性吸附态磷，释放出部分磷酸离子。

④淹水后，土壤溶液的稀释促进难溶性磷的溶解，磷的扩散系数也增加。因为土壤淹水后，部分非活性磷将转化为有效磷，这使得旱田和水田土壤有效磷缺乏临界值(P，mg/kg)不同，旱田作物一般为水稻的 2 倍。

(五)土壤磷素的调节

提高土壤磷有效性的途径主要有：

1. 调节土壤酸碱度

土壤磷在中性附近有效性最高，对酸性土壤施用石灰，调节其 pH 至 6.5～6.8，减少土壤对磷的固定。

2. 增加土壤有机质含量

增加有机质含量可减少磷的固定，这是因为，除了有机质矿化后能提高部分无机磷外，还有下列作用：

①有机阴离子与磷酸根竞争固相表面专性吸附点位，降低土壤对磷的吸附。

②有机物分解产生的有机酸和其他螯合剂与 Ca、Fe、Al 螯合，促使其磷酸盐中磷的释放。

③腐殖质与铁铝氧化物等胶体表面结合，减少其对磷的吸附。

④磷与腐殖质等有机酸形成复合物，成为易被植物利用的状态。

⑤有机质分解产生的 CO_2，溶于水形成 H_2CO_3，增加钙、镁、磷酸盐的溶解度。

3. 土壤淹水

可明显提高磷的有效性，反之，淹水土壤落干，土壤磷的有效性下降，所以水稻后作(旱作)对磷肥的需求量增大。

4. 施用磷肥的注意事项

①集中施肥，减少与土壤接触面。

②施于作物近根区(因为磷的移动性小)。

③与有机肥配合施用。

④水旱轮作的磷肥施用时，要旱作重，水稻轻。

⑤酸性土壤施碱性磷肥(钙镁磷肥等)，碱性土壤施酸性磷肥(过磷酸钙等)。

⑥豆科作物以磷增氮。

三、土壤中的钾素

(一)土壤钾的含量与形态

土壤全钾(K)含量一般为 5～25 g/kg，平均为 10 g/kg，石灰性土壤可高达 30 g/kg 以上，而红壤、砖红壤则可低于 2 g/kg。我国土壤全钾量自南向北、自东向西增加。

土壤钾以无机态存在，按其化学形态和对植物的有效性，可分为 4 类：

1. 矿物钾

矿物钾主要指矿物结构中难风化的钾，占土壤全钾量的 92%～98%。极难风化，不能为植物吸收利用，为无效钾。

2. 非交换性钾

非交换性钾又称缓效钾，包括水云母和黑云母等矿物中的钾和 2∶1 型黏土矿物所固定的钾。可逐渐转化为植物可吸收利用的速效钾。占土壤全钾量的 2%～8%。

3. 交换性钾

交换性钾是指土壤胶体静电吸附的 K^+，与溶液中 K^+ 保持着动态平衡，是速效钾的主体。一般占土壤全钾量的 1%～2%。与非交换性钾之间可以相互转化，处在动态平衡之中。

4. 水溶性钾(溶液钾)

水溶性钾是指存在于土壤溶液中的钾离子，是可被植物直接吸收的速效钾，但数量很少，浓度一般为 2～5 mg/L，占土壤全钾量的 0.1%～0.2%，占土壤速效钾总量的 10%左右。当水溶性钾被作物吸收后，土壤溶液中钾的浓度降低，交换性钾能从土壤胶体表面进入溶液供作物吸收利用，所以水溶性钾、交换性钾都是有效态钾。土壤有效钾与土壤全钾没有相关关系。

(二)土壤钾的固定

土壤钾的固定：土壤水溶性钾和交换性钾被黏土矿物的负电荷所吸引，继而随晶层缝隙的收缩而进入晶格网眼的过程，即由有效钾转化成非交换性钾的过程。固定原理同土壤 NH_4^+ 的固定。2∶1 型的黏土矿物是由两层硅氧四面体片夹一层铝氧八面体片组成的单位晶层相互堆叠而成的。硅氧四面体片上有许多 6 个氧离子组成的六角形孔穴，孔穴的直径为 0.288 nm (2.88Å)，与 K^+ 的真实直径 0.266 nm(2.66Å)很相近，K^+ 能很好地镶嵌在孔穴中。这些单位晶层之间结构很松弛，会随着水分的增多或减少而膨胀或收缩。水分增多时，晶层间膨胀，K^+ 就进入晶层间，并镶嵌在孔穴中，水分减小时，晶层间收缩，K^+ 就固定在其中。而 1∶1 型黏土矿物基本上不固定钾，因为 1∶1 型黏土矿物是由一层硅氧片的一层铝氧片组成的单位晶层相互堆叠形成，晶层间不能形成闭合的孔穴。

影响土壤钾素固定的因素有：

1. 黏土矿物数量和类型

在 2∶1 型黏粒矿物中，蛭石的固钾能力最强，其次为伊利石，最弱的是蒙托石。土壤质地越黏重，黏粒含量就越多，固钾能力越强。

2. 土壤的水分条件

干燥是蒙脱石型矿物固定钾的首要条件，而伊利石型的矿物在湿润环境下也不影响对钾的固定。一般而言，强烈干燥和频繁干湿交替有利于钾的固定。

3. 土壤酸碱度和陪补离子种类

土壤固钾能力随土壤 pH 的升高而增强。在酸性土壤中，土壤胶体所带负电荷减少，陪补离子以 H^+、Al^{3+} 为主，它们降低钾的结合能，减少了钾的固定，此外，铁铝氧化物进入黏土矿物晶层间，以及水化铝离子阻塞晶层表面六角形孔穴，都减少对钾的固定；在中性条件下，陪补离子以 Ca^{2+}、Mg^{2+} 为主，它们对钾的结合能影响小，钾的固定增强，在碱性条件下，陪补离子以 Na^+ 为主，其不影响钾的结合能，所以土壤固钾能力显著增强。

4. 铵离子的影响

铵离子与钾离子半径相近，也能被土壤固定，它与钾离子竞争结合点位。当大量施用铵态氮肥后再施用钾肥，钾的固定量减少。铵离子能阻止固定态钾的释放，钾离子也能阻止固定态铵的释放。

由于钾的晶格固定降低了钾的有效性，所以钾肥施用时，要深施到温度、湿度变化小的土层中，以减少钾的晶格固定，且要相对集中施用或与有机肥料混合施用，减少钾与土壤的接触面积，减少固定。

（三）土壤钾的释放

1. 矿物钾的释放

土壤中的难溶性钾经物理、化学、生物的风化作用能缓慢释放出来。比如正长石在有机酸和无机酸的作用下，能缓慢分解，释放出钾。云母是具有层状结构的硅酸盐矿物，比长石更容易风化：云母→水化云母→过渡型矿物→蛭石→蒙脱石→高岭石，在这一过程中，钾被逐步释放，矿物中的含钾量逐渐降低，释放出的钾可供作物吸收利用。但矿物钾的风化速度是非常缓慢的，释放的速效钾是微不足道的。

2. 非交换钾的释放

一般认为由扩散和交换机制所控制。释放的钾主要来自固定态的钾和黑云母中易风化的钾。钾的释放量随交换性钾含量下降而增加，土壤释钾能力主要决定于其非交换性钾的含量，所以土壤非交换性钾(缓效钾)含量可作为评价土壤供钾潜力的指标。干湿和冻融交替、灼烧和高温有利于土壤固定钾的释放。

3. 水溶性钾与交换性钾的转化

水溶性钾与交换性钾之间的转化极为迅速，当我们往土壤中施用钾肥时，增加了土壤溶液中钾的浓度，钾就能从土壤溶液转移到土壤胶体上形成交换性钾，当作物吸收了土壤中的水溶性钾时，减少土壤溶液中钾的浓度，钾又能从土壤胶体表面转入到土壤溶液形成水溶性钾。

（四）土壤有效钾

土壤供钾能力受控于土壤中黏粒矿物的种类与含量，但有效钾的测定方法较有效磷的测定简单得多。根据有效钾存在的形态，大多数国家采用 1 mol/L 中性醋酸铵溶液浸提土壤有效钾，其分级标准如表 7-5 所示。

表 7-5 土壤钾素养分含量分级与丰缺度

级别	丰缺度	全钾/(g/kg)	速效钾/(μg/kg)
1	丰	＞25.0	＞200
2	稍丰	20.1～25.0	150～200
3	中等	15.1～20.0	100～150
4	稍缺	10.1～15.0	50～100
5	缺	5.1～10.0	30～50
6	极缺	＜5	＜30

(引自《第二次全国土壤普查技术规程》)

土壤交换性钾(有效钾)的测定值一定要与土壤阳离子交换量(CEC)或土壤质地结合起来应用。应按CEC值分为:沙质土,CEC<5 cmol/kg;壤质土,CEC为5~10 cmol/kg;黏质土,CEC>10 cmol/kg等3类。CEC愈高,质地愈黏,交换性钾指标要求也愈高;反之,土壤愈沙,指标要求也就愈低。缓效钾指在土壤黏土矿物晶格中暂时固定而能缓缓释放出的钾。凡含水化云母、伊利石、蛭石等黏粒矿物多的土壤,缓效钾含量特别丰富,以致交换性钾难以说明土壤钾素肥力状况。根据中国科学院南京土壤研究所谢建昌等(1981)建议,将我国主要土壤缓效钾含量划分7个等级(表7-6)。

表7-6 我国主要土壤的供钾潜力等级

供钾潜力等级	缓效钾/(mg/kg)	需钾前景
极低	<70	缺钾严重,是当前产量的限制因素
低	70~170	已明显缺钾,将日益严重
中下	170~330	钾供应渐渐不足,高产作物较突出
中	330~500	随生产水平提高需配施钾肥
中上	500~750	近期内除高产经济作物,一般不需要施钾肥
高	750~1 160	近期内施钾肥无效
极高	>1 160	不需要钾肥

四、教学案例与分析

土壤有效氮分析——土壤碱解氮含量测定

土壤碱解氮含量,受土壤有机质含量,全氮含量及土壤水热状况的影响较大。其含量高低大致能反应近期内土壤氮素的供应情况,与作物产量有一定的相关性。但是,近年来,越来越多的研究结果表明碱解氮的测试值与作物吸氮量之间的相关性低,不太适合用于土壤供氮能力评价和推荐施肥,国外在旱地土壤主要采用无机氮测试方法。在我国,目前碱解氮法仍然是评价土壤有效氮的主要方法。

(一)实验原理

在扩散皿中,用NaOH水解土壤,使易水解态氮(潜在有效氮)碱解转化为NH_3,NH_3扩散后为H_3BO_3所吸收。H_3BO_3吸收液中的NH_3再用标准酸滴定。本法适用于各类土壤中水解氮的测定。

(二)主要仪器设备

恒温培养箱、扩散皿、半微量滴定管。

(三)试剂

(1)1.8 mol/L NaOH *溶液* 称取72.0 g氢氧化钠,溶解于水,稀释至1 L。

(2)1.2 mol/L NaOH *溶液* 称取48.0 g氢氧化钠,溶解于水,稀释至1 L。

(3)锌-硫酸亚铁还原剂　称取 50.0 g 磨细并通过 0.25 mm 孔径筛的硫酸亚铁($FeSO_4 \cdot 7H_2O$ 分析纯)及 10.0 g 锌粉(分析纯)混匀,贮于棕色瓶中。

(4)碱性胶液　称取 40 g 阿拉伯胶放入装有 50 mL 水的烧杯中,加热至 70～80℃,搅拌促溶,约 1h 后放冷。加入 20 mL 甘油和 20 mL 饱和碳酸钾水溶液,搅匀放冷。离心泡沫和不溶物。将清液贮于玻璃瓶中备用。

(5)盐酸标准溶液　0.01 mol/L 盐酸(或硫酸)标准溶液。

(6)指示剂　甲基红-溴甲酚绿混合指示剂。

(7)H_3BO_3溶液　质量浓度为 2% H_3BO_3溶液。

(四)操作步骤

称取通过 1 mm 孔径筛土样 2.00 g(精确至 0.01 g),平铺于扩散皿外室,在扩散皿内室加入 2 mL 2% H_3BO_3 溶液,并滴加 1～2 滴定氮混合指示剂,在皿的外室边缘涂上碱性胶油,盖上毛玻璃,旋转数次,使毛玻璃与皿边完全黏合,再慢慢推开毛玻璃的一边,使扩散皿外室露出一条狭缝,迅速加入 5 mL 1.2 mol/L NaOH 溶液于扩散皿外室,立即用毛玻璃盖严,水平轻轻转动扩散皿,使 NaOH 溶液与土样充分混合,小心用橡皮筋扎紧,使毛玻璃固定,放在恒温箱中于(40±1)℃保温 24 h。培养结束后将扩散皿取出,用 0.01 mol/L 盐酸(或硫酸)标准溶液滴定内室硼酸中吸收的氨量,颜色由蓝色变成紫红色即达终点。滴定时应用细玻璃棒搅动内室溶液,不宜摇动扩散皿,以免溶液溢出。

同时进行空白试验,校正试剂和滴定误差。

(五)结果计算

$$\text{水解氮含量(mg/kg)} = \frac{(V-V_0)\times c \times 14}{m \times \frac{1}{1+w}} \times 1\,000$$

式中:V 为滴定待测液消耗标准酸溶液体积,mL;V_0 为滴定空白消耗标准酸溶液体积,mL;c 为标准酸溶液浓度,mol/L;m 为风干试样质量,g;14 为氮的毫摩尔质量,mg;w 为土样含水量,%;1 000 为换算成每千克含量。

(六)精度要求

平行测定结果以算术平均值表示,保留整数平行测定结果允许相对相差≤10%。

(七)注意事项

(1)本法不包括硝态氮,若要包括硝态氮可加硫酸亚铁(1 g,粉剂)使 NO_3-N 还原成 NH_3。因为硫酸亚铁要消耗部分 NaOH,应加入 1.8 mol/L NaOH 处理土壤。而对水稻土和经常淹水的土壤由于 NO_3-N 含量甚微,不需加还原剂,NaOH 浓度采用 1.2 mol/L 的即可。

(2)用硼酸吸收氨时温度不宜超过 40℃,温度过高,影响硼酸对氨的吸收。

第三节 土壤中的钙、镁、硫

一、土壤中钙、镁、硫的数量及其影响因素

(一)土壤中钙、镁的含量及其影响因素

地壳中钙(Ca)的平均含量为 36.4 g/kg,镁(Mg)的平均含量为 19.3 g/kg。土壤中全钙和全镁的含量主要受成土母质、风化程度、淋溶强度和施用石灰的影响,不同的土壤差异很大。比如石灰性土壤钙的含量高,在 10～250 g/kg;而高温高湿的强淋溶条件下,钙的流失严重,土壤中钙的含量比较低,含钙量小于 4 g/kg。

土壤全镁量大多在 3～25 g/kg,中国南方土壤含镁量为 0.5～10.8 g/kg,而北方土壤为 5～20 g/kg。镁主要存在于较细的土壤颗粒比如粉粒和黏粒中,沙粒中镁的含量较少。所以黏质土壤全镁的含量一般比沙质土壤要高。

(二)土壤中硫的含量及其影响因素

大多数矿质土壤含硫(S)量一般为 0.1～0.5 g/kg,随土壤有机质含量的增加而增加,含有机质多的土壤可超过 5 g/kg。土壤中全硫的含量主要受成土条件、黏土矿物和有机质的含量影响。温暖多湿地区,在强风化、强淋溶条件下,含硫矿物大部分分解淋失,可溶性硫酸盐很少集聚,硫主要存在于有机质中。土壤硫主要来源于母质、灌溉水、大气沉降等,施肥也是土壤硫的补充来源。植物对硫的需要量和矿质土壤的含硫量都与磷相类似,但土壤缺硫现象不如缺磷现象常见。其主要原因一方面是土壤对硫的固定远不如磷,另一方面是施肥、雨水、灌溉水等可向土壤补给一定数量的硫。

二、土壤中钙、镁、硫的存在形态及其有效性

(一)土壤中钙、镁形态

土壤中的钙和镁均可粗分为无机态和有机态两大类。

1. 无机态钙、镁

无机态钙和镁可分为 3 种形态,即水溶态、交换态和矿物态。

(1)水溶态　存在于土壤溶液中的水溶态钙、镁,一般数量很少,除了部分可溶的有机、无机络合物外,主要是二价的 Ca^{2+}、Mg^{2+}。土壤溶液中的 Ca^{2+} 含量要比 Mg^{2+} 等其他阳离子高很多倍。它们既与交换态处于交换平衡中,也与某些矿物态处于溶解平衡中,如水溶态 Ca^{2+} 与 $CaCO_3$、$CaSO_4$ 等存在平衡。

(2)交换态　是指吸附在土壤胶体上的钙、镁,和水溶态均属有效态。一般土壤交换性盐基以交换性 Ca^{2+} 为主,占 40%～90%,其次为交换性 Mg^{2+}。

(3)矿物态　是土壤钙、镁的主体,占全量的 60%～90%,包括原生矿物和次生矿物。富含钙、镁的矿物大多比较容易风化,如橄榄石[$(Mg,Fe)_2SiO_4$]等易风化释放镁。溶解度变化

很大，如石膏($CaSO_4 \cdot 2H_2O$)的溶解度较高。

2. 有机态钙、镁

含量很少，主要存在于腐殖质和动植物残体及其分解产物中。钙、镁可以和有机物形成络合物，与黏土矿物结合，有利于土壤结构的形成；有的则溶解在土壤溶液中，有利于钙、镁的移动。

(二)土壤硫的形态

土壤硫可分为无机态硫和有机态硫两大类。

1. 无机态硫

无机态硫可分为3类，包括：

(1)易溶性硫 主要是溶于土壤溶液中的 SO_4^{2-}，有时有 S^{2-}，大多数土壤易溶性硫酸盐的含量占表土全硫量的10%以下。

(2)吸附态硫 胶体吸附的 SO_4^{2-} 与溶液 SO_4^{2-} 保持着平衡。土壤吸附硫酸根离子的机制包括正电荷的静电吸引、专性吸附和物理吸附。

(3)难溶态硫 指各种原生或次生矿物，如黄铁矿(FeS_2)、闪锌矿(ZnS)等金属硫化物矿物和石膏等硫酸盐矿物中的硫。在石灰性土壤中，与碳酸钙结合产生共沉淀的硫酸盐是土壤全硫的重要组成。

2. 有机态硫

有机态硫含量随土壤有机质增加而增加。有机硫经过微生物矿化后才能被植物吸收利用，土壤有机硫每年有1%～3%被矿化。有机质 C/S<300～400 有利于有机硫的矿化，反之则产生无机硫的生物固定。在湿润地区，土壤硫以有机硫为主，如我国南方水稻土表土有机硫占全硫82%～95%，但北方干旱、半干旱地区土壤则以无机硫($CaSO_4$、$NaSO_4$)为主。

(三)土壤钙、镁、硫的有效性

我国华北和西北地区土壤以及其他地区的石灰性土壤，富含钙、镁碳酸盐和硫酸盐，水溶态钙、镁可满足植物生长的需要。南方酸性土壤，不仅不含钙、镁碳酸盐，土壤交换性钙、镁也较少，有效钙、镁不足，应适量施用石灰或钙、镁肥料予以补充。

关于土壤钙、镁营养丰缺指标的研究目前还比较薄弱。土壤交换性钙、镁含量是土壤有效钙、镁供应的重要指标。由于我国幅员辽阔，南北方气候不同，各种土壤类型复杂，土壤含钙、镁丰缺亦各不相同。就南方酸性土壤地区来说，有些土壤由石灰岩母质发育而成，其含钙量也各不相同，需依据土壤类型和作物特性进行土壤含钙量的分析，才能确定某一地区、某种土壤是否应当加入钙、镁肥。如袁可能认为，可以土壤交换性钙 2 cmol/kg 作为诊断指标，对大多数作物和土壤来说，大于 2 cmol/kg 为不缺钙，低于 2 cmol/kg，施钙往往有效。但是一般认为，单凭交换性钙、镁的测定值是无法说明问题的，必须考虑其他有关因子：①可构成毒害的铁、铝、锰离子是否存在？如果不存在，则很低的交换性钙、镁含量就可以满足作物生长所需；②如果土壤钾离子(K^+)、钠离子(Na^+)、铵离子(NH_4^+)等一价阳离子多，即使交换性钙和镁含量较高，也会引起缺乏，这主要与交换性离子的饱和度、陪补离子、土壤氢离子浓度(酸碱度)和盐基饱和度等有关。

硫在土壤中的存在与反应方式有别于钙、镁。土壤溶液中，SO_4^{2-} 的移动性相对较强，并且硫和氮一样，可发生生物及化学氧化还原反应。钙和镁比硫稳定得多，分别以 Ca^{2+}，Mg^{2+} 形态存在。土壤有效硫包括水溶态和吸附态 SO_4^{2-}，而水溶态 S^{2-} 则对植物根系有害。土壤有效硫(S)分级为高(30～50 mg/kg)、中(16～30 mg/kg，可满足作物需要)、低(<16 mg/kg，作物容易出现缺硫现象)3 种情况。葱、姜、蒜等是需硫较多的作物，蒜薹缺硫会导致抽薹率低。在富含有机硫的水田土壤，在淹水还原条件下形成 H_2S、FeS 等有害物质；在氧化条件下则形成硫酸和酸性硫酸盐，如 $Fe_2(SO_4)_3$、$Al_2(SO_4)_3$ 等，导致土壤强烈酸化，如 $Al_2(SO_4)_3$ 发生如下水解反应：

$$Al_2(SO_4)_3+6H_2O \longrightarrow 2Al(OH)_3+3H_2SO_4$$

三、教学案例与分析

土壤有效钙的测定——1 mol/L 乙酸铵交换-原子吸收分光光度法(参考 LY/T 1245—1999)

在水溶态钙、交换态钙、有机态钙及矿物态钙 4 种土壤钙形态中，水溶态钙和交换态钙是作物可即时利用的有效态钙。土壤供钙水平主要取决于交换性钙的供应容量大小。水溶态钙与交换态钙在土壤中是动态平衡的关系，溶液中钙含量下降，交换态钙可被代换出来进入土壤溶液，反之亦然。因此，通常以交换态钙的量作为衡量土壤钙肥力水平的指标，同时还得考虑钙离子的饱和度、土壤胶体类型、钙镁比值等其他因素的影响。交换性钙是指土壤胶体上吸附的 Ca^{2+}。乙酸铵(NH_4OAc)是测定交换性盐基最常用的方法，NH_4OAc 淋出液含有土壤可交换的 Ca^{2+}，直接用原子吸收光度法测定 Ca^{2+}，亦可将溶液蒸干灼烧后制成含钙离子的溶液用 EDTA 络合滴定法测定 Ca^{2+} 含量。

(一)方法原理

土壤用中性 1 mol/L NH_4OAc 交换处理后的浸出液，包含全部交换性盐基，它们都以醋酸盐状态存在。将浸出液用原子吸收分光光度法测定土壤交换性钙时，所用的钙标准溶液中应加入同量的 1 mol/L 乙酸铵溶液，以消除基体效应。此外，在土壤浸出液中，还应加入释放剂锶(Sr)，以消除铝、磷和硅对钙的干扰。测定结果包括了交换性和水溶性两种形态的钙。

(二)试剂

(1)1 000 μg/mL 钙(Ca)标准溶液　称取碳酸钙($CaCO_3$，分析纯，经 110℃烘 4 h)2.497 2 g 溶于 1 mol/L 盐酸溶液中，煮沸赶去二氧化碳，用水洗入 1 L 容量瓶中，定容。

(2)钙标准系列溶液(其中含钙 1～24 μg/mL)　吸取不同量的 1 000 μg/mL 钙标准溶液，用 1 mol/L 乙酸铵溶液定容配制成含钙 1、4、8、12、16、20、24 μg/mL 溶液。各溶液中应先加入 30 g/L 氯化锶($SrCl_2 \cdot 6H_2O$)溶液，使配制的溶液中含锶 1 000 μg/mL。

(3)1 mol/L 乙酸铵溶液(pH 7.0)　称取乙酸铵(CH_3COONH_4，化学纯)77.09 g 用水溶解，稀释至近 1 L。如 pH 不在 7.0，则用 1∶1 氨水或稀乙酸调节至 pH 7.0，然后稀释至 1 L。

(三)主要仪器

原子吸收分光光度计。

(四)测定步骤

①称取通过 2 mm 筛孔的风干土样 2.0 g,质地较轻的土壤称 5.0 g,放入 100 mL 离心管中,沿离心管壁加入少量 1 mol/L 乙酸铵溶液,用橡皮头玻璃棒搅拌土样,使其成为均匀的泥浆状态。再加入 1 mol/L 乙酸铵溶液至总体积约 60 mL,并充分搅拌均匀,然后用 1 mol/L 乙酸铵溶液洗净橡皮头玻璃棒,溶液收入离心管内。

②将离心管成对放在粗天平的两盘上,用乙酸铵溶液使之平衡。平衡好的离心管对称地放入离心机中[注1],离心 3～5 min,转速 3 000～4 000 r/min,每次离心后的清液收集在 250 mL 容量瓶中,如此用 1 mol/L 乙酸铵溶液处理 3～5 次,直到最后浸出液中无钙离子反应为止[注2]。最后用 1 mol/L 乙酸铵溶液定容,留着测定交换性钙。

③吸取 1 mol/L 乙酸铵溶液处理土壤的浸出液 20.00 mL 于 25 mL 容量瓶中,加 30 g/L 氯化锶溶液 2.5 mL,用 1 mol/L 乙酸铵溶液定容。定容后的溶液直接在选定工作条件的原子吸收分光光度计上用 422.7 nm 波长处测定吸收值。在成批样品测定过程中,要按一定时间间隔用标准溶液校正仪器。先用标准系列溶液在相同条件下测定吸收值,绘制浓度-吸收值工作曲线。根据待测液中钙、镁的吸收值,分别在工作曲线上查得钙、镁的质量浓度(μg/mL)。

(五)结果计算

$$\text{土壤交换性钙}(1/2\mathrm{Ca}^{2+},\mathrm{cmol/kg})=\frac{\rho\times V\times t_s}{m_1\times 20.04\times 1\,000}\times 100$$

式中:ρ 为从工作曲线上查得待测液的钙(或镁)质量浓度,μg/mL;V 为测读液体积,mL;t_s 为分取倍数,t_s=浸出液总体积(mL)/吸取浸出液体积(mL)=250/20;m_1 为烘干土样质量,g;20.04 为 $1/2Ca^{2+}$ 的摩尔质量,g/mol;1 000 为将微克换算成毫克。

(六)注意事项

注 1. 如无离心机也可改用淋洗法。

注 2. 检查钙离子的方法。取最后一次乙酸铵浸出液 5mL 放在试管中,加 pH 10 缓冲液 1 mL,加少许 K-B 指示剂。如溶液呈蓝色,表示无钙离子;如呈紫红色,表示有钙离子,还要用乙酸铵继续浸提。

第四节　土壤中的微量元素

微量元素指的是植物需要量甚微的元素,其中 Cu、Zn、B、Mo、Cl 在地壳和土壤中含量甚微,而 Fe,Mn 在土壤中的含量并不低,但有时会因其有效性过低而出现缺乏。

一、土壤中微量元素的含量及其影响因素

(一)土壤中微量元素的含量

土壤中除 Fe 以外,其他的微量元素的含量一般都处在 10～100 mg/kg,但各元素间的差

异较大，如中国土壤硼含量在 0.5～500 mg/kg，铜(Cu)在 3～300 mg/kg，锰(Mn)在 42～5 500 mg/kg，钼(Mo)在 0.1～6 mg/kg，锌(Zn)在 3～790 mg/kg，土壤中铁(Fe)的含量大于 14 g/kg。

(二)土壤微量元素含量的影响因素

土壤微量元素的含量和种类主要取决于成土母质，部分来自大气降水、火山烟雾沉降和人类活动等。成土母质决定了土壤中微量元素的最初水平，成土过程促使微量元素的最初含量产生变化并影响到微量元素在土壤剖面中的分布，所以不同母质发育的土壤微量元素的含量差异很大，由花岗岩、片麻岩、砂岩发育的土壤，硼的含量低，而石灰岩、页岩发育的土壤硼的含量高。土壤质地也会影响到微量元素的含量，土壤中的细粒部分大多来自于易风化的矿物，是微量元素的主要来源，沙粒部分多来自于难以风化的矿物，微量元素的含量低，所以质地粗糙的土壤微量元素的含量往往比较低。土壤有机质含量也会影响到微量元素的含量，有机质中含有多种营养元素，包括各种微量元素，所以有机质含量高，微量元素的含量也较多。

二、土壤中微量元素的存在形态及其有效性

(一)土壤中微量元素的形态

微量元素在土壤中的形态一般可粗略地分为水溶态、交换态、专性吸附态、有机态、铁锰氧化物结合态和矿物态。对碳酸盐土壤，还可以分出碳酸盐结合态；对渍水土壤，可分出硫化物结合态。国际上改进的 BCR 连续提取法可以分出 5 种形态：水溶态、醋酸交换态、可还原态、可氧化态和矿物态。

1. 水溶态

存在于土壤溶液中或可用水提取的微量元素离子或分子(主要是离子态)，含量一般小于 5 mg/L。铜和钼的水溶态含量小于 0.01 mg/L；锌小于 0.1 mg/L；硼、锰和铁则在 0.05～5 mg/L 内变动。水溶态微量元素的形态既有各种无机离子，也有各种可溶性有机络合物。钼以 MoO_4^{2+} 和 $HMoO_4^-$ 为主，硼则主要以分子 H_3BO_3 和 $H_4BO_4^-$ 形态存在。

2. 交换态

通过静电引力吸附于土壤胶体表面可被其他离子交换出来的微量元素。含量一般为 1～10 mg/L。阳离子被吸附的形态主要有 Fe^{3+}、Fe^{2+}、Mn^{2+}、Zn^{2+}、Cu^{2+} 及其水解离子 $Fe(OH)^+$、$Fe(OH)^{2+}$、$Zn(OH)^+$、$Mn(OH)^+$、$Cu(OH)^+$ 等，Mo 和 B 以 $HMoO_4^-$、MoO_4^{2-}、H_3BO_3、$H_4BO_4^-$ 等形式被吸附。

3. 专性吸附态

在有机或无机双电层内层通过共价键结合而被吸附的微量元素，层状硅酸盐、铁铝氧化物和有机物质表面的羟基是专性吸附的主要位置。其不能与另一种交换性离子进行交换，但却比矿物态的容易释放。Cu^{2+}，Zn^{2+}，MoO_4^-，$H_4BO_4^-$ 等较易发生专性吸附。

4. 有机态

存在于土壤有机质中呈络合或吸附态。在分组测定时，通常不包括水溶有机态部分。由于土壤有机质的分子结构及其与微量元素结合的方式不同，有机态微量元素释放的难易程度有很大差别。

5. 铁锰氧化物结合态

指包裹在铁锰氧化物中的微量元素。如亲铁元素钼常与铁共存，当铁从原生矿物中风化释放出来、形成非晶形含水氧化铁并逐渐结晶时，钼便被包裹在氧化铁的结晶里。这种包被作用也可能起始于无定形氧化铁对元素的吸附。只有包膜破坏后才能释放，故近于矿物态。

6. 矿物态

存在于原生和次生矿物晶格中不能被其他离子交换出来的微量元素。只有在矿物结构受到破坏时才能释放出来。

(二)土壤中微量元素的有效性

土壤微量元素的有效性是指其可供植物吸收利用的程度。土壤中微量元素的总量，只能看作土壤对微量元素的潜在供应水平或贮备水平，一般只有可溶性部分对植物才是有效的。土壤有效态微量元素只占微量元素全量的一小部分。

1. 土壤有效硼

土壤有效硼通常以水溶性硼作为指标，其分级指标大致可以划分 6 级(表 7-7)。

表 7-7 土壤有效硼含量与作物硼素营养水平

土壤有效硼含量/(μg/g)	供应水平	作物营养状况
<0.25	极低	大多数作物都不足，需硼较多的作物出现缺硼症
0.25～0.50	低	需硼少的作物足够，对需硼多的作物施硼有良好的效果
0.50～1.00	适量	大多数作物足够，施硼对个别需硼多的作物仍然有效
1.00～2.00	丰富	足够，对耐硼性差的作物可能出现毒害
2.00～2.50	过量	要防止硼毒害
>2.50	中毒	严重毒害作物

一般认为，缺硼的临界值为 0.5 μg/g。低于 0.5 μg/g 时，属于缺硼范围，对需硼较多的作物施用硼肥可能有良好的效果；低于 0.25 μg/g 时，属于严重缺硼范围，植物可能出现缺硼症状，施用硼肥增产显著。但是，土壤性质和作物种类不同，其有效态硼的临界含量划分也不一样。如根据质地可将有效硼的分级指标划分为表 7-8。

表 7-8 不同质地土壤的有效硼分级指标 μg/g

沙质土	轻壤土	壤土	黏土	硼素营养水平
>0.30	>0.50	>0.60	>0.80	充足
0.15～0.30	0.25～0.50	0.30～0.60	0.40～0.80	适量
< 0.15	<0.25	< 0.30	< 0.40	不足

土壤 pH 对土壤有效硼的临界指标也有影响，如酸性土壤水溶性硼达 1.20 μg/g 时，会使植株中毒，而钙质土壤水溶性硼达 3 μg/g 仍不会对植物产生有害影响。灌溉水中的硼一般不能超过 1 μg/g，但是，同样含硼高的灌溉水，在沙质土上容易中毒，而在黏质土上则不易中毒。

2. 土壤有效锌

测定方法不同，有效锌的临界水平也不同，目前较为统一的是酸性土和中性土用 1 mol/L

HCl 溶液浸提,石灰性土和盐碱土用 DTPA 溶液浸提。指标见表 7-9。

表 7-9　DTPA 和 0.1 mol/L HCl 浸提土壤有效锌的分级指标　μg/g

DTPA 溶液提取石灰性土壤有效锌	锌素营养水平	0.1 mol/L HCl 溶液提取酸性土壤有效锌
<0.5	很低	<1.0
0.5~1.0	低	1.0~1.5
1.0~2.0	中等	1.5~3.0
2.0~4.0	丰富	3.0~5.0
>4.0	很丰富	>5.0

由此可见,0.1 mol/L HCl 浸提出的土壤有效锌,对一般作物的临界值为 1.5~3 μg/g,而用 DTPA 浸提出的临界值为 1.0~2.0 μg/g。

土壤有效锌含量受很多因素影响,如土壤 pH 和施用石灰等都与土壤中锌的有效性有着密切关系。在一定范围内,随着土壤 pH 的增加有效锌的含量减少,植物缺锌常发生在 pH>6.5 的土壤上。由于施用石灰不当,使酸性土壤大面积形成次生“石灰泥田”,从而出现玉米等作物缺锌。最近几年生产实践表明,大量施用磷肥常加重锌的缺乏,主要由于磷、锌颉颃所致。水稻缩苗病、玉米花白苗病都是缺锌的表观。

3. 土壤有效锰

锰在土壤中的形态多变。水溶性锰和交换性锰是作物可以直接吸收的形态;三价的锰化合物性质不稳定,是易还原性锰,其中一小部分对作物有效。

通常把水溶性锰、交换性锰和易还原性锰的总和称为活性锰。一般土壤水溶性锰含量少,并与交换性锰处于动态平衡之中,不易严格区分出来。目前通常以交换态锰和易还原态锰含量来表示土壤中可给态水平。据中国科学院南京土壤研究所(刘铮)资料,土壤有效锰的分级和评价指标如表 7-10 所示。

表 7-10　土壤有效锰的分级和评价指标　μg/g

代换态锰(1 mol/L 醋酸+醋酸铵 pH 7.0)	丰缺程度	易还原态锰[1 mol/L 醋酸+醋酸铵 pH 7.0+0.2% $C_6H_4(OH)_2$]
<1.0	很低	<50
1.0~2.0	低	50~100
2.0~3.0	中等	100~200
3.0~5.0	高	200~300
> 5.0	很高	> 300

代换性锰的临界值为 2.0~3.0 μg/g,易还原态锰为 100 μg/g。

不同形态的锰在土壤中的转变主要受 pH 和氧化还原电位(*Eh*)等条件影响。土壤 pH 降低,锰的溶解度随之增加;反之,锰的有效性显著降低。稻田淹水状态能促进高价锰还原为低价锰,从而提高了锰的有效性。通气良好的轻质土壤,因经常处于氧化状态,锰多以高价化合物的形态存在,所以锰的有效性就低。

我国北方石灰性土壤,特别是质地轻、有机质少、通透性良好的土壤大多数缺锰,施用锰肥有良好的效应。

4. 土壤有效铜

土壤中的水溶性铜和交换性铜，对作物有效，难溶性的矿物态铜和有机螯合态铜则不易被作物吸收。它们在一定条件下可以相互转化。酸性土壤有效铜用 0.1 mol/L HCl 浸提，中性和石灰性土壤用 DTPA（二乙三胺五醋酸）＋$CaCl_2$＋TEA（三乙醇胺）、pH 7.3 的混合液浸提。其分级如表 7-11 所示。

表 7-11 土壤有效铜的分级和评价指标 μg/g

DTPA 溶液提取石灰性土壤有效铜	丰缺程度	0.1 mol/L HCl 提取酸性土壤有效铜
<0.1	很低	<1.0
0.1～0.2	低	1.0～1.5
0.2～1.0	中等	1.5～3.0
1.0～1.8	高	3.0～5.0
>1.8	很高	>5.0

有机质多的土壤，铜与腐殖质呈稳定的络合物状态而降低其有效性。土壤 pH 较高时，含铜螯合物的稳定性增强，石灰性土壤中，有效铜可形成溶解度很低的氢氧化铜、碳酸铜等沉淀，降低其有效性。在淹水情况下，铜的有效性增高。

5. 土壤有效钼

土壤有效钼与成土母质有关，还与土壤 pH 密切相关。可根据土壤 pH 和有效态钼的含量求出的土壤钼值：

$$土壤钼值 = pH + 土壤有效态钼含量 \times 10$$

式中土壤有效态钼含量是用草酸-草酸铵溶液所提取的钼的质量分数（μg/g），其分级指标如表 7-12 所示。

表 7-12 土壤有效钼的丰缺指标 μg/g

土壤有效态钼含量	丰缺程度
<0.10	很低
0.10～0.15	低
0.15～0.20	中等
0.20～0.30	丰富
>0.30	很丰富

各地田间试验表明，我国很多土壤施用钼肥对作物都有良好的效应。浙江紫云英田，土壤有效态钼<0.2 μg/g 的施钼大多数都能增加鲜草产量。东北的白浆土，即使含有效态钼 0.4 μg/g，施钼肥在某些作物上仍有显著效果。山东、湖北、江苏、河南等地施用钼肥，花生增产 20%～50%，大豆可增产 10%～15%，紫云英施用钼肥的增产幅度更大。

三、土壤中微量元素有效性的调节

土壤中微量元素缺乏的原因主要是全量低，有的元素虽全量高，但其有效性很低。影响土壤中微量元素有效性的因素主要有以下几个方面。

1. 土壤酸碱度

土壤 pH 是对土壤中微量元素的有效性影响最大的土壤因素，主要是影响到微量元素在土壤中的溶解和沉淀而影响微量元素的有效性，阳离子型微量元素 Fe、Mn、Cu、Zn 的溶解度都随 pH 下降而增大，故在酸性条件下有效性高，阴离子型的 Mo 在碱性条件下有效性高，而 B 则在微酸和中性的条件下有效性较高。

2. 土壤的氧化还原电位(*Eh*)

土壤的 *Eh* 主要对一些变价元素的有效性影响大，比如 Fe、Mn，还原条件下以 Fe^{2+}、Mn^{2+} 形式存在，溶解度较高，有效性高，甚至会产生中毒现象；氧化条件下以 Fe^{3+}、Mn^{4+} 形式存在，溶解度降低，有效性低。在强还原条件下，Zn、Cu 可能因形成 ZnS、Cu_2S 而降低有效性。

3. 土壤有机质

有机质具有离子交换能力和络合能力，过渡金属离子可与有机物发生络合反应。一般来讲，被有机质吸附的微量元素和简单的络合物可直接为植物吸收，有效性高；而与有机质形成复杂的络合物或螯合物的微量元素，有效性低，只是部分有效。如泥炭土中的铜、锌络合物。

4. 土壤质地

质地粗的土壤微量元素含量低，同时由于通气良好，某些微量元素(Fe、Mn)以高价态存在，有效性低，而质地黏重的土壤，由于保肥性好，微量元素的含量高，有效性高。

5. 吸附作用

土壤中的黏土矿物、氧化物、有机质能对微量元素能产生吸附，一般来讲，静电吸附的微量元素有效性高，而专性吸附的微量元素有效性低。

6. 土壤微生物

土壤中微生物的活动对微量元素有效性的主要影响是：微生物能促使有机质分解，使有机结合态的微量元素分解释放出来，增加微量元素的有效性；微生物与高等植物竞争土壤中微量元素，使微量元素固定在微生物体内，暂时降低微量元素的有效性；在缺氧条件下使微量元素还原为易溶的低价态，而在好气条件下氧化微量元素为高价态使之有效性降低，主要表现在微生物对铁和锰的氧化还原上；间接改变土壤的 pH 和 *Eh* 值，从而影响微量元素的有效性。

以上因素中，以酸碱度和氧化还原电位最为重要。所以，施用石灰、干旱、排水和渍水条件都会影响微量元素的有效性。

四、教学案例与分析

土壤有效硼分析：沸水浸提-甲亚胺比色法

土壤有效硼一般用水溶性硼来表示，水溶性硼是指沸水能溶解的硼，对作物是有效的。水溶性硼占全硼含量的 0.1%～10%，含量一般为 0.05～5.0 mg/kg，当硼的浓度低于 280 mg/kg 时，硼在水溶液中以分子 H_3BO_3 和离子 $B(OH)_4$ 形态存在。土壤硼的有效性受到土壤 pH 影响，当土壤的 pH 低于 7 时，硼主要以硼酸形态存在，当土壤 pH 在 7～9 时，由于 OH^- 浓度仍然较低，大量土壤溶液中的硼被胶体吸附。土壤有效硼的临界指标一般为 0.3～0.5 mg/kg。但是土壤质地不同，其临界浓度不同，如黏重土壤临界浓度为 0.6～0.8 mg/kg，沙质土壤临界浓度为 0.15～0.3 mg/kg。土壤有效硼一般含量很低，除可用 ICP 测定外，常用比色法测定。

比色法包括蒸干显色法和水溶液显色法。姜黄素比色法(蒸干显色法),灵敏度较高,可以测定微量的B(参考 NY/T 149—1990)。但是,姜黄素与B形成红色的配合物,需要在蒸干无水的条件下进行,如果有水存在,颜色强度下降,所以蒸干显色法的显色条件太严格。其灵敏度和重现性受到蒸干时的温度、蒸干时间、试剂量、溶剂甚至空气湿度等影响:如瓷的蒸发皿要挑选一样的,蒸干以后要放在干燥器中,比色杯要带盖等。改进姜黄素比色法为水溶液中的B与氯仿中的2-乙基-1,3-己二醇相结合,进入有机相,然后再与溶于冰乙酸的姜黄素反应(姜黄素不溶于水),在一定量的硫酸存在条件下充分作用,形成红色配合物,用乙醇定容稀释,在550 nm 波长处比色。

甲亚胺比色法(水溶液显色法),虽灵敏度不够高,但在水溶液中显色,操作方便,适用于自动化分析,应用也较广泛。还有浓硫酸溶液中显色法,在浓硫酸存在的条件下,B与有机染料,如胭脂红酸或醌茜素形成有色化合物。另外还有三元配合物萃取显色法等。

1. 测定方法原理

土样经沸水浸提,浸出液中的硼在微酸介质中(pH 5.1~5.8 的乙酸-乙酸铵缓冲液)与甲亚胺生成水溶性的黄色配位化合物,甲亚胺见光分解,显色时候要在23℃恒温箱暗处进行。在波长 410~420 nm 处测定吸光度。甲亚胺价格昂贵,可以用H酸(8-氨基-1-萘酚-3,6-二黄酸)和水杨醛缩合制备,时间需要1周,甲亚胺与硼的反应受pH、温度和试剂浓度的影响,因此试液与标准系列溶液应尽量在相同条件下显色。NH_4^+ 使结果偏高,可加入带大量 NH_4^+ 的氨缓冲溶液,使影响恒定而消除。有机质的颜色可用扣除空白或碱化后灼烧除去。

2. 试剂配制

(1)活性炭。

(2)硼标准溶液。

(3)0.8%甲亚胺溶液:0.8 g 甲亚胺和 2.0 g 抗坏血酸(分析纯)溶解于100 mL 水中,在水浴上加热(<50℃)助溶。使用当天配制(在冰箱中可保存2~3 d)。

(4)缓冲液:250 g 醋酸铵(分析纯)溶解于400 mL 水中,然后缓缓加入125 mL 冰醋酸(分析纯)。

(5)$CaCl_2$ 溶液。

3. 仪器

分光光度计、石英三角瓶、塑料瓶、石英回流管做的回流装置。

4. 操作步骤

土样浸提:称取20目风干土15.0g,放入石英三角瓶(玻璃含硼)(可用自封塑料袋代替),加水(重蒸馏水)30.0 mL(液土比2∶1),热水回流装置煮沸5 min(使水不蒸发,液土比不变),冷却,加1 mol/L $CaCl_2$ 2~4滴(加速澄清),加一小勺活性炭(除去有机质颜色),摇动,放置 5 min,过滤于塑料瓶中。

吸取冷却后的滤液 10.00 mL 于25(或50)mL 塑料瓶中,加入乙酸铵缓冲液 10.00 mL,加 甲亚胺显色液 5.00 mL,摇匀,放23℃暗处2 h,在420 nm 波长比色。

若浸出液有颜色,应另取滤液 5.00 mL,加入缓冲-掩蔽剂 2.00 mL 和 2.00 mL 水,摇匀。以2.00 mL 缓冲-掩蔽剂和7.00 mL 水的混合液为参比调节仪器零点,测定吸光度(A_2)。硼显色液校正后的吸光度为 $\Delta A = A_1 - A_2$。

校准曲线或直线回归方程:准确吸取硼标准工作溶液(10 mg/L)0,0.5,1,2,3,4,5 mL,

分别放入 50 mL 容量瓶中，加入定容，即得 0，0.1，0.2，0.4，0.6，0.8，1.0 mg/L 标准系列溶液。各吸取 5.00 mL 按上述操作步骤显色及测定吸光度，然后绘制标准曲线或求直线回归方程。

5. 计算结果

$$土壤有效硼含量(B)(mg/kg)=\frac{(c-c_0)\times V\times D}{m\times\frac{1}{1+w}}$$

式中：c 为样品比色液硼(B)的浓度，μg/mL；c_0 为空白液硼(B)的浓度，μg/mL；V 为显色液体积，mL；D 为分取倍数，浸提时吸取浸提剂的体积(mL)/比色时吸取待测液体积(mL)；m 为风干土样质量，g；w 为土样含水量，%。

6. 注释

①甲亚胺可自制：将 18 g H 酸[1-氨基-萘酚-3，6-二磺酸，$C_{10}H_4NH_2OH(SO_3H)_2$]或 20.8 g H 酸钠溶解于约 500 mL 温水中，必要时过滤，用质量浓度 10% KOH 溶液调至约 pH 7，然后用浓 HCl 调至 pH 1.5。液温约 60℃时，在不断搅拌下加入 20 mL 水杨醛($C_6H_4OH\cdot CHO_3$ 为无色液体)，保温约 1 h，同时不断搅拌或振荡 1 h，静置过夜。弃去上层澄清液，用平板漏斗抽滤，用无水乙醇淋洗 4～5 次，在 100℃下干燥 3 h，即得橘黄色的甲亚胺-H。此产品易吸湿，应在玛瑙研钵中研细，混匀，保存于干燥处。

②加甲亚胺试剂时必须尽量准确，因试剂本身颜色较深，影响吸光值。每批样品标准样品最好要新测定。

③避免甲亚胺试剂为光所分解，加显色剂后，宜放在暗处保存。

复习思考题

1. 土壤中的各种氮素形态对植物的有效性如何？
2. 在土壤氮素的转化途径中，氮素有效化和无效化的途径分别有哪些？
3. 有效氮、速效氮、碱解氮有何区别？
4. 影响氨化作用、硝化作用、反硝化作用的条件分别有哪些？它们是如何产生影响的？
5. 简述硝化作用的利弊，农业生产上如何控制硝化作用？
6. 土壤中含磷化合物主要有哪些？它们对植物的有效性如何？
7. 简述土壤中无机态磷的固定。
8. 淹水条件下，为什么磷的有效性会提高？
9. 施入土壤中的磷肥为什么当季利用率很低？
10. 土壤中的钾按其对植物的有效性一般包括哪些类型？它们对植物的有效性如何？
11. 黏土矿物是如何对钾产生晶格固定的，为了减少土壤对钾的晶格固定，农业生产上可采取哪些措施？
12. 简述土壤中 Ca、Mg、S 的形态及其转化。
13. 简述土壤中微量元素的形态及影响微量元素有效性的条件。

参 考 文 献

1. 金继运，刘荣乐等译. 土壤肥力与肥料. 北京：中国农业科技出版社，1998.

2. 孙羲,等. 中国农业百科全书:农业化学卷. 北京:农业出版社,1996.
3. 朱祖祥. 中国农业百科全书:土壤卷. 北京:农业出版社,1996.
4. 黄昌勇. 土壤学. 北京:中国农业出版社,2000.
5. 林大仪. 土壤学. 北京:中国林业出版社,2002.
6. 沈其荣,谭金芳,钱晓晴. 土壤肥料学通论. 北京:高等教育出版社,2001.

第八章　土壤的形成、分类与分布

［本章导读］　前几章分别论述了土壤的组成及其物理、化学、生物学性质。不同的土壤其组成、性质各异，同一土壤不同发生层，其组成、性质也不相同。导致土壤属性发生分异的原因是由于不同土壤成土因素和基本成土过程不一样，从而形成具有不同形态特征的多种多样的土壤类型。在学习土壤发生与分类这部分内容时，要紧紧围绕土壤成土因素决定土壤成土过程，土壤成土过程决定土壤属性这一中心线索。

我们在这一章里，将简要讲述土壤形成的发育过程；着重讨论土壤的成土因素和基本成土过程；介绍土壤分类的基本概念、我国的土壤分类以及土壤分布的规律性。

第一节　土壤的形成发育过程及影响因素

一、自然土壤的形成发育过程

在地球陆地表面，有多种多样的土壤类型，尽管它们形成条件、土壤的性质、土壤形态特征各异，利用管理及培肥改良的途径也有差别，但是它们的形成发育过程都有着共同的规律性。苏联土壤学家 B·P·威廉士提出的土壤统一形成学说较好地阐明这一过程。土壤统一形成学说的主要内容为：

①土壤的本质是土壤肥力，土壤的形成发育过程也就是土壤肥力的形成变化过程，土壤的形成和发展变化是地质大循环和生物小循环的统一。

地壳表层的岩石矿物经过物理、化学风化，形成细小的颗粒，同时有一部分元素溶于水，这些岩石矿物的风化物随流水进入海洋，在海洋中沉积下来，经过长期的地质作用重新形成各种沉积岩，再经过地壳的运动，海陆的变迁，又成为陆地，这一过程我们称之为地质大循环。在地质大循环中，形成了土壤母质，同时矿质养分不断矿化释放出来，但又淋失掉。土壤中的生物，特别是绿色植物选择吸收各种矿质养分，通过光合作用合成有机物，当生物体死去之后，生物残体通过微生物的分解作用，各种养分又重新释放出来，供给土壤生物循环利用，这一周而复始的过程称之为生物小循环。在生物小循环过程中土壤养分得到固持富积。

岩石风化作用形成的碎屑物质我们称之为土壤母质。土壤母质与致密岩石相比性质有很大的变化，土壤母质是疏松多孔通气透水的，但我们还不能把土壤母质称为土壤，因为土壤母质的肥力非常低，无土壤有机质，土壤保肥能力低，岩石矿物风化释放出来的矿质养分随水分的下渗而淋失，不能保蓄在表层。母质养分含量低，不含植物生长所必需的氮素。

所以开始，土壤母质中只能生活一些低等的生物，进行固氮作用，积累土壤有机质和其他养分。随着肥力的提高，才可以生长绿色植物。绿色植物出现以后，植物庞大的根系从土层深处选择性吸收其生长所需各种养分，合成有机物质，植物死亡之后，这些有机物质归还到土壤表层，使得表层土壤有机质骤增，养分在土壤表层富积。土壤有机质的增加使得土壤保肥能力增加，结构性变好。土壤有机质在微生物的作用下矿化分解，释放出来的养分又能被植物吸收利用。从土壤肥力产生发展过程来看，生物小循环不是一个封闭的循环，而是随生物种类的演化，形成一个螺旋式逐渐扩大的上升运动。在土壤的形成发育过程中，地质大循环形成土壤母质，生物作用于土壤母质形成土壤，整个成土过程实质是在地质大循环基础上的有机质的合成与分解过程，是地质大循环与生物小循环的统一。这一过程也是土壤肥力发生发展过程。

②土壤肥力的变化取决于地质大循环和生物小循环的强弱对比，这种对比关系取决于包括母质、气候、生物、地形和时间五大自然成土因素。

土壤的成土因素也称土壤的成土条件。土壤成土因素决定了地质大循环和生物小循环进行的强弱程度。土壤的成土条件，影响着土壤中岩石矿物风化作用的强弱和矿质元素的释放，也影响着土壤黏土矿物的类型。不同成土条件下，土壤淋溶作用强度不一样，生物的富积作用，土壤有机质积累强度也不同。成土因素决定了土壤的成土过程及其肥力的发生发展演变规律，成土因素的不同，形成的土壤类型及其演变规律也不同。

土壤统一形成学说认为在 5 个自然成土因素中，生物因素是主导成土因素，后来多数土壤学者认为这一观点是不正确的，美国的土壤学家 H·詹尼对此做了修正。H·詹尼认为，在土壤的形成发育过程中，母质、气候、生物、地形、时间以及其他一些因素都可能成为土壤的主导成土因素。

③随着土壤肥力的发展，土壤类型也不断更替，土壤类型更迭是土壤肥力从量变到质变的飞跃，是和土壤生物的演化更迭相统一的。我们目前所区分的各种土壤仅仅是时间极长范围极广的土壤统一形成过程中静止的瞬间。

土壤统一形成学说揭示了土壤发生发展的演变规律，为土壤分类及对土壤分布规律性的解释奠定了基础。

二、土壤剖面的发育

土壤剖面是指从地面向下挖掘而暴露出来的土壤竖直切面。均质的土壤母质在区域成土因素的综合作用下，不同深度土层发生分异，使各土层具有不同的形态特征，如颜色、质地、结构，松紧状况，物质组成及新生体等。这些不同形态特征的土层称为土壤发生层。土壤从表层到底层各土层的排列称土壤的土体构型或土体构造。每一类土壤由于其成土条件、成土过程不同，其剖面形态特征和土体构型也各有特点。但土壤有着统一的形成过程，其土体构型也有共同的规律性。自然土壤土体构型一般模式如图 8-1 所示。其中，土壤剖面发生层次的字母标注含义见表 8-1。

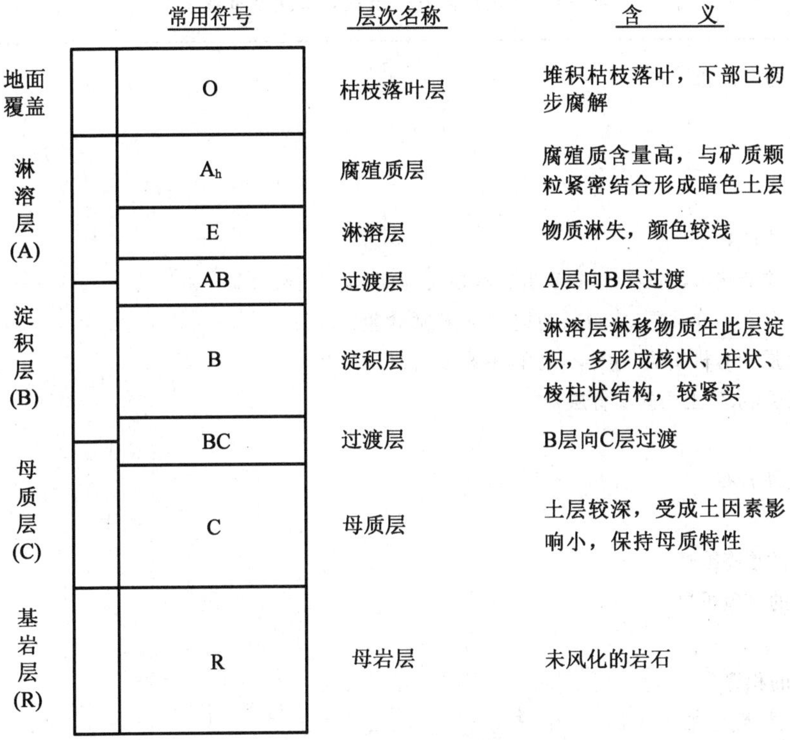

图 8-1　土体构型的一般模式

植物死亡的有机残体堆积在地表，其中一部分初步分解形成粗腐殖质，这一层次称为有机质层，森林植被下有机质层称为枯枝落叶层，用 O 表示，草甸、沼泽植被下有机质层称泥炭层，用 H 表示。高山、亚高山草甸植被下有机质层称为草毡层，用 A_s 表示。

有机质层下面颜色暗，含腐殖质多的土层称为腐殖质层，用 A_h 表示，A_h 层是在生物的富积作用下形成的，腐殖质与矿物质紧密结合，结构性好，养分多。淋溶层用符号 E 表示，它位于腐殖质层下面，生物富积作用减弱，同时由于淋溶作用，部分物质淋失，从而形成浅色土层，多片状结构，紧实。因为 A_h 层、E 层都受到淋溶作用，而统称为淋溶层，用 A 表示。A 层与 B 层之间过渡土层用 AB 表示。

淀积层用 B 表示，上面土层中淋洗下移的物质在此层淀积，土壤紧实，多核状、柱状、棱柱状结构。B 层根据其发育的程度可分为 B_1、B_2、B_3 亚层，根据其淀积物质的不同又可形成 B_t 层（黏化淀积层）、B_k（钙积层）、B_y（石膏淀积层）、B_z（盐积层）等。B 层向 C 层过渡土层用 BC 表示。

C 层为母质层，位于淀积层下面，土层较深，受成土因素影响作用小，保持土壤母质特性。

位于 C 层下面为母岩层，用 R 表示，由未风化的岩石组成。

在水分大的土壤中，长期淹水的土层形成青灰、灰蓝色的潜育层，用 G 表示。

土壤的土体构型及其剖面形态特征是其内在特性（土壤肥力）的外在表现，土壤类型变化，土壤剖面也必然相应的发生变化。土壤的剖面形态特征反映土壤的成土条件和土壤成土过程。在鉴定土壤类型时，对土壤剖面的观察是必不可少的。

表 8-1 土壤剖面发生层次与层次字母注

用以表示发生层的层位和性状

A:淋溶层

B:淀积层

C:母质层

D:沉积的砾质的异元母质

E:硅酸盐黏粒遭破坏,黏粒、铁、铝三者皆有损失,而沙粒与粉粒聚集

H:堆积于表层的有机质层,水分长期饱和,有机质含量≥35%

O:堆积于表层的有机质层,水分不饱和,有机质含量≥35%

P:人工熟化层(水稻土中的渗育层)

G:潜育层

R:连续的坚硬岩石

W:潴育层

用以表示发生层的形态或性状

a:腐解良好的腐殖质层

b:埋藏层

c:结核形式的积聚

d:粗腐殖质层,粗纤维≥30%

e:水耕熟化的渗育层

f:永冻层

g:氧化还原层

h:矿质土壤的有机质的自然积聚层

i:灌溉淤积层

k:碳酸钙的积聚层

l:结壳层

m:强烈胶结,固结,硬化层次

n:代换性钠积聚层

o:R_2O_3 的残余积聚层

p:耕作层

q:次生硅积聚层

r:砾幂

s:R_2O_3 的淋溶积聚层

t:黏化层

v:网纹层

w:风化过渡层

x:脆磐层,脆壳层

y:石膏积聚层

z:盐分积聚层

三、土壤形成的影响因素

自然土壤是在母质、气候、生物、地形和时间的综合作用下逐渐发育形成的。这5种自然成土因素间是相互作用，且是同等重要的，不能加以割裂。它们共同影响土壤形成发育的速度、方向和程度。如果有一个因素发生变化，土壤类型相应发生变化，因此土壤具有多样性。在这些因素之中，前三者参与土壤物质和能量的交换，后二者只是对前三者与土壤间进行的物质和能量交换发生影响。

随着农业生产的发展和科学技术的进步，人为因素对土壤形成的影响越来越广泛和深刻，因此在农业生产条件下，除五大自然成土因素之外，人为因素对土壤形成发育具有特别重要的作用和意义。

（一）母质

母质是岩石风化的产物，土壤是在母质的基础上发育形成的。母质为土壤形成提供最基本的原料，土壤的某些性质是从它的母质那里继承过来的，二者之间存在着“血缘”关系。

自然界成土母质的类型繁多，主要类型有：残积母质、冲积母质、坡积母质、洪积母质、黄土母质、风积母质、冰碛母质、重力堆积母质等。关于母质的形成和主要性质在第一章已经做了详细的介绍。

不同的土壤母质，它们存在的形式、物理性状、化学组成差异很大，对土壤的形成，土壤理化性质和肥力特征影响也都不相同。

1. 土壤矿物质源于土壤母质，并在土壤发育过程中进一步风化

母质对土壤矿物质的矿物组成和化学组成的影响是巨大的，进而影响到土壤养分状况和理化性质。例如，在温暖湿润气候条件下，花岗岩母质形成土壤含石英多，含铁锰矿物少，土壤盐基离子少，多半是偏酸性，这是因为花岗岩是酸性岩。而由安山岩及玄武岩等中性岩或基性岩风化形成的土壤，一般富含丰富的钙和磷，土壤多为中性。

2. 土壤母质的机械组成决定了土壤的机械组成

例如，残积母质形成的土壤质地越往下越粗；花岗岩含有大量石英颗粒，抵抗风化能力强，形成土壤多是粗质地的，而石灰岩母质发育的土壤，质地黏重；河流冲积母质发育土壤多是沙黏土层相间的，洪积母质发育土壤常含有粗大的角砾；湖积母质发育土壤则十分黏重。

3. 母质透水性对成土作用有显著影响

水分在土体中的移动是促进剖面层次分化的重要因子。沙质的母质，透水性强，水分容易从其中迅速通过，其化学风化作用弱，可淋溶物质少，但向下淋移快，剖面分异不明显。壤质的土壤母质有适当的透水性，在水分下渗的影响下，母质易发生化学风化，风化产物又能随水下移淀积，因而易发生层次分化。黏质的母质则由于透水不良，水分在土壤中移动缓慢，土壤物质由上向下的垂直移动慢，剖面发生分异慢。

总而言之，土壤母质与土壤矿物质的矿物组成和化学组成、土壤机械组成有着先天的关系，同时也影响到土壤成土作用。在同一地区，往往由于母质的不同而形成不同的土壤。土壤发育时间越长，成土过程越久，其性质与原来母质性质差异越大，但母质的某些性质仍会长期保留下来，如土壤的机械组成等。

（二）气候

气候对土壤形成的影响有以下 3 个方面：

1. 气候决定着土壤的水热条件

在地球陆地表面，由低纬到高纬，温度逐渐降低。从沿海到内陆，气候越来越干旱，土壤的水热条件也相应地发生变化。

2. 气候与土壤有机质含量的关系

气候决定土壤水热条件，因此，在很大程度上控制植物的生长和微生物的活动，影响到土壤有机质的积累和分解。一般而言，降水量越大，植物生长越繁茂，每年进入土壤中有机物质也就较多，反之则少。在一定范围内，随土壤温度升高，土壤微生物的活动越旺盛，土壤有机质分解速率加快，若年平均温度超过 25℃，有机质难以积累。

我国的黑龙江省地处中温带，气候湿润，雨热同季，植物生长旺盛，进入土壤有机质多。在植物生长季节，由于土壤水分多，形成嫌气条件，微生物活动弱，有机质分解弱，进入冬季，气温降低，微生物停止活动，有机质分解停止，因此土壤有机质含量高。从我国东北的黑龙江往西由内蒙古至新疆，降雨量逐渐减少，气候干旱程度加剧，地面植被生长越来越差，进入土壤有机物质少，加之土壤通气性好，有机质在好气微生物作用下，分解速率快，土壤有机质的含量由东至西是逐渐降低；我国东部地区由北往南，年均气温升高，降雨量增加，植物年生长量增大，进入土壤有机质多，但分解速率快，土壤有机质数量呈下降趋势。

3. 气候对风化过程和土壤淋溶过程的影响

气候干旱地区，化学风化过程和淋溶过程微弱。因此土壤成分变化很小，土壤中的盐基成分如钾、钠、钙、镁的淋溶量和淋溶深度都很小，我国西部黄土高原及漠境地区，土壤剖面中有碳酸钙的聚积层，有的甚至有盐分聚积层，由我国西部往东，降雨量增加，淋溶作用、风化作用加强，盐分聚积层消失，碳酸钙聚积层深度逐渐变深。土壤碱性降低。至黑龙江省黑土区，碳酸钙从土体中淋失，土壤中性。整个北方草原、草甸土壤盐基饱和度高，矿质养分丰富。我国东部地区由北向南，随湿度增大，温度升高，土壤化学风化作用加强，土壤中的各种矿物受到强烈破坏，淋溶过程变强，钾、钠、钙、镁等盐基成分大量淋失，土壤盐基饱和度降低，酸性加强，矿质养分减少。

我国从北到南，由寒温带、温带、暖温带至亚热带、热带，气候由冷变暖，从东到西，由湿润、半湿润、半干旱至干旱地带，气候由湿逐渐变干。在宏观上气候与植被不断变化，形成不同的生物气候带，也就形成了与生物气候相适应的土壤带。

（三）生物

生物在五大自然成土因素中起着重要的作用，严格地说，母质中出现了生物后，才开始成土过程。土壤生物包括植物、动物、微生物，其中绿色植物在成土过程中的作用是巨大的。

绿色植物可以分为木本植物和草本植物，它们对土壤形成的影响是不同的。

1. 木本植物在成土作用中的主要特点

（1）*植物残落物在地面堆积，形成疏松多孔的地面覆盖层*　木本植物是多年生，在天然条件下，每年只有少量枯枝落叶和花果凋落，这些残落的植物组织堆积在地面，形成枯枝落叶层，底部呈半腐烂状态，整个枯枝落叶层不含矿质土粒，具有弹性，疏松多孔，透水通气，有利于天然淋洗过程的进行，适于好气微生物活动。

(2)土壤有机质具有表聚性且其组成中富里酸含量高　有机质积累主要来自木本植物地上残落物质的分解，形成的腐殖质层较浅薄，表层以下土壤有机质锐减，形成腐殖质 H/F 低，腐殖质以富里酸为主。森林植被下有机质聚积过程称为斑毡有机质聚积过程。

(3)针叶林和阔叶林对土壤形成发育的影响有一些差异　针叶林的残落物含单宁、树脂较多，这些物质在真菌的分解下，产生多种酸性较强的物质，加上针叶林的灰分含量低，且以 SiO_2 为主，产生的酸性物质不能被中和，这些酸性物质一面抑制细菌活动，一面对矿质土粒进行酸性浸提，使其中的钙、镁、铁、铝、锰等盐基离子溶出，并淋溶和螯移，由于有颜色的铁、锰化合物淋移，使土壤亚表层变为灰白色 SiO_2 相对富积。整个土壤呈酸性或强酸性，矿质养分贫缺。针叶林下这种成土过程称为灰化成土过程。

阔叶林的残落物含单宁和树脂较少，钙、镁等灰分元素较丰富，因此凋落物分解产生有机酸少，且多被盐基中和，削弱了酸性淋溶过程，所形成的土壤含有一定盐基，酸性相对较弱。

2. 草本植物对成土过程的影响

(1)在草本植被下形成的土壤，具有比较深厚的腐殖质层　草本植物大多是一年生植物，多年生的草本植物也只有少量的地下茎和潜匿芽可以越冬，因此草本植物每年归还土壤有机物质数量较多，不仅有枯死的茎叶残留地面，而且也有数量巨大的死亡根系残留于土壤内，形成腐殖质数量多，逐渐形成深厚的腐殖质层。

(2)草本植被下形成的土壤，具有较高品质的腐殖质和良好的团粒结构　由于草本植物的有机物质含单宁，树脂少，木质素含量也比木本植物低，含纤维素较多，在腐烂分解过程中产生酸性物质较少，并迅速为盐基所中和，有利于细菌繁殖生长，所形成的腐殖质以胡敏酸为主，品质较高。

草本植物根系比较发达，表土中须根密布，在大量土壤腐殖质及活根分泌的多糖作用下，通过强大根系的挤压切割，使土壤逐渐形成良好的团粒结构。草本植物下形成的土壤肥力一般较森林植被下土壤肥力高。

(3)草甸草本植物和草原草本植物对土壤形成的作用不相同　草甸植物生长于较湿润的气候环境，受地下水或临时地下水涵养，一个生长期从春季到秋末，生长期长，植被生长繁茂，植物合成有机质的数量多。在生长期间土壤湿度大，草甸植物有机残体只能在嫌气或半嫌气条件下分解，而不可能被强烈分解而彻底矿化，在整个冬季，土温低，微生物活动停止，土壤有机质不能分解。这样，土壤有机质不断累积，逐渐形成深厚的腐殖质层。这种成土过程称草甸腐殖质聚积过程。例如，黑土、草甸土的腐殖质层都是在这种成土过程下形成的。

草原草本植物是生长在气候比较干旱，全年降水分配不均，不受地下水影响的土壤上，越冬芽和种子只有在降雨来临的初夏才开始萌发，雨季内植物进入生长盛期，夏末秋初，降水锐减，土壤变干，植物迅速开花结实死亡，整个生长期较短。从初春到秋末土壤通气良好，土温高，有利于枯死有机体的好气分解，所以在草原草本植物下形成的土壤腐殖质层浅，有机质含量少，但矿质营养丰富。这种成土过程称为草原腐殖质聚积过程，例如，栗钙土、棕钙土的腐殖质聚积过程。

3. 微生物在土壤形成中的作用

微生物在土壤形成中的作用主要有以下几方面：

①分解有机质释放各种养分。

②合成腐殖质。

③固氮微生物能固定大气中游离的氮素。

④释放矿物中的矿质营养。

可见土壤微生物在土壤形成中的作用是重要的、多方面的，它与绿色植物协同，一起在土壤形成过程中发挥作用。

4. 动物在土壤形成中的作用

土壤原生动物(属动物区系微生物)中的变形虫和纤毛虫都是食菌的，可控制土壤细菌的数量，不能分解土壤中其他有机质，但其中鞭毛虫能够分解土壤有机质；土壤动物中线虫类，有一部分能分解土壤有机质。

土壤中的无脊椎动物种类很多，数量很大，每公顷土壤中可有数千个到几十万个，其中各种昆虫及其幼虫、蚯蚓、蚁类、蜘蛛等对翻动土壤及分解土壤有机质作用很大。脊椎动物中的鼠类、蜥蜴、鳝鱼、蛇、獾等翻动土壤能力强。

土壤动物一方面以其遗体增加土壤有机质，另一方面在其生活过程中搬动和消化其他动物、植物有机体，分解有机物质，并使之拌和于土壤中，引起土壤有机质深刻的变化。如蚯蚓每年生长量大，它翻动土壤，将吃进的有机质和矿物质混合，形成很好的粒状结构，改变土壤物理性质，促使土壤肥沃。在蚯蚓繁殖量很大的许多温带土壤，其通气透水性得到很大改善。

(四)地形

地形在成土过程中的作用主要表现在以下 3 个方面：

1. 地形对土壤水分的再分配

在相同的降水条件下，地面接受降水的状况因地形不同而异，在平坦地形上，接受降水相似，土壤湿度比较均匀；在丘陵顶部或斜坡上部，则因径流发达，又无地下水涵养，故常呈局部干旱，且干湿变化剧烈。斜坡下部，由于径流水及土体内侧渗水的流入，经常较为湿润；在洼陷地段、碟形洼地或封闭洼地，不仅有周围径流水及侧渗水的流入，而且地下水位较高，常有季节性局部积水或滞涝现象。不同地形部位其土壤水分条件不同，成土过程也不一样。

2. 地形对热量的再分配

在山地和丘陵，南北坡接受的光热明显不同。在北半球，南坡日照长，光照强，土温高，蒸发大，土壤干燥，北坡则正相反。所以南坡和北坡土壤发育强度和类型均有区别。海拔高度影响气温和土壤热量状况，通常中纬地区，海拔升高 1 000 m，气温下降 6℃，所以海拔越高，气温和土壤温度越低。在高山、高原地区特别明显。

3. 地形对母质的再分配

类似于地形对土壤水分的再分配。由于地形条件的不同，岩石风化物或其他地表沉积体会产生不同的侵蚀、搬运、堆积状况。通常，陡坡受冲蚀影响，土层薄，质地粗，养分易流失，土壤发育度低。坡脚和缓坡产生堆积，土壤性质与陡坡正相反。在干旱气候环境中，由于地形条件不同，土壤盐分发生再分配，可导致盐渍化程度的差异。在微起伏的小地形区，高凸地由于蒸发强烈，表土积盐现象特别严重，一般垄作区的垄台较垄沟积盐重。

(五)时间

土壤是随时间推移而不断发展的，上述 4 种成土因素相互间的作用也是随时间延长而加深的。在其他各种成土因素相同的基础上，时间长短不同，土壤发育的程度和阶段也不一样。

在理想的条件下，土壤从开始发育成土，大致经历母质、年轻土壤、成熟土壤和老年土壤 4 个阶段。图 8-2 表示了土壤发育这几个阶段剖面的变化。

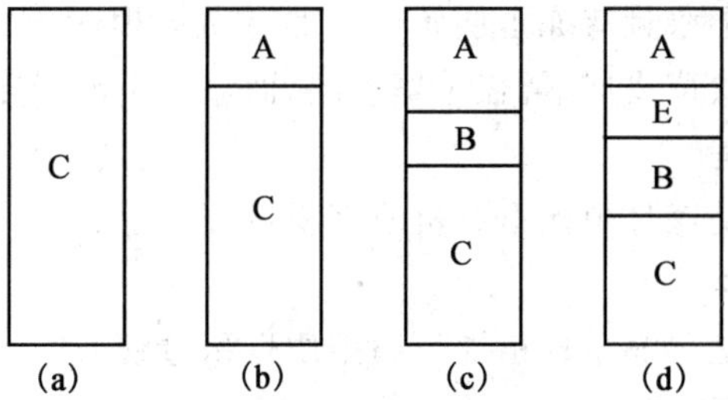

图 8-2　土壤发育的阶段序列

(a)母质　(b)年轻土壤　(c)成熟土壤　(d)老年土壤

(六)人为活动

人为因素与自然成土因素相比，差别很大，主要表现在：

①人为因素对土壤形成、演化的影响十分强烈并远远超过自然成土因素。

②人为因素对土壤的影响是有目的性的，人为因素可以定向培育土壤，使土壤的肥力特性发生巨大变化。例如，在坡地上修筑水平梯田，防止水土流失；给盐碱地平整地面，挖沟排水，控制地下水位，灌水洗盐，大量施用有机肥，合理耕作，改良盐碱土，使其在短时间内成为高产农田；植树种草，可以涵养水源，防止侵蚀，也可以防风固沙，改善小气候。人类通过施肥、灌溉、排水、客土、轮作换茬，土壤耕作等措施，极大程度上改变土壤中物质和能量的交流，改变自然物质循环过程，改变各种自然因素对土壤形成的影响。

③人为因素对土壤影响具有两重性。利用合理，有助于土壤肥力提高；不合理利用土壤资源会导致土壤资源遭受极大破坏，土壤肥力下降。例如，毁林开荒、破坏草原，引起土壤侵蚀，土地沙化，气候变坏；不合理建设水利设施会引起土壤盐渍化；工业的废液、废气、废渣会对土壤造成污染；忽视对土壤培肥造成土壤肥力蜕化等。

四、土壤的基本成土过程

土壤是在母质基础上，在各成土因素的综合作用下，经过一定的成土过程形成的，不同土壤，其成土过程是不同的。土壤的基本成土过程如下：

(一)原始成土过程

原始成土过程是成土过程的起始阶段，岩石矿物开始风化，只有低等的植物和低等微生物参与成土过程。例如，裸露的岩石表面，生长地衣后，岩石矿质成分就被慢慢分解而蚀变，产生原始土壤物质，有时还出现细土堆积，从这些细土中还可以鉴别出铁质相对积聚。高山冻寒气候条件下形成的高山寒漠土，其成土过程以原始成土过程为主。

(二)有机质聚积过程

有机质在土体中的聚积是生物因素在土壤中作用的结果。有机质的合成、分解和积累受大气水热条件及其他成土因素综合作用的影响，所以土壤有机质的聚积过程表现为多种形式。

不同的土壤有机质聚积过程形成腐殖质层、有机质层各有特点。

1.草毡有机质聚积过程

这是高山和亚高山带干寒且有冻土层条件下的有机质聚积方式。由于低温，其有机质合成量少，分解度弱，常成毡状草皮层，覆盖土壤表层，而显示干泥炭化。

2.斑毡有机质聚积过程

斑毡有机质聚积过程是森林植被下有机质聚积过程。

3.草甸腐殖质聚积过程

草甸腐殖质聚积过程是湿润草甸植被下腐殖质聚积过程。

4.草原腐殖质聚积过程

草原腐殖质聚积过程是半干旱、干旱草原植被下腐殖质聚积过程。

5.沼泽泥炭化过程

这是在沼泽植被下有机质聚积过程。沼泽植被生长在气候湿润，土壤表水多，地下水位高，土壤处于季节性或长期性积水的低洼地上，沼泽植被有机残体在过湿条件下，由于空气几乎完全被隔绝，只能进行弱度分解，有不同分解程度的有机物质保留下来，成为泥炭，下面也同时存在潜育层。

（三）黏化成土过程

黏化成土过程就是矿质土粒由粗变细，形成黏粒，并在土层中聚积的过程。通过物理性破碎及化学分解，粗土粒逐渐变小成为黏粒；矿物的化学分解产物通过再合成作用也可以形成黏粒。黏化过程包括淋淀黏化和残积黏化。前者指土壤黏粒的淋移淀积过程，上面土层中的黏粒受水的机械淋洗下移，至一定深度土层中淀积，使该土层黏粒含量增加，质地变黏。后者由原地形成而未经迁移的黏粒所导致黏化过程。

一般而言，寒冷干旱地带土壤黏化作用微弱，以残积黏化为主，湿热地带中的土壤黏化作用较强，以淋淀黏化为主。

（四）盐化成土过程

盐化成土过程是在干旱、半干旱的气候条件下，地下水中的盐分通过毛管蒸发而在表土层累积的过程。另外在滨海地区，受海水的浸淹和顶托作用，也能发生盐化成土过程。所以盐土主要分布在内陆干旱地区和沿海地区。土壤中氯化物含量在0.1%～0.6%，硫酸盐在0.2%～2%对作物生长产生危害，形成盐化土壤，氯化物大于0.6%、硫酸盐大于2%，作物难以生长，形成盐土。

盐土由于灌水冲洗，结合挖沟排水，降低地下水位等措施，可使其所含可溶性盐逐渐下降，这个过程称为脱盐过程。脱盐过程在地下水位下降，气候变湿润条件下，也可以发生。

（五）碱化成土过程

碱化过程是指土壤胶体交换性钠离子增加，使土壤显碱性、强碱性反应，并引起土壤胶体分散，物理性质恶化的过程。代换性钠离子饱和度在5%～15%形成碱化土壤，大于15%形成碱土。

土壤碱化成土过程由土壤中的碳酸钠引起，Na^+与胶体吸附Ca^{2+}、Mg^{2+}交换，代换下来的Ca^{2+}、Mg^{2+}与CO_3^{2-}生成$CaCO_3$、$MgCO_3$沉淀，从而使这种交换不断进行，在中性钠盐存在并有良好淋溶条件下，Na^+代换下来的Ca^{2+}、Mg^{2+}被淋失，也可以发生碱化成土过程。

在碱土土体中部，形成柱状不透水碱化层，使表层土壤形成滞水，在强碱性条件下，土壤黏粒铝硅酸盐矿物发生局部破坏，形成含有 SiO_2、Al_2O_3、Fe_2O_3、MnO_2 碱性溶胶，这些碱性溶胶及腐殖酸钠一起向下淋移，表层质地变轻。钠饱和度降低，这一成土过程称为脱碱化成土过程，另外人工施用石膏、黑矾($FeSO_4$)、煤渣等中性钙盐和酸性物质，结合灌水，通过交换淋溶过程也可以降低钠离子饱和度，改良碱土。

(六)白浆化成土过程

白浆化成土过程是白浆土成土过程。白浆土主要特征是腐殖质层薄，腐殖质层下出现浅色、粉沙粒含量高，片状结构的白浆层，白浆层下为深厚，黏粒含量高，核状结构的淀积层。白浆化成土过程的实质是，首先在淋淀黏化作用下亚表层粉沙，淀积层黏化。由于淀积层黏化，表层、亚表层形成滞水，在有机质参与下，亚表层发生还原淋溶脱色，有色铁锰化合物淋溶，形成白浆层。在其下面形成黏化淀积层。

(七)灰化成土过程

灰化成土过程是在湿润针叶林下发生的酸性淋溶、螯合淋溶成土过程。针叶林枯枝落叶分解产生较强酸性有机物质，在酸性条件下，盐基物质溶解度大，这些盐基物质，包括铁锰有色元素与腐殖酸形成螯合物一起随水分下渗，被淋溶至下层，使亚表层呈现灰白色、酸性、含大量 SiO_2、矿质养分缺乏的特征，而形成漂白层，漂白层下形成坚实的灰化淀积层。灰化成土过程最终形成灰化土。

(八)脱硅富铝化成土过程

脱硅富铝化成土过程发生在热带、亚热带的高温、高湿气候条件下。在这种气候条件下，铝硅酸盐类矿物发生强烈的水解，释放了盐基及游离硅酸，并发生强烈的淋失，而铁、铝氧化物淋溶作用较弱，在土层中相对的富积。温度、湿度越大，土壤脱硅富铝化作用越强。我国的砖红壤、赤红壤、红壤、黄壤脱硅富铝化成土过程是由强到弱的。

(九)潜育化成土过程

在排水不良地下水位高的土壤中，某一土层长期受地下水的浸渍而缺氧，形成嫌气状态，在这种强烈的还原条件下，土壤中铁锰被还原为低价化合物，而使该土层呈青灰、灰蓝色。潜育化成土过程形成的土层称为潜育层。

(十)潴育化成土过程

在地下水位经常变动的土层，土壤干湿交替，湿时土壤中易变价的铁锰物质被还原为低价态，溶解度增大，可以随水分移动；干旱时，这些物质又被氧化发生淀积，在氧化和还原交替发生的过程中，逐渐淀积形成一些锈斑、锈纹或铁锰结核等新生体。在草甸土、部分水稻土等土壤中都有潴育化成土过程发生。

(十一)熟化成土过程

熟化成土过程是指人类定向培育土壤肥力的过程。人类通过耕作、施肥、灌溉、排水等措施，使土壤肥力朝着有利作物生长方向发展，以满足作物高产的需要。熟化成土过程兼受自然因素和人为因素的综合影响，其中人为因素占主导地位。根据农业利用方式不同，熟化成土过程可分旱耕熟化过程（旱作条件下熟化成土过程）和水耕熟化过程（水田条件下熟化成土过程）。

以上简单介绍了土壤的基本成土过程，每一类型土壤是在一种或几种基本成土过程作用下形成的，例如，草甸土，土壤湿润，地面生长繁茂草甸植被，发生草甸腐殖质聚积过程，土层下部，地下水位经常变动土层，发生潴育化成土过程，形成潴育层，底层长期浸水的土层发生潜育化成土过程，形成潜育层。地表季节性或长期积水的沼泽土是在沼泽碳化过程和潜育化成土过程作用下形成的。许多土壤在主要成土过程以外常附加有次要成土过程，如黑土主要成土过程外附加有白浆化成土过程形成白浆化黑土。

五、教学案例与分析

可以说，现代的土壤科学是随着成土因素学说的建立和发展而建立起来的。在本节教学案例与分析中，我们来介绍一下成土因素学说的建立、发展和现状。

早在土壤学萌芽时期，人们就认识到土壤与它的环境条件有关系。但直到 19 世纪 B·B·道库恰耶夫创立五大成土因素学说，将土壤作为一个独立的自然体看待之前，人们对土壤的认识都限于把它孤立地与某一环境因素联系起来。如西欧 19 世纪中期，F·A·法鲁(Fallou,1862)将土壤和母岩联系起来，简单地认为土壤只是和母岩成分有关，并由此划分出了“石灰岩上的土壤”、“长石岩上的土壤”、“黏土岩上的土壤”等等。

（一）成土因素学说的建立

B·B·道库恰耶夫是成土因素学说的创始人。19 世纪 80 年代，B·B·道库恰耶夫在俄罗斯大平原上做土壤调查工作。在这个大平原上，相当一致的黄土状母质绵延近千公里。在此区域内，从北到南存在着一个递增的温度梯度，从东到西存在着一个递增的温度和年降水量的梯度；与此相关的是主要植被类型的差别，特别是从森林植被到草原植被的变化；气候与植被的规律性变化，在相对一致的母质上留下了它们的影响，产生了明显的土壤差别；这就是土壤地带性理论形成的基础。B·B·道库恰耶夫第一个理解了这些土壤差别的意义，建立了土壤发生学。1883 年，他发表了他的著名的专题论文“俄国的黑钙土”，把土壤看作由一系列成土因素作用于母质而形成土层的独立自然体。这以后，他又发表了一系列土壤发生和分类的文章，为成土因素学说奠定了基础。

B·B·道库恰耶夫认为，土壤有它自己的起源，是母质、生物、气候、地形和年龄综合作用的结果。他用下列方程式表示土壤与成土因素间的函数关系：

$$П=f(K,O,Г,P)T$$

式中：$П$ 代表土壤；K 代表气候；O 代表生物；$Г$ 代表岩石；P 代表地形；T 代表时间。

B·B·道库恰耶夫认为所有成土因素始终是同时和不可分割地影响着土壤的发生和发展，它们同等重要和不可相互代替地参加了土壤形成过程。同时他还指出，各个因素同等重要的含义，并不是说每个因素时时处处都同等地影响着成土过程；而是在所有因素的综合作用下，每一个因素在土壤中所表现的特点或个别因素的相对作用，又都有本质上的差别。B·B·道库恰耶夫也指出了成土因素有地理分布规律和规律性变化；显然，这是俄罗斯广阔大平原上的生物气候带的变化对他的启发。

B·B·道库恰耶夫确立了土壤是个历史自然体，提出了土壤与环境辩证统一的概念；创立了用综合性的观点和方法研究土壤的科学方法。这些是他对土壤学划时代的贡献。与此同时，美国土壤学家 E·W·海洛格(Hilgard)在他关于密西西比土壤的文章中，也将土壤作为一个自然体看待，指出了土壤性质与气候、植被、母质等因素的发生学关系。可见，成土因素学说是科学发展的时代产物。

（二）成土因素学说的发展

B·B·道库恰耶夫之后，许多土壤学家对成土因素学说的发展做出了贡献，从不同的侧面深化了成土因素学说的内容。

H·M·西比尔采夫(1895 年)，根据土壤地理的分布特点，把土壤划为 3 个土纲：

1. 显域土纲

分布于广阔的平原上，具有明显的地带性特征。如砖红壤、黑钙土、灰色森林土、生草灰化土、冰沼土等土类即属于此。

2. 隐域土纲

在特殊地形和母质的影响下，以斑点状分布，如沼泽土、盐土和碱土等。

3. 泛域土纲

不表现地带性特征，分布于任何地带内都保持自己的特征，如河流泛滥地的土壤和石质土等。以后西比尔采夫又指出，泛域土实际并不存在，任何土壤多少仍受所在地带的影响而存在某些地带性的特征。

H·M·西比尔采夫将 B·B·道库恰耶夫所发现的成土因素地理分布规律深化为土壤地带性概念，将一定的土壤种类与一定的气候植被或地理区域相联系。他的土壤地带性概念对以后的土壤学研究起到了广泛的影响。如美国农业部 1938 年颁布的土壤分类中即直接引用了显域土(zonal)、隐域土(introzonal)、泛域土(azonal)的概念。这个概念以后由 J·梭颇带到我国，对我国 20 世纪 30 年代的土壤分类产生了影响。至今，地带性概念或理论仍是许多分类体系的思想基础，如苏联的土壤分类体系。我国自 50 年代以来，一直到第二次全国土壤普查所使用的分类体系，均源于土壤地带性学说。

土壤地带性概念的提出，促进了人们深入研究和认识气候、生物等地带性土壤发生因素在土壤形成中的作用，但也带来了后来出现的“唯地带性论”的趋向和某些消极作用，如在土壤发生分类中忽视了对母质作用的研究。K·Л·格林卡(1914)将他的第一篇著作《土壤形成类型、分类和地理分布》介绍给了西方，使土壤地带性概念更为广泛地传播，产生了很大影响。

B·P·威廉斯提出了土壤统一形成过程学说。在这个学说中，强调了土壤形成中生物因素的主导作用和人类生产活动对土壤产生的重大影响。在土壤统一形成过程学说中，B·P·威廉斯将“进化论”的观点引入土壤发生学，提出了土壤年龄和土壤个体发育与演替的概念。威廉斯认为，土壤形成过程的发展密切地联系着土壤形成全部条件的发展，特别是作为土壤形成主导因子的植被的发展。形成条件的发展变化引起土壤性质的变化，使土壤不断进化，并可能产生“质”的突变。同时，土壤的发展对植被的发展起反作用。B·P·威廉斯的观点对于理解“生物小循环”，对于土壤发生，特别是对于土壤有机质生成和矿质元素的富集方面的积极作用是明显的。但他的学说也存在很大的片面性。因为一个土壤个体可以在比较短的时间内发育形成；也可以受到各种不同的影响而改变；甚至由于侵蚀或其他作用而被消灭，并不仅仅与植被的进化相关。

B·B·道库恰耶夫之后60年，著名的美国土壤学家H·詹尼(1948)在他的《成土因素》一书中，引用了与道库恰耶夫同样的数学式来表示土壤和最主要的成土因素之间的关系：

$$S=f(Cl,O,R,P,T,\cdots)$$

式中：S，Cl，O，R，P，T 分别代表土壤、气候、生物、岩石、地形和时间，…代表其他成土因素。

H·詹尼对B·P·威廉斯的土壤形成过程中的生物因素起主导作用的学说也作了补充修正。他认为，生物主导作用并不是到处都一样的，不同地区、不同类型的土壤往往是某一成土因素占优势，如果这个因素所起的作用超过其他因素的综合作用，那么就得出以某一因素占优势的函数式。他将上述基本函数式稍作修改，将优势因素放在函数式右侧括弧内的首位，因而产生了：

$$S=f(Cl,O,R,P,T,\cdots)$$
$$S=f(O,Cl,R,P,T,\cdots)$$
$$S=f(R,Cl,O,P,T,\cdots)$$
$$S=f(P,Cl,O,R,T,\cdots)$$
$$S=f(T,Cl,O,R,P,\cdots)$$
$$S=f(\cdots,Cl,O,R,P,T)$$

应当指出，道库恰耶夫和詹尼的土壤形成方程式只是对土壤形成概念的一种概括，并不能用现代数学(微积分)方法逐个解答公式的每一个成分。因为每一个成土因素都是极其复杂的动态系统，它们不仅是独立的、可变的，而且彼此之间又是紧密联系着错综复杂地作用于土壤。

(三)成土因素学说的现状

在承袭成土因素学说的基本理论的基础上，近年来国内外一些学者，根据最新的研究成果提出了土壤形成的深部因素的新见解，并强调人为作用对土壤发生发展的重要影响。土壤形成的深部因素是指内发性的地质现象，如火山喷发、地震、新构造运动等。他们认为，深部因素虽然不是经常普遍地对所有土壤形成起作用，但有时却起着不同于地表因素的特殊作用。如火山喷发产生特殊的土壤类型；新构造运动对于土壤侵蚀与堆积过程的加速作用；人类生产活动促使土壤熟化、退化，甚至产生质的改变。

土壤形成因素学说是研究各种外在环境因素在土壤形成过程中所起作用的学说；也就是研究土壤与外在环境条件之间发生学关系的学说。它的形成有一定的历史背景条件。因此，随着时代的发展，随着人们对土壤研究工作的深入和新研究结果的不断涌现，土壤形成因素学说还会不断地发展。

第二节　土壤分类

一、土壤分类的意义和概念

自然界的土壤具有多样性。土壤分类就是根据各种土壤之间成土条件、成土过程、土壤属性的差异和内在联系，通过科学的归纳和划分，把自然界的土壤进行系统排列，建立土壤分类系统，使人们能更好地认识、利用、改良、保护现有的土壤资源。

土壤分类学是土壤科学的一个重要分支，它是随土壤科学的发展而不断发展完善的，因此，它在一定程度上反映土壤科学的发展水平。

由于自然条件和知识背景的不同，目前还没有世界统一的土壤分类系统，各个国家的土壤分类系统还不尽相同。世界几个影响大的土壤分类体系有：①美国土壤诊断分类体系；②苏联的土壤发生分类；③西欧的土壤形态发生学分类；④FAO/UNESCO 的土壤分类。其中美国土壤系统分类在世界上影响越来越大。

二、中国土壤分类系统简介

我国现行的土壤分类系统是在学习和借鉴苏联土壤分类系统基础上，结合我国土壤具体特点建立起来的，属于地理发生学土壤分类体系。在我国现行土壤分类系统建立过程中，结合我国 1978 年以来的全国第二次土壤普查，其间对其进行多次修改和完善。本节介绍的是 1998 年全国第二次土壤普查结束，出版的《中国土壤》确立的土壤分类系统。我国现行的土壤分类系统采用土纲、亚纲、土类、亚类、土属、土种、亚种 7 级分类制，其中土类和土种作为基本分类单元。

1. 土纲

土纲是土壤分类系统的最高单元，是土类共性的归纳，其划分突出土壤的成土过程、属性的某些共性，以及重大环境因素对土壤发生性状的影响，例如，淋溶土纲各类土壤以石灰充分淋溶，土壤呈酸性，弱酸性反应，有明显的淋淀黏化过程为其特点；钙层土纲中的各土类均有钙的淋溶淀积成土过程为其特点；盐碱土纲的共同特征是易溶性盐与钠离子在土壤中累积所产生的特有土壤性状。

2. 亚纲

亚纲是在同土纲内根据土壤明显水热条件差别所形成的土壤属性的重大差异来划分的。如，半淋溶土纲中半湿热境的燥红土，半湿暖境的褐土，半湿温境的灰褐土，灰色森林土，其共性是半淋溶土范畴，但属性上有明显差异。又如，盐碱土纲的盐土、碱土两亚纲是盐分累积与钠质化程度的质的差异等。

3. 土类

土类是土壤高级分类的基本分类单元，它是根据土壤主要成土条件、成土过程和由此发生的土壤属性来划分的，同土类土壤应具有某些突出的、共同的发生属性与层段，因此其也应具有相同的成土条件及主导成土过程，土类间的发生属性与层段均有明显的、质的差异。如黑钙土、栗钙土、棕钙土，虽同具有土壤腐殖质层和钙积层，但其腐殖质层的厚度，有机质的含量，钙积层出现的深度与厚度，碳酸钙的含量均有明显差异，据此划分相应土类。

4. 亚类

亚类是反应土类范围内较大的差异性。它是依据在同一土类范围内土壤处于不同的发育阶段或土类之间的过渡类型来划分的。后者在主导成土过程以外尚有一个附加的次要成土过程。如褐土中的褐土性土、褐土、淋溶褐土，是依据褐土不同发育阶段划分的，潮褐土是褐土向草甸土过渡类型。再如，白浆化黑土是黑土向白浆土过渡类型。亚类的土壤发生学特征及改良方向等方面比土类具有更大的一致性。

5. 土属

土属是由高级分类单元过渡到基层分类单元的一个中级分类单元，具有承上启下的作用。它是依据某些地方性因素不同而使土壤亚类的性质发生分异来划分的。如土壤母质及风化壳类型、水文地质状况、中小地形和人为因素等。

6. 土种

土种是土壤分类系统中基层分类的基本单元。同一土种处于相同或相似的景观部位，其剖面性态特征在数量上基本一致。所以同土种土壤应占有相同或近似的小地形部位，水热条件也近似，具有相同的土层层段类型，各土层的厚度、层位、层序也相一致，剖面形态特征，理化性质相同或近似。由于同一土种具有一致的理化性状，生物习性，因此其宜耕适种性及限制因素均相一致，并且具有一致的生产潜力。

7. 亚种

亚种过去称为变种，它是土种范围内的细分，是土种某些性状上的变异，一般以表层或耕作层某些变化，如耕性、养分含量、质地变异来划分，这些变异要具有一定相对的稳定性。亚种的划分对指导农业生产起到重要的作用。

我国现行的土壤分类系统共分了 12 个土纲，32 个亚纲，61 个土类，200 多个亚类。详见表 8-2。

我国现行的土壤分类系统是在第二次土壤普查丰富的汇总材料的基础上，对以前土壤分类系统进行修改和完善建立起来的，它相对于以往的土壤发生分类系统更为合理。例如，现行土壤分类系统以土壤发生演变为基础，强调土壤属性差异是划分土壤类型的主要依据；强调土种作为一级相对独立存在的重要的基层分类单元，明确土种的命名应尽量引用简练而明确的语汇，建议对土种命名不再用过去土类—亚类—土属—土种连续命名法。

我国现行的土壤分类属于发生学分类体系。现今世界上另一个主要的土壤分类体系是以美国土壤系统分类为代表的诊断土壤分类体系。美国土壤系统分类的指导思想是以土壤本身性质为分类标准的定量化分类系统，土壤发生学理论只作为选择分异特性的指导；土壤分类体系中使用一个检索表，采取排除法使各分类单元之间有了严格的界限；土壤系统分类是一个开放的体系，它可以容纳任何有关土壤知识的变化带来的分类变化，而并不打乱整个体系，所以它可以不断根据新知识对体系进行完善。土壤系统分类具有标准化、定量化、国际化的特点，代表土壤分类发展趋势。我国的土壤系统分类研究已经基本完成，正积极推荐大家使用。如果读者感兴趣，可参阅《中国土壤系统分类的理论、方法与实践》、《中国土壤系统分类》（第 3

版)等书籍。本节将在教学案例与分析中对中国土壤系统分类做简单介绍。

表 8-2　中国土壤分类系统

土纲	亚纲	土类	亚类
铁铝土	湿热铁铝土	砖红壤	砖红壤 黄色砖红壤
		赤红壤	赤红壤 黄色赤红壤 赤红壤性土
		红壤	红壤 黄红壤 棕红壤 山原红壤 红壤性土
	湿暖铁铝土	黄壤	黄壤 漂洗黄壤 表潜黄壤 黄壤性土
淋溶土	湿暖淋溶土	黄棕壤	黄棕壤 暗黄棕壤 黄棕壤性土
		黄褐土	黄褐土 黏盘黄褐土 白浆化黄褐土 黄褐土性土
	湿温暖淋溶土	棕壤	棕壤 白浆化棕壤 潮棕壤 棕壤性土
	湿温淋溶土	暗棕壤	暗棕壤 白浆化暗棕壤 草甸暗棕壤 潜育暗棕壤 暗棕壤性土
		白浆土	白浆土 草甸白浆土 潜育白浆土
	湿寒温淋溶土	棕色针叶林土	棕色针叶林土 灰化棕色针叶林土 表潜棕色针叶林土
淋溶土	湿寒温淋溶土	漂灰土	漂灰土 暗漂灰土
		灰化土	灰化土
半淋溶土	半湿热半淋溶土	燥红土	燥红土 褐红土
	半湿温暖半淋溶土	褐土	褐土 石灰性褐土 淋溶褐土 潮褐土 塿土 爆褐土 褐土性土
	半湿温半淋溶土	灰褐土	灰褐土 暗灰褐土 淋溶灰褐土 石灰性灰褐土 灰褐土性土
		黑土	黑土 草甸黑土 白浆化黑土 表潜黑土
		灰色森林土	灰色森林土 暗灰色森林土
钙层土	半湿温钙层土	黑钙土	黑钙土 淋溶黑钙土 石灰性黑钙土 草甸黑钙土 盐化黑钙土 碱化黑钙土
	半干温钙层土	栗钙土	暗栗钙土 栗钙土 淡栗钙土 草甸栗钙土 盐化栗钙土 碱化栗钙土 栗钙土性土

续表 8-2

土纲	亚纲	土类	亚类
钙层土	半干温暖钙层土	栗褐土	栗褐土
			淡栗褐土
			潮栗褐土
		黑垆土	黑垆土
			黏化黑垆土
			潮黑垆土
			黑麻土
干旱土	温干旱土	棕钙土	棕钙土
			淡棕钙土
			草甸棕钙土
			盐化棕钙土
			碱化棕钙土
			棕钙土性土
	暖温干旱土	灰钙土	灰钙土
			淡灰钙土
			草甸灰钙土
			盐化灰钙土
漠土	温漠土	灰漠土	灰漠土
			钙质灰漠土
			草甸灰漠土
			盐化灰漠土
			碱化灰漠土
			灌耕灰漠土
		灰棕漠土	灰棕漠土
			石膏灰棕漠土
			石膏盐磐灰棕漠土
			灌耕灰棕漠土
	温暖漠土	棕漠土	棕漠土
			盐化棕漠土
			石膏棕漠土
			石膏盐磐棕漠土
			灌耕棕漠土
初育土	土质初育土	黄绵土	黄绵土
		红黏土	红黏土
			积钙红黏土
			复盐基红黏土
		新积土	新积土
			冲积土
			珊瑚沙土
初育土	土质初育土	龟裂土	龟裂土
		风沙土	荒漠风沙土
			草原风沙土
			草甸风沙土
			滨海风沙土
	石质初育土	石灰岩土	红色石灰岩土
			黑色石灰岩土
			棕色石灰岩土
			黄色石灰岩土
		火山灰土	火山灰土
			暗火山灰土
			基性岩火山灰土
		紫色土	酸性紫色土
			中性紫色土
			石灰性紫色土
		磷质石灰土	磷质石灰土
			硬磐磷质石灰土
			盐渍磷质石灰土
		石质土	酸性石质土
			中性石质土
			钙质石质土
			含盐石质土
		粗骨土	酸性粗骨土
			中性粗骨土
			钙质粗骨土
			硅质粗骨土
半水成土	暗半水成土	草甸土	草甸土
			石灰草甸土
			白浆化草甸土
			潜育化草甸土
			盐化草甸土
			碱化草甸土
	淡半水成土	潮土	潮土
			灰潮土
			脱潮土
			湿潮土
			盐化潮土
			碱化潮土
			灌淤潮土

续表 8-2

土纲	亚纲	土类	亚类
半水成土	淡半水成土	砂姜黑土	砂姜黑土
			石灰性砂姜黑土
			盐化砂姜黑土
			碱化砂姜黑土
		山地草甸土	山地草甸土
			山地草原草甸土
			山地灌丛草甸土
水成土	矿质水成土	沼泽土	沼泽土
			腐泥沼泽土
			泥炭沼泽土
			草甸沼泽土
			盐化沼泽土
	有机水成土	泥炭土	低位泥炭土
			中位泥炭土
			高位泥炭土
盐碱土	盐土	草甸盐土	草甸盐土
			结壳盐土
			沼泽盐土
			碱化盐土
		滨海盐土	滨海盐土
			滨海沼泽盐土
			滨海潮滩盐土
		酸性硫酸盐土	酸性硫酸盐土
			含盐酸性硫酸盐土
		漠境盐土	漠境盐土
			干旱盐土
			残余盐土
		寒原盐土	寒原盐土
			寒原草甸盐土
			寒原硼酸盐土
			寒原碱化盐土
	碱土	碱土	草甸碱土
			草原碱土
			龟裂碱土
			盐化碱土
			荒漠碱土
人为土	人为水成土	水稻土	潴育水稻土
			淹育水稻土
			渗育水稻土
			潜育水稻土
			脱潜水稻土
			漂洗水稻土
			盐渍水稻土
			咸酸水稻土
	灌耕土	灌淤土	灌淤土
			潮灌淤土
			表锈灌淤土
			盐化灌淤土
		灌漠土	灌漠土
			灰灌漠土
			潮灌漠土
			盐化灌漠土
高山土	湿寒高山土	高山草甸土	高山草甸土
			高山草原草甸土
			高山灌丛草甸土
			高山湿草甸土
		亚高山草甸土	亚高山草甸土
			亚高山草原草甸土
			亚高山灌丛草甸土
			亚高山湿草甸土
	半湿寒高山土	高山草原土	高山草原土
			高山草甸草原土
			高山荒漠草原土
			高山盐渍草原土
		亚高山草原土	亚高山草原土
			亚高山草甸草原土
			亚高山荒漠草原土
			亚高山盐渍草原土
		山地灌丛草原土	山地灌丛草原土
			山地淋溶灌丛草原土
	干寒高山土	高山漠土	高山漠土
		亚高山漠土	亚高山漠土
	寒冻高山土	高山寒漠土	高山寒漠土

三、教学案例与分析

中国土壤系统分类

中国土壤分类系统属土壤地理发生分类体系，它在我国土壤科学发展和生产实际的应用方面曾起到重要的作用，但在实践过程中，发生分类也存在一些不足之处。发生分类是建立在土壤发生原理假说基础上的，由于不同的人对发生原理认识不同，同一种土壤常会被人为地列入不同的土壤类型。土壤地理发生分类重视生物气候条件，而忽视时间因素，常常把长期发生成土过程下形成的土壤和成土过程短暂的土壤，即把那些土壤实体重要属性已显著不同的土壤类型(从幼年土到顶极土)归为一类。地理发生分类强调中心概念，可以说出一个土类的定义，但土类与土类之间的边界往往并不清楚，缺乏定量指标。同时，国际土壤学术交流以系统分类为标准。为此，从 1984 年开始，由中国科学院南京土壤研究所牵头，先后共有 38 个科研单位参加，进行了长达 20 多年的中国土壤系统分类研究。经过多次研究讨论、修订和补充，先后提出了《中国土壤系统分类》(初稿)(1985)、(二稿)(1987)、(三稿)(1988)、(首次方案)(1991)，并在此基础上提出了《中国土壤系统分类》(修订方案)(1995)，出版专著《中国土壤系统分类——理论、方法、实践》(1999)、《中国土壤系统分类检索》(第三版)(2001)和《土壤发生与系统分类》(2007)，使中国土壤分类学发展步入定量化分类的崭新阶段，中国土壤系统分类已在国内外产生重要学术影响。在国内它已应用于科学研究、教学和生产实践的诸多方面，于 1996 年开始，中国土壤学会将此分类推荐为标准土壤分类加以应用。

(一)中国土壤系统分类的诊断层和诊断特性

中国土壤系统分类是以诊断层和诊断特性为基础的系统化、定量化的土壤分类。该系统分类中设立了 11 个诊断表层，20 个诊断表下层，2 个其他诊断层和 25 个诊断特性。

诊断表层是指位于单个土体最上部的诊断层。已建立的 11 个诊断表层为：有机表层、草毡表层、暗沃表层、暗瘠表层、淡薄表层、灌淤表层、堆垫表层、肥熟表层、水耕表层、干旱表层和盐结壳。

诊断表下层是在土壤表层以下，由物质的淋溶、迁移、淀积或就地富集等作用所形成的具有诊断意义的土层。建立的 20 个诊断表下层为：漂白层、舌状层、雏形层、铁铝层、低活性富铁层、聚铁网纹层、灰化淀积层、耕作淀积层、水耕氧化还原层、黏化层、黏磐、碱积层、超盐积层、盐磐、石膏层、超石膏层、钙积层、超钙积层、钙磐和磷磐。

其他诊断层包括盐积层和含硫层，它们既可出现在表层，也可出现在表土以下。

25 个诊断特性为：有机土壤物质、岩性特征、石质接触面、准石质接触面、人为淤积物质、变性特征、人为扰动层次、土壤水分状况、潜育特征、氧化还原特征、土壤温度状况、永冻层次、冻融特征、n 值、均腐殖质特性、腐殖质特性、火山灰特性、铁质特性、富铝特性、铝质特性、富磷特性、钠质特性、石灰性、盐基饱和度及硫化物物质。

此外，中国土壤系统分类还把在性质上已发生明显变化，但不能完全满足诊断层或诊断特性规定的条件，又在土壤分类上具有重要意义的土壤性状，可作为划分土壤类别依据的称为诊断现象。例如，碱积现象、钙积现象、变性现象等，主要用于亚类一级土壤类型的鉴别。

以上诊断层和诊断特性的详细描述，可参阅《中国土壤系统分类检索》（第三版）（2001）。

（二）中国土壤系统分类的分类原则

中国土壤系统分类为多级分类，共6级，即土纲、亚纲、土类、亚类、土族和土系。前四级为高级分类级别，后两级为基层分类级别。现就各分类单元的分类原则简述如下：

1. 土纲

土纲是最高土壤分类级别，根据主要成土过程产生的或影响主要成土过程的诊断层和诊断特性划分。

2. 亚纲

亚纲是土纲的辅助级别，主要是根据影响现代成土过程的控制因素所反映的性质（如水分状况、温度状况和岩性特征）划分。个别土纲中由于影响现代成土过程的控制因素差异不大，所以直接按主要成土过程发生阶段表现的性质划分。

3. 土类

土类主要是亚纲的续分。土类类别多根据反映主要成土过程强度或次要成土过程或次要控制因素的表现性质划分。

4. 亚类

亚类是土类的辅助级别，主要根据是否偏离中心概念，是否具有附加过程的特性和是否具有母质残留的特征划分。代表中心概念的亚类为普通亚类，具有附加过程特征的亚类为过渡性亚类，如灰化、漂白、黏化、龟裂、潜育、斑纹、表蚀、耕淀、堆垫、肥熟等；具有母质残留特性的亚类为继承亚类，如石灰性、酸性、含硫等。

5. 土族

土族是土壤系统分类的基层分类单元。它是在亚类范围内，主要反映与土壤利用管理有关的土壤理化性质发生明显分异的续分单元。同一亚类的土族划分是地域性（或地区性）成土因素引起土壤性质在不同地理区域的具体体现。不同类别的土壤划分土族的依据及指标各异。供土族分类选用的主要依据是剖面控制层段的土壤质地分组（颗粒大小级别）、与此种质地组别相对应的土壤矿物质组成类型、土壤温度状况、土壤酸碱性、盐碱特性、污染特性以及人为活动赋予的其他特性等。

6. 土系

土系是土壤系统分类最低级别的分类单元，它是由自然界中性态相似的单个土体组成的聚合土体所构成，是直接建立在实体基础上的分类单元。其性状的变异范围较窄，在分类上更具直观性。同一土系的土壤组成物质、所处地形部位及水热状况均相似。在一定垂直深度内，土壤的特征土层种类、性态、排列层序和层位，以及土壤生产利用的适宜性能大体一致。

（三）中国土壤系统分类的分类系统和命名方法

该分类系统已拟出了土纲、亚纲、土类和亚类检索表，共把全国土壤分为14个土纲、39个亚纲、138个土类和590个亚类。表8-3为该系统的土纲、亚纲和土类的分类单元表。

表 8-3 中国土壤系统分类表(土纲、亚纲、土类)

土纲	亚纲	土类
有机土	永冻有机土	落叶永冻有机土、纤维永冻有机土、半腐永冻有机土
	正常有机土	落叶正常有机土、纤维正常有机土、半腐正常有机土、高腐正常有机土
人为土	水耕人为土	潜育水耕人为土、铁渗水耕人为土、铁聚水耕人为土、简育水耕人为土
	旱耕人为土	肥熟旱耕人为土、灌淤旱耕人为土、泥垫旱耕人为土、土垫旱耕人为土
灰土	腐殖灰土	简育腐殖灰土
	正常灰土	简育正常灰土
火山灰土	寒性火山灰土	寒冻寒性火山灰土、简育寒性火山灰土
	玻璃火山灰土	干润玻璃火山灰土、湿润玻璃火山灰土
	湿润火山灰土	腐殖湿润火山灰土、简育湿润火山灰土
铁铝土	湿润铁铝土	暗红湿润铁铝土、黄色湿润铁铝土、简育湿润铁铝土
变性土	潮湿变性土	钙积潮湿变性土、简育潮湿变性土
	干润变性土	钙积干润变性土、简育干润变性土
	湿润变性土	腐殖湿润变性土、钙积湿润变性土、简育湿润变性土
干旱土	寒性干旱土	钙积寒性干旱土、石膏寒性干旱土、黏化寒性干旱土、简育寒性干旱土
	正常干旱土	钙积正常干旱土、盐积正常干旱土、石膏正常干旱土、黏化正常干旱土、简育正常干旱土
盐成土	碱积盐成土	龟裂碱积盐成土、潮湿碱积盐成土、简育碱积盐成土
	正常盐成土	干旱正常盐成土、潮湿正常盐成土
潜育土	永冻潜育土	有机永冻潜育土、简育永冻潜育土
	滞水潜育土	有机滞水潜育土、简育滞水潜育土
	正常潜育土	有机正常潜育土、暗沃正常潜育土、简育正常潜育土
均腐土	岩性均腐土	富磷岩性均腐土、黑色岩性均腐土
	干润均腐土	寒性干润均腐土、堆垫干润均腐土、暗厚干润均腐土、钙积干润均腐土、简育干润均腐土
	湿润均腐土	滞水湿润均腐土、黏化湿润均腐土、简育湿润均腐土
富铁土	干润富铁土	黏化干润富铁土、简育干润富铁土
	常湿富铁土	钙质常湿富铁土、富铝常湿富铁土、简育常湿富铁土
	湿润富铁土	钙质湿润富铁土、强育湿润富铁土、富铝湿润富铁土、黏化湿润富铁土、简育湿润富铁土
淋溶土	冷凉淋溶土	漂白冷凉淋溶土、暗沃冷凉淋溶土、简育冷凉淋溶土
	干润淋溶土	钙质干润淋溶土、钙积干润淋溶土、铁质干润淋溶土、简育干润淋溶土
	常湿淋溶土	钙质常湿淋溶土、铝质常湿淋溶土、简育常湿淋溶土
	湿润淋溶土	漂白湿润淋溶土、钙质湿润淋溶土、黏磐湿润淋溶土、铝质湿润淋溶土、酸性湿润淋溶土、铁质湿润淋溶土、简育湿润淋溶土
雏形土	寒冻雏形土	永冻寒冻雏形土、潮湿寒冻雏形土、草毡寒冻雏形土、暗沃寒冻雏形土、暗瘠寒冻雏形土、简育寒冻雏形土
	潮湿雏形土	叶垫潮湿雏形土、砂姜潮湿雏形土、暗色潮湿雏形土、淡色潮湿雏形土

续表 8-3

土纲	亚纲	土类
雏形土	干润雏形土	灌淤干润雏形土、铁质干润雏形土、底锈干润雏形土、暗沃干润雏形土、简育干润雏形土
	常湿雏形土	冷凉常湿雏形土、滞水常湿雏形土、钙质常湿雏形土、铝质常湿雏形土、酸性常湿雏形土、简育常湿雏形土
	湿润雏形土	冷凉湿润雏形土、钙质湿润雏形土、紫色湿润雏形土、铝质湿润雏形土、铁质湿润雏形土、酸性湿润雏形土、简育湿润雏形土
新成土	人为新成土	扰动人为新成土、淤积人为新成土
	沙质新成土	寒冻沙质新成土、潮湿沙质新成土、干旱沙质新成土、干润沙质新成土、湿润沙质新成土
	冲积新成土	寒冻冲积新成土、潮湿冲积新成土、干旱冲积新成土、干润冲积新成土、湿润冲积新成土
	正常新成土	黄土正常新成土、紫色正常新成土、红色正常新成土、寒冻正常新成土、干旱正常新成土、干润正常新成土、湿润正常新成土

中国土壤系统分类单元的名称以土纲为基础，其前叠加反映亚纲、土类和亚类性状的术语，就分别构成了亚纲、土类和亚类的名称。土壤性状术语尽量简化，限制为 2 个汉字，土纲名称一般为 3 个汉字，亚纲为 5 个、土类为 7 个、亚类为 9 个汉字。各级类别名称均选用反映诊断层或诊断特性的名称，部分选有发生意义的性质或诊断现象名称。复合亚类在两个亚类形容词之间加连接号“—”，如石膏—磐状盐积正常干旱土。其中土纲名称中的有机土、灰土、火山灰土、变性土、干旱土和新成土等均直接引自美国系统分类；铁铝土、淋溶土、雏形土和潜育土参照联合国世界土壤图图例单元而来，其中铁铝土和雏形土与美国系统分类中的氧化土和始成土相同；均腐土取自法国土壤分类的名称；盐土和碱土合称盐成土，人为土和富铁土是中国自己提出的。命名中亚纲、土类和亚类一级中有代表性的类型，分别称为正常、简育和普通以区别。“简育”一词原词是 haplie，即指构成这一土类应具备的最起码的诊断层和诊断特性，而无其他附加过程。土族命名采用土壤亚类名称前冠以土族主要分异特性的连续命名法，如普通强育湿润富铁土(亚类)，其土族可分别命名为黏质高岭普通强育湿润富铁土、黏质高岭混合型普通强育湿润富铁土、粗骨—黏质高岭普通强育湿润富铁土等。土系命名可选用该土系代表性剖面(单个土体)点位或首次描述该土系的所在地的标准地名直接定名，或以地名加上控制土层优势质地定名，如宣城系、五指山系等。

(四)中国土壤系统分类的检索方法及土纲检索

中国土壤系统分类是一个检索性分类，其各级类别是通过有诊断层和诊断特性的检索系统确定的。使用者如能按照检索顺序，自上而下逐一排除那些不符合某种土壤要求的类别，就能找出它的正确分类位置。因此，土壤检索既要包括各级类别的鉴别特性，又要列出它们的检索顺序。

检索顺序就是土壤类别在检索系统中检出的先后次序。由于土壤的发生或性质十分复杂，除占优势的过程及其产生的性质外，可能还有其他居次要位置的过程及其产生的性质。所以各土壤类别的主要鉴别性质尽管不同，但其中某种土壤的次要鉴别性质可能和另一土壤的主要鉴别性质相同，如果没有一个合理的检索顺序，这些鉴别性质相同，但优势过程不同的土壤就可能并入同一类别。

中国土壤系统分类中 14 个土纲是根据土壤的诊断层和诊断特性划分的，其中有富含有机物质的有机土和均腐土；深受母质地形影响的火山灰土、变性土和潜育土；形成于干旱气候条件下的干旱土和盐成土；形成于湿润温带条件下的淋溶土和灰土；形成于热带条件下的富铁土和铁铝土以及发育程度较浅的新成土和雏形土；还有人为作用下形成的人为土。中国土壤系统分类的土纲检索见表 8-4。

表 8-4 中国土壤系统分类 14 个土纲检索简表

诊断层和/或诊断特性	土纲 Order
1. 有下列之一的有机土壤物质[土壤有机碳含量≥180 g/kg 或≥120 g/kg+(黏粒含量 g/kg ×0.1)]：覆于火山物质之上和/或填充其间，且石质或准石质接触面直接位于火山物质之下；或土表至 50 cm 范围内，其总厚度≥40 cm(含火山物质)；或其厚度≥2/3 的土表至石质或准石质接触面总厚度，且矿质土层总厚度≤10 cm；或经常被水饱和，且上界在土表至 40 cm 范围内，其厚度≥40 cm(高腐或半腐物质，或苔藓纤维<3/4)或≥60 cm(苔藓纤维≥3/4)	有机土 Histosols
2. 其他土壤中有水耕表层和水耕氧化还原层；或肥熟表层和磷质耕作淀积层；或灌淤表层；或堆垫表层	人为土 Anthrosols
3. 其他土壤在土表下 100 cm 范围内有灰化淀积层	灰土 Spodosols
4. 其他土壤在土表至 60 cm 或至更浅的石质接触面范围内 60%或更厚的土层具有火山灰特性	火山灰土 Andosls
5. 其他土壤中有上界在土表至 150 cm 范围内的铁铝层	铁铝土 Ferralosols
6. 其他土壤中土表至 50 cm 范围内黏粒≥30%，且无石质或准石质接触面，土壤干燥时有宽度>0.5 cm 的裂隙，和土表至 100 cm 范围内有滑擦面或自吞特征	变性土 Vertosols
7. 其他土壤有干旱表层和上界在土表至 100 cm 范围内的下列任一诊断层：盐积层、超盐积层、盐磐、石膏层、超石膏层、钙积层、超钙积层、钙磐、黏化层或雏形层	干旱土 Aridosols
8. 其他土壤中土表至 30 cm 范围内有盐积层，或土表至 75 cm 范围内有碱积层	盐成土 Halosols
9. 其他土壤中土表至 50 cm 范围内有一土层厚度≥10 cm 有潜育特征	潜育土 Gleyosols
10. 其他土壤中有暗沃表层和均腐殖质特性，且矿质土表下 180 cm 或至更浅的石质或准石质接触面范围内盐基饱和度≥50%	均腐土 lsohumosols
11. 其他土壤中有上界在土表至 125 cm 范围内的低活性富铁层	富铁土 Ferrosols
12. 其他土壤中有上界在土表至 125 cm 范围内的黏化层或黏磐	淋溶土 Argosols
13. 其他土壤中有雏形层；或矿质土表至 100 cm 范围内有如下任一诊断层：漂白层、钙积层、超钙积层、钙磐、石膏层、超石膏层；或矿质土表下 20～50 cm 范围内有一土层(≥10 cm 厚)的 n 值<0.7；或黏粒含量<80 g/kg，并有有机表层；或暗沃表层；或暗瘠表层；或有永冻层和矿质土表至 50 cm 范围内有滞水土壤水分状况	雏形土 Cambosols
14. 其他土壤	新成土 Primosols

（五）中国土壤系统分类与中国土壤分类系统的土壤参比

鉴于当前国内土壤系统分类和发生分类并存的现状，另外国内大量已有土壤资料是在长期应用土壤发生分类体系条件下积累起来的，而且发生分类在我国已有半个世纪的历史，第二次土壤普查在《中国土壤分类暂行草案》(1978)的基础上丰富了我国土壤发生分类，因此这两个系统的参比具有现实意义。

由于土壤地理发生分类与土壤系统分类的依据不同，从严格意义上讲，对这两个分类系统很难作简单的比较，只能作近似的参比，且还须注意下列各点：一是把握特点，中国土壤系统分类高级分类单元包括土纲、亚纲、土类和亚类，但重点是土纲；中国土壤地理发生分类中的高级基本单元则是土类，有的没有土纲和亚纲，或只有土纲，没有亚纲，而土类是相对稳定的。因此，两者参比时，主要以土壤地理发生分类中的土类和土壤系统分类的亚纲或土类作比较。二是占有土壤资料，尽管两个分类系统的分类原则和方法有很大不同，但只要占有充分的土壤信息，就可进行参比，资料越充足，参比就越具体和确切。如果只有名称而无具体资料，只能作抽象的参比。三是要着眼于典型土壤。中国土壤地理发生分类的中心概念虽较明确，但其边界模糊。有些未成熟的幼年亚类（如红壤性土、褐土性土等）与典型亚类在性质上相差甚远。从土壤系统分类观点看，这种差异可能是土纲级别的。因此，两个系统在土类水平上进行参比时，只能以反映中心概念进行参比，不然涉及范围太广而无从下手。在具体参比时，仍应根据诊断层和诊断特性，按次序检索。表 8-5 列了两个分类系统中常见的土类，可供参考。

表 8-5　中国土壤分类系统和中国土壤系统分类的近似参比

中国土壤分类系统	中国土壤系统分类主要类型	中国土壤分类系统	中国土壤系统分类主要类型
砖红壤	暗红湿润铁铝土 简育湿润铁铝土 富铝湿润富铁土 黏化湿润富铁土 铝质湿润雏形土 铁质湿润雏形土	棕漠土	石膏正常干旱土 盐积正常干旱土
赤红壤	强育湿润富铁土 富铝湿润富铁土 简育湿润铁铝土	盐土	干旱正常盐成土 潮湿正常盐成土
红壤	富铝湿润富铁土 黏化湿润富铁土 铝质湿润淋溶土 铝质湿润雏形土	碱土	潮湿碱积盐成土 简育碱积盐成土 龟裂碱积盐成土
黄壤	铝质常湿淋溶土 铝质常湿雏形土 富铝常湿富铁土	紫色土	紫色湿润雏形土 紫色正常新成土
燥红土	铁质干润淋溶土 铁质干润雏形土 简育干润富铁土 简育干润变性土	火山灰土	简育湿润火山灰土 火山渣湿润正常新成土

续表 8-5

中国土壤分类系统	中国土壤系统分类主要类型	中国土壤分类系统	中国土壤系统分类主要类型
黄棕壤	铁质湿润淋溶土 铁铝质常湿雏形土质湿润雏形土	黑色石灰土	黑色岩性均腐土 腐殖钙质湿润淋溶土
黄褐土	黏磐湿润淋溶土 铁质湿润淋溶土	红色石灰土	钙质湿润淋溶土 钙质湿润雏形土 钙质湿润富铁土
棕壤	简育湿润淋溶土 简育正常干旱土 灌淤干润雏形土	磷质石灰土	富磷岩性均腐土 磷质钙质湿润雏形土
褐土	简育干润淋溶土 简育干润雏形土	黄绵土	黄土正常新成土 简育干润雏形土
暗棕壤	冷凉湿润雏形土 暗沃冷凉淋溶土	风沙土	干旱沙质新成土 干润沙质新成土
白浆土	漂白滞水湿润均腐土 漂白冷凉淋溶土	粗骨土	石质湿润正常新成土 石质干润正常新成土 弱盐干旱正常新成土
灰棕壤	冷凉常湿雏形土 简育冷凉淋溶土	草甸土	暗色潮湿雏形土 潮湿寒冻雏形土 简育湿润雏形土
棕色针叶林土	暗瘠寒冻雏形土	沼泽土	有机正常潜育土 暗沃正常潜育土 简育正常潜育土
漂灰土	暗瘠寒冻雏形土 漂白冷凉淋溶土 正常灰土	泥炭土	正常有机土
灰化土	腐殖灰土 正常灰土	潮土	淡色潮湿雏形土 底锈干润锥形土
灰黑土	黏化暗厚干润均腐土 暗厚黏化湿润均腐土 暗沃冷凉淋溶土	砂姜黑土	砂姜钙积潮湿变性土 砂姜潮湿雏形土
灰褐土	简育干润淋溶土 钙积干润淋溶土 黏化简育干润均腐土	亚高山草甸土和高山草甸土	草毡寒冻雏形土 暗沃寒冻雏形土
黑土	简育湿润均腐土 黏化湿润均腐土	亚高山草原土和高山草原土	钙积寒性干旱土 黏化寒性干旱土 简育寒性干旱土
黑钙土	暗厚干润均腐土 钙积干润均腐土	高山漠土	石膏寒性干旱土 简育寒性干旱土

续表 8-5

中国土壤分类系统	中国土壤系统分类主要类型	中国土壤分类系统	中国土壤系统分类主要类型
栗钙土	简育干润均腐土 钙积干润均腐土 简育干润雏形土	高山寒漠土	寒冻正常新成土
黑垆土	堆垫干润均腐土 简育干润均腐土	水稻土	潜育水耕人为土 铁渗水耕人为土 铁聚水耕人为土 简育水耕人为土 除水耕人为土以外其他类别中的水耕亚类
棕钙土	钙积正常干旱土 简育正常干旱土	𪣻土	土垫旱耕人为土
灰钙土	钙积正常干旱土 黏化正常干旱土	灌淤土	寒性灌淤旱耕人为土 灌淤干润雏形土 灌淤湿润沙质新成土 淤积人为新成
灰漠土	钙积正常干旱土	菜园土	肥熟旱耕人为土 肥熟灌淤旱耕人为土 肥熟土垫旱耕人为土 肥熟富磷岩性均腐土
灰棕漠土	石膏正常干旱土 简育正常干旱土 灌淤干润雏形土		

第三节　土壤分布

地球陆地表面上的各种土壤，都是在母质、气候、生物、地形、时间以及人类活动等因素综合影响下形成的。在地球陆地表面，一方面，由于在不同纬度上，接受太阳辐射能不同，从两极到赤道呈现出寒带、寒温带、温带、暖温带、亚热带和热带等有规律的气候带；另一方面，由于海陆的分布，地形的起伏，又引起同一气候带内水热条件的再分配。在山区，随着海拔的升高，温度和降水也会发生变化。这些气候条件变化所造成的水热条件的差异，必然会生长出与之相适应的不同植被类型，并呈现地理分布规律性，而生物气候条件在地理上的规律性分布，必然造成自然土壤有规律性的地理分布。

一、水平地带性

土壤在水平方向上随生物气候带而演替的规律性称为水平地带性。我国土壤水平地带性分布规律主要受水热条件的控制。在我国，气候具有明显的季风特点，冬季受西北风流控制，寒冷干燥，夏季受东南和西南季风的影响，温暖湿润。东南季风不仅影响东部沿海而且深入内陆，西南季风除影响青藏高原外，尚可波及长江中下游地区。因此，热量由南向北递减，湿度由西北向东南递增，故由北而南依次分出温带、亚热带、热带，由东南向西北则出现湿润、半湿润、半干旱、干旱 4 个地区。

在我国东部，形成湿润海洋气候土壤地带谱，由北而南依次分布着暗棕壤—棕壤—黄棕壤—红壤与黄壤—赤红壤—砖红壤。在我国北部温带地区，由东至西则形成干旱内陆性土壤地带谱，由东向西分布着黑土—灰褐土—栗钙土—棕钙土—灰钙土—灰漠土，如图 8-3 所示。

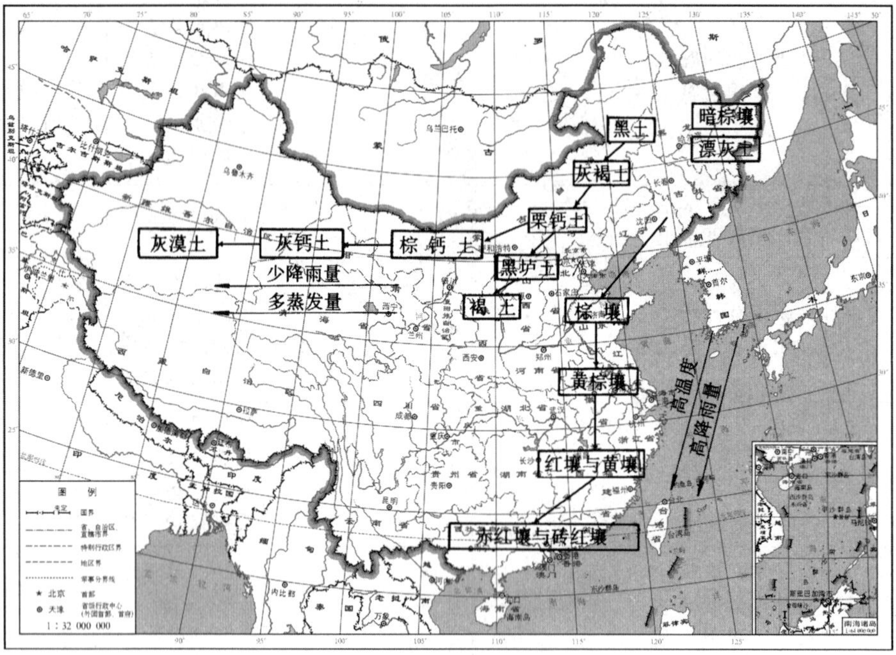

图 8-3　我国土壤水平地带分布示意图

二、垂直地带性

土壤随地势的增高而呈现演替分布的规律性称为垂直地带性。土壤垂直地带性分布是山地生物气候伴随地势改变而造成的，它决定于相应的生物气候特点，或者说决定于基带建谱土壤类型和山体的高度。一般北方地区的山体每升高 100 m，温度降低 0.5～1.0℃，降雨量增加 20～30 mm，无霜期减少 3～4 d，植被随之发生相应的改变。如位于暖温带河北的雾灵山，海拔为 2 000 多米，基带生物气候特点是半湿润带，其建谱土壤为褐土，垂直分布规律，从下往上则为褐土—山地淋溶褐土—山地棕壤—山地草甸土。

基带的纬度愈低，同时随着山体高度的增加，相对高差愈大，山体垂直结构带谱愈完整。我国喜马拉雅山的珠峰，是世界最高的山峰，位于亚热带，具有最完整的土壤垂直带谱，其土壤带之多为世界罕见。

三、土壤分布的区域规律

土壤分布的区域性是指土壤在水平和垂直分布带内，由于地形、地质、水文等自然条件不同，其土壤类型有别于地带性土壤类型，显出土壤的区域性。这种区域分布按区域面积的大小一般可分为中域和微域两种。

中域分布规律主要是受中地形支配，这种土壤分布与中域地形变化相一致，其表现形式可以有以下几种：

1. 镶嵌土壤组合

这主要由山体的阳坡与阴坡交互出现而呈现出有规律的土壤组合。

2. 扇形土壤组合

这主要出现于山麓的扇形地上，从扇形地上部的粗骨性土壤，直到扇缘地区的草甸土、沼泽土或盐化土壤组合。

3. 树枝状土壤组合

一般出现在沟谷处，不同土壤呈树枝状组合，这是沟谷水系造成的。

4. 同心圆状土壤组合

它一般出现于内陆湖泊周围，由湖泊周边向外依次出现沼泽土、草甸土与地带性土壤，同心圆状的过渡规律十分明显。

四、教学案例与分析

在这节教学案例与分析中，我们来介绍一下世界主要气候带与土壤地带性特征。

尽管存在着各种各样的非地带性土壤，包括隐域性土壤（石灰土、沼泽土、火山灰土、盐碱土等）、泛域性土壤（石质土、冲积土等）和各种山地土壤（山地森林土、山地草甸土、山地草原土、山地沼泽土、高山荒漠土、高山寒漠土），但是从全球的宏观角度看，世界土壤还是具有地理分布规律的。土壤在全球范围内的宏观分布规律，一方面受大气候影响，另一方面是受海陆分布以及大地构造地貌的影响。表 8-6 简要介绍世界主要气候带及土壤地带特征。

表 8-6　世界主要气候带及土壤地带特征

纬度带	气候类型	分布范围	主要气候成因	基本气候特征	地带性植被及其特征	地带性土壤及其特征	土壤利用方向
热带	热带雨林气候	赤道两侧南北纬 10°之间	全年受赤道低压带控制	全年高温多雨，无明显季节变化，年降雨量＞3 000 mm，最冷月平均气温＞20℃。最热月平均气温＞25℃	热带雨林，常绿阔叶树种为主，种属丰富，层次复杂，有板状根，多藤木、附生植物	砖红壤、灰化砖红壤、潜育砖红壤，土壤酸性，土质黏重	适于热带林业、橡胶和热带水果业生产
	热带季风气候	南亚次大陆和中南半岛、西非沿海	赤道低压带和信风带，南北季节移动变化而引起风向、季节变化	全年气温较高，最冷月平均气温＞20℃，最热月平均气温＞25℃，全年降水 1 000～2 000 mm，降水量集中于下半年，有明显的季风与干湿季变化	热带季雨林，其特征近于热带雨林，但主要树种干旱季落叶	砖红壤、灰化砖红壤，土壤性状同上	同上，更适于农业，如水稻生产
	热带草原气候	热带雨林气候南北两侧的信风带范围内	受赤道低压带和信风带交替控制	全年高温，最冷月平均气温＞20℃，最热平均气温＞25℃，年降月水量 500～1 500 mm，有明显的干湿季变化	热带稀树草原，草本以禾本科为主，草类雨季生长，旱季枯黄	褐色砖红壤、燥红土、变性土，土质黏重，有石灰反应	适于热带农业、牧业生产，更适于棉花生产

续表 8-6

纬度带	气候类型	分布范围	主要气候成因	基本气候特征	地带性植被及其特征	地带性土壤及其特征	土壤利用方向
亚热带	热带、亚热带荒漠气候	南北回归线附近的内陆与大陆西岸	常年受副热带高压带和信风带控制	终年炎热干燥，最冷月平均气温＞10℃，最热月平均气温＞25℃，日较差大。全年干旱。年降水量＜200 mm	热带、亚热带荒漠，植被稀疏，种属贫乏，植物根系发达，叶片肉质或呈刺状	红色荒漠土、变性土、盐碱土，一般土质黏重，土壤饱和，甚至有盐化	个别地区适于畜牧业及棉花生产
	亚热带地中海式气候	南北纬30°～40°的大陆西岸	受副热带高压带和西风带的交替影响	夏季炎热干燥，冬季温和多雨，最冷月平均气温＞0℃，最热月平均气温＞25℃，年降水量400～800 mm，为冬雨型	亚热带常绿硬叶林，由常绿小乔木与灌木组成，郁闭度低，叶片厚而坚硬	褐土、红色石灰土。土壤饱和，pH中性或微碱性，有机质含量少	适于农业，特别是部分果树及园艺业
	亚热带海洋性季风气候	南北回归线附近的大陆东岸	由海陆差异引起风向季节变化	夏季高温多雨，为夏雨型，冬季气温较低，降水偏少，最冷月平均气温＞0℃，最热月平均气温＞25℃，年降水800～2 000 mm	亚热带常绿阔叶林，树木种属、树冠郁闭度均明显次于热带雨林，藤本、附生植物也少	红壤、黄壤、黄棕壤，土壤微酸性，土质黏重	适于农业、林业、牧业更适于农业如水稻
温带	温带海洋性气候	南北纬40°～60°的大陆西岸	受西风带控制	冬季温和，夏季凉爽，最冷月平均气温＞0℃，最热月平均气温＞20℃，年降水量500～900 mm，常年有雨而分布均匀	温带落叶阔叶林，种属成分简单，夏季有连续林冠，冬季落叶，林下灌木、草类稀疏	暗棕壤、黑土、棕壤，土壤有机质丰富，微酸性	适于农业、林业与牧业，更适于牧业与甜菜
	温带大陆性气候	温带内陆	地处大陆内部，难以受到海洋影响	夏季暖和，冬季寒冷干燥，气温年较差和日较差均较大，最冷月平均气温＜0℃，最热月平均气温＞20℃，年降水量50～500 mm	温带草原，由旱生与半旱生的多年生草本植物组成，夏季生长，冬季枯黄。温带荒漠与热带、亚热带荒漠近似	黑钙土、栗钙土、棕钙土。土壤有机质丰富，pH中性，质地适中，荒漠土壤则有机质缺乏，pH偏碱性	适于农业、特别利于小麦、玉米等粮食及干旱区的瓜果生产，但要灌溉
	温带季风气候	亚洲和北美洲东部	由海陆差异引起风向季节变化	夏季温湿多雨，冬季寒冷干燥，最冷月平均气温＞0℃，最热月平均气温＞20℃，年降水量500～1 000 mm	温带落叶阔叶林及森林草原，植物组成较简单	黑土、棕壤、褐土，土壤微酸性至中性，有机质较丰富到一般中等	适于农业、林业与牧业，特别适于小麦、玉米、棉花及温带水果生产
寒带	亚寒带针叶林气候	北纬50°～70°	所处纬度高	夏短温和，冬长严寒，降水少，蒸发少，最冷月平均气温＜0℃，最热月平均气温＜20℃，年降水量300～500 mm	针叶林，多单一树种的纯林，林内阴湿，缺乏下层植被，局部有苔藓覆被	灰化土、棕色针叶林土、沼泽性土、草甸土。土壤酸性，质地轻轻，有机质多	适于林业、牧业，草甸性土壤可垦殖，种植春麦等耐寒作物
	极地气候	极圈之内	所处纬度最高	夏短凉爽，冬长严寒，高纬度终年严寒，最热月平均气温0℃上下	苔原，植被稀疏，成片段分布，主要有苔藓，某些地方少量灌木	冰沼土	不适于农用

复习思考题

1. 土壤为什么会具有多样性?
2. 土体构型的一般模式怎样的?
3. 试述气候、母质、生物、地形和时间因素对土壤形成的影响。
4. 简述人为因素对土壤影响的特点。
5. 土壤有哪些基本成土过程?
6. 试述我国现行的土壤分类系统。
7. 试述我国土壤分布的水平地带性及其形成的原因。

参考文献

1. 林成谷,等. 土壤学(北方本). 北京:农业出版社,1993.
2. 席承藩,等. 中国土壤. 北京:中国农业出版社,1998.
3. 张凤荣,等. 土壤发生与分类学. 北京:北京大学出版社,1992.
4. 张凤荣,等. 土壤地理学. 北京:中国农业出版社,2002.
5. 黄昌勇,等. 土壤学. 北京:中国农业出版社,2010.
6. 中国科学院南京土壤研究所土壤系统分类课题组,等. 中国土壤系统分类检索. 合肥:中国科学技术大学出版社,2001.

第九章　主要土壤类型

［**本章导读**］　本章在归纳我国的主要森林土壤、草原土壤、荒漠土壤、水成土壤、高山土壤、初育土壤共同特点的基础上，对所涉及的主要土壤类型的分布与成土条件、形成过程和形成特点、主要剖面形态和基本理化性质以及利用管理改良等方面进行了介绍。

第一节　主要森林土壤

一、森林土壤类型和分布

森林土壤是指在森林植被下发育的土壤。它们在世界上分布很广，从寒带到热带，除干旱和半干旱地区外，均有分布，约占世界陆地面积的35%。我国的森林土壤主要分布在东半部广大地区，从东北一直到海南岛和台湾南部。

在我国，森林土壤分布的地区跨度很大。自北而南依次为寒温带的灰化土（漂灰土、棕色针叶林土），温带的暗棕壤（灰棕壤）和灰色森林土，暖温带的棕壤和褐土，亚热带的黄棕壤、红壤和黄壤，以及热带的砖红壤等。

二、森林土壤的共同特征

①气候湿润，土壤所受淋溶作用强烈，土壤中盐基物质大部分遭受淋失，土壤中交换性盐基呈不饱和状态。

②土壤有机质主要以地表枯枝落叶的形式进入土壤，腐殖质明显地集中在土壤表层，向下突然减少，在剖面中呈现“T”字形分布。土壤腐殖质中以富里酸占优势，胡敏酸与富里酸的比值常小于1。

③由于盐基离子的淋失和木本植被中灰分元素含量相对较少等原因，森林土壤常趋向酸性反应。

④土壤酸性反应和盐基离子的淋溶，常使土壤中的黏粒矿物易受分解，在土壤中常含有一定量的游离铁、铝氧化物，特别是各种形态的氧化铁，易使土壤带有各种颜色。

三、主要森林土壤类型简介

（一）棕色针叶林土

1. 地理分布和形成条件

棕色针叶林土（brown coniferous forest soils）主要分布在东北地区，集中分布于大兴安岭北段，北面宽南面窄，像一个楔子自北向南延伸。其次在新疆阿尔泰山的西北部、川西和滇北的亚高山、高山垂直带上也有一些分布。同时，棕色针叶林土在小兴安岭海拔 800 m，长白山海拔 1 200 m 以上山地土壤垂直带也出现。

本地区的气候是寒温带大陆性季风气候。特点是年平均气温－4℃，≥10℃积温为 1 400～1 800℃，土壤季节冻结深度为 1.0～2.5 m，年降水 450～750 mm。棕色针叶林分布区的地形，多为中山、低山和丘陵。成土母质主要为残积物、坡积物和少量洪积物。

天然植被主要为明亮针叶林，以兴安落叶松、樟子松为代表树种，少量的桦和山杨阔叶树混生于其中；林下灌草有杜香、兴安杜鹃、越橘和各种藓类；局部有暗针叶林，主要树种是云杉和冷杉。草本植物主要有大叶樟、红花鹿蹄草等。植被组成较单纯，属于达乌里植物区系。树叶灰分组成：针叶含硅量较高，盐基含量较低。

2. 形成特点

①针叶林毡状凋落物层和粗腐殖质层的形成。针叶林及其林下的灌木和藓类，每年将大量枯枝落叶凋落于地表，这些凋落物的灰分元素含量低，导致土壤酸度升高，在酸性环境，凋落物主要依靠真菌分解，形成富里酸，而冻层本身又阻碍水分自凋落物中把分解产物带走。真菌每年只在 6～8 月份的较短时间内的活动，只能使凋落物部分分解，日积月累，便形成毡状凋落物层。在凋落物层的下面，则形成半分解的粗腐殖质层，甚至可积聚成半泥炭化的毡状层。

②有机酸的络合淋溶。在温暖湿润的夏季，真菌分解针叶林的凋落物时，形成以富里酸为主的有机酸的下渗水流，在土壤中大量存在的灌木根可促使雨季土壤水分向下移动。有机酸与土壤盐基离子及矿物质 Fe、Al 的络合淋溶，使土壤盐基饱和度降低，土壤呈稳定酸性。由于天气寒冷，淋溶时间较短，淋溶物质受冻层的阻隔，这种淋溶作用不能有明显的发展，同时淀积作用也不显著。

③铁铝的回流与聚积。当冬季来临时，土壤表层先发生冻结，上下两个土层之间温差大，已移至下层的可溶性铁铝锰化合物又随上升水流上到表层，因土壤冻结脱水而析出，变成稳定的铁铝锰化合物聚积在土壤表层，将土壤染成棕色。同时土层中石块底面及侧面有大量暗棕色胶膜的淀积。

④较低地形处，由于土壤滞水而导致冻层凸起的圆丘，其直径为 1 m 左右，高 10～20 cm，使其圆丘周围凹陷处经常积水而导致泥炭化和潜育化的附加过程。

3. 基本性状

发育正常的剖面为 $O(O_1,O_2)—A_h—A_hB—B_{hs}—C$ 型。

$O(O_1,O_2)$层：枯枝落叶层。包括两个亚层，新鲜未分解的枯枝落叶(O_1)层，厚度 0～2 cm，有藓类混合，潮润，棕色，疏松多孔，局部可见白色菌丝体；其下为半分解的植物残体(O_2)层，一般 2～10 cm 厚，紧实，略显泥炭化，暗棕色，可见细根和白色真菌菌丝体，明显过渡。

A_h(或 H)层：腐殖质层(或毡状泥炭层)，厚度约 10 cm，暗棕灰色，腐殖质含量 40～80 g/kg，不稳固的团块结构，较疏松，多木质粗根及局部白色菌丝体。或该层为泥炭层，为毡状凋落物与矿物质混合物，暗棕色，中壤，有白色菌丝体。向下层逐渐过渡。H 层自上而下又可细分 3 个亚层。

A_hB 层：过渡层，为矿质土层，厚约 6 cm，中壤，暗灰棕，核块状结构，石块底部附着少量铁锰胶膜，较紧实，有木质粗根。

B_{hs} 层：淀积层，一般为 10～30 cm，淡棕色，核块状结构，较紧实。土层薄处，层内或砾石面上可见铁锰和腐殖质胶膜及 SiO_2 粉末。该层一般无明显淀积现象。

C层:母质层,棕色或与母岩颜色相同,以石块为主,在石块底面,可见铁、锰和腐殖质胶膜。母质一般为花岗岩及石英粗面岩的风化物,质地粗,呈酸性反应。

棕色针叶林土的质地大多轻、粗,含沙粒及石砾量多;呈酸性反应,pH 4.5~5.5,上部土层较酸。土壤盐基交换量不高,其组成中钙、镁占80%以上。A_h 层有机质含量可达 80 g/kg,其下有机质含量急剧下降。表土层以高岭石、蒙脱石为主,下层以水云母、绿泥石为主。

4. 利用与改良

①棕色针叶林土现为我国重要木材生产基地以及森林中的可供食用、药用、香精原料等多种珍稀植物和野生动物的资源库。由于处于森林带的上限,对松嫩平原、松辽平原、三江平原的自然生态起屏障作用与水源涵蓄作用。

②由于棕色针叶林土区地处高寒,林木生长缓慢,又有泥炭化有机层的阻隔,林木天然更新困难,因此在采伐森林的同时,森林更新与营林措施必须同步进行。因原有树种单纯,生态环境脆弱,一旦森林破坏后则很难恢复,特别是东北的大兴安岭地区,因降水量较少,如果森林一旦消失,草类侵入为再次成林增加了困难。

③为充分利用林区的土地资源与植物资源,改单一林业经营为综合经营,在科学营林的同时,应对邻近大面积生长薹草或大、小叶樟沼泽地改良为草场提高产草量,发展畜牧业。另外,山区的山果、山菜、山药是无污染、无公害的绿色食品,应加工成商品,提高其经济价值。

④对小面积农田,应采取提高地温,逐渐消除或降低多年冻土层的措施。整地方式应以高垄或窄床(苗田)等为好,既可充分利用当地的日光能提高地温又能排洪。另外,在严防山火的同时,也应控制用火,达到以火提高地温和增加有效养分的目的。

(二)暗棕壤

1. 地理分布和形成条件

暗棕壤(dark-brown earths)也称暗棕色森林土,在世界范围内主要分布在太平洋两岸的北部,在我国主要分布在东北地区,其次为青藏高原边缘的高山地带,在全国其他山地的垂直带谱上也有零星分布。

暗棕壤是东北地区面积最大的一种土类,主要分布于大兴安岭东坡、小兴安岭、张广才岭和长白山山地。

暗棕壤地区的气候特点是,年均温−1~5℃,≥10℃积温为2 000~3 000℃,土壤季节冻层深度达1.0~2.5 m,年降水600~1 000 mm。暗棕壤的原生植被为以红松为主的针阔叶混交林,林下灌木和草木繁茂。暗棕壤分布区的地形,多为中山、低山和丘陵。成土母质主要为残积物、坡积物和一部分第四纪湖积冲积物。

2. 形成特点

暗棕壤的形成特点,主要表现为弱酸性腐殖质积累和轻度的淋溶、黏化过程。在暗棕壤地区,年降水600~1 000 mm,70%~80%的雨量集中在夏季,因此在土壤中淋溶过程得以发生。而这一过程仅表现在游离的钙镁和一部分铁铝的移动上,作用很微弱。

由于夏季温暖多雨,土壤中的生物和化学作用均十分强烈,水分稳定充足,有利于矿物分解,有较显著的残积黏化作用。

广大暗棕壤地区,因雨季同生长季节一致,生物累积过程十分活跃。林木繁茂,每年可产生较多的凋落物，每年有 4～5 t/hm^2，灰分含量较多，并以钙、镁等盐基离子为主。由于灰分中含有大量的盐基离子，足以中和有机质分解过程中产生的有机酸，一般不可能产生强酸性淋溶过程。但土壤溶液中存在有机凋落物分解和部分矿物质化学风化产生的硅酸，则由于冻结作用而以二氧化硅粉末析出，附着于土壤结构体表面，风干后成为灰棕色，使土壤存在“隐灰化作用”。

3. 基本性状

(1)剖面形态　发育正常的剖面为 O—A_h—B_t—C 型。地面可见 4～5 cm 厚的凋落物层(O)，有大量的白色菌丝体。A_h 层平均厚度 8～15 cm，棕灰色，有大量草本根系存在。B_t 层为棕色，质地较黏重，结构体表面常有不明显铁锰胶膜。C 层呈棕色，近于母岩颜色，有大量的石砾。

(2)基本性质和诊断特征　表层有机质含量较高，可达 5%～10%，有的甚至高达 20%。具有明显森林土壤的特点，有机质含量由表层向下锐减，具有明显的表聚性。

土壤呈酸性反应。A_h 层 pH 为 5.5～6.5，交换性阳离子主要为钙、镁，只有少量的氢、铝。阳离子交换量以表层最高，可达 25～35 cmol/kg，向下则明显降低。盐基饱和度也有与阳离子交换量相同的变化趋势，表层可达 60%～80%。B_t 层酸性有所增加，交换性氢、铝增多，盐基饱和度降低。

土体中的铁和黏粒有比较明显的移动过程，而铝移动则很少。剖面中常见有较多的二氧化硅白色粉末附着于土壤结构体的表面。

土壤水分状况终年处于湿润状态，季节变化不明显。土壤冻结期长，冻层厚度较深，有些地区常会出现上层滞水现象。

4. 利用和改良

暗棕壤是我国最重要的林业基地，有着十分丰富的木材资源。树种繁多，材质优良，是著名的红松主要产地。该区除红松、云杉、冷杉、柞、榆、椴等优势树种外，有水曲柳、黄菠萝、胡桃秋等伴生树种。这些丰富的木材资源，在我国国民经济中占有十分重要的地位。因此，发展林业生产的同时，对暗棕壤也要进行合理利用和科学管理。

(1)合理采伐　所谓合理采伐是指要根据伐区的条件，因地因林而设定，无论什么情况都要坚决杜绝大面积皆伐。对陡坡(>25°)、石塘上的森林应作为保安林，实行经营择伐，其采伐强度应小于 40%。其他地段的林地采伐强度一般应小于 60%～70%。这样就能把长得快的幼林保存下来，使之尽快成材，大大缩短轮伐周期。

(2)抚育更新、因地制宜造林　对于大面积采伐迹地、火烧迹地，应尽快采取人工种植，并结合天然更新，使其尽快恢复成林。人工更新应适地适树，红松、落叶松、水曲柳、胡桃秋等喜肥喜湿树种，一般应种腐殖质层厚的典型暗棕壤或草甸暗棕壤的山坡中下部，特别是红松，它是优良的树种，对土壤性状要求较高，在肥沃的暗棕壤上种植最合适。

(3)发展多种经营　作为林业基地，暗棕壤主要是发展林业。但是，为了解决林区部分粮食和蔬菜的供给，可在肥沃的暗棕壤上种植一些粮食作物和蔬菜，还可以适当的发展多种经营，如种植人参、人工养殖木耳、灵芝等。同时，应注重保护生态环境，防止水土流失，真正做到可持续发展。

（三）棕壤

1. 地理分布与形成条件

棕壤（brown earths）又称棕色森林土，在欧洲分布广泛，主要以西欧以及北欧的瑞典等国为多，在亚洲主要分布于中国、日本和朝鲜北部。

在我国，棕壤集中分布于辽东与山东半岛，带幅大致呈南北向。此外，在半湿润半干旱地区的山地，如燕山、太行山、嵩山、秦岭、伏牛山、吕梁山和中条山的垂直带谱的褐土或淋溶褐土之上以及南部黄棕壤地区的山地上部也有棕壤分布。

棕壤气候属暖温带季风气候。夏季暖热多雨，冬季寒冷干旱，年均气温 6～16℃，≥10℃积温 2 700～4 500℃，年降水为 600～1 000 mm，季节性冻结深度为 500～1 000 mm。具有明显的季风影响，降水主要集中于夏季。

棕壤地区的原生植被所剩无几，现今为天然次生林和人工林，以松、栎属为主，其中有辽东栎、麻栎、蒙古栎、油松、赤松等，人工栽培的落叶松和红松等。许多地区已垦为农田或建成果园。棕壤所处的地形多为低山、丘陵，母质为残积物及坡积物和少量黄土性物质。

2. 形成特点

棕壤成土过程，主要表现为具有明显的淋溶过程、黏化过程和较强盛的物质的生物积累过程。

棕壤在成土过程中形成的一价（钾、钠）易溶盐类均已淋失，二价（钙、镁）盐类，以游离态存在的大部分已淋失，其余为土壤胶体吸附，因此土壤一般呈中性偏酸，无石灰反应，盐基不饱和。高价的铁铝锰离子部分游离态存在，并发生较明显的淋溶淀积，以棕黑色铁锰胶膜形态附着于剖面中下部结构体表面。

在暖湿的气候条件下，土壤的化学风化程度较强烈，土壤黏化作用也明显，包括残积黏化和淋溶淀积黏化。前者是土体内部风化作用所形成的黏粒的就地聚积，后者是成土作用形成的黏粒矿物，以土壤悬液形式，沿土体内部孔隙随水下移，到达一定深度，因水分减少或凝聚作用而在剖面下层淀积，形成了黏粒淀积层。所以淋溶黏化在剖面中下层分布。棕壤的黏化作用，大多以淋溶淀积黏化为主，残积黏化为辅。

在温暖湿润气候条件下，森林植被下，棕壤的生物富集作用较强。土壤表层累积了大量的腐殖质，在上部土层中富集了大量的灰分元素，中和部分酸，使土壤呈中性和微酸性，无灰化特征。

3. 基本性状

棕壤在上述成土作用下，形成的剖面构型为 O—A—B_t—C。

O 层：枯枝落叶层，开垦后易消失。

A 层：暗棕色腐殖质层，厚 15～25 cm，有机质含量一般为 1%～3%，沙壤土，粒状或屑粒状结构，根多，无石灰反应。

B_t 层：黏化淀积层，厚 30～40 cm，质地黏重，棱块结构明显，结构体表面多附着铁锰胶膜。

C 层：母质层，多为非石灰性母质。

在自然情况下，棕壤表层有机质含量一般为 5%～9%，向下急剧降低。土壤表层呈微酸性，盐基饱和度较高，可达 60%～70%。下层酸性有所增加，盐基饱和度大多在 50%以下。剖面中部黏粒含量较上下各层为高，表层黏粒含量仅在10%左右，而心土层则增至30%，至母质层又减少到12%～15%。全量分析表明，氧化钙含量除表层稍高外，以下各层都较低，铁铝在剖面中部有累积现象。

上述形态特征系指在森林覆被下的棕壤而言。实际上，由于棕壤所处地貌条件、受人为影响的程度以及植被、母质的不同，其形态特征常有局部变异。久经耕作的棕壤与自然发育的棕壤相比，前者pH显著提高，接近中性，表层腐殖质含量明显降低，一般在1%～3%。

4. 利用和改良

棕壤是一种自然肥力较高的土壤，可利用来发展多种经营。在平地丘陵区，适于栽培棉花、花生、甘薯等喜温作物及高粱、大豆、玉米等中晚品种的大田作物。在山区则应发展林业、桑蚕、果园。

提高棕壤肥力的基本措施是增施有机肥，在丘陵山地土壤侵蚀严重的地方，应采取农林水利等综合措施，大力进行水土保持工作。

（四）褐土

1. 地理分布与形成条件

褐土(cinnamon soils)又称褐色森林土。在我国，褐土主要分布关中、晋东南、豫西等盆地，燕山、太行山、吕梁山与秦岭等山地低丘、洪积扇和高阶地。水平分布带位处棕壤之西，垂直分布带则位于棕壤之下，常呈复域分布。

我国褐土形成的气候属暖温带半湿润气候，受季风影响明显，冬季寒冷干燥，夏季炎热多雨，干湿季节分明。年平均气温10～14℃，年降水量500～800 mm，多集中在夏、秋两季。褐土的天然林植被，在山区以中生夏绿阔叶林为主，而一般低山、丘陵则常见旱生阔叶林，并伴有酸枣、荆条、茅草为代表旱生灌丛或草原植被。母质种类繁多，多为各种岩石的风化物，但多为石灰性、黄土性母质。

2. 形成特点

褐土形成的基本特点是具有明显的黏化过程和钙化过程。

由于褐土主要发育在半干旱和半湿润地区，土壤淋溶作用比棕壤弱，因此，碳酸钙的淋溶与淀积在褐土的形成过程中占有一定位置。成土母质中的碳酸钙在生物与化学过程中产生较多二氧化碳，在碳酸的作用下，碳酸钙与之发生反应形成可溶性的重碳酸钙，它可随雨水淋溶下渗至心土、底土，失水转化成碳酸钙而淀积，逐渐累积形成钙积层，并出现点状、丝状等碳酸钙新生体。同时，因地质过程重新覆盖沉积物使表土层有碳酸钙。褐土的黏粒矿物处于初期脱钙阶段，次生黏土矿物和黏粒形成(残积黏化)较明显，铁锰释放渐多，会在钙积层之上形成一暗棕色黏化层。褐土的黏化过程，不仅有黏土矿物的形成，同时也有一定的黏粒聚积作用。在褐土的黏化过程中一般以残积黏化为主，而有一定的淋溶黏化。

此外，在夏绿阔叶林和灌草植被下，进入土壤的有机质，在中性微碱性的反应下，特别是在夏秋季节的高温高湿调价下，有机质矿质化作用较强，有机质含量一般不高，腐殖质累积强度不及棕壤大。

褐土与棕壤相比，二者的成土过程都具有明显的黏化作用；褐土与棕壤的不同之处，是具有明显的钙化过程。

3. 基本性状

褐土在上述成土作用下，形成的剖面构型为 A_h—B_t—B_k—C 型。

A_h 层：腐殖质层，一般厚度 20～30 cm，淋溶褐土会更厚一些，土层为暗棕色，有机质含量 10～20 g/kg。一般质地为壤质，多为粒状到团块状结构，疏松多孔，植物或作物根系较多，向下逐渐过渡。

B 层：淀积黏化层。厚度 50～80 cm，棕色，有所谓艳色的黏化层。一般中壤—重壤，块状或棱块结构，较紧实，结构体外间或有总和色胶膜，有时有假菌丝状的石灰淀积，因此可能将 B 层分为几个亚层(如 B_t 层、B_k 层)。

C 层：根据母质类型而有不同的性状。如黄土状母质则土壤疏松而深厚；如为石灰岩、砂岩等残积风化物质，则往往有石灰质残积；如为花岗岩等残积风化物质，则往往土壤显微酸性；如在平原区，为其堆积物母质，又有一定地下水位影响而产生潴育化过程，并有小的铁锰软质结核及锈斑等。

机械分析结果表明，表层黏粒含量多在 15%以下，黏化层明显增高，可达 26%～30%，钙积层减低至 10%以下。

一般全剖面的盐基饱和度>80%，pH 为 7.0～8.2，根据不同亚类特征，$CaCO_3$ 其出现于不同层次。由于矿物风化处于初级脱钾阶段，其黏土矿物以水化云母和水云母层钾离子释放而形成的蛭石(含量 20%～70%)为主，蒙脱石次之(10%～50%)，少量的高岭石出现，则可能为母质的残留性状。由于这种矿物组成，所以黏粒的 SiO_2/R_2O_3 一般为 2.5～3.0。铁的游离度较高，游离铁/全铁含量(Fed/Fet)可达 20%。其中淋溶褐土高于普通褐土与石灰性褐土(<18%)。

一般耕种的褐土，0～20 cm 的有机质为 10～20 g/kg，非耕种的自然土壤可达 30 g/kg 以上，特别是淋溶褐土与潮褐土等亚类是如此。石灰性褐土与受侵蚀的褐土的有机质含量均较低。

4. 利用和改良

褐土所分布的暖温带半干润季风区，光热条件丰富，作物可以一年两熟或两年三熟。由于土壤质地适宜，土体深厚，适于种植小麦、甘薯、玉米、棉花、烟草、花生、苹果等粮食和经济作物。主要问题是土壤有机质含量偏低、降水量偏少和降水量过于集中、土壤生态条件脆弱，在土壤利用和改良上应重点考虑以下几个方面。

(1)*开展水土保持，发展水利灌溉*　因褐土多为丘陵与高平原，土壤侵蚀是普遍现象。因此开展水土保持与发展水利灌溉是提高褐土地区农业的重要途径。

(2)*开展旱作农业的土壤耕作管理措施*　由于水源的限制，大面积发展灌溉是有限的。因此，应当普遍的、大面积的发展旱作农业，其中包括工程措施(水平梯田、径流农业)与系统的土壤耕作管理(少耕、覆盖、轮作、施肥)等。

(3)*合理施肥，提高土壤肥力水平*　因为褐土区温暖而且干旱时间长，土壤有机质分解快，保证一定的有机肥源是保证土壤肥力的重要基础。同时，结合褐土的特点，合理施用磷肥和微量元素肥料也是至关重要的。

(4)*因土种植，发挥土壤潜力优势*　根据褐土的存在部位，并结合土壤基础肥力水平，适当发展一些优势作物(干果、杂粮和小油料)是充分发挥褐土生产潜力的重要手段。

(5)*适当发展畜牧业，走农牧结合的道路*　改善褐土区生产的土地利用结构和农业经济状况，适当调整农业生产结构和农业种植结构，是尽快实现农业产业链的关键。

(五)黄棕壤

1. 地理分布与成土条件

中国的黄棕壤(yellow-brown earths)分布于长江与秦岭—淮河之间的北亚热带地区,中、南亚热带和热带地区的山地垂直地带谱均有分布。其分布范围大致为:北起秦岭、淮河,南到大巴山和长江,西自青藏高原东南边缘,东至长江下游地带。该土类区的北部是棕壤和褐土,南部为红壤和黄壤,为过渡带土壤。

这里夏季高温多雨,秋季干燥少雨,冬季寒冷,年平均气温为 15～18℃,10℃ 以上的积温为 4 500～5 300℃,无霜期 210～250 d。年降水量为 750 ～1 000 mm,山区大于 1 000 mm。自然植被有落叶阔叶林,但杂生育常绿阔叶树种。成土母质多为花岗岩、片麻岩、千枚岩和沙页岩风化物。

2. 形成特点

黄棕壤的成土过程具有棕壤的黏化和红黄壤的富铝化作用的特征。温暖湿润的气候,土壤中原生矿物分解较迅速,形成次生黏土矿物,会随水发生淋溶,形成质地黏重的心土层。而原生矿物分解程度大,富铝化作用得到明显发展。

3. 基本性状

黄棕壤的形成剖面构型为 O—A_h—B_t—C 型。

O 层:地表常有一比较明显的凋落物层,植被类型会影响其厚度。

A_h 层:腐殖质层,一般厚度 10～20 cm,土层为暗棕色,质地为壤质土,粒状或团块状结构,疏松多孔,植物或作物根系较多,向下逐渐过渡。

B_t 层:淀积黏化层。棕色,质地黏重。有棱块状或块状结构,结构面上有棕色胶膜或有铁锰结核。

C 层:因母质类型而有不同的性状。由下蜀黄土母质发育的土壤,结构上有铁锰胶膜,有灰白色网纹。

该土壤表层的有机质含量相对较高,大部分可以达到 20 g/kg 以上,土壤普遍呈微酸性到酸性反应,土壤质地愈向下愈黏,土壤的保肥能力大都在中等水平。黏土矿物为水云母、蛭石、高岭石等。

4. 利用改良

多数山地黄棕壤,为林业生产区,应以发展和保护好林木为主,保持生态系统平衡,在利用上应该将抚育更新相结合,水土保持与林地改造相结合。

对于分布于低山、丘陵上的黄棕壤,应大力提倡植树造林,恢复森林生态环境,并注意林分改造和水土保持。

对于已经开垦为农田的黄棕壤,应注重土壤培肥和发展灌溉,在生产中应改良土壤质地和提高土壤的保水和保肥能力。

(六)黄褐土

1. 地理分布和形成条件

黄褐土(yellow-cinnamon soils)主要分布在北亚热带、中亚热带北缘以及暖温带南缘的低山丘陵或岗地。其地域范围大致在秦岭—淮河以南至长江中下游沿岸,与黄棕壤处于同一自然地理区域。据统计,黄褐土的面积为380.97万hm^2,以河南和安徽的面积最大,其次为陕南、鄂北、江苏和川东北;在赣北九江地区沿长江南岸丘岗地也有小面积分布,这是黄褐土分布的南界。

黄褐土分布在北亚热带湿润的东部(江北区)和半湿润的西部(秦巴区)地区。由于受东南季风的影响,夏季高温多雨,冬季寒冷干燥。年平均气温14～16℃,年平均降水量760～950 mm,由西向东逐增。降水季节多集中在高温期的6月至8月3个月份,约占全年降水量的50%以上。

2. 形成过程

(1)黏化过程　黄褐土处于北亚热带,但土壤的风化仍以硅铁铝化的黏化为主,所以在B层中有黏粒的明显积累,但R_2O_3没有明显的剖面分异,其黏化过程表现为一方面黏粒的淋溶迁移、遇B层的Ca、Mg盐基而絮凝淀积;另一方面来自母质(下蜀黄土)的黏粒的残遗特征。总体上,黄褐土由于土体透性差,黏粒移动的幅度不大,细黏粒(<0.2 μm)与总黏粒(<2 μm)之比在层次间分异不明显。

(2)铁锰的淋淀过程　由于夏秋季节雨水过多,土体上层滞水,土壤处于还原状态,高价的铁锰被还原成低价而随下渗水移动;旱季土壤水分减少,低价铁锰重新被氧化成高价,在土体中淀积下来,其形态各异,有的铁锰结核为绿豆状软铁子,有的为比较坚实的硬铁子,这与淀积的时间长短有关。此外,因低价铁锰多沿裂隙下移,失水后形成凝胶,紧贴在结构面上,表现出暗棕色或红褐色的胶膜,这种铁锰淀积层往往与黏化层同。

(3)弱富铝化过程　原生矿物的迅速风化,二氧化硅也开始少量淋溶,表现出弱富铝化过程。

3. 基本性状

黄褐土土体构型一般为A_h—B_{ts}—C_k型。

A_h层:一般厚度为20～25 cm,棕色,碎块状结构,质地为壤土—粉沙黏壤土。植物根系较多,疏松,有少量铁锰结核。

B_{ts}层:质地黏重,一般为壤质—粉沙质黏土,颜色为暗棕色,棱块或棱柱状结构,表面有暗棕色铁锰胶膜,内有铁子。

C_k层:暗黄橙,有砂姜体存在,零星或层状分布。

4. 利用和改良

黄褐土是北亚热带重要的旱作农业区,但因土质黏重,结构紧实僵硬,胀缩性强,耕性和通透性差,土壤不耐旱涝。加之本区地多人少,耕作管理粗放,绝大部分土壤养分贫瘠,又缺乏水利灌溉条件,农作物产量不高不稳,是我国北亚热带旱作区重要的相对集中的中低产土壤。但是,黄褐土分布区的水热条件较好,土体深厚,酸碱度适中,宜种性广,是一类生产潜力大、农业开发利用有广阔发展前景的土壤资源。

针对黄褐土的上述特点,在利用上应注意:

(1)因地制宜兴修水利,调整作物布局　黄褐土地区是粮棉油集中产区,发展夏粮生产具有水、气、土资源的优势,因此应稳定夏粮面积,适当调整主杂粮比例。在有水源而又地形平缓的地段,应加强农田水利建设,增加水浇地面积,减少小麦甘薯等作物种植,增加高产作物水稻、玉米等种植,实行水旱轮作,是合理利用土壤资源发挥增产效益的有效途径。

(2)修筑梯地　深耕和施有机肥,增加地力后劲,黄褐土一般分布在丘陵岗坡地,易发生水土流失，因此，根据不同地形特点，修建相应的梯地，可防止或减少地面径流，加固土层的厚度，防止水土流失。在此基础上，实行深耕增施有机肥和推广秸秆还田，可增厚熟土层，改善土壤通透性，提高保水抗旱能力，增强地力后劲，对本区农业持续稳定增产有重要的意义。

（七）砖红壤

1. 地理分布和形成条件

砖红壤(latosol)是热带雨林、季雨林下形成的高度富铝化的土壤，在我国主要分布于北纬22°以南的广东雷州半岛、海南岛、云南南部及台湾南部等地。垂直分布上，海南在450 m以下，滇南在800～1 000 m及以下。砖红壤所处地形多属丘陵台地。在海南、广东、广西主要分布在古浅海沉积物阶地、玄武岩台地、花岗岩形成的缓坡丘陵。在云南南部，主要分布在海拔800 m以下的山间谷地和盆地。

砖红壤分布区属于热带湿润季风气候，具有高温多雨、干湿季节变化明显的特点。年均温为21～26℃，≥10℃积温7 500～9 500℃；年均降水量一般为1 400～3 000 mm，夏季雨量集中，冬季少雨多雾，季节分配不均。自然植被为热带雨林、季雨林，树冠茂密，主要树种有樟科、无患子科、大戟科、番荔枝科、茶科和山毛榉科等，林木层次复杂，附生及藤本植物很多。在长期高温高湿环境下，多数母岩风化形成厚达数米至数十米的酸性富铝风化壳。成土母质为各种岩浆岩、沉积岩风化物和浅海沉积物。

2. 形成过程

砖红壤的发育与其所处区域生物气候条件和深度风化的成土母质紧密相连，其形成过程主要包括两方面：一是以母质为基础的风化与淋溶即强烈的脱硅富铝化过程；二是以生物为主导的养分吸收富集过程。

脱硅富铝化过程是砖红壤的主要成土过程。砖红壤的富铝化作用高度发展，其硅(SiO_2)的迁移量可高达80%以上；钙、镁、钾、钠的迁移量最高可达100%；铁铝氧化物从风化体到土体明显聚积，铁的富积量达15%，铝达13%。在黏土矿物中，高岭石占64%，三水铝石占13%，氧化铁占18%。

砖红壤强烈富铝化过程的另一表现是铁的游离度高，土体和黏粒中铁的游离度分别达64%～71%和80%～88%。玄武岩发育的砖红壤富铝化作用最强，称为铁质砖红壤；浅海沉积物发育的称为硅质砖红壤；花岗岩发育的称为硅铝质砖红壤。砖红壤的高度富铝化特征是古气候条件下形成的，但从其渗出水的化学组成来看，在现代气候条件下仍在继续进行脱硅富铝化过程。虽然砖红壤渗出水的化学组成随母质不同而有所变化，但总的来说，硅的含量都相当高，而铁、铝的含量则较低。

砖红壤的生物富集过程也十分强烈。在热带雨林、季雨林条件下，森林植被形成大量的凋落物，比温带高1～2倍，如云南西双版纳热带雨林下每年的凋落物干物质可高达11.55 t/hm^2，海南岛热带次生林下达10.2 t/hm^2。如此大量的有机残体，为土壤的物质循环和养分富集提供了基础，生物对灰分元素的吸收和聚积也就十分明显。

3. 基本性状

砖红壤土体构型一般为A_s—A—B—BC—C型。

在森林植被较好的情况下，地表有2～3 cm厚的枯枝落叶层，土壤表层为暗红棕色或灰棕色的腐殖质层，厚度一般为15～30 cm，核状或团粒状结构，疏松而多根系；其下为棕红色或赭红色的紧实黏土层,厚度不一,厚者可达3~5 m,多呈块状结构,在结构面上有明显的暗色胶膜,下部有时出现铁质结核、铁盘或红黄色斑状网纹层,在侵蚀严重的地区,此层一经暴露即迅速结成硬块。母质层为暗红色或红色风化壳,有时夹有半风化的母岩碎块,厚度1~2 m。整个土体厚度较大,有的达3 m以上。

砖红壤的质地受母质影响而变化较大,但总的看来,质地黏重,多为黏土,黏粒含量多在50%以上,且红色风化层可达数米乃至十几米,一般土体厚度多在3 m以上。原生矿物分解彻底,盐基淋失严重,硅迁移量高,铁铝聚集明显。土壤剖面中黏粒有下移现象。黏粒的硅铝率(即二氧化硅与三氧化二铝的摩尔比率)一般在1.5~1.8,硅铝铁率(即氧化硅与氧化铝、氧化铁之和的摩尔比率)较小,在1.1~1.5。黏土矿物主要为高岭石和三水铝石,并含大量的赤铁矿。土壤呈酸性至强酸性反应,pH为4.5~5.5,交换酸以活性铝为主,交换性铝占交换酸的90%以上。砖红壤阳离子交换量多在10 cmol(+)/kg土以下,交换性盐基总量也低。盐基呈高度不饱和状态,盐基饱和度多不超过30%。

4.利用和改良

砖红壤地区水热资源丰富,是我国热带生物资源的重要基地,是发展热带经济作物,特别是橡胶的重要基地,并可种植咖啡、香茅、可可、香蕉、菠萝、油棕、椰子、胡椒、剑麻等热带经济作物。农作物可一年三熟,水稻一年二至三热。砖红壤开垦农用后,有机质含量迅速降低,土壤氮素肥力减退,由于土壤结构中有机胶结物被铁铝氧化物所替代,使结构性变差,通气、蓄水和保水性变差。钾、钙、镁等养分缺乏;无机磷以闭蓄态磷为主,有效性甚低;大部分的有效硼、锌、钼等的含量低于临界值;同时,砖红壤的酸度过大,也极为不利。

针对砖红壤的上述特点,在利用上应注意:

(1)综合开发,多种经营 如在多年生橡胶树下种植茶、金鸡纳、可可、肉桂、三七等作物。

(2)合理施肥,促进土壤养分平衡 砖红壤垦殖后,应采取多种措施维持其有机质和养分的合理平衡。例如粮经作物与豆科绿肥作物合理间套轮作;充分利用野生绿肥资源,增施有机肥;合理施用氮、磷、钾肥和石灰等。

(3)合理垦殖,防治水土流失 丘陵地区的砖红壤,由于植被较少,水土流失严重,应限制垦殖,大力植树造林,增加植被覆盖度,减少水土流失。

(八)红壤

1.地理分布与成土条件

红壤(red earths)是我国亚热带地区地带性土壤的代表类型,包括红壤、黄红壤、棕红壤、山原红壤、红壤性土(粗骨性红壤)5个亚类。全国红壤总面积为5 690.16万hm^2,约占全国土壤总面积的6.5%。红壤主要分布于长江以南广阔的低山丘陵区,其中包括江西、湖南两省的大部分,云南、广东、广西、福建等省(自治区)的北部,以及贵州、四川、安徽等省的南部,是我国重要的土壤资源。

红壤主要分布于低山丘陵地区,由于自然条件、土壤性质以及农林业生产方面的诸多差异,山地红壤植被一般较好,因而表土层较厚,土壤肥力较高,但土层较薄,土体中常杂有较多的母岩碎块。而丘陵平缓地区的红壤因所处地势平缓,土层深厚,宜于农垦,但有的因不同程度的侵蚀,矿质养分含量不高。红壤所在地区气候条件优越,年平均气温16~25℃,≥10℃积温5 000~6 500℃,无霜期225~350 d,年降水量800~2 000 mm,干燥度<1.0。水热资源丰

富，适宜发展农林牧各业生产，是我国粮食经济作物和林木发展的重要基地。植被类型以亚热带常绿阔叶林为主，主要由壳斗科、樟科、茶科、冬青、山矾科、木兰科等构成，其次还有马尾松、杉木和云南松等组成的次生林、草地以及许多亚热带经济林木如茶、油菜、柑橘以及各种粮、油作物。红壤成土母质主要有第四纪红色黏土、第三纪红色沙页岩、花岗岩、千枚岩石灰岩、流纹岩、凝灰岩和玄武岩等风化物。不同母质发育的红壤在质地、养分含量、性质等方面都存在差异。

2. 形成过程

在中亚带湿热气候常绿阔叶林植被条件下，红壤的形成过程主要是以富铝化和生物富集两种过程为主。

富铝化过程是红壤形成的主要过程，也是一种地球化学过程。即由于受湿热气候条件的影响，土体中的硅酸盐类矿物强烈地分解，硅酸和盐基遭到淋失，而铁、铝等氧化物明显聚积，黏粒与次生黏土矿物不断形成的过程。据研究结果表明，红壤形成过程中土体钙、镁的迁移量最大，最高可达100%，其次硅的迁移量可达40%～70%；与此同时铁、铝氧化物从风化体到土体有明显积聚，铁的富集量可达7%～15%，铝为10%～12%。红壤黏土矿物主要以高岭石、褐铁矿、针铁矿及部分三水铝石为主。从黏粒的硅铝率来看，红壤与砖红壤、赤红壤相比，其富铝化程度相对较弱。

生物富集过程是在自然植被覆盖下红壤中所进行的生物物质循环过程。在中亚热带常绿阔叶林下，红壤中物质的生物循环过程十分强烈，每年凋落于地表的枯枝落叶干物质有3 750～4 500 kg/hm^2，大量的生物残体提供了土壤物质循环与养分富集的基础。在红壤发育过程中，虽然进行着元素的淋失与富铝化过程，但由于生物的富集和生物与土壤间物质、能量循环与交换，丰富了土壤养分物质来源，促进红壤肥力发展。

3. 基本性状

红壤剖面形态因生物、气候条件、母岩种类、利用方式、侵蚀程度等不同而有很大的变异。红壤典型土体构型为A—B—BC—C型。

A层：一般厚度在10～30 cm，颜色呈暗红、亮红棕色等不同色彩，粒状或核状结构，较紧实。

B层：厚度50～200 cm不等，呈红色，核块状结构，紧实黏重，常有大量的铁、锰结核。

BC层：多呈红、黄、白等杂色，形态可分为蠕虫状、树枝状、块峰状等，质地黏重。

C层：岩石风化物碎屑物质或黏土的风化壳。

红壤表层的有机质含量一般在20 g/kg以下，自然植被下可达30～40 g/kg，耕地为10 g/kg。且腐殖质以富里酸为主。

矿质养分贫乏，酸度强。富铝化过程中盐基不断淋失，结果造成矿质养分极端贫乏，土壤中交换性铝可达2～6 cmol(+)/kg，占潜性酸的80%～95%及以上，导致土壤呈酸性或强酸性反应，pH 4.5～5.5。

土质黏板，耕作困难。红壤形成过程中产生大量次生黏土矿物，这些黏土矿物都以极细小的颗粒填充于土体内使整个土体的机械组成变细。土壤质地相当黏重。耕作困难，宜耕期短，耕作质量难以保证。

4. 利用和改良

红壤地区水热条件非常优越，盛产粮、棉、油料作物、经济作物和许多重要的林木。该区作物一年多熟，复种指数高，生产潜力大。但是，红壤地区也存在着许多不利条件，有许多障碍因子，如黏、瘦、酸、旱、蚀、板等。所以必须对红壤进行改良，消除土体障碍因子，大力发挥土壤潜在肥力。其改良途径如下：

(1)全面规划，综合利用　这是挖潜增产和在利用中改造红壤的重要途径。对红壤地区全面规划，走“农林牧相结合，山水田综合治理”的道路，才能实现持续增产。

(2)增施有机肥料　红壤低产的重要原因之一是土壤中缺乏有机质。大量施用有机肥可以促使土壤有机质的积累，改良红壤一系列不良性状。

(3)施用石灰，降低土壤酸度　在红壤上施用石灰可以降低土壤酸度，减少铝离子对作要物的毒害；从而加强有益微生物活动，促进有机物的分解，增加土壤有效养分。但过量施用石灰也会破坏土壤结构，使土壤板结，因此石灰每亩用量因土而定。

(4)修筑梯田，合理灌溉　红壤丘陵山区地形起伏不平，在开垦利用中必须采取一系列的等高作业，修筑梯田，改善红壤坡地水、热状况，使不利的自然因素对土壤的影响降到最小。红壤地区由于雨量分布不均，水源较缺，必须修建山塘水库，拦河筑坝，提高水位，开渠引水，充分利用地下水资源，保证灌溉水源。

(5)合理耕作、轮作、间套作　红壤旱地耕作层浅薄，不能满足作物根系的正常生长发育。合理深耕就是为了创造一个深厚、疏松、均一、肥沃的耕作层。间套作的主要目的是在高温和多雨季节保持连续、多层和均一的植被，缓冲地面上下水热状况的剧烈变化。合理的轮作是用地和养地相结合的重要途径。

总之，改良利用红壤是一个由量变到质变的过程，是有阶段性的，各个阶段的土壤肥力特性不同，土宜不同，宜种不同的作物，耕作栽培制度也应采用不同，才能用较少的投入获得较多的产出。尤其高度熟化阶段，就可大幅度提高复种指数，实行“根不离土，土不离根”的轮作套种，可以一年三熟或两年五熟。但一定要做到用地与养地相结合。

（九）黄壤

1. 地理分布和形成条件

黄壤(yellow soil)广泛分布于我国北纬30°附近的亚热带、热带的丘陵、山地和高原，以贵州省最多，四川其次，滇、湘、鄂、桂、浙、赣、闽、粤及台湾等省(自治区)也有分布，是南方主要的土壤类型之一。水平分布上，黄壤与红壤属同一纬度带，两者的生物气候条件也大体相近，但黄壤的水分条件较红壤略好，而热量条件则略低于红壤，干湿季不明显。在山地垂直带谱中，黄壤分布在红壤或者赤红壤之上，山地黄棕壤之下。

黄壤分布区的年均温为14～19℃，≥10℃积温为4 500～5 500℃；年降水量1 000～2 000 mm，年降水日数长达180～300 d，日照仅1 000～1 400 h/年，云雾多，相对湿度70%～80%，冬无严寒，夏无酷热，属暖热阴湿季风气候。植被主要为亚热带湿润常绿阔叶林、常绿和落叶阔叶混交林以及热带山地湿性常绿阔叶林。在生境湿润之处，林内苔藓类与水竹类生长繁茂。目前，黄壤地区的原始林保存较少，大面积为次生植被，一般为马尾松、杉木、栓皮栎和麻栎等。成土母质以花岗岩、沙页岩居多，第四纪红色黏土则以云贵高原较为普遍。不同母质对黄壤的形态特征及矿物组成等有显著的影响。

2. 形成过程

在潮湿暖热的亚热带常绿阔叶林下，黄壤除了具有热带、亚热带土壤所共有的脱硅富铝化和生物富集过程外，主要表现在其黄化过程上，这也是它区别于红壤形成过程的主要特点。

黄壤虽具有明显的脱硅富铝化作用，但由于所处的热量条件较红壤差，其作用强度也较红壤为弱。一般黄壤黏粒的硅铝率为2.0～2.5，硅铝铁率为2.0左右。中亚热带黄壤的黏土矿物以蛭石为主，其次为高岭石和水云母；热带及南亚热带的山地黄壤以高岭石占优势。黄壤含有三水铝石，但与砖红壤中的三水铝石不同，它并非高岭石进一步分解的产物，而是由母岩中有些原生矿物直接风化而来。黄壤的脱硅富铝化程度还因成土母质而异。例如，贵州贵阳由第四系黏土发育的黄壤黏粒的硅铝率为1.7～1.9，而平坝由玄武岩发育者为2.4～2.8；四川盆地西部台地更新统沉积物发育的黄壤，其黏粒硅铝率为2.0～2.7，黏土矿物以高岭石或埃洛石为主，其次为水云母、绿泥石和蛭石。

黄化是黄壤在脱硅富铝化基础上发生的特征性成土过程，与其所处的潮湿成土环境密切相关。黄壤地区全年相对湿度大而较稳定，土壤经常保持潮湿，致使脱硅富铝化过程中形成和聚积的大量游离氧化铁明显水化而形成针铁矿、褐铁矿和以多水氧化铁为主的水合氧化铁矿物，并常与有机质结合，从而导致土壤剖面呈黄色或蜡黄色，尤以剖面中部的淀积层明显，成为黄壤特有的诊断土层。这种由于土壤中氧化铁高度水化形成水合氧化铁的化合物致使土壤呈黄色的过程称为黄壤的黄化过程。

黄壤区由于雨水充沛，湿度大，植被生长繁茂，故生物积累作用强。由于含水量高而通透性差，有机质矿化程度不如红壤，所以，黄壤的有机质含量往往比同地带相似植被下的红壤为高。例如广西森林植被下的黄壤有机质含量较红壤高1～2倍。因此，黄壤较红壤具有更强的生物富集作用。

3. 土壤基本性状

黄壤的典型剖面构型为A_s—A—B—C型。

在森林植被下，地表有厚薄不一的凋落物层(A_s)，受到不同程度的分解。腐殖质层(A)因受有机质积累的影响而呈现灰棕色至淡黑色，厚度多为10～30 cm或更厚，粒状或团块状结构，动物活动强烈。淀积层(B)呈鲜艳的黄色或蜡黄色，厚15～60 cm，质地较黏重，块状结构，结构面上有时有带光泽的胶膜。母质层(C)多保留有母岩的色泽，一般比较混杂，但在紫色沙页岩和红色黏土上常呈紫红色或枣红色。

黄壤的质地一般比红壤轻，多为中壤土至重壤土，仅川黔地区第四系红色黏土等母质发育的黄壤，质地较黏重，可为黏土，黏粒(＜0.001 mm)可达60%～70%。

因湿度大，黄壤的有机质较丰富，表土层(A)的含量可达50～200 g/kg，比红壤高1～2倍，但向下锐减，淀积层含量在10 g/kg左右。在腐殖质组成中，以富里酸为主，HA/FA一般为0.3～0.5。开垦耕种后表层有机质可下降至20～30 g/kg。

黄壤的淋溶作用强烈，交换性盐基大量淋失，盐基饱和度低，在自然植被下大多不超过20%。土壤呈酸性至强酸性反应，pH 4.5～5.5。土壤交换性酸度大，一般为5～10 cmol(+)/kg土，最高达18 cmol(+)/kg土左右，并以交换性铝为主，多占88%～99%及以上。开垦耕种后，盐基饱和度和酸度均相应提高。

黄壤的氮、磷、钾含量较为丰富。黄壤因其有机质含量高，故全氮量也高。据贵州的资料，非耕地黄壤表层的全氮量平均为2.24 g/kg(n=347)，最高可达7.29 g/kg，而耕地黄壤平均为1.61 g/kg(n=924)。可见，黄壤垦殖后全氮量显著降低，但仍处在较高的水平。黄壤的全氮量虽然较高，但氮素矿化率低。据贵州的同位素示踪试验结果，在烤烟生长期间，黄壤中氮的矿化量仅占全氮量的 0.55%～0.73%，所以土壤供氮能力并不强，施用氮肥的效果很显著。黄壤中的磷一般以无机磷为主，无机磷又以闭蓄态磷和铁磷为主，有效性低，因此速效磷普遍缺乏。贵州黄壤的速效磷平均为 6.6 mg/kg(n=1 306)，其中速效磷低于 10 mg/kg、5 mg/kg ($NaHCO_3$ 浸提)的缺磷黄壤分别占 80%和 50%。黄壤的缓效钾多在中下水平，速效钾则随土壤的阳离子交换量和盐基饱和度而同向变化，综合而论，仍有相当部分黄壤缺钾。

4. 利用和改良

黄壤分布地域广，条件复杂，应因地制宜地进行林业和农业等综合开发利用。黄壤地区是我国亚热带经济林木的重要产区，茶叶、油茶、油桐、桑和柑橘等多种果树生长良好，黄壤又盛产玉米、甘薯、小麦、油菜、烤烟、花生等粮经作物。一般来说，山地黄壤适于多种林木生长，是我国南方的林业基地之一，应以发展经济林木为主，林下可种植当归、天麻、灵芝等药用植物。丘陵地区的黄壤应以粮为主，积极发展多种经营。但黄壤地区降雨量大，必须注意水土保持，防止滥伐森林和陡坡垦殖，对现有的陡坡耕地应逐步退耕还林、还草，并在人工造林的同时搞好封山育林，利用充足的雨水条件，迅速恢复森林植被，改善生态环境。

黄壤酸性较强，并且是造成土壤氮矿化率低和速效磷、钾等养分缺乏的重要原因，故应适量施用石灰进行改良。黄壤开垦耕种后，有机质和氮素等均有明显的减低，应注意施用有机肥，并合理施用化学氮、磷、钾肥，以维持其有机质和养分的平衡，加速黄壤的熟化和培肥。

四、教学案例与分析

我国林地土壤特点和存在问题

林地是森林资源的基础。我国林地土壤资源特点和存在问题主要有以下几方面。

(一)林地总体质量较高，但利用程度低

中国林地评价将林地划分为 3 个质量等级：一等，占林地总面积的 65%，最适合林木生长，无明显限制因素、质量好、产量高、在更新或造林时不需要采取改良措施的林地；二等，占 27%，一般适于林木生长，受地形、土壤、水分、盐分等因素的一定限制，质量中等，产量较高、在更新或造林时基本不需要采取改良措施的林地；三等，占 8%，林木生长有一定的困难，受地形、土壤、水分、盐分等因素限制较大，质量差，产量较低，造林时需要有一定的改良措施的林地。

有林地面积是衡量林地利用程度的一个重要标志，全国有林地占林地总面积的比重为 70.5%，表明尚有 30%的林地有待进一步开发。

(二)人均数量和森林覆盖率较低，森林分布不匀

我国森林资源总量不足、分布不均。在约占世界总量 7%的我国土地上，生活着占世界总量 22%的人口，生长着面积和蓄积仅占世界总量 4.23%和 2.66%的森林，因而我国人均林地 (0.19 hm^2)、有林地面积(0.13 hm^2)、森林蓄积量和年木材消耗量分别相当于世界平均数的 19.8%、11.5%、17.6%和 56.22%；森林覆盖率只有世界平均水平(29.6%)的 61.52%。

我国现有森林资源与实际需要相比，除特用林外，其余四大林种(防护林、用材林、经济林、薪炭林)都远远不敷需要。我国现有用材林中成熟林每年赤字达 5 473×10^4 m^3。按林种划

分，我国现有用材林面积 7 862.58 万 hm^2，防护林面积 54 74.63 万 hm^2，经济林面积 2 139.00 万 hm^2，薪炭林面积 303.44 万 hm^2，特种用途林面积 638.02 万 hm^2。

而我国森林资源的地理分布不匀，又加剧了大部分地区森林资源的稀缺。我国大部分森林分布在东北和西南这两大国有林区以及东南部亚热带和热带地区；而在我国几大林区的森林资源的状况也不尽相同。

从地域分布上看，我国森林东北、西南地区多，其他地区少，黑龙江、吉林、内蒙古、四川、云南、西藏六省（自治区）的森林面积、蓄积分别占全国的 51.4%和 70%，而华北、西北地区的森林资源较少，尤其是新疆、青海两省区的森林覆盖率不足 5%，其中新疆只有 2.94%。东北、西南林区是天然防护林、用材林的分布地，南方集体林区则以有林地和人工造林为主。

（三）资源结构欠佳

大片林地少，原始森林面积小。在我国现有的森林资源中，中幼龄林比重较大，中幼龄林面积、蓄积分别占林分总面积、总蓄积的 67.85%和 38.94%。针叶林比例过少，从而给加工利用带来困难，也降低了林木的经济生产价值，给森林资源的持续发展增加了难度；在林种结构方面，用材林的面积、蓄积比重太大，防护林、薪炭林、经济林及特用林比重过少，从而影响着森林资源多方面效益的充分、持续发挥；在我国目前用材林的林龄结构中，幼林龄偏多，使得近期可供采伐利用的森林资源偏少。加上我国庞大的人口增长和迅速的经济发展这双重压力，使我国在今后相当长的时期都将面临资源短缺的局面，从而使长期支持人类生存环境的压力也日益增长，必将影响到我国社会的持续发展。

（四）林地和森林资源的经济、社会、生态效益较差

林地生产力水平低。用材林可采资源少，抚育少，林分衰退，病虫害严重。我国用材林中的成熟林资源枯竭，许多老国有林场无成熟林可采，发工资困难，工人下岗；全国林分平均蓄积量每公顷仅 75.05 m^3，只相当于世界平均水平的 64.7%；用材林为 71.26 m^3，人工林为 33.31 m^3，林分和用材林的郁闭度为 0.60 和 0.59，都远远低于世界上林业发达国家水平。森林资源的质量高低不仅体现在直接可以利用的经济价值多少上，更重要的是体现在森林生态系统的生产力和生物多样性上。经营管理水平有待加强，人工林经营水平不高，树种单一，林地流失、林木过量采伐现象依然存在。森林生态系统的整体功能非常脆弱，与社会需求之间的矛盾仍相当尖锐，保护和发展森林资源任重道远。许多天然针阔异龄混交林，被皆伐，被更换林型，从而形成人工针叶纯林，或者被高强度择伐，森林结构、功能下降。

维护林地土壤肥力，发展多效林业的主要措施有：加强森林的枯枝落叶的保护，使土壤有自肥功能；发展农林栽培系统，如林粮间作、乔灌草混交、果粮套种、农林间作套种等；发展农林牧复合系统，如猪—橘—稻—菜系统、林—草—牛—粮系统、林牧复合系统、林药系统（人参、黄连、天麻、美登木）等。

第二节 主要草原土壤

一、草原土壤类型和分布

草原土壤是指草甸草原及草原植被下发育的土壤。它们主要分布在温带、暖温带以及热带的大陆内地，约占全球陆地面积的13%。草原土壤在欧亚大陆的温带和暖温带内陆地区，呈东北—西南向的带状分布。我国草原土壤主要分布在小兴安岭和长白山以西，长城以北，贺兰山以东的广大地区。境内多属温带和暖温带半湿润和半干旱气候。

我国的草原土壤分布广泛，类型繁多。在温带自东而西就分布有黑土、黑钙土、栗钙土、棕钙土。在暖温带有黑垆土、灰钙土的分布。我国最典型的草原土壤为黑钙土、栗钙土和黑垆土。黑土是向温带湿润森林土壤过渡的土壤；棕钙土和灰钙土则是向温带、暖温带荒漠土壤过渡的土壤。

二、草原土壤的共同特征

①气候条件比较干旱，土壤受淋溶作用较弱，土壤盐基物质丰富，除黑土外，土壤下部均有明显的钙积层，交换性盐基呈饱和状态。

②有机质主要以整体有机残体（茎、叶、根）的形式进入土壤，故土壤有机质含量自表层向下呈逐渐减少，土壤有比较深厚的腐殖质层。在土壤腐殖质组成中，胡敏酸占绝对优势，土壤腐殖质的胡敏酸/富里酸常大于1。

③土壤反应大部分为中性至碱性。

三、主要草原土壤类型简介

（一）黑土

1. 地理分布和形成条件

我国的黑土（black soils）主要分布在黑龙江和吉林两省的中部地区。北起嫩江、北安，南至怀德县的南部，东达三江和兴凯平原的边缘，西与松辽平原接壤。

黑土处于温带半湿润地区，年降水500～600 mm，绝大部分集中于暖季，4～9月份降水量占全年的90%以上，其中尤以7～9月份最多，占全年降水量的1/2以上。年均温0.5～6℃，≥10℃积温为2 100～2 700℃。雨热同季，冬季寒冷少雪，土壤冻结较深，为1.5～2.0 m，延续时间长达120～200 d。黑土的自然植被为草原化的草甸植被，以杂类草群落为主，植被组成以中生草甸植物为多，局部排水良好的地方可出现旱生草原植物，局部土壤含水较多的地方也有湿生草甸沼泽类型植物。黑土所处地形大都是受不同程度切割的高平原和山前洪积平原，主要是波状起伏的“漫岗地”。黑土的成土母质以黄土性沉积物为主。

2. 形成特点

如上所述，黑土有季节冻层，母质黏重，透水不良，在黑土形成最活跃的季节里，土壤水分较为丰富，有时并可形成上层滞水。在这种条件下，草甸草本植物得以顺利发展，在地上和地下都积累了大量有机物。由于黑土地区暖季短，冷季长而严寒，土壤微生物活动的强度不大，大量有机物难以迅速分解，多转化为腐殖质。

在黑土的形成中，灰分元素的生物循环量也很大。据调查，由地上部分参与生物循环的灰分元素为 300～400 kg/hm^2。植物生长时期不同，灰分元素含量也不尽一致。但以 SiO_2 和 CaO 的比重较大。由于冻层和黏重母质的影响，黑土水分以及随水运动的成土产物，除一部分由地表和侧渗排走以外，绝大部分只运行于 1 m 或 2～3 m 的土层范围内，很难淋洗到地下水层中。

黑土在腐殖质累积和灰分元素的生物循环过程中，由于胡敏酸类腐殖质含量多，黏粒和钙离子含量高，自然植物根系发达，因而相应地形成了良好的团粒状结构。

在质地黏重、季节冻层的影响下，土壤透水性较弱，夏秋多雨时期土壤水分较丰富，致使铁锰还原为可以移动的低价离子，并随土壤融冻毛管水上升，在土层中逐渐氧化形成铁锰结核或锈斑。土壤中一部分铝硅酸盐经水解产生的 SiO_2，也常以 SiO_3^{2-} 溶于土壤溶液中，也可随融冻毛管水上升，待水分蒸发后，便以无定形的硅酸白色粉末析出，附于结构体表面。

由上所述可以看出，黑土的形成过程是由强烈的腐殖质累积和水分潴积（还原淋溶）过程所组成的，是一种特殊的草甸过程。这种草甸过程，就地下水位、水分类型，以及成土产物运行与迁移的过程来讲，它与一般直接受地下水影响的草甸过程不同。由于草甸草本植物生长繁茂，根系发达，每年在黑土中累积了大量的有机和无机物质，所以黑色土层深厚，粒状结构良好，肥力水平较高，这些特征又与黑钙土相似，因此可以认为，我国的黑土兼有水成土壤和黑钙土的某些特征，是一种特殊的草甸过程的产物。

3. 基本性状

黑土剖面的基本发生层由 A_h—A_hB_s—B_{sq}—C 组成。A_h 层（腐殖质层），一般为 30～70 cm 厚，有的可达 100 cm 以上。该层呈黑色，潮湿松软，水稳性团粒结构发达；A_hB_s 层（过渡层），通常 30～50 cm，可明显见到上部腐殖质淋溶的舌状条带；B_{sq} 层（淀积层），可见到铁锰结核、胶膜、二氧化硅粉末等沉积物；C 层（母质层），主要为黄土性沉积物。

黑土的机械组成比较单一，土壤质地较黏重，多为壤土到黏壤土。通常土层上部质地较轻，下层质地较重，黏粒有淋溶淀积现象。

黑土结构良好，水稳性结构体发达，一般可达 50％以上。黑土开垦后随耕种时间加长，团粒结构体变小，数量变少。

黑土密度为 1.0～1.4，耕垦后通常腐殖质含量降低，淀积层层位提高。随着团粒结构的破坏，土壤容重明显提高。

黑土的有机质含量相当丰富，自然土壤多为 5％～8％，耕种土壤明显降低，一般在 2％～4％之间，黑土腐殖质组成中以胡敏酸为主。

黑土为微酸性至中性反应，pH 为 6.5～7.0，剖面分异不明显，通体剖面无石灰反应；阳离子交换量高，为 35～45 cmol/kg，以钙镁为主，盐基饱和度 80％～90％。

综上所述，黑土的主要诊断特征为：具有较深厚的暗色腐殖质层，向下逐渐过渡，含量多在 2％～5％（耕地），组成以胡敏酸为主；pH 为 6.5～7.0，剖面内通常无石灰反应；盐基交换量高，盐基饱和度多大于 70％。

4. 利用改良

黑土地区地势平坦开阔，光热水资源适宜，土质肥沃，是玉米、大豆、小麦的主产区，也是我国主要的商品粮基地。黑土具有良好的自然条件和较高的土壤肥力，生产潜力很大。今后应加强农田基本建设，改善农业生产条件，建立高效循环的人工农业生态系统，建设旱涝保收的高产稳产农田。

(1)进一步搞好水土保持　黑土开垦后，由于地形起伏，垦后失去自然植被保护，夏秋雨水集中季节，易形成地表径流，发生水土流失，春季多风季节，还易发生风蚀。因此，广大台地与岗地的面蚀和沟蚀严重，许多地区由于黑土层剥失，黄土裸露地表，使黑土逐渐向黑黄土、黄土演替。所以，对于广大坡耕地应注意采取必要措施，防止水土流失，保护好黑土资源，采用等高种植、修筑梯田、地表覆盖等措施进一步搞好水土保持。

(2)培肥土壤　耕种后的黑土有机质含量明显下降，目前耕地黑土的有机质含量仅在2%～4%，约为自然黑土的1/2。据吉林省第二次土壤普查统计分析，现今黑土区土壤有机质含量约以每年0.01%的速度下降。为了培肥地力，应注意有机肥的施用，广泛开辟有机肥源。在有机肥料施用的基础上，注意化肥的合理施用。

(3)搞好土壤保墒和灌排工程　在黑土地区的西部和南部，由于冬季积雪较少，春季少雨多风，土壤蒸发量较大，土壤常有春旱现象发生。为了消除春旱，必须注意土壤的秋季蓄水和春季加强对冻层融水的利用。通过早秋翻地可以蓄积大量的秋季降雨；通过采取春季顶浆起垄，亦可防止冻层融水的损失。

另外，黑土地区由于夏秋降水集中，土壤透水不良，时常出现夏秋内涝，影响小麦的收获。因此，低洼地带应注意修建排水工程，并在此基础上，实行农田综合措施，搞好土壤改良。

(二)黑钙土

1. 地理分布和形成条件

黑钙土(chernozems)是欧亚大陆分布相当广泛的土类。在地理分布上表现了明显的纬度地带性。自东欧的保加利亚北部、匈牙利东部、罗马尼亚、乌克兰等地开始，经高加索北部、乌拉尔南部直到西伯利亚，再向东一直延伸到我国东北地区。

我国的黑钙土主要分布在东北大兴安岭山地的东西两侧及松嫩平原地区，向西延伸到阴山山地的垂直带上；其次在新疆昭苏盆地、天山北坡、阿尔泰山南坡以及甘肃祁连山东部的北坡也有零星分布。

黑钙土是在温带大陆性气候和草原植被下发育的土壤。但由于分布广泛，尽管总的生物气候条件相似，却仍然表现出地方性特点。我国黑钙土地区属于温带半湿润或半干旱气候。夏季温和多雨，年均温－0.5～5.0℃，≥10℃积温1 600～3 000℃，年降水350～450 mm。冬季寒冷，土壤冻结深达1.3～1.5 m。黑钙土的自然植被为草原和草甸草原，以旱生菊科蒿类和禾本科草类为主。成土母质为黄土性沉积物，各种岩石风化残积、坡积物，松嫩平原多属沙性淤积物。

2. 形成特点

黑钙土形成过程的主要特点是具有明显的腐殖质累积和钙化过程。

由于黑钙土处于半湿润或半干旱的地区，土壤水分比黑土少，植物的生长量不如黑土高，有机质的分解速度又比黑土快，而且植物根系又主要分布在0～25 cm土层内，所以黑钙土中有机质的累积数量、强度，以及腐殖质层的厚度均不及黑土。

由于气候比较干旱，土壤中钙化过程比较明显。在风化过程和有机质矿质化过程中所释放出来的各种盐类，仅一价盐类受到淋失，而钙、镁碳酸盐仍存在于土体内。草原土壤地区碳酸盐的移动和淀积，除受淋溶程度的影响外，还受土壤溶液中二氧化碳含量的制约。而二氧化碳的含量又主要取决于土壤水的温度，即水温越低，二氧化碳含量越高。在夏季，土壤温度自表层向下逐渐降低，二氧化碳含量则逐渐增加，所以，碳酸盐就越来越多地变为重碳酸盐向下淋洗。但当富含重碳酸盐的下淋溶液，由于土粒的吸附和蒸发等作用变干时，重碳酸盐又以碳酸盐的形式淀积于土体中的一定部位。在冬季地表结冻以后，土壤水以水汽形式自下层向上层移动，下层的重碳酸盐亦可由于水分减少，浓度增大而淀积下来。由于碳酸盐在剖面中的移动和淀积，形成石灰斑或各种形状的石灰结核，这是黑钙土剖面重要的发生学特征。

3. 基本性状

黑钙土的剖面层次十分清楚。典型的剖面构型为 A_h—A_hB—B_k—C_k 型。腐殖质层（A_h）呈黑灰色至棕灰色，具有粒状—团粒结构，一般厚度 30～50 cm。钙积层（B_k）多出现于 50～90 cm 处，碳酸盐的淀积形态多呈斑块状、菌丝状。在腐殖质层与钙积层之间，有一个具有舌状腐殖质下渗的灰棕色过渡层（A_hB）。母质层（C_k）则因母质类型不同而有明显差异，一般均有碳酸盐累积现象。

黑钙土的理化性质可以概括以下几点：

①有机质以表层最多，主要集中在 20～40 cm，表层有机质含量变动较大，自然土壤一般多在 5%～8%之间，耕作土壤大都集中在 2%～4%。

②腐殖质层的交换量较高，多数在 30～40 cmol/kg，盐基饱和度一般在 90%以上，以钙、镁为主。表层土壤一般呈中性，向下逐渐变为碱性。

③黑钙土大部分为壤土，小于 0.001 mm 颗粒的含量都在 10%～35%，并在剖面中部发生聚积，心土层中的黏粒一般均高于表土和底土层，可以认为有弱的黏化现象。

④黑钙土中铁、铝氧化物的移动不明显，硅、铝、铁的剖面分布较均一。但氧化钙和氧化镁的含量，在剖面底部有增加趋势，这显然与游离碳酸盐积聚有关。

4. 利用和改良

黑钙土的肥力虽然不及黑土，但也是一种潜在肥力较高的土壤。因黑钙土地区较为干旱，土壤水分不足，常发生干旱，风蚀也较黑土为重，开垦后有机质和细土消减较快。因此，在利用和改良上，除注意用地养地、培肥土壤外，还要大力营造防护林，防止风蚀。黑钙土地区的水源虽感不足，但部分地区的地下水却较为丰富，有发展灌溉的条件，实际灌溉效果也较好，应积极开发利用。

黑钙土地区既有大面积农地，又有广阔草原，还建立了不少防护林带或林网，黑钙土一般都适于农、林、牧的全面发展。

（三）栗钙土

1. 地理分布和形成条件

在世界范围内，栗钙土（castanozems）主要分布在欧亚和北美大陆的温带半干旱和干旱草原地带。在我国，栗钙土主要分布于内蒙古高原东南部、呼伦贝尔西部，以及大兴安岭东南侧的山地，新疆准噶尔盆地西部山区谷地。在内蒙古和西北地区的一些山地的垂直地带谱中也有广泛分布。

栗钙土形成于温带半干旱草原环境。气候属于温带半干旱大陆型，年均温 −2～5.5℃，

≥10℃积温 1 700～3 000℃，无霜期 120～180 d，年降水 250～450 mm，年蒸发量 1 600～2 000 mm。因其分布范围广泛，有明显的地区性差异：以内蒙古为主的东部区受季风影响，约 70%降水量集中于夏季，冬、春两季降雪少；以新疆为主的西部地区，受西风影响，降水季节分布均匀，冬季降雪较东部稍多，夏季天气干燥。

栗钙土的植被属干草原类型，以针茅、羊草等禾本科草类为主，其次为旱生草类，草原灌木与半灌木。草层高度为 30～50 cm，覆盖度达 30%～50%。

栗钙土以平坦地形为主。既有剥蚀的高平原、低山丘陵，也有冲积平原和洪积平原。成土母质有各种岩石风化物、河流冲积物、风沙沉积物和湖积物等。

2. 形成特点

栗钙土形成的基本过程与黑钙土相似，干草原腐殖质累积过程较弱，土壤黏化作用也很微弱，而钙化过程则相对比较强。

栗钙土地区，由于气候干旱，干草原植被从高度和生物量都比黑钙土低，每年进入土壤中的有机质数量较少，而且夏季高温干燥和好气分解导致有机质矿质化程度远远大于累积强度，所以栗钙土的腐殖质含量要比黑钙土为低，土层较薄，团粒结构差。

由于年降雨较少，淋溶作用较弱，土壤钙化作用比黑钙土明显。碳酸盐的淀积层位与含量都比黑钙土高些，常在 30～40 cm 处有盐酸的反应，在该层内可见到斑块或条纹、结核状的碳酸盐新生体。此外，由风化产生的易溶性盐类只有部分从土壤中淋失，常在碳酸盐淀积层下有一个石膏和易溶性盐的聚积层。在栗钙土地区，可能由于受季风气候影响，降水主要集中在夏季，盐分聚积过程比较弱，石膏层只在局部地区（如新疆）的栗钙土中存在，在剖面底土层才有数量不同的石膏积聚。

东部地区的栗钙土，雨热同季有利于黏粒的形成，大量研究表明剖面中有弱黏化现象，发生位置与钙积层的部位大致相同，但会被钙积层掩埋。

3. 基本性状

栗钙土的剖面由栗色的腐殖质层、灰白而紧实的钙积层与母质层组成，即 A_h—B_k—C_k 型。

A_h 层：厚 25～50 cm，暗棕色，黏沙壤至沙质黏壤土，呈粒状或团块、动物穴，向下过渡明显。

B_k 层：厚 30～50cm，灰棕至浅灰色，沙质黏壤至壤黏土，块状结构，石灰沉淀物多呈斑块网纹状，也有粉末状或假菌丝。

C_k 层：因母质类型而异，洪积、坡积母质多砾石；残积母质呈杂色斑纹，有石灰淀积物。

栗钙土由于分布地区较多，其理化性质差异很大，特点如下：

①A_h 层有机质含量多在 1.0%～4.5%，有的低至 0.5%，有的高达 4%，向下则逐渐减少。钙积层的碳酸钙含量在 10%～30%变化。

②一般来说，质地较轻。黏粒在剖面中的分布层位与碳酸钙大体一致。

③土壤的阳离子交换量不高，一般在 10～25 cmol/kg，pH 为 7.5～8.5，呈弱碱性至碱性反应，随深度而增大的趋势。

④黏土矿物以蒙脱石为主，其次是伊利石和蛭石。

4. 利用和改良

栗钙土地区生长着许多优良的牧草，是我国北方重要的畜牧业基地，也是重要的旱作农业区。在栗钙土地区，由于畜牧业的快速发展，长期过度放牧，导致草场退化，牧草产量和质量普遍下降。应及时采取禁牧封育措施，建设高质量草场。在条件适宜的地段，对牧场或草场加强农田基本建设，建立饲料基地，是提高牧区生产的一个有效途径。

栗钙土地区，降水量少且分布不均，干旱是制约粮食生产的主要因素，农田、草场缺水现象比较严重。为了保证农牧业高产稳产，充分利用地表水、积极利用地下水资源，是缓解干旱的有效途径。同时，采取适宜的灌溉技术和方法，防止土壤次生盐渍化现象的发生。

农牧交错地带应建立防护林体系，防风抗旱，保护牧场和农田。目前人工造林存在栗钙土的钙积层紧实，树容易死的问题。因此，牧区植树造林，应根据土壤的环境条件，采用适宜树种，打破钙积层或大苗深栽，以保证树木存活。

（四）灰钙土

1. 地理分布和形成条件

灰钙土（sierozems）是暖温带荒漠草原区弱淋溶的干旱土。灰钙土在中国的分布是不连续的，它分为东西两个区，期间被荒漠土壤所间断。东区主要分布在甘肃、宁夏，西区分布在新疆伊犁谷地，青海、内蒙古及陕西也有少量分布。灰钙土地区年平均气温 6～9℃，≥10℃积温为 2 000～3 100℃，年降水量 200～300 mm。东区受季风气候影响，降水主要集中于 7～9 月份；而西区年降水较均匀，仅春季稍多一些；自然植被东区为蒿属—多种草类与蒿属—猪毛菜等群落；而西区为蒿属—短生植物（因春季降水较多）群落。灰钙土分布地区的地形为起伏的丘陵与河谷阶地为主，部分为低山，鄂尔多斯高原西部为缓坡低丘。成土母质以黄土及黄土状物质为主。

2. 形成特点

（1）*弱腐殖质积累过程*　由于灰钙土是荒漠草原的地带性土壤，地面植被以半灌木蒿属植物为主，其腐殖质积累过程已明显减弱。但由于其具有季节淋溶及黄土母质特点，其腐殖质染色较深，腐殖质层扩散而不集中，一般可达 50～70 cm。

（2）*$CaCO_3$ 在土体中的移动与聚积*　灰钙土区气候干旱，在西部地区的降水分布比较均匀，加以黄土母质的特点，所以 $CaCO_3$ 在剖面中分布曲线表现平缓，在剖面 30～50 cm 处能观察到 $CaCO_3$ 假菌丝状的聚积。

3. 基本性状

灰钙土特点为剖面发育微弱，但仍可见结壳层、腐殖质层、钙积层及母质层等。栗钙土剖面构型为 $A_l—A_h—B_k—C$ 或 $A_l—A_h—B_k—C_z$ 或 $A_l—A_h—B_k—C_y$ 等。

灰钙土表层弱腐殖化，土壤有机质含量 1%～2.5%，因亚类不同而有较大差异。灰钙土富含碳酸钙，全剖面碳酸钙含量一般为 100～200 g/kg；钙积层的含量更高，多达 150～250 g/kg。灰钙土呈碱性，pH 8.5～9.5，阳离子交换量不高，表层一般为 5～11 cmol/kg，向下降低。灰钙土的化学组成在剖面层间无明显变化，虽然硅、铁、铝率各地有一定差异，但仍比较一致。黏粒矿物以水云母占优势，其次有蒙脱石、绿泥石，极少量石英表明灰钙土的化学风化很弱。因地区不同有较大差异，新疆地区的灰钙土质地一般较细，多为轻壤与中壤，东部地区（甘肃）的灰钙土质地较粗，多为沙壤土和轻沙壤土。黏粒含量一般在 8%～12%，黏粒累积最多的土层同钙积层相一致。

4. 利用和改良

灰钙土目前有三种利用方式：在新疆伊犁地区，以牧业（羊）为主；在兰州地区，以旱作农田为主，为保持水分和提高地温，还发明"沙田"的利用方式。在有水源条件地区开辟为灌溉农田。

以牧区为主的灰钙土，存在的主要问题是过度放牧导致土壤侵蚀、土壤退化，应限制牲畜量。以旱作农田的灰钙土，主要种植春小麦。由于降水偏少，一般产量不高且极不稳定，近年来有些已"退耕还牧"。灌溉农田的灰钙土虽有高的生产力，由于长期连作，导致土壤肥力降低，应当增加牧草及豆科作物比重，合理轮作，增施肥料，精耕细作，以不断提高土壤肥力和作物产量。搞好护田林带，林下种绿肥牧草，结合蓄水保墒，增高土壤水分涵蓄能力。通过增加地面覆盖度多接纳秋冬余水，贮水于土壤下层，使之成为有效的自然资源，同时地面植物产量增加，经农牧结合途径，形成良性能量物质转化，建成良性循环的综合农业体系。

（五）棕钙土

1. 地理分布和形成条件

棕钙土（brown caliche soils）是中温带半干旱草原地带的栗钙土向荒漠地带的灰漠土过渡的一种干旱土壤。

棕钙土分布在内蒙古高原中西部、新疆准噶尔盆地北部，鄂尔多斯高原西部。分布区为温带干旱大陆性气候，年平均温度 2～7℃，≥10℃积温 1 400～2 700℃，年降水量 150～250(300)mm。以内蒙古为主的东部区，受东南季风影响，大约 2/3 降水量集中于夏季，冬、春两季降雪很少；以新疆为主的西部区，受西风影响，降水季节分布均匀，冬季降雪比东部稍多，夏季天气干燥。年辐射总量达 600～670 kJ/cm^2，光热资源十分富足。棕钙土的植被具有草原向荒漠过渡的特征，分为荒漠草原和草原化荒漠两个亚带。在内蒙古的荒漠草原常为沙生针茅、小针茅、冷蒿、小叶锦鸡儿；草原化荒漠为耐旱生的藏鸡儿、小针茅、红沙、冷蒿。在北疆除超旱生小半灌木蒿属、假木贼以及沙生针茅、新疆针茅等小禾草外，还有春季短生植物。地形有剥蚀的波状高原、冲积平原和洪积平原。母质以风成沙、残积物、洪积冲积物为主，有些为黄土母质。棕钙土地区是中国西北主要的天然牧场，有灌溉条件的可发展农业。

2. 形成特点

（1）*腐殖质积累过程*　棕钙土的植被中旱生及超旱生灌丛的比例增加，植被盖度 15%～30%，鲜草产量仅 750～1 500 kg/hm^2，每年死亡的数量明显少于干草原。因此在干旱气候下土壤有机质积累量很少，且腐殖质结构比较简单，以富里酸为主。

（2）*石灰质、石膏和易溶盐类的淋溶与淀积*　干旱气候下，矿物风化产生的可溶性盐类淋溶作用较弱，且钙、镁的生物富集显著，盐生植物对钠也有一定的积累，所以在腐殖质层之下石灰质发生明显地聚集，形成钙积层。钙积层层位比较高，出现在 20～30 cm 处，钙积层在向荒漠过渡中，淋溶逐渐变弱，石膏和易溶性盐类在土体中下部聚集逐渐明显。

（3）*弱黏化与铁质化*　A 层下部是水热条件较好、较稳定的层位，在碱性介质中土体内的矿物慢慢风化形成黏粒。矿物风化过程中产生的含水氧化铁，在干热条件下脱水成红棕色的氧化铁，与黏粒、腐殖质综合作用使 B 层呈褐棕色。荒漠化表现程度与时间和荒漠化强度有关。

3. 基本性状

棕钙土的剖面构型为 A_h—B_w—B_k—C_{yz} 型。

A_h 层：厚 20～30 cm，淡棕色，质地较粗，多为砾质沙壤土，呈屑粒状到小块状，由于表层干旱，植物残体矿化强，上部颜色较淡。

B 层：厚 30～40 cm，由 B_w 和 B_k 层组成；B_w 层，厚 5～10 cm，铁质化的红棕色，沙质黏壤或沙质壤土，有块状结构、柱状结构，紧实；B_k 层，厚 25～30 cm，石灰沉淀物，极紧实。

C_{yz} 层：因母质类型不同而异，洪积物的沙粒常黏着石灰质胶膜。残积、坡积母质呈杂色斑块，有石灰斑点、条纹。

棕钙土理化特点如下：A_h 层有机质含量 6～15 g/kg，主要集中在表土层。腐殖质以富里酸为主，体现了荒漠化的特征。碳酸盐及石膏的淋溶淀积深度有地区差别。易溶盐在 C_{yz} 层有少量积聚，土壤 pH 8.5～9，含碱化层及钙积层的值较高，含石膏的土层值较低。大部分质地较粗，沙质、沙砾质、沙壤土壤。黏土矿物以伊利石为主，伴生蒙脱石。

4. 利用和改良

棕钙土地区具有丰富光热资源，但缺乏水资源，不宜发展雨养农业，有些亚类地区虽有少量农田，但产量低而且不稳定。目前主要以畜牧业为主，牧养羊、骆驼。由于过度放牧，导致土壤沙化、土壤退化严重。利用改良上应注意以下几点：利用方向以牧业为主，走农林牧结合的道路；以草定畜，固定草场使用权，划区轮牧，防止过度放牧，以保证草场资源的恢复；充分开辟和利用水源，发展灌溉绿洲农业及饲草料基地；引水灌区主要控制灌溉定额，灌派配套，防止土壤发生次生盐渍化；井灌区要注意保持地下水平衡，防止过采；灌溉农业要积极推广应用节水灌溉新技术（喷灌、渗灌），要农牧结合，增施有机肥；建设有灌溉的农田防护林体系，防止风蚀沙埋，减轻夏季干热风危害；土壤养分钾丰富而缺氮磷，微量元素中钼、锰、锌、硼多在临界值或以下，应增施氮磷化肥，适当补充微量元素。

（六）栗褐土

1. 地理分布与形成条件

栗褐土（castano-cinnamon soils）分布于暖温带北缘的半干旱灌丛草原地区，地处褐土的西北面、栗钙土的东南面，是褐土与栗钙土之间的一种过渡地带性土壤。其主要分布于晋西北、冀北山间盆地及内蒙古东南的黄土丘陵地区。

栗褐土地区年平均气温 4～9℃，年降水量 400～500 mm，自然植被为旱生灌丛草原，成土环境具有明显的过渡性质。

2. 形成过程

栗褐土区降水量少，比褐土更加干旱，风化淋溶作用较弱，碳酸钙在土体内残留较多，全剖面都有石灰反应，但钙质在剖面中分异不明显，多以假菌丝状形态出现。黏化作用弱，黏粒聚积不明显，有机质累积过程比褐土弱。

3. 基本性状

栗褐土具有半淋溶土纲的三个基本发生层，其自然剖面构成为 A—B_t—B_k—C 型：

A 层：枯枝落叶层，此层一般不明显。其下为腐殖质层，厚度 10～20 cm，灰棕色。

B 层：包括 B_t 和 B_k 两层。B_t 为黏粒聚积层，浅褐色，黏化作用不明显，质地较轻，土粒较松散，无胶膜。B_k 为钙积层，此层发育不典型，且多与 B_t 层重叠。

C 层：母质层。

栗褐土地区气候干旱，植被稀少。土壤表层有机质含量很低，一般在 10 g/kg 左右。因淋溶作用较弱，土壤多呈碱性反应，pH 为 7.5～8.5。栗褐土是全国第二次土壤普查中才拟订的土类，对其基本性状缺乏深入的研究。

4. 利用改良

栗褐土区气候干旱，制约农业生产。发展灌溉、建立良好的供水系统，充分利用大气降水、河流、地表径流及地下水等一切水源，加强农田水利工程建设如建立引水工程、拦蓄大气降水和地表径流的工程及发展井灌；同时，结合灌溉水利工程，拦洪蓄水，平整土地，兴修梯田，实行等高种植，在陡峻部位植树种草，发展林牧业，提高地表覆盖度等，上述都是水土保持的有效措施。深翻土壤，改善土壤内部条件，促进水分下渗，减少地表径流。一方面可以减少水土流失，同时也能提高土壤自身的蓄水保水能力，为作物生长提供更多的水分。扩种绿肥，增施有机肥，可培肥土壤，改善土壤结构，防止土壤板结。

（七）黑垆土

1. 地理分布与形成条件

黑垆土（dark loessial soils）以具有深厚的黑色垆土层而得名，过去曾称为灰褐土、退化黑钙土、黑土状栗钙土，它是一种暖温带的草原土壤类型。

我国黑垆土主要分布在陕北、晋西北、陇东、陇中地带，内蒙古和宁夏的南部也有分布。

黑垆土的生物气候是属于暖温带干草原。年均温 8～10℃，≥10℃积温为 3 000℃左右，年降水 300～500 mm，6～8 月份占全年降水的 60%左右，属夏季高温多雨、冬季寒冷少雪，干湿分明的暖温带气候特征。黑垆土的自然植被多为生长稀疏、耐干旱和生殖力强的草本植物，仅在南部与森林草原相接壤的地区，才见有山杨、辽东栎等木本植物，但基本上仍属于草原植被类型。

黑垆土所处的主要地形为黄土高原（南部）和黄土丘陵（北部）。成土母质以风积黄土为主。

黑垆土地区是我国农业历史最悠久的地区，人类的耕垦和经济活动对土壤形成有着深刻的影响。

2. 形成特点

黑垆土形成条件的重要特点之一，在于它的存在总是与黄土母质相联系。其成土过程有以下 4 个特点：

第一，由于黄土母质疏松多孔，草类根系可伸展到土体深处，残体腐解后所形成的腐殖质与钙结合，并以薄膜包裹于土粒和小土团外，且富集在孔隙的边缘。所以，黑垆土有机质累积层可厚达 1 m 以上，土色虽较灰暗，但有机质含量通常只有 1%～1.5%，最多也不超过 2%。

第二，黄土富含碳酸钙，并在成土过程中发生不同程度的淋溶与淀积。东部地区淋溶较强，剖面常无盐酸泡沫反应；而西部地区淋溶较弱，则往往从表层开始就有泡沫反应。但由于黄土层疏松深厚，碳酸钙淀积层的界限不够清晰，碳酸钙的淀积形式主要以假菌丝状或霜状为主。

第三，尽管黄土中含有多种矿物，但由于水热条件的限制，即使一些不稳定矿物(如普通角闪石等)的风化程度也较轻，黏化作用较弱；同母质比较，土壤中增加的黏粒不多，黏粒进一步的变性也不明显。

第四，黑垆土因耕种施土粪以及现代黄土的沉积，覆盖现象比较明显，在剖面中往往有一个覆盖层的存在。

3. 基本性状

黑垆土的典型剖面构型为 A_p—A_h—B_k—C 型。

A_p 层(覆盖层)：是由于历史上长期耕种、施肥和黄土覆盖所形成的熟化土层，厚度一般为 20～60 cm；

A_h层(腐殖质层)：厚 60～90 cm，颜色为暗灰棕色，腐殖质含量并不高；

B_k 层(石灰淀积层)：厚度不等，界限不清晰，有较多的石灰菌丝和石灰结核；

C 层(母质层)：主要由黄土组成，黄棕色。

黑垆土的形成特点，决定了其具有以下基本性质：

①黑垆土的阳离子交换量较低，为 9～14 cmol/kg，与褐土相似，吸收复合体为盐基饱和。

②黑垆土具有较强的碳酸盐淋溶淀积，碳酸钙在剖面中多呈菌丝状或霜状分布，而且常沿着结构裂隙及根孔下渗。这种菌丝状、霜状的碳酸钙数量不多，可以认为是成土过程中最新的形成物。

③黑垆土的 pH 为 7.5～8.5，一般无盐化和碱化特征，而且上下变动不大。

④黑垆土具有高度疏松的结构，这不仅是由于有较好的核状-团块状结构，而且还由于受疏松多孔的黄土母质的影响。所以，黑垆土具有良好的水分物理性质，渗水性和保水性能强。

⑤黑垆土的颗粒组成以粗粉粒为主，占 1/2 以上，物理性黏粒为 30%～40%，黏粒(<0.001 mm)只有 10%～20%，大部分为沙壤土和轻壤土。

4. 利用和改良

黑垆土有数千年的耕垦历史，绝大部分黑垆土都受到长期耕作施肥的影响而进行着熟化过程，而这一过程最突出的特点是，由于每年大量施用土粪(其中黄土占 70%～80%)，使自然土壤的上部逐渐堆积起一个耕种熟化层。据调查，黑垆土由于大量施用土粪所形成的覆盖层一般为 30～50 cm，厚的可达 80 cm。

在耕作熟化堆积过程的同时，黑垆土还存在着另一个对立的过程—强烈的土壤侵蚀过程。由于开垦农用，破坏了原有的天然植被，而黄土本身又比较疏松，很易受侵蚀；加之这里的降水集中，降雨强度大，更加速了侵蚀。强烈的侵蚀，使较肥沃的耕作层变薄，甚至表土层全部被冲刷而露出底土层。

由此可见，广大黑垆土地区的耕作土壤都是受上述两个过程制约的。这两个过程的对立统一，便形成了具有不同厚度熟化堆积层以及受到不同侵蚀作用的黑垆土。

黑垆土是西北黄土高原肥力较高、产量比较稳定的土壤。在西北地区少雨干旱的气候条件下，虽然黑垆土有良好的保水性质，但旱情仍较严重。尽管当地农民素有深耕松土，覆盖土粪，减少水分蒸发等保墒抗旱经验，但为了从根本上改变黑垆土的生产面貌，必须改变和创造条件，大力发展农田灌溉，以从根本上解决土壤干旱问题。

黑垆土尽管肥力尚好，但也存在养分不足的现象。为获得作物高产，要注意多施有机肥料，增加土壤的有机质，减少土粪中的黄土含量，提高肥料的质量。种植绿肥作物（如苜蓿、草木樨、苦豆等）是增加有机肥料来源的可行办法。合理使用无机肥料，包括微量元素肥料，也是使黑垆土增产的有力措施。

四、教学案例与分析

中国草原土壤存在的问题

长期以来，由于多方面的原因，草原在维护国家生态安全和食物安全，促进经济社会发展中的重要地位和作用未引起社会的足够重视，保护和建设草原的责任意识不强，重视追求草原的经济效益，忽视其生态和社会功能。我国草原生态总体状况恶化还没有根本扭转，草原生产能力总体偏低的状况还没有根本改变，农牧民的收入和生活水平还没有根本提高，保护和建设草原，实现草原可持续发展的任务十分艰巨。主要问题有：

第一，滥垦过牧等现象严重。

从六大牧区的情况看，生态建设项目区外，仍存在不同程度的牲畜超载。其中西藏超载38%、内蒙古超载22%、新疆超载39%、青海超载39%、四川超载40%、甘肃超载40%。从牧区、半农半牧区县（旗）情况看：在全国266个牧区、半农半牧区县（旗）中，204个县（旗）处于超载状态，其中牧区县（旗）平均超载28%，半农半牧区县（旗）平均超载42%。

人口压力增大，草畜矛盾突出。自20世纪50年代以来，牧区人口成倍增长，北方干旱草原区人口密度达到11.2人/km^2，为国际公认的干旱草原区生态容量5人/km^2的2.24倍。在人口增长及生产发展的同时，草原超载过牧问题日益突出。目前我国北方草原家畜平均超载达36%以上，比20世纪80年代增加了18个百分点。草原长期得不到休养生息，草原质量和生产能力不断下降，平均产草量较20世纪60年代初下降了1/3～2/3，牧区经济及草原可持续发展受到严重制约。人口激增，传统的靠天养畜粗放，不能满足需要；一些水热条件好的草地开垦殆尽，开垦使草地植被彻底破坏，水土流失和风蚀严重。未垦草地严重超载，以草定畜的制度很难实行。

大夏国的兴衰反映了滥垦的后果。公元385年，五胡十六国时期，匈奴南单于后裔赫连勃勃在河套到陕北榆林一带，建立大夏国，并在无定河上游，建立国都统万城，环境是水草丰美。然而，经隋唐的大肆开垦高潮，大批农民图免租之利，来到这里，朝廷在毛乌素沙漠南部还增设州府，塞内外大片草原被滥垦，结果不到400年，当朝末年，这里变成“茫茫沙漠广，渐远赫连城”（唐咸通年间许棠在诗作《夏州道中》），到公元944年宋朝初期，统万城已深在沙漠，沦为废墟。由于草原开垦，1933年美国大平原的强沙尘暴1次沙尘暴就使670万hm^2农田被毁；1935年5月12日的黑风暴，夹带了3亿t尘土，横扫全美2/3的领土。20世纪40—50年代，苏联的赫鲁晓夫考虑到苏联粮食供应一直不足，倡导大垦荒。共开垦几千万公顷，使粮食产量一度超过1亿t。但是，1960年和1963年哈萨克斯坦两次强沙尘暴（黑风暴）刮走农田400万hm^2和2 000万hm^2，表层土壤全部刮走，土地一下就沙化了，剩下农田不到1/3，产量极低，玉米单产65 kg/亩。1963年10月，竺可桢提出，西北地区必须开发草地，使之成为牛、羊、马、骡的乐园，而不能大面积开垦，任风吹荡，使肥沃的土地从空中飘浮进入大海。滥垦的原因除了人口压力外，还有政策失误。如内蒙古自治区，理所应当发展畜牧业，但在“文革”期间，提出“牧民不吃亏心粮”口号，开垦草原种粮，到1980年，又盲目追求发展国家级商品粮生产基地，以此可以获得国家投资(因为国家对草地的改良和建设几乎没有投资)，到20世纪90年代，粮食价格上涨，农民为增收，开垦草地势头加剧。结果内蒙古人均年产粮食650 kg，排全国第3位。新中国成立初到1985年，草地面积减少73%，1985—1998年，草地面积再减少55%，河北坝上，70年代末与50年代相比，草地面积从7 330 km^2减少到2 260 km^2；耕地从4 250 km^2增加到 8 710 km^2；宁夏固原地区新中国成立初有8万hm^2(120万亩)草地，现在没有了；陕西延安市安塞县新中国成立初期耕地3万hm^2(46万亩)，到20世纪90年代初为11万hm^2(170万亩)。2000年春，我国北方地区连续13次沙尘暴震惊中外。2001年“4.19”大沙尘暴，沙尘高达1 000 m，直达美国太平洋西海岸的加州和科罗拉多州。滥挖是指挖黄芪、苁蓉、甘草、发菜等。樵采是指沙区人民为了获取燃料，而砍伐灌木和乔木的做法。这些都破坏了草原生态。

第二，草地退化严重、生态环境不断恶化。

长期以来，由于受全球气候变暖等自然因素影响，加之人为开垦草原、超载过牧、破坏草原植被的现象十分严重，草原不断退化，生态持续恶化。美国20世纪30年代和苏联在20世纪60年代都发生过特大黑风暴；我国北方地区春季的沙尘暴肆虐，主要是草原的盲目开垦、乱砍乱挖、超载过牧、草地退化严重、地表植被覆盖度低造成的。退化草原是我国主要的沙尘源地，也是荒漠化的主要发生地。中国1998年长江的特大洪水，就是由于上游和三江源地区(长江、黄河、澜沧江)超载过牧，不合理开发利用，造成草地38%面积退化，涵养水源的功能下降而引发的。我国草原出现大面积退化、沙化。20世纪80年代后期，退化面积达到25%。我国90%的可利用天然草原存在不同程度的退化，覆盖度降低，沙化、盐碱化等中度以上明显退化的草原面积占到1/2。目前，明显退化草地占全部草地面积的48%，每年以0.5%速度增加。年产干草小于等于1 000 kg/hm^2的低产草地占全部草地面积的62.2%。一些地方不合理开采草原水资源，致使下游湖泊干涸，草原及其外围植被不断消失。长期不合理的开发利用，导致草原不断退化，沙尘暴、荒漠化、水土流失等危害日益加剧，已成为制约我国社会经济可持续发展的重要“瓶颈”，对中华民族的生存与发展构成了严重威胁。

第三，草地生产力低下。

草原地区缺乏木材，主要以牛粪作燃料，使土壤有机质得不到补充，使地力衰竭，草地退化。正常草原土壤的有机质含量3%～1.5%，过度利用后，如栗钙土的有机质平均含量下降到2.23%，棕钙土降到0.94%，分别下降了25%和33%。土壤全氮全磷含量下降，土壤的物理性质变差，三相比例失调，土壤保水能力下降，土壤含水量下降。我国4亿hm^2草地，可利用面积3亿hm^2，是耕地的2倍多，但中国平均每公顷草地的载畜量只有1个羊单位，而发达畜牧业国家为0.05 hm^2草地可承载1个羊单位。中国北部和西部草原面积占全国总面积的83%，其每年每公顷草地年产出3.75 kg肉，4.05 kg奶，0.45 kg毛，仅为世界平均水平的1/8，为美国的1/20。在我国北方草原，肉牛饲养至今仍基本是传统的放牧，极其粗放，完全靠天吃饭，夏天如遇干旱或冬天遇到雪灾，往往遭受致命打击，这种传统的秋肥—冬瘦—春死—夏缓的传统模式，使一头牛从出生到屠宰体重400 kg，要经历5～6年，其中，死亡率为5%～

6%，只能做工业脂肪，经济价值很低。而发达国家如美国，普遍采用草原繁殖-异地育肥、强度育肥模式，肉牛出栏时间只需 2 年。肉牛的短期强度育肥就是用高能日粮对架子牛进行催肥。中国牧区牛羊肉总产量仅仅占全国的 26%，动物性食品主要来自农业区，结果造成农业区养殖场畜禽粪便污染严重。近年来，集约化饲养场数量的迅速增加，特别是大型城市的郊区，畜禽粪便的污染越来越严重。畜禽粪便中含大量的氮磷，如猪粪中含磷 1.6%，猪一生摄入 9 kg 氮，2/3 随粪尿排出。我国畜禽养殖全年排放污水的 COD 值高达 5 000 mg/L，铵态氮为 500 mg/L。COD 已经接近全国工业污水 COD 排放总量。如上海市，畜禽污水排放只占总量的 1.2%，但其污染负荷超过工业污染源，占全黄浦江流域 COD 中铵态氮和总磷的 36%。上海早在 20 世纪 80 年代初，即开始对畜禽粪便进行处理，包括沼气发酵、堆制和干燥制成有机肥商品，或者就地微生物处理使废水排放达标，但迄今为止，每年仍有 700 万 t 畜禽粪便没有得到妥善解决，对苏州河、黄浦江、太湖水系造成严重的影响。全国更是没有太多的处理手段。原因主要是长官意志盛行，只考虑经济利益，忽略污染问题。更不了解的一个事实是：财力雄厚的发达国家，如美国和西欧，至今为止也没有好办法解决高度集约化养殖场的粪便无害化处理，他们对污染的控制只有强制性的以地定畜。如荷兰规定 1 hm^2 农地只可养 2 头奶牛，0.1 hm^2 农地可养 1 头猪，家禽按体重折算，1 hm^2 允许养肉鸡 700 羽，凡超额饲养者一律处以罚款。

如果把集约化的畜禽养殖场建在草原上，所有问题就好解决了。

第四，草地资源管理落后，生产率极其低下。

我国草原畜牧业经营粗放、管理落后、效益低下等现象较为突出。长期以来，草原畜牧业主要依赖天然草原放牧。有的地方牧民仍过着逐草而牧、随水而居的游牧生活。传统草原畜牧业生产方式，经济增长主要依靠牲畜数量的增加，不仅效益低下，而且也造成草原资源严重破坏。

1968 年，James hardin 哈丁在《科学》上发表《公地的悲剧 tragedy of communal property》以来，中国草原退化的问题也被认为是草原产权不清导致的结果，并将解决产权不清作为草原管理的首要任务。然而，在草原地区开始实施家庭承包制反而恶化了草原地区“公地的悲剧”现象。《2005 年全国草原监测报告》表明：全国 90%以上的可利用草原发生了不同程度的退化，其中，轻度退化面积占 57%，中度退化面积占 31%，重度退化面积占 12%，如内蒙古锡林郭勒盟 1985 年开始实行“畜草双承包”，但实际上只是牲畜承包到户，而直到 2000 年草地才刚刚基本承包到户，但有围栏的只占很小的一部分。草地资源仍为集体所有，产权不明确，农牧民采取掠夺式的土地利用方式，使草地资源无法得到保护。1949—2000 年，人口从 20.52 万增加到 91.98 万，增加 3.5 倍；牲畜头数则增加 11.5 倍；并且当地牧民饲养羊的周期长达 5～6 年，如果把草折成价格，一只 6 龄羊的总成本为 700 元，卖掉后亏 527 元，如果当年出栏羊则可赚 140 元，但是牧民传统观念和饲养方式的落后，历来重畜轻草，认为草地和草是白来的，不养白不养，是共有草地的心态在作怪。

美国高产纪录的奶牛年产奶 2.4 万 kg，我国内蒙古牧区的蒙古牛的年产奶约 800 kg，其中一半用于喂养犊牛，能提供成品奶仅 400 kg。美国养的 1 头牛顶中国 60 头蒙古牛。中国牧区牛的繁殖率 50%，两年才产一次奶，因此实际须养 60×2＝120 头牛，以母牛的利用年限为 5 年计算，为维持 120 头母牛群体不变，还须饲养后备母牛和公牛 120 头，总饲养量是 240 头牛；美国 1 头奶牛的饲养一般需 6～7 hm^2 的土地，用以生产粮食作物和青贮饲料及人工草地，我国每头牛需 4 hm^2 草地，240 头牛需 960 hm^2 草地，最后，同样生产 2.4 万 kg 牛奶，美国只用了相当于我们 0.7%的草地，效率比我们高 150 倍。我国大部分的草和饲料主要用于维持体温和身体健康了，并没有实际的产出。牧区普遍存在的超载过牧的技术性根源——生产率极其低下，为了获得一定的收入，不得不超载过牧，从而违背了草畜平衡的生态学原则。由于对草地资源的利用方式是毁灭性的，而不是持续性的，因此，必须提高草地的利用效率。草原生产需要集约化，需要技术更新，需要物质投入。

第五，草地建设投入不足。

长期对草地的投入不足使得草原基础设施建设落后。1949—1989 年间，每公顷草地平均投资 0.45 元，长期以来，由于对草原重要性认识不足，重利用、轻保护，多索取、少投入的现象非常突出，草原投入严重滞后，基础设施建设远不能满足草原保护建设的需要。近年来，国家对草原生态环境建设投资有所增加，但由于草原面积大，历史欠账太多，投资总量仍然严重不足。目前，草原地区水利、交通、通讯、防灾减灾基础设施建设等方面落后于其他地区，难以适应草原保护建设及牧区经济发展的需要。2000—2005 年，中央投资各类草原保护建设资金 90 多亿元，先后实施了天然草原植被恢复与建设、牧草种子基地、草原围栏、天然草原退牧还草、京津风沙源治理等草原保护建设工程项目，取得了良好的生态、经济和社会效益。同时，牧区人畜饮水、饲草料基地等生产生活基础条件大为改善。2014 年，我国进一步加大草原保护建设投入力度，落实草原保护建设资金 200.2 亿元。通过继续组织实施退牧还草、京津风沙源治理、西南岩溶地区草地治理试点和游牧民定居等草原保护建设重大工程，草原保护建设工程成效显著，与非工程区相比，工程区草原植被盖度平均提高 8 个百分点，高度平均增加 63%。同时，全年完成草原禁牧 1.04 亿 hm^2，草畜平衡 1.73 亿 hm^2，新增人工种草 1 066.7 万 hm^2，新增草原围栏 470.1 万 hm^2。2014 年全国天然草原鲜草总产量达 10.2 亿 t，草原综合植被盖度为 53.6%。但是，目前草原质量效益仍处于较低水平，草原经营保护管理工作还需不断加强，侵占草地现象仍较严重，草原保护宣传教育与执法工作需进一步加强。自然灾害与极端天气频发，草原有害生物和火灾防控形势严峻，国土绿化成果巩固任务依然艰巨。

第三节　主要荒漠土壤

一、荒漠土壤类型和分布

中国的荒漠区面积很大，主要分布于内蒙古鄂尔多斯高原西北部、宁夏西部、青海西北部、甘肃河西走廊中、西段的祁连山山前平原和赤金盆地西缘以及新疆全境。

地处欧亚大陆腹地的我国西北地区，由于甚少受到海洋输入湿润气团的影响，年降雨量一般不到 100 mm，极端干旱地区只有几毫米到十几毫米，有时甚至终年无雨。由于干旱，植物生长缓慢，植被覆盖度极低，在高原、丘陵、盆地及冲积平原、高阶地等不同区域，形成荒漠土壤。漠土纲包括灰漠土、灰棕漠土、棕漠土。灰棕漠土、棕漠土分别代表温带和暖温带典型漠境形成物；而灰漠土则为温带漠境边缘上的过渡性产物。

二、荒漠土壤的共同特征

①由于降雨量少和植被稀疏，土壤形成过程中生物积累过程比较弱，土体中缺乏明显的腐殖质层，土壤的组成与成土母质非常相近。

②由于干热气候的影响，土壤表层发生了明显的漆皮化、龟裂化过程，地表多砾石并有明显的孔状结皮。

③由于降雨稀少，土体中各种元素基本上不发生移动或移动较弱，碳酸钙常在土壤表层积聚，并有明显的石膏和可溶盐的累积。

三、主要荒漠土壤类型简介

（一）灰漠土

1. 地理分布及成土条件

灰漠土(gray desert soils)分布于温带漠境边缘向干旱草原过渡地区，主要位于内蒙古河套平原，宁夏银川平原的西北角，新疆北部的准噶尔盆地沙漠两侧的山前倾斜平原、古老冲积平原和剥蚀高原地区，甘肃河西走廊中、西段的祁连山山前平原。灰漠土的东面北段接棕钙土，南接灰钙土，西面与灰棕漠土和风沙土相连，北面直抵我国国界。整个分布区东西长达1 000 多千米。

灰漠土形成于温带荒漠生物气候下，夏季炎热干旱，冬季寒冷多雪，春季多风。年平均气温 4～9℃，东部的内蒙古、宁夏的气温略偏高，西部的甘肃、新疆略偏低；≥10℃ 年积温 2 000～3 600℃。年均降水量 100～200 mm，年均蒸发量 1 600～2 100 mm，超出年降水量的 10 倍左右，干燥度 4～6。植被以耐旱生强的小灌木为主，如柽柳、假木贼、猪毛菜、琵琶柴、四合木、骆驼刺、芨芨草、红柳、白刺、苦豆子、矮芦苇等。短命植物有报春花、四齿芥和类短命植物阿魏等，反映其具有向荒漠草原过渡的特点。母质有黄土状冲积—洪积物母质最为广泛，红土状母质较少，部分为风积物和坡积物，是沙漠土中含砾石最少而含细土粒最多的土壤类型。

2. 成土过程

灰漠土主要成土过程有黏化和铁质化过程、土壤有机质的弱积累过程、盐碱化过程与灌耕熟化过程。灰漠土的形成过程既有荒漠土成土过程的特点，又具有草原土壤形成过程的某些雏形。

在温带漠境地区，土壤水热状况的强烈变化，促使灰漠土表下层产生了黏化和铁质化过程，形成了褐棕色紧实层(残积铁质黏化层)。在雪水或春夏降雨作用下，产生了黏粒的机械淋洗和铁铝两性胶体的淋溶，而使黏粒自表层向表下层有相当微弱移动。

灰漠土的有机质含量比其他漠土稍高，表层有机质含量变动在 6～15 g/kg。富里酸含量高于胡敏酸。

灰漠土部分有盐化和碱化过程。灰漠土中可溶性盐量可高达 15 g/kg，钠碱化度可达 15％以上，碱化层厚度达 20～40 cm。

灰漠土开垦后，进入灌耕熟化阶段。主要表现在生物积累作用增强，耕种 30 年灰漠土有机质比开垦前增加 10％～20％；耕层土壤腐殖化过程增强，胡敏酸含量增加，胡敏酸/富里酸接近 1。

3. 基本性状

发育比较完善的灰漠土具有如下发生层次：

①荒漠结皮层，地表面常有一些黑褐色地衣和藻类，结皮层厚 1～3 cm，呈浅棕色或棕灰色，干而松脆，多海绵状孔隙；

②片状—鳞片状层，厚 1～5 cm，略显棕色，呈片状—鳞片状结构，松脆，多小孔；

③褐棕色紧实层，厚 5～15 cm，比较紧实，呈块状或棱块状结构。

④可溶性盐和石膏聚集层，多位于地表 40 cm 或 60 cm 以下，尤以 80～100 cm 深处多见。石膏一般呈白色小结晶或晶簇状，有的还出现多层石膏的聚积，有明显灰白色盐斑。往下逐渐过渡到母质层。

在一些地形低洼地段，剖面底土层还有受到地下水毛管上升浸润的影响出现锈纹锈斑的特征。在有水源灌溉和耕种施肥历史长久的地段，剖面上又可形成厚度不等的熟土层。

灰漠土的颗粒组成虽因母质来源及沉积环境不同而异，但总的来看，除发育在洪积扇中下部的薄层灰漠土外，一般不含砾石，粗沙含量也很少超过 20 g/kg；而粉沙和黏粒含量都比较高。黏粒在紧实层中含量普遍较高。

灰漠土全剖面具有强烈的石灰反应，碳酸钙含量 50～200 g/kg，以紧实层的中、下部含量最高，常常比表土结皮层高出 1 倍左右。

石膏聚盐层中石膏含量高低不一。在内蒙古地区含量偏低，不足 10 g/kg；西部的新疆地区含量则偏高，多达 20～80 g/kg，最高含量可达 140 g/kg。盐分含量为 5～20 g/kg，也为东部偏低，西部偏高，盐分组成多以氯化物为主或硫酸盐为主的混合型。灰漠土都有一定的碱化特征，碱化度常可达 10%～30%或更高，pH 为 8.5～10.0，呈碱性至强碱性，通常以紧实层碱性最强。

灰漠土表土层中有机质的含量为 6～15 g/kg，比其他漠土类型高出 1 倍以上，胡敏酸与富里酸之比在 0.4～0.6。

（二）灰棕漠土

1. 地理分布及成土条件

灰棕漠土（gray-brown desert soils）主要分布在温带荒漠地区，西起新疆准噶尔盆地西部和东部边缘、经东疆北部的诺敏戈壁，至内蒙古阿拉善高原的西部与中北部的广大地区。在甘肃河西西部山前洪积扇和砾质戈壁平原，以及青海柴达木盆地中西部的山前坡积裙与洪积扇也有分布。共计面积 3 071.64 hm^2。

灰棕漠土是在温带大陆性干旱荒漠气候条件下形成的。主要特征是夏季炎热干旱，冬季严寒少雪，春、夏风多、风大，气温年日差较大，年均日较差 10～15℃，夏季极端最高气温达 40～45℃，冬季极端最低气温 −33～−36℃；≥10℃积温 3 000～4 100℃。年降水量 50～100 mm，最低仅 17.8 mm，6～8 月份的降水占全年降水量的 50%左右，且多以短促的暴雨形式降落，年蒸发量 2 000～4 100 mm 或以上。植被主要为旱生和超旱生的灌木、半灌木。如梭梭、麻黄、假木贼、戈壁藜等，覆盖度一般在 5%以下。灰棕漠土广泛发育在砾质洪积—冲积扇、剥蚀高地及风蚀残丘上。成土母质主要为砾质洪积物或石质坡积—残积物。

2. 成土过程

在漠境干旱地区，土壤以物理风化为主，化学风化较弱，土壤中细粒本身较少，另外，在成土过程中形成的有限细粒物质，不断遭受大风吹蚀，表层细土粒被风吹失殆尽，致使土壤表层残留由砾石和沙粒组成的砾幂。

灰棕漠土亚表层的黏粒含量往往显著高于上、下土层，这可能是由于风蚀强烈，上表层细土被吹失，亚表层黏粒含量显得较高的原因。亚表层较为紧实，色泽较鲜，呈鲜棕或带红棕色，有铁质化现象。

在干旱少雨、蒸发强烈的气候条件下，土壤中几乎没有淋溶作用，风化过程中产生的 $CaCO_3$ 不断地在表层中聚积，$CaCO_3$ 含量达 45～200 g/kg，自表层向下，明显减少。

灰棕漠土土体中可溶性盐分和石膏含量较高，可溶性盐分总量可达 5～30 g/kg，石膏含量一般为 1～80 g/kg，石膏聚积层可高达 100～400 g/kg。部分灰棕漠土的表层或表下层还有硝酸盐的积累。0～30 cm 土层的硝态氮含量高达 150～900 mg/kg。

由于植被生长很差，生物积累微弱，土壤无明显的腐殖质聚积层，有机质含量仅为 3～5 g/kg。胡敏酸/富里酸仅为 0.3～0.5。

3. 基本性状

发育较好的灰棕漠土，一般可分为砾幂层、多孔结皮层、紧实层等发生层次，有的还有石膏聚积层。

(1) *砾幂层* 一般由直径 1～3 cm 的砾石镶嵌排列而成，其间隙多由小石砾和粗沙填充。砾石层厚 2～3 cm，表面光洁，可见黑褐色的漆皮。

(2) *多孔结皮层* 厚度 2～4 cm，呈棕灰色或浅灰色，有较多的海绵状孔隙。有的尚有 3～4 cm厚的鳞片状土层，但因质地粗，片状或鳞片状结构不明显。

(3) *紧实层* 厚 3～10 cm，呈棕色或红棕色，较紧实，块状结构，结构面上常有白色盐霜。

(4) *石膏积聚层* 厚 10～30 cm，位于剖面下部，石膏多呈结晶态。

灰棕漠土突出地表现在砾石含量高，砾石含量占土重的 20%～70%。细土部分中黏粒含量也很少，一般小于 15%。但紧实层的黏粒含量比上下土层显著为高。

石灰在多孔结皮层、紧实层的含量较高，为 45～200 g/kg，向下明显减少。土壤中含有一定量的可溶盐类和石膏，土壤呈碱性反应，pH 8.0～8.7，碱化时 pH 大于 9.0。表层有机质含量多低于 5 g/kg，除钾素外，其他养分相当贫乏。各种矿质元素，除钙在石灰和石膏聚集层中明显增高外，其他都基本未发生移动。

（三）棕漠土

1. 地理分布及成土条件

我国棕漠土(brown desert soils)主要分布于新疆天山、甘肃北山一线以南，嘉峪关以西，昆仑山以北的戈壁平原地区，以甘肃河西走廊的西半段，新疆东部的吐鲁番、哈密盆地和噶顺戈壁地区最为集中，塔里木盆地周围的山前洪积戈壁以及这些地区的部分干旱山地上也有分布，总面积 2 428.8 hm^2。

棕漠土地带的气候特点为夏季极端干旱炎热，冬季比较温和，降雪极少。年平均气温 10～12℃。≥10℃的积温多为 3 300～4 500℃(新疆东部的吐鲁番最高可达 5 500℃)。无霜期 180～240 d。年降水量不足 100 mm，大部分地区低于 50 mm，托克逊、吐鲁番、若羌一带仅有 6～20 mm。年蒸发量 2 500～3 000 mm，吐鲁番、哈密高达 3 000～4 000 mm，为降水量的 50～60 倍，干燥度达 8～30。这样的水热条件使得棕漠土的生物作用和化学风化作用很弱，物理风化和风蚀作用十分强烈，从而导致土壤表层细土被风吹走，残留的沙砾便逐渐形成砾幕，造成棕漠土的粗骨性和沙化。棕漠土分布地区植被稀疏而种类简单，多为旱生、超旱生的深根肉质的小半灌木和灌木荒漠类型。以麻黄、伊林藜(戈壁藜)、琵琶柴、泡果白刺、假木贼、霸王、合头草、沙拐枣、骆驼刺、胡杨等为主，覆盖度很低，常常不到1%，有些地段为“不毛之地”。棕漠土的成土母质主要有洪积冲积细土母质、沙砾质洪积物、石质残积物和坡积残积物，一般粗骨性强。所处地形多属洪积扇的中上部，冲积平原中地形部位较高的戈壁，以及剥蚀残丘和山麓缓坡地带，土壤一般不受地下水的影响。

2. 成土过程

极端的干旱气候，使得母岩风化释放出的各种盐分难以迁移，不仅难溶性的碳酸钙在表层产生聚积现象，同时易溶性的氯化物和硫酸盐在土壤剖面中下部都有不同程度的积累，有的甚至出现很厚的盐磐层；次溶性的石膏出现的部位也普遍升高，大多在红棕色紧实层下部就开始聚积，有的在紧实层中就含有石膏。

棕漠土的干热程度远较灰漠土和灰棕漠土强烈。所以铁质化作用相对增强，土壤呈鲜艳的红棕色。

漠土分布地区植被覆盖度很小，每年能为土壤提供的有机物质很少，加之干热的气候条件，又促使这些有机物质迅速分解和矿化，土壤中积累的腐殖质数量极为有限。表层有机质含量仅1～3 g/kg，比灰棕漠土和灰漠土都低，是漠土中生物作用最弱的类型。

蜂窝状的气孔不及其他漠土类完整。结皮层通常在极稀少而短暂的暴雨后产生，遭风蚀而又被破坏。在一些风蚀较重的地段，几乎没有结皮层存在，砾幂之下红棕色紧实层直接裸露。

3. 基本性状

典型棕漠土，一般都具有如下3个发生层次：

(1)*砾幂结皮层*　地表通常为黑色的砾幂，主要由砾石和碎石组成，其下结皮层呈淡灰或乳黄色，厚度多不超过1 cm，也混有沙砾，蜂窝状的气孔不及其他漠土类完整。

(2)*红棕色铁质染色坚实层*　位于表层下，该层细土粒增加，厚度一般2～10 cm，活性铁、全铁及黏粒含量都比较高，常显铁质染色现象，坌结紧实，是命名为棕漠土的重要依据。

(3)*石膏和易溶盐聚积层*　处于红棕色坚实层下。古老地貌上发育的棕漠土有明显的石膏层，厚10～40 cm，石膏呈层状、纤维状或蜂窝状结晶。石膏与盐类胶结在一起形成石膏盐磐层。其下即过渡到母质层。

粗骨性强是棕漠土的重要物理特性。其颗粒组成基本上以砾石和沙粒为主，砾石含量常达200～500 g/kg以上；细粒部分中，以沙粒占绝对优势，黏粒含量多小于150 g/kg。只有紧实层中黏粒含量稍多，但一般不超过20%。全剖面有石灰反应，尤以表层孔状结皮的石灰反应强烈。石膏和易溶盐在剖面中聚积明显，以石膏和盐磐层含量最高。盐分组成以硫酸盐为主，土壤碱化程度较漠土其他亚类弱，一般无碱化现象。

由于生物累积很小，除草甸棕漠土和经人工长期培肥的灌耕棕漠土外，其余各亚类的有机质含量，一般仅有1～3 g/kg，腐殖质组成极简单，不仅胡敏酸与富里酸含量低，而且两者之和约占腐殖质总量的30%，且富里酸远比胡敏酸含量高得多，胡敏酸/富里酸为0.1～0.6。全氮、全磷及碱解氮等含量也很低，保肥性能很差，交换性盐基总量为3～6 cmol(+)/kg。

土体矿物质全量分析结果表明，除铁在表层略有聚积、钙在石膏层明显增加外，硅、铝等元素在剖面中基本无移动,剖面上下层的硅铝率和硅铁铝率均变化甚微。

四、荒漠土壤的利用与改良

我国荒漠土壤均位于温带、暖温带地区,光照充足,热量丰富,一般只要有灌溉条件就可以建立肥沃的绿洲,是发展农牧业的良好基地。但普遍存在土层薄,土质粗,砾石含量多,盐分重等问题,加上干旱缺水,常受盐碱、风沙危害,给荒漠土壤的开垦带来较多困难。其中,灰漠土土体一般较深厚,地下水位深,质地以壤土和沙质壤土为主,适种性广,是一种多宜性土壤资源。从种植业上看,粮食、棉花、油料、瓜类、蔬菜等作物都可种植;而果树、林木、牧草、绿肥等亦均较适宜。从利用现状上看,该类土壤在有灌溉水源(包括地表水和地下水)的地区和地段,绝大部分都已开垦利用。灰棕漠土所处地区的气候极为干旱,土体浅薄,且含多量沙砾,植被稀疏。故大部分未能开发,仅为放牧骆驼的辅助性草场。棕漠土目前除少数有水源灌溉地段经垦殖从事农业生产外,其余皆为牧业用地,是我国西北重要的养驼基地之一。但由于极端干旱缺水,植被生长非常稀疏,草质也很差,载畜量很低,牧用也不理想。唯光热资源丰富,只要能解决水源灌溉,是发展农牧业和瓜果生产大有作为的地区。

因此,在荒漠土壤开垦利用中要解决的主要问题是克服干旱、风沙和盐碱的危害,以保证农牧业的顺利发展。为此,①应建立防风、固沙防护林网,这是防止风沙危害,减少田面蒸发,改善农田生态条件的重要措施。要保护自然植被和发展人工植被,保护草场,严防过牧。同时,发展农田养畜,建立林草混种的双重草场,减少草场承载量,防止草场退化,维护草场再生能力。②要兴修水利,发展灌溉,这是开拓利用与改良荒漠土壤的基本保证。漠土地区主要靠高山雪水灌溉,一般来说,水利资源是丰富的,但必须注意开源节流,节约用水,要采用一切现代化的节水灌溉技术,实行沟灌、小畦灌、滴灌、喷灌等技术措施,以保证水资源的充分利用;同时还必须建立完善的灌排系统,降低地下水位,冲洗盐碱,防止土壤次生盐渍化。③荒漠土壤的有机质含量较低,肥力水平不高,在开垦利用中要注意增施有机肥料和合理的轮作,应走生物养地,以草肥田,实行牧草轮作、绿肥轮作、间套混播、秸秆还田等增肥措施,以不断地提高土壤肥力。④要加强现代化的土壤管理。因为荒漠区一般人均土地面积较大,必须有一套节水农业的土壤管理措施,例如少耕与免耕的问题,合理种植制度的问题,以及与上述两方面有关的农机具配套的问题,以达到高产、优质、高效。⑤要进行荒漠区和半荒漠区土地利用开发规划。因为这一地区是生态最脆弱的地区,要保护高山冰川、山地林带与山地牧场,要充分利用这一地区充足的光热资源,使之成为优质棉花、油料、瓜果、葡萄和甜菜的生产基地。

五、教学案例与分析

新疆荒漠地区绿洲的保护

新中国成立初期,在以粮为纲的错误方针指导下,新疆绿洲地区的植被如胡杨林、梭梭林大面积被毁,加上新疆人口增长较快,大量的人类活动对脆弱的生态环境产生不良影响。保护绿洲应该做到:

第一,节约资源,保护生态。资源节约体现在生产、流通、分配、消费的各个环节,采取一切措施尽可能提高资源利用效率,以较少的资源消费满足人们日益增长的物质和文化需求。

第二,集约、节约用水。干旱区绿洲靠水存在,由于水资源在时空分布上有巨大差距,可持续发展必须“以节水求发展、以水定发展”。建立科学高效的水资源配置体系,建立水资源集约管理体系，确保在宏观上调节水资源合理分配，持续性地保护生态安全。

第三，植树种草，保护植被。干旱气候植被以荒漠草灌为主。荒漠植被在绿洲生态环境的保护与维护中发挥着主力军的作用。无论是生态环境保护还是改善，起首要作用应是以草灌为主的荒漠植被。要进一步落实停止采伐天然林木的各项措施，育林为主，加大封育，尽快恢复林区的生态环境，切实保护好天然草地，努力建设好绿生态屏障。

第四，做好防沙治沙工作。沙漠化是一种世界性生态危机和土壤退化现象。过度放牧、过度垦荒、过度采伐、放火烧荒等都是造成沙漠化的人为因素。防治已有的耕地、草地、林地的沙漠化，保护好荒漠植被，做好封育，加强管理，减少人类活动对脆弱生态环境的不利影响。

第四节　主要水成、半水成和盐成土壤

水成土壤是在地面积水或者土层长期水分饱和状态、生长喜湿与耐湿植被下形成的土壤。由于土壤长期处于缺氧还原状态，土壤的潜育化过程活跃，土层中的铁锰还原移动，形成蓝灰色的潜育层(G)，铁锰在土壤局部的空隙和裂隙中氧化淀积形成铁锰锈色斑纹。由于土壤处于嫌气还原状态，土壤微生物不活跃，土壤有机质分解不充分而大量积累，形成泥炭层(H)或腐泥层。水成土壤主要包括沼泽土和泥炭土。有机质层不足 50 cm 和有机质含量小于 200 g/kg 的为沼泽土，而泥炭土的表层泥炭积累可厚达 1～2 m，最厚能达 9～10 m，形成重要的泥炭资源。沼泽土和泥炭土在世界各地分布最广的是寒带森林苔原地带和温带森林草原地带；在高纬度地带，气温低、湿度大，有利于沼泽土和泥炭土的发育；它们总是与低洼的地形相联系，土壤水分过多，使苔藓及其他苔草、芦苇、香蒲等各种喜湿植物繁茂生长，形成的草毡层又进一步促进了土壤过湿，从而更加速了土壤沼泽化过程。

半水成土壤是指地下水位较高，土壤下层经常处于干湿交替状态，土壤剖面具有腐殖质层和氧化还原交替形成的锈色斑纹层。潮土、草甸土为半水成土。半水成与水成土壤由于所处地势低，受地表径流和地下潜水的影响强烈，具有如下特点：第一，使土体通气情况变差，并伴随着 Eh 的降低，因而对土壤有机质积累有利，甚至产生泥炭化过程；第二，地下潜水的影响使土体中有潴育化或潜育化过程。潜育作用的土壤剖面呈灰至蓝色，极少锈斑与褐斑，土体中亚铁反应显著，风干后土色往往转为灰棕至棕黄色。潴育作用的土壤剖面具有腐殖质层和氧化还原交替进行形成的锈色斑纹层的土壤。

盐成土壤是指对各种盐化土壤、碱化土壤、盐土和碱土的统称，一般简称为盐碱土。这些土壤含有可溶性盐的数量过多或碱性过重，以致对大多数作物都有不同程度的危害。盐渍土中的可溶性盐主要包括钠、钾、钙、镁等的硫酸盐、氯化物、碳酸盐和重碳酸盐。硫酸盐和氯化物一般为中性盐，碳酸盐和重碳酸盐一般为碱性盐。当土壤表层中的盐类绝大部分为中性盐，其总盐量超过 0.1%(氯化物为主)或 0.2%(硫酸盐为主)时，对大多数作物来说，就会发生不同程度的危害，从而影响作物产量，这样的土壤称为盐化土壤；土壤总盐量超过 0.6%(氯化物为主)或 2%(硫酸盐为主)时，对植物危害极大，只有少数耐盐植物能生长，严重时甚至寸草不声，成为光板地，这种土壤称为盐土。如果土壤表层所含的可溶性盐中有较多的碱性盐时，$pH \geq 8.5$，土壤呈强碱性反应，交换性钠离子占交换性阳离子总量的百分数(碱化度)超过 5% 时，则称为碱化土壤，对作物有强烈的毒性和腐蚀作用，并恶化土壤性质。碱化度超过 15%

(20%)时,则可能形成碱土。虽然盐渍土或盐碱土作为各种盐土、碱土以及其他不同程度盐化和碱化土壤系列的泛称。但盐化、碱化土壤仅处于盐分与碱性钠盐的量的积累阶段,还未达到质的标准,我国土壤分类中,盐化和碱化土壤分别归属于其他土类下的盐化或碱化亚类,盐碱土纲不包括盐化与碱化土壤。

一、沼泽土

1. 地理分布和形成条件

沼泽土(bog soils)是一种受地表水和地下水浸润的土壤。在世界各地均有分布,其中分布最广的是寒带森林苔原地带和温带森林草原地带,如亚洲的西伯利亚和欧洲的芬兰、瑞典的波兰,以及北美洲的加拿大和美国的东北部等地区都有大面积沼泽土的分布。

在我国,沼泽土的分布也相当广泛,但除了部分地区比较集中外,一般分布零星。总的分布趋势是以东北地区为最多,其次是青藏高原,再次为天山南北麓、华北平原、长江中下游、珠江中下游以及东南滨海地区。

一般来说,沼泽土的形成,不受气候条件的限制,只要有潮湿积水条件,无论在寒带、温带、热带均可形成。但是,气候因素对沼泽土的形成、发育也有一定的影响。一般来说,在高纬度地带,气温低、湿度大,有利于沼泽土的发育,因此,沼泽土分布广泛,并有较厚的泥炭层累积。在我国的具体条件下,大致由北向南,沼泽土的面积越来越少,发育程度也越来越差。

沼泽土总是与低洼的地形相联系。在山区,多见于分水岭上碟状地形、封闭的沟谷盆地、冲积扇前或扇间洼地。在河间地区,则多见于泛滥地、河流会合处,以及河流平衡曲线异常部分。此外,在滨海的泻湖、半干旱地区的风蚀洼地、丘间低地、湖滨地区也有沼泽土的分布。

母质的性质对沼泽土的发育也有很大影响。母质黏重,透水不良,容易造成水分聚积。母质矿质营养丰富,则会延缓沼泽土的发育速度。

由于上述因素的综合作用,首先造成土壤水分过多,为苔藓及其他各种喜湿性植物(苔草、芦苇、香蒲等)的生长创造了条件。而各种喜湿作物的繁茂生长以及草毡层的形成,又进一步促进了土壤过湿,从而更加速了土壤沼泽化的进程。

2. 形成特点

沼泽土的形成过程包括土壤表层有机质的泥炭化或腐殖质化和土壤下层的潜育化两个基本过程。

在潮湿积水条件下,沼泽植物生长繁茂,可累积大量的有机质,同时在土壤过湿或积水的条件下,土壤微生物受到强烈的抑制,有机物质不能充分分解,而以粗有机质和半腐有机质形式累积于地表,形成泥炭层(H)。所以,沼泽植物一代代的死亡过程,即是泥炭层的累积过程。但由于生态环境和时间的差异,沼泽化的强度也迥然不同,有机质的数量、有机质层的厚度各地差异很大。

土壤矿质的潜育化过程也是在嫌气环境中进行的。由于还原作用,致使氧化铁变为氧化亚铁,但由于水分状况不同,氧化亚铁的动态也有差异。在土壤周期性过湿的情况下,由于地下水位升降与干湿交替,氧化亚铁可随毛管上升,并氧化成氧化铁,以斑点状、细条状或大块状形式存在。这一层次称为氧化还原层(g)。在长期积水或经常过度湿润的条件下,土壤溶液中的亚铁离子往往与土壤溶液中的二氧化硅和氧化铝发生反映,形成含氧化亚铁的次生铁铝硅酸盐,呈浅绿色或淡青色,致使土壤的矿物质部分变成灰白色或蓝灰色,这一层次称为潜育层(G)。

3. 基本性状

典型沼泽土的剖面构型为H—G型，即由泥炭层和潜育层组成。泥炭层是由不同分解程度的有机残体和嫌气分解的各种产物组成的。泥炭中含有很高的有机质，如我国吉林省的泥炭有机质含量平均为65.4%，川西北高原的泥炭有机质平均57.5%。泥炭中含有较多的腐殖酸，一般在20%～40%之间。潜育层的主要特点是：质地一般为壤土或黏土，土体紧实，常显绿色，浅蓝色，有机质含量很低。

4. 利用和改良

我国沼泽土尚属于未经充分利用的土地资源，生产潜力很大，应该积极采取措施，加以全面利用。

在农业利用方面，沼泽土的问题主要是水分过多，通气不良，植物养分不平衡。开垦时必须针对不同情况，采取不同的改良措施。

沼泽土可生长各种自然植物。在季节性积水的沼泽土上常生有多量的小叶樟，可作割草地或放牧地；在积水较深或常年积水的沼泽土上常生长多量芦苇，是优质的造纸原料。

沼泽土中的泥炭，是一种宝贵的自然资源，在农业、工业、医药卫生等方面都有广泛用途。在农业方面，它是一种良好的有机肥料资源。

二、泥炭土

泥炭土(peat soils)为水成土纲之下的有机水成土亚纲的泥炭土土类，是指在潜育层以上具有泥炭层的土壤，它与沼泽土的区别是泥炭层厚度在50 cm以上，不足50 cm的为沼泽土。

1. 地理分布和形成条件

泥炭土大都分布在低洼地区，具有季节性或长年的停滞性积水，地下水位都在1 m以上，并具有沼生植物的生长和有机质的嫌气分解而形成潜育化过程。停滞性的高地下水位，一般是由于地势低平而滞水，但也有是由于永冻层滞水，或森林采伐后林木腾散减少而滞水者。沼生植被一般为芦苇、菖蒲、沼柳、莎芦等，但在湿润地区也有高位沼泽植被，其代表为水藓、灰藓等藓类植被。

2. 形成特点

泥炭土的形成过程包括潜育化过程、腐泥化过程和泥炭化过程。

(1)潜育化过程　由于地面积水使土壤长期渍水，破坏了土壤结构，使土粒分散。由于积水造成土壤缺乏氧气，土壤氧化还原电位下降，加上有机质在嫌气分解下产生大量还原性物质如H_2、H_2S、CH_4和有机酸等，更促使氧化还原电位降低，Eh一般小于250 mV，甚至降至负数。这样强烈的还原作用使土壤中高价铁锰被还原成亚铁和亚锰。可溶态的亚铁和亚锰能随流动的地下水而淋失，使土壤成浅灰或灰白色。没有流失的亚锰为无色，亚铁为绿色，它们使土壤呈青灰色或灰绿色。

(2)泥炭化和腐泥化过程　泥炭土由于水分多，湿生植物生长旺盛，归还到土壤的有机残体呈嫌气分解，形成腐殖质或半分解的有机质，有的甚至不分解，这样年复一年的积累，如果伴随有地壳下沉，不同分解程度的有机质层逐年加厚，积累形成泥炭(peat)或草炭(twit)。

但在季节性积水时，土壤有一定时期(如春夏之交)嫌气条件减弱，有机残体分解势较强，这样不形成泥炭，而是形成腐殖质和半分解有机质，与淤泥一起成腐泥。

3. 基本性状

泥炭土的剖面形态一般有厚层泥炭层及潜育层(H—G),或厚层泥炭层、腐泥层及潜育层(H—H_h—G)。

(1)泥炭层(H) 超过 50 cm 时即为泥炭土。泥炭常由半分解或未分解的有机残体组成,其中有的还保持着植物根、茎、叶等的原形。颜色从未分解的黄棕色,到半分解的棕褐色甚至黑色。泥炭的容重小,仅 0.2～0.4。其有机质含量多在 50%～87%,阳离子交换量可达 80～150 cmol/kg,持水力很强,最大吸持水量可达 300%～1 000%。

(2)腐泥层(H_h) 泥炭与地表带来的细土粒进行充分混合,在每年的枯水期进行腐解,因而成为进行了一定分解的、含有一定胡敏酸物质的黑色腐泥。

(3)潜育层(G) 位于土体下部,呈青灰色、灰绿色或灰白色。土壤分散无结构。

4. 利用和改良

(1)泥炭资源利用 我国泥炭埋藏量约 270 亿 t,以黑龙江省最多,其次为四川、吉林及辽宁等省。泥炭用途主要有:第一,用作肥料,但施用前要经过堆腐,以防止还原性物质有损作物生长;泥炭吸收性能强,所含大量活性腐殖质具可促进植物呼吸,促进根系发育,如果加入氨水可制成腐殖酸铵肥料。第二,制作营养土,泥炭含大量有机质,疏松多孔,通透性好,保水保肥能力强,故可制作营养土,用于蔬菜、水稻、棉花等育苗,也可制作花卉土,其中以半分解的低位泥炭较好。第三,作饲料添加剂,有防病作用,可防治猪痢疾及鸡白痢等。第四,分解很差的泥炭,可用作燃料或发电,还可制作纤维板。

(2)农牧业生产利用 ①疏干排水是利用泥炭土的先决条件,但是在大面积疏干之前一定要进行生态环境分析,防止不良的生态后果的发生;②修筑条台田,大垄栽培等,以局部抬高地势,增加田块土壤的排水性。

三、草甸土

1. 地理分布和形成条件

草甸土(meadow soils)是直接受地下水浸润、在草甸植被下发育而成的半水成土壤 。它广泛分布于世界各大河流的泛滥地、冲积平原、三角洲以及滨湖、海滨等地势低平地区。我国草甸土主要分布在东北平原、华北平原、内蒙古及西北地区的河谷平原的沿河两岸。

草甸土一般都发育在近期的沉积物上,地下水距地表较近,埋藏深度在 1～3 m,在植物生长旺盛季节,地下水可沿毛管经常地上升至地表。自然植被繁茂,多由中生的草甸植被及部分沼泽化的草甸植物组成。我国草甸土经长期耕种,大部分已发展成为水稻土和潮土。

2. 形成特点

草甸土形成过程的主要特点是具有明显的腐殖质累积过程和潴育过程。

首先,由于草甸草本植物生长繁茂,每年给土壤留下较多的有机残体,在土壤湿度较大的条件下,有机残体进行嫌气分解,有利于腐殖质的累积。同时,由于草甸草本植物根系多集中在表层,30 cm 内就集中了根系总量的 95%,而在 30 cm 以下则有急剧下降的趋势。因此,草甸土的腐殖质累积主要集中在表层,向下腐殖质含量锐减,这与黑土的腐殖质累积过程有明显的不同。但是,值得指出的是,草甸土的腐殖质累积强度,也受地带性因素制约,我国北方草甸土腐殖质累积就比南方草甸土为高,但它们的共同特点是,皆比同地带的自成土为高。

其次,由于地下水埋藏浅,潜水可通过毛管作用到达地表,地下水位升降频繁,从而引起土体中的氧化还原过程交替进行，铁、锰氧化物随之迁移和局部聚积，在土壤剖面中出现锈纹、锈斑和铁锰结核，形成潴育层(B_g)。B_g 层以下，有时经常受潜水影响而以还原作用为主，可能形成潜育层(G)。

最后需要指出，由于草甸土广泛分布于各个土壤地带之中，因而在成土过程上反映出一定的地带性和地区性差异，除上述的基本过程之外，还可能附加有钙化、盐渍化等过程。

3. 基本性状

草甸土的共同剖面特征为 A_h—B_g—C(G)型。A_h 层厚度一般为 20～50 cm，腐殖质含量高，一般表层高达 5%～8%，呈暗灰色—灰色。B_g 层腐殖质含量很少，多铁锰结核，并自上而下逐渐减少，B_g 层以下为 C 层，有时出现 G 层。

草甸土水分含量高，毛管活动强烈，有明显季节变化，旱季为水分消耗期，雨季为水分补给期，冬季为冻结期。土壤水分剖面自上而下一般分为易变层(0～30 cm)、过渡层(30～80 cm)和稳定层(80～150 cm)。

草甸土有机质含量较高。自西而东自南向北逐渐增加，北部的兴凯湖低平原和三江平原腐殖质含量高达 5%～10%，西部内蒙古干旱草原地带的草甸土一般为 2%～4%，低者仅 1%～2%。土壤腐殖质组成以胡敏酸为主，胡敏酸与富里酸的比值较大。

4. 利用和改良

草甸土自然肥力较高，是主要农业用地或天然牧场。但是，由于各地区草甸土的性质差异颇大，因而在利用和改良措施上也应有所不同。

草甸土往往在雨季造成内涝，又易遭洪水淹没。因此，要平整土地，大搞方条田化，加速土壤排水。在山地丘陵地区还要修筑截流沟，防止坡水侵入。久经耕种的草甸土，腐殖质含量较低，有效养分和保肥能力不高，土壤结构也较差，应加强深耕施肥措施。对一些不良的质地剖面，可通过深耕和客土法加以改造。

对于盐化和碱化草甸土的利用，需防止盐渍化的发展，应注意控制地下水位于临界深度以下，并结合营造防护林，以降低地下水位。

四、潮土

潮土(fluvo-aquic soils)是一种半水成土壤，具有腐殖质层(耕作层)、氧化还原层及母质层等剖面构型的土壤。因其地下水位浅，毛管水前锋能够达到地表，具有“夜潮”现象而得名。潮土主要相当于美国土壤系统分类中的半干润淡色始成土(ustochrepts)，或相当于联合国土壤分类中的饱和始成土(eutric cambisols)和潜育始成土(gleyic cambisols)。

1. 分布与成土条件

潮土广泛分布在我国黄淮海平原、长江中下游平原以及上述地区的山间盆地，在珠江、辽河中下游开阔的河谷平原也有一定面积的分布。在行政区划上潮土主要分布在山东、河北、河南三省，各自的面积都在 400 万 hm^2 以上，其次是江苏、内蒙古、安徽，各自面积在 100 万～200 万 hm^2 之间，再次为辽宁、湖北、山西、天津等地。潮土的主要成土母质多为近代河流冲积物，部分为古河流冲积物、洪积物及少量的浅海冲积物。潮土分布的地形平坦，地下水埋深较浅，土壤地下水埋深随季节性干旱或降水而发生变化，旱季时地下水埋深一般为 2～3 m，雨季时可以上升至 0.5 m 左右，季节性变幅在 2 m 左右。

2. 潮土的形成特点

潮土的成土过程是由潴育化过程和受旱耕熟化影响的腐殖质积累过程两个具体的过程所组成。其中，潴育化过程如下：剖面下部土层在地下潜水干湿季节周期性升降运动的作用下，铁、锰等化合物的氧化还原过程交替进行，并有移动与淀积，即在雨季期间，土体上部水分饱和，土体中的难溶性 $FeCO_3$ 还原并与生物活动产生的 CO_2 作用形成 $Fe(HCO_3)_2$ 而向下移动。雨季过后，则 $Fe(HCO_3)_2$ 随毛管作用而由底层向土体上部移动，氧化为 $Fe(OH)_3$，具体的化学反应为：

$$FeCO_3+CO_2+H_2O \rightarrow Fe(HCO_3)_2$$

$$Fe(HCO_3)_2+O_2+H_2O \rightarrow Fe(OH)_3+CO_2$$

由于周期性氧化还原过程常年进行，致使土层内显现出锈黄色和灰白色(或蓝灰色)的斑纹层(锈色斑纹层)。锰也发生上述类似的氧化还原变化。因此，常有铁锰斑点与软的结核。

3. 基本性状

潮土剖面构型为 A_p—BC_g—C_{kg}(G)，或 A_{pk}—BC_{kg}—C_{kg}—(G)。腐殖质层(或耕作层 A_p)：也是一种人为耕种熟化表土层，一般厚 15～20 cm，腐殖质含量低，一般<10 g/kg，颜色浅淡。耕作土壤的亚表层有犁底层，因长期受机具的碾压因而具有明显的片状或鳞片状结构。厚度 5～10 cm 不等。颜色与耕层土壤相接近。氧化还原层(BC_g)：又称锈色斑纹层，多出现于 60～150 cm，有明显锈斑，也有与之相间分布呈还原态的灰色斑纹，该层下部时有软质铁锰结核，或有雏形砂姜。母质层(C_g)：主要为沉积层理明显的冲积物，具有明显的潴育化特征，甚至有潜育化现象。潮土黏土矿物一般以水云母为主，蒙脱石、蛭石、高岭石次之。

4. pH 及碳酸钙

发育在黄河沉积母质上的潮土碳酸钙含量高，含量变化多在 5%～15%，沙质土偏低，黏质土偏高，土壤呈中性—微碱性反应，pH 7.2～8.5，碱化潮土 pH 高达 9.0 或更高。长江中下游钙质沉积母质发育的潮土，碳酸钙含量较低，为 2%～9%，pH 为 7.0～8.0，发育在酸性岩山区河流沉积母质上的潮土，不含碳酸钙，土壤呈微酸性反应，pH 为 5.8～6.5。

5. 潮土的利用与改良

潮土分布区地势平坦，土层深厚，水热资源较为丰富，适种性广，是我国主要的旱作土壤，盛产粮棉。但潮土分布面积最大的黄淮海平原，旱涝灾害时有发生，尚有盐碱危害，加之土壤养分低或缺乏，大部分属于中、低产土壤，作物产量低而不稳。必须加强潮土的合理利用与改良。

①发展灌溉，加强农田基本建设，并建立排水与农田林网，是改善潮土生产环境条件，消除或减轻旱、涝、盐、碱危害的根本措施，也是发挥潮土生产潜力的前提。

②培肥土壤，扩大高产、稳产农田面积和比例。首要是解决有机肥源，实践证明，种植绿肥是开辟有机肥源的重要途径，但有很多具体技术问题有待解决。再者是增施磷肥的同时，注意施用磷肥效果，局部地区(块)开始缺钾，应适当补施，配合施用微肥。

③改善种植结构，提高复种指数，合理配置粮食与经济作物、林业和牧业，提高潮土的产量、产值和效益。

五、盐渍土

(一)我国盐渍土的地理分布

据统计，我国盐渍土(alkali-saline soils)的面积约 2 500 万 hm^2，其中耕地近 670 万 hm^2，广泛分布在长江以北的广大内陆地区和北起辽宁，南至广西壮族自治区的滨海地带；台湾、海南岛的沿海地带，也有呈带状分布的盐渍土。

在我国北方广大内陆地区中，盐渍土主要分布在淮河以北，大西北青藏高原等内陆干旱、半干旱地区的河流冲积平原、盆地和湖泊沼泽地区。如东北的松嫩平原、松辽平原，华北的黄淮海平原，内蒙古的前后河套平原，大西北的宁夏银川平原，河西走廊，山西南北盆地，甘肃和新疆的各河流沿岸阶地、山前平原和吐鲁番盆地、塔里木盆地、准噶尔盆地、哈密倾斜平原以及青藏高原的柴达木盆地和湟水流域，西藏雅鲁藏布江流域等，都有各种盐渍土分布。

(二) 盐渍土对农业生产的危害

盐渍土对农业生产的危害主要是妨碍作物的正常发育，造成歉收，甚至颗粒无收，成为农业生产中的低产土壤。危害的原因是由于盐渍土中含有大量的可溶性盐，从而发生下列危害现象。

1. 高浓度盐分引起植物“生理干旱”

根区土壤溶液渗透压的高低，直接影响对水分的吸收。当可溶盐类增加时，渗透压也随之提高，结果使作物吸水困难，造成“生理干旱”，影响生长，严重时使作物体内水分“反渗透”而凋萎死亡。

2. 盐分的毒性效应

某些离子浓度过高时，对一般作物会产生直接毒害。例如，某些盐敏感的棉花品种，当其叶中累积过量的钠离子时，会发生叶缘或叶尖枯焦的“钠灼伤”，严重时可能造成叶片脱落，小枝条干枯，甚至使植株死亡。

3. 高浓度的盐分干扰作物对养分的正常摄取和代谢

当土壤溶液中某种离子的浓度过高时，就会破坏作物对其他离子正常摄取，从而造成作物的营养紊乱。例如，过多的钠离子，妨碍作物对钙、镁、钾的吸收；而高浓度的钾离子又会妨碍作物对铁和镁的摄取，结果导致诱发性的缺铁和镁的“黄化症”。

4. 强碱性降低养分的有效性

土壤中的碱性盐水解时使土壤呈碱性反应，磷酸盐以及铁锌和锰等植物营养元素易于形成溶解度很低的化合物，降低了这些养分的有效性，导致营养失调。

5. 恶化土壤的物理和生物学性质

碳酸钠等强碱性盐，对胶体具有强大的分散能力，使土壤团聚体崩溃，土粒高度分散，导致土壤湿黏干硬，透水透气不良，耕性恶化。这不但使耕作困难，严重妨碍出苗生长，也不利于微生物活动。

(三)盐渍土的形成条件

盐渍土的形成过程，实际上是各种可溶性盐在土壤表层或土体中逐渐积累的过程。盐分在土壤中的积累，一般是由下列各种不利因素综合作用的结果。

1. 气候

盐渍土主要集中于雨水稀少的干旱、半干旱和半湿润地区，在这些地区，由于降雨少，蒸发量大，成土母质风化放出的可溶性盐，无法淋溶，只能随水搬运至排水不畅的低平地区，在蒸发过程中，盐分便聚积于表层土壤内，导致土壤盐渍化。

2. 地形

地势低平，排水不畅是盐渍土形成的主要地形条件。在干旱、半干旱地区，盐类随地表水和地下水从高处往低处迁移的过程中，由于水分逐渐蒸发，盐溶液逐渐浓缩，盐类则按其溶解度的不同而逐渐分离，并沉淀在不同的地形部位上。最先沉淀的是碳酸钙，其次是硫酸钙，再次为碳酸钠、氯化钠和硫酸镁等。很明显，在地势较高和地下径流通畅的条件下，气候虽然干旱，土壤也可能不发生盐渍化，只有在排水不良或径流不畅的大中地形（如内陆盆地、山间洼地、宽广平坦排水不良的平原地区等）的条件下，才有可能产生积盐过程。从小地形来看，在低平地区的局部高处，由于蒸发快，盐分可由低处往高处迁移，则积盐较重。这样往往在相距几十米或几米，高差仅为十几厘米的地方，高处的盐分含量可比低处高出几倍，成为斑状盐渍土的形成条件。

3. 母质

母质对盐渍土形成的影响，主要决定于母质本身含盐的程度。含盐重的母质，有的是某个地质历史时期积聚下来的盐分，形成古盐土含盐地层，盐岩或盐层。在环境极端干旱的条件下，盐分得以残留下来，成为目前的残积盐土。有的内陆盐土，则是岩浆岩或变质岩就地风化释放大量可溶盐而来。有些含盐母质则是海滨或盐湖的新沉积物，由于受海水和盐湖盐水的浸渍而含盐，滨海盐渍土就是在这种母质上形成的。

4. 生物

在干旱的荒漠草原或荒漠区，深根性植物或盐生植物从土层深处及地下水中吸收水分和盐分，将盐分累积于植物体中，当植物死亡后，有机残体分解时又将盐分返回土壤中，从而加速土壤的盐渍化。新疆盐渍土上生长的红柳和胡杨等都具有这种作用。另外，某些盐生植物在生长过程中能够把体内盐分分泌出来，有时叫它们泌盐植物。它们分泌出来的盐分，就地累积于植株的附近，日积月累大大地增加了土壤表层中的盐分。但是，生物的这种积盐作用同潜水迁移、蒸发所引起的土壤盐渍化的作用比较起来是微不足道的。据柯夫达（苏联著名土壤学家）计算，在荒漠地区，由于潜水迁移及其蒸发，每年自潜水中进入盐土的可溶性盐高达 500～1 000 t/hm^2，而植物平均每年自 1 hm^2 土壤中所吸收的各种盐的总量仅 0.5 t。

5. 地下水位

盐渍土中的盐分，是通过水分毛管运行带到土壤中来的。所以在干旱地区，地下水位的深浅和矿化度的大小，密切地影响着土壤盐渍化的程度。地下水位越高，含盐地下水越易通过毛管上升至地表，水分蒸发后，便将盐分遗留在土壤表层。

在干旱季节，不至于引起表层土壤积盐的最浅地下水埋藏深度，称为地下水临界深度，它是设计排水沟深度的重要依据。临界深度并非一个常数，因具体条件不同而异。影响临界深度的主要因素有：气候、土壤、地下水矿化度和人为措施。一般地说，气候越干旱，蒸发量和降雨量的比率越高，临界深度就越大，地下水矿化度越高，临界深度也越大。

土壤对临界深度的影响，主要取决于土壤的毛管性能，如毛管水的上升高度和速度。凡毛管水上升高度大，上升速度快的土壤，一般都易于盐化。

6. 人为活动

人类的灌溉活动对盐土的形成有很大影响。正确的灌溉可以达到改良盐土的目的；反之，不正确的灌溉(如灌水量过大、灌溉水质不好)可导致潜水位提高，引起土壤盐渍化。由于人类不合理的生产措施而发生的盐渍化，称次生盐渍化，由此形成的盐土，称次生盐土。如：灌排系统不配套，有灌无排或排水不畅，使大量的灌溉水补给了地下水；大水漫灌、串灌、渠道渗漏、平原蓄水不当、水稻插花种植等都是引起土壤次生盐渍化的因素。

(四)盐渍土的成土过程

根据中国盐渍土形成过程特点，大致可分为现代积盐过程、残余积盐过程和土壤碱化过程。

1. 现代积盐过程

在强烈的地表蒸发作用下，地下水和地面水以及母质中所含的可溶性盐类，通过土壤毛管，在水分的携带下，在地表和上层土体中不断累积的过程。

2. 残余积盐过程

土壤残余积盐过程是指在地质历史时期土壤曾进行过强烈的积盐作用而形成各种盐渍土；此后，由于地壳上升或侵蚀基准面下切等原因使地下水位大幅度下降，土壤积盐过程基本停止；同时由于气候干旱，降水稀少，以致过去积累下来的盐分仍大量残留于土壤中。

3. 土壤碱化过程

碱化过程是 Na^+ 通过离子交换作用而被土壤胶体吸附的过程。碱化既可发生在积盐过程中，也可发生在脱盐过程中。母质和地下水中苏打盐分的存在是土壤积盐碱化的重要基础；脱盐碱化则与土壤中的 $Na^+/(Ca^{2+}+Mg^{2+})$ 及 pH 有关，当土中 $Na^+/(Ca^{2+}+Mg^{2+})\geqslant 18$ 及 $pH>8.5$ 时，盐土脱盐后就容易形成碱化土壤。

(五)盐渍土的特征

盐渍土可分为盐化土壤与盐土、碱化土壤与碱土，现分述如下：

1. 盐化土壤与盐土

①盐化土壤与盐土含有大量的可溶性盐。盐化土壤和盐土就是按照含盐量来划分的，当土壤含盐量高至开始影响作物生育时，为盐化土壤，如盐化草甸土、盐化潮土等。它们还可以根据对作物生育影响的程度划分出不同含盐量等级。土壤含盐量高致使作物不能生长时，称为盐土。

②不同地区的盐化土壤和盐土含盐种类也不相同。滨海地区以氯化物为主，硫酸盐次之，碱性盐很少；内陆地区则不一定，有的以硫酸盐或氯化物为主，有的含有较多的碱性盐，个别土壤还含有较多的硝酸盐。

③土壤酸碱性视含盐种类而异。以中性盐为主的土壤，pH 为 7～8.5，中性至微碱性；含有较多碱性盐时(尤其是碳酸钠)，pH 在 8.5 以上，甚至达 10，为碱性至强碱性。

④土壤有机质含量不高，为 1%左右，只有沼泽盐土可高达 2%～4%。

⑤土壤的母质大都是河流沉积物、湖积物或洪积物，土层深厚，质地粗细不等，视当地的沉积条件及河流夹带物而定，有的上下比较均一，有的粗黏相间，这对盐渍土壤的改良难易及应

采取的改良措施有直接关系。

⑥除漠境盐土外，其他盐化土壤或盐土地下水位均高，土壤常有返潮及夜潮现象，土壤冷浆，开垦种植时不发小苗，在心土或底土层中出现锈斑或铁锰结核，有时还出现潜育层。

⑦在干旱漠境地区的盐土中，土壤一般还含有大量的碳酸钙，有时可达20%～30%。在硫酸盐含量高的土壤中，有时还含有石膏，其含量高者可达10%左右或以上。

2. 碱化土壤与碱土

①土壤呈强碱性反应，pH在8.5以上，往往达到9～10。

②在碱性条件下，黏土矿物易发生水解，产生二氧化硅，成白色的粉末状分散在土壤层中，而铁、铝等氧化物则向心土沉积。

③土壤胶体吸附有一定数量的钠离子，当交换性钠离子占阳离子交换量的5%以上时，即出现碱化特征，当碱化度大于15%时，就可能变成了碱土。

④土壤胶体因吸附大量的钠离子而被分散，导致黏粒及碳酸钙随水下移淀积，出现紧实致密的土层，又由于湿胀干缩而产生垂直裂隙，形成柱状结构的碱化层。另一方面，使土壤中的腐殖质溶解，随水下移，使上层土壤形成较厚的暗灰色层次。

⑤在淋溶作用下，碱土中的易溶性盐下移明显，表层的易溶性盐含量不高，总盐量仅0.1%～0.4%，但以碳酸钠及碳酸氢钠占绝对优势，这就是淋溶层，下面有碳酸钙淀积层，再下常常有盐分聚积层，含盐量可达1%左右。盐分的这种分布，是碱土和盐土的重要区别。

我国典型的碱土很少，一般都是碱化土壤，如碱化草甸土、碱化盐土、碱化潮土、碱化砂姜黑土等。

（六）盐渍土的利用和改良

盐渍土是我国分布面积很广的土壤，大部分分布在平原地区，具备不少发展农业生产的有利条件，如土层深厚、地形平坦、地下水资源丰富，同时还有许多荒地可以开发。如能采取有效措施消除土壤中过多的盐碱，改良盐渍土，就可充分发挥盐渍土的潜在肥力，增加粮食产量。所以，盐渍土的改良利用对保证农业生产的可持续发展，对于改善生态环境具有重要意义。

盐渍土之所以低产，主要是含有过多的易溶性盐、碱，危害作物的生长发育。盐渍土的形成，是自然因素和人为活动综合作用的结果。因此，盐渍土的改良必须采取以水肥为中心的包括农业、林业、水利等各方面的综合措施。

利用改良盐渍土的措施，可以概括为4个方面，即水利措施，包括排水、灌溉洗盐、引洪灌淤；农业技术措施，包括种稻、平整土地、耕作、客土、施肥等；生物措施，包括植树种草、发展绿肥等；化学改良措施，包括施用石膏及其他化学改良物质。

六、教学案例与分析

东北地区湿地生态系统

湿地是自然界最富生物多样性的生态景观和人类最重要的生存环境之一，具有蓄洪防旱、净化污水、涵养水源、调节气候、降解环境污染、物种基因保护和资源利用功能，是生物基因库和人类摇篮。

在《关于特别是作为水禽栖息地的国际重要湿地公约》（简称《湿地公约》）中，湿地是指天然或人工的、永久性或暂时性的沼泽地、泥炭地和水域，蓄有静止或流动、淡水或咸水水体，包括低潮时水深低于 6 m 的海水区。可见，湿地包括沼泽地、泥炭地、湿草甸地、水稻田、滩地以及湖泊、河流、滞蓄洪区、河口三角洲、水库、低潮时海域的水深低于 6 m 的地带等。湿地与森林、海洋并称全球三大生态系统，对全球的生态环境有着巨大的调节功能，湿地被称为“地球之肾”。中国于 1992 年加入《湿地公约》。但是，我国 1985 年开始实施《森林法》、2000 年实施《中华人民共和国海洋环境保护法》，至今却没有出台关于湿地的保护法。可见，我国亟须加强对湿地的保护。

东北地区是我国湿地最多的地区之一，占全国湿地面积的 16%。其中，三江平原、松嫩平原、辽河下游平原、大小兴安岭山地、长白山山地发育了大面积的沼泽。该区湿地类型众多，分布广泛，生境类型丰富。东北区地跨寒温带、温带和暖温带，湿地从沿海到内陆、从平原到高原山区都有分布；区内湿地是大量微生物、浮游生物、鱼类等不可缺少的生存环境，更为主要的是众多珍稀濒危鸟类、两栖类、爬行类、哺乳类和高低等动植物的重要栖息地，是重要的基因库。

东北地区素有粮食市场稳压器、中国最大的商品粮战略后备基地的赞誉。可见东北地区的湿地生态环境健康与否，与我国的粮食安全息息相关。然而，在这些重要贡献的背后，所付出的代价却是极其沉重的：随着人口增长与土地资源减少之间矛盾的日益突出，湿地被大面积开垦，逐渐严重的水污染，再加上水资源短缺、浪费现象，湿地环境遭到严重干扰和破坏。如果任其恶化下去而不加以治理及保护，最终受到影响及损害最大的是我们人类本身。

第五节　人　为　土

人为土(anthrosols)是在长期人为生产活动下，通过耕作、施肥、灌溉、排水等，改变了原来土壤在自然状态下的物质循环与迁移累积，促使土壤性状发生明显改变，同时又具备了可供鉴别的新的发生层段与属性，从而形成新的土壤类型。这种土壤的发育过程是人们定向培育土壤的过程，经常把它叫作土壤的熟化过程，又可以分为旱耕熟化和水耕熟化等不同的类型。水稻土就是在长期表土淹水、水下耕耘，又经不断排干，土壤中氧化还原交替进行，土层中可见局部铁锰氧化淀积与还原离铁现象并存，因而形成特有的氧化还原性状；也由于水下耕翻扰动，土粒分散、位移与淀积的同时还收到耕作机具的挤压，在耕层下形成较为紧实的犁底层等。所有这些新的发生层段，均与原来的发生层段有很大的差别。在旱耕(雨养农业)条件下，经长期施用土粪，或引用洪水、高泥沙含量的灌溉水进行淤灌，使土层不断加厚，形成一定厚度的灌淤层，而原来的老土层被埋没，在这种长期施用土粪或淤灌的条件下，当上部增加土层达到一定厚度时，改变了原来被埋土层的性状，而具有新近形成的土壤特性，根据大量的调查和田间测试证明，上覆土层达到 30～50 cm 时，可作为划分出新土壤类型的区界标准。

然而也不是所有受人为耕作影响的土壤都划为人为土。即使它们有几千年的耕作历史，如耕作棕壤，其基本的土壤类型仍然是棕壤。本节中的人为土主要介绍水稻土、灌淤土和菜园土 3 个主要类型。这 3 种土壤与自然土壤在成土条件、成土过程和土壤属性方面有很大不同。它们在人为定向培育作用下，按照人类的生产目的，发育成性质不同的人为土壤。

一、水稻土

(一)地理分布及成土条件

水稻生产在我国具有长期历史和重要的地位,也是世界上主要粮食作物之一,世界总人口一半以上以稻米为主食。水稻土(paddy soils)的分布地区与水稻栽培地区是基本一致的。我国的水稻土遍布全国,南自海南北到黑龙江均有分布,占我国耕地面积的25%左右,稻田面积约为3.87×10^7 hm^2,主要分布区是在秦岭到淮河一线以南,其中以长江中下游平原、珠江三角洲、四川盆地和台湾西部平原最为集中。亚洲水稻栽培面积占全世界水稻栽培面积的95%以上,尤其集中在东亚和东南亚。

水稻土是在自然成土条件和人为影响的综合作用下形成的,所以水稻土既是自然客体,又是人类劳动的产物。影响水稻土形成发育的因素很多,概括起来主要有以下几个方面。

1. 人为活动

水稻土是受人为活动影响最深刻的土壤,目前的大面积肥沃水稻土就是人类长期培育的产物。原有的自然土壤或耕作土壤在其自然条件的作用下长期淹水种稻,通过农田建设、淹水耕耘、客土施肥、水旱轮作、特别是灌排结合、水浆管理等一系列种稻水耕熟化过程的长年反复进行,势必改变原有的成土过程,产生新的氧化还原、腐殖化、盐基淋复、黏粒淋移淀积等成土过程,从而改变原有土壤的成土过程与属性,开始具有水稻土的构型与特征。

2. 水文与地形

水稻土的水文条件概括地可分为地下水型、地表水型和良水型等三种类型。地下水型水稻土多在地势低洼的冲积或湖积平原以及山间沟谷,地下水位高,排水不良,灌溉水层和地下水面常相连接,因而土壤形成过程、不但以水耕熟化过程为主,而且沼泽化过程还占着优势,土壤处于强还原性状态,土体分散,耕层含水量很高或过饱和(表9-1),油泥田耕层含水量为57%~76%,其下即为水分过饱和的潜育层。烂泥田从耕层以下层次均为水分过饱和。所以地下水型水稻土的主要问题是水分过多。地表水型的水稻土多见于山地丘陵地区,如黄泥田,地下水位深,水源不很充足,依靠雨水和灌溉,有的全靠降雨易于受旱。土壤剖面水分分布是耕层顶部,随着深度的增加而减少。常无潜育层,这类水稻土水耕熟化过程时间短,程度也比较浅,控制水分的渗漏和养分的淋失为其主要问题。

表9-1 广东省几种水稻土土壤剖面水分状况 %

水文条件	土壤类型	土壤水分						
		耕层		心土层		母质层		潜育层
		变幅	平均	变幅	平均	变幅	平均	
地表水型	黄泥田	26~38	36	19~35	28	11~27	26	
良水型	泥肉田	45~65	60	27~52	31	—	—	过饱和
地下水型	油泥田	57~76	—	—	—	—	—	过饱和
	烂泥田	过饱和						过饱和

注:测定时间是10月份水层落干后。

(引自:朱鹤健,水稻土)

良水型的水稻土具有灌溉、排水、渗透、保墒的优良条件，多在平原地区，地下水位多在60 cm以下，灌溉水层与地下水面并不连接，但是土壤的毛管水可以上下流通。灌溉便利，排水方便。土壤剖面水分分布是耕层和潜育层的水分含量高，中间心土层含量低。土壤水分既能渗透又能保墒，在水耕和旱耕熟化过程交替进行下，土壤层次分化明显一般生产性能和耕作性能优良。因此，培育水稻土时，要注意控制水文条件，使其朝良水型的方向发展。

3. 母质与原土

水稻土和自然土壤另一不同之处是水稻土大部分不直接发育于岩石风化物上，而是在人为条件控制下，起源于各种土壤和冲积物，而且发育速度特别快。因此水稻土的前身土壤可以视为它的母质。

母质的影响在水稻土发育的初期阶段比较明显，随着土壤熟化度的提高，母质的影响逐步减弱，从而退居到较次要的地位。由地带性起源的水稻土，特别是熟化程度比较低的水稻土，受地带性特征的影响最为明显。例如，南方的黄泥田发育于红壤母质上，它继承了红壤母质的许多特性。如富含三价氧化物，活性铁铝含量高，质地黏重，代换量扺，盐基不饱和，酸性反应，有机质含量低养分较缺乏，特别是缺磷。草甸土起源的水稻土大都是发育于平原和谷地的冲积物上，地形平坦，水文条件好，肥力高，因而它比较容易培育成为肥沃的水稻土。

由沼泽土起源的水稻土大部分在低平排水不良的地区，这种土壤虽有较多的有机质，土壤潜在肥力较高，但有效养分缺乏，土壤熟化过程的主要矛盾首先是要与沼泽化做斗争。由滨海盐土起源的水稻土，盐化为其特点，熟化过程首先要与盐化做斗争；在长江流域中下游，发育于白土上的水稻土，继承了白土表层含粉沙高的特点，强烈表现出淀板性、肥劲暴、不稳肥等待性。由沙质土发育的水稻土，表现出漏水漏肥的特性。在华南、西南地区紫色土上发育的紫泥田，继承紫色土的特有颜色和某些特性，它的磷、钾含量和pH都较低。

4. 气候条件

水稻土也因我国南北气候带的不同而有一定的地带性特征。北方水稻土多处于温带、暖温带，气温较低，无霜期短，一年中淹水种稻时间短，利于土壤有机质的矿化分解，因而北方水稻土土壤有机质积累较低；南方水稻土多处于亚热带，无霜期长，一年中淹水时间长，土壤有机质积累相对较高。再加上种稻时间的长短也不同，南方种稻时间较长，土壤发育较好，北方种稻时间短，土壤发育的还不彻底，由此造成了我国南北方水稻土的差异。

5. 生物作用

土壤微生物，其中特别是嫌气性微生物对水稻土的形成发育影响较大。首先，嫌气性微生物的生命活动，对土壤的氧化还原状况具有深刻影响。因为水稻土生长期间，长期淹水，耕作层以嫌气性微生物活动为主，同时耕作层有机质的分解更消耗了大量的氧，使嫌气性微生物活动不断加强，还原过程进一步发展，使土壤的氧化还原电位迅速降低。若土壤中含有较多的易分解的新鲜有机物时，这种情况更容易发生。当土壤中高价的铁、锰与产生的有机还原物质接触时，会被还原而产生低价铁、锰，常使土体呈青灰色。同时，低价的铁、锰还可以随水向下淋移，在氧化层中重新氧化沉积下来，呈现锈斑、黑斑和铁锰结核，在耕层根系附近，低价铁锰也可氧化淀积而显锈斑。

此外，嫌气性微生物的活动，对水稻土的氮素转化也有明显影响。由于有机质的嫌气性分解，有效氮主要为铵态氮，正好适应水稻的需要。如进行烤田，或旱作期间，好气性微生物活动加强，通过硝化作用产生硝态氮，当再度灌水后，在嫌气的环境下，土壤反硝化作用加强，容易造成土壤氮素的损失。

（二）形成过程

水稻土形成过程中存在着多种矛盾，如氧化与还原、有机质的合成与分解、盐基淋失与复盐基以及黏粒的积累与淋失等。这些矛盾极为复杂，在发展中形成了特殊的水稻土。

1. 氧化还原过程

氧化还原是水稻土水耕熟化过程中一个重要的成土过程，但在不同情况下氧化还原表现的强弱与形式是不同的。地表水型水稻土，水稻生长季节耕作层呈还原态，而其下层仍为氧化态，水稻收获后土壤逐步落干，全剖面都会处于氧化态；良水型水稻土，随季节不同而变化，属氧化还原交替或相互结合类型；地下水型水稻土，全年基本上处于还原态，变化不大。

在一般水稻土中，同一土壤剖面，不同层次氧化还原状况还有分异，水稻灌水以后，耕层及犁底层上部处于水分饱和状态，加上耕层有机质的嫌气分解，所以除表面极薄的一层和淀积层是处于氧化状态外，整个耕层和犁底层均处于还原状态。由于犁底层有滞水作用，所以心土层（淀积层）水分仍不饱和，有一定比例的空隙，使土壤处于氧化状态。淀积层以下的潜育层，往往由于水分较多，常常处于还原状态，再下边的母质层，可能处于氧化状态也可能处于还原状态，这决定于该层的水分含量和通气状况。这种氧化还原状况的剖面分异，为铁、锰的还原淋溶和氧化淀积创造了条件。

2. 腐殖质积累和分解过程

在渍水条件下，通过微生物的生命活动，水稻土具有独特的腐殖质特征。一般情况下，水稻土中的有机质含量要高于原土和相邻旱田土壤的有机质含量。在水稻土的腐殖质组成上，胡敏酸与富里酸的比值较相应的地带性土壤和旱地土壤为高，但水稻土中胡敏酸的结构化程度却较低。一般随淹水时间的增加，土壤有机质的含量也相应增高。

另外，在适当的氧化还原交替条件下腐殖质与二价铁的络合物氧化为腐殖酸三价铁的血红色胶膜，群众称之“鳝血"。如此类血红色鳝血斑较多时，是肥沃水稻土的一种好的新生体和诊断标志。

3. 盐基淋复过程

在年灌水 5 00～1 000 mm 的淹水条件下，在氧化还原与腐殖质化等水耕熟化作用中，可使 Fe^{2+}，Mg^{2+}，K^{+}，Na^{+} 等盐基溶解、络合向下层淋溶淀积，同时使易氧化还原的 Fe，Mn 等元素与腐殖质络合淋溶，成为水稻土渍水条件下盐基淋溶过程。

在人为施肥和富钙地下水灌溉条件下，也可使水稻土耕层出现人工复盐基过程。在排水烤田或水旱轮作的排水旱作期间，水稻土中下层的盐基亦可随蒸发的上升水流向地表移动，出现自然复盐基过程。复盐基和盐基淋溶的交错进行，形成了土壤中不同的盐基状况。

4. 黏粒的积累和淋移过程

水稻土中黏粒补充的重要途径是通过灌溉水和施用河泥肥。南方稻田一年可因施用河泥而使稻田田面增高 0.25～0.5 cm，由于河泥的施用，土壤中累积了大量的黏粒。土壤中的黏粒可以沿孔隙向下层移动，并产生一定的淀积（一部分可以随水水平迁移到田外而流失），可形成犁底层和渗育层。有时，黏粒在串灌的情况下，也可能发生田面损失。

(三)基本特征

1. 水稻土的层次特征

水稻土的层次构造可分为:淹育层(耕作层)、渗育层、潴育层(斑纹层)、潜育层(青泥层)及母质层。各层次灌水后的氧化还原状况见图 9-1。

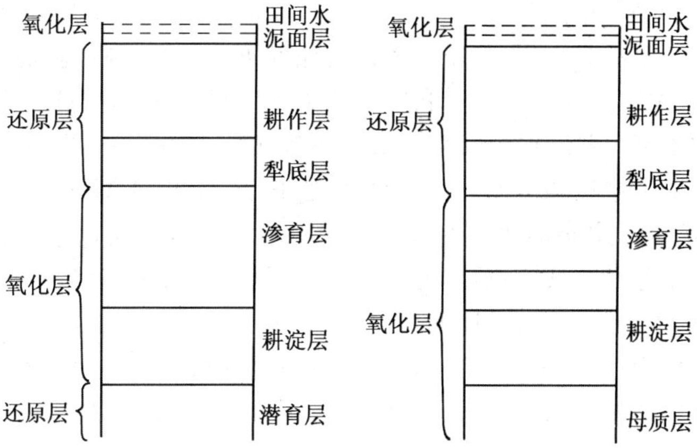

图 9-1　水稻土灌水后各层次的氧化还原状况(左为高地下水位;右为低地下水位)

(1)淹育层(A)　又叫耕作层,是指直接受耕作、施肥、灌溉、排水等农业技术措施影响而形成的土层。这一层是水稻根系分布的主要土层,厚度一般为 12～18 cm。在淹水期间,这一层土壤处于还原状态,呈灰色或青灰色,由于原有土壤结构的破坏,形成微团聚体及分散的土粒。落干后,土壤干燥收缩,发生板结龟裂,呈碎块状,沿根孔和裂隙有黄棕色的锈纹、锈斑。

(2)渗育层(P)　也叫初期潴育层,在这一层的上部有一个 10 cm 左右的犁底层(Ap)。由于犁底层的托水作用,这一层一般处于氧化状态。渗育层具有完整的块状结构,多呈棱柱状,有垂直裂隙.有少量的锈斑、锈纹。

(3)潴育层(W)　也叫水稻土的“氧化还原层”,铁锰锈斑锈纹的“斑纹层”。这一层由于铁锰等淀积,锈纹、锈斑较多,在排水良好的水稻土中常有此层。由于不断受渗漏水及地下水升降的影响,时干时湿,氧化还原交替进行,所以该层有锈色条纹、斑点及黑褐色、灰色胶膜、铁子、铁锰结核等特征,肥沃水稻土,一般有较厚的潴育层。

(4)潜育层(G)　它是土壤长期渍水下形成的。由于终年处于还原状态,铁锰化合物还原而呈青灰色或灰蓝色,所以又叫水稻土的“青泥层”。这一层出现部位的高低是显示水稻土良好与否的标志之一。在排水良好的肥沃水稻土中,往往在潴育层以下(距地面 70～80 cm)才出现潜育层;排水不良的水稻土,耕层以下便出现潜育层;常年积水田,潜育层出现的部位可高达地表,并形成土粒高度分散、厚度较大的浮泥层。此层中还原性物质聚集,不利于水稻生长。

2. 水稻土的主要性质

北方水稻土受北方地带性或隐域性土壤和人为影响而与南方水稻土的性质有明显不同。

①北方水稻土(除东北黑土区水稻土外)有机质含量常较南方水稻土低,其腐殖质组成的胡敏酸与富里酸之比大于 1,且胡敏酸以钙镁结合为主;南方水稻土胡敏酸与富里酸的比值常小于 1,而且腐殖质与铁铝结合为主。

②北方水稻土多为石灰性水稻土，土壤 pH 多为 7.5～8.0。

③北方水稻土盐基淋溶较少，盐基饱和度常大于 80%，养分含量较高。

(四)利用和改良

由于水稻土遍布全国，土壤环境条件复杂，水稻栽培历史不同，因此各地区的水稻土在改良利用方面有显著的差异。

北方水稻土一般是一年一熟，仅在无霜期稍长的地区可在水稻插秧前利用空隙时间抢种一茬早熟、高产的粮、油、绿肥等作物。生产利用中的主要问题是冷害，因此在土壤改良上要特别注意排除积水，克服"冷浆"现象，以免后期贪青而受冻害。在施肥上，要多用热性肥料。在水浆管理上，要以浅灌结合、中期晒田促进早生快发，遇低温时用深水灌溉，亦可减轻冻害。

南方水稻土，是我国生产水稻的主要基地。这里的良水型水稻土，都是高产稳产的水稻土；地表水型水稻土，由于分布于低山丘陵，为了保证水稻高产，必须搞好农田基本建设，保证水源供给；地下水型水稻土，一般分布在地形部位较低、土壤水分过多、早春土温低、微生物活动微弱、养分释放慢、土壤中还原性物质多的条件下，在利用改良中，必须注意开沟排水，降低地下水位，或用客土、施河泥垫高田面，加强水浆管理，使水稻免受渍害，进一步发挥土壤潜力。

二、灌淤土

灌淤土(irrigation silting soils)是指长期引用高泥沙含量灌溉水淤灌，在落淤后，即行翻耕，逐渐加厚土层达 50cm 以上，从根本上改变了原来土壤层次，包括表土及其他土层，均作为埋藏层，因而形成土体深厚，色泽、质地均一，土壤水分物理性状良好的土壤类型。灌淤土属于人为土纲，是旱耕人为土亚纲中的一个土类。目前国际上对人为土壤的研究是一个薄弱环节，但随着生产和科学的发展，人类对土壤的干预作用越来越大，对人为土纲的研究也会越来越引起重视。我国以前对水耕人为土(水稻土)的研究较多，但对旱耕人为土的研究很不够。从实际意义上来说，灌淤土是我国北方干旱区最重要的基本农田，其分布地区又是我国最重要的粮食基地之一，在我国粮食紧张的情况下，对灌淤土的研究无疑应给予重视。但是，由于我国对灌淤土的研究开始较晚，只是在 1958 年以后才对其形成和分类有所研究，1978 年才被命名为灌淤土，成为一个独立的土类，因此，这方面的研究相对较薄弱。

(一)地理分布及成土条件

我国的灌淤土主要分布于宁夏银川平原、内蒙古河套平原、甘肃河西走廊、新疆塔里木盆地和准噶尔盆地的四周以及青海的湟水河谷地等，是我国西北干旱区最重要的农田和产粮基地，其中，宁夏 27.9 万 hm^2，新疆约 73.2 万 hm^2(图 9-2)。

1. 气候与母质条件

灌淤土主要形成于我国的西北干旱区(这里是指中国自然区划中与东部季风区、青藏高寒区相对应的"西北干旱区")，这是由西北干旱区的自然地理条件和农业利用方式所决定的。在西北干旱区，要进行农业利用，首先必须引水灌溉，而且灌溉用水量相当大，一般每公顷的灌溉用水量在 7 500～9 000 m^3 及以上。灌淤土地区降水、蒸发和灌溉用水量见表 9-2。

在母质条件方面，它多形成于干旱的栗钙土、棕钙土、灰钙土、灰漠土和棕漠土等地带性土区内，因为这些地带性的土壤中，水分少，不灌溉就不能进行农业生产，而且这些地区的灌溉水

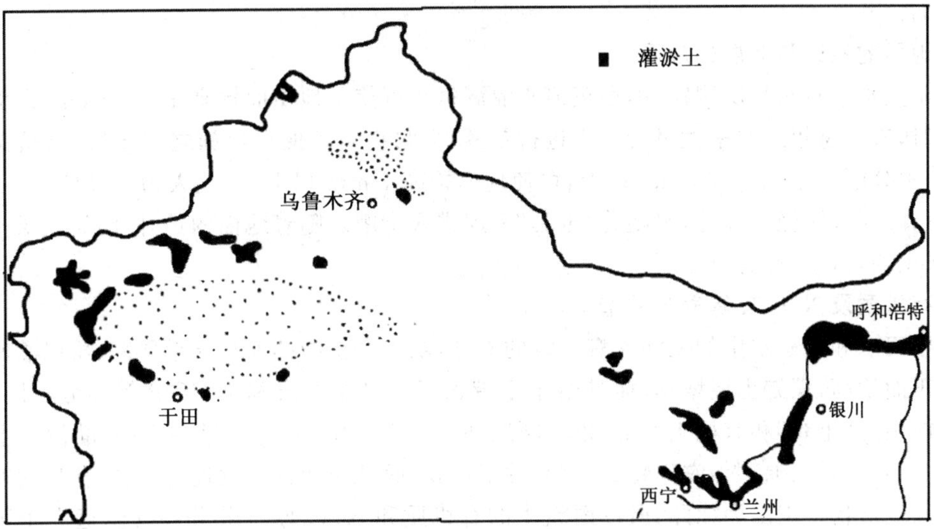

图 9-2 我国灌淤土分布略图

（引自：史成华，顾国安，中国的灌淤土）

经常携带大量的泥沙和其他悬浮物质，特别是用洪水灌淤，可以淤积大量泥沙。因此，由灌溉水特别是洪水携带到土壤中的泥沙数量是相当大的。许多泥沙当然是灌淤土形成的重要因素，此外，还有有意识地利用灌溉水的冲力，将泥沙、肥土等带入农田内，这样就更大大地增加了泥沙的淤积作用。

表 9-2 不同灌淤土地区的降水、蒸发和灌溉水量

地点	自然降水/mm	自然蒸发/mm	灌溉净用水量/(m^3/hm^2)
新疆阜康	184	1 739	9 800
新疆策勒	36	2 588	20 700
甘肃武夷	161	2 020	6 000～9 000
宁夏永宁	201	1 785	5 500～8 250

2. 人为条件

灌淤土的形成主要是由于引用了含有大量泥沙的水流对农田长期灌溉所致，由于长期灌水落淤，使土层逐渐加厚。灌淤土的物质来源除了灌水落淤外，还有人工施用土粪，土粪中还带进了碎砖瓦、碎陶瓷、碎骨及煤屑等侵入体，以及作物遗留的残茬和根系以及翻压的秸秆和绿肥等。人为耕作在灌淤土形成中起了重要作用，耕作消除了淤积层次，并把灌水淤积物、土粪、残留的化肥、作物残茬和根系、人工施入的秸秆和绿肥等，均匀地搅拌混合。年复一年，使这种均匀灌淤土层不断加厚，在原来的母土之上，形成了新的土壤类型——灌淤土。

（二）形成特点

灌淤土的形成过程中最主要的是灌淤熟化过程。它是指人为引用含有泥沙的水进行灌溉，并同时进行施肥、耕作等旱耕熟化措施的综合过程。灌淤熟化过程的特点可以概括为以下

几个方面：

1. 地面的抬升和耕层的加厚

据宁夏永宁县农科所测定，引用黄河水灌溉每年可使旱地田面抬高 1～1.5 cm；在引水灌溉的同时，农民每年还搬来大量的泥土进行垫圈，吸收牲畜粪便后再施之于土壤，这就是所谓"土粪"，每公顷一年施 10 000 kg 以上，可使地面抬高 1 mm 以上，一些人为活动的遗迹，如炭屑、煤渣、砖瓦和陶瓷碎片等，也随着"土粪"一起进入土壤。随着地面的抬升，灌淤土层不断加厚，灌淤土的耕作层也有所增厚。

2. 有机质及 N、P、K 等养分的增加

由于河水和灌溉水中的泥沙含有一定的养分，农田淤积物的养分含量更高，所以灌溉淤积不仅使田面抬高，灌淤土层增厚，而且给土壤带来了大量有机质和 N、K、P 等养分。同时，农民每年施用的"土粪"和有机肥料等，也不断地补充着土壤中的养分；另一方面，灌淤土上种植的小麦、玉米、高粱、油菜等农作物，不仅复种指数高，而且作物根系发达，作物收获后留有大量的根茬和残落物。正因为如此，所以灌淤土的有机质和 N、P、K 等养分的含量远高于干旱地区的自然地带性土壤。

3. 土体含水量的提高

灌淤土分布于西北干旱地区，当地自然地带性土壤的含水量很低，属于干旱土壤水分状况，而灌淤土的水分状况比前者要好得多，因为干旱地区的土壤开垦后种植小麦，生育期间至少灌水 4～5 次，加上复种玉米、油菜等其他作物，又灌水 3～4 次，这样每年灌溉 7～9 次，总灌溉水量 7 500～9 000 m^3/hm^2，相当于当地年降水量的几倍甚至几十倍，这样就使土壤常保持湿润状态，含水量在田间持水量的 60%～80%，灌淤土由于人为灌溉作用，，已使土壤摆脱了干旱的水分状况，所以不能将灌淤土归属于干旱土纲之中。

4. 灌淤土黏土矿物特点

灌淤土黏粒的矿质含量组成主要受灌淤土分布地区的大生物气候条件所制约，但各地各生物气候条件的不同并不造成各灌淤土黏粒矿物化学组成的差异。由于灌淤土形成过程中自然成土作用较微弱，因此，其黏粒的化学组成与母质（灌溉淤积物）之间有很大的继承性，不同灌淤土剖面的黏粒化学组成的差异应归功于其物质来源的不同。

5. 易溶盐和石膏的淋洗

从灌淤土的化学性质可以看出，灌淤土中易溶盐和石膏的含量很低，前者在 1 g/kg 以下，后者的含量在 5 g/kg 以下，大部分剖面和层次的石膏含量比干旱地区自然土壤的石膏和易溶盐的含量要小得多，这是因为灌淤土一般都是引用水质良好的河水或井水进行灌溉，灌溉水的矿化度一般在 1 g/L 以下，其中易溶盐和石膏的含量很低，对土壤中的这些物质具有淋洗作用，并使它们很难积累。特别是在干旱地区土地被开垦，灌淤土刚开始形成的初期，正是由于灌溉水洗去了土壤中的易溶盐和石膏，作物才能正常生长。

6. 碳酸盐与黏粒的淋溶与补充

灌淤土中 $CaCO_3$ 和黏粒的含量从上到下分布比较均匀，虽然在一定深度有微弱的 $CaCO_3$ 和黏粒的积累，但没有明显的黏化层和钙积层存在。通过微形态观察，在粗颗粒表面可见明显的淀积黏粒胶膜和碳酸盐膜，说明了灌溉水对土壤中碳酸盐和黏粒的淋溶作用，但由于灌溉水中本来就含有较多的 $CaCO_3$ 和黏粒，所以它们在被淋溶的同时，又不断从灌溉水中得到补充，因而 $CaCO_3$ 和黏粒在剖面中的分布比较一致，尤其是在剖面的上部的灌淤土层中，分布更均匀。

7. 灌淤层理的消失和土壤物理性状的改善

由于灌淤层的形成是灌水落淤与人为施肥、耕翻混匀、熟化等措施同时进行的，使沉积物的淤积层理被破坏乃至消失，整个土层在颜色、质地、结构、结持性等方面呈现均一的特点，各亚层之间逐渐过渡，但通过微形态观察，尚可见到有半磨圆的细粒沉降物团块，较大者仍保留有沉积微层理。若将原状灌淤土泡水 1 h 后在水中过 80 目筛，筛面上可见半磨圆、扁平状致密土片，在放大镜下可见沉积微层理，这些都说明人为耕翻措施虽然使土层混匀，但仍未能完全破坏沉积微层理，说明了灌淤土形成过程的边灌淤边耕作的特点。

另外，由于灌溉水带来了一定数量的黏粒，使灌淤土原本较沙的质地得以改良，因而灌淤土的质地基本上为黏壤土、壤土和沙壤土，加上其他旱耕熟化措施，使土体结构疏松，具有良好的结持性和适耕性，是优良的旱作土壤。

（三）基本特征

1. 剖面特征及诊断特性

灌淤土的剖面形态特征：表层具有一层厚薄不等的新淤积层，经过干燥龟裂，有的成片状，有的成瓦状；新淤积层的下层，常具有薄薄的沙层，由于它的存在，使新淤积层和原来的土层可以截然分开，在新淤积层下，才是掺混相当均匀的耕作层，厚度在 15～20 cm，此层比较疏松，颜色也较暗，多是灰棕或暗灰棕色，质地多为中壤，成碎块状与屑粒状结构，向下逐渐过渡到深厚的灌溉淤积层，此层可厚几十厘米到 2 m 以上，全层的颜色、质地、结构等都比较一致，一般说来颜色较耕作层稍淡，多呈淡灰棕或灰棕色，有的因灌水淤积物来源不同而带红色，质地稍黏，多为中壤至重壤，结构以碎块状为主，有的成鳞片状结构，结构面上有胶膜，此层有较多的孔隙及蚯蚓孔洞，蚯蚓排泄物较多；再下即为底土层，即被灌淤土层所覆盖的原来的土层，因灌淤土多分布于洪积冲积平原，故下伏母土层多为不同的洪积冲积土层。

长期引浑灌淤与耕作、施肥和栽培交替作用形成具有灌淤熟化层的灌淤土，是人类因素（引浑灌淤、耕作等作用）的历史的记录，从现代土壤剖面形态、剖面颗粒组成和化学性质的信息表明灌淤土的诊断层——灌淤表层有以下特点：

①厚度≥50 cm，下限明显；

②土壤的颜色、结构、质地和结持性等相当均一，机械组成比较一致；

③碳酸钙含量在 1.0%以上，并随不同剖面的具体条件（主要是灌溉水中的含量）而变化很大，在形态特征上，没有明显的淀积现象，而且垂直方向上分布较为均一；

④在有机质积累方面，表现出沿剖面均匀分布的特点，上部（0～20 cm）有机质含量 1.0%～3.0%，底部也在 0.5%以上；除极个别情形外，有机质加权平均值在 0.8%以上；

⑤没有石膏的积累现象，石膏（$CaSO_4 \cdot 2H_2O$）的含量在 0.3%以下；

⑥没有可溶盐的积累特征，在非次生盐渍化情况下，可溶盐含量在 0.3%以下，其离子组成与灌溉水的水化学组成非常接近；

⑦土壤的阳离子代换量各亚层之间最高含量与最低含量之差<50%，且与黏粒含量及有机质含量呈显著正相关；

⑧土壤的化学组成比较一致，各亚层 Si_2O_4/Al_3O_4 最高值与最低值之差<15%；

⑨通常含煤渣、木炭、砖瓦碎屑、瓷片等人工制品侵入体。

灌淤土的剖面形态特点大致可分为两个层次:上层为灌淤层,下层为下垫自然土壤层次或母质。

2. 亚类的划分

1978年中国土壤学会土壤分类学术会议首次在全国土壤分类系统中列出了灌淤土土类,划分了亚类。1979年开展的全国第二次土壤普查,对全国各地的灌淤土进行了一次全面的普查,发现了西藏西部亚高山河谷的灌淤土,首次列出了人为土纲,灌淤土为该土纲下的一个土类,划分为普通灌淤土、潮灌淤土、表锈灌淤土和盐化灌淤土四个亚类。

(1)普通灌淤土　普通灌淤土是在灌溉淤积,人为引洪淤积和施用土粪,有机肥料以及合理的耕作、轮作、培肥等综合的措施影响下所形成的一种灌淤土,它为灌淤土的典型代表,具有灌淤土的一般特性。分布于平原中的缓岗、高阶地或冲积洪积扇的中上部。地势高,地下水位深,地下水对土壤没有明显的影响。

(2)潮灌淤土　分布于低平地。地下水位高,受地下水影响,剖面中下部有氧化还原作用交替发生的灌淤层。灌淤心土层及下伏母土层有锈纹锈斑。土壤的亚铁总量及还原性物质总量,自灌淤耕层向下递减;灌淤心土层及下伏母土层的还原性物质总量比普通灌淤土的相对应层次高出一至数倍。说明潮灌淤土的剖面下部,还原作用较强。灌淤心土层下部的黏土矿物,虽仍以水云母为主,但蒙脱石相对增多,说明地下水位高,土壤水分多时,促进了蒙脱石的形成。

(3)表锈灌淤土　主要分布于宁夏黄河冲积平原南部,新疆阿克苏地区的乌什县也有分布。以稻旱轮作为主要利用方式。受种植影响,灌淤耕层中有较多的锈纹、锈斑。灌淤耕层的亚铁总量及还原性物质总量,比普通灌淤土和潮灌淤土的相同层次高出1倍以上;黏土矿物中蒙脱石的含量相对增多;土壤有机质含量比潮灌淤土或普通灌淤土高出12%。

(4)盐化灌淤土　有盐化作用的灌淤土。多分布于地下水位高、矿化度大的低地。土壤发生盐化,影响农作物正常生长。灌淤耕层含盐量增大,宁夏及内蒙古0～20 cm,新疆0～60 cm土层,含盐量大于1.5 g/kg;地面可见到盐结晶形成的盐霜或少量盐结皮。因地下水位高,土壤剖面中也有锈纹、锈斑。

(四)利用和改良

灌淤土分布于干旱与半干旱地区灌区,土壤有机质及养分不易积累,但农业生产比较稳产,近年来肥熟灌淤土的发现,更显示了提高灌淤土肥力和发展农业生产的广阔前景。根据灌淤土的特点及所处的地理位置,应从以下几个方面对灌淤土进行合理的开发利用。

1. 节约用水,扩大灌流面积

在灌淤土分布地区,大部分实行大水漫灌的灌溉方式,渠系渗漏严重,水的浪费大,而且秋夏粮比例不合理,夏粮面积太大,限制了耕地的扩展。因此需注意保护灌溉渠系、合理用水、计划用水、提高水的利用率,扩大灌溉面积是可能的。

2. 合理施肥,提高土坡肥力

从灌淤土的化学性质研究可以看出,灌淤土的肥力水平并不都是很高的,有的仍很贫瘠,而且N、P、K比例失调,K的含量较高,而N、P缺乏,要提高作物产量,就必须提高土壤肥力,改善营养元素的比例。具体措施有:种植绿肥,进行合理倒茬;秸秆还田,提高地力,施用N、P化肥,提高土粪质量以及科学施肥等。在灌淤土地区,有机质的分解速度较快,化学肥料损失严重，容易造成 N 的损失和磷的固定，因此必须进行科学的施肥，量少次多。贴根深施以及适时施肥，才能提高肥料的利用率。提高土粪的有机物料含量有利于土壤肥力的提高。

3. 营造护田林网，防止土壤沙化

由于灌淤土分布在我国干旱地区，每年刮风天数多，风速大，冬天作物收获后地面的覆盖度差，又靠近沙漠边缘，因此土壤的风蚀和风积作用强烈。被风吹走的是富含有机质和肥力元素的细土，而风力沉积的是颗粒较粗，肥力贫乏的物质，这样就会造成土壤沙化，肥力降低。因而必须营造护田林网，减小风速，增加地面覆盖，减少风力的侵蚀和沉积，保护农田。

4. 合理灌溉，防止次生盐渍化

灌淤土的分布地区，一般地下水位都不是特别低，有的地区地下水位甚至很高。加上本地区气候干旱，蒸发强烈，如果灌溉不当，不注意排水，或渠系维护不好，渠渗严重，就会抬高地下水位，造成土壤的次生盐渍化。因而必须注意防止渠系渗漏，注意管理和维修，并进行合理灌溉，适当排水；在地下水位较高地区，还可以抬高地面，相对降低地下水位等等。这些不仅可以防止土壤的次生盐渍化，还可以节约用水，扩大灌溉面积，提高粮食产量。

总之，灌淤土是我国北方干旱地区最主要的基本农田，根据灌淤土分布地区的自然地理特点和灌淤土本身的肥力特征，合理利用和积极改良灌淤土，可提高粮食产量，改善人民生活，对缓解我国粮食紧张状况具有一定的实际意义。

三、菜园土

菜园土(garden mould 或 vegetable soils)是长期种植蔬菜以后形成的一种高度熟化的肥沃土壤，在我国各地普遍分布，特别是蔬菜集中产地和市郊地区。菜园土现称“肥熟土”，是由于人工长期种植蔬菜，长期施用大量人畜粪尿和其他有机残体，并经耕作混合，频繁灌溉的影响，形成具有肥熟层的高肥力的人为土壤。这种土壤随着时间的推移，起源土壤的影响越来越小，相应的自然成土因素的影响在很大程度上被覆盖，在人为定向培育作用下，逐渐地走向同一，成为人为土。按照诊断层和诊断特性为基础的中国土壤系统分类，将具有肥熟表层和磷质耕作淀积层的菜园土壤划归为人为土纲中的肥熟旱耕人为土类。

“一亩园十亩田”是我国劳动人民对菜田土壤生产力的评价及高标准要求。蔬菜栽培是集约而精细的，这一方面是因为蔬菜本身根系较浅且较稀疏，但生长速度及生长量均较大，对土壤条件必然有较高的要求；另一方面是因为蔬菜含水量高，品质柔嫩，土壤条件不良难以确保蔬菜的优良品质；况且复种指数高，间复套种茬次多，没有良好的土壤条件，是不可能获得高产的。

(一)地理分布及成土条件

菜园土多分布于城郊及蔬菜集中产区，全国各地均有分布。由于以城市为依托，人口密集，物质来源丰富，经济发达，交通方便，为菜园土的发育提供了源源不断的物质条件。

菜田土作为耕作土壤中的一种土类，其最显著的特征是土壤经过了熟化过程，即母土在种植者集约性的种植、耕作、施肥(特别是指有机肥)、灌溉及其他土壤改良措施等的影响与定向培育管理条件下，土壤理化性状发生明显变化，有效肥力逐步提高，为蔬菜向高产、稳产、优质方向提高奠定了基础。

菜田土的发育源主要是栽培粮食或经济作物的旱田或水田。一般情况下，大面积开荒种菜的并不多。由旱田改为菜田，主要培肥方向是进一步提高肥力水平，即通过增施有机肥，精耕细作及合理灌溉等措施改善菜田土壤的物理性，提高养分含量及保肥、保水能力，以适应各种蔬菜高产优质栽培的要求。这种变化主要是土壤质量上的提高，土壤环境并没有根本性的改变。而水稻田改为菜田以后，土壤的生态条件却发生了根本性的改变，从而影响着土壤的形成过程和发育方向。

根据王雪冲等(1987)的调查，由水田改为菜田后的菜田土形成与演变大致可分为3个阶段：

1. 种菜4～5年为新菜园土

由于采取排水、干耕晒垡和冻垡，施用大量有机肥，使土性由冷变暖，口性由紧而渐松，土壤水气矛盾有所缓解，土壤容重有所降低，非毛管孔隙增加，土壤的物理性有了较明显的变化；耕作层中在干湿条件下，形成的由有机质与铁络合的红棕色锈纹、锈斑和鳝血斑随着氧化条件的改善而逐步消失，犁底层也逐渐减小，颜色变淡，土壤有机质、全氮、缓效钾等养分趋于减少，有效性钾开始增加。这是菜田土形成的初始阶段。

2. 种菜5～10年的菜园土

通过大量施用各种有机和无机肥料，进行合理群作及精耕细作，加上蔬菜根系本身的作用，使耕层肥力得到保持和提高，营养条件得到改善，土壤三相比趋于合理，水气矛盾进一步缓和，耕层中锈纹、锈斑已完全消失；土壤的犁底层变成较疏松的亚耕层，容重降低，结构变好。这是菜田土形成和演变的第二阶段。

3. 老菜园土

一般来说，在认真培肥条件下，种菜10年以上的菜田土壤可称为老菜田土。到了这个阶段，已形成具有菜田土基本属性的土壤类型。土壤养分保持在较高水平；耕层及亚耕层中的锈纹锈斑已经完全消失，渗育层中的锈斑较改为菜田前淡而少，结构面上的胶膜也变得少而薄，并失去光泽，耕作层与亚耕层的层次过渡变得不明显。

(二)基本特征

菜园土表现出的一些独特的成土特征如下：

1. 有机质累积与腐殖质层的形成

由于大量施用有机肥，年亩施1万～1.5万kg及以上，故有机质累积明显。0～25 cm耕层的有机碳多为12～26 g/kg，其下的过渡性亚层有机碳达(10±2.6) g/kg，形态近似其上的表层，养分储量一般超过粮作母土的耕层。

2. 磷的高度累积

该类土壤所施有机肥，以动物性有机肥为主，故磷的累积明显。肥熟层元素富集顺序是：P＞S＞N＞Ca＞K(转化迁移)，或者是：有效磷＞全磷＞全硫＞全氮＞碱解氮＞速效钾＞全钾。

3. 土体富营养化

由于叠加施肥、蚯蚓活动，养分下渗而在全剖面富集养分，种菜年限愈长，深层富集愈明显。全剖面养分含量分布与其他土壤的“T”形分布显著不同，养分分布属于“缓降型”。元素深层富集顺序同表层，全磷可富集到70 cm，高达2.5～7.0 g/kg，有效磷富集到80～100 cm深处，含量仍达18～35 mg/kg。

4. 土体疏松化

与叠加施肥、蚯蚓活动引起的生物孔隙增多有关，有孔隙多、孔隙粗、部位深的特点。一般表层容重降至 1.16±0.077 kg/m^3，总孔隙度增至 56.3±3.4%，非毛管孔隙增为 19±4.0%，犁底层明显消失，水稳性团聚体增加。

（三）剖面特征及诊断特征

1. 剖面特征

一般情况下，菜园土剖面可分为以下几个层次：

(1)*人工腐殖质层*　是长期种菜，堆垫施用动物性有机肥（包括人粪尿、厩肥、有机垃圾等），精耕细作、频繁灌溉、蚯蚓活动而形成的磷硫钙碳氢等积累较多的诊断表层。①厚度＞35 cm；②土色棕灰-黑灰色；③有机质含量加权平均≥25 g/kg；④速效磷含量 P_2O_5＞100 mg/kg 或全磷 P_2O_5≥2.5 g/kg；⑤疏松多孔，容重＜1.25 g/cm^3，非毛管孔隙≥1 5%；⑥蚓穴及蚓粪较多；⑦炭渣、灰渣、砖瓦、陶片及人类生活用品残屑较多。

(2)*熟土层*　是人工腐殖质的向下过渡层，养分下延层或粮田时期老耕层。①厚度≥15 cm；②土色棕灰-灰棕；③有机质含量≥15 g/kg；④磷的累积较明显，仅次于人工腐殖质层，其他养分也较高，高于粮田表耕层；⑤蚯蚓活动及文化层特征明显，仅次于上层。

(3)*旱耕沉淀层*　是旱耕及蚯蚓搬运表层物质的淀积层。①厚度≥15 cm；②色斑杂；③孔壁和结构表面淀积有较暗色的腐殖质黏粒胶膜，其亮度与彩度均低于周围土壤基质，数量占 5%以上；④由于蚯蚓搬运和液肥渗渍，土壤养分稍多；⑤仍有明显的蚓穴蚓粪。

(4)*稳定层*　不受熟化影响，其形态及养分含量接近母质层。

2. 诊断特征

菜园土壤的有效磷、有机质的富集和累积是最为突出的属性特征，因此以肥熟表层的厚度，包括上部高度肥熟表层和下部过渡的肥熟亚层的厚度以及有效磷和有机质的含量作为菜园土壤的重要诊断属性及指标。

(1)*肥熟表层*　是集约施肥，有机碳和磷素累积强烈的旱耕人为表层。厚度＞25 cm，有机碳≥6 g/kg，0～25 cm 的有机碳≥12 g/kg，有效磷（0.5 mol/L $NaHCO_3$ 浸提）0～25 cm≥35 g/kg（P_2O_5≥80 g/kg）。呈粒状、团块状结构，蚯蚓穴距＜10 cm 的占 50%以上，人为侵入体较多。

(2)*富磷耕作淀积层*　分布于肥熟层之下，厚度≥10 cm，多在 25～35 cm 以下，因受耕作施肥的影响，磷素下移而形成的耕作淀积层。有效磷较高≥18 mg/kg（P_2O_5≥40 g/kg）。有多量蚯蚓穴，间距＜10～15 cm 的蚯蚓穴占 50%以上。蚯蚓穴壁和结构表面淀积有颜色较暗、厚度≥0.5 mm 的腐殖质黏粒胶膜或腐殖质粉沙黏粒胶膜，其明度和彩度均低于周围土壤基质，数量占该层体积的 5%或更多。

（四）利用和改良

近几十年来，一些国家和地区先后报道了菜田土壤退化的种种表现及其产生的危害，尤以日本比较突出，被称之为菜田土壤“老朽化”。近一二十年来，在我国各地也先后发现并重视这方面的问题，类似土壤“老朽化”的情况也在各地老菜田或半老菜田中不同程度地存在，且有逐渐发展和继续恶化的趋势，应该引起足够的重视。

防止或恢复菜园土壤退化的综合土壤管理措施有以下几点：

①加深耕作层，改良菜田土壤下层的通透性。

②改良土壤物理性。应重视有机肥（有机质）的施用或客土改良，注意耕作方法及耕作时期建立必要而可行的轮作成换茬制度。

③改良土壤的化学性质。主要是应采取措施防止盐基的大量溶脱及土壤的酸性化，调整施肥比例，特别应重视钙的补充，必要时应增施微量元素。

④改良土壤的生物性。通过药剂施用，增施有机肥，合理轮作等措施，一方面保持土壤的有益生物活性，同时对有害的生物如病虫等进行抑制，使土壤的生物活性向有利于蔬菜生育及土壤肥力提高的方向发展。

四、教学案例与分析

人为活动与人为土

人为耕作和其他扰动形式影响下的土壤性质（腐殖质、结构）及其演变趋势，人为土壤的分类问题逐渐成为人们关注的热点，成为当今人为土研究工作的最主要趋势。在今后一段时间内，人为作用下土壤物理化学性质改变的定量研究、人为土分类的研究等仍将是世界土壤学界的主要研究内容之一，各个国家都试图推出针对自己情况的分类体系。其中，以我国人为土分类为基础的国际土壤资源参比基础的分类方案有指导意义。

人为作用作为一个重要的成土因素，其对土壤性质演变、土被结构的影响日益为人们所重视，特别是过去 100 多年中，大规模的资源开发和利用对土壤变化、环境破坏的影响已到了非常严重的地步。因此，从土壤学角度研究人为活动的影响不仅是现代土壤学而且也是探讨可持续发展所必须涉及的重要内容。1988 年联合国土壤图图例单元中首次将人为土作为一级单元列出，虽然比较简单。1994 年世界土壤资源参比基础（World reference Base of Soil Resources，WRB）提出了比较完整的人为土的分类，1995 年第 15 届国际土壤学会上设立了人为土发生模型的专题讨论。人们不再把土壤只看作是五大成土因素的产物，而对人为因素对土壤的影响越来越重视。说明 20 世纪 90 年代世界各国对人为土研究已进入了一个新阶段。

我国人为土类型丰富，在其形成和分类研究方面，总体来讲比较先进。特别是包括完整人为土分类方案的“中国土壤系统分类（修订方案）”、WRB 中人为土分类方案由中国人建立，以及美国的国际人为土委员会有中国人参加就是最好的证明。与国际上相比，我们在近代城市化和工业化对土壤形成、土被结构演变的影响方面研究不足。这对合理利用土壤资源、保护环境都有着非常密切的关系。今后应拓展人为土研究领域，更注重与国民经济和社会发展密切相关的人为新成土研究。

第六节　初　育　土

初育土是指土壤发育程度微弱，土壤剖面层次分异不明显，母质特征显著，土壤保持相对的幼年阶段，并明显区别于地带性土壤的一些土壤类型。其剖面类型多为 A—C 或 A—R 型。初育土相当于美国分类中的新成土（entisols），始成土（inceptisols）；相当于联合国分类的浅层土（leptosols）、粗骨土（regosols）、始成土（cambisols）、暗色土（andosols）等单元。

根据成土母质特点，初育土又可分为发育于疏松母质的土质初育土和发育于岩石风化物上的石质初育土。土质初育土包括黄绵土、风沙土、新积土和红黏土等；石质初育土包括石质土、粗骨土、火山灰土、紫色土、石灰岩土和磷质石灰土等。

一、黄绵土

1. 地理分布与形成条件

黄绵土(loessial soils)曾称为黄土性土、绵土等，又称黄土(宁夏)、绵黄土(陕西)、大白土(甘肃)、黄白土(青海)。是黄土高原地区最大的土类和主要的旱作土壤，总面积 1 227.91 hm^2，广泛分布于黄土高原水土流失比较严重的地区，主要是陕西的北部和中部，甘肃的东部和中部，宁夏的南部以及山西的西南部。其中，陕西北部分布最广，青海、内蒙古也有零星分布，与栗钙土、灰钙土、褐土等地带性土壤交错出现。

黄绵土地处温带、暖温带地区，年平均温度 7～16℃，年平均降雨量 200～500 mm，集中于7～9 月份，多暴雨，年蒸发量 800～2 200 mm，干燥度大于 1。冬春干燥多风，夏季酷热，早晚温差大，无霜期 130～180 d，愈向北部，降水愈少，气温愈低，霜期愈长，温差愈大。自然植被为森林草原和草原，乔木主要是阔叶树种，有栎、榆、洋槐，并间有油松、柏等，多为次生、旱生中幼年林，林相残败；草本主要为禾本科草类和冷蒿、胡枝子、地椒、甘草等，生长较稀疏。分布在海拔 1 000 m 以上，地形被流水强烈分割，变化很大，群众分为塬梁、峁、坡、沟湾、沟掌、川台。黄绵土母质为黄土，质地较为均一，疏松多孔。黄绵土地区地形支离破碎，坡度大，雨量集中，植被稀疏，加之黄土抗蚀力弱，是造成土壤强烈侵蚀的主要原因。也正是由于强烈的土壤侵蚀造成土壤发育受阻，保留在幼年土壤阶段。

2. 形成过程

黄绵土的土壤形成过程主要是弱腐殖质积累、耕种熟化和土壤侵蚀 3 方面。

(1)弱腐殖质积累过程　在自然草本和灌木疏林植被下发育的黄绵土，当地形平坦时侵蚀减弱，表层具有枯枝落叶残留层，形成有机质层。剖面由有机质层和黄土母质层构成 A—C 型，层次过渡明显，并有碳酸钙的轻度淋溶、淀积及微弱的黏化现象发生，如果这些过程顺利地进行，土壤向黑垆土、褐土、栗钙土等地带性土壤过渡。剖面中还可见霜粉状、斑点状或短条状的碳酸钙新生体，但无钙积层形成。

(2)耕种熟化过程和土壤侵蚀过程　在耕种条件下，一方面进行着耕种熟化，另一方面又发生着土壤侵蚀，土壤形成处在熟化—侵蚀—熟化往复循环的过程中，加上气候干旱和生物过程不强，延缓了剖面的发育，所以土壤始终处在幼年发育阶段，剖面由耕层和黄土母质层组成，即 Ap—C 型，无明显淋溶淀积层。

必须强调，黄绵土在土壤形成过程中受黄土母质的影响特别明显。黄土分新黄土、老黄土和古黄土，其中新黄土面积最大。除风成黄土外，也出现洪积、坡积和冲积的次生黄土，这些黄土的许多性质可遗传给其上形成的土壤。

3. 基本性状

黄绵土的剖面为 A—C 土体构型，在自然植被下，具有有机质层，厚度 10～30 cm，黄土的颜色为棕黄色(干土 10YR6/6)或黄棕色(风干土 10YR5/6)，屑粒状、团块状结构，其下为母质层，稍有碳酸钙的淋溶淀积。通常林地有机质层比草地厚，有机质含量高，颜色暗，结构发育好。

黄绵土因侵蚀较强，耕层比较薄，一般 15 cm 左右，有的陡坡耕地不足 10 cm，耕层以下为黄土母质层，但在塬地、川台地和久耕梯田，略有犁底层发育。

黄绵土的颗粒组成以细沙粒(0.25～0.05 mm)和粉粒(0.05～0.002 mm)为主，约占各级颗粒总数的 60%，同一剖面各层颗粒组成变化不大，仅表层因侵蚀、坡积、耕作、施肥的影响稍有差异，但地域性差异显著，由北向南，由西向东沙粒含量递减，黏粒含量逐渐增加，这与黄土颗粒组成的地域分异规律是一致的。

黄绵土疏松多孔，容重小，耕性良好。耕层容重一般为 1.0～1.3 g/cm^3，总孔隙度 55%～60%，通气孔隙最高可达 40%。黄绵土透水性良好，蓄水能力强，有效水范围宽，透水速度通常大于 0.5 mm/s，每小时渗透量为 50～70 mm，下渗深度可达 1.6～2.0 m，2 m 土层内可蓄积有效水 400～500 mm，田间持水量为 13%～25%，凋萎湿度 3%～8%，土壤有效水含量可达 8%～17%，不同地形部位特别是坡面对土壤水分含量的影响较大，阴坡蒸发较弱，水分状况优于阳坡，一般比阳坡土壤水分含量高 1.5%～3.0%，相对高 20%以上。

黄绵土多处于温带，加之质轻、色浅、比热小，因而土温变幅大，属温性-中温性土壤，一般阳坡高出阴坡 1.5～2.5℃。坡向对土壤水热状况的影响，对黄绵土地区的作物布局、播种时间选择以及出苗生长状况都有重要的作用。

黄绵土的耕性较好，疏松易耕；适耕时间长，雨后就能下地。因有机质量少，土色浅，比热小土温变幅大，故早春作物返青早，成熟快，易发小苗，但后劲较差。

耕地黄绵土的有机质含量一般为 3～10 g/kg，草地黄绵土的有机质含量一般为 10～30 g/kg。腐殖质组成以富里酸为主，HA/FA 为 0.3～0.9。氮素含量低，全量磷钾较丰富，但有效性差，锌、锰较缺。

黄绵土为弱碱性反应，pH 8.0～8.5。整个剖面呈石灰性。碳酸钙含量 90～180 g/kg，上下土层比较均匀，阳离子交换量 6～12 cmol/kg，保肥能力较弱。

黄绵土的矿物组成与化学组成和黄土母质近似，矿物组成以石英、长石为主，各层变化不大；黏土矿物以水云母为主，其次是绿泥石和少量高岭石，黏粒硅铁铝率为 2.8～2.9，硅铝率为 3.5～3.7。全氮含量低，P、K 含量同母质相似。

4. 利用改良

黄绵土地区地形破碎，坡度大，坡耕地多，尤其陡坡耕地比重大，如陕北黄土丘陵区耕种黄绵土占黄绵土总面积的 67%～75%，其中大于 25°的坡耕地占耕地黄绵土面积的 43.5%，既不适于种植农作物，还加剧了水土流失，因此，坡度大于 15°的坡耕地要逐步退耕还林还牧。本着“米粮上塬下川，林果下沟上岔，草灌上坡下坬”的原则，综合治理，防治水土流失，改善生态环境。

工程措施是防治水土流失的主要方法，也是建设高产稳产基本农田的基础工作。工程治理措施主要是修筑水平梯田、隔坡梯田、高埂隔田、淤地坝、水平沟和护沟埂等。做到水不出田，泥不下坡，但工程措施要与生物措施相结合。

气候干旱，土壤水分不足是影响黄绵土地区农业生产的重要因素。在有条件的地区应大力发展灌溉，加强水利设施的建设和配套，逐步推行喷灌、滴灌等先进技术，提高灌溉效益。旱地在建设梯田、坝地的基础上，积极推广节水农业及其他抗旱耕作保墒措施，如早耕、深松，适时耕耘、镇压、覆盖等，做到降水就地入渗拦蓄，增加土壤蓄水，抵御干旱。

针对黄绵土有机质和氮磷缺乏的问题，应有计划地分年施用有机肥料，秸秆还田，采用有机和无机肥料结合，增施氮、磷化肥和硼、锰微肥。改进轮作倒茬制度，把豆科作物、牧草绿肥纳入轮作，特别是发展苜蓿对解决肥料、饲料、燃料都有积极的作用。

二、风沙土

1. 地理分布与形成条件

风沙土(aeolian soils)总面积 6 752.73 hm^2，主要分布于中国北部的半干旱和干旱地区，位于北纬 36°～49°，处于黑钙土、栗钙土、棕钙土和荒漠土带内，跨黑龙江、辽宁、内蒙古、陕西、宁夏、甘肃、青海、新疆等省(自治区)，构成中国著名“三北”风沙区，滨海与东部湿润地区的河流故道也有较大面积的风沙土。

除滨海与东部湿润区外，风沙土区大陆性气候明显，夏季干旱少雨，降水不稳定；冬季受蒙古-西伯利亚高压的控制，气候寒冷干燥。降水量自东向西递减，大致以贺兰山为界，东部年降水量 200～500 mm，西部年降水量 200 mm 以下。降水量最少的地区位于塔克拉玛干沙漠的中部和东部、新疆东部、柴达木盆地西部以及巴丹吉林沙漠，年降水量在 50 mm 以下。降水年变率大，降水季节分配极不均匀，主要集中在夏季的 6～8 月份，占全年的 60%～80%，而夏季又往往集中在少数几天内。蒸发强烈，干燥度东部为 1.5～4.0，西部在 4 以上；该区气候干燥，温差大，物理风化强，沙源丰富，风大而频繁。在风的吹蚀下，砾石残留；细土飞扬，沙粒在地表流动，流沙蔓延，形成风沙土。

风沙土区的自然植被为草原、荒漠草原和荒漠，以耐旱灌木或半灌木以及耐旱、耐瘠的沙生植物为主，植物稀疏低矮。东部地区水分条件较好，除流动沙丘上零星生长沙生植物外，半固定沙丘和固定沙丘植物比较丰富，有差巴嘎蒿、黄柳、酸不溜、野麦子、碱草、狗尾草、闭穗、白草、油蒿、茵陈蒿、麻黄、胡枝子、蒙古莸、绣线菊、锦鸡儿、黑格兰、臭柏、家榆、欧李、山杏、樟子松等，覆盖度可达 40%～80%或以上。西部地区降水少，半固定沙丘和固定沙丘上植物生长稀疏，有油蒿、柠条、白芨柴、沙拐枣、红柳、黑白梭梭、胡杨等。

风沙土的母质是松散的风成沙，风成沙来源于岩石就地风化的产物或河流冲积物、洪积物、湖积物、冰碛物；有些地区下伏基岩岩石疏松，极易风化，毛乌素沙地的下伏岩石就是第三纪的疏松的沙页岩。这些沙质沉积物和疏松的沙页岩，提供了丰富的沙源。在滨海沙地中，沙粒是由山区河流带来的，或海岸破碎崩落物岩块长期磨蚀而成。上述风化产物在风的吹扬下，被搬运。当风速降低或遇到障碍物时，风所携带的碎屑物质就会在重力作用下沉积下来，形成特有的风沙地貌——各种形状和类型的沙丘。

2. 形成过程

(1)风蚀、堆积过程　风通过吹扬作用，将地表碎屑物质吹起，并携带搬运，当风速减弱或遇到障碍物时，沉积下来。

(2)生草化过程　风沙土区植被多为深根、耐旱的木质化灌木、小半灌木，每年地上部分死亡。由于气候干旱，枯枝落叶分解十分微弱。尽管植被稀疏，但对固定土壤起着十分重要的作用。

风沙土的形成始终贯穿着风蚀、堆积过程和植被固沙的生草化过程，这两者互相对立往复循环，从而推动着风沙土的形成与变化。沙堆只是形成风沙土的开始，随着植物的着生与繁殖，水热状况发生改变，风沙土才逐渐形成，但由于成土年龄过短，发育十分微弱，很难形成成熟、完整的土壤剖面。

风沙土的形成大致分为3个阶段：

①流动风沙土阶段：风沙母质含有一定的养分和水分，为沙生先锋植物的滋生提供了条件，但因风蚀和沙压强烈，植物难以定居和发展，生长十分稀疏，覆盖度小于10%，常受风蚀移动，土壤发育极其微弱，基本保持母质特征，处于成土过程的最初阶段。

②半固定风沙土阶段：随着植物的继续滋生和发展；覆盖度增大，常在10%～30%，风蚀减弱，地面生成薄的结皮或生草层，表层变紧，并被腐殖质染色，剖面开始分化，表现出一定的成土特征。

③固定风沙土阶段：植物进一步发展，覆盖度继续增大，通常大于30%；除沙生植物外，还渗入了一些地带性植物成分，生物成土作用较为明显，土壤剖面进一步分化，土壤表层更紧，形成较厚的结皮层或腐殖质染色层，有机质有一定的积累，弱团块状结构，细土粒增加，理化性质有所改善，具备了一定的土壤肥力。固定风沙土的进一步发展，可形成不同的地带性土类。

风沙土在地下水和盐分的作用下可向草甸化、沼泽化和盐渍化方向发展。

3. 基本性状

风沙土的土体构型为：A—C型。

A层：生草—结皮层或腐殖质染色层，厚度5～30 cm或更厚，浅黄色(2.5Y7/3)或棕色(7.5YR5/4)，片状或弱团块状结构，沙土或沙壤土，根系较多。

C层：沙土，浅黄色(2.5Y7/3)，单粒，无土壤结构体。

由于风力的分选作用，风沙土颗粒组成十分均匀，细沙高达900 g/kg以上，粗沙、粉粒和黏粒很少，随着成土过程的进行，黏粒含量逐渐增加。风不断搬运来的沙尘，亦多停积在土壤表面，使表层黏粒不断丰富。从流动风沙土到固定风沙土>0.01 mm的沙粒减少，<0.01 mm的物理性黏粒增加，流动风沙土几乎全部由细沙(0.25～0.05 mm)组成，物理性黏粒含量一般不超过20 g/kg，半固定风沙土可达30～40 g/kg，固定风沙土可增至250 g/kg以上。并且，随着黏粒和有机质的增加，土壤结构改善，容重与孔隙率均由流动风沙土、半固定风沙土到固定风沙土而逐渐增加。

土壤水分随着形成过程的发展呈逐渐减少的趋势。流动风沙土的表面有一层疏松干沙，可以防止下伏沙层水分的蒸发，又因植物非常稀疏，蒸腾量少，贮存在沙层中的水分得以保持.所以干沙层以下的含水率为20～30 g/kg，对先锋植物定居生长有利。半固定风沙土由于植物根系的吸收，其上层含水率降低到20 g/kg以下；固定风沙土1 m深沙层内水分含量低于10 g/kg，3 m深沙层内含水率不超过20 g/kg。植物根系密集的表层水分含量更少，接近于凋萎系数。

在热状况方面，风沙土的导热性强，热容量小，所以土温随气温变化剧烈，土表昼夜温差可达40℃左右，20 cm深处变幅3～5℃，30 cm变化1.2～2.2℃。地面温度高，温差大，对植物生长不利。但土层中昼夜温差造成一定的温度梯度，为土壤中水分凝结创造了条件。由于风沙土特殊的水热条件，加之腐殖质含量少，并有碳酸盐存在，使地表形成多孔的结皮。这是风沙土的一个重要特征。

流沙在固定过程中，植物残体(包括根系)逐渐在上部土层中积累起来，显著地增加了有机质。流动风沙土的有机质含量为1.0～3.0 g/kg，半固定风沙土表层为2.0～8.0 g/kg，固定风沙土增加到10 g/kg左右，臭柏植物群丛下的固定风沙土，表层有机质含量可达40 g/kg。腐殖质除东部草原地区外，以富里酸为主，HA/FA小于1，腐殖质组成中，钙结合胡敏酸的含量比铁铝结合的高，而钙结合富里酸的含量则低于铁铝结合的富里酸，或相差不大。土壤钾素较丰富，氮磷缺乏，阳离子交换量 2～5 cmol/kg，保肥供肥能力差，土壤贫瘠。pH 在 8～9，呈弱碱；至碱性反应。石灰和盐分含量地域性差异明显，东部草原地区一般无石灰性。西部地区有盐分积累，特别是荒漠地区有的已开始出现盐分和石膏聚积层。风沙土矿物组成中，石英、长石等轻矿物占 80%以上，重矿物含量较少，但种类较多，主要是角闪石、绿帘石、石榴子石和云母类矿物。

某些草甸风沙土有易溶盐积累。

4. 利用改良

中国内陆风沙土分布区气候条件独特，太阳辐射强，昼夜温差大，存在着特有的野生动植物。该区也存在下列问题：

第一，水资源贫乏。据估算，该区年均水资源总量约为 $2\ 350\times10^{8}\ m^{3}$，平均 $7\times10^{4}\ m^{3}/km^{2}$，远远低于全国 $36\times10^{4}\ m^{3}/km^{2}$ 的平均水平。其中，地表水 $2\ 024\times10^{4}\ m^{3}$，不足全国总数的 8%，平均每公顷耕地占有地表水 11 921 m^{3}，为全国耕地平均占有量 26 325 m^{3} 的 45.3%；地下水 $1\ 135\times10^{4}\ m^{3}$，占全国年均地下水资源 $8\ 000\times10^{4}\ m^{3}$ 的 14.2%。

第二，生态环境脆弱，是中国沙尘暴的主要源区。据研究，中国沙漠化地区沙尘暴频率高、强度大，是世界上现代沙尘暴强烈发生的地区。21 世纪以来，沙尘暴越来越频繁，据不完全统计，20 世纪 50 年代至今造成重大损失的就有 70 余次。

第三，经济落后，人民生活贫困。该区经济结构简单，以牧业和种植业为主，第一产业的产值占 60%以上，第二、第三产业极不发达，经济发展水平很低。

20 世纪 50 年代以来，中国沙漠化一直在加速扩展。沙漠化发展最快的有两类地区：一是贺兰山以东的中国北方农牧交错区，二是贺兰山以西内陆河下游的绿洲地区。

目前，中国风蚀荒漠化即沙漠化面积已达 $160.7\times10^{4}\ km^{2}$，并且有进一步加重的趋势。随着今后人口压力的增加和人类经济活动的进一步加强，如不采取应急措施，沙漠化将以更大的速度加速扩展。因此，对于风沙土区首先要保护好现有植被，严禁滥垦、滥伐、滥樵和过度放牧，逐步恢复自然植被。要大力开展植树种草，流动风沙土应播种沙蒿等沙生植物，设置草沙障；半固定、固定风沙土应草灌结合，以沙生草本和灌木为主；丘间沙地可种植沙柳、锦鸡儿、青柳等乔木树种；沙区农田应营造防风林带；根据"因地制宜、因害设防"的原则，实行草灌乔结合，合理设置林网结构，控制沙漠化发展。要综合治理，通过建立人工植被或保护和恢复天然植被等生物措施，采用固、阻、输、导等机械工程手段，利用化学物质、工艺，在发生沙害的地表建造一层具有一定结构和强度的固结层等化学方法，防治沙害。

要因地制宜，发展牧业与农业。沙区的滩地、绿洲分布较广，水资源丰富，地下水埋藏浅，水质较好，可发展灌溉农业，建立沙区粮食和副食品基地。有些地区盛产名贵药材和经济作物如枸杞、沙苑子、瓜果等，应开展多种经营，积极发展经济林和水产养殖。风沙区有大量的旱耕地，干旱缺水，风蚀严重，产量很低，应退耕还牧，种植牧草，建立人工草场，发展畜牧业。依靠科技进步，充分发挥资源优势，发展薪炭林，开发风能、太阳能等替代能源。此外，针对风沙土土质沙、结构差、养分低、干旱风蚀等特点，对农田应抓好土壤改良和培肥地力，广开肥源，增施有机肥料，扩种深根绿肥，改进轮作倒茬制度，合理施肥，氮磷肥配合。施肥方法应"少吃多餐"，提高肥效。在有条件的地区可客土改沙，引洪漫淤，引水拉沙，变沙地为良田。种植抗风、耐旱、耐沙作物，采用防蚀抗旱耕作措施如免耕或少耕、覆盖、沟田种植等。

三、新积土

1. 地理分布与形成条件

新积土(neo-alluvial soils)分布于各地江河沿岸的河漫滩和阶地上，各地母质来源不同，成土母质属河流冲积物，有的已经耕种熟化成耕种土，有的属自然土，一般很少或无植被，并且易受洪水危害。

2. 形成过程

新积土发育于河流沉积物上，因此，沉积物的组成决定于流域的原类型土壤。不同沉积物发育的土壤性状不同，就一般而言，该类土壤的特点组成复杂、发育弱，沉积层较明显，养分丰富，土层深厚，但因距河床远近不同，土壤质地粗细有规律变化，沉积物质随河流泛滥规模和流速变化而产生的流水分选作用，使距河床近的河漫滩或阶地前缘阶面水流速度大，沉积物质粗，距河床远的阶地后缘阶面流速逐渐减小，沉积物质变细，同时，新积土的物质受河流年际间的水量变化制约，是大小河流多次沉积的结果。因此，不仅沉积物在水平方向有粗细的不同，而且在垂直方向上亦有粗细层次的排列。因而构成了新积土质地的复杂性和剖面质地层次的多样性。这些土壤质地层次的不同排列，对土壤理化性状、耕作、施肥和宜种性都有显著的影响。

3. 基本性状

新积土类发育层次不明显，而质地层次比较明显，在1 m厚的土层内，一般质地有2～3层变化。其颜色决定于沉积的物质，有灰棕色、黄色、黄棕色、紫棕色等，质地由轻壤至重壤，耕作层松散，呈粒状结构，心底土层较紧实，无地下水停积和铁锰淀积。石灰性新积土全剖面还有石灰反应。

新积土质地适中，矿质养分丰富，不仅K,Na,Ca,Mg等碱金属元素含量高，而且微量元素含量也常超过当地的地带性土壤，CEC随质地不同而异，低的<10 cmol(+)/kg，高的超过24 cmol(+)/kg，甚至更高。pH 6.8～8.4，有机质含量10.9～3.4 g/kg，全N含量6.6～10.9 g/kg，全P含量0.38～0.54 g/kg，全K含量17.2～17.8 g/kg，有效N含量480～500 mg/kg，有效P含量40～50 mg/kg，有效K含量620～770 mg/kg，还含有比较丰富的微量元素。因此，新积土肥力比较高，适种性广，作物产量较高，是各地经济作物、蔬菜的重要基地。

4. 利用改良

新积土尚未脱离河水泛滥的威胁。新积土的开发利用应在保证行洪安全的前提下，根据自然、社会经济条件，采取合理的利用方式。

①在河滩草场，可建立季节草场轮牧区，但要注意维护河道沿岸的引水卫生。

②在河漫滩较宽阔的地区，可修堤筑坝，防止洪水淹没，建立排灌系统，降低地下水位，平整土地，建立河滩地农业区，在保证汛期行洪的条件下，加强农业技术措施，争取汛期前获得一季好收成。同样，农业的水肥管理措施要恰当，实行平衡施肥，防止过量的肥料沿径流失而污染河水。

③一般土壤质地较粗的河漫滩，在不影响行洪的条件下，可以选植河滩片林，既可保护河岸，又可改善生态环境。

④对于新积土的开发，应通过施用有机肥，套种、复播绿肥，轮作苜蓿和精耕细作等措施，加速土壤的培肥和熟化。

四、石质土

石质土(lithosols)是发育在各种岩石风化残积物上或次生薄层堆积物上的一类土层极薄的土壤。厚度一般在 10 cm 以内,含 30%～50%的岩石碎屑,以下即为未风化母岩层,剖面构型为 A—R 型。

1. 地理分布与形成条件

石质土总面积为 1852.23 万 hm^2,深受母岩岩性的影响,广泛分布于侵蚀严重的石质山地、剥蚀残丘,以及丘顶、山脊、山坡等坡度陡峻的地形部位,且常与地带性土类的"性土"、粗骨土或其他山地土壤呈复区分布,分布在全国各地,以西北、华北山区面积较大。

2. 形成过程

该土类以物理风化为主要形成过程,可形成于各种气候条件下,只要在易受到侵蚀如山坡,就可能存在石质土。但在植被较好的地区,石质土也有一定生物积累作用,条件好的地区还有一定的淋溶作用。由于生态环境不利于土壤发育,土壤侵蚀作用大于成土作用,使土壤始终处于初始发育阶段。

3. 基本性状

石质土剖面形态极其简单,由浅薄的 A 层和基岩组成。土石界线分明,在局部植被良好的地段可见到 1～2 cm 的枯枝落叶层,土壤中富含岩石风化碎屑,残留岩性特征明显。

由于石质土在各种生物气候不同的岩石条件下均可形成,因而不同地点的石质土差异较大但普遍具有如下特征:无明显元素迁移,生物富集作用微弱,砾石含量 30%～50%,通透性强,土层极薄,土壤 pH 4.5～8.5,阳离子交换量和盐基饱和度较小。

4. 利用改良

石质土无农业利用价值,只要封山即可,一般不宜开发。封山以后,涵养水土,促使土壤发育,逐渐培育土层,不断增加土壤肥力。严禁樵采,过度放牧,盲目采石等。

石质土应纳入水土保持的统一规划中,综合治理。培植植被,保持水土,发展经济林木或适于生长的名优特产。

五、粗骨土

粗骨土(skeletal soils)是由各种基岩风化残坡积物上形成的一类 A—C 型初育土壤。广泛分布在河谷阶地、丘陵、低山和中山等地多种地貌地形部位。凡地形陡峻、地面坡度大、强度切割和剥蚀地区,均有粗骨土分布。其分布在全国 23 个省(自治区),计 2 610.34 万 hm^2。粗骨土与石质土的差别是土层较石质土厚,但土体砾石含量>50%。粗骨土与"性土"的差别是剖面中即使是发育微弱的 B 层也没有,而"性土"剖面中有发育微弱的 B 层,土层较厚。

1. 地理分布与形成条件

由于山丘地区地形起伏、切割深、坡度大,加上风蚀,导致细粒物质淋失,土体中残留粗骨石。另有部分母岩在各种气候因子综合作用下,以物理风化为主,形成半风化的碎屑风化显示粗骨特性。也有的是在河床边由于山洪带来大量石砾堆积形成。在长期植被作用下具有一定的生物积累作用。

2. 基本性状

粗骨土在剖面形态上表现为较石质土厚,且石砾含量也比石质土多,但剖面构型为 A—R

或 AC—C 型，表土层 10～20 cm 厚，疏松多孔。除表层土壤颜色因有机质的作用略显暗淡，颜色随成土母质（母岩）而异。粗骨土的性状源于母质（岩），质地变化就很大，土壤有机质含量等植物速效养分不高。

3. 粗骨土亚类及其特征

粗骨土划分为酸性粗骨土、中性粗骨土、钙质粗骨土和硅质粗骨土 4 个亚类。

（1）酸性粗骨土　主要分布在中亚热带山丘坡地，多与红壤、黄壤、黄棕壤及棕壤或石质土呈复区分布，成土母岩有沙页岩、千枚岩、花岗岩、片麻岩等，土层厚 30～50 cm，酸性反应，pH 5.0～6.0，各种养分含量不高。

（2）中性粗骨土　主要分布在半干旱、半湿润、湿润地区的山丘坡地，成土母岩为各种非钙质沙页岩等。常与石质土、棕壤、褐土、黄棕壤等交叉分布，pH 6.5～7.5。

（3）钙质粗骨土　分布在石灰岩分布区，与钙质石质土、石灰土相间分布，成土母岩为碳酸盐岩类。土体中有石灰反应，pH＞8.0。

（4）硅质粗骨土　主要分布在广西、河南等地，发育于硅质岩与灰岩伴生地段。由于硅质岩抗风化的特性，粗骨性更强，养分是 4 亚类中最低的一类。pH 4.5～5.5，少数中性反应。

六、火山灰土

1. 地理分布与形成条件

火山灰土（volcanic）是第四纪火山喷发碎屑物，粉尘状堆积和熔岩风化母质发育的一类土壤。中国的火山灰土随火山而分布，主要分布在黑龙江的五大连池、牡丹江地区，吉林的长白山地区，海南岛和云南腾冲地区。

2. 形成过程

火山灰土的母质为已垒结、疏松多孔的玻璃碎屑、粉尘渣和浮石等，物理分化强，易于就地形成土壤，而由于受到火山的喷发的影响，土壤处于初级阶段。在亚热带湿热气候下的土壤有弱的脱硅富铁铝化合生物富集特点。

3. 基本性状

火山灰土剖面构型一般为 A—C 型，有的有几次喷发堆积形成叠置剖面，厚薄不等。火山灰土的性质继承了火山灰母质的性质，土壤容重低（0.5～1.2），比表面积大，暗色，无定型铁、铝氧化物（水铝英石）含量高。我国的火山灰土多是火山玻璃质，而没有火山灰质的火山灰土。

4. 利用改良

火山玻璃质火山灰土的质地粗，漏水漏肥，养分含量低，开垦种粮产量低，一般宜林用；而火山灰质的火山灰土的质地细，保水保肥，养分含量高，松软肥沃，开垦种粮产量高。

七、紫色土

1. 地理分布与成土条件

紫色土（purplish soil）是我国的一种特殊土壤类型，是亚热带地区由富含碳酸钙的紫红色砂岩和页岩上的初育土。它主要分布于四川盆地，其他如云南、江西、浙江、福建、江苏、两湖、两广、贵州等省区也有分布。

自然植被是亚热带常绿阔叶林，但由于砍伐多为次生林代替；低山、丘陵，甚至中山地带被辟为农田，种植柑橘、竹、油桐等经济作物以及粮、棉、油等大田作物。这种土壤矿质养分丰富，肥力较高，适种作物范围广，除粮食作物外，还盛产棉花、甘蔗、麻类、油菜、花生、果树等经济作物。紫色土是我国富饶的土壤资源之一。

2. 形成特点

紫色砂岩和页岩虽然容易风化，气候湿热也有利于岩石风化和土壤形成，但由于土壤经常遭受侵蚀，因此，土壤发育过程受阻，土壤处于幼年阶段，依然遗留许多母岩的性质，呈微酸性到微碱性，养分含量较高；不似同气候带的红壤和黄壤那样酸性而且贫瘠。

紫色母岩对土壤形成有深刻的影响，母质的许多性质，如颜色、矿物组成、理化性质等常常遗传给紫色土，决定着紫色土的肥力水平。紫色沙页岩吸热性强，昼夜温差大，易受热胀冷缩影响，物理分解由表及里，层层剥落成碎屑状物质，此外紫色沙页岩中含有铁、硅、碳酸盐等复杂化合物，以较稳定的胶膜覆被在矿粒表面，抗御化学风化作用的深入进行，保存了许多品质优良的黏土矿物，由此紫色沙页岩风化形成的紫泥土，能较完整地保留母质本身的优点。据江西省兴国县紫色土丘陵区测定：直径 20 cm 的紫色岩块，置于旷野中经日晒雨淋两个多月后（4 月中旬至 6 月下旬），按重量计 65%～93%崩解为小于 4 cm 的碎屑物。

紫色土矿物质的化学风化作用微弱，主要继承母质的特性，在其粉沙粒部分除石英外，尚有大量的长石、云母等原生矿物颗粒，黏粒部分的矿物类型以蒙脱石或水云母为主。黏粒硅铝率一般在 3 以上，剖面上下层次无明显变异。

紫色土成土母岩除部分为酸性紫色沙页岩外，大部分紫色土中含有不同数量的碳酸钙，当岩石裸露地表时，游离碳酸钙淋失作用大为加强。尤其分解为碎屑物后，更为显著。从母岩到土壤的形成过程中，碳酸钙含量沿剖面自上而下逐渐递增。

紫色土主要分布在丘陵坡地，地形起伏明显，坡度较大，水土流失不断发生，加速了紫色岩风化物的侵蚀，经常露出心岩，使坡地紫色土经常处于幼年土阶段。由于水土流失严重，植被生长较差，紫色土的有机质和全氮含量一般不高，而且表土也没有明显的腐殖质聚积层。

3. 基本性状

紫色土的剖面形态特征很大程度上继承了母岩的特性。紫色土通体呈均一紫红、紫红棕或紫暗棕色，土层中物质的淋溶和淀积均较弱，剖面层次发育不明显，表层以下即为母质层。剖面构型为 A—C 型。在丘陵顶部或坡地上部因受侵蚀影响，土层浅薄，十几厘米以下就可见到半风化母岩，丘陵坡地下部较深厚，但大多也不超过 1 m。

紫色土的质地变化于沙壤土至轻黏土之间，但以粉壤土为主，有良好通透性。土壤反应变异较大，可由酸性至碱性，pH 5.5～8.5，部分土壤碳酸钙含量可高达 10%。土壤的风化程度较弱，土壤中还存有多量的原生矿物，如长石、云母等。黏粒矿物以 2∶1 型矿物为主。阳离子交换量较高，盐基饱和度在 90%以上，但有机质含量一般较低，10～30 g/kg，氮素含量低。

4. 利用改良

紫色土母岩松脆，易于风化分解，矿质养分丰富，肥力较高。即使土层浅薄，稍加耕锄，就能种植作物。但紫色土主要分布于坡地，水土流失严重，使土壤性质变劣，作物低产，所以，在利用时应采取措施加以治理。

(1)综合治理，防止水土流失　紫色土区域是中国南方水土流失最为严重的地区，因此紫色土的开发利用首先以保持水土为重点，开展土、水、林综合治理。改坡地为梯地，平整土地，兴修蓄水池，造林绿化，拦蓄径流泥沙，合理轮作间套，把“三跑田(地)”变成“三保田(地)”。

(2)旱地蓄水浇灌　紫色土中矿质养分较丰富，但常因土壤干旱缺水，在生产上不能充分发挥作用。因此结合保土防冲措施选择适宜坡地开挖蓄水池，解决旱坡地农业灌溉用水，是紫色土高产稳产的关键措施。

(3)增施有机肥和氮、磷肥　紫色土中有机质、氮素均较低，必须广辟肥源，增施有机肥料，创造良好的结构和提高氮素的供应水平。此外紫色土含磷丰富，但紫色土中的有效磷以钙镁磷酸盐居多，约占有效磷的 80%，铁铝磷酸盐占 15%，由此紫色土还需施加适当的磷肥。

(4)合理间套轮作　大多数紫色土含钙丰富，磷、钾含量也较多，适宜豆科作物生长。采用豆科作物或绿肥与玉米、小麦、甘薯、花生、烟草等作物间作套种或轮作，可增加土壤有机质和氮素含量，才能做到用养结合，不断提高土壤肥力。

八、教学案例与分析

王文彪与库布其沙漠

王文彪，男，汉族，1959 年 12 月生于内蒙古。现任亿利资源集团有限公司党委书记、董事长。

1988 年以来，王文彪先生引领的亿利资源企业在党和政府的重视支持下，坚持“厚道共赢、生态惠民、绿富同兴”的发展理念，在发展主业的同时，坚持、坚守、坚毅地致力于中国第七大沙漠——库布其沙漠的治理，25 年投入 30 亿元人民币实施了 5 000 多 km^2（相当于全球荒漠化面积的 1/7 000）的沙漠生态建设和保护工程，控制荒漠化面积 1.1 万 km^2，创造了 300 多亿元的生态系统生产总值，有效遏制了内蒙古和北京地区的沙尘暴，改善了空气质量，保卫了北京及周边地区的生态安全，创新了可持续公益商业治沙模式和“市场化、产业化、公益化”三化互动的沙漠绿色经济发展机制，走出了一条抗争荒漠化、整体消除贫困、改善区域生态环境、建设整治沙漠土地的绿色发展之路。

王文彪同志带领亿利集团公司本着“"关爱生命、善待自然”的发展宗旨和“以人为本，团队精神，科技兴企，产业报国”的经营理念，以中药材沙产业为突破口，竭力推进以现代化绿色中蒙药为特色的高新技术产业的发展，依托鄂尔多斯高原得天独厚的野生药材和化工资源，确立了“以生态资源开发为依托，以甘草为主线的绿色中蒙药和医疗服务产业化为主业、以精细化工产业化为基础”的企业发展战略。奉行"阻截沙漠蔓延，捍卫黄河尊严；造就一方净土，福泽父老百年"的治沙护河宗旨，按照《中蒙药材生产质量管理规范》，对甘草、苦甘草、麻黄、锁阳、黄芪、菊芋等沙旱生优质药用植物基地进行标准化、规范化、产业化建设。同时，利用内蒙古大草原的绿色概念，打造一个中国一流的绿色的中蒙药产业品牌。从而使“演绎甘草硅谷，打造绿色舰母”的目标变为现实，实现生态效益、社会效益和经济效益的同步增长。成为中国治理沙漠、保护生态功勋卓著的企业，从而使“关爱生命、善待自然”的企业理念升华为成功而伟大的社会实践。

1997 年，王文彪同志带领亿利资源集团投入 7 500 万元打通闻名遐迩的库布其穿沙公路，得到了国家领导的重视和好评；1999—2001 年，在黄河南岸库布其沙漠北缘利用沙漠边缘地带“五荒”处女地资源种植以甘草为主的中蒙药材近 200 万亩*，围封补播苦甘草 30 万亩，不但达到了极端环境下中蒙药材资源的富集和有效利用，而且保护了长达 242 km 的黄河，同时

---

* 1 亩≈667 m^2。

治理了面积可观的荒漠化，使该地区的生态实现了平衡；为了保住穿沙公路，实现该地区的生态平衡，2000 年 8 月和 2001 年 7 月，两次投巨资在穿沙公路两侧飞播优质牧草 120 万亩，为沿穿沙公路绿色长廊的形成夯实了基础；2000 年 11 月，出资兴建首批 100 户（340 人）、占地 5.5 万 m^2 的生态移民新村，退牧还草约 27 万亩；2001 年植树节前，王文彪个人捐款 15 万元，带动集团公司环节以上干部捐款 20 万元，为库布其沙漠生态治理和保护母亲河行动做出了积极贡献，对此，2001 年 4 月 3 日，国务院总理朱镕基、副总理温家宝在人民大会堂为王文彪同志颁发了“全国绿化工作劳动模范”奖章。

2011 年 7 月 9 日，来自联合国、10 多个国家的多位部长等 500 多名嘉宾齐聚库布其沙漠七星湖畔，共话全球荒漠化治理，“库布其模式”作为核心议题。“库布其模式”是指利用荒漠化地区独特的资源优势，通过大规模的荒漠化防治，培育和带动荒漠化地区的沙产业发展；并通过沙产业的发展，反哺和促进荒漠化地区规模化防治，最终实现荒漠化地区人与环境全面协调可持续发展的一种模式。因这种荒漠化防治模式诞生于中国第七大沙漠库布其沙漠，所以我们称之为“库布其模式”。

2012 年 6 月 17 日在巴西里约热内卢召开的联合国可持续发展大会上，王文彪获得了环境与发展奖。这是联合国 40 年来首次给企业家颁发环境方面的唯一大奖。亿利资源企业所缔造的“库布其沙漠生态文明”被列为联合国“里约＋20”峰会重要成果向世界推广，与此同时，联合国防治荒漠化公约组织提出了“2030 年世界耕地荒漠化零增长”的目标，而其目标的决策依据就是来自于亿利资源所创造的中国库布其沙漠发展模式。

2014 年 6 月 10 日，中央电视台播出了首支绿色中国梦的公益广告——《中国梦——库布其治沙篇》。这 1.5 min 时长的公益广告，浓缩了亿利资源 7 000 多库布其治沙人 25 年面对大自然最严峻考验，植树种草、发展沙漠生态产业的漫长光阴。亿利资源集团生态工人张喜旺、工程师麦拉苏，在 13 亿中国观众面前分享了亿利资源 25 年让库布其沙漠变绿洲、变沃土、长出绿色财富的沙漠绿洲中国梦。联合国防治荒漠化公约组织致函央视，称赞其作为中国国家电视台的高度社会公益责任，并希望这则广告可以在全球范围更为广泛地传播，让世界各地的人们意识到与荒漠化斗争的重要意义。联合国防治荒漠化公约组织也将视频放于其官方网站上面向全球播放。

第七节　高山土壤

一、高山土壤的分布与类型

高山土壤（alpine soil）是指青藏高原和与之类似海拔，高山垂直带最上部，在森林郁闭线以上或无林高山带的土壤。它的主要成土过程包括有机质的累积和在冻融作用下的氧化还原过程，由于环境条件的不同，其程度相差较大。高山土壤主要包括高山寒漠土、高山草甸土和亚高山草甸土三种类型。

二、高山土壤的特征

高山土壤的形成与其独特的自然环境密切相关，其特点为：

①土壤发育程度较低，具体表现为土层薄、土体分异不明显；土壤黏粒含量较少，淋溶作用较其他类型土壤弱。

②由于寒冷气候所导致的冬季冻土层形成，表土层植物残体矿质化和腐殖化作用较弱，土壤中腐殖质含量变化较大，以富里酸为主。

三、主要高山土壤类型简介

（一）高山寒漠土（寒冻土）

高山寒漠土（寒冻土）[alpine frozen desert soils(frigid frozen soils)]是指山岳冰川或高原冰盖雪线以下脱离冰川覆盖所形成的新成土，也称寒冻土。它分布因雪线的位置变化而变化，主要分布于我国的青藏高原、祁连山、天山等高山冰雪线以下，在海拔为 5 200～5 600 m。西藏自治区分布面积较大，占该区土壤总面积的 12%以上。

高山寒漠土区终年气候寒冷，风力较强，年均温 −12～−4℃，每年只有 2～3 个月地表昼融夜冻，属于永冻土温状况。降水为固态水，年降水量 400～700 m。寒冻风化条件下，融冻石流发育，山体险峻，基岩出露于地表。岩屑、岩石堆、冰漂砾等在地形部位平缓低洼处大量分布。土壤主要在分水岭、U 形谷、冰斗等较平缓低洼处分布。母质为岩石风化作用形成的碎屑或冰碛物。一些冷生壳状地衣长在岩石表面和砾石的被风面，耐寒、耐旱的高山毛茛、垫状点滴梅、风毛榉等高等植物生在岩隙或碎石间的细土中，覆盖度低于 1%～2%。

高山寒漠土有机物积累作用微弱，剖面分化显著，呈粗骨性，质地多为沙土或沙质壤土。土体中细粒物质少，黏粒只有 3%～10%，石砾多，含量为 40%～90%。黏土矿物以低级水化云母为主，有少量高岭石、蒙脱石和绿脱石等。土壤表层有机质含量在 10 g/kg 左右，阳离子交换量为 10 cmol/kg 左右，呈中性至微碱性反应，pH7.0～8.5。

高山寒漠土目前利用价值极低，仅为雪莲花等珍贵药材的生长地。

（二）高山草甸土（草毡土）

高山草甸土（草毡土）[alpine meadow soils(felty soils)]面积 5 354 万 hm^2，地带为高原寒带半湿润、湿润气候。是热带、亚热带和暖温带中山顶部和缓坡的草甸或灌丛草甸植被下形成的草甸土。高山草甸土的分布随山地高度和气候生物条件的变化而变化。在我国一般分布在海拔 1 400～3 700 m 的范围内。如川西南分布在 2 500～3 500 m 的中低山地带，川东北分布在 1 800～2 700 m 的岩溶中山区。高山草甸土多分布在地势平缓的山顶，长形的圆形丘或山梁。土壤母质为各类基岩风化形成的洪积物、残积物和残坡积物。植被为草甸或灌丛草甸，其组成因在不同地区而有所不同。如大别山有映山红、百氏柳、川榛等灌木和白茅、藜芦等草本植物；五台山有苔草、铃铃香等。

由于地处较寒冷湿润的环境下，草木繁盛，生长期长，植物残体因分解缓慢而大量聚集在土壤表层，形成了较的草根盘结层和腐殖质层，即生草腐殖质积累过程。有机质含量可高达 360 g/kg。草毡土还有冻融氧化还原过程，土壤的冻融作用引起土体上层滞水，同时有机质表层在雨季大量持水，共同作用产生了弱度的氧化还原过程。山地草甸土一般土层较薄，质地较粗，土壤剖面构型为 A_s—A_h—BC—R。表层为小于 10 cm 的毡状草皮层（A_s）。其下形成腐殖层（A_h），黑棕色，厚 15 cm 左右，腐殖质含量 80～140 g/kg。BC 层，屑粒状碎屑。pH 呈酸性到中性，全氮、磷、钾含量一般不缺乏。

高山草甸土虽然土壤有机质和养分含量丰富，但由于所处地区气候冷凉，多云雾，少日照，地形条件较差，土体浅薄，因而不宜农用，利用方向为发展纯牧业，基本上用作暖季牧场，但要防止过度放牧，注意保护植被，涵养水源，保持水土。

（三）亚高山草甸土（黑毡土）

亚高山草甸土（黑毡土）[subalpine meadow soils(dark felty soils)]面积 1 944 万 hm^2，是在高山草甸土带以下，亚高山湿润温带草甸植被下发育的具有冻土草皮的暗色草毡层的土壤，也称黑毡土。主要分布于青藏高原东部和东南部、阿尔泰山、准噶尔盆地以西山地和天山等的高山带，以西藏、青海、四川为主，其次为甘肃、新疆、云南。分布高度因地区而异。

亚高山草甸土地区属高原亚寒带湿润、半湿润气候气类型，天气寒冷而较湿润，年均气温 0～7℃，≥0℃积温为 1 500～3 000℃，≥0℃期有 180～250 d，年均降雨量 350～800 mm，属于寒性土温状况；土壤冻结期 3～4 个月，冻层厚度小于 1 m。地形主要为平缓的高原剥夷面。母质以花岗岩、砂岩、千枚岩等的残坡积物、冰水沉积物和冰碛物为主，天山北坡有黄土母质。其植被以高寒草甸为主，其次为灌木丛，草甸有蒿草、苔草和阔叶草类等；在高原边缘森林线周围有杜鹃、松科、柏木等。

亚高山草甸土形成过程同草毡土一样，在土体上部进行生草腐殖质积累过程，在土体下部进行冻融氧化还原过程。在寒冷、湿润的条件下，以高寒为主的草类，有机残体多以腐殖化程度低的半分解态存在，在土表形成紧实的毡状草皮层或草毡层(As)，其下为厚度 30～40 cm 而富含有机质的腐殖质层(Ah)，但是由于黑毡土的水热条件优于草毡土，草皮层薄而松软，色泽变暗，而腐殖质层厚度和有机质含量增大；土壤中铁、锰等的氧化与还原交替过程，形成 Bg 层。由于发生在土壤解冻滞水的低温季节，而不是在冻层全部融化的暖季，且时间短，因此比低湿地土壤的程度微弱，大部分剖面的铁、锰斑纹特征不明显。土体构型为 O—A_h—A_hB_g—C—R。

亚高山草甸土厚度不大，一般 40～70 cm，表层为明显的草毡层，颜色较黑；其下为腐殖层，厚 30～40 cm，黑棕色；土体中下部常见铁锈斑纹。细土质地以沙质壤土和沙质黏壤土为主。土壤 pH 呈酸性到微碱性，但盐基饱和。黏土矿物以水云母为主。

亚高山草甸土所在区域地势较平缓，是青藏高原主要的牧用土壤资源，也是东南部农用地的重要来源，存在土层薄、供肥力弱而养分不平衡、土壤侵蚀严重和垦殖农用经济效益差等问题，因此在利用上应注意：坚持以牧用为主，既可做暖季牧场，也可作冷季牧场；局部地段兼作农用，但要控制耕垦范围，可发展粮草轮作制；加强水源涵养林的建设；有条件的地方可建立改良牧场和人工草场。

四、教学案例与分析

青藏高原的生态保护

青藏高原是世界上隆起最晚、面积最大、海拔最高的高原，被称为“世界屋脊”，被视为南极、北极之外的“地球第三极”。分布在中国境内的部分包括西藏自治区、青海省、四川省西部以及云南省部分地区，新疆维吾尔自治区南部以及甘肃省部分地区。整个青藏高原还包括不丹、尼泊尔、印度、巴基斯坦、阿富汗、塔吉克斯坦、吉尔吉斯斯坦的部分，总面积近 300 万 km^2。中国境内面积 257 万 km^2，平均海拔 4 000～5 000 m，是亚洲许多大河的发源地。

西藏自治区位于青藏高原的主体区域。青藏高原的东北部为青海省。青海是长江、黄河、澜沧江的发源地，故被称为"三江源"，素有"中华水塔"之美誉。

青藏高原气候独特而多样，既有亚热带—温带—亚温带—亚寒带—寒带；又有湿润—半湿润—半干旱—干旱。地形复杂，还有多种多样的区域气候及明显的垂直气候带。由于海拔高，空气稀薄，含氧量低；日照时间长，辐射强烈；气温较低，温差大；干湿分明。是我国太阳辐射总量最多的地方，日照时数也是全国的高值中心。正是这样的特点，青藏高原生态环境比较脆弱，新中国成立以来我国加强了西藏、青海等地的生态环境保护与建设，并不断得到高度重视和加强。自然保护区规范化建设积极推进，天然林保护、退耕还林、退牧还草、天然草地保护与建设和重点区域造林绿化工程深入实施。狠抓环境污染治理，严格执行环境影响评价制度，生态环境监管得到加强。矿产开发合理有序。启动了农牧区薪柴替代工程。积极推广清洁能源，加强节能减排工作，有力推进了资源节约型、环境友好型社会建设。

这一地区适宜发展特色农牧业和旅游业。发展优质水果、特种花卉、反季节蔬菜等为主的特色种植业和高原绿色产业得天独厚。可以大量发展农区畜牧业，扩展以牛羊为主的牲畜育肥和奶牛养殖规模。丰富的林下食物，为发展以藏猪、藏鸡为主的特色养殖业提供了较好的条件。

独特的气候，独特的资源，良好的生态，优美的环境，悠久的历史和丰富多彩的民族民俗文化，构成了青藏高原得天独厚的旅游资源。有世界文化遗产（布达拉宫及大昭寺、罗布林卡等）；国家 4A 级旅游景区（布达拉宫、大昭寺、博物馆、罗布林卡、扎什伦布寺、巴松措、珠峰、桑耶寺、黄河源国家级旅游区、西宁乡趣农耕文化生态园）；2A 级旅游景区（然乌湖旅游景区、查杰玛大殿）；国家级自然保护区（珠穆朗玛自然保护区、羌塘自然保护区、察隅慈巴沟自然保护区、色林错自然保护区、雅江中游河谷自然保护区、雅鲁藏布大峡谷自然保护区、三江源自然保护区）；国家地质公园 2 个（易贡国家地质公园、札达土林国家地质公园）；中国优秀旅游城市 1 座（拉萨市）；国家级历史文化名城 3 座（拉萨、日喀则、江孜）；保存完好，管理有序的寺庙。民间重大节日具有当地文化特色。目前，开发了青藏铁路、青藏公路沿线旅游经济带和川滇藏香格里拉旅游区等。

只有合理利用青藏高原的土壤，才能有效保护其脆弱的生态环境。

复习思考题

1. 简述森林土壤、草原土壤、荒漠土壤、水成土壤、初育土壤和高山土壤的共同特点，并列举出具体的土壤类型，说明其典型的成土过程和剖面形态。
2. 简述水稻土、盐渍土的形成过程和主要性状，并提出具体改良措施。
3. 结合你家乡的实际，针对你家乡土壤类型的特点，提出具体的开发利用途径。
4. 你认为我国主要的低产土壤类型有哪些？主要的低产原因是什么？在开发利用管理过程中应如何采取科学有效的措施？
5. 请列举出我国从北向南和从东向西所分布的地带性土壤类型，并分析其成土过程和基本性状的差异。
6. 水稻土的土体构造是怎样形成的？

7.灌水淤积物给灌淤土带来哪些影响?
8.为什么要设立人为土纲?
9.菜园土的利用和培肥要注意些什么?

参考文献

1. 马玉兰.灌淤土研究新进展[J].土壤通报,1996,27(4).
2. 王吉智.灌淤土-中国干旱与半干旱地区的人为土壤[J].干旱区资源与环境,1993,7(4).
3. 东北林业大学.土壤学(下册).北京:中国林业出版社,1981.
4. 史成华,顾国安.中国的灌淤土[J].干旱区研究,1991(4).
5. 史成华,龚子同.我国灌淤土的形成和分类[J].土壤学报,1995,32(4).
6. 朱显谟.黄土高原土壤与农业.北京:科学出版社,1989.
7. 朱祖祥.农业百科全书·土壤卷.北京:中国农业出版社,1996.
8. 朱鹤健.水稻土[M],北京农业出版社,1985.
9. 全国土壤普查办公室.中国土壤[M].北京:农业出版社,1998.
10. 孙向阳.土壤学.北京:中国林业出版社.2005.
11. 李天杰.土壤地理学[M].北京:高等教育出版社,1998.
12. 李庆逵.中国水稻土[M].北京:科学出版社,1992.
13. 张凤荣.土壤发生与分类学.北京:北京大学出版社,1992.
14. 张凤荣.土壤地理学.北京:中国农业出版社,2002.
15. 林大仪.土壤学[M].北京:中国林业出版社,2002.
16. 林成谷.土壤学[M].北京:农业出版社,1992.
17. 林培.区域土壤地理学[M].北京:北京农业大学出版社,1993.
18. 国家科学技术名词审定委员会公布.土壤学名词[M].北京:科学出版社,1998.
19. 南京大学.土壤学基础与土壤地理学[M].北京:人民教育出版社,1982.
20. 徐琪.中国太湖地区水稻土[M].上海:上海科学技术出版社,1980.
21. 徐琪.中国稻田生态系统[M].北京:农业出版社,1998.
22. 黄昌勇,徐建明主编.土壤学[M].北京:中国农业出版社,1983.
23. 黄昌勇.土壤学[M].北京:农业出版社,2000.
24. 龚子同,张甘霖.人为土研究的新趋势[J].土壤,1998(1).
25. 常庆瑞.土地资源学.陕西杨凌:西北农林科技大学出版社,2002.
26. 葛晓光.菜田土壤与施肥[M].北京:中国农业出版社,2002.
27. 谢德体.土壤地理学.成都:成都科技大学出版社,1995.
28. 熊毅,李庆逵.中国土壤.2版.北京:科学出版社,1987.

第十章 土壤调查

［本章导读］ 本章主要介绍土壤调查的目的与任务、基本工作程序和航片、卫片等遥感资料在土壤调查中的应用；同时介绍特殊任务土壤调查的目的与任务以及在调查内容和方法上应注意的关键性问题。

第一节 土壤调查概述

土壤调查是认识和研究土壤的一项基础工作。通过土壤调查了解土壤的形成和演变过程以及形态特征，查明土壤类型及其分布规律，查清土壤资源的数量和质量，从而为研究土壤发生分类、合理规划、改良利用、保护和管理提供科学依据。

一、土壤调查的目的和任务

通常条件下，土壤调查的目的服从于国民经济、社会发展或科学研究所需。由于土壤调查的出发点不一样，则其调查任务有所不同。有以土壤资源的科学管理为目的的调查；有以制订国民经济发展计划，合理进行土地利用规划为目的的调查；还有以充分发挥区域优势，制定农业区划为目的的调查等。综合起来，土壤调查的任务主要有以下几个方面：

1. 查清全国各地的土壤资源状况

土壤调查的首要任务是查明土壤资源的类型、数量、基本性状及其分布状况，获取土壤资源的基础信息，为各地区的合理开发利用及科学管理土壤资源提供基础数据。

2. 通过调查做好农业区划

各省、市、县都要进行中小比例尺土壤调查，弄清土壤类型、土壤分布规律、土壤生产性能及存在问题，调绘出各种土壤类型图、土地利用现状图、土壤资源评价图、土壤改良区划图及文字说明，为当地农业区划和拟定农业技术措施提供科学依据。

3. 分析确定土壤可持续利用方向

调查土壤形成条件、主要成土过程及人类生产生活活动对土壤形成的影响，从而使我们采取更有效的措施来影响作为历史自然体的土壤的形成发育和调节其性能，使其适合于农业生产的可持续发展。

二、土壤调查的准备和实施

土壤调查按其工作程序，大致可分为准备工作、野外调查和室内汇总 3 部分。

(一)土壤调查的准备工作

1. 制订计划

(1)确定调查任务　在确定野外土壤调查的任务时,要首先明确调查的目的、调查范围与面积、质量标准及成果要求,然后进行不同程度的调查。在进行一个没有资料的新区土壤调查时,应首先进行概查,即中小比例尺的调查,在此基础上再根据需要,进行有计划的大比例尺调查。土壤调查一般可分为两大类型,即概查和详查。

①概查:对一个较大区域,如大流域或省、地区一级的行政区域或某一自然区域的土壤资源作一概括的了解,以便进行农业区划、土地资料评价或总体规划等。概查的特点是地区广,综合性强。这种调查均采用中小比例尺。

②详查:对某一小区域,如县、乡、农场等生产单位或小流域范围内的土壤所进行的比较详细的调查了解,以便进行具体的土地利用或土壤改良区划等。土壤详查的范围小,项目较单一,一般采用大比例尺或详细比例尺。

(2)确定调查底图的比例尺　调查底图(地形图)是进行土壤野外调查的基础图件。同时调查底图也是进行土壤野外草图测制和室内转绘成图的基础图件。为保证土壤制图的精度和质量,通常野外用底图的比例尺比最后成图的比例尺要大。在没有合适比例尺的地形图时,可以用稍小比例尺的地形图进行放大,但放大的地形图上,地物点及其他地理要素较少,使用前要到野外进行补充调查与调绘。通常在土壤调查制图上将比例尺划分为 5 种,对应于不同的调查目的和任务。

①详细比例尺:一般为 1∶200～1∶5 000,在较小范围内进行,详细表示各种土壤类型,制图单元要求到变种或更细,用于农业试验站、土壤改良区的研究。

②大比例尺:一般为 1∶1 万～1∶5 万,制图单元要求到土种或复区;用于县、乡级行政区域或大型农场的土壤资源调查和灌区、土壤侵蚀区的土壤调查等。

③中比例尺:一般为 1∶10 万～1∶30 万,制图单元一般要求到土属或复区,主要用于地区级或小河流域的土壤资源调查和宏观规划。

④小比例尺:一般为 1∶50 万～1∶100 万或更小,主要用于省级或大河流域的概略性调查与宏观规划,制图单元要求到亚类或土属的复区。

⑤复合比例尺:即在同一图幅中有两种比例尺。在沙漠中测查绿洲,牧区调查饲草基地,均可采取不同比例尺处理。

需要说明的是,地形底图除带有等高线外,应具有精确的和足够的地物点。野外土壤调查准备工作时要向测绘部门搜集调查地区的最新测制的相当比例尺的地形图。

(3)确定工作量　土壤调查工作量的大小不仅取决于土壤调查的目的、范围大小、精度要求等,也与调查范围内的地形、土壤的复杂程度,调查者的知识储备、相关经验的多少关系密切。根据经验,在《中国土壤普查技术》一书中,列出主要剖面代表的面积,调查路线的间距,可作为确定工作量大小的重要参考(表 10-1)。

表 10-1　每个主要土壤剖面所代表的面积及调查路线的间距

土壤制图比例尺	每个主要剖面代表的 0.067 hm^2 数 地区复杂程度等级 Ⅰ	Ⅱ	Ⅲ	Ⅳ	Ⅴ	调查路线间距 地面/m	图上/cm	主要的土壤制图单位
1∶2 000	60	50	40	30	20	100～200	5～10	变种
1∶5 000	200	170	140	110	80	200～300	4～6	变种
1∶1 万	375	300	270	225	150	300～500	3～5	变种
1∶2.5 万	1 200	975	750	600	375	500～1 000	2～4	变种
1∶5 万	1 800	1 500	1 320	960	600	1 000～1 500	2～3	土种
1∶10 万	4 500	3 750	3 000	2 250	1 125	1 500～2 000	1.5～2	土种
1∶20 万	1.1 万	9 000	6 750	5 350	3 000	2 000～3 000	1～1.5	土属

(4)组织人员　土壤调查综合性强，工作流动性和分散性大，因而除地理、地质、水文、农业、气象、土壤等专业人员外，还应吸收当地的行政人员、技术人员参加。因为调查工作的性质牵涉的面广，许多问题不是技术人员所能解决的。要有专业人员分工负责野外调查工作、室内分析、资料整理、图件编绘、物质的供应等工作，要有明确的岗位职责，明确技术规程，并建立严格的检查验收制度，保证调查工作的顺利进行和调查成果质量。

(5)拟订工作计划　拟订工作计划时先要熟悉本次调查的目的与任务，并了解调查地区的基本情况和特点，确切估算工作量。计划内容一般包括：调查目的，调查人员，技术规程，完成时限，预期取得的成果，工作量安排，经费开支预算和物质准备，实施方案等。其中实施方案是重点，主要包括：拟订调查路线及日程安排；拟订土壤分类及土地类型、农业地貌等方面的分类工作；拟订土壤样品的采集计划，分析的项目及要求，各项工作阶段必备的设备等。

2. 资料收集与物质准备

系统地收集、整理并初步分析调查区域内的相关资料对于野外土壤调查工作事关重大。通过资料的收集与分析，可以对调查区域的基本情况有个总的了解，初步确定下一步工作需要补充或修正的调查内容。若该区域此前做过类似的土壤调查，可以通过收集前人的调查成果，了解前人的工作方法，借鉴前人的工作得失。

(1)地形图的收集　带有等高线的实测或由航片转绘的地形图是进行土壤野外草图实测和室内转绘成图的基础图件，地形图应尽量收集新近测绘的。

(2)遥感资料的收集　航空像片和卫星影像等遥感资料是进行土壤调查与制图的现代化手段之一。在收集地形图的同时，应注意收集与研究遥感资料。

(3)土壤资料的收集　了解已有的土壤资料，不仅可以避免工作中的简单重复，还能提高土壤调查与制图的质量。了解的内容包括不同比例尺、不同时期的土壤调查图件和报告，土壤定位试验、农业技术措施对比试验、土壤改良经验的总结，邻近地区的土壤科研试验等。

(4)自然条件和农业生产等有关资料的收集　包括调查地区对土壤和农业生产有影响的基本气候资料、地学资料和其他相关农业生产资料的收集。

(5)土壤调查的物质准备　主要包括挖土工具，如铁铲、铁镐、各式土钻、土样袋等；野外调查和制图仪器，如罗盘仪、海拔仪、小平板仪及测尺、孟赛尔土壤比色卡、野外速测装备、土壤标本盒、遥感图像解译装备、野外记录本等；室内成图工具，包括遥感影响的纠正、转绘设备等；野外生活用品。不同的调查目的和精度所要求的物质装备略有不同。

(二)野外土壤调查的实施

根据野外土壤调查的目的和前期拟订的工作计划,本阶段将其付诸实施。本阶段的主要任务包括:对影响土壤发生发育的自然因素和人为活动的调查;对土壤剖面形态的观察与记载;采集各种土壤标本;划分土壤类型,找出土壤分布界线,填绘野外土壤草图;记载各种土壤在自然状况和人工改造后的适宜情况;总结群众对土壤的管理经验。土壤调查通常采用踏查(路线调查)和详测两个步骤进行。

1. 踏查(路线调查)

路线调查的目的是获得对调查地区一个总的概念。根据调查地区面积大小和地形、地质、植被等的复杂程度,预先确定一至几条调查路线,每条路线应通过不同的地形部位、不同的植被和母岩分布区,以便收集到有代表性的材料。路线调查主要研究如下问题:

(1)成土因素的调查与研究　土壤是在气候、地形、母质(母岩)、生物等自然成土因素和人类生产活动综合作用下形成的历史自然体,成土因素与土壤的发生发展密切相关,调查中必须准确记述它们的内容和影响程度。

①气候:收集调查区或邻近地区的气象资料,如温度、降水量、蒸发量、降水日数、无霜期等。

②地形:记载调查区所属的地形名称、土壤剖面所在位置的海拔高度、坡向、坡度和坡型等。

③母质:结合对地貌类型的观察,确定调查区域成土母质的成因、类型及主要物质组成。对有母岩出露的区域要进行准确记述,并采集标本。

④植被:调查植被的类型、主要组成树种和优势种以及指示植物等。

⑤土壤侵蚀与水文地质情况:土壤侵蚀类型、强度,地表径流与地下水的常年变化情况等。

⑥生产活动情况:农林牧各业生产方式、开发利用历史、经营管理措施等。

(2)土壤剖面形态的观察记载

①土壤剖面种类:土壤剖面按其来源可分为人工剖面和自然剖面,据其用途和特点可分为主要剖面、检查剖面和定界剖面。

——主要剖面:也称基本剖面(图 10-1),主要为了研究当地土壤类型的剖面性状而挖掘。因此应根据不同的植被类型、不同的母质及不同的地形部位来设置。剖面深度一般山地薄层土壤应挖至母质或母岩层出露,平原土壤 1.5 m 以上,宽度 80～100 cm,长度以便于工作为限。

——检查剖面:也称对照剖面或次要剖面,用于检查主要剖面的某些性状变化情况及变化规律。挖掘深度一般不小于主要剖面的 1/2 或 1/3,如果发现土壤性状与主要剖面变化较大,则应将其改为主要剖面。

——定界剖面:为确定某一土壤类型或制图图斑的边界而设置的剖面。挖掘深度决定于要检查的土壤性状的深度。

野外调查时,除了观察以上 3 种剖面外,还要多观察已有的天然断面,由于自然断面有大而深、连续、省工、省时的优点。但自然断面往往经过长期风化淋溶,土壤中的养分元素、剖面形态和水分状况不同于真正的没经过暴露的土壤实况,所以天然断面只能作为参考,而不能作

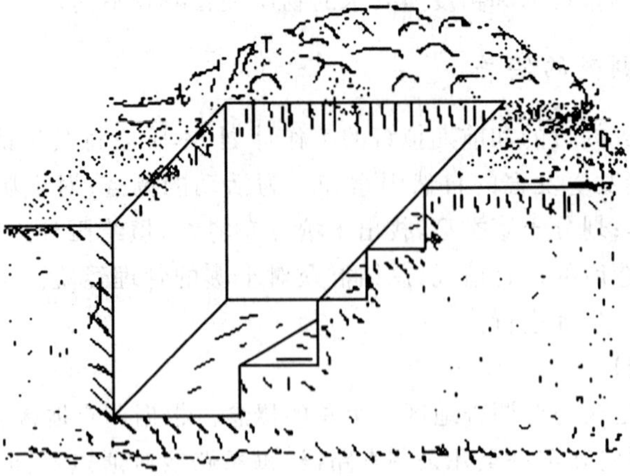

图 10-1 土壤主剖面示意图

为土壤的正式剖面。

②剖面位置的选择:选择剖面一定要注意典型性和代表性。一般是先在室内对地形图及航片提供的影像特征进行研究,计划好主要剖面的位置和数量,将剖面点大致布置在不同的景观部位上。然后,野外调查时再根据现场情况进行具体的调整,最后依据下面的原则将每个剖面落实到实地上。

——有一个相对稳定的土壤发育条件,对该类型土壤有一定的代表性,不要设在边缘和过渡地带。

——山地丘陵区的土壤比较复杂,应设在典型的地形部位上,应根据调查目的和精度,选择不同高程和坡地的上、中、下部挖掘剖面。

——不宜在路旁、住宅四周、沟渠附近、积肥坑周围等一切人为干扰较大的地方挖掘土壤剖面。

——如果发现土层中有炭片、砖瓦片等侵入体,除研究熟化土壤外,一般应改变剖面点位,或重新增设剖面。

——在有林地设剖面,还要考虑优势树种、平均胸径、平均高度、平均疏密度等因素,不要设在林中空地或林缘地带。除专门研究根系的剖面外,一般应离开树干 1.5~2.0 m。与标准地调查相配合的剖面,设在标准地的中间部位。

③土壤剖面的观察与记录:包括地表状况和剖面性状的观察、鉴定与描述。剖面点地表状况描述主要是前述成土因素的调查结果,剖面性状描述包括以下项目:

——剖面层次:自然土壤可分为 6 个层次:O 层(残落物层)、A 层(腐殖质层或淋溶层)、B 层(淀积层)、C 层(母质层)、R 层(母岩层)。旱地农业土壤一般分为旱耕层(A_{11})、亚耕层(A_{12})、心土层(C_1)及底土层(C_2),水田则分为耕作层(淹育层,A_a)、犁底层(淹育层,A_p)、渗育层(P)、潴育层(W)、潜育层(G)、脱潜层(G_w)等。

——土层厚度:自然土壤的土层厚度指 A+B 层的实际厚度,O 层不属于土层,各土层厚度以每层上限和下限与土表的距离来表示,用连续法记录,如 O:5~0 cm,A:0~20 cm,B:20~50 cm,C:50~120↓cm,"↓"表示挖掘深度以下仍有 C 层。

——土壤颜色：土壤颜色反映了土壤的物质组成，是土壤的显著特征。一般使用孟赛尔土壤比色卡现场描述。

——土壤质地：野外用手感法测定，具体可分为：黏土、壤土、沙土和沙质土等。细分质地等级，可采用室内吸管法或简易比重计法等。

——土壤结构：取各层土块使其自然散碎，或用手轻捏使土块分散，首先判断有无结构体，然后按形态划分，一般可分为团粒结构、块状结构、核状结构、柱状结构、片状结构等。

——土壤酸碱性：野外采用混合指示剂简易比色法测定，以 pH 表示。

——土壤湿度：是对土壤含水量状况的描述，野外以手的感觉和眼力判别，分级标准如下：

干　土壤放在手中无凉意感觉，用嘴吹有尘土扬起。

润　土壤放在手中有凉意感觉，用嘴吹无尘土扬起，放于干燥纸上有湿渍现象。

湿润　土壤放在手上有"湿痕"，在纸上有明显的毛管湿渍现象。

潮　放在手上稍加摇晃，土体即可变形而显出平滑的含水表面。

湿　在手中稍加挤压即可出水。

——土壤松紧度：指土壤对于插入土层的工具的抵抗力。通常用小刀或土铲测定。

松散　轻微的挤压下容易散碎。

稍紧实　用力不大，小刀可插入较深土层。

紧实　用力不大，小刀可插入土层 2～3 cm。

极紧实　用较大的力小刀仅插入较浅的土层。

坚实　小刀只能划一刀痕。

——土壤新生体：是土壤形成过程的产物，如铁锰结核、结磐、胶膜、锈斑锈纹、假菌丝体等。

——土壤侵入体：指外界混入的物体，如砖瓦、煤灰及蚯蚓粪等。侵入体的出现可帮助判断土壤受人为干扰的程度。

此外，还有植物根系、石灰反应、亚铁反应等。

④土壤样本、标本的采集：

—— 分析样本：按剖面层次，分层采集有代表性的土样 1 kg 左右，分别装入土样袋，贴好标签。采样时应自土壤下层至上层依次采集，避免上层土壤影响下层。主要剖面必须采集分析样本，及时风干备测。

——比样标本：供野外工作比样和室内评土比样用。按层次取典型土样装入专用纸盒中，在盒面注明编号、地点、土壤名称和各层深度。主要剖面均须采集比样标本。

——整段标本：为了科研、教学、展览等需要而采集的大型整体标本，因此必须选择代表性较强的土壤剖面。

⑤路线调查成果：路线调查的目的是弄清概况和为详测提供依据，故调查后应有 3 项内容：

——土壤分类系统表：初拟调查区内可能出现的土类、亚类、土属以至土种或亚种名称，细分程度视制图比例尺大小而定。

——路线调查断面图：是调查区情况在一个方向上的缩影。方法是以一定比例尺将所经过调查点的高程和距离绘在坐标纸上，连接各点即为断面图，图内包括距离、高程、坡向、植被、母质、土壤等分布情况，纵观所得各断面图，即可综观全区概况。

——路线调查小结：初步整理路线调查中获得的资料，供详测参考，如土壤名称具体至制图单元;对成土条件及土壤分布规律作概括性说明,整理出代表性土类的剖面特征等。

2. 详测

详测是在路线调查的基础上,进一步查清土壤类型及分布界线,绘制一定比例尺的土壤分布图,确定土壤资源的利用和改良方向。其步骤包括:

(1)设置主要土壤剖面　主要土壤剖面设置数量既影响土壤图的精度,又关系到野外调查工作量,一般要根据地形图比例尺、制图精度要求以及调查区地形和土壤分布的复杂程度综合考虑确定。

(2)确定土壤分布界线　综合研究路线调查提供的土壤分类系统,判断土壤类型分布的可能范围,以主要剖面为中心,进行放射调查,沿途根据地形、母岩、植被等的变化挖对照剖面和定界剖面,将相同的定界剖面点连接起来,就是土壤分布界线。

(3)检查和校正土壤草图　详测时一边行进一边绘制土壤草图,分段完成填图任务。草图上的土壤类型、分布界线以及各种符号是否正确,必须现场进行检查和校正,以便及时修正补充。

三、土壤调查的室内资料整理

本阶段的主要任务是检查、审核和整理野外调查资料,选择分析土壤样品和确定分析项目,绘制各种土壤图和编写调查报告书等。

(一)调查资料的审核与整理

1. 土壤标本和野外记录的审核与整理

野外调查时采集的土壤比样标本、分析标本、整段标本等,在处理前,首先要检查标本的标签是否遗失或发生差错,标本是否完整,若存在问题,应及时修正或采取补救办法。结合比样标本的整理,审查野外剖面记载是否符合调查规范的要求,并在同样光线条件下,细心观察标本的颜色和形态特征,修正和补充土壤剖面记录,使记录结果准确无误。审查后的记载表要依次编号、分类装订成册。此外,对野外调查访问所获得的其他各种资料如调查地区历年的农业发展、施肥量、施肥方式;土地利用现状、农业技术措施以及群众识土、评土经验等都要加以归纳和整理,并将各种资料转变成规范化的语言,整理保存。

2. 土壤草图的审核

①检查各图幅所包括的土壤类型及代号是否正确,土壤剖面数、位置和编号是否完整。

②检查各图幅的土壤界线是否清楚,图幅之间能否闭合,若不闭合,在容许误差范围内者,参照成土环境与野外调查资料加以修改,若土壤界限超出允许误差,室内难以找到误差原因的,无把握的修正的须到现场校正。

③检查整幅草图的土壤分布是否与地形图、航片以及其他图件上所反映的地貌、水文、植被、土地利用方式的分布规律相符,可参考调整,必要时到现场复查。

3. 比土评土,制定土壤分类系统

土壤调查开始时使用的土壤分类系统,主要是在研究过去的调查资料和进行路线概查的基础上制定的,因此是不够完备的暂拟的"土壤工作分类系统"。野外调查工作结束后,须对其进行修订,方法是通过比土、评土。具体做法是将比样标本按暂拟的分类系统全部摆开,对照剖面记载及分析化验结果,并参照野外调查资料、获得的群众访问资料,对每一土壤类型的形成条件、成土过程、土体构型、理化特性、诊断特性、诊断特征、生产情况、肥力水平、存在的问题及利用改良途径，进行认真的讨论与评比，明确各种土壤的归属及在分类系统中的位置，确定制图单元系统和土壤分类系统。

（二）组织土样化验

化验资料是编制土壤图和编写土壤调查报告的基础资料之一，同时，测定数据对土壤肥力的综合评价有一定的参考意义，也能为土壤的改良利用和科学种田提供必要的基础资料。所以，要组织好土样的化验工作。

1. 分析样本的选择

选择分析样本是一项十分重要的工作。在选择剖面样本时，应保证每一个典型剖面都有供分析的土壤样本，保证调查地区土壤发生分类和肥力状况鉴定的准确性。野外调查所采集的用于测定土壤肥力的农化分析样本，除个别有问题或代表性较差的应予剔除外，全部送化验室分析。

2. 分析项目的确定

土壤分析项目的确定主要取决于分析目的，一般分为两大类，一类是为确定土壤发生分类而进行的分析，一般要进行土壤全量矿物分析、测定土壤胶体的硅、铁、铝等的含量、鉴定黏土矿物类型及组成、土壤腐殖质类型、主要诊断层和诊断特性项目的分析等；另一类是为确定土壤肥力状况进行的分析，主要进行土壤机械组成、结构、含水量、容重等物理性质的测定，土壤有机质、全氮、碱解氮、全磷、速效磷、速效钾等养分含量及阳离子交换量和土壤酸碱性的分析。另外，对于一些特殊类型的土壤还可能要进行一些特殊的分析化验，如盐土的氯盐含量、硫酸根、碳酸根及钙、镁、钾、钠等离子的测定；被污染土壤的某些重金属离子的测定等。

（三）土壤制图

为了能科学完整地反映调查工作所取得的成果，形象地向使用单位提供合乎要求的图件，要对成果图进行精心的设计、编辑、清绘和整饰。根据图幅的用途和性质，土壤图系列成图可归纳为四个方面的图组：底图组（包括地形图、地貌图、植被图、地下水埋深图等）、土壤图组（包括土壤图、土壤母质图等）、土壤养分性质图组、土壤利用改良规划图组等。

（四）土壤调查报告的编写

土壤调查报告是在深入研究、综合分析各种调查成果的基础上编写的，是土壤调查的主要成果之一。其内容和编写格式概述如下：

1. 总论（前言）

说明土壤调查的目的和任务，调查时间和工作量，调查地区的行政区域、地理位置、调查方法、主要成果；以往的调查研究资料及其评价、工作的经验及问题。

2. 调查地区的自然和农业概况

说明调查地区各种自然成土因素的特点及其对土壤形成的影响，包括气候、地形、地质与成土母质、地表水与地下水、植被、农业生产、土壤侵蚀的关系情况；农林业生产现状及存在的问题。

3. 土壤资源概况

包括调查区土壤形成条件、形成过程和主要土壤类型及其分布规律、各种土壤的剖面特性、理化特性和生产特性及存在的问题。

4.土壤与土地资源评价

包括对土地利用现状和土壤资源的评价，并提出合理利用改良的建议。

5.结束语

主要说明调查成功的经验和存在的问题，对支持和帮助完成调查工作的有关单位和个人表示感谢。

6.其他

包括附图、附表等。

四、航片和卫片在土壤调查中的应用

随着航空航天技术和计算机技术的进步和发展，利用遥感技术对土壤调查成为一种必然。遥感技术是指非接触的、远距离的探测技术。目前利用遥感技术可以对成土因素、土壤景观特征进行调查，分析研究成土过程、土壤分布规律和动态变化规律，确定土壤类型及其特性，并测绘土壤分布图和进行面积量算等。

航片和卫片都属于现代遥感技术的一部分。航片是通过安装在飞机上的航测照相机，对地面景物在可见光波段进行摄影成像，而卫片则是利用安装在卫星上的传感器，收集地表面上的各种地物的电磁波谱信息，发射回地面接收站，再通过电光转换技术而形成不同波段的影像。目前，在小到农场，大到市县甚至全国范围内经常利用航片和卫片进行土壤普查或专项调查。

使用航片、卫片等遥感资料进行土壤调查具有以下优势：

①可获取大范围数据资料。遥感探测能在较短的时间内，从空中乃至宇宙空间对大范围地区进行对地观测，并从中获取有价值的遥感数据。

②获取信息的时效性强。获取信息的速度快，周期短。由于卫星围绕地球运转，从而能及时获取所经地区的各种自然现象的最新资料，以便更新原有资料，或根据新旧资料变化进行动态监测，这是人工实地测量和航空摄影测量无法比拟的。

③获取信息手段多样。根据不同的任务，遥感技术可选用不同波段和遥感仪器来获取信息。如根据土壤的光谱特性，目前对土壤水分、土壤有机质含量、土壤养分、土壤质地和土壤结构等方面均开展了广泛的探索研究。

④获取信息受条件限制少。在地球上的很多地方自然条件极为恶劣，人类难以到达，如沙漠、沼泽、高山峻岭等。采用不受地面条件限制的遥感技术，特别是航天遥感可方便及时地获取各种宝贵资料。

与常规土壤调查工作类似，使用航片和卫片进行土壤调查与制图，其工作程序亦可分为准备工作、野外工作和室内资料整理 3 个阶段。

（一）准备工作阶段

使用航片和卫片进行土壤调查的准备工作，与常规土壤调查一样，是一项基础性工作，主要包括组织准备、物质准备和技术准备等方面。组织准备前面已经提到过，此处主要说明使用航片和卫片进行土壤调查的物质准备和技术准备两个方面。

1.物质准备

（1）准备调查所用的必要图件和工具　如调查区地形图、各种专业用图、立体镜、放大镜、调绘夹、直尺、钢卷尺、GPS、透明纸、纠正转绘仪等。

(2)航卫片收集整理 收集调查区域的航卫片,并了解航卫片比例尺、影像获取时间和季节,遥感器类型等。按航线、航片顺序整理航片,划分航卫片作业面积。

2. 技术准备

(1)培训工作及其主要内容 包括地形图和遥感的基础知识,外业调查技术,内业转绘及面积量算等方法,各阶段技术要求、精度要求等;

(2)实地试点 选择一个有代表性的小区域进行调查试点,使调查队员能掌握全部调查技能,当每个队员都合格或部分合格时,可将合格人员分派到调查工作第一线,开展调查工作。

(二)野外工作阶段

1. 利用航片或卫片进行概查

利用航片或卫片进行土壤调查是对调查区内土壤发生条件、主要成土过程、土壤分布规律、土壤理化性状、生产性能等要素作概括性调查研究。

按照典型性和代表性的原则,在室内仔细研究遥感图像、地形图、地质图等资料的基础上,根据不同的地形地貌类型、不同地形部位、不同土地类型及不同生产情况等要素研究拟订出一条或几条具体概查路线。了解调查地区的自然景观、土壤类型及分布规律、土地利用等概况,以制定该地区土壤调查的工作分类系统;另一方面是确定成土因素、土壤类型、景观特征与遥感影像特征之间的对应关系,以建立解译标志。并拟出判读标志一览表(表 10-2),这也就是建立典型"样块",为室内预判提供依据。由于像片成像时间与应用时间有时间差,地物会有增减变化,或土地利用上也有变化,所以要进行补绘和修正。

表 10-2 土壤遥感判读标志一览表

土壤标志地物	符号	地形	色调	图形	结构	阴影	位置	典型遥感影像

2. 室内预判

室内预判是根据路线调查所掌握的信息,以工作分类系统和解译标志为依据,充分运用解译人员的专业知识和遥感图像解译的基本方法,对遥感影像进行综合性的景观分析,在航片或卫片的蒙片(聚酯薄膜)上逐块勾绘出土壤类型或土壤组合的界线,并对预判结果做好记录(表 10-3)的整个过程。在预判过程中,由于使用遥感图像资料的不同,其预判的难易程度和方法步骤也有差异。

表 10-3 土壤预判结果记录表

土壤名称及制图单位	地形影像特征	植被及土地利用影像特征	母质影像特征	综合影像特征及成土过程、特点分析	验证结果

3. 野外校核与补查

室内图像预判时，常常会遇到判读不出或把握不准的情况，需要到野外做补充调查，到实地进行调查与验证；必要时需要通过挖掘土壤剖面进行描述和研究。通常情况下，野外调查验证的主要工作包括以下内容。

(1)土壤类型、图斑及其界线的检查验证　对于在判读过程中认为有把握的土壤类型图斑及其界线，根据统计抽样的原则，进行少量的(一般 20%的土壤图斑及界线)野外检查验证工作；对于在判读过程中认为把握性不大的、有疑问的土壤类型及其界线，要求全部进行详细的实地检查验证。

(2)重点内容的野外调查验证　对于调查地区内具有理论意义、生产意义的地区或地段，如大片荒地荒山、严重水土流失地区、特殊的低产土壤等，要求进行重点的野外验证。

(3)观察土壤剖面、采集土样　对土壤剖面进行详细观察、研究与描述，并采集供室内评土比土、土壤理化分析用样本，以便进一步深入了解成土过程、土体的构型、理化特性、生产特性等，为提出改良利用意见服务。

(三)室内资料整理

①土壤样本化验与常规调查相同。

②土壤图件的纠正转绘与成图　经过野外验证和修改以后的土壤图，应结合室内的化验结果，将各组解译的土壤图进行拼接，此过程与常规调查法相同。

由于航片为中心投影，所以会产生地形位移和倾斜位移等影响畸变，必须进行纠正，并转绘到成图比例尺所要求的地形底图上来。卫片影像在放大过程中则可能因放大机的中心投影而产生一定误差，可采用透明地形图局部套合的方法进行纠正与转绘。

③成果图的清绘、整理、调查报告的编写与常规土壤调查相同。

五、教学案例与分析

和硕县耕地土壤调查——耕地地力评价与耕地土壤改良分区制图

(一)调查目的和意义

本次土壤调查结合全国第二次土壤普查和第二次土地调查成果，对和硕县耕地进行野外实地调查，分析该区耕地的土壤肥力现状和土壤障碍因素，并对和硕县耕地综合地力进行定量评价，最后运用 GIS 等手段绘制土壤改良利用规划图。该项调查可为和硕县耕地土壤改良、耕地资源的高效利用和农业可持续发展提供科学依据。

(二)调查准备工作

1. 收集自然资料

和硕县位于新疆维吾尔自治区中部，地理位置在 E84°41′～88°22′、N40°25′～42°47′，全县总面积 12 753.83 km^2。属于暖温带干旱气候，年平均气温 8.8℃左右，≥10℃积温为 3 450℃，无霜期约 172 d，最大冻土深度 106 cm。年蒸发量 2 000 mm，年降水量约 80 mm，多集中在 7～8 月，农作物生长期的 4～9 月，太阳辐射总量 656.29 kJ/cm^2。全县现有耕地面积

30 073.32 hm^2，耕地土壤类型主要有灌淤土、潮土、棕漠土、草甸土、石质土、沼泽土、风沙土等7个土类，11个亚类，13个土属，36个土种。

2. 调查方法和内容

利用和硕县地形图和土地利用现状图，科学地拟订调查路线。依据野外调查选点的典型性和代表性原则，在全县耕地上共布设土壤采样点3 088个，并获取调查点相关信息，主要包括地形地貌、土壤母质、水文状况、土壤类型、土层厚度、耕层质地、耕地利用现状、灌排条件、作物产量、施肥水平等(其中部分调查内容通过第二次土壤普查资料获得)。对全县所有土壤采样点采样分析测试有机质、碱解氮、有效磷、速效钾、有效锰、有效锌、有效铁、有效铜、pH、总盐等10个指标。

3. 相关资料准备

主要包括和硕县土壤图(1∶5万)、第二次土地调查的土地利用现状图(1∶5万)、林相图(1∶5万)和行政区划图(1∶5万)等。图件资料经扫描、校正、拼接、投影转换后，进行矢量化处理，建立空间数据库，并与属性数据库关联。

本次调查还收集县乡村名编码表，土壤类型代码表，近三年农业生产情况统计表，近三年农村基本情况表，第二次土壤调查报告，土种志等资料及土壤改良利用，水资源开发利用，农田基础设施建设"十二五"发展规划等相关资料。

(三)调查结果与分析

1. 耕地土壤养分分析

本次调查所测得的各种土壤养分按全国第二次土壤普查暂行规定的标准进行分级。

①土壤有机质不丰富，以"平"为主，面积占全县耕地总面积的87.24%，"缺"的级别占全县耕地总面积的12.57%，仅有0.19%的耕地处于"丰"的水平(表10-4)。

②氮素含量处于较低水平，以"缺"为主，占全县耕地面积的76.39%，仅有0.23%处于"丰"的水平，其余为"平"。大部分耕地有效磷处于"丰"的状态，占耕地总面积的85.14%，其余为"平"，不缺磷。速效钾大部分处于"丰"的级别，占耕地总面积的90.50%，其余均为"平"，占耕地面积的9.50%，土壤表现为不缺钾。

③微量元素基本可概括为铁、铜"丰"，锰、锌"缺"。有效铜几乎全部处于"丰"级别，有效锰大部分处于"缺"的状态，占耕地面积的69.91%，其余均为"平"。有效锌大部分为"平"，水平为"缺"的占27.00%。

2. 土壤障碍因素分析

(1)*养分含量较低，氮素尤其缺少*　和硕县耕地土壤潜在肥力不足，主要缺素为有机质、碱解氮、有效锰和有效锌，其中碱解氮和有效锰缺失较普遍。

(2)*耕地灌溉保证率较低*　和硕县耕地灌溉保证率较低，灌溉保证率在30%和50%左右的耕地分别占全县耕地面积的31.95%和40.87%，灌溉保证率在100%左右的耕地仅占全县耕地面积的0.31%。

(3)*地下水位较高，部分区域有盐渍化现象*　和硕县耕地大部分位于冲、洪积扇中下部，地下水位较高，有盐渍化威胁，地下水矿化度较高，干燥多风，盐分表聚性极强，返盐速度快，全县盐渍化耕地主要为盐化潮土、盐化灌溉草甸土、盐化灌溉棕漠土和盐化灰漠灌耕土等。

表 10-4 和硕县耕地土壤养分分级面积统计

养分名称		分级标准					
		丰		平		缺	
		1	2	3	4	5	6
有机质	含量/(g/kg)	>40	30～40	20～30	10～20	6～10	≤6
	占耕地面积/%	0.00	0.19	7.02	80.22	11.59	0.98
碱解氮	含量/(mg/kg)	>150	120～150	90～120	60～90	30～60	≤30
	占耕地面积/%	0.00	0.23	18.25	5.13	41.38	35.01
有效磷	含量/(mg/kg)	>40	20～40	10～20	5～10	3～5	≤3
	占耕地面积/%	23.04	62.1	14.86	0.00	0.00	0.00
速效钾	含量/(mg/kg)	>200	150～200	100～150	50～100	30～50	≤30
	占耕地面积/%	6.31	84.19	9.50	0.00	0.00	0.00
有效铁	含量/(mg/kg)	>2		1～2		≤1	
	占耕地面积/%	71.17		28.83		0.00	
有效锰	含量/(mg/kg)	>10		7～10		≤7	
	占耕地面积/%	0.00		30.09		69.91	
有效铜	含量/(mg/kg)	>1.0		0.2～1.0		≤0.2	
	占耕地面积/%	99.06		0.94		0.00	
有效锌	含量/(mg/kg)	>10		5～10		≤5	
	占耕地面积/%	3.83		69.17		27.00	

3. 耕地地力评价

利用全国第二次土壤普查和第二次土地调查的结果，结合和硕县耕地土壤各采样点调查化验数据，采用 3S 技术、数据库技术等手段进行耕地地力评价。利用和硕县相关专题图叠加确定评价单元 11 728 个，采用模糊评价、特尔斐法、层次分析法等，选取了土壤管理、剖面性状、物理及化学性状等 12 个影响因子，建立耕地地力评价体系及其模型，运用综合指数法进行和硕县耕地地力评价。

根据评价结果，将和硕县 30 073.32 hm^2 耕地划分为 4 个等级。全县耕地地力总体处于中等水平，以二、三级地为主。其中一、二级地肥力水平属中高水平，生产性能高，基本无不良障碍因素，土壤适耕性好，作物产量处于较高水平。但目前土壤微量元素有效锌及有效锰处于中等水平，今后需重视微量元素的施用。三级地灌溉条件和防护林体系总体均弱于二级地，部分耕地微量元素含量较低，灌溉保证率较低。四级地灌溉保证率较差，土壤养分水平相对较低，部分区域耕层含盐量高，作物产量较低(表 10-5)。

表 10-5 和硕县耕地地力等级划分

项目	地力等级				
	一级地	二级地	三级地	四级地	总计
面积/hm^2	3 149.52	10 499.68	11 482.19	4 941.93	30 073.32
所占比例/%	10.47	34.91	38.18	16.43	100.00

(四)土壤改良利用分区

在评价过程中发现，处于一、二级的耕地并非各项评价指标均处于较优的水平，个别评价指标水平甚至低于三、四级耕地。因此，在进行耕地改良利用分区时，有必要打乱地力等级划分，对区域内全部耕地进行改良利用分区，从根本上解决只针对等级进行改良利用分区的笼统性。具体方法是：在 GIS 支持下，以耕地地力评价单元为基础，根据耕地改良利用各主导因子分区标准在其相应的属性库中进行检索分析，确定各单元相应的耕地改良利用类型，通过图面编辑生成耕地改良利用分区图，得到各类型面积比例。

根据耕地改良利用原则，结合和硕县实际情况，可将影响耕地利用的限制因素归纳为耕地土壤养分要素和耕地自然环境要素，把全县耕地改良利用划分为以下 3 个分区。

1. 耕地土壤培肥改良利用分区

研究表明，和硕县耕地土壤普遍缺少碱解氮，部分区域有机质含量较低，县内大部分耕地土壤养分需要培肥改良，各乡镇均有分布。其中，单一缺少有机质的耕地面积为 1 184.54 hm^2，占全县耕地的 3.94%；单一缺少碱解氮的耕地面积为 20 237 hm^2，占全县耕地的 67.29%；有机质和碱解氮都缺乏的耕地为 2 596.65 hm^2，占全县耕地的 8.63%（图 10-2）。

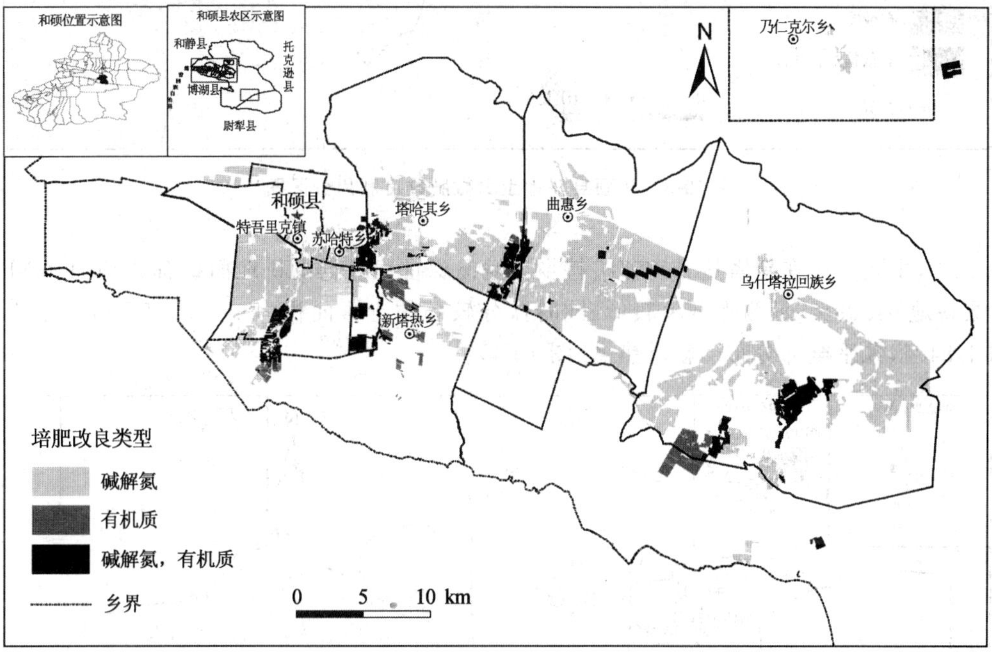

图 10-2 和硕县耕地土壤培肥改良利用分区图

2. 耕地土壤微肥改良利用分区

研究表明，和硕县土壤中微肥的含量呈中等水平，有效锰和有效锌是全县耕地土壤进行微肥培肥的主要目标。其中土壤单一缺少有效锰的耕地面积为 15 750.39 hm^2，占全县耕地面积的 52.37%；单一缺少有效锌和同时缺少有效锰与有效锌的耕地面积分别为 2 845.79 hm^2 和 5 274.87 hm^2，各占全县耕地的 9.56% 和 17.54%，主要分布于塔哈其乡、新塔热乡和曲惠乡（图 10-3）。

3. 耕地环境条件改良利用分区

研究表明，和硕县的耕地环境整体一般，灌溉保证率偏低，部分耕层含盐量较高，是今后环境条件改良的主要方向。其中，土壤耕层含盐量较高的耕地面积为 644.07 hm^2，占全县耕地

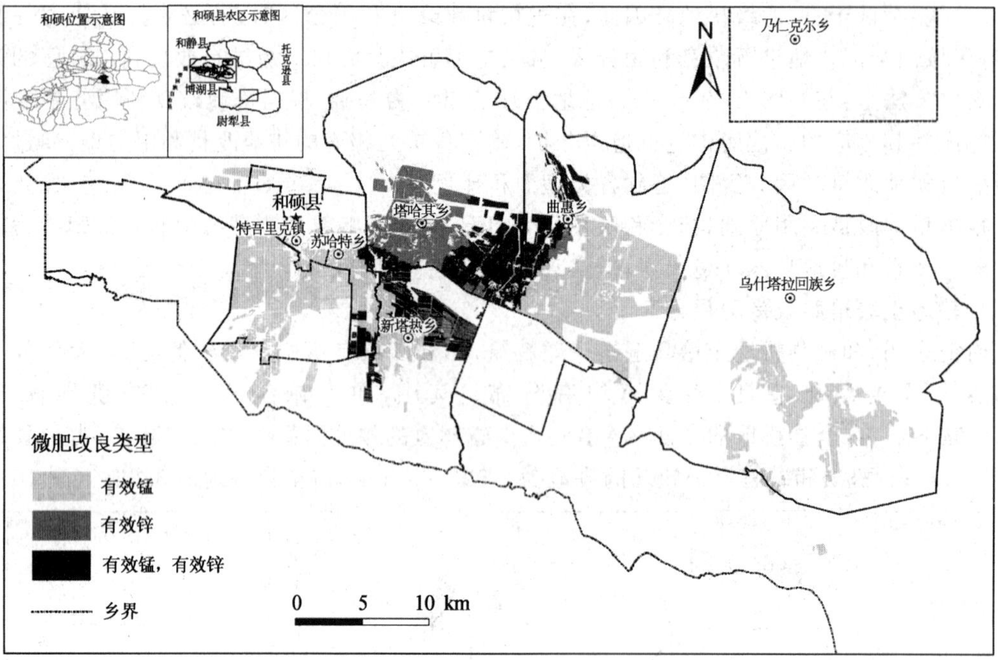

图 10-3 和硕县耕地土壤微肥改良利用分区图

的 2.14%，主要分布在新塔热乡和苏哈特乡。灌溉保证率较低的耕地面积有 20 444.68 hm^2，占全县耕地 67.98%；灌溉保证率较低，同时盐分较高的土壤面积为 1 555.45 hm^2，占全县耕地的 4.84%，几乎全部分布于新塔热乡（图 10-4）。

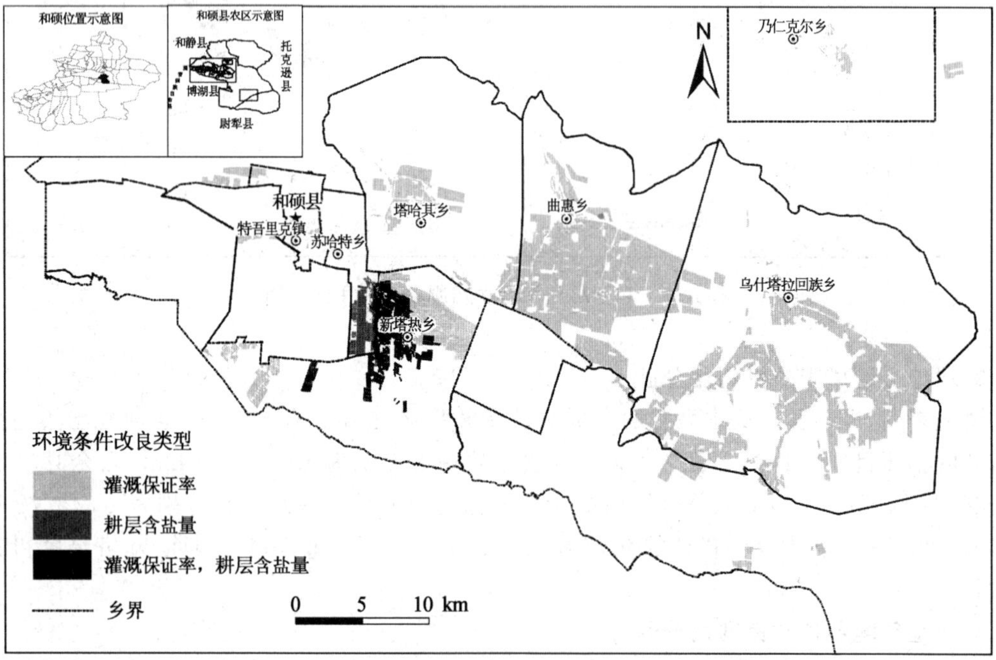

图 10-4 和硕县耕地环境条件改良利用分区图

(五)小结

针对和硕县耕地资源中有机质和营养元素含量特点,今后耕地改良利用方向主要为增施氮肥,适当增施锰和锌,在局部地区注重二者的混合施用。同时,和硕县在今后的农业生产中,整体上要注意农田水利设施的建设,在局部地区要注意进行盐渍化的治理。

(资料来源:朱磊,盛建东,武红旗.基于GIS的和硕县耕地地力评价与耕地土壤改良分区制图.新疆农业科学,2013,1.)

第二节　特殊任务的土壤调查

由于土壤特殊的形成条件、形成过程,所以表现出特殊的土壤特性、利用功能及改良措施,所以对这一类型土壤的调查也有其特殊的目的和要求。下面主要介绍几种特殊任务的土壤调查,包括林地土壤调查、草地土壤调查、盐渍土壤调查、侵蚀土壤调查、风蚀土壤调查、城市土壤调查、工矿区土壤调查。

一、林地土壤调查

(一)调查的目的和任务

林地土壤调查的目的在于查清林地土壤资源特征,了解调查地区各类土壤与森林分布、林木生长发育的关系;查清不同造林树种对土壤条件的要求;对各类土壤的物理、化学及生物学特性作综合评价从而提出对各种林地土壤的改良利用措施及林木经营管理的合理化建议。

林地调查需完成下列任务:①查清各林型、立地类型的土壤类型,确定土类、亚类、土属、土种和变种的名称;②查清各类土壤与林木生长、森林分布的关系,不同造林树种对土壤条件的要求以及各种林业土壤的管理措施;③对各类土壤的物理、化学和生物学特征的综合评价,为土壤利用、森林经营、更新造林等方面提出建议;④编制森林土壤分布图、肥力等级图以及土壤利用改良图。

(二)调查的内容和方法

1.标准地调查和路线调查中的土壤调查

(1)标准地调查　为了获得准确可靠的调查资料,林业生产和科研中常需建立固定标准地。标准地面积的大小随林分年龄及株数多少而定,一般在寒温带、温带林区采用500～1 000 m^2;亚热带、热带林区1 000～1 500 m^2;次生林、人工林、幼龄林面积可酌情减少。有时调查样方的面积也依据主林层树木的株数而定,现常以主林层乔木200株为一样方。灌丛常用面积为16～100 m^2。

标准地调查包括每木调查和立地条件调查。每木调查需测定树高、胸径、计算材积等。立地条件调查需测定记载地形部位、活地被物、幼树、下木及病虫害等。

一般林地每个森林群落需标准地不少于3块,但土壤剖面坑的设置在地形起伏不大、成土条件较一致的情况下,可适当减少或只设一个代表性剖面。

(2)路线调查　路线调查的目的是为了全面了解调查地区森林类型的分布规律、特点及其与生境的关系。其任务是通过沿一定方向的线路，长距离的调查环境和森林特征、分布规律。路线的选择应参考图面或航片等资料，沿林区自然环境有规律变化的方向，并尽可能通过各种群落类型。

在选定的线路上，逐段设点调查，段内的典型调查地点称为小区，无面积限制，也不设标准面。调查中应特别注意地形、群落外貌和指示植物的变化，找出明显变化的转折点，调查测定该段的距离、地形部位、坡向、平均坡度、海拔高度等，同时绘出该段的线路平面图和断面图。

(3)土壤调查

①选设剖面点：标准地调查中，土壤剖面点应选择植被、地形条件(坡向、坡度、坡位)均具有代表性的地方，小地形较平整，无近期崩塌或严重侵蚀；距树干 1～2 m 以外，不能设在路边或植被遭受严重破坏的地方。路线调查中，土壤剖面与调查小区相随，选择标准与标准地调查相同。

②剖面观察记载：土壤剖面的观察记载与一般土壤调查大致相同。常见以下层次：A_0 层(枯枝落叶层)，A_1 层(腐殖质层)，A_2 层(灰化层)，A_p 层(泥炭层)，B 层(淀积层)，C 层(母质层)，D 层(基岩层)，G 层(潜育层)。

林地土壤的障碍层次有些特殊，包括有潜育层、钙积层(白干土层、砂姜层)、黏磐层、沙层、碱化层、积盐层、永冻层和草根盘结层。需要记载障碍层次出现的深度及厚度、形成特征，并调查或估测危害程度。

③土壤分类：林地土壤的分类系统，高级分类与第二次全国土壤普查汇总的“中国土壤分类系统”相同。基层分类，即土属和土种的划分，依据腐殖质层厚度(表 10-6)、土层厚度、石砾含量以及岩石种类、覆沙厚度、地下水位、盐化和碱化程度、侵蚀程度、障碍层次和位置等。

表 10-6 林业土壤腐殖质层厚度分级标准

A_1 层厚度	分级标准/cm
薄层	＜10
中层	10～20
厚层	＞20

土层厚度一般是 A+B 层厚度，有时可包括 BC 层，任一土层石质容积含量(不包括半风化物)超过 80%，不计入土层厚度(表 10-7)。

表 10-7 林业土壤土层厚度分级表

土层厚度等级	标准/cm	
	寒温带、温带、暖温带、温带山地或亚热带高山区	热带、亚热带地区
薄层	＜30	＜40
中层	30～60	40～80
厚层	＞60	＞80

石质包括石块、角砾、石粒。石砾含量以容积计，石块过多，将严重影响林木生长。表 10-8 列出了石砾含量分级标准。

表 10-8 石砾容积量的分级标准

石砾含量等级	石砾含量/%	
	寒温带、温带、暖温带及亚热带高山区	热带、亚热带山地、丘陵
少石砾	20～40	10～30
中石砾	40～60	30～50
多石砾	60～80	50～80

2. 确定采伐更新方式的土壤调查

调查的目的是为了了解森林采伐后土壤肥力、土壤性质的变化，以及影响更新的土壤因子，为确定在不同区域、不同森林类型的最适宜采伐更新方式提供依据。

为对比土壤采伐前后土壤肥力、土壤性质的变化，需要在保留带及采伐迹地分别采样，进行比较调查研究。同一林型同一采伐方式各确定两个标准地进行调查。

土壤调查内容除要进行速效养分、pH、土壤水分、土层和腐殖质层厚度测定外，还应进行如下特殊项目的调查与测定：土壤温度，枯枝落叶层贮量和持水性能，石砾含量，土壤容重；草根盘结度，永冻层深度等。根据以上测定资料，可以对不同采伐更新方式的优劣提出评价。

(三)苗圃地土壤调查

苗圃为营林生产的基础设施，苗圃地分永久性中心苗圃和临时性山地苗圃。

永久性中心苗圃要绘制大比例尺(1∶1 000～1∶5 000)土壤图，一般每1～5 hm^2 设置一个主剖面。需要测定土壤质地、容重、持水量、透水性、有机质含量、全氮、全磷、全钾、土壤代换量及交换性盐基、盐基饱和度、水解酸、总酸度、碳酸钙、矿质含量、黏粒的化学组成及微量元素等。有的苗圃地还需测定亚铁含量。

中心苗圃还需按照养分调查方法，采样测定速效性氮、磷、钾、有机质含量、pH、可溶性盐基总量等。

苗圃地的水文地质条件至关重要，灌溉水和地下潜水均须做水质化验。

临时性苗圃虽不必绘制土壤图，但仍需做必要的土壤剖面观察、描述、采集土壤形态学标本及分析化验标本。

二、草地土壤调查

(一)调查的目的和任务

草地土壤调查的目的和任务是为合理开发利用草场资源、提高草场生产力、改良天然草场、建立人工草场、制定草场区划提供科学依据。具体任务如下：查清草地土壤资源类型、分布、数量、质量、障碍因素和土壤利用现状，为合理利用草地土壤资源提供依据；调查研究草地土壤形成条件及其形成演变和退化规律，为提高土壤肥力和防止风蚀沙化提供技术措施；调查不同土壤类型上的牧草种类营养价值和产草量，调查立地条件，为放牧利用布局和饲料基地建设提供科学依据。

(二)调查内容和方法

1. 成土因素调查

影响草地土壤发生发育的成土因素有其特殊性，因而在成土因素调查时，应补充下述内容：

(1)气候　气象资料中包括有3部分内容。一是对草地生产力有影响的气象资料，包括无霜期、降雪深度、积雪时间、冻土深度、春秋牧场牧草返青和枯黄时间、夏季有无枯黄现象或休眠期及持续时间。二是影响风蚀沙化的气象资料，包括主风向、风速、大风日数、沙暴、干旱期等。三是影响水蚀的气象资料，包括降雨量、降雨强度、降雨季节分配等。

(2)植被 植被是草地生产的主要产品，因而在进行土壤调查时，应充分考虑牧草种类、草群组成和生长状况，对草场的种类、分布、优势种、盖度、高度、多度、频度、产草量、营养价值进行详细调查，从中寻找牧草种类、产草量与土壤类型的关系。

(3)地表水和地下水 水资源的分布不仅关系到土壤的发生发育，也关系到家畜的放牧和草场的合理利用，应查明水资源种类、水量、水质、利用情况和潜力等。

(4)人类生产活动 人类生产活动直接反映在草地的利用程度上，根据植被特征和侵蚀情况可将草地利用程度划分为轻牧、适牧、重牧和过牧四种类型。

2. 土壤调查

草场退化往往和土壤物理性状变劣有直接关系。由于频繁放牧，畜蹄的践踏，致使草场土壤变得板结，孔隙度变小，天然降水不能充分渗入土体，导致牧草生产的进一步恶化。沙质土由于畜蹄的践踏，破坏土质的微小结持力，变得更加松散，给风蚀沙化造成条件。因此在草地土壤调查中，对土壤物理性状应更为关注，除一般土壤调查项目外，还要对下述土壤物理性状详加调查(凡主要代表剖面，均需测定)：土壤密度(土壤容重)、土壤紧实度、各发生层的土壤水分含量。

除土壤调查外，还应进行草地资源调查，准确判断草地的类、组、型，测定不同类型草地的产量、质量，划定草地利用现状等。这对于勾绘土壤界线、评定土壤质量和划分草地土壤改良利用分区均有重要参考价值。

三、盐渍土壤调查

(一)调查的目的和任务

土壤盐渍化是干旱或半干旱地带普遍存在的障碍性土壤因素。盐渍化土壤既是我国重要的土地资源也是当前农业生产中的主要低产土壤之一。为了正确地利用改良盐渍土，提高土壤肥力，达到建成高产稳产基本农田的目的，盐渍化土壤调查应加深以下3方面任务：全面研究并评价盐渍土区的土壤改良条件，着重进行灌区水文地质调查，海涂围垦区的海涂动力特点调查和形态特征调查；深入查明原生和次生盐渍化及沼泽化的形成原因，各种土壤类型的改良特性；根据盐渍土壤特点，进行土壤改良分区与评价工作。

(二)调查内容和方法

1. 土壤改良条件的调查

(1)地形地貌的调查 不同地貌单元支配着土壤水文类型、水文地质特征及母质分布状况，从而决定着土壤形成、分布与土壤组合特点及土壤改良利用特点，它是评价土壤改良条件和进行土壤改良分区的重要依据。此外，同一地貌单元的不同地形部位，其改良条件也各异。

野外地貌的调查，可在航片、卫片或地形图判读的基础上，在实地调查中确定地貌类型、范围及其地形要素等，特别应注意微地形的调查研究。调查地貌时要和其他地学特征(如沉积物类型、水文地质条件)的研究结合起来；宜围垦的泥质开阔海岸区，应侧重研究海浪、潮汐、海流作用特点等，将潮间带划分为超高潮滩(龟裂带)、高潮滩(内淤积带)、中潮滩(过渡带)、低潮滩(外淤积带)，以便为盐渍土改良利用提供科学依据。

(2)水文地质条件的调查 地下潜水(地表以下出现的第一层水)与盐渍土的形成、改良和利用特点密切相关，尤其在实行沟洫排水洗盐的改良措施时，必须进行以土壤改良为目标的水文地质调查。在盐渍土区土壤调查中，通常应完成潜水埋深、矿化度、水化学类型等水位线图的测绘任务；对垂直排水洗盐的盐渍土改良区，尚需进行竖井抽水试验，以获取涌水量、抽水历史、水位降深等数据资料，以便阐明测区潜水的埋藏、分布、补给、径流及其排泄条件，潜水化学特征和潜水季节动态变化等规律对土壤形成过程的影响，同时为测定区内的水利土壤改良田间技术提供科学依据。

(3)*海岸带水动力特点的调查研究*　海岸带水动力除以潮汐作用为主外，尚需研究波浪破碎并形成激浪作用，海流作用，三者的综合作用构成海岸带的水动力特征。它们影响潮间带浅滩的各地貌分带特征，泥沙沉积物的滩面塑造和再分配，围垦区水工建筑物的工程标准和围垦高程与面积。在收集附近海洋站的海岸带水动力资料的基础上(海流及其沿岸水系流向可借助陆地卫星图像的晕纹加以判读)，应于现场调查日大潮、(高高潮)、日低潮、月大潮、月低潮和季节潮位变幅及海啸影响范围，结合潮间带地貌分带图，绘制围垦区滩涂类型图及其文字报告。

此外，还需研究年降雨量、蒸发量及其季节分配状况和水文特征，如引灌水源数量与水质特点、河流类型、湖泊、海洋的水位变化对土壤水和潜水之间的补给与排泄关系等。只有这样才能为土壤改良分区，综合开发利用盐渍土提供基本的水文地质科学依据。

2. 土壤剖面及其有关性状的研究

通过深入的调查研究盐碱土性状及其分布规律，指明各盐渍土类型的改良特点，为制定改良措施提供科学依据。必须对盐碱土的主要剖面进行细致的研究和土、水样品的分析。因此，主要剖面挖掘深度应达到潜水位以下 10～20 cm 处，并分层(表土层细分为 0～5 cm，5～10 cm，10～20 cm，心底土按质地层次划分可粗些)，用连续柱状法采集化验用土样及其潜水化验样品。此外，尚需对盐渍土类型、土壤盐渍化等级和土壤盐分组成类型等内容进行研究。

3. 人类生产活动与土壤盐渍化关系的研究

次生盐渍土的形成和耕种盐渍化土壤的肥力演变，与人类生产活动密切相关。如平原地区水库和渠道的渗漏，有灌无排，排水出路及自然流势受其他工程设施阻截，均能使地下水位提高，引起土壤次生盐渍化。若引用高矿化水灌溉或长期粗放耕作，会更加重土壤盐渍化；当长期提灌深层碱性水时(其矿化度 1.0～1.5 g/L，含有碳酸氢钠为主的易溶盐，pH 大于 8.0，钠吸附比大于 10.0)会导致土壤发生苏打草甸盐碱化成土过程。又如草原盐渍土区的过度放牧或人为破坏自然草原后，亦能加重土壤的盐渍化作用，形成重碱土。反之，盐碱土在合理的综合性改良措施下，亦可以建成高产稳产的粮棉生产基地。为此，野外调查要与有关业务部门及当地农民进行座谈访问，并完成下列调查内容：适种作物及其种植制度和常年产量水平；耕作制度及施肥制度；排灌渠系的配置特点和灌溉制度及其优缺点；治理和综合利用旱、涝、盐、碱土壤的经验与教训。

四、侵蚀土壤调查

(一)调查的目的和任务

土壤侵蚀现状及危害的调查，目的在于查明土壤侵蚀的原因、现状、发生过程及其危害，为制定水土保持规划及确定防治措施提供科学依据。因此，侵蚀土壤调查的任务有：一是查清水土流失现状，包括土壤侵蚀方式、侵蚀形态、侵蚀强度及分布；二是调查分析影响水土流失的各种因素及其作用；三是调查现有的水土保持综合治理措施及其治理成效等。

（二）调查的内容和方法

1. 土壤侵蚀因素的调查

土壤侵蚀按其侵蚀营力划分，可分为水力、风力、冻融和重力侵蚀。本节主要讨论因水力和重力造成的侵蚀土壤调查。影响侵蚀的因素包括自然因素和人为因素。自然因素包括气候、地质地貌、植被、土壤等，人为因素主要是人类不合理的垦殖利用。

（1）气候　主要对降水资料进行调查。在水蚀地带，降雨量和降雨强度直接影响土壤侵蚀的分布和强度，了解降雨量的年分配及其强度，可查明土壤侵蚀的季节动态以及产沙量与降雨状况（雨量与雨强）的关系，通常情况下，随着降雨量的增加河流输沙量也相应增大。所以，引起水土流失的大雨、暴雨（日降雨量>50 mm 或 1 h 降雨≥16 mm）出现的月份、次数，每次暴雨持续的时间，降雨量和雨强，特别是 30 min 最大雨对土壤侵蚀的影响最为明显，同时也是调查的重点。

（2）地质地貌　土壤侵蚀的发生类型、强度以及空间分布，深受地质、地貌的影响。岩性的松软程度、矿物成分、组织结构等都直接影响岩体的抗风化能力、风化速度和风化层的厚度及结持力等。新构造运动强烈地区也常见滑坡、崩坍、泥石流等重力侵蚀。此外，岩层的走向、倾角及互相堆叠关系，也常常影响侵蚀的分布和规模。

起伏的地形为土壤侵蚀发展提供潜在可能性，径流侵蚀能量和冲刷量是坡度和坡长的函数。在调查中，可编制坡度图，坡度等级一般划分为：平地（<3°）、平缓坡（3°～7°,）、缓坡（7°～15°）、陡坡（15°～25°）、极陡坡（25°～35°）、险坡（>35°），调查并分别计算各坡度等级土壤的面积和比例。然后对坡长、坡形、坡向、沟谷等方面地形特征进行调查。

（3）母质　包括母质类型及其化学特性调查。母质类型不同，抗冲抗蚀性亦不同。如土状沉积物，由于本身胶结不够牢固，因而抗冲力差，同时土层深厚，沟谷下切强烈。又如花岗岩，片麻岩在北方干燥地区易于物理风化而形成砾石与沙粒，胶结力也差，也易遭受水蚀。而石灰岩、玄武岩致密紧实，土壤黏结力较强，抗冲抗蚀较好。同时，母质的化学成分不同，其胶结力大小有一定差异，因而抗冲抗蚀性也不相同。

（4）植被　植被是防治侵蚀最积极的因素，它能截留雨水并削弱雨滴和径流对土壤的打击、冲刷力量，减少流失量。不同的植被类型和植被覆盖度，在很大程度上决定着侵蚀量的大小和侵蚀程度的分布。不同时期的植被覆盖度基本上可反映侵蚀的历史变化。因此，调查中应划分植被的类型，分别用样方和样带法调查草本植被的种属、分布、生长状况、产草量、覆盖度等，森林植被的林木种类、面积、分布、高度、胸径、密度、覆盖度、林下植被的种类及生长状况、枯枝落叶层的厚度等。

（5）土壤　土壤特性与水蚀程度有一定关系。影响水蚀的土壤特性主要有渗透性、抗蚀性、抗冲性以及与这些特性有关的其他理化性质，如土壤质地、有机质含量、土壤结构和土壤的胶结物质等。在野外，可直接测定土壤的渗透性、抗蚀性（水稳性指数 K）、抗冲性及土壤层次性，其他理化性质的测定可在室内进行。

（6）人为因素　人类的不合理的生产生活活动会引起土壤的加速侵蚀，如森林砍伐、乱垦乱牧，不合理耕作种植制度等都会加剧水土流失。所以，应调查研究坡耕地分布、轮作制度、作物布局、耕作方式以及林木更新、薪材采集、放牧方式等方面。

2. 土壤侵蚀类型调查

（1）水蚀　主要的侵蚀形态有面蚀、沟蚀等，它们代表水蚀过程的不同阶段。

①面蚀：又称片蚀，主要发生在坡耕地和植被稀疏的地段上，包括雨滴打击地面产生的溅蚀和地表漫流引起的层状剥蚀过程。植被是影响面蚀的主要因素，故面蚀程度可根据植被覆盖度的大小划分；在坡耕地上，则根据坡度大小划分面蚀的等级。

②沟蚀：是地表径流以较集中的股流形式对土壤或土体进行冲刷的过程，也是面蚀进一步发展的结果。根据其形态和发展阶段可分为细沟、浅沟和切沟。沟蚀程度根据单位面积内沟谷占坡面积的百分数表示。

（2）重力侵蚀　包括崩塌、滑坡、崩岗和泄溜等，前三者是在重力和水的综合作用下发生的土体下坠或位移的侵蚀现象；泄溜则是在缺乏植被覆盖的陡坡或沟壁，在重力作用下，风化碎屑零碎地向下坠落和泄溜并堆积于坡麓。

3. 土壤侵蚀强度调查

土壤侵蚀强度是指单位时间、单位面积上的地表土壤经水力侵蚀被移走的土体损失量，以每年每平方千米移走的吨数表示[$t/(km^2 \cdot a)$]或以单位面积移走的土层厚度（mm）表示。中华人民共和国水利部批准《土壤侵蚀分类分级标准》（SL190—2007），水力侵蚀强度分级见表10-9。

表 10-9　水力侵蚀强度分级表

级别	平均侵蚀模数/[$t/(km^2 \cdot a)$]	年平均流失厚度/mm
微度侵蚀	<200,<500,<1 000	<0.15,<0.37,<0.74
轻度侵蚀	200,500,1 000～2 500	0.15,0.37,0.74～1.9
中度侵蚀	2 500～5 000	1.9～3.7
强度侵蚀	5 000～8 000	3.7～5.9
极强度侵蚀	8 000～15 000	5.9～11.1
剧烈侵蚀	>15 000	>11.1

注：本表流失厚度是按土的干密度 1.35g/cm^3 折算。

微度侵蚀<200[$t/(km^2 \cdot a)$]，<500[$t/(km^2 \cdot a)$]，<1 000[$t/(km^2 \cdot a)$]分别指东北黑土区和北方土石山区；南方红壤丘陵区和西南土石山区；西北黄土高原区。轻度侵蚀的地域界线同前。

在缺少实测及调查侵蚀模数资料时，可在经过分析后，应用有关侵蚀方式的分级指标进行分级，见表10-10。

五、风蚀土壤调查

（一）调查的目的与任务

风蚀土壤调查的目的是通过对土壤风蚀沙化危害程度以及潜在沙化危害的调查，提出防治沙化的意见和措施，为综合开发利用沙地土地资源提供科学依据。调查的任务有三项：查明土壤风蚀沙化程度及潜在沙化程度的类型、分布，进行数量质量评价；调查研究自然条件和人为活动对土壤风蚀沙化的影响；总结沙区土壤资源综合利用和治沙改土的成功经验。

表 10-10 不同侵蚀类型程度野外调查指标

侵蚀类型		侵蚀程度划分指标	侵蚀程度分级				
			微度侵蚀（无明显侵蚀）	轻度侵蚀	中度侵蚀	强度侵蚀	极强度侵蚀
面蚀	层状面蚀	按地面坡度划分/(°)	<3	3～7	8～15	—	—
	鳞片状侵蚀	按植物覆盖度划分/%	>90	90～70	70～50	50～30	—
沟蚀	细沟侵蚀	以地块内沟道面积所占百分比划分/%	—	<10	10～20	20～50	>50
	浅沟侵蚀	以地块内沟道面积所占百分比划分/%	—	<10	10～20	20～50	>50
	切沟侵蚀	以地块内沟道面积所占百分比划分/%	—	<10	10～20	20～50	>50
重力侵蚀	滑坡侵蚀	按滑坡面积占坡面面积百分比划分/%	—	<10	10～25	25～50	>50
	崩塌侵蚀	按崩塌面积占坡面面积百分比划分/%	—	<10	10～25	25～50	>50

（引自全国土壤普查办公室编，中国土壤普查技术，农业出版社，1992）

（二）调查内容和方法

主要是形成因素和改良利用条件调查。除前面章节叙述的有关土壤侵蚀调查的共同项目外，需补充下面的内容。

1. 风

风蚀指地表松散物质被风吹扬或搬运的过程，以及地表受到风吹起颗粒的磨蚀作用。干燥的土壤和地表上空相对稳定的风力是发生严重风蚀的主要条件。所以，应收集当地主要风向、年平均风速、起沙风（≥5 m/s）日数、大风日数、沙暴，分析其与土壤风蚀沙化的关系。

2. 降水

干旱是引起土壤风蚀沙化的一个重要原因。干旱地区降雨稀少，且年内、年际降水的变幅大，增加了生态系统的不稳定性，强化了土壤风蚀沙化过程。应收集统计年降水量及其变幅。降水强度对沙层水分补给具有意义，因而还应收集一次降水≥5 mm，≥10 mm，≥20 mm 的资料。

3. 地貌

在湿润、半湿润沙化地区的地貌类型主要有沙丘、平缓沙地、滩地以及沼泽等。在干旱、半干旱沙化地区，地貌类型主要是风成地貌和风蚀地貌，包括有新月形沙丘、蜂窝状沙丘、灌丛沙堆、沙垄等。按固定程度可分为固定沙丘、半固定沙丘和移动沙丘。

在沙化地区，沙丘是最重要的地表形态标志，沙丘的不同形态和类型在改良利用措施上有很大的区别。

4. 母质来源

调查土壤母质来源，不同母质的物理、化学性质，这些因素将影响所形成土壤的肥力特征和改良利用方向。

5. 植被类型

沙地作为一种特殊的生态环境，适应该生境的一系列特有的沙生植物在治沙固沙中占有极其重要的地位。因此需要查清不同土壤和沙丘类型的植物种类、草场类型、产草量、覆盖度、造林树种和风沙育草植物的生物学特性和防风固沙能力。

6. 沙丘下伏土质和地貌

在流动沙丘地区，下伏土质和地貌与固沙造林、改造沙地密切相关。在我国一般出现的土质，可划分为沙质土壤、壤质土壤、黏质土壤、盐渍土壤、砾质土壤、石质土壤或粗骨土壤等类型，其中壤质土壤和黏质土壤条件较好。下伏地貌若为平地，条件较好，下伏低山丘陵和戈壁，则条件不良，下伏河谷或是湖盆，其潜水会很丰富，可以大力发展井灌。

7. 地下水埋深和矿化度

沙地改良一定要有水利条件。土壤调查中，应在沙丘的丘间低平地测量地下水埋藏深度，并采水样，分析其盐分含量。避免在抽水过程中，产生土壤的苏打盐渍化。

8. 人为因素

人类的滥垦和过牧、生产经营方式、水资源的调配和利用等方面。

六、城市土壤调查

（一）调查目的和任务

城市土壤是在地带性土壤背景下，在城市化过程中受人类活动的强烈影响而形成的一种特殊土壤。城市土壤是一般包括市区和城郊区土壤。随着现代城市化的不断发展，人们对生活环境的美学、游憩等方面的需求不断增加，城市及周边环境的绿化和美化显得日益重要。为了改善城市生存环境，提高城市人生活质量，城市土壤的合理利用发挥着很重要的作用。所以调查的主要目的是摸清土壤底细，以解决适地适种、因土施肥、因土改良等问题。主要任务是查明城市土壤的类型、分布及性质和肥力特征，了解土壤与绿地植物生长之间的关系，评定现有土壤对不同绿地植物的适宜性及生产力等级，找出影响绿地植物正常生长的障碍因素，为城市土壤的合理利用、改良和经营管理提供科学依据。

（二）调查内容和方法

1. 成土环境和土地利用情况调查

（1）气候　同一般土壤调查。

（2）植被　对天然植被而言，不同的植被有不同的土壤类型，利用植被可推断土壤类型及分布界线，这时应着重记录植被的种类组成和覆盖度等；若为农田植被，则应记录作物种类和生长情况。对于建植时间较久的城市园林绿地，虽然植物种类繁多，且大多为人工种植，但长期较稳定的植被仍会对土壤产生一定的影响，加之各异的土地管理方式，所以土壤性状也逐步形成了各自的特点。据研究公园的花坛、树坛、草坪等三类园林植被下，土壤的紧实度、容重、孔隙、有机质含量等都有显著差异。

（3）母质　城市土壤的母质调查，除调查其运积类型外，还应特别注意母质的通透性能，尤其是生产性绿地。对市区的搅动土或堆垫土，一般不再进行母质调查。

（4）地形　城市土壤调查中应特别注意小地形单元，包括岗地、坡地（丘陵、岸坡、路坡）、平地、洼地、岸边、漫滩等。

（5）地下水、地表水和土壤排水状况调查　主要调查地下水位及其季节性变化，以及地下水水质(矿化度、矿化类型等),这在沿海城市或低地城市尤为重要。地表水包括河、湖、沼、池及低地滞水等,要弄清其分布和面积,并注意沿岸土壤的季节性水淹和淤积情况。土壤排水状况包括地形所影响的排水条件和土壤质地与剖面层次所形成的土体内排水条件两个方面。

(6)土壤侵蚀情况 可按常规土壤侵蚀种类和侵蚀强度记载。

(7)人为活动调查 主要调查人为因素对土壤的影响,如土体的搅动和土壤的挖垫情况、侵入体及特殊异质土层、地下构筑物、人为践踏程度等。

(8)土地利用情况调查 了解目前及近来的土地利用情况,如农田、林地、荒地、果园、苗圃、花圃、园林绿地、原建筑工地、旧建筑物地基或拆除场地等,同时要调查植物的生长情况或产量,以了解不同地块的土壤适宜性及肥力水平。

2. 土壤剖面调查与土壤样品的采集

土壤剖面的设置与调查方法同一般土壤调查。但如前所述,土壤剖面的数量是由所用比例尺、地形复杂程度和土壤类型的变异及其分布情况来决定的,由于绿地土壤调查的精度一般较高(大比例尺),且土壤变化复杂,所以剖面数量要远大于一般的农、林业土壤调查,每种具体土壤至少要挖一个主剖面和两个对照剖面。

土壤剖面样品主要用于土壤理化性质的分析。

3. 小区土壤调查

对已建成或已规划的绿地而言,应以小区为单位进行调查。小区的划分应以相对稳定的植被类型(包括人工植被)、土地利用方式、人为活动及管理状况、地形差异等为依据,每一小区建立一张小区登记表。原则上每个小区内的土壤类型应一致,但若同一小区出现两种或多重土壤类型的情况(尤其是搅动土),则可续分亚小区,以亚小区为单位建立一张登记表。若小区面积过小,数量过多,应将土壤相同,地形部位、栽培措施、管理水平基本一致的相邻小区加以合并。

为了较准确地评价小区土壤的性质和肥力状况,需要多点采集小区内的根层土壤样品进行分析(尤其是养分状况)。每个小区(地块)设10～20个样点,一般情况下每个小区取一个根层(或耕层)混合样即可;当一个小区内有两种或多种土壤类型时,则分别取混合样。采样深度视根系密集层而定,花草类为0～30 cm,树木类为0～30 cm、30～60 cm。

七、工矿区土壤调查

工矿区是工程建设区、工厂和矿区的总称,是指国土范围内修筑公路、铁路、水利工程和开办矿山、电力、化工、石油等工业企业以及采矿、取石、挖沙等建设活动的场地;矿区土壤主要是指以采矿、取石等生产活动产生的固体废弃岩体作为母质,经人工整理、改良,促使其风化、熟化而成的一类土壤。因矿产资源开发造成的土壤破坏极其严重,故矿区土壤问题是工矿区土壤问题研究的重点和焦点,所以本节主要以矿区土壤调查为代表。

(一)调查目的和任务

依据矿区土壤和一般土壤在形成特点上的差异性,矿区土壤调查的目的是为采用合理的地形重塑、土壤重构、植被重建技术,人为促进土壤熟化提供科学依据。其主要任务有:通过调查分析查清被破坏土壤资源的数量、类型、破坏程度和分布状态;通过分析研究被破坏土壤的发生、发展过程、趋势及其原因,对采矿、废弃物堆置等一系列矿山作业提出合理建议;通过调查不同废弃物的理化性状，为进一步的复垦方式及利用方向提供依据；通过采矿前原土壤、采矿后土壤及复垦后矿区土壤的理化性状对比，进一步完善复垦技术，并为宏观的复垦规划提供参考。

（二）调查内容和方法

1. 形成条件调查

（1）区域地貌特征调查　可分为黄土高原矿区、东北缓丘漫岗矿区、南方丘陵山地矿区、黄淮海平原矿区及西部风沙矿区等。由于不同的区域地貌特征、生物气候，以及地面组成物质、坡度、地形等因子变化很大，造成的土壤破坏程度、强度和形成的条件亦有明显差别。

（2）行业特征调查　不同行业所排弃的废物及扰动的程度不同，对土壤形成的影响也不同，以采矿行业而言，包括煤炭开采业、铁矿山、铝土矿、石膏矿、金矿、铜矿、石棉矿、锡矿等。采矿系统根据开采方式可分为露天开采和地下开采（井工）两大类。露天开采使土壤彻底破坏，土壤生产力完全丧失；地下开采造成地面塌陷、地表裂缝、水资源破坏，土壤生产力下降或完全丧失。其他行业包括电力系统、冶金系统、化工系统和建材系统等。

（3）废弃物堆积形式调查　可分为平地堆山式、填凹（如填沟）堆垫式和河岸沟岸倾泻式三类。平地堆山式主要是容易造成滑坡、崩塌以及多种水力侵蚀；河岸沟岸倾泻式缩窄河道，影响行洪，河流输沙量剧增；相比而言填凹堆垫式较为妥当。

（4）废弃物组成成分调查　分粗颗粒废弃物和细颗粒废弃物。粗颗粒废弃物，如铁矿、地下开采煤矿（矸石山）、采石场等，为砾石状排弃物。细颗粒废弃物，如火力发电厂（粉煤灰）、砖场（土状物）、采沙厂、化工厂（废渣）、各种尾矿等。

（5）废弃物含毒状况调查　分为有毒废弃物和无毒废弃物两种。前者如重金属矿、化工厂等；后者如砖场、采石场等。

（6）生产建设规模调查　可分为大、中、小型矿区，各行业划分标准不同，一般是以生产能力、固定资产投资、职工人数、投入产出状况等综合划分。

（7）权属关系调查　可分为国有工矿区、乡镇工矿区、个体工矿区。一般国有工矿区为大中型工矿区，造成的水土流失严重，但易管理，企业自身调控能力强，能在有关部门监督下，进行土地复垦和生态重建工程；乡镇和个体工矿区属小型矿区，数量多，分布广，难管理，往往以眼前利益为主，不考虑长远利益，土地复垦与生态重建工作极为棘手。

2. 矿区土壤调查

矿区土壤调查主要围绕土地复垦规划要求和矿区土壤质量演变来进行。根据采矿发展次序，可分为采矿前原土壤调查和采矿后土壤调查（即重塑地貌、重构土壤、重建植被后的土壤调查）；根据土壤资源破坏方式则可分为挖损地土壤调查（露天矿坑、砖瓦厂取土场）、压占地土壤调查（粉煤灰堆场、煤矸石山、露天矿排土场、露天铝矿赤泥堆积场等）和塌陷地土壤调查。

矿区土壤调查指标参见表 10-11。不同矿区可根据土壤破坏和土壤再造的具体情况，在此基础上做增减。

（1）采矿前原土壤调查　可参照当地的地形图、土壤图、土地利用现状图等为基础，综合加以实地调查，汇总而成，以满足规划、设计的要求。一般矿区土壤的调查指标与农业用地指标相同。

表 10-11 矿区土壤调查参考指标

指标	挖损		压占			塌陷
	露天矿坑	砖瓦窑取土场	露天矿排土场	粉煤灰堆场	煤矸石山	井工矿塌陷地
岩(土)层厚度	Y	Y	Y	S	S	Y
岩性及风化状况	Y	S	Y	S	Y	S
岩(土)污染状况	Y	S	Y	Y	Y	S
人造地形特征(坡度、坡向、坡型等)	Y	Y	Y	Y	Y	Y
地基的稳定性	N	N	Y	N	Y	Y
非均匀沉降	N	N	Y	N	Y	Y
新造地面积	Y	Y	Y	Y	Y	Y
地表物质及颗粒组成	N	S	Y	Y	Y	Y
土层厚度	N	Y	Y	S	S	Y
有效土层厚度	N	Y	Y	S	S	Y
土壤侵蚀状况	Y	S	Y	Y	Y	Y
水文与排水条件	Y	S	Y	Y	Y	Y
土壤盐碱化	N	S	Y	Y	Y	Y
土壤酸化	S	S	Y	N	Y	Y
土体容重	N	Y	Y	Y	Y	Y
土壤有机质	N	Y	Y	Y	Y	Y
水分有效性	N	Y	Y	Y	Y	Y
地表温度	N	N	S	Y	Y	N
土壤养分指标	N	Y	Y	Y	Y	Y
土壤生物学指标	N	Y	Y	Y	Y	Y

注:S 表示在特定的条件下测定;Y 表示需测定;N 表示不测定。

由于露天矿对土壤的扰动较大,开采前对土壤和上覆岩层的分析是许多国家土地复垦有关法规明确要求的,其目的是在开采与复垦前进行复垦的可行性研究,以便制定合理的开采与复垦计划。因此,土壤调查时应特别注意所有剥离岩土层的物理性质、化学性质和生物性质的分析。

(2)*采矿后的土壤调查* 开采后的新造地或复垦土壤的调查研究,是为了确定植物生长的介质特性及土壤生产力,以便于制定有效的土壤改良和重新植被技术方案。

一般可先查阅矿山的有关资料,矿山废弃物是否污染环境(如有污染,应先作环境保护处理)。如露天矿需查阅排土场及排土进度图;井工矿需查阅井上井下对照图及有关塌陷资料等。根据资料的情况再针对性地进行调查。

八、教学案例与分析

汕头市城市绿地土壤调查

(一)调查目的

摸清汕头市区土壤特征,以解决适地适树、因土施肥、因土改良等问题。

（二）调查任务

主要查明汕头市绿地土壤的类型、分布及肥力特征以及影响土壤形成发育的环境要素。分析土壤与绿地植物生长之间的关系，评价其适宜性，找到影响该市绿地植物正常生长的障碍因素和限制因素，为绿地土壤的合理利用、改良和经营管理提供一定的科学依据。

（三）气象资料收集

汕头市中心城区位于北纬23°02′33″～23°38′58″，东经116°14′40″～117°19′36″，属南亚热带海洋性季风气候，温暖湿润，阳光充足，雨水充沛，无霜期长，冬无严寒，夏无酷暑。年日照2 000～2 500 h。年降雨量1 300～1 800 mm，多集中在4～9月份。年平均气温21～22℃；最低气温在0℃以上，冬季偶有霜冻；最高气温36～40℃，多出现在7月中旬至8月初。5月至10月份常遭受太平洋及南海热带气旋的袭击，根据气象记载，登陆的台风0.3次/年，从50 km的海域内经过引起风害的台风2～3次/年。

（四）调查时间、地点

2006年雨季、旱季和2007年的前汛期。根据市区绿地土壤形成和绿化分布等具体情况，主要在新区设调查点，设置时兼顾各类绿地、各类土壤组成，共设了6个调查点。

（五）调查方法

在选定的各个调查点，挖长方形土壤剖面至见到地下水为止，记录地下水位，在树木根系分布区土层处用“环刀法”按“土壤容重测定法”要求（分20 cm、40 cm、60 cm、80 cm共4层）分取土样，用于测定土壤容重、孔隙度和质地等物理性质；再按“土壤样品采集方法”要求在以上4个层次中分别另取等量土样1 kg混合，用于测定土壤pH、有机质含量等化学性质。土壤理化性质的调查结合地下水位调查时开挖剖面进行。

（六）调查内容及结果分析

1. 土壤形成概况

汕头市地处韩江三角洲平原，南海之滨，土壤的组成既有江河冲积土，又有滨海沙土。据资料记载，老城区以平原冲积土和水稻土为主，近年随着城区的向东扩展，新建城区则以滨海沙土和盐渍土为多。新建城区各类绿地在植树之前，多经过土壤改良。客土方式主要有：①(40～50)cm山地红壤＋10 cm池土；②20％～30％河沙＋80％～70％沟泥（黏性强、盐度高）；③60％田土＋40％河沙等；④下层海沙、上层20 cm园土或池土；⑤河沙＋建筑垃圾＋(3～10) cm池土；⑥耕作土＋建筑垃圾＋海沙。

2. 地下水位

表10-12、表10-13分别列出不同时间、不同地点地下水位的调查结果。市区年最低地下水位在旱季为1.0～1.55 m，平均值为1.20 m；最高水位出现在4～6月的前雨季，为0.74～1.11 m，平均值为0.83 m。经相关分析表明：距海位置和涨潮时地下水位具有极显著的相关性。说明距海位置越远，涨潮时对地下水位的影响越弱。

地下水位对树木的影响主要表现在对树木根系生长的影响。《园林绿化工程施工及验收规范》(中华人民共和国行业标准 CJJ/T 82—2012)中对种植前土壤处理规定:园林植物生长所必需的最低种植土层厚度为小灌木土层厚度≥40 cm,大灌木≥90 cm,浅根乔木≥100 cm,深根乔木≥150 cm。据此可知,当常年地下水位高于种植层,首先使植物根系产生淹水胁迫使植株生理失衡,严重时致死。

另外,当地下水位高时,通过毛管作用,种植层土壤含水量也会增高,树木的稳固性也同样受到威胁。调查记录中多数点的植物根系常分布于0～100 cm 的浅土层,某些种类(如肉质根或浅根系种类)的植物根系更只分布在 0～70 cm 土层处。

表 10-12　在旱、雨季节市区 5 个调查点的地下水位　m

地点 时间	衡山路 绿化平台	锦泰中学 前侧绿地	澄海路 路口绿地	汕汾—天山路 交叉绿化平台	金沙公园 苗圃地	平均值
雨季	0.85	0.74	1.05	0.80	1.11	0.83
旱季	1.10	1.00	1.20	1.55	1.17	1.20

注:* 该表各调查点与表 3 相同,只有"疏港路中央绿带"点因周边地下工程抽水而无法测量地下水位,在该表中不予列出。

表 10-13　涨潮期市区距海边不同地点的地下水位　m

调查 地点	嵩山—汕汾 交叉路口	汕汾—天山路 交叉绿化平台	天山路 加油站前	衡山路 绿化平台	锦泰中学 前侧绿带	碧霞庄 分车绿带	海滨路 (市委院内)
距海位置	4 400	3 600	1 700	1 300	670	420	200
大潮期	1.27	1.12	1.02	1.02	0.45	0.38	0.35

3. 土壤物理特性

调查发现,各样点的土壤剖面土层排列凌乱,土层之间没有发生学上的联系,土壤团聚体含量较少;土壤中侵入体主要为生活垃圾、建筑弃土等,且含量较多;市区各类绿地因客土方式的差别形成了以壤土和沙土为主的土壤质地类型;土壤容重平均值为 1.56 g/cm^3,总孔隙度平均值为 41.04%。和自然土壤相比,城市土壤紧实,容重大,孔隙度小。

汕头市绿化植物经常遭受风害,因此,此次调查主要考虑土壤物理性状与树木抗风性能的关系。植物的抗风性能主要与树木根系生长有关。土壤容重高的地带,当植树穴过于狭小时,严重地制约了树木的根系生长,减弱了其原有的抗风性能。像"锦泰中学前侧绿带"前(中山东路)的乌墨、长平路的麻楝、韩堤路的小叶榕,其根系生长或完全不能展开而"绕结成团",或只水平生长而"不深扎",这些都直接使树木重要的抗风性状—根系的固着力无从发挥。

4. 土壤化学特性

本次调查测定了剖面土样的 pH 和有机质含量(表 10-14)。本市绿地土壤 pH 偏高,存在向碱性演变的趋势。各调查点有机质含量普遍偏低,为 0.1%～0.67%。

土壤 pH 偏高的主要原因是:城市土壤中混入的垃圾和建筑废土的类型及含量影响着土壤的酸碱性反应,像"锦泰中学前侧绿带"点土壤中的废土主要为水泥、石灰块等建筑废土,所以土壤偏碱性,而"疏港路中央绿带"的土壤则以沙石、泥土为主,所以土壤偏酸性。

土壤有机质含量低的原因主要是:城市绿地除了种植时施的基肥外,一般再无追肥,且城区内的植物落叶、残枝等通常被清运拉走,从而造成了土壤有机质有减无增。表中金沙公园花圃地的有机质含量远高于其他点,与圃地花苗的施肥管理有关,而"衡山路绿化平台"点的有机质含量为0.48%，则与其客土方式有关，沟泥的肥力水平强于其他客土类型，但同时“含盐度”也较高，pH等于6.92，基本呈中性。

表10-14　汕头市区绿地土壤理化性状测定结果(调查时间:2006年5月)

调查地点 调查内容	衡山路绿化平台	锦泰中学前侧绿带	疏港路中央绿带	澄海路路口绿地	汕汾—天山路交叉绿化平台	金沙公园花圃地	平均值
客土方式	②	①	④	③	⑤	⑥	
质地类型	重壤土	轻壤土	松沙土	沙壤土	紧沙土	紧沙土	
平均容重/(g/cm^3)	1.50	1.72	1.64	1.63	1.42	1.47	1.56
总孔隙度/%	43.41	35.19	38.06	38.62	46.32	44.67	41.04
土壤pH	6.92	7.63	5.66	6.01	6.49	6.38	6.52
有机质含量/%	0.48	0.20	0.10	0.30	0.16	0.67	0.32

(七)改良利用建议

针对汕头市地下水位较高且受海潮的影响较大、绿地土壤理化性状较差、侵入体较多等特点，在选择绿化植物时尽量要选择适合该区域自然条件的深根性植物。栽植苗木时要进行客土改良，增施有机肥，改善土壤的肥力特征。在有条件的区域要开挖大规格植树穴，促进植物根系生长，保证植株的健壮生长，从而增加其抗风性能。

(资料来源：辛如如，吕武杭，彭剑华，等.汕头市城市绿地土壤调查.中国城市林业，2008，6(6).)

复习思考题

1.简述土壤调查的意义。
2.什么是路线调查？什么是详查？
3.确定土壤调查工作底图比例尺时要考虑哪些影响因素？
4.在野外调查时，确定土壤剖面点的位置应考虑哪些因素？
5.简述评土比土的具体做法。
6.土壤草图的审查包括哪些方面？
7.遥感影像应用于土壤调查与地形图为底图的土壤调查有什么不同？
8.林地土壤、草地土壤调查的内容包括哪些？方法如何？
9.侵蚀土壤、沙化土壤及盐渍土壤调查的内容有哪些？
10.简述工矿区土壤调查的特殊性？
11. 在城市土壤调查中，布点采样应注意哪些事项？

参考文献

1.白中科，等.工矿区土地复垦与生态重建.北京：中国农业科技出版社，2000.
2.陈焕伟，等.土壤资源调查.北京：中国农业大学出版社，1997.
3.崔晓阳.城市绿地土壤及其管理.北京：中国林业出版社，2000.
4.黄昌勇，等.土壤学.北京：中国农业出版社，2010.
5.林大仪，等.土壤学.北京：中国林业出版社，2010.

6. 吕贻忠. 土壤学. 北京:中国农业出版社,2006.
7. 潘剑君. 土壤资源调查与评价. 北京:中国农业出版社,2004.
8. 梅安新,等. 遥感导论. 北京:高等教育出版社,2001.
9. 全国土壤普查办公室. 中国土壤普查技术. 北京:农业出版社,1992.
10. 陈立新. 土壤实验实习教程. 哈尔滨:东北林业大学出版社,2005.
11. 赵景逵,等. 矿区土地复垦技术与管理. 北京:中国农业出版社,1993.
12. 朱克贵. 土壤调查与制图. 2 版. 北京:中国农业出版社,1996.
13. 庄卫民. 土壤调查与技术——理论方法实践. 北京:中国农业出版社,1995.

第十一章　土壤质量与土壤资源保护

［**本章导读**］　本章主要围绕土壤质量与土壤资源保护，介绍土壤质量的概念与评价方法，土壤退化的基本概念和我国土壤退化的现状；着重阐述土壤侵蚀、沙化、酸化、潜育化、盐渍化等主要土壤退化类型的成因、危害及其保护、防治措施；针对土壤污染日益严重情况下，介绍土壤污染的概念，根据土壤污染类型阐述土壤污染修复技术，并提出我国土壤资源的特点和合理利用的对策。

第一节　土壤质量与土壤退化

长期以来，科学家对人类活动引起的空气与水质量退化给予了较多的关心。但除少数专业科学家外，很少有人关注人为活动对土壤质量的负面影响。直到20世纪70年代后，由于全球土壤质量退化的加剧，以及由土壤质量退化诱发的生态环境破坏和全球变化，人们才开始重视土壤质量在持续生产中的作用及其与植物、动物和人类健康之间的关系。1990年后，连续召开了几次“土壤质量”的国际学术讨论会，出版和发行了一些关于“土壤质量”专著和文章，对土壤质量的定义、评价指标与定量化方法，以及土壤质量评价与土壤特性和土地利用适宜度之间的关系等，提出了很多的新的观点和方法。

一、土壤质量的概念与评价

（一）土壤质量的概念

土壤质量是土壤在生态系统界面内维持生产，保障环境质量，促进动物与人类健康行为的能力。美国土壤学会把土壤质量定义为：在自然或管理的生态系统边界内，土壤具有动植物生产持续性，保持和提高水、气质量以及支撑人类健康与生活的能力。

从上面对“土壤质量”概念的叙述，我们至少可以认识到：

①土壤质量主要是依据土壤功能进行定义的，即目前和未来土壤功能正常运行的能力。土壤的功能（质量）即一是生产力，即土壤的植物和动物持续生产能力；二是环境质量，即土壤降低环境污染物和病菌损害，调节新鲜空气和水质量的能力；三是动物和人类健康，即土壤质量影响动植物和人类健康的能力。

②土壤质量概念的内涵不仅包括作物生产力、土壤环境保护，还包涵食物安全及人类和动物健康。这一定义超越了土壤肥力概念，它不只是将食物安全作为土壤质量的最高标准，还关系到生态系统稳定性，地球表层生态系统的可持续性，是与土壤形成因素及其动态变化有关的一种固有的土壤属性。

③目前，对土壤质量尚存在一些模糊认识，即土壤质量内涵与土壤肥沃度含义的混淆，这与土地利用、生态系统、土壤类型以及对土壤相互作用过程的复杂性认识不足有关。

（二）土壤质量评价参数与指标体系

土壤质量是土壤中退化性过程和保持性过程的最终平衡结果，土壤质量要考虑土壤的多重功能。为了建立一个合适的土壤质量评价指标体系，需要了解土壤质量的广泛内涵，以便揭示不同自然和管理生态系统边界内土壤质量的变化或演化，应该从土壤系统组分、结构及功能过程，土壤物理、化学及生物学性质以及从时间、空间及状态等的变化多方面来考察土壤质量。因此，土壤质量指标体系应包含这些方面的指标与参数。

1. 选择评价土壤质量参数指标的条件

土壤质量的复杂性，控制土壤生物地球化学过程各种物理、化学和生物学因子及其在时空强度上的变化等，影响土壤质量评价参数指标选择的因素很多，为了便于在实践中应用，土壤质量参数指标的选择应符合以下条件：

(1)代表性　一个指标能代表或反映土壤质量的全部或至少一个方面的功能，或者一个指标能与多个指标相关联。

(2)灵敏性　能灵敏地指示土壤与生态系统功能与行为变化，如黏土矿物类型对土壤生态系统功能与行为的变化不敏感，不宜作为土壤质量指标。

(3)通用性　一方面能适用于不同生态系统，另一方面能适用于时间和空间的变化。

(4)经济性　测定或分析花费较少，测定过程简便快速。如^{15}N丰度需要质谱仪进行复杂的分析，因而不宜作为土壤质量指标。

2. 土壤质量评价的指标

土壤质量评价参数指标包括物理、化学和生物学 3 个方面。物理指标包括：土壤质地、土层和根系深度、土壤容重和渗透率、田间持水量、土壤持水特征、土壤含水量和土壤温度等。化学指标包括：土壤有机碳和全氮、土壤 pH、电导率、矿化氮、磷和钾等。生物学指标包括：微生物生物量碳和氮，潜在可矿化氮、土壤呼吸量、生物量碳/有机总碳、呼吸量/生物量等。以下根据土壤质量参数选择条件原则，对土壤质量评价的参数指标举例：

(1)土壤质量评价的农艺与经济学指标　需选择与土壤生产力和农艺性状直接有关的参数指标。吴启堂等选用的 10 个参数是：①质地；②耕层厚度；③pH；④有机质；⑤全氮；⑥碱解氮；⑦速效磷；⑧速效钾；⑨容重；⑩CEC。

对这些参数项目进行分级赋值，可以得到定量评价值即土宜系数，这种以农艺基础性状为本的土壤质量评价对于农业特别是种植业利用有应用意义。

(2)土壤质量的微生物学指标　土壤微生物是维持土壤质量的重要组成部分，它们对施入土壤的植物残体和土壤有机质及其他有害化合物的分解、生物化学循环和土壤结构的形成过程起调节作用。土壤生物学性质能敏感地反映土壤质量的变化，是评价土壤质量不可缺少的指标。但由于土壤生物学方面的指标繁多，加上测定方面的难度，下面的指标可供选择。

①土壤微生物的群落组成和多样性：土壤微生物十分复杂，地球上存在的微生物约有 18 万种之多，其中包含藻类、细菌、病毒、真菌等。土壤微生物的多样性，能敏感地反映出自然景观及其土壤生态系受人为干扰（破坏）或生态重建过程中的微细的变化及程度，因而是一个评价土壤质量的良好指标。

②土壤微生物生物量：微生物生物量（microbial biomass，MB）能代表参与调控土壤能量和养分循环以及有机物质转化相对应微生物的数量。它与土壤有机质含量密切相关，而且微生物量碳（MBC）或微生物量氮（MBN）转化迅速。因此，MBC，MBN 对不同耕作方式，长期和短期施肥管理都很敏感。

③土壤微生物活性：土壤微生物活性表示土壤中整个微生物群落或其中的一些特殊种群状态。可以反映自然或农田生态系统的微小变化。

④土壤酶活性：土壤酶绝大多数来自土壤微生物，在土壤中已发现有 50～60 种酶，它们参与并催化土壤中发生的一系列复杂的生物化学反应。如水解酶和转化酶对土壤有机质的形成和养分循环具有重要的作用。它可作为反映人为管理措施和环境因子引起的土壤生物学和生物化学变化的指标（表 11-1 和表 11-2）。

表 11-1　土壤酶活性与作物生长季节和土壤微生物的相互关系

月份	土壤中微生物量/(mg/g)	脲酶/(NH_3-N mg/g)	磷酸酶(phenol)/(mg/g)	纤维素酶(glucose)/(μg/g)	脱氢酶(formaldehytde)/(mg/g)
6	17.76	3.65	0.53	15.23	1.21
7	20.31	4.53	0.61	19.65	0.65
8	25.41	4.74	0.89	21.52	0.56
9	17.92	4.50	0.63	16.73	0.31
10	5.89	3.63	0.36	11.23	0.14

（引自：黄昌勇，土壤学，第 3 版，2010）

表 11-2　土壤酶活性与土壤退化、盐碱化和植被群落演替

群落	羊草	拂子茅	碱茅	虎尾草	碱蓬	光碱斑
脲酶/[NH_3-N mg/(g·d)]	4.74	4.30	3.97	3.24	1.37	1.08
磷酸酶(phenol)/[mg/(g·d)]	0.89	0.83	0.69	0.55	0.55	0.27
脱氢酶(formaldehytde)/[mg/(g·d)]	1.21	1.32	0.24	0.72	0.21	0.10
纤维素酶(glucose)/[μg/(g·d)]	20.29	19.65	16.37	12.87	4.91	2.57

（引自：黄昌勇，土壤学，第 3 版，2010）

(3)土壤质量的碳氮指标　通常把土壤有机质和全氮量作为土壤质量评价的一个重要指标。其实，更合适的指标是生物活性炭和生物活性氮。它们是土壤有机碳和有机氮的一小部分，能敏感反映土壤质量的变化，以及不同土地利用和管理如耕作、轮作、施肥、残留物管理等对土壤质量的影响。

(4)土壤质量的生态学指标　物种和基因保持是土壤在地球表层生态系统中的重要功能之一，一个健康的土壤可以滋养和保持相当大的生物种群区系和个体数目，物种多样性应直接与土壤质量关联。关于土壤与生态系统稳定性与多样性的关系，国内已有较多的研究，土壤质量考虑的生态学指标有：

①种群丰富度：种群个数，个体密度，大动物，节肢动物，细菌，放线菌，真菌等。

②多样性指数：生物或生态复合体的种类，结构与功能方面的丰富度及相互间的差异性。

③均匀度指数：生物个体或群体在土壤中分布的空间特征。

④优势性指数：优势种群的存在及其特征。

将已有的土壤质量指标研究加以总结，作为土壤质量的指标体系至少涉及如下的内容：

①土壤肥力。

②土壤环境质量。

③土壤生物活性。

④土壤生态质量。

尝试提出土壤质量指标体系框架（表 11-3）。

表 11-3 土壤质量指标体系

土壤肥力与农作性状	土壤环境质量	土壤生物活性	土壤生态质量
有机质	背景值	微生物量	节肢动物
土壤结构	污染指数	C/N 比	蚯蚓
pH	植物或作物中污染物	土壤呼吸	种群丰富度
紧实度	环境容量	微生物区系	多样性指数
渗滤性	地表水污染物	磷酸酶活性	优势性指数
持水率	地下水污染物	脲酶活性	均匀度指数
耕层厚度			杂草
土壤质地			
土壤通气			
土壤侵蚀状况			
速效氮			
速效磷			
速效钾			
土壤排水性			

（引自：黄昌勇，土壤学，第 3 版，2010）

（三）土壤质量的评价方法

对土壤质量评价已提出多种方法，例如土壤质量综合评分法，土壤质量动力学方法，土壤质量多变量指标方法等，但不管采用何种评价方法，首先要确定有效、可靠、敏感、可重复及可接受的指标，建立全面评价土壤质量的框架体系。可根据不同的评价目标和技术水平选择或设计合适的评价方法。美国国家土壤保持局（SCS）建立的土壤评价目标包括：确定当前技术水平可测定的参数；建立评价这些参数的标准；建立短期和长期土壤质量变化的体系；确定耕作管理措施组成及其对土壤质量的影响；评价现有知识和数据以找出适合它们的适宜参数和方法。1992 年土壤质量国际会议上，建立标准的土壤质量评价方法包括对气候、景观、土壤化学和物理性质的综合评价。具体的评价方法，这里不再做详细叙述。

二、土壤退化的概念与生态影响

鉴于土壤及土地退化对全球食物安全、环境质量及人畜健康的负面影响日益严重的现实，从土壤圈与地圈—生物圈系统及其他圈层间的相互作用的角度研究土壤退化，特别是人为因素诱导的土壤退化的发生机制与演变动态、时空分布规律及未来变化预测与恢复重建对策，已成为研究全球变化的最重要的组成部分，并将继续成为 21 世纪国际土壤学、农学及环境科学界共同关注的热点问题。但是,迄今为止,有关土壤退化的许多理论问题及过程机理尚不清楚,还没有公认的或统一的土壤退化指标和定量化评价方法。因此,及时了解国际土壤退化研究的最新动向,并结合我国实际创造性地开展该领域的研究工作,具有重要的学术价值和现实生产意义。

(一)土壤退化概述

1. 土壤退化的概念

(1)土壤(地)退化的概念　土壤(地)退化是指在各种自然和人为因素影响下,导致土壤生产力、环境调控潜力和可持续发展能力下降甚至完全丧失的过程。简言之,土壤(地)退化是指土壤数量减少和质量降低。数量减少表现为表土丧失、整个土体毁坏、被非农业占用等。质量降低表现为物理、化学、生物方面的质量下降。

为了正确理解土壤(地)退化的概念,可从以下 3 方面进行认识:

①土壤(地)退化是一个非常复杂的问题,它是由自然因素和人为因素共同作用的结果。破坏性自然灾害及其异常的成土因素如气候、母质、地形等是引起土壤自然退化过程(侵蚀、沙化、盐化、酸化等)的基础。而人与自然相互作用的不和谐是加剧土壤(地)退化的根本原因。人为活动不仅仅直接导致天然土地的被占用等,更危险的是人类盲目的开发利用土、水、气、生物等农业资源(砍伐森林、过度放牧、不合理农业耕作等)造成生态环境的恶性循环,例如目前对于"温室效应"的讨论。如果气候变暖将成为 21 世纪的趋向,由此带来的全球变化,必将对土地退化造成严重的影响。

②土壤(地)资源从数且上是无再生能力的,因而具有土壤(地)数量有限性的特点,但从质量上,可以改良培肥土壤,保持"地力常新"。可见,土壤退化和土壤质量是紧密相关的一个问题的两个侧面。土壤退化虽然包括土壤数量的减少,但对于人多地少的我国,潜在危险更大的是土壤质量的退化。因此,要正确认识人与自然的关系,按自然规律搞好生态环境建设、区域开发、兴修水利、合理耕作、培肥土壤以防止土壤质量的退化。

③耕地土壤是人类赖以生存最珍贵的土壤(地)资源,是农业生产最基本的生产资料。耕地土壤退化虽然受不利自然因素的作用。但人类高强度的土地利用,不合理的种植、耕作、施肥等经济活动,是导致耕地土壤的生态平衡失调、环境质量变劣、再生能力衰退、生产力下降的主要原因。因此,防治土壤退化,首先要切实保护好对农业生产有着特殊重要性的耕地土壤。

(2)土地退化与土壤退化　土地是地表某一地段包括地质、地貌、气候、水文、土壤、植被等多种自然要素在内的自然综合体。土地退化是指土地受到人为因素或自然因素或人为、自然综合因素的干扰、破坏而改变土地原有的内部结构、理化性状,土地环境日趋恶劣,逐步减少或失去该土地原先所具有的综合生产潜力的演替过程。

对于农业来说,土壤无疑是土地的核心。因此,土地退化应该是指人类对土地的不合理开发利用而导致土地质量下降乃至荒芜的过程。从生物学的观点看,土地退化就是植物生长条件的恶化,土地生产力的下降。其主要内容包括森林的破坏及衰亡、草地退化、水资源恶化与土壤退化。

土壤退化是土地退化中最集中的表现,且具有生态环境连锁效应的退化现象。土壤退化的标志是对农业而言的土壤肥力和生产力的下降及对环境来说的土壤质量的下降。研究土壤退化不但要注意量的变化(即土壤面积的变化),而且更要注意质的变化(肥力与质量的问题)。

2. 土壤退化的分类

(1)联合国粮农组织采用的土壤退化分类体系　1971 年联合国粮农组织在《土壤退化》一书中，将土壤退化分为十大类：即侵蚀、盐碱、有机废料、传染性生物、工业无机废料、农药、放射性、重金属、肥料和洗涤剂。此外，后来又补充了旱涝障碍、土壤养分亏缺和耕地非农业占用三类。

(2)我国对土壤退化的分类　中国科学院南京土壤研究所借鉴了国外的分类，结合我国的实际，采用了二级分类。一级将我国土壤退化分为土壤侵蚀、土壤沙化、土壤盐化、土壤污染、土壤性质恶化和耕地的非农业占用等六大类，在这六级基础上进一步进行了二级分类，见表 11-4。

表 11-4　中国土壤(地)退化分类

一级	二级
A 土壤侵蚀	A1 水蚀
	A2 冻融侵蚀
	A3 重力侵蚀
B 土壤沙化	B1 悬移风蚀
	B2 推移风蚀
C 土壤盐化	C1 盐渍化和次生盐渍化
	C2 碱化
D 土壤污染	D1 无机物(包括重金属和盐碱类)污染
	D2 农药污染
	D3 有机废物(工业及生物废弃物中生物易降解有机毒物)污染
	D4 化学废料污染
	D5 污泥、矿渣和粉煤灰污染
	D6 放射性物质污染
	D7 寄生虫、病原菌和病毒污染
E 土壤性质恶化	E1 土壤板结
	E2 土壤潜育化和次生潜育化
	E3 土壤酸化
F 耕地的非农业占用	

(引自：黄昌勇. 土壤学，第 3 版，2010)

3. 我国土壤资源的现状与退化的基本态势

(1)我国土壤(地)资源的现状与存在问题　我国人均土壤资源占有率低；我国土地资源空间分布不均匀，区域开发利用压力大；生态脆弱区域范围大，如我国黄土高原、新疆绿洲、西南岩溶区、东北西部和内蒙古地区均属生态脆弱带，土壤存在潜在退化危险；耕地土壤质量总体较差，自维持能力弱。我国 123 万 km^2 耕地中，瘠薄地、干旱缺水地、坡耕地、风沙地、盐碱地、渍涝地、潜育化地等低产土壤可到 2/3；耕地面积锐减，非农业占用逐渐增加。

(2)我国土壤退化的现状与基本态势

①土壤退化的面积广、强度大、类型多：据统计，我国土壤退化总面积达 460 万 km^2，占全

国土地总面积的40%,是全球土壤退化总面积的1/4。华北地区主要发生着盐碱化,西北主要是沙漠化,黄土高原和长江中、上游主要是水土流失,西南发生着石质化,东部地区主要表现为土壤肥力衰退和环境污染(图11-1)。总体来看,土壤退化已影响到我国60%以上的耕地土壤。

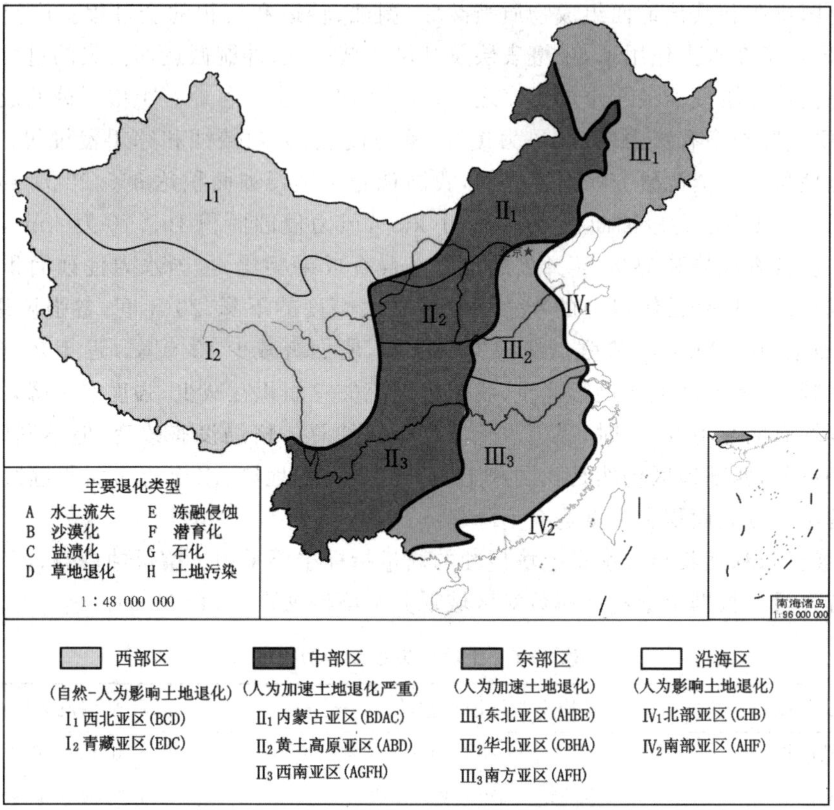

图11-1 我国土地退化类型分区图

(王静爱,赵济,2004)

②土壤退化速度快影响深远:我国各种土壤退化类型的发展速度详见表11-5。

表11-5 我国土壤退化类型的发展速度

土壤退化类型	发展速度/(万 hm^2/年)
耕地占用	15
耕地剥离	10
土壤流失	30~40
土壤沙化	490
草地退化	130

(引自:黄昌勇. 土壤学,第3版,2010)

4. 土壤(地)退化的后果

①陆地生态系统的平衡和稳定遭到破坏,土壤生产力和肥力降低。

②破坏自然景观及人类生存环境,诱发区域乃至全球的土被破坏、水系萎缩、森林衰亡和气候变化。

③水土流失严重,自然灾害频繁,特大洪水危害加剧,对水库构成重大威胁。

④化肥使用量不断增加,而化肥的报酬率和利用率递减,环境污染加剧;农业投入产出比增大,农业生产成本上升。

⑤人地矛盾突出,生存环境恶化。

⑥食品安全和人类健康受到严重威胁。

(二)土壤侵蚀与防治

1. 土壤侵蚀的概念及侵蚀程度指标

(1)土壤侵蚀的基本概念　土壤侵蚀是指陆地表面,在水力、风力、冻融和重力等外力作用下,土壤、土壤母质和其他地面组成物质被破坏、剥蚀、转运和沉积的全过程。广泛应用的“水土流失”一词是指在水力作用下,土壤表层及其母质被剥蚀、冲刷搬运而流失的过程。

我国是世界土壤侵蚀最严重的国家之一,其范围遍及全国各地。土壤侵蚀的成因复杂,危害严重,主要侵蚀类型有水力侵蚀、风力侵蚀、重力侵蚀、冻融侵蚀和冰川侵蚀等。根据2010年中科院地理科学与资源研究所研究表明,我国现有土壤侵蚀面积达356.92万km^2,占国土面积的37.2%,其中水力侵蚀面积161.22万km^2,风力侵蚀面积195.70万km^2,与1985年开展的第1次普查成果和1995年开展的第2次普查成果相比,全国水力侵蚀面积有所下降,侵蚀强度减小。强度侵蚀级以上的水蚀面积有较大幅度的下降,20年间,各强度级别的侵蚀面积中,强烈级减少29.7%,极强烈级减少35.0%,剧烈级减少43.0%。近年来,全国水土流失总体上在减轻,但西部地区仍很严重,我国水土流失总面积在减少,强度在下降,尤其是水蚀面积和强度均有明显下降,同时,我国水土流失分布的总体格局没有改变,但不同区域水土流失变化趋势不同,西部地区仍然是我国水土流失最严重的地区,水土流失面积继续扩大,而其他各区域的水土流失面积和强度均有下降趋势。

(2)土壤侵蚀程度指标　衡量土壤侵蚀的数量指标主要采用土壤侵蚀模数,即每年每平方千米土壤流失量。根据土壤侵蚀模数对区域划分土壤侵蚀强度(表11-6)。

表11-6　土壤流失强度分级指标

土壤侵蚀分级	平均土壤侵蚀模数/[t/(km^2·a)]	年平均流失厚度/mm
①无明显侵蚀	<200或1 000(不同地区)	<0.16或0.4或0.8
②轻度侵蚀	200或500或 1 000(不同地区)～25 000	0.16或0.4或0.8～2
③中度侵蚀	2 500～5 000	2～4
④强度侵蚀	5 000～8 000	4～6
⑤极强度侵蚀	8 000～15 000	6～12
⑥剧烈侵蚀	>15 000	>12

(引自:黄昌勇,土壤学,第3版,2010)

2. 土壤侵蚀的主要类型及成因

(1)土壤侵蚀的基本类型　依据侵蚀动力类型、侵蚀的外部特征、作用方式和过程不同,人们将土壤侵蚀划分为以下几种类型:

①水力侵蚀:由于大气降水及所形成的径流引起的侵蚀过程和一系列土壤侵蚀形式,称为水力侵蚀。水力侵蚀形式有:溅蚀;面蚀;沟蚀;河沟山洪侵蚀。

②重力侵蚀:重力侵蚀是一种以重力作用为主引起的土壤侵蚀形式。严格地讲,单纯重力侵蚀引起的侵蚀不多,往往是在水力侵蚀和下渗水的共同作用下,以重力为其直接原因所导致的地表物质移动。重力侵蚀形式有泻溜、崩塌和滑坡等。

③冻融侵蚀:当温度在0℃上下变化时,对土体所造成的机械破坏作用,称为冻融侵蚀。

在我国北方寒温带较为广泛，如陡坡、沟坡、河床、渠道等在春季时有发生。

④冰川侵蚀：由现代冰川的活动对地表的机械破坏作用，称为冰川侵蚀。常发生在冰川活跃的青藏高原和高山雪线以上地区。冰川在移动过程中，像一台巨大的铲土机，产生土体的侵蚀作用。

⑤混合侵蚀：混合侵蚀常为泥石流。是一种含大量泥沙石块等固体物质的特殊洪流，它既不同于一般的暴雨径流，又是在一定的暴雨条件下，受重力和流水冲力的综合作用而形成的。在其流动过程中，由于崩塌、滑坡等侵蚀形式发生，得到大量松散固体物质补给，还经过冲击、磨蚀沟床，增加补充固体物质。它爆发突然，来势猛，历时短暂，所以具有强大的破坏力。

⑥风力侵蚀：风力侵蚀系指在气流冲击下，土粒、沙粒脱离地表，被搬运和堆积的过程，简称风蚀。风蚀对地表所产生的剪切力和冲击力，引起细小的土粒与较大的土团分离，甚至从岩石表面剥离碎屑，使岩石表面出现擦痕和蜂窝，继之土粒或沙粒被风挟带形成风沙流。气流中的含沙量过饱和和风速降低时，土粒或沙粒与气流分离而引起沉降，堆积成沙丘或沙垄。

⑦生物侵蚀：生物侵蚀指动物、植物在生命过程中引起的土壤侵蚀。动物的生命活动，能引起土体破坏和土粒迁移；而一般植物在防蚀固土方面有特殊的作用，但人为活动不当，会导致植物侵蚀，如过渡开垦种植，导致土壤性质恶化、肥力下降等现象的出现。

(2)*土壤侵蚀的主要形成因素*　土壤侵蚀虽然是一种自然过程，但人为活动却是造成土壤流失的主要因素。

①植被破坏：植被破坏使得土壤失去天然保护屏障，成为加速土壤流失的先导因子。土壤流失与植被覆盖率呈高度正相关。

②坡耕地垦殖：坡耕地垦殖使土壤暴露于水力冲刷，是土壤流失的推动因子，土壤流失量与坡度呈指数关系。坡耕地农业是我国南方山地丘陵和黄土高原的特色。

③季风气候的影响：我国长江流域、江南丘陵、黄土高原土壤流失严重也与季风气候的影响有关。季风气候的特点是：降雨量大且集中，多暴雨，因此也加重了水土流失。

3. 土壤侵蚀的危害及防治

(1)*土壤侵蚀的危害*

①破坏土地吞食农田：西北黄土区、东北黄土区和南方花岗岩“崩岗”地区土壤侵蚀最为严重。黄土高原的侵蚀沟头一般每年前进 1～3 m。辽宁省 12 个市新中国成立以来由于土壤侵蚀已损失土地 71.2 万 hm^2。

严重的土壤侵蚀导致土地“沙化”。在我国西北干旱草原和与风沙区相邻的黄土丘陵区，常因风蚀危害造成土地“沙化”现象。

②降低土壤肥力加剧干旱发展：土壤中含有大量氮、磷、钾等各种营养物质，土壤流失也就是肥料的流失。据湖北省有关部门观测分析，坡耕地每年流失土壤约 2.1 亿 t，其中含有机质 273 万 t，氮、磷等养分 231 万 t。坡耕地水、土、肥流失后，土地日益瘠薄，田间持水能力降低，加剧了干旱发展。据统计全国多年平均受旱面积约 1 960 万 hm^2，成灾面积约 673.3 万 hm^2。

③淤积抬高河床加剧洪涝灾害：土壤侵蚀使大量坡面泥沙被冲蚀、运搬后沉积在下游河道，削弱了河床泄洪能力，加剧了洪水危害。新中国成立以来，黄河下游河床平均每年淤高 8～10 cm，目前很多地段已高出两岸地面 4～10 m，成为地上“悬河”。

近几十年来，包括我国长江在内的全国各地都有类似黄河的情况，随着土壤侵蚀的日益加剧，各地大、中、小河流的河床抬高和洪涝灾害也日趋严重。1998 年 7—8 月两月间发生在长江干流、松花江流域的特大洪水灾害给国家造成了数亿元的损失，在很大程度上说明了由于土壤侵蚀造成河床淤高、行洪能力下降导致洪水危害不断增大的问题。

④淤塞水库湖泊影响开发利用：新中国成立以来，初步估计全国各地由于土壤侵蚀而损失的各类水库、山塘等库容历年累计在 200 亿 m^3 以上。长江中游的洞庭湖，清代道光年间有水面 6 270 km^2，由于土壤侵蚀导致的泥沙淤积，加之沿湖围垦等，1949 年湖面面积缩小至 4 350 km^2，1993 年又缩小到 3 641 km^2，同时由于湖底因泥沙淤积而升高，使得其容量减少了 40%，现在仅为 2 610 km^2，严重影响了洞庭湖的缓洪能力和湖周的生态环境，1998 年长江干流发生的特大洪水灾害与之有密切关系。

(2)土壤侵蚀的防治　防治土壤侵蚀的关键在于正确运用土地管理政策和科学的治理措施，削弱侵蚀因子，增强抗蚀因子和保土因子，达到防治的目的。

①树立保护土壤，保护生态环境的全民意识：要在土壤治理与生态环境治理和保护上下工夫；要制定相应的地方性、全国性荒地开垦和农、林地利用监督性法规，制定土壤流失量控制指标，像环境保护一样处理好土壤流失。在人少地多地区，实行退耕陡坡与还林还牧同步进行。陡坡退耕的上限坡度已调整为 20°，在有条件地区为 15°。

改广种薄收、掠夺性经营为加强投入的集约化经营；在保持水土基础上，加强改土培肥，强化侵蚀土壤的改良，提高土地生产力。

②防治兼顾、标本兼治：

——无明显侵蚀区　应以预防土地退化为主。在森林、草地植被完好的无明显侵蚀区，坚持采育结合、牧养结合，永续利用的方针。

——轻度和中度侵蚀退化区　在坡耕地地区，实施水土保持耕作法，如横坡耕作、带状种植、间作套种和合理轮作等，就地拦蓄径流，增加入渗。对于农作区，可实行土壤保持耕作法如聚土免耕垄作，一般农田可实行免耕，少耕或轮耕制。丘陵坡地梯田化，横坡耕地，带状种植。

——强度和剧烈侵蚀区　土壤流失严重地区应先保护后利用。土壤流失是不可逆过程，要将保护放在首位。立地条件差的黄土丘陵区和南方花岗岩流失区，必须搞工程建设。如水平梯田等，提高土壤水分储蓄量。千方百计培育森林植被。在江南丘陵、长江流域可种植经济效益较高的乔、灌、草本作物，以植物护工程，以保护促利用，最后以植物代工程，从根本上制止土壤侵蚀和土地退化。

总之，防治土壤流失，应从生态工程、生物工程和水利工程 3 个方面开展综合治理。

(三)土壤沙化与生态重建

土地沙漠化是当今人类面临的十大生态环境问题之一。随着沙漠化引起的诸如土地退化、生态环境恶化等一系列问题的出现。我国土地沙化的危害十分严重，并且还有蔓延发展的趋势，应因地制宜制定出治理方针政策，不懈地进行防治。

1. 土壤沙化类型及其成因

(1)我国土壤沙化概况及类型

①我国土壤沙化概况：土壤沙化泛指良好的土壤或可利用的土地变成含沙很多的土壤或土地甚至变成沙漠的过程。土壤沙化主要过程是风蚀和风力堆积过程。在沙漠周边地区，由于植被破坏或草地过度放牧或开垦为农田，土壤因失水而变得干燥，土粒分散，被风吹蚀，细颗粒含量降低。而在风力过后或减弱的地段，风沙颗粒逐渐堆积于土壤表层而使土壤沙化。因

此，土壤沙化包括草地土壤的风蚀过程及在较远地段的风沙堆积过程。

我国是世界上受沙化危害最严重的国家之一。首先，我国沙化面积大、分布广。据国家林业局第二次沙化土地监测结果显示，截至2005年年底，全国沙化土地面积达174.3万 km^2，占国土面积的18%，涉及全国30个省（自治区、直辖市）841个县（旗）。八大沙漠、四大沙地是我国主要沙源地，南方沿江、河、海也有零星沙地分布。全国流动沙丘面积42.72万 km^2，固定及半固定沙地46.30万 km^2，戈壁及风蚀劣地71.14万 km^2，其他14.14万 km^2。我国西北、华北、东北，形成一条西起塔里木盆地，东至松嫩平原西部，长约4 500 km、宽约600 km的风沙带危害北方大部分地区。另外，我国沙化面积扩展速度快，发展态势严峻。据动态观测，20世纪70年代，我国土地沙化扩展速度每年1 560 km^2，80年代为2 100 km^2，90年代达2 460 km^2，21世纪初达到3 436 km^2，相当于每年损失一个中等县的土地面积。表11-7列举了我国土壤的风沙化及其比例，图11-2表明我国北部土壤沙化的分布概况。

表 11-7　我国土壤风蚀沙化分级及其比例

类型	吹蚀深度	风沙覆盖/cm	0.01 mm损失/%	生物生产力下降/%	分布面积/10^4 km^2	占全部/%
轻度风蚀沙化（潜在沙漠化）	A层剥蚀<1/2	<10	5～10	10～25	15.8	47.31
中度风蚀沙化（发展中沙漠化）	A层剥蚀>1/2	10～50	10～25	25～50	8.1	24.25
重度风蚀沙化（强烈沙漠化）	A层殆失	50～100	25～50	50～75	6.1	18.26
严重风蚀沙化（严重沙漠化）	B层殆失	>100	>50	>75	3.4	10.18

（引自：黄昌勇，土壤学，第3版，2010）

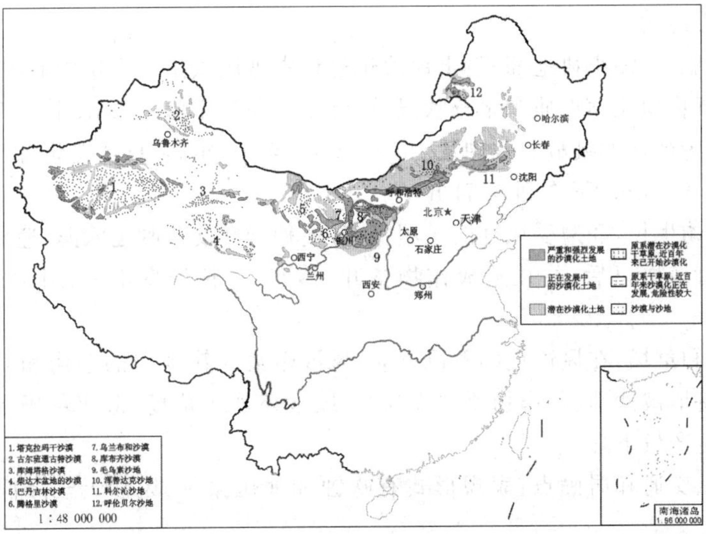

图 11-2　我国土壤（地）沙漠化分布概况

（王静爱，赵济，2004）

②沙化类型：根据土壤沙化区域差异和发生发展特点，我国沙漠化土壤(地)大致可分为3种类型：

——干旱荒漠地区的土壤沙化　分布在内蒙古的狼山—宁夏的贺兰山—甘肃的乌鞘岭以西的广大干旱荒漠地区，沙漠化发展快，面积大，占沙漠化土地总面积的30.7%。甘肃省河西走廊的沙丘每年向绿洲推进8 m。该地区由于气候极端干旱，突然沙化后很难恢复。

——半干旱地区土壤沙化　该区有447万 hm^2 农田、700万 hm^2 草场，年降水量在250～500 mm。主要分布在内蒙古东部和中西部、河北北部、晋西北、陕北及宁夏东南部。主要发生在干草原与荒漠草原地带，是我国沙漠化比较集中分布的区域，约占沙漠化土地总面积的65.4%。应当指出，该地区引起的沙漠化在消除人为干扰后，有逆转可能。

——半湿润地区土壤沙化　主要分布在黑龙江、嫩江下游，其次是松花江下游、吉林白城地区的东部，东辽河中游以北地区。呈狭带状断续分布在河流沿岸。沙化面积小，约占沙漠化土地总面积的3.9%。发展程度较轻，并与土壤盐渍化交错分布，属林—牧—农交错的地区。在不继续破坏其生态平衡的前提下，有自我逆转可能的特点，在合理利用土地资源和采取适当措施的情况下，能加速其逆转过程。

(2)土地沙漠化产生的原因　沙漠化土地的形成，主要是由于人为过度经济活动，破坏干旱、半干旱及部分半湿地的生态平衡所引起的一种退化过程。沙漠化土地产生的原因，自然因素为辅，人为因素为主。

①干旱气候引起的风沙：第四纪以来，随着青藏高原的隆起，西北地区干旱气候日益加剧，雨水稀少，风大沙多，使土壤沙化逐渐发展。

②人为活动引起的风沙：人为活动是土壤沙化的主导因素，原因是：人类活动使水资源短缺，加剧干旱和风蚀；农垦和过度放牧，植被覆盖降低。据统计，人为因素引起的土壤沙化占总沙化面积的94.5%，其中农垦不当占25.4%，过度放牧占28.3%，森林破坏占31.8%，水资源利用不合理占8.3%，开发建设占0.7%。

2. 土壤沙化的危害及防治

(1)土壤沙化的危害

①降低土壤肥力，缩小耕地面积：土地沙化过程中被风吹走了土壤中的细小的土粒和营养物质，恶化了土壤物理化学性质和水分状况，沙化使大面积土壤失去农、牧生产能力，使有限的土壤资源面临更为严峻的挑战。我国从1979—1989年10年间，草场退化每年约130万 hm^2，人均草地面积由0.4 hm^2 下降到0.34 hm^2。

②毁坏农作物生长：在遭受风蚀的土壤上，常使种子和幼苗吹走吹露，造成缺苗断垅，降低产量；风沙流吹打植株以后，往往造成作物枯叶、落花、生长发育不良，引起晚熟、减产，甚至绝收。

③沙埋耕地和草场：在风蚀地的下风方向，风沙聚集在耕地中的垄沟和幼苗周围，形成覆沙和沙丘，致使耕地被沙埋压、作物死亡或减产；风沙还埋压草场，造成草场退化，牧草植物的种类减少，生物生产量下降。

④危害工矿、交通和居民点：表现形式有吹蚀和埋压路基；风沙天气降低能见度；埋压厂房；埋压居民点。

⑤危害河流、水库：黄河中游沿岸的风沙经常吹入河道。据计算，仅无定河、秃尾河和窟野河3条支流，年风沙入河总量有7 570万 t；风沙淤填水库后，影响库容和水库安全。

⑥使大气环境恶化：由于土壤大面积沙化，使风挟带大量沙尘在近地面大气中运移，极易形成沙尘暴，甚至黑风暴。20 世纪 70 年代以来，我国新疆发生过多次黑风暴。

风蚀产生的尘土，严重污染大气，容易引起鼻炎、喉炎、眼症及肺尘病等；牲畜采食有细土污染的枯草后，由于消化不良和胃胀，引起死亡和落胎。土壤沙化的发展，造成土地瘠贫，环境恶劣，威胁人类的生存。我国西北一些古国的所在地，如塔里木河流域楼兰古国均因沙化，现在已从地图上消失。

(2)土壤沙化的防治　土壤沙化的防治重在防，从地质背景上看，土地沙漠化是不可逆的过程。防治重点应放在农牧交错带和农林草交错带，在技术措施上要因地制宜。主要防治途径是：

①营造防沙林带：我国已实施建设“三北”地区防护林体系工程，应进一步建成为“绿色长城”。因植树造林已使数百万公顷农田得到保护，轻度沙化得到控制。

②实施生态工程：我国的河西走廊地区，在北部沿线营造了 1 220 多 km 的防风固沙林 13.2 万 hm^2，封育天然沙生植被 26.5 万 hm^2，在走廊内部营造了约 5 万 hm^2 农田林网，一些地方如今已成为林茂粮丰的富庶之地。

③建立生态复合经营模式：内蒙古东部、吉林白城地区、辽西等半干旱、半湿润地区，有一定的降雨量资源，土壤沙化发展较轻，应建立林农草复合经营模式。

④合理开发水资源：在新疆、甘肃的黑河流域应当高度重视合理开发水资源的合理利用问题。因此，应合理规划，调控河流上、中、下游流量，避免使下游干涸、控制下游地区的进一步沙化。

⑤控制农垦：土地沙化正在发展的农区，应合理规划，控制农垦。草原地区应控制载畜量，原则上不宜农垦。旱粮生产应因地制宜控制在沙化威胁小的地区并实行牧草与农作物轮作，培育土壤肥力。

⑥完善法制：严格控制破坏草地，在草原、土壤沙化地区，工矿、道路以及其他开发工程建设必须进行环境质量评价。对人为盲目的种粮、樵采、挖掘中药等活动要依法从严控制。

(四)土壤潜育化与治理

1. 潜育化土壤的成因及障碍因素

(1)土壤潜育化的成因　土壤潜育化是指土壤受积滞水分的长期浸渍，土体封闭于静水状态下，得不到通气与氧化；同时，在易分解有机物还原的影响下，使土壤的 Eh 值下降，土壤矿质中的铁、锰处于还原低价状态，土体显青色或青黑色。沙质土体一般呈灰青色，闭结，不松散，汀板性明显；而黏质土则呈糊黏状青泥，其塑性强，而少裂隙或铁锰结核。

潜育化土壤的特点是地下水位高，经常受水浸渍，土体被水饱和，处于缺氧还原状态。在土表至 50 cm 深度范围内部分土层(≥10 cm)有潜育特征，呈 A_{p1}(耕作层)—A_{p2}(犁底层)—B_r(水耕氧化还原层)—BG(斑纹潜育层)—G(潜育层)或 A_{p1}—A_{p2}—(B_r)—BG—G 剖面构型。在剖面构型中，所谓潜育层(或青泥层)，就是指在潜水长期浸渍下土壤发生潜育化作用，高价铁锰化合物还原成低价铁锰化合物，颜色呈蓝绿色或青灰色的土层。这个土层反映着潜育化特征的发育。

(2)潜育化土壤的障碍因素　潜育化土壤多分布于沿江河湖荡的低湿地及三角洲冲积平原和丘陵沟谷尾部的低洼地。其水文状况属地下水型，土壤以还原状况占优势。由于特定的水热条件而导致土壤的水、肥、气、热不协调，土壤肥力低，是一种障碍性低产土壤。其主要障碍因素如下：

①地下水位高、土温低：由于所处地势低，土体常为水所浸泡，地下水位高，潜育层出现位置高，距地面50 cm以内，受水浸影响，土温较低。一些受到山谷冷泉或冷水影响的土壤，水土温度较一般水田土壤低4～5℃，早季水稻回青慢。

②还原性强，有害物质多：由于渍水和地下水位高，排水不良，通气性差，Eh值<100 mV，土壤中含有较多的有机酸、Fe^{2+}、Mn^{2+}和H_2S等还原性物质，这些还原性物质的聚积，对水稻植株及其根系有毒害作用，水稻生长慢，分蘖少，黑根多。

③土粒分散，结构不良：此类土壤耕层一般较为深厚，除发育于花岗岩地区的土壤质地较粗之外，一般较为黏重，耕作层中<2 μm黏粒可达40 g/kg。土粒分散，结构不良。由于部分土壤长期淹水，耕作层糊烂，犁底层发育不良。

④土壤有机质含量高，养分有效性低：由于土壤中嫌气条件占优势，土壤有机质分解不完全，耕层有机质含量较高，为20～40 g/kg，高的可达70 g/kg以上，C/N高达13以上，氮素含量为2～3 g/kg，但其有效性不高，一些土壤的水解性氮约占全氮的10%。由于铁、锰含量较多，磷的有效性低，因此，施用磷肥的效果显著。

2. 潜育化土壤的治理

(1)排除渍水，降低地下水位　潜育化土壤主要存在问题是土壤中水多气少，嫌气还原性作用强烈，有毒物质多。因此，治理的办法是高标准开沟排除渍水，降低地下水位。对山坑冷底田、湖洋田、铁锈水田，则要开“三沟”、排“五水”，即：环山开截洪沟、四周开环田沟、田中开十字形或非字形的排水沟，以排除山洪水、冷泉水、铁锈水、渍水和矿毒水。实践证明，对这一类型水田土壤，只要排除耕层积水，降低地下水位，就能显著增产。

(2)合理耕作　在开沟排除积水和降低地下水位后，在冬季就可以把耕层犁翻晒白。这对于土壤质地黏重、含有机质多的烂泥田更为重要。冬翻晒白有利于土壤结构的形成，改善土壤的通气性和渗漏性，促使还原物质的氧化，减轻其毒性，促进土壤有机质的分解和养分的转化，充分发挥土壤的潜在肥力。犁翻晒白后，改善了土壤的理化性状，土壤氮、磷、钾等养分的有效性显著增加，可显著促进水稻的生长。

(3)改单作连作为轮作　改单连作为轮作，进行水旱轮作，把种禾本科作物和豆科或十字花科作物结合起来。如早稻—晚稻—油菜、早稻—晚稻—绿肥(紫云英、苕子)、小麦—花生—晚稻、早稻—晚稻—小麦、早稻—晚稻—蔬菜、早稻—蔬菜等。试验表明，合理的轮作，既可改良土壤，提高土壤肥力，又可提高粮食产量，用地养地相结合，提高土地的生产效益。

(4)增施石灰，降低土壤酸度　潜育化土壤特别是冷浸田，一般呈酸性反应，施用石灰不仅可补充水稻等作物的钙素营养，还可以中和土壤酸性，促进有机质的分解和土壤结构的形成，还由于土壤pH提高，使Fe^{2+}、Mn^{2+}等溶解度降低，减轻了这些还原物质对水稻的毒害。

(5)合理施肥　潜育化土壤有机质含量一般较高，部分土壤的潜在养分含量也较高，但有效养分较少，且不同的土壤养分丰缺不一，但大多数表现为磷、钾不足。因此，应实行因土施肥，做到缺磷补磷、缺钾补钾。此外，在进行水旱轮作时，应把磷肥集中施于旱作上，这样更能发挥磷肥的效果。

（五）土壤酸化及其控制

1. 土壤酸化的成因

土壤酸化是指土壤 pH 在原有基础上逐渐下降的现象，是土壤中 H^+ 逐渐增加和交换性盐基逐渐减少的过程。土壤酸化过程是土壤形成和发育过程中普遍存在的自然过程。土壤的自然酸化过程一般是较为缓慢的，但人为因素的影响，如酸沉降和化肥的施用，则大大加速了土壤的酸化进程。引起土壤酸化的因素主要有气候、生物、施肥、灌溉和酸沉降等因素。

（1）施肥的影响　造成土壤酸化的肥料主要是生理酸性肥料和氮肥。例如长期施用 $(NH_4)_2SO_4$ 或 KCl 等生理酸性肥料时，当其中的 NH_4^+ 及 K^+ 被作物吸收后，酸根就残留在土壤中而酸化土壤。上海农科院的试验结果表明，连续 3 年施用氯化铵，可使耕层土壤 pH 由 7.45 降至 7.11。

（2）灌溉水的影响　农田灌溉在一般情况下有"复盐基"作用，能降低土壤酸度。但在南方红壤区的山垅中，往往由于引灌山坡径流水，其水质常受林带渗出的酸水（黄腐酸）及酸性红壤浊流的影响，从而提高土壤的酸度。此外，在黄铁矿区或基岩中黄铁矿含量高的山区农田，其灌溉水源往往受这些黄铁矿氧化后产生的硫酸所影响，导致土壤变酸。

（3）酸沉降的影响　酸沉降包括干沉降和湿沉降两个方面。干沉降是指排放到大气中的 SO_2 和 NO_x（氮氧化物）一部分直接渗入地表，即通过气体扩散、固体物降落的大气沉降。湿沉降就是通常所说的酸雨和酸雾。酸雨（$pH<5.6$）的形成，主要是化石燃料的燃烧，释放到大气中 SO_2 和 NO_x，经过氧化成 SO_3 和 NO_2，再经过水化而成 H_2SO_4 和 HNO_3，随雨水而降落入土。酸沉降的各种形式见表 11-8。此外，氮肥使用过程中向大气中排放 NO_x 也可加速酸雨的形成。酸沉降加速土壤的酸化。一个年用煤量 100 万 t 的电厂，可以在 30 年左右使周围约 40 km^2 范围内的土壤酸化（pH 下降 0.3～0.5 个单位）致使作物减产；1 个小型硫黄厂可使附近 1 km^2 范围内的土壤 pH 在 5 年内由原来的 5.8 下降到 pH 2.3，以至成为不毛之地。因此，必须遏制这种由 SO_2 排放所导致的土壤酸化。

表 11-8　酸沉降的形式

类 型	相 态	沉降形式或成分
干沉降	气 态	气体：SO_2、NO_X、HCl、气溶胶
	固 态	飘尘
湿沉降	液 态	雨、雾、露
	固 态	雪、霜

（引自：李天杰，土壤环境学，1995）

2. 我国土壤对酸沉降的敏感性及分区

土壤酸化过程的发生及其进程与酸沉降的强度有关。也取决于土壤的敏感性，而后者是由土壤对酸的缓冲体系及其缓冲容量大小所决定。我国受酸沉降影响较重的地区主要分布于长江以南，这一地区分布的红黄壤的特点是黏土矿物以高岭石为主，有机质含量低，盐基高度不饱和，对酸的缓冲能力较弱，是对酸沉降较为敏感的土壤。

一般地说，农业生态系统比森林生态系统较不敏感，轮作、间套种土壤比单一耕作的土壤较不敏感。我国南方大多数土壤对酸沉降表现为敏感和极敏感。根据降雨量、酸沉降酸度与频率、主要土壤敏感性、生态系统属性(森林、农田或草地等),我国土壤敏感性分区初拟见表11-9。

表 11-9 我国土壤对酸沉降的敏感性分区

分区	区域	主要土壤类型	降雨量/mm	酸雨频率/%	生态系统
Ⅰ	西南地区(川、黔、滇、桂)	黄壤	800～1 000	>70	森林(针叶)、农田
Ⅱ	东南沿海(粤、桂、湘、赣、闽、浙、琼)	砖红壤、赤红壤、红壤	1 500～2 000	40～60	森林(针叶)、农田
Ⅲ	长江沿岸(山东东部、东北东部)	黄棕壤、棕壤	800～1 000	<40～60	森林(针阔混交)、农田
Ⅳ	华北、东北	石灰性土壤、草原土壤	500～800	<10	农田、森林(阔、针)
Ⅴ	西北、内蒙古、西藏	盐渍土、石灰性土、草原土、沙漠	<300	<0	草原、沙丘、盐碱地

(引自:李天杰,土壤环境学,1995)

3. 酸化土壤的特点

(1)*土壤盐基饱和度低、酸性强* 土壤酸化的实质是氢离子和铝离子数量的增加。由于铝离子有较强的吸附性能,它能与交换性盐基离子(如钙)争夺土壤的负电荷点,使这些本来已经很少的盐基离子遭受淋失,土壤盐基饱和度下降,酸性增强。Ca^{2+}、Mg^{2+} 等盐基离子的淋失,使土壤养分贫瘠。

(2)*土壤负电荷数量少、缓冲能性弱* 我国的酸性土壤主要分布在长江以南的广大地区,由于土壤的黏土矿物主要是高岭石,本身的有效负电荷量就很少,再加上酸化作用,盐基饱和度下降,缓冲性能变弱。当土壤处于盐基完全不饱和时,胶体上全部为 H^+ 及 Al^{3+} 时就失去了对酸的缓冲能力。因此,当有酸性物质(如酸雨等)沉降时,其 pH 易于降低。

(3)*易产生氢、铝和锰的毒害* 土壤酸化的一个严重后果是 H^+、Al^{3+} 和 Mn^{2+} 等毒性元素增加和活性增强。土壤溶液中过量的 H^+ 会影响根膜的渗透性,干扰离子在根表的传输;铝能影响根尖细胞的分裂,减弱根呼吸作用,铝还增加土壤对磷的固定作用,降低磷的有效性,此外,还干扰植物对包括 Ca^{2+}、Mg^{2+}、K^+、Fe^{2+} 在内的几种必要元素的吸收、传输和利用;过量锰主要通过破坏植物体内几种氧化酶、降低 ATP 含量和呼吸速度来影响植物生长。

(4)*土壤结构差* 酸化土壤由于钙离子的淋失,土壤团粒结构和团聚体减少,土体易分散,导致土壤保水保肥力差,降低土壤肥力。

4. 土壤酸化的控制

(1)*根治酸沉降污染源* 主要是控制 N、S 排放。其中燃煤脱硫处理和制成型煤对控制 S 排放有良好作用。今后应加强研究控制燃料燃烧产生并排放到大气中的 NO_x;实行氮肥深施和研究提高氮肥利用率的技术,减少其在大气中的排放量。

(2)*进行合理的植物(农作物)品种布局* 农作物品种应考虑其耐酸特性,如茶树是酸沉降条件下应推广的生态适宜性品种。水旱轮作和间套作是提高土壤对酸沉降缓冲能力和加快酸化土壤生态恢复的良好措施。

(3)*施用石灰* 施用石灰是中和土壤酸性、控制土壤酸化和提高土壤 pH 的重要措施。施用石灰，以 Ca^{2+} 取代交换性 H^+ 和 Al^{3+}。以氢氧化钙[$Ca(OH)_2$]为例，其中和土壤酸度的化学反应式如下：

①中和土壤活性酸

$$2H^+ + Ca(OH)_2 \rightleftharpoons Ca^{2+} + 2H_2O$$

②中和交换性酸

$$\boxed{\text{土壤胶体}} \cdot 2Na + Ca(OH)_2 \rightleftharpoons \boxed{\text{土壤胶体}} \cdot Ca + 2H_2O$$

$$\boxed{\text{土壤胶体}} \cdot 2Al + Ca(OH)_2 \rightleftharpoons \boxed{\text{土壤胶体}} \cdot 3Ca + 2Al(OH)_3$$

不同形态的石灰，中和酸性的能力有差异，可以用“中和值”（衡量中和酸度的能力）来说明。按 $CaCO_3$（由石灰岩用机械磨碎而成）的物质的量为 100，CaO 为 56，即 56 g CaO 中和酸的能力相当于 100 g $CaCO_3$，则 100 g CaO 中和酸的能力相当于 $100 \div 56 \times 100 \approx 179$ 的 $CaCO_3$。其他形态石灰亦可按此类推。不同形态石灰的中和能力见表 11-10。石灰施用量因土壤的潜在酸度而定。

表 11-10　几种形态石灰的中和值　%

石灰	中和值	石灰	中和值
CaO	179	$CaCO_3$	100
$Ca(OH)_2$	136	$CaMg(CO_3)_2$	109

（引自：彭克明等.农业化学：总论，1984）

石灰及其他含钙的碱性物质，如钙镁磷肥、炼钢炉渣、窑灰钾、草木灰等，都可以中和土壤酸度，提高土壤对酸的缓冲能力，降低铝毒，还可以补充土壤中的钙。据试验研究表明，酸性红壤对酸的缓冲容量随着石灰石粉用量的增加而增加，具体表现为：未施石粉者的土壤缓冲容量为 4.5 cmol/kg 土，每公顷施用 1 500 kg 石粉者为 8.3 cmol/kg 土，每公顷施用 4 500 kg 石粉者为 9.8 cmol/kg 土。

当土壤受到硫黄矿或硫铁矿（FeS）所污染形成强酸性土壤时，可先采用漫灌洗酸后，再以石灰中和酸度。因为这类土壤中的酸基本上是游离的矿质酸。这类土壤若是水田，且长期淹水，一旦脱水干燥，立即表现极强酸性，pH 可达到 2～3，寸草不生。此时以水洗及用石灰中和，可获显著效果。

(4)合理施肥、补充酸化土壤损失的盐基　在酸化土壤中，钙、钾等盐基在酸化过程中淋失较大，此外，作物吸收也带走部分盐基养分。因此，要注意补充和增施含钙、钾等盐基离子的肥料，以补充土壤养分和提高土壤盐基饱和度，提高土壤对酸的缓冲能力。

另外，如前所述，农田土壤的酸化，除了自然酸化和酸沉降导致酸化外，还有化学氮肥和生理酸性肥料导致的土壤酸化，它们引起的酸化程度，可能比酸雨更严重。因此，要注意因土合理施肥，做到所施的肥料既可满足作物生长所需，又不过量，同时，还可施用一些生理碱性肥料。此外，还应施用有机肥料，以提高土壤的保肥供肥性能。

(5)拦截酸性污水　在黄铁矿区下游，农田受黄铁矿氧化后产生的硫酸所污染；在丘陵山区，坑田常受其周边林带渗出的酸水及酸性浊流的影响，土壤逐渐酸化。因此，要在这些田的周边开挖拦截酸性污水的环山沟或环田沟防止酸性污水入田。

(六)土壤盐碱化与利用改良

盐碱土是对各种盐土和碱土以及其他不同程度盐化和碱化土壤系列的统称,也称盐渍土。这些土壤中含有大量的可溶性盐类或碱性过重,导致土壤理化性质恶化,从而抑制大多数植物正常生长。具体指标见表11-11。

表11-11 土壤盐化程度分级指标(0～20 cm土层) g/kg

盐分组成	盐化程度			盐土
	轻	中	重	
苏打($CO_3^{2-}+HCO_3^-$)	1～3	3～5	5～7	>7
氯化物(Cl^-)	2～4	4～6	6～10	>10
硫酸盐(SO_4^{2-})	3～5	5～7	7～12	>12

(引自:全国土壤普查办公室.中国土壤,1998)

1.地理分布与形成条件

(1)盐碱土的地理分布 盐碱土在我国分布范围广,面积大,成土条件复杂,类型繁多。据统计,我国盐碱土的面积约2 500万 hm^2,其中耕地约670万 hm^2。从东北平原到青藏高原,从西北内陆到东部沿海都有分布。在干旱、半干旱地区,广泛分布着现代积盐过程所产生的盐碱土;在干旱地区的山前平原、古河成阶地和高原上,仍可见早期形成的各种残余盐碱化土壤;在滨海地区,即使在长江口以南,包括台湾和南海诸岛在内的沿海,由于受海水浸渍的影响,分布有各种滨海盐土和酸性硫酸盐盐土。

(2)盐碱土的形成条件

①气候:除海滨地区以外,盐碱土主要集中分布于干旱、半干旱和半湿润地区,由于降水量小,蒸发量大,土壤水分运行以上行为主,成土母质风化释放出的可溶性盐分无法淋溶,只能随水向上转移,经蒸发、浓缩,盐分在土壤表层聚积,导致土地盐渍化。

②地形:地势低平,排水不畅是盐碱土形成的主要地形条件。这是由于盐分随地表水和地下水由高处向低处汇集的过程中,使洼地成为水盐汇集中心,地下水经常维持较高水位,毛管上升水所携带的盐分上升到地表,在水分蒸发后,盐分随即聚积地表。但从小地形看,在低平地的局部高处,由于蒸发快,盐分随毛管水由低处往高处迁移,使高处积盐较重,从而形成斑状盐渍生态景观。

此外,由于各种盐分的溶解度不同,在不同地形区表现出土壤盐分组成的地球化学分异。从山麓至山前倾斜平原、冲积平原到滨海平原,土壤和地下水中的盐分相应的出现碳酸盐和重碳酸盐类型盐渍化,逐渐过渡到硫酸盐类型和氯化物-硫酸盐类型,至水盐汇集末端的滨海低地或闭流盆地多为氯化物类型。

③水文及水文地质条件:盐碱土中的盐分,主要来源于地下水。因此,地下水位的深浅和地下水含盐量的多少,直接影响着土壤盐渍化的程度。地下水埋深越浅和矿化度(以每升地下水含有的可溶性盐分的克数表示)越高,土壤积盐就越强。在一年中蒸发最强烈的季节,不致引起土壤表层积盐的最浅地下水埋藏深度,称为地下水临界深度。它是设计排水沟深度的重要依据。地下水临界深度并非是一个常数,与当地气候、土壤(特别是土壤的毛管性能)、水文地质(特别是地下水矿化度)和人为措施等有关。一般地说,气候越干旱,蒸降比越大,地下水

矿化度越高，临界深度越浅。

④母质：母质对盐碱土形成的影响，主要决定于母质本身的含盐程度。在北方干旱、半干旱地区，大部分盐成土都是在含有一定可溶性盐分的第四纪河湖沉积物、洪积物和风积物基础上发育形成的。有些地区，特别是在干旱地区，因受地质构造运动的影响，古老的含盐地层裸露地表或地层中夹有岩盐，从而成为现代土壤和地下水的盐分来源，或在极端干旱的条件下，盐分得以残留下来，成为目前的残积盐土。有的含盐母质，则是滨海或盐湖的新沉积物，由于受海水和盐湖盐水的浸渍而含盐。

⑤生物积盐作用：在干旱的荒漠地带一些深根性盐生植物或耐盐植物从土层深处及地下水吸取大量的水溶性盐，并通过茎叶上的毛孔分泌盐分于体外，或当植物机体死亡后，在土壤中残留大量的盐分，成为表层盐分来源之一，从而加速土壤的盐渍化。但从总体上看，通过生物作用所积累的盐分仍然是很有限的，远不如其他因素的影响。

⑥人类活动对次生盐渍化的影响：由于盲目引水漫灌，不注意排水措施，渠道渗漏，耕作管理粗放，无计划地种稻等，引起大面积的地下水位抬高到临界深度以上，而使土壤产生积盐。

2. 盐碱化土壤的危害及作物的耐盐度

(1)盐碱化土壤的危害　盐碱土中最常见的盐类，主要包括钠、钾、钙、镁等的硫酸盐、氯化物、碳酸盐及重碳酸盐类。硫酸盐和氯化物一般为中性盐，碳酸盐、重碳酸盐为碱性盐。盐类种类不同，对作物产生危害程度亦不相同。盐碱土壤对农业生产的危害可归纳为以下几个方面：一是高浓度盐分引起植物“生理干旱”；二是盐分的毒性效应；三是高浓度的盐分影响作物对养分的吸收；四是强碱性降低土壤养分的有效性；五是恶化土壤的物理和生物学性质。

(2)植物的耐盐度　植物的耐盐度是指植物所能忍耐土壤的盐碱浓度。植物种类不同，其耐盐程度也有差异。当然，不同的生育期有所差异，一般苗期耐盐能力差。不同作物的耐盐程度见表 11-12。

表 11-12　不同作物的耐盐度(耕层 0～20 cm，含盐量)　g/kg

耐盐力	作物种类	苗期	生育旺期
强	甜菜	5～6	6～8
	向日葵	4～5	5～6
	蓖麻	3.5～4	4.5～6
	䅟子	3～4	4～5
较强	高粱、苜蓿	3～4	4～5.5
	棉花	2.5～3.5	4～5
	黑豆	3～4	3.5～4.5
中等	冬小麦	2～3	3～4
	玉米	2～2.5	2.5～3.5
	谷子	1.5～2.0	2.0～2.5
	大麻	2.5	2.5～3.0
弱	绿豆	1.5～1.8	1.8～2.3
	大豆	1.8	1.8～2.5
	马铃薯、花生	1.0～1.5	1.5～2.0

(引自：李元. 农业环境学，2008)

3. 土壤盐(碱)化的控制与改良

盐碱土由于含盐碱多,土壤肥力水平低,生产性能较差,是我国重要的低产土壤。同时盐碱土大部分分布在平原地区,土层深厚,地形平坦,地下水资源丰富,具备不少发展农林业生产的有利条件,也是我国重要的后备土壤资源。所以对盐碱土进行有效的综合改良,对我国农业生产具有重要意义。改良盐碱土的措施有以下 4 个方面。

(1)水利工程措施　水利工程措施是改良盐碱土的根本措施。在影响土壤水盐运行的诸因素中,气候、地形和土质是不可变因素。在盐渍土地区对土壤水盐运动的调控,就是使土壤与地下水的盐分状况下行大于上行,排出大于积累。首先要采取合理的灌排措施,调控地下水位,控制适宜的潜水埋深。主要包括排水,灌溉洗盐、引洪放淤等。

(2)农业改良措施

①种植水稻:在水稻整个生长期间,田内经常保持水层,以水压盐,将土壤中可溶性盐分洗出,使土壤脱盐。但千万不要抬高邻地的潜水位,而产生更大面积的次生盐渍化。

②耕作改良与增施有机肥:合理耕作和增施有机肥料,可以改善土壤结构,提高土壤肥力,巩固土壤改良效果。耕作改良主要包括平整土地,深耕深翻,适时耕耙等成功经验。秸秆覆盖也是一种良好的改良盐碱地的农业技术措施。

(3)生物措施　主要包括植树造林和种植绿肥牧草等。植树造林,建立护田林网,既可以改善农田小气候,减少田面蒸发,又能以强大的根系吸收水分,使地下水位降低。种植绿肥牧草,可以改土培肥,减少蒸发,抑制土壤返盐,同时还能为发展畜牧业增加饲料。在较重的盐碱地上,可选择耐盐碱较强的田菁、紫穗槐等;轻度至中度盐碱地可以种植草木樨、紫花苜蓿、苕子、黑麦草等;盐碱威胁不大的地,则可种植豌豆、蚕豆、紫云英等。

(4)化学改良措施　碱土与重碱化土壤,由于交换性钠离子含量高,pH 在 9 以上,一般的水利与生物改良措施均难以达到土壤改良的目的。因此,在改良中往往要配施一些化学物质,一是要改变土壤胶体吸附阳离子的组成,减低钠饱和度(ESP),改良物理性状;二是要形成一定的酸性物质来中和土壤的碱性,这些化学物质称之为化学改良剂。常用的化学改良剂有石膏、磷石膏、亚硫酸钙、硫酸亚铁、酸性风化煤等。另还有施用一些长碳链的有机化合物,如沥青、重油、动物油残渣等物质的加工乳剂,用水稀释后喷于地面,可形成一层连续性的薄膜,具有抑制蒸发返盐,提高地温的作用。

盐碱土的形成是多种因素综合作用的结果,盐碱土的改良必须是水利、农业、生物、化学等多种措施相结合,进行综合治理,方可达到土壤改良之目的。

三、教学案例与分析

(一)土壤侵蚀(水土流失)案例

土壤侵蚀(水土流失)被认为是我国头号环境问题,国家已将水土保持作为长期坚持的一项基本国策和生态建设的基础工程。随着全球人口的增长、资源的开发、经济的发展,人类对环境的影响日益深刻和广泛,使得人类与自然的关系更复杂,矛盾更尖锐。目前,我国仍有土壤侵蚀(水土流失)面积 356.92 万 km^2,在一些地区,水土流失与生态环境恶化的局面尚未得到有效遏制,工业化、城市化、区域开发等大规模的基础设施建设又产生了新的水土流失。水土流失已成为我国实现可持续发展的严重障碍,国家对水土保持科技的需求比以往任何时候都更加迫切。我国对土壤侵蚀现象的认识可以追溯到 3 000 年前,而将土壤侵蚀作为一门科学技术进行专门研究,则是从 20 世纪 20 年代开始的。当时金陵大学森林系的部分教师,在晋鲁豫进行了水土流失调查及径流观测,开设了土壤侵蚀及其防治技术课程。20 世纪 40 年代,黄瑞采等学者对陕甘黄土分布、特性与土壤侵蚀的关系等进行了深入的考察研究,此后,在天水(1941)、西安、平凉和兰州(1942)、西江和东江(1943)、南京和福建(1945)相继建立了水土保持实验站,开始了长期定位观测研究。在我国,大规模开展土壤侵蚀科学研究并取得重要进展则是从 20 世纪 50 年代开始的。经过 60 年长期不懈的努力,我国土壤侵蚀科学研究取得了丰硕的成果,在水土保持学科体系建设,水土流失规律与土壤侵蚀机制,土壤侵蚀模拟模型、动态监测与效益评价,以小流域为单元的水土流失综合治理与试验示范等方面取得了较大的进展:初步摸清了我国土壤侵蚀的基本规律,完善了我国土壤侵蚀的分类分区系统,初步建立了多种尺度的土壤侵蚀预报模型,建立了土壤侵蚀研究方法和技术体系。与世界土壤侵蚀科学研究相比,我国在土壤侵蚀宏观区域分异规律和土壤侵蚀分类、侵蚀环境演变、土壤侵蚀研究技术、土壤侵蚀综合防治等方面已经达到或接近世界先进水平,同时形成了一支高效的水土保持科研队伍,对学科发展、科学决策、水土保持科技传播发挥了积极的推动作用。

总体来说,我国在土壤侵蚀时空特征与动态变化、土壤侵蚀过程及其调控机制、黄河泥沙来源与粗泥沙集中来源区的界定、风力侵蚀机制及沙漠化防治、侵蚀环境演变与调控等 5 个方面对土壤侵蚀的发生、机理、防治等方面开展了非常全面的研究,并取得了比较重大的研究成果和科学贡献。

据 2010 年中科院地理科学与资源研究所研究成果表明,全国现有土壤侵蚀面积达 357 万 km^2,占国土面积的 37.2%。水土流失不仅广泛发生在农村,而且发生在城镇和工矿区,几乎每个流域、每个省份都有。从我国东、中、西三大区域分布来看,东部地区水土流失面积 9.1 万 km^2,中部地区 51.15 万 km^2,西部地区 296.65 万 km^2。且我国水土流失强度大,侵蚀重,年均土壤侵蚀总量 45.2 亿 t,约占全球土壤侵蚀总量的 1/5。主要流域年均土壤侵蚀量大于 3 400 t/km^2,黄土高原部分地区甚至超过 3 万 t,相当于每年 2.3 cm 厚的表层土壤流失。全国侵蚀量大于每年 5 000 t/km^2 的面积达 112 万 km^2。根据水土流失面积占国土面积的比例以及流失强度综合判定,我国现有严重水土流失县 646 个。其中,长江流域 265 个、黄河流域 225 个、海河流域 71 个、松辽流域 44 个。从省级行政区来看,水土流失严重县最多的省份(自治区)是四川省,其次是山西、陕西、内蒙古、甘肃,具体见图 11-3。

(二)土壤沙化和沙漠化案例

1. 土壤沙化和沙漠化的概念

荒漠是指气候干燥,降水量少而蒸发量大,具强烈大陆性气候,植被稀疏的自然地带。荒漠化是指包括气候变异和人类活动在内的种种因素造成的干旱、半干旱和亚湿润干旱地区的土地退化。这里的土地退化包括水蚀,风蚀,土壤物理、化学、生物特性或经济特性退化,自然植被长期丧失等。荒漠化已经成为全球共同关注的重大环境问题,我国是一个土地荒漠化和沙化非常严重的国家,为定期掌握我国荒漠化和沙化土地的现状及其动态变化情况,从 1994 年起,我国开始全国荒漠化和沙化土地监测工作,截至目前已经开展了 4 轮监测,并正在进行第 5 次监测。

沙漠化是指在干旱、半干旱和亚湿润干旱地区,由于气候和人类活动作用所产生的一种以

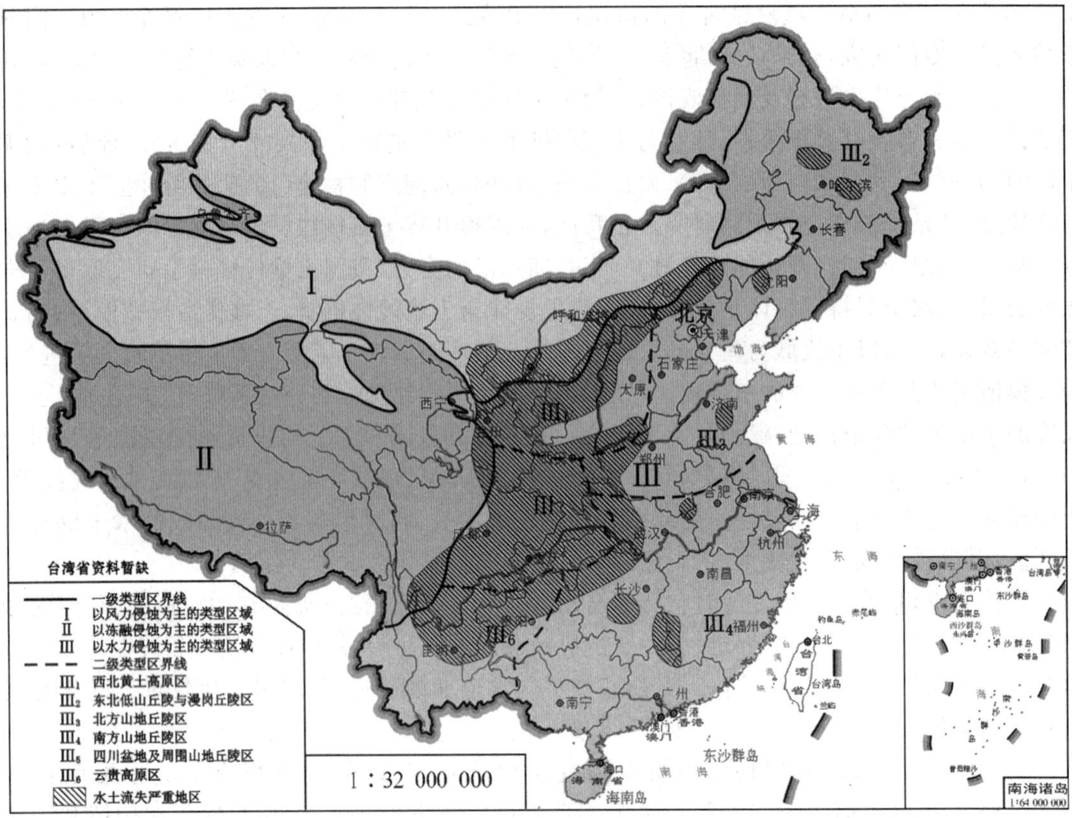

图 11-3 我国水土流失主要分布图

（王静爱，赵济，2004）

风沙活动为主要标志的土地退化过程。沙漠化是荒漠化的一种，是荒漠化的主要组成部分。沙漠化与荒漠化相比，沙漠化空间范围要比荒漠化范围小得多，主要发生在极干旱、干旱的沙漠绿洲交接带、半干旱的沙地以及沙地与黄土的交接带等区域。而荒漠化发生在荒漠草原、典型草原和疏林草原的广大地区。

沙化是指在风力、水力、重力等外营力的作用下，地表组成物质中的细粒部分和营养物质损失或外来沙砾覆盖原有地表而出现的地表粗化过程。沙化没有时空的限定，可以发生在任何时期和任何自然地带，从极干旱的沙漠地带到半湿润、湿润的河流三角洲、海滨滩涂等都可能分布。而沙漠化和荒漠化的时间尺度都是人类历史时期，人为作用是其主要因素，其空间尺度都是发生在干旱、半干旱和亚湿润干旱地区。

2. 我国沙漠化现状

地球表面 43％的土地分布在干旱地区，110 多个国家受土地荒漠化之害，全世界每年为此造成的损失 420 亿美元之巨。我国是世界上受沙化危害最严重的国家之一。一是面积大、分布广。据 2011 年公布的第四次中国荒漠化和沙化状况公报的结果，截至 2009 年底，全国荒漠化土地总面积 262.37 万 km^2，占国土总面积的 27.33％。分布于北京、天津、河北、山西、内蒙古、辽宁、吉林、山东、河南、海南、四川、云南、西藏、陕西、甘肃、青海、宁夏、新疆 18 个省（自治区、直辖市）的 508 个县（旗、区）。全国沙化土地面积为 173.11 万 km^2，占国土总面积的

18.03%,分布在除上海、台湾及香港和澳门特别行政区外的 30 个省(自治区、直辖市)的 902 个县(旗、区)。主要分布在新疆、内蒙古、西藏、青海、甘肃 5 省(自治区),面积分别为 74.67 万 km^2、41.47 万 km^2、21.62 万 km^2、12.50 万 km^2、11.92 万 km^2,5 省(自治区)沙化土地面积占全国沙化土地总面积的 93.69%;其余 25 省(自治区、直辖市)占 6.31%。监测结果表明,我国土地荒漠化和沙化整体虽然得到初步遏制,荒漠化和沙化土地面积减少,但局部地区仍有扩展。

八大沙漠、四大沙地是我国主要沙源地,南方沿江、河、海也有零星沙地分布。全国流动沙丘面积 42.72 万 km^2,固定及半固定沙地 46.30 万 km^2,戈壁及风蚀劣地 71.14 万 km^2,其他 14.14 万 km^2。我国西北、华北、东北,形成一条西起塔里木盆地,东至松嫩平原西部,长约 4 500 km、宽约 600 km 的风沙带危害北方大部分地区。20 世纪 70 年代,我国土地沙化扩展速度每年 1 560 km^2,80 年代为 2 100 km^2,90 年代达 2 460 km^2,21 世纪初达到 3 436 km^2,相当于每年损失一个中等县的土地面积。

沙漠化是当今世界人类共同面临的一个重大环境及社会问题,是地球的癌症,对我国的危害也十分惊人。

(1)缩小了中华民族的生存和发展空间　全国沙化土地面积相当于 10 个广东省的辖区面积,5 年新增面积相当于一个北京总面积,我国每年新增 1 400 万人口,而耕地却在逐年减少,新中国成立以来,全国已有 66.7 万 hm^2(1 000 万亩)耕地,235 万 hm^2(3 525 万亩)草地和 639 万 hm^2(9 585 万亩)林地成为流动沙地。风沙逐步紧逼,2.4 万个村庄、乡镇受危害,使数万农牧民被迫沦为生态难民,一些村庄、县城被迫多次搬迁,内蒙古阿拉善盟 85%的土地已经沙化,并以每年 10 万 hm^2(150 万亩)的速度在扩展,专家预言,额济纳绿洲 50 年后将成为第二个"罗布泊"并非危言耸听。北京风沙源地之一,浑善达克沙地 7 年流沙面积增 93%,坝上地区 9 年流沙面积增 91%,

(2)导致土地生产力的严重衰退　据中科院兰州沙漠所测算,我国每年风蚀损失折合化肥 2.7 亿 t,相当于全国农用化肥产量的数倍。沙漠化使全国草场退化达 1.4 亿 hm^2(20.7 亿亩),占沙区草场面积的 60%,每年少养羊近 5 000 多万只;耕地退化 773 万 hm^2(1.16 亿亩),占沙区耕地面积的 40%。沙化地区耕地产量个别地方亩产几十斤,且要多次播种耕作。

(3)造成严重的经济损失　据《中国荒漠化灾害的经济损失评估》,我国每年沙化造成的直接经济损失达 540 亿元,相当于西北数省财政收入的数倍。1993 年 5 月西北地区特大沙尘暴,新、甘、宁、内四省区 72 个县(旗)受灾,116 人死亡,12 万头牲畜损失,33 万 hm^2(500 万亩)农作物受害,直接经济损失超 4 亿元。沙区现有国家级贫困县 101 个,占全国贫困县 592 个的 17%。

(4)加剧了生态环境的恶化　我国每年输入黄河的 16 亿 t 泥沙中有 12 亿 t 来自沙化地区,严重的水土流失使黄河开封段成为"悬河"。全国特大沙尘暴频发,20 世纪 60 年代 8 次,70 年代 13 次,80 年代 14 次,90 年代 23 次。大气尘埃增加,空气污染加重,环境质量下降,北方城市沙尘暴、南方泥雨影响到韩、日等地,引起国内外关注,成为生态环境外交的问题。

3. 不同国家防沙治沙措施

世界上有关国家高度重视沙化的防治问题,采取了许多措施,留下了可贵的经验与教训。

日本:在 3 335 hm^2(5 万亩)的沙岸宜林地上营造 150～250 m 宽的海岸防护林,先设置植物沙障固定流沙,形成防护林后对沙丘内侧进行开发利用。造林款政府补贴 50%(国家 40%,地方 10%)。

美国:针对 1934 年的特大黑风暴,1935 年罗斯福下令制订《大平原各州林业工程》,通称"防护林带工程"、"罗斯福工程",国会为此拨款 7 500 万美元,并通过法案,实行免耕法,授权政府对农庄主给予补助,8 年共营造防护林带 2 8962 km,保护农田 162 万 hm^2(2 430 万亩)。截至 1992 年,美国人工防护林带总长度 16 万 km,面积 65 万 hm^2(975 万亩)。

德国:1965 年开始大规模兴建海岸防风固沙林等林业生态工程。德国号召回归自然,造林款国家补贴(阔叶树 85%,针叶树 15%),免征林业产品税,只征 5%的特产税(低于农业 8%),国有林经营费用 40%～60%由政府拨款。

苏联:"斯大林改造自然计划"1949—1965 年规划营造防护林 570 万 hm^2(8 550 万亩),营造 8 条总长 5 320 km 的大型国家防护林带,截至 1985 年已完成 550 万 hm^2(8 250 万亩),防护林地比重已从 1956 年的 3%提高到 1982 年的 20%。

北非 5 国:跨国林业生态工程——"绿色带"建设。阿尔及利亚、摩洛哥、突尼斯、利比亚、埃及 5 国联合建设一条横贯北非国家的绿色植物带,以阻止撒哈拉沙漠的进一步扩展或土地沙漠化,规划在东西长 1 500 km,南北宽 20～40 km 的范围内营造各种防护林 300 万 hm^2(4 500 万亩)。

以色列:荒漠化面积约占国土总面积的 75%,年平均降水量仅约为 300 mm。从发展节水灌溉和现代高效农业入手,提高在小范围内获取高效益的生产能力,从而为干旱区植被建设、保护与合理利用创造了条件。在荒漠地区划定景观保护区,结合一些历史文化遗址,建立荒漠公园,最大限度地发挥荒漠地区的潜在优势和价值。避免自然放牧对荒漠植被的破坏,牛羊等牲畜基本实行工厂化饲养。

澳大利亚:干旱半干旱土地面积占 75%,沙漠面积 269 万 km^2,占国土面积的 35%,属热带沙漠。对沙区基本上实行以保护为主的管理办法,在大范围雨后或季节性的植被生长状况用气象卫星数据进行沙化监测,政府每年投资 18 亿澳元开展水、土和生物多样性保护项目建设,建立示范区、沙漠公园、轮牧、控制农户最大放牧量、发展灌木林、农民教育培训等活动,由于人少地多等原因,荒漠植被保护良好。

土库曼斯坦:1954 年开始新建卡拉姆运河,全长 1 400 km,调水到西部灌溉 350 万 hm^2(5 250 万亩)的荒漠草场和 100 万 hm^2(1 500 万亩)的新农垦区,并改善 700 万 hm^2(10 500 万亩)草场的供水条件,运河两岸成为以棉花为主的农业基地。但目前已带来生态问题:由于大量引用阿姆河水,下流的咸海水库急剧下降,水位线后退 10～20 km^2;水位后退,导致咸海周围土地沙化迅速扩展;湖底盐碱裸露,"白风暴"(含盐)危害加剧。这是跨流域、大范围调水导致下流沙化的典型教训。

非洲撒赫勒地区:20 世纪 60 年代由联合国组织实施了振兴畜牧业,解决人畜饮水的防沙治沙国际行动,钻挖了许多深水井。以水井为中心建立了固定的生活区。5 年后,导致以水井为中心的沙化圈。

4. 我国在林业生态建设防治沙化的途径和成效

土壤沙化的防治必须重在防。防治重点应放在农牧交错带和农林草交错带,在技术措施上要因地制宜。主要防治途径如下：

(1)营造防沙林带　中国沿吉林白城地区的西部—内蒙古的兴安盟东南—哲里木盟和赤峰市—古长城沿线是农牧交错带地区，土壤沙化正在发展中。中国已实施建设“三北”地区防护林体系工程，应进一步建成为“绿色长城”。一期工程已完成 600 万 hm^2 植树造林任务。目前已使数百万公顷农田得到保护，轻度沙化得到控制。

(2)实施生态工程　中国的河西走廊地区，昔日被称为“沙窝子”、“风库”，当地因地制宜，因害设防，采取生物工程与石工程相结合的办法，在北部沿线营造了大于 1 220 km 的防风固沙林 13.2 万 hm^2，封育天然沙生植被 26.5 万 hm^2，在走廊内部营造起约 5 万 hm^2 农田林网，河西走廊一些地方如今已成为林茂粮丰的富庶之地。

(3)建立生态复合经营模式　内蒙古东部、吉林白城地区、辽西等半干旱、半湿润地区，有一定的降雨量资源，土壤沙化发展较轻，应建立林农草复合经营模式。

(4)合理开发水资源　这一问题在新疆、甘肃的黑河流域应得到高度重视。塔里木河新中国成立初年径流量 100×10^8 m^3，20 世纪 50 年代后上游站尚稳定在 $40\times10^8\sim50\times10^8$ m^3。但在只有 2 万人口、2 000 多公顷土地和 30 多万只羊的中游地区消耗掉约 40×10^8 m^3 水，中游地区大量耗水致使下游断流，300 多千米地段树、草枯萎和残亡，下游地区的 4 万多人口、1 万多公顷土地面临着生存威胁。因此，应合理规划，调控河流上、中、下游流量，避免使下游干涸、控制下游地区的进一步沙化。

(5)控制农垦　土地沙化正在发展的农区，应合理规划，控制农垦，草原地区应控制载畜量。草原地区原则上不宜农垦，旱粮生产应因地制宜控制在沙化威胁小的地区。内蒙古草原的理论载畜量应为 0.49 只羊/hm^2，而实际载畜量每公顷达 0.65 只羊，超出 33%。因此，从牧业持续发展看必须减少放牧量。实行牧草与农作物轮作，培育土壤肥力。

(6)完善法制，严格控制破坏草地　在草原、土壤沙化地区，工矿、道路以及其他开发工程建设必须进行环境影响评价。对人为盲目垦地种粮、樵柴、挖掘中药等活动要依法从严控制。土壤沙化主要过程是风蚀和风力堆积过程。在沙漠周边地区，由于植被破坏或草地过度放牧或开垦为农田，土壤因失水而变得干燥，土粒分散，被风吹蚀，细颗粒含量降低。而在风力过后或减弱的地段，风沙颗粒逐渐堆积于土壤表层而使土壤沙化。因此，土壤沙化包括草地土壤的风蚀过程及在较远地段的风沙堆积过程。

经过 50 多年的建设，我国三北防护林、防沙治沙工程取得重大成效，积累了丰富的经验。防沙治沙工程实施以来，治理沙化土地 1 067 万 hm^2(1.6 亿亩)，增加林草植被 667 万 hm^2(1 亿亩)，圆满完成了国务院批复的 1991—2000 年全国防沙治沙规划纲要所确定的各项任务，全国 21 个治沙重点县、24 个示范基地建设取得成果，涌现出赤峰、榆林、和田等治沙先进典型。局部地区治理成果显著，榆林地区林草覆盖率从 20 世纪 50 年代的 1.8%提高到 39%，赤峰地区从建国初期的森林覆盖率 5%提高到 21%，生态环境改善，沙暴天气减少，牧民收入提高，实现安居乐业。1978 年“三北”防护林工程、1991 年防沙治沙工程实施以来，累计完成营造林 2 400 万 hm^2(3.6 亿亩)，草地治理 93 万 hm^2(1 400 万亩)，封沙育林育草 247 万 hm^2(3 700 万亩)，沙区森林覆盖率从 5%提高到 9%，林网化保护农田面积 2 134 万 hm^2(3.2 亿亩)，保护牧场 894 万 hm^2(1.34 亿亩)；控制水土流失面积 1 000 万 hm^2(1.5 亿亩)。造林种草生物固沙、工程固沙等建设取得成就，遏制住流沙扩展，据监测数据，与2004年相比，全国具有明显沙化趋势的土地面积减少7 608 km^2，年均减少1 522 km^2。其中，甘肃减少3 989 km^2，内蒙古减少2 862 km^2，新疆减少523 km^2，青海减少332 km^2，黑龙江减少287 km^2，宁夏减少217 km^2，辽宁减少201 km^2。

我国土地荒漠化、沙化呈持续净减少之势，主要原因包括：党中央、国务院高度重视荒漠化、沙化防治工作，采取了一系列重大战略举措；沙区各级党委政府真抓实干，各部门密切配合；全社会广泛参与，沙区广大人民群众的艰苦奋斗。这也说明，只要加大力度，持之以恒地开展防治工作，土地荒漠化、沙化是可以得到遏制的。

第二节　土壤污染与防治

随着人类社会对土壤需求的扩展，土壤的开发强度越来越大，向土壤排放的污染物也成倍增加。目前，我国遭受不同程度污染的农田已达1 000万 hm^2，对农业生态系统已造成极大的威胁。防治土壤污染，保护有限的土壤资源不减少，实际上已成为突出的全球问题。

一、土壤污染的概念与污染类型

土壤作为人类赖以生存和发展的物质基础，不仅仅因为它的肥力属性即具有生产绿色植物的功能，还因为它具有过滤性、吸附性、缓冲性等多种特性，既充当各种来源污染物的载体，又起到污染物天然净化场所的作用。鉴此，在我们对土壤污染概念做出定义时，首先需要对土壤环境容量、土壤自净功能作一介绍。

（一）土壤背景值

土壤背景值在理论上应该是土壤在自然成土过程中，构成土壤自身的化学元素的组成和含量，即未受人类活动影响的土壤本身的化学元素组成和含量。然而，土壤是一个复杂的开放体；它一直处在不断的发展和演变中，地球上的土壤几乎不同程度地受到人类活动直接或间接的影响。因此，所谓土壤背景值只能代表土壤某一发展、演变阶段的一个相对意义上的数值。

土壤背景值在土壤污染评价、污水灌溉与作物施肥上是一个不可缺少的依据。在环境质量评价、土地资源评价与国土规划，以及环境医学和食品卫生等方面有重要实用意义。土壤背景值主要应用在以下几方面：

（1）农田施肥　土壤背景值是预测元素丰缺程度，制订施肥规划、方案的基础数据。

（2）土壤污染评价　土壤质量评价，划分质量等级和进行污染评价，划分污染等级，均必须以土壤背景值作为基础参数和标准，进而对土壤质量进行预测和调控及制定土壤污染防治措施等。

（3）土壤环境容量　土壤背景值是研究和确定土壤环境容量，制定土壤环境标准的不可缺少的基础数据。

（二）土壤环境容量

在地球表层系统中，土壤作为多种化学元素的载体，具有贮存表生带化学元素的功能。对于土壤污染元素来说，越大表示土壤对污染物缓冲能力越大，在某种意义上也表示土壤自净作用的大小。但从环境保护的角度看，进入土壤的污染物不能超过“仓库”最大容量，否则人类的生存和自然生态系统就要受到危害或破坏。因而，土壤环境容量被定义为：“土壤环境单元一定时限内遵循环境质量标准，既保证农产品产量和生物学质量，同时也不使环境污染时，土壤所能允许承纳的污染物的最大数量或负荷量”。由定义可知，土壤环境容量实际上是土壤污染物的起始值和最大负荷量之差。因此，衡量土壤允许量时需要有一个基准含量水平，这个水平所获得的容量称为土壤静容量，即土壤标准容量。但此容量没有考虑土壤污染物累积过程中，污染物的输入与输出，固定与释放，累积与降解和净化过程。将土壤的这一部分净化的量（土壤环境动容量）与静容量相加构成了土壤环境容量。

（三）土壤自净作用

土壤自净是指进入土壤的污染物，在土壤矿物质、有机质和土壤微生物的作用下，经过一系列的物理、化学及生物化学反应过程，降低其浓度或改变其形态，从而消除或降低污染物毒性的现象。土壤的自净作用对维持土壤生态平衡起重要的作用。正是由于土壤具有这种特殊功能，少量有机污染物进入土壤后，经生物化学降解可降低其活性变为无毒物质；进入土壤的重金属元素通过吸附、沉淀、配合、氧化还原等化学作用可变为不溶性化合物，使得某些重金属元素暂时退出生物循环，脱离食物链。

土壤自净作用按其作用机理的不同，可划分为物净化作用、物理化学净化作用和生物净化作用等 3 个方面。

1. 物理自净作用

土壤是多孔介质，进入土壤的污染物可以随土壤水迁移，通过渗滤作用排出土体；某些有机污染物亦可通过挥发、扩散方式进入大气。但是，物理净化作用只能使土壤污染的浓度降低或使污染物迁移，而不能使污染物从整个自然界消失，而且可能会造成水体与空气的污染。

2. 化学和物理化学自净作用

土壤中污染物经过吸附、配合、沉淀、氧化还原作用使其毒性浓度降低的过程，称为化学和物理化学自净。土壤黏粒、有机质具有巨大的表面积和表面能，有较强的吸附能力，是产生化学和物理化学自净的主要载体，酸碱反应和氧化还原反应在土壤自净过程中也起着主要作用。但是，土壤黏粒对重金属离子的吸附、配位和沉淀过程等，只是改变了金属离子的形态，降低它们的生物有效性，是土壤对重金属离子生物毒性的缓冲性能。因此，污染物并没有真正消除，而相反地在土壤中“积累”起来，最终仍有可能被生物吸收，危及生物圈。

3. 生物化学净化作用

有机污染物在微生物及其酶作用下，通过生物降解，被分解为简单的无机物而消散的过程。从净化机理看，生物化学自净是真正的净化。但不同化学结构的物质，在土壤中的降解历程不同。污染物在土壤中的半衰期长短悬殊，其中有的降解中间产物的毒性可能比母体更大。

总之，土壤的自净作用是各种化学过程共同作用、互相影响的结果，土壤自净能力是有一定限度的，这就涉及土壤环境容量问题。

（四）土壤污染的概念

各种环境与土壤体系存在着不断的物质和能量交换的动态平衡中。在平衡状态下，土壤环境是不会发生污染的。但是，如果人类的各种活动产生的污染物质，通过各种途径输入土壤（包括施入土壤的肥料、农药），其数量和速度超过了土壤环境的自净作用的速度，打破了污染物在土壤环境中的自然动态平衡，使污染物的积累过程占据优势，即可导致土壤环境正常功能的失调和土壤质量的下降；或者土壤生态发生明显变异，导致土壤微生物区系（种类、数量和活性）的变化，土壤酶活性减小；同时，由于土壤环境中污染物的迁移转化，从而引起大气，水体和生物的污染，并通过食物链，最终影响到人类的健康，这种现象属于土壤环境污染。因此，可以说，当土壤环境中所含污染物的数量超过土壤自净能力或当污染物在土壤环境中的积累量超过土壤环境基准或土壤环境标准时，即为土壤环境污染。

（五）土壤污染的特点与主要污染源及污染物

1. 土壤环境污染的特点

（1）隐蔽性和潜伏性　土壤污染是污染物在土壤中长期积累过程，其后果要通过摄食由污染土壤生产的植物产品的人体和动物的健康状况才能反映出来。从遭受污染到产生恶果有相当长的逐步积累过程，不像大气和水体污染那样易被人们觉察，因此具有隐蔽性和潜伏性。

（2）不可逆性和长期性　污染物进入土壤环境后，便与复杂的土壤组成物质发生一系列迁移转化作用。其中，许多污染物作用为不可逆过程，污染物最终形成难溶化合物沉积在土壤中。因而，土壤一旦遭受污染，极难恢复。

（3）后果的严重性　有害物质长期在土壤中存留，不但危害作物的生长，而且还会通过食物链的传递危害人畜健康，土壤污染还会对水体和大气环境产生次生污染。如发生于日本的骨痛病事件就是因为食用被镉污染了的稻米所引起的。在我国农业面源污染是导致水体富营养化的主要原因，过量施用化肥还会造成地下水中 NO_3^--N 的污染。土壤环境受到污染后，含重金属浓度较高的污染表土容易在风力的作用下进入到大气环境中，导致大气污染及生态系统退化等其他次生生态环境问题等等。

2. 土壤污染的类型及特征

按土壤污染源和污染途径，可分为以下类型：

（1）水质污染型　主要是利用工业废水、城市生活污水和受污染的地表水进行灌溉而造成的土壤污染。其特点是污染物集中于土壤表层，但随着污灌时间的延长，某些可溶性污染物可由表层向下部扩展，甚至到达地下水层。被污染土壤一般沿河流、灌溉渠呈树枝状或片状分布。

（2）大气污染型　大气中的污染物通过干湿沉降过程污染土壤。其特点是污染土壤以大气污染源为中心呈扇形、椭圆形或条带状分布，长轴沿主风向伸长。污染物主要集中于土壤表层。

（3）固体废物污染型　工矿业废弃物、城市生活垃圾、污泥等在土壤表面堆积、掩埋、处理，不仅占用大量耕地，而且通过大气迁移、扩散和淋溶、地表径流等污染周围地区的土壤，属点源型土壤污染。

（4）农业污染型　在农业生产过程中，长期施用化肥、农药、垃圾堆肥、污泥造成的土壤污染。

可导致土壤物理化学性质恶化，土壤盐渍化、养分流失，甚至污染地下水。属面源污染。

（5）综合污染型　土壤污染往往是多污染源和污染途径同时造成，即某地区的土壤污染可能受大气、水体、农药、化肥和污泥施用的综合影响所致。其中以某一种或两种污染源影响为主。

3. 土壤的主要污染源和污染物

（1）土壤的主要污染源　土壤污染的主要来源为来自工业和城市废水和固体废弃物、农药和化肥、畜禽排泄物、生物残体和大气沉降物等。

①人类为了提高农产品的数量和质量，每年将大量的化肥、有机肥、化学农药施入土壤，从而带入某些重金属、病原微生物、农药及其分解残留物。同时，还有许多污染物随农田灌溉用水输入土壤，如利用未经处理的城市生活污水和工矿企业废水直接灌溉农田，是土壤有毒物质的重在来源，使污染物质不断积累。

②土壤历来都作为废弃物处理场所。随着工农业生产的发展和城市化的扩大，固体废弃物的种类和数量，成分日益增多和复杂，如生活垃圾、工矿业废渣、污泥、塑料废弃物等。对土壤资源侵占、污染、而使大量有机和无机污染物随之进入土壤，化学成分复杂并难于降解，是造成土壤环境污染的重要途径和污染源。

③大气、水体或生物体中污染物质的迁移转化进入土壤，使土壤环境随之遭受二次污染，也是土壤环境污染的重要来源。例如，人类活动向大气排放的酸性物质（SO_2、NO_X 等），可随着大气的酸沉降而沉降到土壤环境中，从而引起土壤酸化、土壤营养状况变化，造成土壤污染。

以上这几类污染是由于人类活动的结果而产生的，统称人为污染源。根据人为污染物的来源不同，又可大致分为工业污染源、农业污染源和生物污染源。

工业污染源就是指工矿企业排放的废水、废气、废渣，一般为点源污染，经长期作用使污染物在土壤环境中积累而造成土壤的间接污染。

农业污染源主要是指由于农业生产本身的需要，而施入土壤的化学农药、化肥、有机肥，以及残留于土壤中的农用地膜等。

生物污染源是指含有致病的各种病原微生物和寄生虫的生活污水、医院污水、垃圾，以及被病原菌污染的河水等，这是造成土壤环境生物污染的主要污染源。

（2）土壤的主要污染物　把输入土壤中的足以影响土壤正常功能，降低作物产量和生物质量，有害于人体健康的那些物质，统称为土壤污染物质，可把土壤污染物质大致分为无机污染物和有机污染物两大类。

①无机污染物：污染土壤环境的无机污染物，主要有重金属（汞、镉、铅、铬、铜、锌、镍，以及类金属砷、硒等）、放射性元素（^{137}Cs、^{90}Sr 等）、氟、酸、碱、盐等。其中尤以重金属和放射性物质的污染危害最为严重，因为这些污染物都是具有潜在威胁的，而且一旦污染了土壤，就难以彻底消除，并较易被植物吸收，通过食物链而进入人体，危及人类的健康。

②有机污染物：污染土壤的有机污染物，主要有人工合成的有机农药、酚类物质、氰化物、石油、多环芳烃、洗涤剂，以及有害微生物、高浓度耗氧有机物等。其中尤以有机氯农药、有机汞制剂、多环芳烃等性质稳定不易分解的有机物，在土壤环境中易累积，造成污染危害。

土壤环境主要污染物质见表 11-13。

表 11-13　土壤环境主要污染物质

污染物种类			主要来源
无机污染物	重金属	汞(Hg)	制烧碱、汞化物生产等工业废水和污泥、含汞农药、汞蒸气
		镉(Cd)	冶炼、电镀、染料等工业废水、污泥和废气，肥料杂质
		铜(Cu)	冶炼、铜制品生产等废水、废渣和污泥，含铜农药
		锌(Zn)	冶炼、镀锌、纺织等工业废水、废渣、污泥、含锌农药、磷肥
		铅(Pb)	颜料、冶炼等工业废水，汽油防爆燃烧排气、农药
		铬(Cr)	冶炼、电镀、制革、印染等工业废水和污泥
		镍(Ni)	冶炼、电镀、炼油、染料等工业废水和污泥
		砷(As)	硫酸、化肥、农药、医药、玻璃等工业废水、废气、农药
		硒(Se)	电子、电器、油漆、墨水等工业的排放物
	放射性元素	铯(^{137}Cs)	原子能、核动力、同位素生产等工业废水、废渣、核爆炸
		锶(^{90}Sr)	原子能、核动力、同位素生产等工业废水、废渣、核爆炸
	其他	氟(F)	冶炼、氟硅酸钠、磷酸和磷肥等工业废水、废气、肥料
		盐、碱	纸浆、纤维、化学等工业废水
		酸	硫酸、石油化工、酸洗、电镀等工业废水、大气酸沉降
有机污染物	有机农药		农药生产和使用
	酚		炼焦、炼油、合成苯酚、橡胶、化肥、农药等工业废水
	氰化物		电镀、冶金、印染等工业废水、肥料
	苯并[a]芘		石油、炼焦等工业废水、废水
	石油		石油开采、炼油、输油管道漏油
	有机洗涤剂		城市污水、机械工业污水
	有害微生物		厩肥、城市污水、污泥、垃圾

(引自:洪坚平,土壤污染与防治,第 2 版,2005)

二、土壤污染的生态危害

严重的土壤污染可以导致农作物生长发育的抑制甚至枯萎死亡,更多的土壤污染并无明显表现,如破坏土壤的理化性质,使土壤板结,降低农产品的质量,特别是通过农作物对有害物的富集作用,暗中危害牲畜和人体健康,同时,土壤污染又间接或直接影响水体和大气污染,必须引起高度警惕。

(一)经济损失严重

对于各种土壤环境污染造成的直接或间接经济损失,目前尚缺乏系统的调查资料。仅以土壤环境的重金属污染为例,根据有关资料的计算表明,由农产品的重金属污染导致的经济损失在逐年增加,2000 年已达到 320 亿元人民币。其中影响农作物安全及农业生产,最终导致的经济损失占 GDP 的 0.5%～1.3%。

(二)农产品污染超标、品质不断下降

中国大多数城市近郊土壤都受到了不同程度的污染,许多地方粮食、蔬菜和水果等食物中镉、铬、砷、铅等重金属含量超标或接近临界值。据报道,1992 年全国有不少地区已经发展到生产“镉米”的程度,每年生产的“镉米”多达数亿千克。2000 年全国 2.2 亿千克粮食调查发

现，粮食中重金属铅、镉、汞、砷超标率达10%。

(三)大气环境的次生污染

土壤环境受到污染后，含重金属浓度较高的污染表土容易在风力的作用下进入到大气环境中，导致大气污染及生态系统退化等其他次生生态环境问题。表土的污染物质可能在风的作用下，作为扬尘进入大气环境中，而汞等重金属则直接以气态或甲基化形式进入大气环境，并进一步通过呼吸作用进入人体。

(四)水体富营养化并成为水体污染的祸患

资料表明，中国化肥年生产量已达3 000万t，1999年化肥使用量4 124万t，平均268 kg/hm^2，是世界平均水平的2.5倍。农田生态系统中仅化肥氮的淋洗和径流损失量每年就约174万t，长江、黄河和珠江每年输出的溶解态无机氮达97.5万t，是造成近海赤潮的主要污染源。

(五)成为农业生态安全的克星

目前，中国农药产量居世界前列，据统计，2012年中国化学农药原药的产量达354.9万t，同比增长19%。其中，除草剂原药包括草甘膦、2.4-D、三嗪类等产量达164.8万t，杀虫剂原药的产量为81.3万t，杀菌剂原药的产量为14.4万t。农药单位面积施用量比发达国家高2～3倍，利用率不足30%。农药长期大量使用，造成农药对土壤环境的大面积污染，土壤害虫抗药性不断增加，同时也杀死了大量害虫天敌和土壤有益动物，进而使农业生态安全失去基本保障。

三、污染土壤的修复

污染土壤修复是指通过物理、化学、生物、生态学原理，并采用人工调控措施，使土壤污染物浓(活)度降低，实现污染物无害化和稳定化，以达到人们期望的解毒效果的技术措施。目前，理论上可行的修复技术有植物修复、微生物修复、化学修复、物理修复和综合修复等几大类。有些修复技术已经进入现场应用阶段并取得了较好的效果。污染土壤实施修复，对阻断污染物进入食物链，防止对人体健康造成危害，促进土地资源保护和可持续发展具有重要意义。目前关于该技术的研发主要集中于可降解有机污染物和重金属污染土壤的修复两大方面。

(一)土壤重金属污染的修复

基于对重金属在土壤中的迁移转化特性的认识，人们发展了各种各样的重金属污染整治与脱毒技术，可总结为以下几个方面：

1. 冲洗法

利用化学或生物试剂冲洗土壤，将重金属转化为活化状态，来增强重金属在土壤中的移动性，使耕层或根层的重金属迁移到根层以外的土层，并通过化学洗脱的方式将淋洗液集中处理，从而将重金属从土壤中有效去除，达到清洁土壤的目的。如用$FeCl_3$淋洗受污染的田块或地段，可有效地置换Cd、Cr、Mn、Ni、Cu等重金属，将其淋洗出根层。被经常使用的化学试剂包括 EDTA、DTPA、无机酸、小分子有机酸和表面活性剂等。但采用这种技术应注意避免将重金属淋洗到土壤下层污染地下水。

2. 使用改良剂

指向土壤中施加某一化学试剂或化学材料，并利用它们与重金属之间形成不溶性或移动性差、毒性小的物质而降低其在土壤中的生物有效性，减少其向水体和植物及其他环境单元的迁移，实现污染土壤的化学修复。该技术一般被称为重金属的钝化，在轻度污染的土壤上应用是有效的。如向酸性土壤中施用碳酸钙、硅酸钙和熟石灰等碱性材料，来提高土壤的 pH，达到钝化重金属活性的目的。一般当土壤的 pH 提高到 7 左右，对重金属的抑制效果便可达到 70%～80%。又如向土壤中添加有机肥不仅能改善土壤肥力，还能提高土壤阳离子交换量，而增加许多螯合物，如胡敏酸，可达到降低交换性金属含量。此外，还可以利用金属间的拮抗作用，添加一种化学性质相似又不污染土壤的元素来控制另一污染性的重金属毒性。

3. 调节土壤的 *Eh* 值

土壤中多种重金属元素在还原条件下，随淹水时间的延长，与产生的 H_2S 结合成难溶的硫化物沉淀，因此，可采用淹水栽培和向水中施用还原剂，来降低重金属的活性，减少其毒害作用。如受 Cd 和 Mo 污染的土壤可采用长期淹水、避免落干、烤田和间歇灌水的方法抑制其毒性效应。而 As 污染的土壤不能采用此法，因为其在还原条件下可转化为亚砷酸，反而会增加它的毒性效应。

4. 客土和换土法

换土法是一种有效的污染土壤物理处理方法，它是将污染土壤通过深翻到土壤底层、或在污染土壤上覆盖清洁土壤、或将污染土壤挖走换上清洁土壤等方法。换土法能够有效地将污染土壤与生态系统隔离，从而减少它对环境的影响。但是该方法因为工程量大，费用高，只适宜用于小面积的、土壤污染严重的状况。同时，不能将污染物质取出也会对环境产生一定风险。采用这两种措施时应注意：

①客土和换土的理化性质要和当地土壤一致，以避免引起新的环境问题。

②施用客土和换土的厚度应大于耕层厚度，且要妥善处理换掉的污染土壤，以免引起异地污染。

③客土和换土过程中，应根据土壤性质混入一些能提高肥力或钝化作用的土壤肥料和改良剂，以使土壤迅速适应耕种。

5. 富集植物吸收修复

在受重金属污染的土壤上栽种对重金属具有抗性且能大量富集的特异性植物超富集植物对土壤中的污染物进行固定、吸收，以清除土壤环境中的污染物或使其有害性得以降低或消失。研究表明，植物修复的运行成本低，回收和处理富集重金属的植物较为容易，所以近年来得到了重视和发展。此外，近年来兴起的利用遗传工程技术培育对重金属有富集作用的品种，对土壤重金属污染的修复具有重要意义。

植物稳定、植物挥发和植物提取是重金属污染土壤植物修复的三种主要类型。其中，植物稳定是指植物通过根吸收、沉淀或还原将重金属固定，降低土壤中有毒金属的移动性。植物挥发则是将污染物吸收到植物体内后并将其转化为气态物质，释放到大气，主要用于类金属元素 Hg 和非金属元素硒。植物提取是指植物从土壤中吸取重金属，并将其转移、贮存到地上部并通过收获而去除，包括连续植物提取和螯合剂辅助的植物提取。

6. 电动修复法

土壤电动修复是一门新的经济型土壤修复技术，它是综合农业化学、环境化学、电化学和土壤化学等而形成的一门交叉研究领域，主要是通过在包含污染土壤的电解池两侧施加直流电压形成电场梯度，土壤中的污染物质通过电迁移、电渗流或电泳的途径被带到位于电解池两极的处理室中并通过进一步的处理从而实现污染土壤样品的减污或清洁。

（二）土壤有机污染的修复

有机污染土壤修复方法主要包括物理化学修复方法、生物修复方法（植物修复方法和微生物修复方法）等。

1. 物理化学修复方法

通过溶剂洗脱、热脱附、吸附和浓缩等物理化学过程可以将有机化合物从土壤中去除，从而修复有机污染土壤。其中，土壤淋洗技术是先用水或含有某些能够促进土壤环境中污染物溶解或迁移的化合物（或冲洗助剂）的水溶液注入被污染的土壤中，然后再将这些含有污染物的水溶液从土壤中抽提出来并进一步处理的过程。

热脱附法是指通过加热将土壤中污染物变成气体从土壤表面或孔隙中去除的方法。目前热处理包括水蒸气蒸馏法、高频电流加热法、微波增强的热净化法等。此法适用于清除挥发和半挥发性成分，并且对极性化合物特别有效。

化学降解是使土壤中的有机化合物分解或转化为其他无毒或低毒性物质而得以去除的方法，主要包括化学修复技术、光催化修复技术、电化学修复技术、微波分解及放射性辐射分解修复技术等。

2. 生物修复方法

生物修复技术日益成为人为调控农药污染研究的热点。生物修复技术是指充分利用土壤微生物对有机物的降解作用，并采用人工调控措施，调节微生物或酶的活性，强化其对有机物的降解功能，从而加快有机物的降解速度，以达到人们期望的降解效果。这是一项崭新的土壤污染治理技术，其在应用工程实践方面还有很多空白，但也具备了大力发展的工作基础。这一技术的研究始于 20 世纪 80 年代中期欧洲的一些发达国家，目前德国、丹麦和荷兰在这方面处于领先地位，而英、法、意及一些东欧国家紧随其后。美国和日本也在生物修复研究与应用方面投入了大量的精力，特别是在产业化开发方面，已将高效降解菌开发成各种生物制剂，使之商品化，促进了相应产业的发展，在该领域居于国际领先水平。国内也有一些单位利用土著微生物进行土壤污染的生物修复研究，但目前尚属起步阶段。

生物修复中的微生物修复法可根据利用的微生物来源分为三种类型：土著微生物、外来微生物和基因工程菌。顾名思义，土著微生物是指在原污染土壤中经自然驯化和选择过程产生的一些特异微生物，它能在污染物的诱导下产生分解污染物的酶系，进而使污染物分解转化。目前大多数生物修复工程都是通过调控土著微生物进行的。由于土著微生物存在生长速度太慢、代谢活性不高，或者由于污染物浓度高造成土著微生物数量下降等缺点，人们尝试了运用筛选和接种一些高效降解菌株进行外来微生物修复试验。但在外来微生物接种时，会受到土著微生物的竞争，需要大量的接种微生物形成优势，以便迅速开始生物降解过程。随着遗传工程技术的发展，酶工程技术与基因工程菌的研究引起了人们的普遍兴趣。采用细胞融合技术等手段可以将多种降解基因转入同种微生物中，使之具有广谱的降解能力。当然基因工程菌引入现场环境后也会与土著微生物发生激烈的竞争，必须有足够的存活时间才能使目的基因得以稳定地表达出特定的产物—特异酶，因此需要在投放基因工程菌的初期通过添加碳源、氮源等方法进行调控，促进其增殖并表达出目的产物。目前生物修复技术在欧美等国仍处于试验室小试和中试阶段，实际应用的例子也有一些，但为使其发展成为一项成熟可靠的技术，还需要多学科人员进行全面系统的研究。

3. 有机污染土壤植物修复

有机污染土壤植物修复是利用植物的生长吸收、转化、转移污染物而修复土壤，主要包括 3 种机制：植物直接吸收并在植物组织中积累非植物毒性的代谢物；植物释放酶到土壤中，促进土壤的生物化学反应；根际-微生物的联合代谢作用。

四、教学案例与分析

中国地质调查局实施的全国多目标区域地球化学调查 2010 年研究显示，我国土地质量总体状况良好，达土壤环境质量一、二类标准占 87%。但是，占国土面积 13%土壤存在污染，污染状况不容忽视。南方以镉、汞、铅、砷等重金属问题为主，在经济发达和人口稠密地区频发镉、汞等重金属中毒问题；而北方以高氟、高砷和低碘等非金属问题为主，在较多贫困农村和边远地带受到砷、氟等地方病困扰。

中国地质调查局副主任奚小环在《生态地球化学：从调查实践到应用理论系统工程》一文中指出，长江流域的重金属主要来源于沱沱河大面积重金属异常和沿江有色金属矿带；城市及周边地区汞、铅等普遍存在，并在城市中心地带形成异常富集区；各大湖泊呈现有害元素污染汇集趋势，其中，鄱阳湖、洞庭湖、巢湖、滇池等湖泊出现以镉、铅、汞、砷、硫等为主的污染，富营养化问题突出。中国工程院院士张懿说，我国大部分的重金属污染来自于有色金属的采选、冶炼及后期产品加工企业。重金属污染生态环境后，修复的治理技术非常复杂，成本也非常高。应将有色金属矿、重金属冶炼业、含铅蓄电池业、皮革业、化学燃料等作为我国的防控行业；将具有潜在环境危害风险的排放企业作为重点防控企业，将重点防控区域的人群作为体检和诊疗工作的重点对象。

第三节　土壤资源的保护与合理利用

一、土壤资源的含义和特点

自然资源是自然界中能为人们所利用的物质和条件的总称。资源科学是一门研究人与自然界中能转化为生产、生存资料来源的物质与能源相互间关系的科学，研究自然资源的数量、质量、时空变化、发展及其合理开发利用、保护和管理的方法与途径。

那么，土壤资源的含义是什么？土壤资源在整个自然资源中所占的位置以及与其他自然资源关系如何？这是在分析土壤资源之前必须清楚的概念。

（一）土壤资源与土地资源

一般认为，土壤是地球表层有生机的疏松层，可由单个土体和土样测出的性质来确定。所以，土壤资源是具有生产生物性产品能力的各种土壤类型的总称，包括土壤类型、组合及其性质特征、生产力与利用方向。即在把土壤视作有生长生物能力的可更新自然资源时，才能将作为历史自然体的土壤称为土壤资源。

土壤资源研究是将土壤作为一种资源，对其品质—生产力进行分析、对比、评价，统计其面积，并提出合理利用和改良措施。这必然要涉及调节和培育土壤肥力、提高土壤生力的各种生产条件。

因此，土壤资源与土地资源有相似之处，但两者又并不相同。土地是地表某一地段包括全部自然因素在内的综合体，甚至还包括过去和现在人类活动对自然环境的作用。它是地球表面的一个区域。土地特性包括这个区域上部、下部生物圈的所有较稳定的或可进行周期测定的性质。所以土地资源一词，含义更广泛。它包括自然界对人类生产活动，特别是对农业生产活动有关的一切自然资源或自然生产条件，如气候、地形、地质、水文地质、水文、土壤、植被等，也包括人类在生产斗争中改造自然已经取得的成就，如梯田、圩田、沟渠、堤坝、道路等。根据其改变的难易程度，它们又可概括为很稳定的资源（气候、地形、地质形成物）、较稳定的资源（土壤和水，土地的一些人为因素）和较不稳定的资源（植被和有关的生物学特征）三类。可见土地包括土壤和非土壤，它的特性主要由土壤特性和其他较稳定或可预测的周期性表现出来。从自然地理学的观点看来，土壤仅是土地组成因素之一，亦即景观因素之一，但从土地资源利用角度上看，土壤资源不仅是土地资源的一个必不可少的部分，而且还是土地的主要成分。因此，不容置疑，研究土地资源，其关键仍然在于研究土壤资源。

（二）土壤资源的基本特点

1. 整体性

各种资源在生物圈中相互依存，相互制约，构成完整的资源生态系统，虽然为了进行研究或是从利用的角度出发，我们经常用土壤资源甚至是土壤资源中的一个部分作为研究的对象。例如，砍伐森林，不仅直接改变林木和植物的状况，同时必然要引起土壤和地表径流的变化，加剧土壤侵蚀，对野生动物甚至局部气候也会有一定的影响。另外，一个地区的资源生态系统绝不是孤立的，一个系统的变化又不可避免地要涉及别的系统。例如黄土高原的水土流失不仅使当地农业生产长期处于低产落后状态，而且造成黄淮海平原的洪、涝、盐、碱等灾害。

2. 有限性

地球上现有耕地 1.4×10^9 hm^2，其余可开垦为农用的土地约 1.8×10^9 hm^2。在这些土壤资源中，仅 11%的土壤对于农业没有严重的限制因子。许多良田被建筑和工程所占用；由于不合理的耕作、放牧和采伐，水土流失已愈来愈严重，有些土壤因不合理的耕作、洪涝、盐碱等造成退化，沙漠化也在不断加剧，由工业以及农业中大量施用化学物质而引起的土壤污染也在加重。估计近 20 年内世界 1/3 的耕地将会消失。

3. 地域性

土壤资源的地域性特点很强。土壤资源的分布，既受地带性因素的影响，又受非地带性因子的制约。使各地的土壤资源都具有特殊性，因此土壤资源的研究、开发、利用必须掌握因地制宜的原则，重视区域土壤资源的综合研究。

4. 动态性

土壤资源从某种意义上说，是一种再生性资源。土壤圈中的物质循环和能量流动，与资源生态系统的其他成分间形成复杂的结构，维持相对稳定的、动态的平衡。土壤中营养元素的循环、转化与土壤对植物生长的供应能力、过程等，都会随着所处生态系统的变化而变化。

5. 层次性

土壤资源包括的范围很广，从某种土壤的化学、物理或矿物等成分到土种，从土种、土类直到土壤圈，都可以成为利用和研究的对象。在空间范围上，它可以是一个局部地段，也可以是一个地区、一个国家甚至洲和全球。因此在进行土壤资源研究时，必须首先明确其所处的水平和等级，然后决定采用相应的信息。

6. 多用性

土壤资源具有多种功能和多种用途。对于农业部门来说，土壤是供作物、树木、牧草生长的介质；对于工业部门而言，土壤又是制造砖、瓦、陶瓷的原料，是道路、建筑物等的基础；对环保部门，土壤又是污染物的最后归宿地，土壤的自净作用对除污染有着十分重要的效益；对于食品、医药部门，土壤是微生物的富集区，是新菌种的来源。

7. 国际性

一般来说，自然资源的开发、利用、保护和管理属于国家主权，应由各个国家自己解决。但由于人类对自然的影响越来越大，一个国家或一个地区对自然资源开发利用所造成的后果往往会超出一个国家的国界范围而影响到世界其他地区，因此国际合作研究和协议增多。土壤资源也是如此，联合国粮农组织（FAO）与教科文组织（UNESCO）通过对世界陆地生态圈、世界土壤资源图等项研究及世界土壤宪章，规定了土壤资源开发、保护与改善环境的国际政策。

二、我国土壤资源的特点

（一）土壤类型众多，资源极其丰富，生产潜力巨大

由于地域辽阔，自然条件复杂，所以土壤资源极为丰富。从寒温带的灰化土到热带的砖红壤，从滨海平原的盐土到青藏高原的高山草甸土，从黄土高原的黄绵土到南方的水稻土，共有13个土纲，78个土类。据初步统计，在我国土壤资源中，适于发展农业（包括农用与宜农土壤）或农林结合（需进行土壤改良）的土壤类型共有15个（即黑土、白浆土、砂姜黑土、草甸土、水稻土、灌淤土、潮土、黑钙土、红壤、紫色土、娄土、绵土、黑垆土、灰化土及盐碱土等），约占面积263万 km^2（2.6亿 hm^2），占全国土壤资源总面积的27.4%，适于发展林业（包括林用与宜林土壤）或林农结合的土壤类型共有11个（即灰化土、灰色森林土、暗棕壤、棕壤、黄棕壤、黄壤、砖红壤、砖红壤性土、红色石灰土、黑色石灰土及燥红土等），面积共约243.41万 km^2（2.4亿 hm^2），占全国土壤资源总面积的25.38%。适于发展牧业（包括牧用与宜牧土壤）或牧农、牧林结合的土壤类型共10个（即栗钙土、棕钙土、灰钙土、灰漠土、灰棕漠土、棕漠土、风沙土、龟裂土、泥炭土及沼泽土等），面积为234.47万 km^2（2.3亿 hm^2），占总面积的24.42%，仅部分适于林业或牧业的高山及亚高山土壤（包括高山草甸土、亚高山草甸土、高山草原土、亚高山草原土、高山漠土及高山寒漠土六个类型），面积为198.78万 km^2（2.0亿 hm^2），占总面积的20.7%，其他尚有难于利用的石质山地及其他土地，共约20.24万 km^2，占总面积的2.1%。

（二）山区土壤资源占的比重大

我国属于多山国家，各种山地丘陵及高山的土壤约占全国土地总面积的65%；平地土壤

仅占35%。山地与平原比较，对发展农业生产有一定限制，而且，利用不当极易引起水土流失和资源破坏。但山区资源丰富，适宜多种经营的开发。

（三）土壤资源地区分布不平衡

东部季风区虽然占全国土地总面积的47.6%，却集中了全国90%左右的耕地与林地以及95%的农业人口，为我国主要的农、林区，畜牧业和多种经营也较发达。蒙新干旱区占有全国土地总面积的29.8%，而只占全国10%左右的耕地，4.5%的农业人口。由于干旱少雨，水源缺乏，难以利用的沙漠戈壁面积大，风沙、盐碱危害普遍而严重。青藏高原占全国土地总面积的22.6%，人口比例则为0.5%，但由于热量不足，无霜期短，目前大部分尚难以利用。

（四）人均耕地面积小，宜农荒地土壤资源不多

我国耕地人均0.1 hm^2，仅及世界平均数的29.2%；人均林地0.11 hm^2，占世界人均数的1/9。天然草地稍多，人均 0.29 hm^2，但仍不及世界人均数的1/2。这一特点是影响我国农业生产发展的一个限制条件。我国绝大部分的宜垦荒地一般都已开发利用。据估计，今后可供开发利用的农林牧地约1.2亿 hm^2，其中可供开垦种植农作物与人工牧草的仅有0.33亿 hm^2，这0.33亿 hm^2 中宜开垦作农田的土壤不过0.13亿 hm^2，主要分布在黑龙江、内蒙古东部和新疆。

（五）存在着占现有耕地1/3左右的低产土壤

我国土壤资源开发历史悠久，从总体上看，开发利用程度比较高，约占世界7%的耕地养育了近1/5的世界人口。新中国成立50年来农业的发展，一是靠开垦荒地；二是靠在现有耕地上实行集约经营。据不完全统计，新中国成立以来累计开垦荒地约0.34亿 hm^2，保存面积约 0.29亿 hm^2，建设人工草地约107万 hm^2，灌溉面积已达0.45亿 hm^2，改造易涝及盐碱地，治理水土流失，取得了一定成效。这些都对我国农村经济乃至整个国民经济的发展起了巨大的作用。

三、我国土壤资源利用过程中存在的问题与合理开发利用对策

我国土地利用很不合理，主要表现为：土壤资源开发利用地区间差异很大；对土壤采取掠夺式经营；土壤利用结构不够合理；土壤肥力水平较低等。这些都是今后合理开发利用土壤资源需要解决的主要问题。

目前，我国开发利用潜力较大的土地资源类型有宜农荒地、丘陵山地、水土流失地区、盐碱地、沙地等。由于各类土壤资源的自然、社会经济条件以及目前利用的基础及存在的主要问题不同，其开发利用的方向和应遵循的具体原则和应采取的措施也应有所不同：

1.宜农荒地资源的开发利用

为适应人口增长和基本建设的需要，减缓耕地面积减少的趋势，全面地合理地把我国的宜农荒地尽快开垦出来，是一项具有战略意义的重要措施。开垦荒地，要从各地荒地资源状况及当前实际条件出发，在努力提高单位面积产量的同时，在保护和建立生态平衡的基础上，经过勘测规划设计和可行性论证，根据政策规定，先建设后开垦，或边建设边开垦。政府要制定必要的法规，具体规定不同类型地区开荒必须进行的建设和达到的标准，以及奖、罚制度等。

我国宜农荒地资源主要分布在3个地区：

①西北干旱区约有0.12亿hm^2，其中新疆约有0.11亿hm^2；东北及内蒙古东部约有0.1亿hm^2，其中黑龙江约有333万hm^2；其余南方山区、青藏高原和沿海滩涂也都有一定数量荒地可供开垦。综合各种条件，我国开荒重点应在黑龙江，其次是新疆。黑龙江的三江平原有荒地223万hm^2（包括河滩地39万hm^2），其中质量好的占1/2以上，可开垦出净耕地约67万hm^2，是我国最大的垦区和商品粮基地。

②三江平原宜农荒地资源80%以上是沼泽地，采取措施，排除积水，减少土壤含水量，可进行适度的开发。但要采取综合改造治理措施，防御春旱秋涝冬春多风、土壤风蚀等自然灾害。三江平原的开垦方向应以不破坏生态为基本前提，以农业为主，同时注意提高林业和牧业的比重，努力建设粮、豆生产基地，以猪、牛为主的畜牧业生产基地和用材林基地，使农林牧全面发展。

③新疆荒地资源开垦的主要问题是干旱缺水、土壤盐碱化和风沙危害。因此，开源节流、发展灌溉，改良盐碱、防风固沙是荒地资源开垦中的关键措施。尤其是开垦规模应视水源而定。当前主要是疏通现有灌排渠系，防止次生盐渍化，努力提高现有耕地的肥力水平，根据灌溉水源的开发利用情况，及经济可行性，逐步扩大开垦规模。

④海涂资源的开发利用尚有很大潜力，粗略估计我国沿海滩涂约有200万hm^2，其中约49万hm^2适于水产养殖，目前已利用的仅有11.2万hm^2，还不到1/4；适于围垦的约106万hm^2左右，其中黄海、渤海约53.3万hm^2，中部和南部沿海各约26.6万hm^2，目前利用很不充分。海涂是水产养殖、农业、盐业、国防、港口建设以及旅游休养地区。因此，要在做好综合调查研究的基础上，本着统筹兼顾、全面安排、合理规划、因地制宜和相对集中的原则开发利用海涂资源。在积极发展海涂水产养殖的前提下，进行围垦是必要的。特别是处理好围垦与水利、水产养殖、盐业等关系。

2. 山地资源的开发利用

广义的山地，包括山地、丘陵、高原、台地等。山地是自然综合体，从开发利用和治理的角度看与附近地区是不可分割的，因此凡山地占当地土地面积比重较大的地区称为山区。山区是含自然、社会、经济在内的更为复杂的地域综合体。

我国山地类型复杂多样，可大体分为北方山地、南方山地和青藏高原高山三大类。北方山地包括：东北山地，是我国最主要的用材林基地；西北内蒙古温带干旱区高山，是重要的高山牧场和林地；黄土高原温带半干旱区山地和黄土塬，多为半农半牧区；华北暖温带半湿润区的中、低山，分布着旱地、草地和林地。南方山地包括：华中江淮之间北亚热带湿润区的中、低山，有大片混交林和水田；江南与西南中亚热带湿润区中、低山和丘陵，是我国南方主要用材林基地，并有不少水田；华南与滇南热带与南亚热带湿润区的低山丘陵，分布着热带阔叶林、经济林和水田。我国南方亚热带山区面积约150万km^2，热带面积约8万km^2，水、热环境条件十分优越，资源类型多，开发潜力最大。此外，还有青藏高原的高山，气候带和生产类型呈明显垂直分布，林、牧、农田均有，但以林、牧利用为主。大于25°以上山地禁止开垦，否则引起水土流失。已开垦的应退耕还林还草。

合理开发利用山地资源，必须正确认识山地环境条件和类型复杂多样的特点，强调因地制宜，扬长避短，发挥优势的重要原则。在山地资源利用方向上，一般应以发展林业为重点，实行林、牧、农结合，多种经营，综合发展，粮食生产应限于区内基本自给，以发挥山地优势为主；要有选择地发展并建立用材林生产基地和各种林、特产品基地；注意水土保持，保护植被和水源涵养林；优先发展交通运输业；有条件地开发水力资源和矿产资源；积极发展旅游业。

3. 水土流失区域土壤资源的开发利用和综合治理

由于滥砍、滥伐森林，开垦草原，毁林开荒等原因，在我国水土流失问题十分严重。全国尚有水土流失面积约 150 万 km^2。水土流失不仅破坏了土壤资源，还会使生态环境恶化。黄土高原水土流失，使黄河河床逐年淤高，严重威胁着黄淮海平原的安全。近年来，由于滥砍、滥伐、滥樵，福建、江西、四川和贵州等省水土流失面积均在增加。防治水土流失，保护和合理利用水土资源，是改变山区、丘陵区、风沙区面貌，治理江河，减少水、旱、风沙灾害，建立良好生态环境，发展山区农牧业生产，提高人民生活水平的重要措施。水土流失区域的治理，首先必须从合理利用土地着手，走农、林、牧综合发展的道路，坚决制止掠夺式经营。其次，贯彻预防与治理结合，以预防为主；工程措施与生物措施相结合，以生物措施为主的方针，并根据不同的自然经济条件，划分治理区，实行综合、集中、连续治理。从长远看，造林种草，提高覆盖率，是水土流失地区应采取的根本措施。因此，应把种树种草放在水土流失治理的首位。

4. 盐碱地的开发利用

我国约有 667 万 hm^2 盐碱耕地，2 000 万 hm^2 以上的盐碱荒地，是今后发展农业生产潜力较大的一种土壤资源。盐碱地主要分布在黄淮海平原、东北西部平原、黄河河套平原、西北广大内陆区及东部的沿海地区。盐碱地的开发利用首先要进行综合治理。综合治理的中心是调控水的运动，要坚持以排为基础，统筹处理好排、灌、蓄、补的关系，做到旱地灌、涝地排、返盐期能控制地下水位。所以，盐碱地综合治理须建立在搞好排水工程的基础上，综合治理措施必须是工程措施与生物措施相结合。在排灌工程的基础上，进一步通过平整土地，建立林网，种植绿肥和培肥土壤等农业与生物措施治理次生盐渍化。另外，综合治理也要与土壤资源的合理利用结合起来，因地制宜调整农业结构，使农林牧副渔得到全面发展。

5. 荒漠化土壤的治理

我国沙漠化土壤总面积约 17 万 km^2，从 20 世纪 50 年代初与 70 年代中的航片对比分析，近 25 年来沙化土壤面积增加了 3.9 万 km^2，平均每年扩大 1 560 km^2。目前有近 393 万 hm^2 农田和 493 万 hm^2 草地在沙化发展过程中，有 2 000 多 km 的铁路、公路受到沙漠化的威胁。据预测，如不采取有效防治措施，我国沙化土壤将比目前增加 7.5 万 km^2。引起沙化的原因，除了自然方面的客观基础外，更主要是人为滥垦、过牧、滥樵、滥伐，破坏天然植被，致使形成流沙，引起土壤沙化。防治土壤沙化的主要措施，首先要明确沙漠化土壤合理利用的方向，以牧为主，农林牧结合，农业仅限于水土条件较好的地区。其次，要因地制宜地采取防治措施。正确处理防与治、保护与利用、生物治理与工程治理等关系。强调以防为主，防治结合；以保护天然植被为主、在保护植被的前提下合理利用沙化区域资源，改造沙地；以生物防治为主，生物固沙与工程固沙相结合，因地制宜地建立沙地农业生态系统。当前防治的重点应放在经济较发达、自然条件较好、治理较容易、潜力较大的地区。

四、教学案例与分析

(一)土壤资源研究简史

陆地表面的土壤资源数量是有限的。因此，对土壤资源的统计、分类和评价分级等历来受到人们的重视。早在春秋战国时期，中国的《尚书·禹贡》中就对土壤生产力的评价和土地利用方法进行了论述。17世纪后，在西欧出现了土宜分类法。19世纪中叶，俄国沙皇为了征收土地税，曾委托土壤学家B·B·多库恰耶夫对其境内的黑钙土进行了分类和分级，以此作为制定税收等级的依据。20世纪30年代末，美国政府颁布8级制地力分类系统，它根据土壤适宜范围的宽窄、适宜程度的高低和限制因素的类型划分出土地潜力级、潜力亚级和潜力单位，现今仍为世界各国广泛采用。70年代以来，联合国粮农组织提出了标准化的土地评价体制。其特点是，在美国制的基础上，扩大地力分类系统，增加一级单元，成为4级系统；此外还在土壤资源的基本概念和评价程序方面，提出了许多新的建议。中国全国范围的土壤资源调查和编制全国1∶1 000 000土地资源图的工作也已进行。

(二)世界土壤资源概况

据联合国粮农组织估计，全世界现有耕地约占地球陆地总面积的10%，其中以苏联、美国、加拿大、印度和中国等国的耕地面积较大。但由于社会和自然原因，世界土壤资源的数量和质量正在不断下降，主要表现在：

①土壤肥力下降。就全世界而言，投资少、产量高的耕地面积小于投资高、产量低的耕地面积，其比例为4∶6。

②土壤严重退化。主要是土壤盐碱化、沙化、沼泽化和受化学污染的情况日益严重。迄今，良田仅占世界土地总面积的11%，干旱土壤占28%，薄层粗骨土壤占22%，沙化、盐化土壤占23%，渍水冷冻土壤占6%，其他占10%。

③土壤遭受侵蚀。世界每年因森林砍伐而引起侵蚀的土地面积达数亿亩。

④农田被侵占。每年约有数千万亩农地被工业、交通运输业等侵占。

(三)中国土壤资源概况

中国的陆地面积约为世界陆地面积的6.4%，亚洲大陆面积的22.1%。全部国土从北到南横跨不同的热量带，其土壤资源具有三大特点：

①土壤类型多，资源丰富。可分46个土类，130多个亚类，各自具有不同的生产力和发展农、林、牧的适宜性。

②山地土壤资源多。各种高山和山地丘陵的土壤资源占国土面积的65%以上，多宜于发展多种经济林木。

③耕地面积小。中国现有耕地约1亿 hm^2(15亿亩)，占总土地面积的10%左右，尚不及世界耕地面积的7%。人均耕地面积仅934 m^2(1.4亩)，低于世界人均水平。概括而言，全国可供农、林、牧生产的用地总的约占整个国土面积的60%。

1. 农业土壤资源

指耕地和宜垦地。主要分布于东半部的大平原和三角洲。这些地区地形平坦、雨量充沛、冷热适宜、土壤养分储量和土层厚度均能满足作物或经济林木生长的需要。东部平原地区的土壤类型多属由草甸土或沼泽土起源的耕种土壤；东部丘陵和山地的土壤类型，自北而南为黑土、棕壤、褐土、黄棕壤、黄褐土、红壤、砖红壤等，此类土壤大多经开垦熟化而成各种耕种土壤，肥力较高，也是中国土壤开发利用历史悠久的地区。但由于中国疆土从北到南的水热条件差异大，因而有可能出现不同的利用类型。如在秦岭-淮河-线以北地区，农业土壤资源的利用类型以旱地为主;该线以南地区则水田居多。中国西半部因丘陵和山地面积大,并受寒冷、干旱、侵蚀以及盐害等因素的影响,农业土壤资源较少,除四川盆地和陕西渭河谷地、汉中盆地耕地比较集中外,一般分布极为分散。但在云贵高原地区,某些山间小盆地却常是农业土壤资源高度集中的地方。西部地区的耕种土壤以秦岭为界,其北主要起源于黑垆土、褐土、灰钙土和漠境土壤;其南主要起源于黄褐土、紫色土、黄壤、红壤、砖红壤,以及在各种沉积物上发育的草甸土。农业土壤资源不仅在很大程度上决定着所能获得的生物产品的种类、质量和数量,而且在一定程度上影响整个国民经济的发展。

中国的宜垦荒地多集中于高纬度寒冷的东北地区和干旱缺水的西北地区,土壤生产力较低,进行疏干沼泽、排除盐碱、防止水土流失或防风固沙等措施则要付出较大的投资。因此,农业土壤资源的利用目前仍以提高现有耕地的单位面积产量为主,措施包括重视养地,不使土壤肥力下降,以及加强水土保持,防止土壤侵蚀等。

2. 林业土壤资源

指林地及宜林地。主要分布于暗棕壤为主的东北地区大、小兴安岭和长白山地,以红壤、砖红壤为主的江南丘陵地及云南高原,以及以棕壤、黄棕壤为主的川西、藏东高原的边缘山地。全国森林面积为 1.15 亿 hm^2(17.3 亿亩)(1986),森林覆盖率仅占国土面积的 12%,远远低于世界平均森林覆盖率的水平且分布极不平衡。许多地方由于森林植被破坏,气候干燥,土壤缺水,侵蚀严重,抗旱、涝灾害的能力也大为降低。因此,加强对现有森林的经营管理,合理采伐,做好林木的抚育更新工作,并在宜林的荒地大力造林,是保护和发展林业土壤资源的主要途径。

3. 牧业土壤资源

指牧场和草地。占国土总面积的近 40%。主要分布在以黑钙土、栗钙土、灰钙土为主的内蒙古、宁夏、甘肃、青海等地,以及以高山、亚高山草甸土、草原土为主的青藏高原东部、川西高原和新疆地区山地。在新疆地区的低平区域,黑钙土、栗钙土、棕钙土、灰钙土、灰漠土、风沙土以及草甸土、沼泽土等也是重要的牧业土壤资源。上述几大牧区中的绝大部分具有优良的草原,适宜放牧多种畜群。在条件较好的地区,已采取草场灌溉、施肥、培育人工牧草和改善天然牧草组成等改良措施,以提高牧业土壤资源的生产力。

(四)土壤资源利用和保护

土壤资源的合理利用措施主要包括:因地因土制宜地规划农、林、牧业等生产用地,注意用地与养地相结合,实行科学的耕作、灌溉和排水,重视有机肥料和化学肥料的应用,以保持土壤有机质含量和矿质养分的平衡,并不断提高土壤肥力等。保护土壤资源的主要目的在于不使土壤因人类不合理的活动而发生退化,如山区的水土流失、干旱地区的次生盐渍化和沼泽化、草原地区的沙漠化,以及一般农田受农药和重金属的严重污染等。中国土壤退化的问题主要表现在西北黄土高原地区和南方丘陵红壤地区各有 40 万余平方千米的水土流失面积,黄河、长江每年挟带的泥沙量也十分巨大,全国沙化面积达 133 万 hm^2(2 000 万亩);黄淮海平原 1 800 万 hm^2(2.7 亿亩)耕地中约有 333 万 hm^2(5 000 万亩)旱、涝盐碱地未得到改良,同时次生盐渍化又有发生。制止滥伐森林、乱垦草原、烧山耕种、陡坡开荒和不合理的拦河、围湖造田等行为,对于维护生态平衡、保护土壤资源具有重要意义。

复习思考题

1. 土壤退化与土地退化有何区别？又有何联系？
2. 引起土壤酸化的主要因素是什么？试述土壤酸化的机理及土壤酸化的控制措施。
3. 试述潜育土的主要特点及其形成的原因。如何进行改良利用潜育化土壤？
4. 盐碱土的形成有哪些条件？它有哪些危害？如何改良盐碱地？
5. 什么是土壤污染？土壤污染有哪些特点和类型？
6. 重金属污染土壤和有机污染物污染土壤分别可以选择的修复技术有哪几种？
7. 如何全面概括与分析我国土壤资源的特点与问题？并阐述合理利用我国土壤资源的正确途径。

参考文献

1. 陆欣，谢英荷. 土壤肥料学. 2 版. 北京：中国农业大学出版社，2011.
2. 黄昌勇，徐建明. 土壤学. 3 版. 北京：中国农业出版社，2010.
3. 李天杰. 土壤环境学. 北京：高等教育出版社，1995.
4. 朱祖祥. 土壤学（上册、下册）. 北京：农业出版社，1983.
5. 袁可能. 土壤化学. 北京：农业出版社，1991.
6. 龚子同. 中国土壤分类系统. 北京：科学出版社，1999.
7. 陈怀满. 土壤中化学物质的行为与环境质量. 北京：科学出版社，2002.
8. 彭克明，裴保义. 农业化学：总论. 北京：农业出版社，1984.
9. 全国土壤普查办公室. 中国土壤. 北京：中国农业出版社，1998.
10. 张风荣. 土壤地理学. 北京：中国农业出版社，2002.
11. 林大仪. 土壤学. 北京：中国林业出版社，2002.
12. 朱兆良，孙波，杨林章，等. 我国农业面源污染的控制政策和措施. 科技导报，2005，23(4)：47-51.
13. 张维理，徐爱国，冀宏杰，等. 中国农业面源污染形势估计及制对策：Ⅲ. 中国农业面源污染控制中存在问题分析. 中国农业科学，2004，37(7)：1026-1033.
14. 洪坚平. 土壤污染与防治. 2 版. 北京：中国农业出版社，2005.
15. 周启星，宋玉芳. 污染土壤修复原理与方法. 北京：科学出版社，2004.
16. 张从，夏立江. 污染土壤生物修复技术. 北京：中国环境科学出版社，2000.
17. 杨柳春，郑明辉，刘文彬，等. 有机物污染环境的植物修复研究进展. 环境污染治理与设备，2002，3(6)：1-7.
18. 刘世亮，骆永明，丁克强，等. 土壤中有机污染物的植物修复研究进展. 土壤，2003，35(3)：187-192.
19. 龙新宪，杨肖娥，倪吾钟. 重金属污染土壤修复技术研究的现状与展望. 应用生态学报，2002，13(6)：757-762.
20. 李元. 农业环境学. 北京：中国农业出版社，2008.
21. 张乃明. 环境土壤学. 北京：中国农业大学出版社，2013.
22. 黄鸿翔. 我国土壤资源现状、问题及对策. 土壤肥料，2005，1，2-6.
23. 王静爱，赵济. 中国地理电子教案. 高等教育出版社，高等教育音像出版社，2004.